KB186868

북국 발해 탐험

김진광 편

박문사

'해동성국'으로 불리었던 발해는 어느 사이 자취도 없이 사라져 현재는 역사분쟁의 대상거리가 되었다. 229년 동안 한반도의 북부와 중국, 러시아를 무대로 활약했던 발해는 거란인들에 의해 나라를 잃었고, 그 주민은 한반도를 비롯한 주변으로 흩어져 버렸다. 그들을 기록한 깃이라곤 『구딩서』・『신당서』를 포함한 중국사서에 조금 있을 뿐이니, 발해라는 나라를 올바로 이해하기란 쉽지 않다.

한국고대사의 주 무대였던 중국 동북지방에는 수많은 고조선~발해시기의 문화유산이 남아 있다. 그러나 자료의 결핍과 발굴의 제한으로 인해서 그동안은 제대로 확인하지 못하였다. 이것은 늘 연구에 걸림돌이 되었다. 중국에서는 고구려유적을 세계문화유산에 등재시켰고, 한중간에 역사왜곡 논란을 불러일으킨 동북공정을 추진하였으며, 더 나아가 최근에는 발해유적을 유네스코에 등재시키기 위한 발굴과 작업을 추진 중에 있다.

그렇지만 한편 산업화가 이루어지고, 기술력이 축적되면서 발해사 분야에도 조금씩 변화가 찾아왔다. 그것은 바로 중국의 산업화로 인한 국토의 재활용에 따른 문물조사였다. 지금까지 세 차례 이루어졌는데, 체제와 인식의 차이로 인해 함께 발굴하는 것이 어려운 실정이다.

1980년대 조사 출판된 길림성 47개 현시 『문물지』에는 약 320여 곳의 유적이 33개 현시에 분포하고 있다. 비록 지표조사라는 한계가 없는 것은 아니지만, 당시 일관된 기준에 의해서 체계적으로 유적 하나하나를 다양한 각도에서 조사하고, 그 제원을 수록하였으며, 각 유적의 성격을 규정하였다는 점에서 신자료에 대한 갈증을 느끼는 발해사 연구자에게는 그 가치가 무엇보다도 크다고 하겠다. 따라서 발해사의 복원과 이해의 심화, 더 나아가 동북공정으로 대칭되는 역사왜곡 등의 기도에 대해서 적절히 대응하기 위해서는 적극적으로 활용하지 않으면 안 된다.

『문물지』의 기록은 발해유적을 한눈에 확인하고 발해국의 역사와 문화 그리고 그 속에 담겨있는 수많은 모습들을 추적할 수 있는 실마리이다. 또한 각각의 유적에 대해서는 발굴이 이루어져 더욱 분명하게, 그리고 전반적으로 유적의 성격이 드러나기를 고대하지만, 현재로선 이곳에 실려 있는 유적에 대한 기술내용으로 만족할 수밖에 없다. 자료의 결핍으로 인해 연구의 심화가 쉽지 않았던 상황에서 자료를 공유하고 활용할 수 있게 된 것은 그나마 다행한 일이라 하지 않을 수 없다.

늦은 감이 없지 않지만, 발해유적에 관한 조사보고의 내용을 번역하여 제공한 노고에 감사드린다. 여러 가지 어려움 속에서 이제 출판되는 이 자료가 발해사 연구에 도움이 되었으면 하는 바램이다.

2012년 4월,

한국학중앙연구원 교수 신 종 원

최근 들어 일본 중국 등 주변국을 중심으로 역사왜곡문제가 끊임없이 제기되고 있다. 일본과의 관계에서는 근현대사를 중심으로 한 역사왜곡이, 중국과의 관계에서는 고조선・고구려・발해를 포함한 고대사를 중심으로 한 역사왜곡문제이다. 그런데 일본의 역사왜곡은 해당지역을 한국이 실효적 지배를 하고 있지만 중국의 경우에는 다르다. 북한 지역을 제외하고는 대부분이 중국현대사 지역이다. 그런데 그중에서도 발해사에 대해서는 한국과 중국의 견해차가 크다. 고구려사와 같이 한국인들의 고대 사서로 인정되는 『삼국사기』에 「고구려본기」가 있는데 반해 발해사는 이와 같은 자료가 없기 때문이다. 발해가 고구려를 계승한 왕조인가 고구려와 다른 말갈의 왕조인가 하는 문제가 이러한 자료문제로 인함이다.

발해사의 복원을 위해서 고고 자료를 중시함은 자료의 빈곤 때문이고, 발해인 내지 발해왕조를 계승한 후대인들이 작성한 발해사 기록이 남아 있지 않기 때문이다. 이러한 점에서 편역자가 심혈을 기울인 이 책은 발해사의 내용에 목말라 하는 이들에게 많은 도움을 줄 것임에 틀림없다. 중국은 1949년 성립된 이후 지속적으로 발해유적에 대한 자료를 축적하고 연구에 활용하고 있지만, 국내 학계의 사정은 전혀 그렇지 못하다. 여러 가지 제약으로 인하여 자료의 확보나, 이용에 한계가 있는 것은 물론 현장 답사조차도 원활하지 못한 상황에 직면해 있기 때문이다.

그동안은 수많은 관련정보의 진위여부를 파악할 명확한 근거기준이 없었는데, 여기에서 편역한 이 『문물지』 자료들은 중국이 국가주도로 진행했던 문물조사의 결과물로서 그 신뢰성이 무엇보다도 높다. 그리고 이 책이 발행되었던 초창기는 내부 자료로서 몇몇 학자들만이 이를 어렵게 열람할 수 있었다. 언어의 장벽뿐만 아니라 심지어 발해유적의 현황조차도 명확하게 파악하지 못하였었다. 따라서 이 자료의 출간은 그동안 고고 자료가 적극적으로 활용되지 못한 점을 보완하고, 발해사와 각각의 유적에 대한 이해를 심화시킬 수 있게 되었다는 점에서 환영한다.

『북국 발해 탐험』의 출간을 축하하고 의미있게 생각하는 것은 문헌자료의 빈약을 메꾸어 준다는 그런 것만은 아니다. 편역자가 중국에서 답사하며 『문물지』 내용을 확인하기 위해 체류했던 1년에 대해서는 현지에서도 혀를 내두를 정도였다. 초청기관의 눈총을 무릅쓸 뿐만이 아니라, 답사를 성공하기 위해 어린 자녀들을 앞세운 무리한 소풍까지 갔던 일이 있었다고 들었다. 편역자의 열정이 오늘의 이 책을 만들게 하였다고 생각하니 발해사학계나 편역자 개인에 있어서도 뜻 깊은 일이 아니라 할 수 없다.

229년간 존속했던 발해국은 여전히 수수께끼같은 나라임을 부인할 수 없다. 그 만큼 무엇하나 명확하게 드러난 부분이 많지 않다는 지적일게다. 그러함에도 이 나라는 해동성국, 그리고 북국이라고도 불렸다. 편역자가 언급한 것처럼 오경의 소재지였던 길림성에만도 그 유적 수가 약 320여 곳에 달하고, 상경이 소재하였던 흑룡강성과 러시아, 그리고 북한지역에 분포하는 유적을 감안하면 그 수는 더욱 늘어날 것이다. 이 책의 내용을 발판으로 발해의 참모습을 담고 있는 하나하나의 유적을 좀 더 유기적으로 조합하고, 그 속에 담긴 본질을 파악할 수 있게 되기를 기대한다. 발해사연구의 새로운 힘이 이 책으로부터 나올 수 있기를 기대한다.

2012년 4월,
고구려발해학회장·경성대학교 교수 한규철

발해사 연구의 가장 큰 걸림돌이 사료의 제약이라는 점은 주지의 사실이다. 그래서 발해사 연구에서 고고학의 도움이 절대적으로 필요하지만, 발해국의 영토가 중국·러시아·북한으로 나뉘어 있는 까닭에 자료의 수집이나 현장답사, 발굴 등에서 많은 제약이 따른다. 그러므로 연구과정에서 중국에서 발표된 논문 또는 저서를 참고하거나 활용하지 않을 수 없는데, 그때마다 유적 성격에 대한 인식의 차이, 유적 제원의 차이로 인해 혼란을 겪는 일이 허다하였다. 이러한 문제는 명확한 판단기준이 없었기 때문에 초래된 결과였다.

1949년 신중국 성립 이후, 중국에서는 3번에 걸쳐 전국문물조사를 실시하였다. 1960년대·1980년대, 그리고 가장 최근인 2007~2011년에 실시한 것이 그것이다. 제1차 전국문물조사결과는 문화대혁명으로 인해 제대로 보고되지 못하였고, 제3차 전국문물조사는 아직 진행 중으로 구체적인 상황을 파악할 수 없다. 현재 우리가 다양한 경로로 확인할 수 있는 수많은 발해유적은 대부분 1979년 등소평의 개혁개방 이후에 이루어진 제2차 전국문물조사의 결과물이며, 이를 담고 있는 자료가 바로 길림성에서 발간했던 47개 현시 『문물지』이다. 이 책에 수록된 자료는 일관된 기준에 의해 전국적 단위로 조사된 결과물로서, 발굴을 동반하지 못한 한계가 있지만 각 유적의 존재를 확인하고 실측과 보측, 그리고 유물 수습 등을 통해 유적의 상황을 기술하고, 전문가집단의 토론을 통해 그 성격을 확정했다는 점에서 자료의 신뢰성이 대단히 높다고 하겠다. 그러므로 발해유적의 현 상태와 현황, 그리고 그 유적에 담겨있는 발해국 존속 당시의 제 양상을 가늠하기 위해서는 필연적으로 해당 자료를 확인·검토·분석하지 않을 수 없다.

필자는 박사학위과정 중 1년간 중국에 체류할 기회가 있었다. 당시 과제명은 〈중국의 발해유적 분포현황〉으로 유적의 분포현황을 파악하고 그에 따른 규칙성을 발견하는 것이 목적이었다. 상기의 『문물지』는 관련 유적이 얼마나 되고, 현재 유적이 남아 있는지 없는지, 유적이 남아 있다면 그 상태는 어떠한지, 그와 관련된 자료는 어디에 있으며 어떻게 보관되어 있고 확보할 수 있는지, 또한 각 유적의 분포상황은 어떠하며, 유적간의 상호 관련성은 어떠한지 등에 관한 모든 의문을 하나하나 해결해 주었다.

책장을 한 장 한 장 넘기며 관련 자료를 찾아 번역하고 다시 이를 목록화하였다. 날이 밝으면 카메라와 메모지 그리고 유적목록을 들고 유적을 찾아 나섰다. 종종 관련 유적을 확인하기 어렵다는 관계자들의 충고가 있었지만, 무작정 길을 나섰고 모래톱에서, 우거진 풀밭에서, 농사를 위해 갈아 엎어놓은 고랑과 이랑에서 관련 유물을 발견하였을 때의 그 기쁨과 희열은 이루 말할 수 없었다. 그렇게 중국에 있는 1년 동안 찾아다닌 유적이 100여 곳을 조금 넘는다.

길림성은 동북 3성 가운데 하나로서, 장춘·길림·사평·통화·백산·요원·백성·송원시 등 8개 시와 연변조선족자치주로 이루어져 있다. 각 시는 다시 3~7개의 현시를 포함하여 전체적으로 총 47개의 현시로 구성되며 그 시현별 위치는 아래의 지도와 같다.

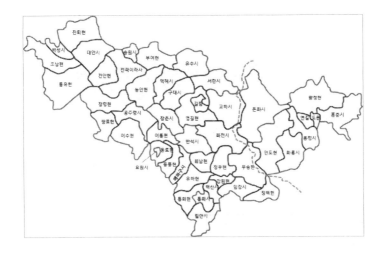

길림성에서 발해유적이 분포하는 현시를 살펴보면 전체 47개 현시 가운데 33개에서 발해유적이 확인되었고 지역별 유적분포현황은 아래와 같다.

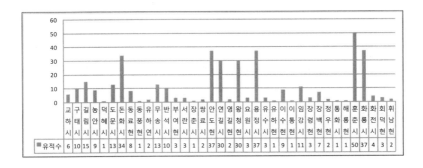

	교하시	구태시	길림시	농안시	덕혜시	도문시	돈화시	동요현	동풍현	유하연	무송시	반석현	부여시	서란시	장춘시	쌍료시	안도현	연길시	영청현	왕청현	요원시	용정시	유하현	이수현	이통현	임강시	장백현	장령현	정우현	통화시	해룡현	훈춘시	화룡시	회덕현	휘남현
유적수	6	10	15	9	1	13	34	8	1	2	13	10	3	3	1	2	37	30	2	30	3	37	3	1	9	1	11	3	7	2	1	50	37	4	3	2

그중에서 유독 유적의 수가 두드러진 곳이 확인되는데 이곳은 주로 발해 건국 당시 수도였던 구국의 소재지와 중경, 동경의 소재지 및 관할지역이다. 이를 다시 유형별로 분류하면 다음과 같다.

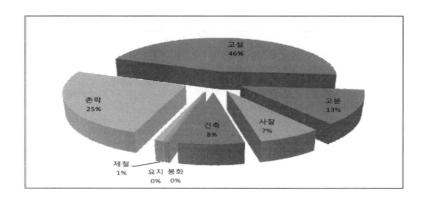

전체 유형 가운데 가장 높은 비율을 차지하는 것은 고성으로 전체의 38%
에 달하고, 그 다음은 촌락 31%, 다음은 고분 14% 순이다. 성의 분포비율이
높은 것은 현재까지도 성벽이 남아 있어 그 윤곽을 확인할 수 있기 때문에
조사과정에서 쉽게 파악된 것으로 생각된다. 이와는 달리 촌락은 지표면에
서 관련 유물이 수습되었으나 유구가 확인되지 않은 유형이다. 그래서 해당
자료에서 그 성격을 명확히 제시하지 않고 '유지'라고 분류한 것으로 생각된
다. 1980년대 제2차 전국문물조사 때 조사된 이 유적들은 발굴조사가 이루어
지지 않은 채 지표조사만 이루어졌기 때문에 지표면에서 수습한 자료에 의
해 '유지'로 분류된 것들이다. 다시 이 책에서는 편의상 '촌락'이라는 유형으
로 분류하였지만, 향후 발굴이 이루어진다면 그 성격이 언제든지 바뀔 가능
성도 없지 않다.

길림성 내 47개 현시 가운데 유적분포빈도가 가장 높은 곳은 연변조선족
자치주이다. 그중에서 구국이 소재하였던 돈화시, 중경이 있었던 화룡시와
그 권역인 안도현·연길시·왕청현·용정시, 그리고 동경이 소재하였던 훈
춘시의 분포밀도가 높은데 모두 235곳이다. 아마도 도성의 경영과 밀접한
관련이 있었기 때문으로 생각된다. 또한 도성소재지였다는 점 때문에 더욱

밀도있는 조사가 이루어진 까닭이 아닌가 한다. 이를 지역별로 그리고 유형별로 제시하면 아래의 표와 같다.

유형 지역	고분	고성	건축	봉화	사찰	제철	촌락
도문시	1	1	4				6
돈화시	2	12	5		1		11
안도현	2	11		1	8		15
연길시	7	9					14
왕청현	1	12	6		2		
용정시	4	14	6		2		6
화룡시	12	13			5	1	6
훈춘시	4	16	5		5		5
합 계	33	88	26	1	23	1	63

그밖에 발해국의 주요 무대였던 흑룡강성에서도 약 200여 곳에 달하는 유적들이 보고되었다. 그러나 그 하나하나의 유적자료를 충분히 확보하지 못하였기 때문에 이 책에서는 그 대상지를 길림성으로 한정하고 길림성 문물지편찬위원회에서 간행한 47개 현시『문물지』를 저본으로 삼아 발해시기로 편년된 유적만을 선역하였다. 또한 일부 유적은『고구려성지휘편』에서 발해시기로 편년한 성터를 선역하여 포함시켰다.

본래 길림성은 연변조선족자치주를 포함하여 9개의 대권역으로 구획할 수 있다. 이 책에서도 그 규칙을 적용하고자 하였으나 길림성 분포 발해유적의 약 72%가 연변조선족자치주에 집중 분포하는 지역적 편차로 인하여 상기의 규칙을 적용하지는 못하였다. 그래서 이 책에서는 굳이 장절을 나누지 않고 각 지역을 가나다 순으로 배열하였다.

각 지역의 유적은 건축〉고분〉사찰〉산성〉요지〉제철〉촌락〉평지성 등의 유형에 따라 재분류하였다. 그리고 각 현시에 대한 이해를 돕기 위하여 유적을 소개하기에 앞서 첫 장에서 현시 위치도와 유적 유형 및 현황을 제시하였다. 또한 각각의 유적에서는 필자가 2005~2006년 중국체류기간 답사과정에서 촬영한 사진자료를 제시하였다. 이것들은 해당 현시의 상황을 파악하고 각 유적을 이해하는 데 도움이 될 것으로 생각된다.

유적설명에서는 언어환경, 정치체제의 차이를 감안하여 유적에 대한 인식상의 차이를 반영하는 표현은 가능한 한 배제하고 순순하게 유적을 그대로 드러낼 수 있도록 윤문하였다. 즉 발해 건국주체를 말갈로 인식한다던지, 발해를 당의 지방정권 또는 속국으로 이해한다던지, 만주국을 일본의 괴뢰정권으로 인식한다던지 등의 표현이 그것이다. 1980년대 조사 당시와는 달리 도시명이 변경되었거나 시로 승격한 경우에는 화룡현→화룡시, 훈춘현→훈춘시, 혼강시→임강시, 쌍양현→장춘시, 해룡현→매하구시 등 현재의 지명에 맞춰 수정하였다. 유적명 또는 유물명을 원문 그대로 사용한 경우에는 ( ), 우리말로 풀어 쓴 경우는 [ ]로 표기하였다. 또한 책 말미에는 본문에 수록한 유적목록과 본문에서 사용된 중요 용어들을 색인어로 정리하여 제시함으로써 이용에 편리를 꾀하였다.

한동안 고민했던 책 제목은 '북국 발해 탐험'으로 정했다. '남북국시대론'에 대한 이해는 한국고대사, 특히 발해사 출발점이기 때문이다. '북국'은 발해를 가리키는 용어로『삼국사기』에 관련 용어가 몇 차례 등장한다. 실학시대 유득공이『발해고』에서 '남북국시대'라는 용어를 사용함으로써 제기된 '남북국시대론'은 현재 중·고등학교 국사교과서에 "남북국시대"라는 장절에 반영되었다.

또한 현재 우리는 발해사의 주무대와 동떨어져 있어 답사나 발굴 등에 여러 가지 한계를 지니고 있다. 그러므로 발해사를 좀 더 폭넓고 깊이 있게 이해하고 재구성하기 위해서는 반드시 고고학자료를 매개로 삼아 발해사의 제반양상을 추적하지 않을 수 없다. 따라서 발해고고학으로의 거대한 도전이라는 의미로 '탐험'이라는 용어를 사용하였다.

여러 가지 면에서 부족한 점이 많다. 꼼꼼하게 유적을 정리하고 번역한다고 하였지만 곳곳에서 오류도 적지 않을 것이다. 무엇보다도 발해유적 전체에 대한 정보를 다 담지 못한 것이 가장 큰 아쉬움으로 남지만 지속적인 관심과 연구로 차차 보완 보충할 것임을 약속한다. 늘 가까이서, 멀리서, 가르침을 주시고 관심과 격려와 수고를 아끼시지 않으시는 지도교수 신종원 교수님과 한규철 교수님, 송기호 교수님을 비롯한 학계의 모든 분과 동북아 역사재단, 연변대학 발해사 연구소 등의 관계자님들께 감사드린다. 아울러 미지의 나라 발해에 대해 관심을 쏟고 이해를 도모하는 수많은 독자들에게 조그마한 보탬이 될 수 있기를 기대해 본다. 끝으로 그 수고를 마다 않고 출판을 흔쾌히 승낙해주신 박문사 관계자께도 감사드린다.

2012년 4월

청계산 시습재에서 김진광

| 목차 |

교하시

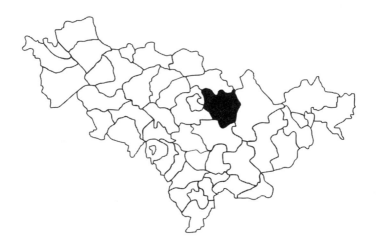

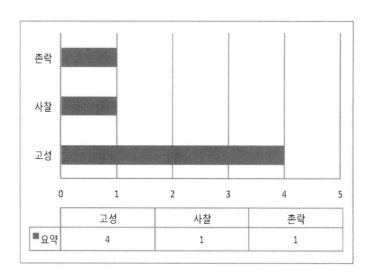

	고성	사찰	촌락
■요약	4	1	1

발해사찰유적

· ·

1. 칠도하자사찰지[七道河子寺廟址]

칠도하자사찰지[七道河子寺廟址]는 교하시(蛟河市) 천강진(天崗鎭) 칠도하자촌(七道河子村) 칠도하(七道河)와 빙호로구하(冰葫蘆沟河)가 만나는 북안 산기슭에 있다. 그 남북 양쪽은 약 400m에 달하는 산이고, 중간은 좁고 긴 구불구불한 산곡 평지이다. 사찰지는 바로 북대산(北大山) 자락에 있다. 동남쪽으로 칠도하자촌과는 약 0.5km, 서쪽으로 오도하자둔(五道河子屯)과는 약 4km 떨어져 있다. 남쪽은 칠도하와 인접해 있다.

칠도하는 남쪽 약 10km 생채정자(生菜頂子)에서 발원하여, 칠도하자둔을 지나 사찰지 동남쪽에서 빙호로구하와 합류한 이후, 사찰지의 서쪽으로 여러 지류와 망우하(牤牛河)를 거쳐 다시 제2송화강(第二松花江)으로 들어간다. 칠도하가 지나는 곳은 너비가 약 1km에 달하는 개활지이다. 사찰지 북쪽에는 동서 방향으로 뻗은 마을길이 있다. 사찰지에서 동쪽 아래로 200m 떨어진 곳에서 마을길이 두 갈래로 갈라지는데, 하나는 동쪽으로 칠도하자역으로 통하고, 다른 하나는 남쪽으로 칠도하석교

(七道河石橋)를 지나 칠도하자촌으로 통한다.

사찰지는 1940년대에 발견되었다. 1985년 문물 조사 당시에, 사찰지 북쪽이 동서 방향으로 뻗은 너비 16m의 마을길로 파괴된 것을 발견하였다. 사찰지가 위치한 곳은 높이가 약 2m이며, 도로를 공사할때 단층(斷層)에서 확인한 문화층의 두께는 0.6m이다. 사찰지 면적은 500㎡로 중심에서 약 25㎡를 제외한 나머지는 모두 개간되었다.

지표와 단층에서 수많은 건축자재가 발견되었다. 수집된 전형적인 유물은 10점이다. 그중에 와당 2점이 있는데, 하나는 연꽃무늬 와당이고, 다른 하나는 권초문와당(卷草紋瓦當: 이 와당은 대부분이 없어짐)이다. 또한 구적(勾滴) 8점이 있는데, 기와 머리 장식을 기준으로 6식으로 나눌 수 있다. 즉 지압문(指壓紋)·사선각문(斜線刻紋)·간격이 좁은 함몰된 둥근 원무늬[小間隔凹圓圈紋]·돌출된 원무늬[凸圓圈紋]·간격이 큰 원무늬[大間隔圓圈紋]·십자무늬(十字紋) 등이다. 이들 건축자재의 재질과 풍격은 길림성 왕청현(汪淸縣) 계관(鷄冠)·중대두천(中大(肚)川)·홍운(紅云)·행복(幸福)·낙타산(駱駝山)·러시아 연해주 협피구(夾皮溝) 등지의 발해국 사찰지에서 출토된 동일 유형의 유물과 대체로 비슷하거나 일치한다. 칠도하자유지(七道河子遺址)는 발해시기 경부주(京府州)의 도심지에서 멀리 떨어진 불교사찰유적이다. 이 사찰의 발견은 발해국의 종교와 교통을 연구하는데 매우 중요한 가치를 지닌다.

발해산성유적

1. 삼합둔고성(三合屯古城)

삼합둔고성(三合屯古城)은 교하시(蛟河市) 납법진(拉法鎭) 대전자촌(大甸子村) 서북쪽 남북방향으로 뻗은 완만한 산등성이에 있다. 동쪽으로 사합둔(四合屯)과는 약 1km, 서남쪽으로 의화촌(義和村) 소하북둔(小河北屯)과는 3.5km 떨어져 있고, 고성 남쪽 200m에는 샘이 있다.

성이 자리한 곳은 동쪽이 높고 서쪽이 낮으며, 그 주위는 산구릉이 감싸고 있다. 성벽은 황토로 겹겹이 쌓았다. 평면은 방형이다. 동서 성벽은 각각 94m, 남북 성벽은 각각 96m, 둘레는 약 380m이다. 고성에는 남·북 2개의 문과 네 모서리에 각루가 있으나, 치[馬面]는 없다. 성벽 밖에는 해자가 있다. 고성에서는 어떠한 유물도 발견되지 않았으나 발해시기에 쌓아서 요금시기까지 사용한 것으로 생각된다.

2. 춘광북산고성(春光北山古城)

춘광북산고성(春光北山古城)은 교하시(蛟河市) 오림진(烏林鎭) 춘광촌(春光村)에서 북쪽으로 약 1km 떨어진 북산 동쪽 정상에 있다. 동쪽 조양(朝陽) 동산과 약 1km, 남쪽으로 알하하(嘎呀河)와 약 1.5km, 서쪽으로 교하(蛟河)~서란(舒蘭) 도로와 약 2km 떨어져 있다.

고성 평면은 대체로 장방형이다. 성벽은 퇴축(堆築)과 판축을 결합하여 쌓았다. 둘레는 112m, 동서 지름은 약 30m, 남북 지름은 약 36.2m이다. 고성이 위치한 산등성이 동쪽과 북쪽은 가파른 절벽이나, 서쪽과 남쪽은 대체로 평평하고 완만하다. 고성 동쪽 산자락 아래에는 작은 개울이 있는데, 북쪽에서 남쪽으로 흘러 알하하(嘎呀河)로 들어간다. 고성의 축조년대는 아마도 발해시기로써 이후 요금시기까지 사용된 것으로 생각된다.

3. 상삼영고성(上三營古城)

상삼영고성(上三營古城)은 교하시(蛟河市) 신풍진(新農鎭) 홍광촌(紅光村: 옛 이름은 杜家街) 상삼영(上三營)에 있다. 고성 동쪽 약 4.5km에는 영풍둔(永豊屯), 서쪽 약 0.5km에는 교하하(蛟河河)가 있는데, 홍수가 나면 송화호(松花湖)에 수몰된다. 강 맞은편은 지수진, 남쪽 약 2km에는 하삼영고성[下三營古城址]이 있다.

고성은 송화호 수몰지역으로 호수에 의해 침식되어 그 동·남벽은 남아 있지 않고, 서북벽만 남아 있는데, 그 보존상태는 좋다. 성벽은 황토를 한단 한단 쌓아 만들었다. 평면은 장방형이다. 동서 길이는 약 150m, 남북 너비는 약 115m이다. 둘레는 약 500m이다. 이 성은 발해시기에 축조되어 후에 요금시기까지 사용된 것으로 생각된다.

4. 하삼영고성(下三營古城)

하삼영고성(下三營古城)은 교하시(蛟河市) 신풍진(新農鎭) 황지촌(荒地村) 하삼영둔(下三營屯)에 있다. 고성 주변의 지형은 평탄하다. 동쪽 약 1km는 구릉지대, 서쪽 0.5km는 교하하(蛟河河), 북쪽 약 2km에는 토성자고성(土城子古城)이 있다.

성벽은 황토로 한단 한단 쌓아 만들었다. 평면은 장방형이다. 한 변의 길이는 약 100m, 둘레는 약 400m이다. 성 밖에는 해자가 있지만 성벽 위에는 치[馬面]가 없다. 동·남·북 3면에는 성문지가 있다. 이 성의 축조년대는 발해시기로, 후에 일찍이 요금시기에도 사용되었을 것으로 생각된다.

발해촌락유적

1. 육가자동산유지산포지[六家子東山遺址散布点]

　육가자동산유지산포지[六家子東山遺址散布点]는 교하시(蛟河市) 신참진(新站鎭) 육가자산성(六家子山城)에서 서쪽으로 100m 떨어진 산기슭에 있다. 이곳은 넓게 펼쳐진 농지이다. 1985년 문물조사 당시에, 지표면에서 "니질회도말갈관식(泥質灰陶靺鞨罐式)" 구연(口沿) 잔편 두 점이 수집되었다. 이 유물은 구워 만든 것으로, 소성도가 비교적 높고, 재질은 단단하다.

　발견된 도기편의 재질과 형식으로 보면, 영길현(永吉縣) 양둔대해맹(楊屯大海猛) 제3기 문화(초기)층에서 출토된 동일 유형의 도기와 서로 비슷하여, 물길(勿吉) 속말말갈부(粟末靺鞨部)의 유물로 생각된다.

길림시

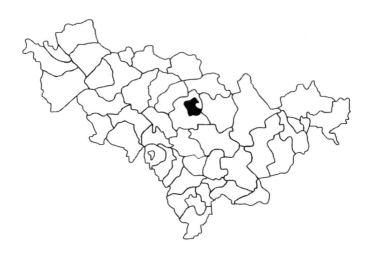

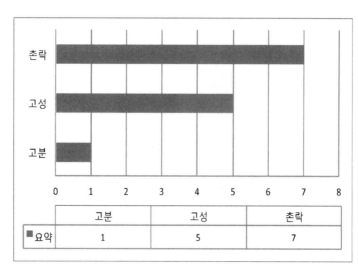

	고분	고성	촌락
■요약	1	5	7

발해무덤유적

1. 모아산무덤[帽兒山墓葬]

[그림 1]　　　1.모아산무덤떼 표지석　　　2. 무덤떼 전경(서→동)

모아산무덤[帽兒山墓葬]은 길림시교(吉林市郊) 강남공사(江南公社) 영안대대(永安大隊)와 유민대대(裕民大隊)가 접경한 곳에 위치한 모아산(帽兒山) 서쪽 기슭에 있다. 모아산무덤떼는 서쪽으로 길풍(吉豊) 철로 너머로 동단산산성(東團山山城)과 약 1.5km, 북쪽으로는 알하하(嘎呀河) 너머 호가분산(胡家墳山)과 마주하고 있으며, 남쪽으로 귀개산(龜盖山)과 700m 떨어져 있다.

모아산 서쪽 기슭에는 고고학자들에 의해 발해무덤으로 인정된 직석묘(積石墓) 몇 기가 있다. 현지인들에 의하면, 예전에 산기슭에서 금비녀·금권(金圈)과 마노구슬(瑪瑙珠) 등 유물을 주웠다고 한다. 1980년 길림시박물관에서 무덤 1기를 조사하였는데, 반구형태의 도금한 장식물과 심형금엽장식물(心形金葉裝飾物)이 출토되었다.

모아산무덤떼와 1km 떨어진 동단산(東團山) 기슭 평지는 발해시기 속주(涑州)의 주치소(州治所)였을 가능성이 있으므로, 모아산에 발해 무덤떼가 분포하고 있는 것은 바로 이해가 된다. 무덤에서 출토된 부장품과 현지인들이 들려준 유물로 보면, 이곳에는 아마도 발해 속주의 관리와 귀족이 묻혔을 가능성이 있다. 그러나 모아산무덤떼는 1949년 전에 파괴되어, 현재는 어떠한 흔적도 볼 수 없다. 따라서 1980년 길림시급중점문물보호단위(吉林市級重点文物保護單位)에서 해제되었다.

발해산성유적

1. 동단산산성(東團山山城)

동단산(東團山)은 길림시(吉林市) 동교(東郊) 강남공사(江南公社) 영안대대(永安大隊)에 있다. 해발이 252m로 주위의 지면보다 약 50m 높은 타원형의 작은 산으로 인해 이름 지어졌다. 이 산 동쪽은 길림(吉林)~풍만(豊滿) 철로를 건너 모아산(帽兒山)과 약 1km 떨어져 있다. 서쪽에는 남북으로 흘러가는 송화강(松花江)이 있고, 남쪽은 산등성이와 연결된다. 북쪽은 용담산(龍潭山) 고구려산성과 약 2.5km 떨어져 있다. 산기슭과 산 동남쪽 기슭 평지에는 원시·한·고구려·발해·요·금 시기의 문화유존이 흩어져 있다.

동단산산성(東團山山城)은 산 정상과 중턱에 축조되어 있으며, 모두 3겹의 성벽이 있다. 첫 번째 성벽(즉 외성)과 두 번째 성벽(즉 중성)은 보존상태가 좋고, 세 번째 성벽(즉 내성)은 국공내전시기에 파괴되었다. 외성은 동서 길이 230m, 남북 너비 115m이며, 현재 높이 10m, 윗부분의 너비 3m이다. 중성은 동서 길이 170m, 남북 너비 62m, 높이 12m이다. 산 정상의 평평한 대지로 추측하면, 내성은 동서 길이 62m, 남북 너비 15m이다. 동남향으로 측량하면, 내성은 중성과 53.5m 떨어져 있고, 중성은 외성과 35.2m 떨어져 있다. 『성경통지(盛京通志)』에 근거하면, 이 성은 "성에서 동남쪽으로 7리 떨어진 곳에 납목산(拉木山: 東團山城은 청나라 초기에 鄂漠城이라고 불렀고, 청나라 중기에는 伊蘭茂城, 혹은 拉木城이라고 불렀다) 위에 둘레 1리 정도, 동쪽과 북쪽에 각각 성문이 하나씩 있었다."라고 기록한 것에서 원래 두 개의 문이 있었음을 알 수 있으나, 현재는 확인할 수 없다. 성 안에서 청동기시대의 도기편과 고구려시대의 기와편이 발견되었다.

동단산산성은 송화강(松花江) 우안을 통제하고 삼도령자산성(三道嶺子山城)은 그 좌안(左岸)을 방어하여 용담산산성(龍潭山山城)과의 각지세를 이루고 있다. 성의 위치와 규모로 보면, 용담산산성의 위성에 해당한다. 이 성은 평상시에 주둔하지 않다가, 전쟁이 있을 때만 주둔하였으므로 성 안에서는 건축물이 거의 보이지 않는다.

동단산산성과 용담산산성과 삼도령자산성은 고구려가 물길을 방어하기 위해서 만든 것으로 생각된다. 고구려가 언제 이곳까지 진출했는지는 기록이 없다. 고고학자 이문신은 "고구려가 이곳(주 : 길림시교일대)을 다스린 것은 아마도 광개토왕·장수왕시기로 국력이 팽창하여 부여를 복속시킨 이후일 것이라고 하였다. 고구려의 군사력이 언제 제2송화강 유역까지 미쳤는가에 대해서, 『길림통지』에서는 대체로 남북조 북위 효문제 연흥년간일 것으로 기록하였다. 동단산산성은 고구려 중·후기 성의 특징과 고구려의 북부 강역을 연구하는 실증적인 자료이다.

2. 삼도령자산성(三道嶺子山城)

삼도령자산성(三道嶺子山城)은 길림시교 사하자공사(沙河子公社) 삼도령자(三道嶺子) 대립자산(大砬子山) 위에 있다. 이 산은 해발이 272m로 주변보다 120m 높다. 동남쪽은 산간분지이다. 송화강 너머 동단산(東團山)·용담산(龍潭山)과 마주하고 있다. 북쪽으로 송화강 유역과 인접해 있으며, 정북쪽은 넓게 펼쳐진 충적평원이다. 서쪽과 서북쪽은 높은 산 구릉지이다. 길림(吉林)~장춘(長春) 철로를 넘어 길림(吉林)~구참(九站) 도로, 이도령자칠가자(二道嶺子七家子) 서산(西山) 및 과정산(鍋頂山)과는 7.8km 떨어져 있다. 이곳은 길림분지 북구로 송화강유역과도 인접해 있어, 입지가 매우 중요하다.

산성은 삼도령자 대립자산 서북쪽 기슭에 황토와 응회암(凝灰巖)을 섞어 쌓았다. 현재는 "L"자 형태를 띠고 있는데, 단벽은 동서 길이 58m, 장벽은 남북 너비 200m, 전체 길이는 258m이다. 성벽 바깥쪽은 수직단벽으로, 그 높이는 6m이다. 안쪽도 수직을 이루며 그 높이는 3m, 윗부분은 너비 1~1.2m이다.

이 산은 길림시교에서 비교적 규모가 큰 채석장 중의 하나로 오랫동안 채석되어 산 동반부는 회복할 수 없을 정도로 깎여 나갔다. 구조는 용담산성(龍潭山城)·동단산산성(東團山山城)과 대체로 같아서 고구려시대의 성터임을 알 수 있다. 이 성의 지리위치로 보면, 그것은 동단산산성과 각각 송화강 좌안과 우안을 방어하고 용담산산성과 의각지세를 이루고 있는, 용담산산성의 위성임을 알 수 있다.

발해촌락유적
······················

1. 포수구자유지(炮手口子遺址)

포수구자유지(炮手口子遺址)는 길림시교(吉林市郊) 강남공사(江南公社) 영안대대(永安大隊)에 위치한다. 동단산(東團山)과 동개집가(東改集街) 사이에 있다. 이곳은 송화강(松花江) 남안에 해당한다. 오랜 동안 빗물로 침식되어 유지에는 약 5~6m 깊이의 구덩이가 여러 개 생겼다. 유지 면적은 동서 길이 약 500m, 남북 너비 약 100m이다.

유지 구덩이 옆 단면에서 20~30cm에 달하는 문화층을 확인할 수 있다. 지표면에는 일부 손으로 만든 무늬가 없는 갈색 사질도기(褐色砂質陶器) 잔편과 석기 잔편 등이 흩어져 있다. 이 유지는 대체로 보존상태가 좋다. 노출된 유물로 보면, 서단산문화에 속하는 것으로 생각된다.

2. 동단산유지(東團山遺址)

동단산유지(東團山遺址)가 위치한 동단산(東團山)은 길림시(吉林

市) 동교(東郊) 강남공사(江南公社) 영안대대(永安大隊)에 있다. 해발은 252m이며, 주변 지표면보다 약 50m 높은 타원형의 작은 산으로 인해 이름 지어졌다. 이 산 동쪽은 길림(吉林)~풍만(豊滿) 철로 너머 모아산과 약 1km 떨어져 있고, 서쪽은 남북으로 흘러가는 송화강(松花江)이다. 남쪽은 높고 낮은 산등성이와 이어졌고, 북쪽은 알하하(嘎呀河)가 용담산(龍潭山) 고구려산성과 약 2.5km 떨어져 있다. 산기슭과 산 동남쪽 기슭 평지에는 원시·한·고구려·발해·요·금시기 문화유적이 흩어져 있다. 동단산유지에는 원시사회와 한대(漢代) 문화유물만이 아니라, 고구려·발해시대의 문화유물도 있다.

이곳에서 수집된 고구려시대 유물로는 홍갈색 세사질 화문전(紅褐色細砂質花紋磚) 10점이 있다. 모두 깨졌다. 긴 가지형태[長條形]와 네모난 테두리가 있는 형태[方框形] 두 종류가 있다. 긴 가지형태 벽돌[長條磚]은 일반적으로 두께가 2.5~4cm, 너비는 4.5~9cm이다. 네모난 틀 형태의 벽돌[方框磚]은 길이 22cm, 너비 5cm이며, 두께는 2.7cm이다. 벽돌면에는 네모격자무늬[方格紋]·크고 작은 마름모 형태의 무늬·우거진 풀 무늬[蕃草紋]·동그라미가 이어진 기하학무늬[連卵幾何紋] 등이 있다.

홍갈색세사질(紅褐色細砂質) 암키와 11점은 모두 깨졌다. 일반적으로는 대체로 두꺼우며 그 두께는 2~2.5cm이다. 기와 안쪽에는 베무늬가 있고, 바깥쪽에는 대부분 새끼줄무늬·네모격자무늬[方格紋]와 마름모형태의 무늬가 있으며, 일부 각획무늬도 있다. 가장 큰 네모격자무늬 암키와는 잔여 길이 30cm, 너비 30cm이며, 기와 바깥쪽에는 "십(十)"자 무늬가 새겨져 있다. 또 다른 기와 한 점에는 "×"자 형태의 무늬가 새겨져 있다.

회색니질도관(灰色泥質陶罐) 1점은 구연부(口沿部)만 약간 남아 있다. 가장자리가 말려 있고[卷沿], 배부분은 공처럼 둥글며, 그 한 가운데는 기둥형태의 그릇 손잡이가 있다. 구연부에서 배부분까지는 아무런 무늬가 없으나, 그 아래로 그릇 바닥까지는 네모무늬가 가득 찍혀 있다. 입 지름은 10cm, 높이는 18cm이며, 배지름은 21cm, 그릇 바닥의 지름은 6cm이다.

무늬가 있는 도기편은 12점인데, 그중에서 커다란 네모무늬 도기편은 5점, 중소 네모무늬 도기편은 7점이다. 쌍주형(雙珠形) 장식 1점은 두 개가 하나로 연결된 올리브 반쪽과 같은 모양[半橄欖形]의 장식이다. "쌍주"는 길이 3.7cm, 너비 1.4cm이다. 아마도 마구 종류로 생각된다. 물방울모양[泡形] 장식 1점은 물방울 중심부분에 속이 찬 반원[實心半圓] 형태의 돌기가 있는데, 개암[榛仁]크기의 절반만하다. 물방울[泡] 윗부분 중심에는 가시[殘蒂]가 남아있다. 물방울 지름은 5cm, 벽 두께는 0.15cm이다. 용도는 분명하지 않다.

동단산 기슭에 위치한 고구려건축에 사용된 기와 수와 도금한 장식물에 근거하면, 고구려인들은 이곳에서 상당히 오랫동안 생활을 하였으며 그 생활도 상당히 부유하였다고 판단된다.

이곳에서 수집된 발해시기 유물로는 암키와 4점이 있는데 모두 깨졌다. 그 중 2점은 기와 앞 끝부분에 네모난 나무로 누른 무늬[方木壓印紋]가 있다. 암키와 안쪽에는 모두 베무늬가 있다. 수키와 2점은 미구가 남아있다. 미구에는 두 개의 음각된 선무늬[凹絃紋]가 있다. 안쪽에는 역시 베무늬가 있다. 도기 구연 1점은 홍갈색협사도(紅褐色夾砂陶)이다. 입술은 납작하며 바깥쪽으로 벌어졌고, 구연부 아래에는 점이 찍힌 테두리가 붙어있다. "말갈식" 도관 잔편이다.

1949년 이전 중국고고학자 이문신(李文信)이 또한 이곳에서 일반민가에서는 사용하지 않는 물고기 꼬리형태[魚尾形]와 짐승머리형태[獸頭形]의 치미 등을 발견하였는데, 그 재질과 형식이 발해 상경에서 출토된 것과 대체로 동일하다고 하였다. 그는 논문에서 "발해는 처음에 진국이라고 불렸고, 속말말갈을 중심으로 건국하였다. 그런 까닭으로 발해 주군에는 속주(涑州)와 독주주(獨奏州)가 있는데, 독주라는 것은 중앙에 직접 예속된 것으로, 대체로 그들이 기원한 고지(故址)를 높인 것이다. 그러므로 이 주가 용담산성(龍潭山城)을 사용했는가에 대해서는 확실히 알 수 없지만, 사료에 근거하여 보면, 속주는 길림시 부근에 있고 여기에서도 발해유물이 출토되었으므로, 이와 같이 대담하게 추측하는데, 조금의 망설임도 없다."라고 지적하였다.

전체적으로 동단산유지(東團山遺址)에서 출토된 고구려·발해시대의 유물은 고구려 북부 강역과 발해의 주현설치를 연구하는데, 매우 중요한 가치를 지니고 있다.

3. 호가분유지(胡家墳遺址)

호가분유지(胡家墳遺址)는 길림시교(市郊) 강남공사(江南公社) 영안대대(永安大隊)에 위치한 완만한 작은 산에 있다. 북쪽은 용담산(龍潭山) 산맥과 이어져 있다. 남쪽 0.5km에 모아산유지(帽兒山遺址)가 있고, 그 사이에는 알하하(嘎呀河)가 흘러 간다. 서쪽 약 1.5km에는 송화강(松花江)이 있다.

유지는 산 남쪽 기슭과 서남쪽 등성이 위에 있다. 남쪽 기슭은 약

80㎡, 서남쪽 둥성이는 약 400㎡이다. 유지에는 니질 회색 박인방격문 도기(泥質灰色拍印方格紋陶器)와 네모격자무늬[方格紋] 벽돌이 흩어져 있다. 재질과 형식으로 보면, 고구려·발해시기의 유물로 생각된다.

호가분(胡家墳)은 동단산 고구려산성과 발해성터에서 불과 1km 떨어져 있으므로, 고구려와 발해인들이 이곳에서 생활했다는 것은 자연스러운 일이다. 여기에서 고구려·발해시기 유물이 발견되었다는 것은 고구려·발해인들이 이 산에 정착하였음을 증명하는 것이므로 현재의 길림시교에서 고구려·발해인들의 활동범위를 연구하는데 어느 정도 참고할만한 가치가 있다.

4. 마가둔유지(馬家屯遺址)

마가둔유지(馬家屯遺址)는 길림시교(吉林市郊) 강남공사(江南公社) 일승대대(日升大隊) 전력추수참(電力抽水站) 남쪽 강안에 있다. 서쪽으로 강 너머 길림시 제55중학과 마주하고 있고, 동쪽으로 강남대교(江南大橋)와는 약 1km 떨어져 있다. 동쪽으로 민가와 인접해 있는데, 마을을 지나 500m를 가면 바로 길림사범학원이다.

일찍이 고고학자들이 마가둔유지에서 고구려·발해시기 유물 일부를 수습하였는데, 대부분은 니질 갈색 압인방격문(泥質褐色壓印方格紋) 도기편·무늬가 없는 갈색 암키와·연꽃무늬 와당과 긴 가지 형태의 벽돌 등이다. 지표면에 흩어져 있는 유물을 통해, 이곳에서 청동기시대부터 한대를 거쳐 고구려·발해시기까지 지속적으로 인류가 생활했음을 알 수 있다.

5. 귀개산유지(龜盖山遺址)

귀개산유지(龜盖山遺址)는 길림시교(吉林市郊) 강남공사(江南公社) 영안대대(永安大隊)에 있는데, 거북이 등과 같은 작은 산으로 인해서 이름 지어졌다. 산 서쪽은 화산(華山)도로 너머 송화강(松花江)까지 약 400m, 서남쪽은 소독산유지(小禿山遺址)와 약 400m, 북쪽은 모아산유지(帽兒山遺址)와 약 500m 떨어져 있다.

이 유지에는 서단산문화(西團山文化), 한대문화유물(漢代文化遺物), 고구려시기 유물도 있다. 조사 당시에 수집된 유물에는 고구려 홍색·회색 방격문(灰色方格紋) 암키와·새끼줄무늬 암키와·네모격자무늬 도기편 등이 있다.

귀개산(龜盖山)은 동단산(東團山)에서 불과 500m 정도 떨어져 있는데, 동단산에는 고구려산성이 있으므로 고구려인들이 이곳에서 활동했다는 것은 자연스러운 것이다. 귀개산에서 발견된 고구려유물은 고구려인들이 이 산에서 거주하였음을 증명하는 것으로, 고구려인들이 길림시교(吉林市郊)에서 활동한 그 범위를 연구하는데 어느 정도의 참고할만한 가치가 있다.

6. 모아산유지(帽兒山遺址)

모아산유지(帽兒山遺址)가 위치한 모아산(帽兒山)은 길림시교(吉林市郊) 강남공사(江南公社) 영안대대(永安大隊)에 있다. 이곳은 송화강 동안으로, 알하하(嘎呀河)가 그 남쪽에 있다. 남쪽으로 귀개산(龜

盖山)유지와는 약 700m, 서쪽으로 길풍(吉豊)철로와는 1km 정도 떨어져 있다.

　모아산 서북쪽은 가파른 경사지이고, 동남쪽은 유지가 분포하고 있는 완만한 경사지이다. 범위는 대략 100㎡이다. 유지에는 비교적 많은 도기잔편과 석기잔편이 흩어져 있다. 돌도끼·돌칼·돌호미 등 유물이 수집되었다. 돌칼은 사암을 갈아서 만들었다. 도기는 모두 손으로 빚은 무늬가 없는 홍갈색 사질도(紅褐色砂質陶)로서 소성도가 비교적 낮다. 이 유지에는 고구려·발해시기의 문화유적도 있다. 이 유지의 원시문화는 서단산문화에 속하는 것으로 생각된다.

발해평원성유적

1. 동단산평지성(東團山平地城)

[그림 2]　　1. 동단산평지성 표지석　2. 수습한 도기편　3. 성벽 절개 단면

동단산평지성(東團山平地城)이 위치한 동단산(東團山)은 길림시(吉林市) 동교(東郊) 강남공사(江南公社) 영안대대(永安大隊)에 있다. 해발은 252m이며, 주변 지표면보다 약 50m 높은 타원형의 작은 산으로 인해 이름 지어졌다. 이 산 동쪽은 길림(吉林)~풍만(豊滿) 철로 너머 모아산과 약 1km 떨어져 있고, 서쪽은 남북으로 흘러가는 송화강(松花江)이다. 남쪽은 높고 낮은 산등성이와 이어졌고, 북쪽은 용담산(龍潭

山) 고구려산성과 약 2.5km 떨어져 있다. 산기슭과 동남쪽 기슭 평지에
는 원시·한·고구려·발해·요·금시기의 문화유적이 흩어져 있다.

동단산 동남쪽 산비탈 평지에는 황토로 쌓은 고성이 있는데, 일반적
으로는 남성자(南城子)라고 부른다. 성벽은 원형에 가깝다. 일부 동남
벽은 보존상태가 비교적 좋으나, 서남벽과 서북벽은 대체로 훼손되었
다. 다만 일부 구간에서 성벽 기단부를 어렴풋이 확인할 수 있다. 이
성터 정남쪽은 성벽이 없이 동단산 가장자리를 병풍으로 삼고 있다.
동남벽은 현재 높이가 5~6m, 윗부분의 너비는 1m 정도이다. 성 밖에서
는 해자가 있다. 남북 2개의 성문이 있는데, 남문은 현재 너비가 16m이
고, 북문은 현재 너비가 44m이다. 서쪽 산 가장자리를 포함하지 않은
성벽 둘레 길이는 1,050m이다. 남문 부근에는 성안 지면보다 1~1.5m가
높은 장방형의 높은 대지가 있는데, 그 규모는 남북 길이 150m, 동서
너비 73m이다. 성 안 농경지에는 원시·한·고구려시대의 유물 외에
도 발해시대의 문화유물이 많이 있다.

동단산평지성(東團山平地城), 즉 남성자(南城子)는 몇 시대에 걸쳐
활용되었던 고성으로, 처음에는 고예성(古濊城)으로서 부여 전기 왕성
이 되었고, 그 이후에는 고구려가 점령하였으며, 발해시대에 다시 발해
국의 중요한 주치(州治)가 되었을 것으로 생각된다. 이곳이 발해의 어
떤 주치소였는가에 대해서, 고고학자 이문신(李文信)은 발해 속주(涑
州)의 치소였을 것이라고 하였는데, 그 이유는 아래와 같다.

먼저, 『신당서』「발해전」에 "속주는 속말강(涑沫江)과 가까워서 일
반적으로 속말수(粟末水)라고 한다."고 기록되어 있다. 속말강은 바로
속말수(粟末水)이고, 속말수는 곧 지금의 북류 제2송화강이므로, 속주
는 당연히 이것으로 이름 지어진 주이다. 이 성은 바로 송화강에서 가

장 가까이 있는 성으로, 지리적으로 역사문헌기록과 부합한다.

다음으로, 이 성은 일정한 규모를 지니고 있을 뿐만 아니라, 1949년 이전에 성안에서 일반 민가에서 사용된 것으로는 생각되지 않는 물고기꼬리모양과 짐승머리모양의 치미 등 건축자재가 발견되었는데, 그 재질과 형식이 발해 상경에서 출토된 것과 대체로 같다.

마지막으로, 이 성 동쪽 약 1km에는 모아산 발해무덤떼가 있다. 현지인에 의하면, 옛날에 자연석과 다듬은 돌로 축조한 무덤이 많이 있었으며, 1949년 이전에 어떤 사람이 일찍이 무덤과 산기슭에서 금대접(金碗)·금비녀 등 금제품을 주웠다고 한다. 1980년 길림시박물관에서도 이곳에서 반구형태의 도금한 금장식과 심장모양(心形)의 금장식품을 각각 1점씩 발굴하였다. 따라서 이 무덤들은 아마도 남성자(南城子) 귀족의 무덤으로 추측된다.

그러나 또 어떤 사람은 『길림통지』에 "속주(涑州)는 현성에서 85리 떨어져 있다."라는 기록에 근거하여, "발해 속주의 주치소는 당연히 지금의 영길현(永吉縣) 오랍가공사(烏拉街公社)에 있어야 한다."고 주장하기도 한다. 조정걸은 『동삼성여지도설』에서 "속주는 지금의 오랍가성에서 서북쪽으로 몇 리 떨어져 있다."라고 기술하였다. 길림성문물공작대는 "최근의 고고조사로 보면, 속주는 지금의 오랍가(烏拉街) 대상고성(大常古城)이 발해 주치소였다는 주장이 다른 설보다 타당하다."라고 하였다.

위에서 서술한 견해 가운데서 어느 주장이 맞는가는 현장발굴을 통해서만 판단할 수 있는 것이므로, 빠른 시일 안에 해결되기를 기대한다.

발해산성유적

1. 용담산산성(龍潭山山城)

[그림 3]   1. 용담산산성 표지석   2. 산성 판축층(남→북)
                  3. 한뢰(서→동)   4. 산성 입구

    용담산산성(龍潭山山城: 또는 尼什哈城이라고 부른다)은 길림시 동부 용담산 위에 있다. 기복을 이루며 길게 이어져 있는 이 산의 가장 높은 봉우리는 해발 384.1m의 남천문(南天門)이다. 산성은 지형을 따

라 축조하여 불규칙한 다변형이다. 성안은 주변이 높고 가운데가 낮다. 성벽은 황토와 깨진 돌로 쌓았으나, 서쪽 일부분만 황토층이다. 바닥의 너비는 10m이고, 윗부분의 너비는 1~2m이다. 지형의 높낮이가 다른데, 높은 곳은 성벽이 낮고, 낮은 곳은 성벽이 높다. 둘레 길이는 약 2,396m 이다. 『길림외기』에 따르면, "성벽 남쪽에 문이 하나, 북쪽에 문이 두 개 있다."고 하는데, 성벽이 가장 높은 곳에 길이 20~25m, 너비 6~9m의 평평한 기단 유적이 있어, 각루 또는 망루 형태의 건축유지로 생각된다. 모두 4곳이 확인되었다.

성안 서북쪽에 수뢰(水牢)가 있는데 용담(龍潭)으로도 부른다. 모서리가 둥근 장방형으로 동서 길이는 52.8m, 남북 너비는 25.75m이고, 깊이는 9.08m이다. 네모난 돌로 네 벽을 쌓아 올렸다. 입구는 크고 바닥은 좁은 3층의 계단형태를 이루고 있다. 북벽의 동쪽 끝에는 물이 흘러서 성벽 밖으로 가는 통로가 있다. 성 안 서남쪽 비교적 높은 곳에도 한뢰(旱牢)라고 부르는 유적이 있다. 그것은 돌로 쌓은 둥근 우물형태[圓形竪井式] 구덩이로 벽은 곧으며 바닥이 평평하다. 지름 약 10m, 길이 약 3m이다. 물품을 저장하는 곳[貯藏井]이거나 감옥[牢獄]으로 생각된다.

산성 안에서 청동기문화에 속하는 돌칼·돌검·돌도끼와 도제 항아리[陶鬲]·도기 방추차 등 유물이외에, 한나라시기의 도기편과 오수전(五銖錢) 및 고구려시기의 거친 새끼줄무늬 기와·발해 와당·북송시기의 동전 등도 발견되었다. 1957년과 1958년 수뢰(水牢)를 조사할 때, 그 안에서 요금시기의 진흙으로 빚은 짙은 회색 도기항아리[泥質深灰色陶罐]와 손잡이가 여섯인 쇠솥[鐵鍋]이 발견되었다. 이 출토유물은 용담산에 산성이 처음 축조되기 이전에 사람들이 거주하고 있었고, 후에 고구려호태왕(광개토왕) 재위기간(391-4132)에 그 세력이 북쪽으로 길림에 미쳤으며, 이곳에 산성, 수뢰(水牢)와 한뢰(旱牢)를 만든 이후 발해, 요금시대까지 이 산성을 지속적으로 사용하였음을 보여준다.

2. 관지고성(官地古城)

관지고성(官地古城)은 제2송화강 우안에서 약 250m 떨어진 산등성이에 있다. 용담산산성(龍潭山山城) 서남쪽, 길서(吉舒)철로 용담산역 서쪽에 있으며, 그 남쪽 3km에는 동산산산성(東團山山城)이 있다. 성벽은 대부분 남아 있지 않으나 서북쪽 모서리는 보존상태가 약간 좋다. 고고조사결과, 동서 성벽은 약 380m, 남북 성벽은 길이 약 200m, 전체 길이는 약 1,160m이다. 성문 위치를 확인할 수 없는 것을 물론 나머지 유적도 남아있지 않다. 성지 안팎에는 도기편이 많이 흩어져 있는데, 각각 서단산문화(西團山文化)·한문화(漢文化)·고구려문화(高句麗文化)·발해문화(渤海文化)와 요금시기(遼金時期)의 문화에 속한다. 관지고성(官地古城)의 축조연대는 앞으로 연구를 기대한다.

발해촌락유적

1. 토성자유지(土城子遺址)

토성자유지(土城子遺址)는 토성자고성(土城子古城) 동남쪽에 있다. 남쪽으로 제2송화강(第二松花江)과는 1.5km 떨어져 있다. 유지는 강 우안 충적평원에 있으며, 지세는 대체적으로 주변보다 높다.

이 유지는 1954년 발견되었고, 같은 해 두 번에 걸쳐 발굴되었다. 발굴된 479㎡에서 모두 석관묘(石棺墓) 32기가 조사되었다. 문화층은 하층의 서단산(西團山)문화 퇴적층과 상층의 한(漢)문화 퇴적층으로 나뉜다. 석관묘가 재구덩이(灰坑)를 파괴한 점과 재구덩이 안의 퇴적물로 보면, 재구덩이(灰坑) 가운데 어떤 것은 하층의 서단산문화, 어떤 것은 상층의 한문화 퇴적층에 속한다. 이 재구덩이들은 서로 중첩되어 파괴하는 관계에 있다. 이와 같이 복잡한 지층퇴적은 길림시와 그 부근의 유지에서는 잘 보이지 않는다. 지금까지의 발굴상황을 보면, 이 유지에는 서단산문화(西團山文化)·한문화(漢文化)·발해문화(渤海文化)와 요금시기(遼金時期)문화 등이 있는데, 그 중에서 서단산문화가 비교적 풍부하다.

서단산문화 주거지는 완전하게 발견된 것이 없다. 그러나 구운 흙으로 벽을 만들었는데, 안쪽은 짙은 붉은색[黑紅色]을 띠고 있으며 매우 단단하다는 사실을 알았다. 주거면[居住面]도 불로 태워 더욱 단단하며, 중간에 아궁이가 있고, 4~5개의 강자갈로 테두리를 만들었다. 주거지 벽 바깥쪽은 경계가 분명하지 않으나 방형의 반지혈식 건축임을 알 수 있다. 재구덩이(灰坑)는 대체로 원형이며, 지름은 약 2m, 깊이는 약 1.5m이다. 아궁이 벽은 두드리고 불로 구워서 비교적 단단하고 평평하며, 회색에 구울 때 생긴 붉은 얼룩이 있다.

석관은 대부분이 돌로 만들었다. 관 바닥돌과 덮개돌이 있는데, 길이는 약 1.2~2.8cm, 너비는 0.47~1m이다. 출토유물로는 도기·석기·골기·청동기 등이 있다. 도기는 사질도(砂質陶)가 대부분이며, 붉은색과 회갈색 도기가 일반적이다. 유물은 솥(鼎)·제기(豆)·항아리[罐]·대접[碗]·그릇(盉)·주전자(壺)·방추차·어망추 등이다. 석기에는 돌칼·돌도끼·돌끌·돌화살촉 등이 있다. 청동기에는 청동칼·청동고리와 구슬을 연결한 형태의 장식물이 있다. 이곳의 석관은 모두 부관이 없다. 돼지머리를 관 위에 놓아서 부장품으로 삼은 흔적이 많이 보인다. 그밖에 한 석관 안에서 장방형의 진흙으로 만든 가지모양의 테두리[泥條框]로 시체를 둘러싼 것이 발견되었는데, 아마도 목관이 부패한 흔적으로 보인다.

토성자유지(土城子遺址) 상층퇴적에서는 한문화(漢文化)에 속하는 재구덩이(灰坑)가 발견되었으나, 유물은 약간의 도기편만이 있다. 이밖에 유지에서 발해·요금시기의 유물도 많이 수집되었다. 토성자유지의 서단산문화유적은 서단산문화 말기에 속하며, 그 연대는 대체로 한대(漢代) 전후이다. 토성자유지는 현재 점점 작아져서 사라질 위기에 처했다.

농안시

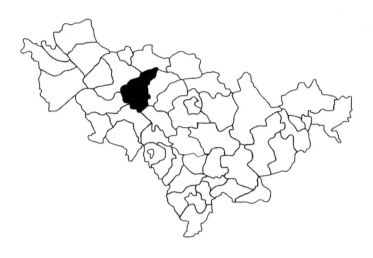

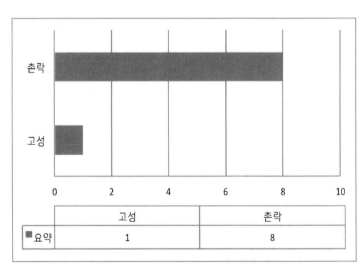

	고성	촌락
■요약	1	8

발해산성유적

1. 농안고성(農安古城)

농안고성(農安古城)은 송요평원(松遼平原) 중서부, 이통하(伊通河) 좌안의 농안시(農安市)에 있다. 남쪽으로 장춘시(長春市)와 70km, 동쪽으로 이통하와 1km 떨어져 있다. 장춘(長春)~백성(白城) 철로와 도문(圖們)~오란포특(烏蘭浩特) 도로가 성 서쪽 400m 지점을 남북향으로 지나간다.

농안고성의 평면은 방형이다. 둘레 길이는 3,840m이며, 동벽은 936m, 서벽은 937m, 남벽은 984m, 북벽은 983m이다. 성벽 중간에는 각각 문지가 한 곳씩 있다. 이 밖에도 각각 동·서·남 문지 옆에 작은 문이 있다. 성벽은 흙을 판축하여 쌓았다. 성벽 네 모서리에는 모두 각루가 있는데, 지금은 대부분이 이미 민가가 들어섰다.

농안고성은 부여국에 쌓은 것으로, 후기에는 부여국 왕도가 있던 곳이다. 그 이후에는 다시 발해·요·금·원·명·청 등 역대에 걸쳐 사용되었다. 현재 학계에서는 일반적으로 농안고성은 발해국시기 부여부의 소재지였고, 또한 서쪽으로 거란을 방비하는 중요한 군사시설이었다고 인식한다. 요나라가 발해를 멸망시킨 이후 다시 부여부를 황룡부(黃龍府)로 고쳐 불렀다. 금이 요나라를 멸망한 이후 다시 황룡부를 제주(濟州)로 고쳐 불렀다. 현재 고성의 형태는 대체로 요·금·원시기의 특징을 지니고 있고, 옛날의 부여국 왕성과 발해국 부여부의 모습은 없으므로 발해국시기의 부여부 성의 형식·둘레·건축시설 등은 고찰할 수 없다. 단지 역사문헌에 근거하여, 이 성이 원래는 발해국 부여부 고지였음을 인정할 수 있을 뿐이다.

만약 학계에서 고증한 발해 부여부가 바로 지금의 농안고성지임이 틀림없다면, 농안 부근에도 발해국의 고성 또는 기타 유적이 존재할 것이다. 현재로 보면, 발해 서부지역의 강역문제와 그 문화유존에 관한 고고학적 증거는 매우 불충분하다. 그러나 고성으로만 말하면, 지금의 길림성 농안·부여 일대 고성 유적 중에서 치[馬面]가 없는 소형 고성지가 있는데, 도대체 언제 축조된 것인가에 대해서 아직 정확한 판단은 내리지 못하고 있다. 당연히 이러한 고성은 요금 내지 원·명시기에 모두 이용되었던 흔적이 있다. 그러나 치[馬面]가 없는 특이한 현상도 분명하게 해석하기 어렵게 한다. 현재의 모습으로 보면, 이러한 고성의 시축년대는 아마도 요금시기보다 빠를 것으로 생각되는데, 발해의 서쪽이 거란과 국경을 마주하고 있었고, 아울러 항상 정예군을 주둔시켜서 수비했다는 사실에 근거하면, 이러한 고성은 바로 발해의 서쪽에 설치한 방어시설이 아닌가 한다. 지금의 농안고성 서쪽, 즉 발해의 부여부 고지 서쪽 또는 지금의 장령현 부근에도 이러한 고성이 분포하고 있다. 예를 들어, 장령현 십가호향(十家戶鄕) 십삼호촌(十三號村)의 십삼호고성지(十三號古城址)는 평면이 방형이고, 치[馬面]는 없고, 각루는 있다. 둘레 길이는 746m이며, 성안에서 북쪽으로 치우친 곳에는 흙기단이 있다. 또한 장령현 팔십팔향(八十八鄕) 팔십팔호촌(八十八號村) 동오십구호둔(東五十九號屯)에서 서북쪽으로 50m 떨어진 동오십구호둔고성지(東五十九號屯古城址)는 둘레 길이가 542m이며, 각루와 동서 양쪽에 측성이 딸려 있으나 치[馬面]와 옹성문은 없다. 이 뿐만 아니라 장령현 신안진(新安鎭) 오수대촌(烏樹臺村) 오수대고성지(烏樹臺古城址)는 평면이 장방형이며, 둘레 길이는 152m의 각루가 있으나, 옹성문과 치[馬面]는 없다.

이러한 고성에서는 비록 수많은 요금시기의 유물이 출토되었으나, 축조년대에 대해서는 고성의 형식특징으로 보면, 요금시기보다 빠른 고성으로 생각된다. 이러한 문제는 고고발굴 이후에야 고성의 건축년대를 정확하게 판단할 수 있을 것이므로 지금은 발해 말기의 고성지로 잠정결론은 내린다.

발해촌락유적

1. 반절구유지(半截沟遺址)

　반절구유지(半截沟遺址)는 농안시(農安市) 청산구향(靑山口鄕) 강동왕촌(江東王村) 제2송화강 남안 구릉 위에 있다. 북쪽은 강 모래톱(江畔), 남쪽은 경작지에 이어져 있으며, 서남쪽 하요둔(下窯屯)과는 400m 떨어져 있다. 지형은 북쪽이 높고 남쪽이 낮다.

　동서 길이 60m, 남북 너비 40m에 붉은색과 황갈색 도기편이 흩어져 있다. 수집된 8점의 유물 가운데는 니질회도(泥質灰陶)가 대부분이며, 협사도(夾砂陶)가 그 다음이다. 또한 조개껍질이 일부 섞인 도기[夾蚌陶]도 있다. 모두 손으로 만들었으나, 어떤 것은 느린 물레로 고쳤다. 구연(口沿)은 대부분 입술이 둥글고 바깥쪽으로 벌어졌는데[圓脣侈口], 어떤 것은 나팔처럼 생겼다. 대부분은 구연부(口沿部) 아래에 파도무늬가 있는 덧띠[堆紋]가 붙어 있으나, 일반적으로는 입술(脣口)에서 1~2.5cm에 덧띠[堆]가 붙어 있다. 이러한 도기의 가장 큰 특징은 그릇 표면이 가지런하지 않은 것이다. 도기의 태토는 걸러내지[淘洗] 않아서, 그릇 태토 안에는 섞이지 않은 흙덩어리가 있다. 소성도는 적당하다. 이러한 특징은 발해시기의 말갈문화유물과 대체로 유사하다. 그러므로 이 유지는 발해시기의 문화유존으로 생각된다.

2. 팔장구유지(八丈沟遺址)

팔장구유지(八丈沟遺址)는 농안시(農安市) 청산구향(青山口鄉) 강동왕촌(江東王村) 하요둔(下窯屯) 동북쪽 500m 팔장구(八丈沟) 입구에 있다. 제2송화강은 유지 서북쪽에서 흘러간다. 동남쪽은 골짜기에 인접해 있고, 북쪽은 절벽에 붙어 있다. 서쪽은 구릉이고, 남쪽은 경작지에 인접해 있다. 유지는 구릉 위에 있다.

동서 길이 60m, 남북 너비 50m에는 갈색·황갈색·홍갈색 니질도기 잔편이 흩어져 있다. 절벽에는 구덩이[灰坑]가 있는데, 어떤 것은 깊이가 0.5m에 이른다. 1985년 조사 당시에 수집된 유물은 32점이다. 그 중 완전한 도제 방추차 1점은 손으로 빚은 니질도로서 홍갈색이다. 지름은 4.3cm, 두께는 0.4cm, 구멍 지름은 0.3cm이다. 원형으로 한쪽 면은 약간 불룩하고, 다른 한쪽 면은 납작하고 편평하다. 구멍은 한 개다.

그밖에 갈색·홍갈색 구연부 잔편이 1점씩 있는데, 하나는 원순외권(圓脣外卷)이며 주둥이가 약간 안쪽으로 기울어져 있다. 두 점의 구연부 아래에는 모두 둥근 진흙 띠[泥條]가 붙어 있고, 그 위에는 톱니무늬가 찍혀 있다. 발견된 도기 태토 안에는 비교적 많은 점토 덩어리들이 포함되어 있는데, 섞은 것 같으나 실제로는 도기의 흙을 걸러내지 않아서 섞이지 않아서 생긴 것이다. 이밖에도 그릇 외벽이 매끈하지 않고, 도기 재질은 푸석푸석하며, 소성도가 높지 않은 것이 공통된 특징이다.

이 유지의 유물은 비교적 단일하여 흑룡강 유역의 말갈유적인 동인문화유형(同仁文化類型)과 이미 알려진 유수(楡樹) 대파(大坡)의 말갈도기와 대체적으로 같다. 이것에 근거하면, 발해시기의 말갈문화로 생각된다.

3. 하요둔유지(下窯屯遺址)

하요둔유지(下窯屯遺址)는 농안시(農安市) 청산구향(靑山口鄕) 강동왕촌(江東王村) 하요둔(下窯屯)에서 동쪽으로 100m 떨어진 숲과 경작지 경계지에 있다. 동북쪽 70m에는 제2송화강이 동서로 흘러간다. 북쪽에는 절벽이 있는데, 그 높이는 20여m에 이른다. 절벽 위는 볕이 잘 드는 등성이로, 유지는 바로 강굽이(江灣) 남안 등성이 위에 있다.

유지 면적은 동서 길이 100m, 남북 너비 80m이다. 북쪽 절벽에 근거하면, 문화층의 깊이는 0.7m에 달하며, 지면에는 각종 도기편이 매우 많다. 이번 조사에서 수집된 도기편은 63점이다. 그중에는 니질도(泥質陶)가 대부분이며, 약간의 협사도(夾砂陶)가 포함되어 있다. 색깔은 황갈색(黃褐色)이 대부분이지만, 갈색 또는 홍갈색 도기도 있다. 대부분 도기 잔편의 태질은 일정하지 않다. 태토는 걸러내지 않아 작은 흙덩어리가 남아 있어, 그릇 표면이 매끈하지 않다.

대부분은 바탕에 무늬가 없지만, 2점에는 바구니 무늬가 있다. 주목할 만한 것은 일부 도기 구연(口沿) 아래 2cm에 한 줄 또는 세 줄의 덧띠무늬[堆紋]가 있다는 점이다. 즉 유물을 만들고 굽기 전에 진흙띠[泥條]를 구연부 아래 한 줄 돌리고, 진흙띠 위에 눌러 찍는 방법[壓印

法]으로 톱니모양의 무늬를 찍은 것이다. 어떤 때는 진흙띠[泥條]를 주둥이 부분 가까이 붙여서 거의 중순[重唇]이 되었다. 이러한 도기는 일반적으로 황갈색이나, 약간은 회색 또는 흑갈색을 띠고 있는 것도 있다.

형식으로 보면, 대부분이 원순(圓唇) 또는 평순(平唇)이고, 바닥은 평평하고 주둥이는 밖으로 벌어진 도기[平底侈口器]이다. 어떤 것은 둥근 테두리 굽[假圈足]을 두른 것도 있다. 그중에서 니질황갈색 도기구연(泥質黃褐陶口沿) 1점은 비교적 특수한데, 이 그릇은 목이 없고, 입술 부분에는 비교적 넓은 진흙띠[泥條]를 주둥이에 붙였다. 진흙띠에는 3줄의 도드라진 줄기가 있다. 이러한 유형의 유물과 상술한 도기 잔편은 현재까지 알려진 말갈문화 중순기(重唇器)형태와 대체로 일치한다.

4. 형가점서북유지(邢家店西北遺址)

형가점서북유지(邢家店西北遺址)는 농안시(農安市) 청산구향(靑山口鄕) 청산구촌(靑山口村) 형가점둔(邢家店屯)에서 서북쪽 300m에 있다. 남쪽으로 숲과 50m, 북쪽은 송화강(松花江)에 인접해 있으며, 강수면보다 20m 높다. 동쪽은 몇 줄기의 골짜기[冲沟]가 있고, 동쪽과 북쪽 절벽 위에는 지표에서 30cm 깊이에 문화층이 노출되어 있다.

유지 동쪽과 북쪽은 이미 골짜기로 변하였기 때문에 면적은 분명하지 않다. 지표와 골짜기[沟] 가장자리 단면에는 약간의 도기편이 드러나 있다. 그 형식은 원순(圓唇) 또는 방순(方唇)이 바깥쪽으로 돌출된 도기구연(陶器口沿)·덧띠무늬[堆紋]가 붙어있는 도기 구연과 도기 잔편이다. 태토는 협사(夾砂)와 협조사(夾粗砂) 두 종류이고, 색깔은 갈색·

흑갈색·홍갈색 3종류이다. 모두 손으로 만들었다. 갈색도기 잔편은 소성도가 낮고, 푸석푸석하다. 그중에서 홍색 협사도기편은 소성도가 대체로 높고, 또한 단단하다. 그밖에 네모격자무늬[方格紋]가 찍힌 갈색도기편 1점은 다른 유지에서는 발견되지 않는 것이다.

발견된 유물로 보면, 덧띠무늬가 있는 도기 구연과 태토를 걸러내지 않아 섞임이 일정하지 않고 태질이 거칠어 그릇 벽이 가지런하지 않은 흑갈색 도기편은 길림대학 역사과 고고전공의 교수와 학생들이 1984년 농안(農安) 북쪽일대에서 발견한 물길--말갈문화에 유사한 도기편과 같다. 그러나 일부 갈색과 홍갈색을 띤 소성도가 비교적 높은 협사도기편은 서단산문화(西團山文化)와 농안전가타자유지(農安田家坨子遺址)에서 발견된 도기편과 유사하다. 네모격자무늬[方格紋]가 있는 일부 도기는 어떤 문화유형에 속하는지는 앞으로 심도깊은 연구를 기대한다. 이것으로 보면, 이 유지는 당연히 아래층에 청동기문화가 있는 발해시기의 유지로 그 연대는 중원의 수당시기로 생각된다.

5. 요타자유지(腰坨子遺址)

요타자유지(腰坨子遺址)는 농안시(農安市) 황어권향(黃魚圈鄕) 반가타자촌(潘家坨子村) 유문거타자둔(劉文擧坨子屯)에서 정북으로 500m 떨어진 요타자(腰坨子)에 있다. 이 모래언덕[沙坨子]은 지면보다 1m 정도 높다. 북쪽으로 300m 떨어진 곳에는 동서향으로 흘러가는 제2송화강, 남쪽 40m에는 동서향의 수로, 서쪽 300m에는 왕팔갱타자(王八坑坨子)가 있다.

유지는 동서 길이 200m, 남북 너비 100m이다. 지표면에는 협사흑도(夾砂黑陶)·흑도(黑陶)·홍갈도(紅褐陶) 잔편 및 구연(口沿)이 흩어져 있다. 도기 특징으로 분석하면, 이 유지의 문화적 의미는 비교적 단일하며 한대(漢代) 이전의 유물은 보이지 않고, 말갈문화와 유사한 유물만이 있다.

가장 두드러진 특징은 구연(口沿) 아래에 톱니무늬가 찍혀있는 진흙[泥條] 덧띠무늬[堆紋]가 있는 것으로, 그 갯수는 1줄에서 3줄로 차이가 있다. 어떤 것은 주둥이 가까이에 덧띠무늬가 붙어 있어서 중순기(重脣器)를 이룬다.

유수(楡樹) 노하심(老河深) 말갈무덤에서 출토된 쌍순장신관(雙脣長身罐)·흑룡강(黑龍江) 동녕단결유지(東寧團結遺址)·길림성(吉林省) 돈화(敦化) 육정산(六頂山) 발해무덤·길림(吉林) 영길(永吉) 양둔(楊屯) 대해맹유지(大海猛遺址) 상층에서 출토된 도관 구연(陶罐口沿)과 대체로 같은데, 이것은 그것들이 동일한 문화에 속함을 설명한다.

그러나 이곳에서 수집된 도기 잔편으로 보면, 유물은 대부분 반듯하지 않고, 소성도가 높지 않으며, 대부분이 손으로 빚은 것이다. 도기 구연에는 원순(圓脣)이 있고, 주둥이에서 1cm 아랫쪽에는 덧띠무늬가 있고, 덧띠 위에는 누른무늬[按壓紋]가 있다. 목 아래 부분에도 같은 형태의 무늬가 있는 협사흑도구연(夾砂黑陶口沿)과 직구원순(直口圓脣)이 있다. 입술 아래에는 2겹의 진흙 덧띠가 있다. 두 번째 덧띠[泥條]에 누른무늬[按壓紋]가 있는 협사회도(夾砂灰陶)는 물레로 빚은 구연(口沿)으로 주둥이가 바깥쪽으로 벌어졌다. 아래쪽으로 1cm 떨어진 곳에는 덧띠가 있는데, 그 덧띠 단면은 방형이다. 줄기 위에 누른무늬[壓印紋]가 있는 협사갈도구연(夾砂褐陶口沿)이다. 일부 물레로 만든 도기는 일상생활에서 일부 도기가 특수하게 처리되었음을 보여주나, 전체 도기의 제작수준은 아직 낮다. 이밖에 수 많은 조개껍질[蚌殼]·고기뼈도 발견되었는데, 이것은 당시 생활방식이 여전히 어렵이 위주로서, 농업·목축업은 중요 경제 산업이 되지 못하였을 가능성을 보여준다.

이 유지의 연대와 영위집단은 수당시기 제2송화강 중류에 거주하던 속말말갈인으로 생각된다.

6. 호리동유지(狐狸洞遺址)

호리동유지(狐狸洞遺址)는 농안시(農安市) 황어권향(黃魚圈鄕) 연삼갱촌(連三坑村) 호리동둔(狐狸洞屯) 북쪽 50m 모래언덕[沙坨子]에 있다. 그 동쪽 300m는 태평포(太平泡)이다. 한 변의 길이가 50m에 달하는 방형 유지에 커다란 구덩이가 있다. 구덩이 안에서 5점의 유물이 수집되었는데, 모두 말갈문화유물에 속한다.

그 중에서 협사도기구연(夾砂陶器口沿) 1점은 안쪽으로 오무라들었다. 외벽은 홍갈색을, 안쪽 벽과 도기의 태토는 회흑색을 띠고 있다. 물레로 빚었다. 구연부(口沿部) 아래에는 3겹의 덧띠무늬[堆紋]가 있는데, 세 번째 덧띠에 누른무늬가 있다. 나머지는 모두 협사갈도(夾砂褐陶)이거나 협사흑갈도(夾砂黑褐陶)·니질회갈도(泥質灰褐陶)이다. 무늬와 형태는 위와 대체로 동일하다. 이 구덩이 안에서 출토된 도기편은 흑어포(黑魚泡)·임가타자(林家坨子)·요타자(腰坨子)와 왕공타자유지(王公坨子遺址)에서 수습된 일부 도기편과 대체로 같아서 발해시기의 유지로 생각된다.

7. 연삼갱유지(連三坑遺址)

연삼갱유지(連三坑遺址)는 농안시(農安市) 황어권향(黃魚圈鄉) 연삼갱촌(連三坑村) 연삼갱둔(連三坑屯) 중부 모래언덕에 있다. 유지 서쪽은 마을길과 인접해 있고, 동쪽과 남쪽은 주거지이다. 정북 1,500m에는 제2송화강이 있다.

유지는 동서 길이 40m, 남북 너비 30m이며, 1,200㎡ 안에 말갈・요금시기의 문화유형의 유물만이 존재한다. 말갈문화유형의 유물은 대부분 도제 어망추로, 모두 니질갈도(泥質褐陶)이거나 니질흑도(泥質黑陶)이다. 형태는 원뿔형태이고, 양 끝에 모두 홈이 파여 있어 그물을 묶을 수 있다. 이러한 종류의 어망추는 다른 말갈문화유지에서 발견된 어망추와 별 차이가 없다. 또한 상당한 양의 덧띠무늬[堆紋]가 있는 도기 구연(口沿)과 조개껍데기 및 생선뼈도 발견되었다. 이 유물들은 말갈인들이 발해국을 건립하기 이전과 건국 초기에 어렵을 위주로 생활하였고, 농업・목축업은 당시 경제생활의 중심역할을 하지 못하였음을 보여준다.

요금시기의 유물은 대부분 물레로 빚은 니질회도잔편(泥質灰陶片)이며, 무늬는 각획(刻劃)무늬와 비치문(篦齒紋)이 많다. 재질은 단단하고 소성도는 비교적 높다. 두드리면 소리가 나는데, 말갈도기와 비교하면, 어느 정도 향상된 측면이 있다. 이 유지는 발해~요금시기의 마을로 생각된다.

8. 임가타자유지(林家坨子遺址)

임가타자유지(林家坨子遺址)는 농안시(農安市) 황어권향(黃魚圈鄉) 육리반촌(六里半村)에서 서쪽으로 2.5km 떨어진 임가타자둔(林家坨子屯) 서북쪽 모래언덕[沙坨子] 위에 있다. 모래언덕은 지면보다 2m 높다. 동남 두 방향으로 150m 떨어진 곳에는 수로가 있고, 북쪽 100m 에서 송화강이 두 갈래로 갈라진다. 유지는 동서 길이 100m, 남북 너비 20m이다. 지표면에는 수많은 도기 잔편·솥다리[鼎足]·그릇 손잡이 [器耳]·조개껍데기[蚌殼]가 흩어져 있다.

도기편 중에는 협사홍갈도(夾砂紅褐陶)가 가장 많고, 일부 협사갈도 (夾砂褐陶)나 흑회색 도기(黑灰色陶器)가 있다. 태토에는 모래가 섞여 있어 거칠지만 분포가 고르다. 어떤 도기편은 약간의 운모(云母) 또는 풍화된 석영(石英)입자도 포함되어 있다. 그릇 형태를 알 수 있는 것으로는 솥[鬲]·솥[鼎]·항아리[罐] 등이 있는데, 모두 바탕에 아무런 무늬가 없다. 도기 손잡이는 다리형태[橋狀]·돌기형태[瘤狀] 두 종류가 있다. 어떤 솥[鼎] 바닥에는 진흙띠[泥條]가 떨어져 나간 흔적이 있다.

제작수법은 손으로 빚고 진흙띠를 감아서 붙이는 방법[泥圈套接法] 을 사용하였다. 그릇 벽은 비교적 두꺼우며, 표면은 문질러서 약간의 광택이 있다. 수집된 솥다리[鼎足]와 무늬가 없는 홍갈색 도기편(紅褐陶片)으로 보면, 솥다리[鼎足]는 원추형(圓錐形)·방추형(方錐形)과 납작한 형태[扁狀]가 있다. 윗부분은 손잡이가 있는 것이 많고, 받침과 몸은 길며 비교적 반듯하다. 그중에서 도제 방추차 1점은 협사갈도(夾砂褐陶)로 대칭적으로 구멍이 있다. 그 지름은 4.2cm, 구멍 지름은 0.6cm 두께는 0.5cm이다. 이러한 도기는 서단산문화유지(西團山文化

遺址)와 무덤에서 일반적으로 보이는 유물과 대체로 일치한다.

다른 한 종류는 니질(泥質) 또는 사질(砂質) 갈색도(褐色陶)다. 그 중에는 무늬가 있고 붉은색이 칠해진 도기편이 비교적 많은 반면, 무늬가 없는 것은 매우 적다. 일반적인 그릇형태는 항아리[罐]·솥[鬲]·주전자[壺]·대접[碗] 등이다. 무늬는 비녀와 같은 것으로 점을 찍은 무늬[篦点紋]로 구성된 세모·마름모 등 기하학적인 도안이 두드러진 것이 특징이며, 일부에서는 손톱무늬와 톱니무늬도 있다. 솥[鬲]은 일반적으로 전체에 새끼줄무늬가 있으며, 두껍고 가는 구분이 있다. 수집된 도기 구연부(陶器口沿部) 잔편과 새끼줄무늬 잔편, 특히 길림대학 역사과 고고학전공 교수와 학생들이 1984년 이곳에서 수집한 손으로 빚어서 비교적 거친 무늬가 없는 니질(泥質)갈색도인 장경고복호(長頸高腹壺) 1점으로 보면, 이 유물은 송눈평원(松嫩平原)에 폭 넓게 분포하고 있는 한서문화유존(漢書文化遺存)에 속한다.

이밖에도 형태가 불규칙한 원추형 솥다리[鈍頭圓錐形鬲足]·둥근 기둥형태의 손잡이[圓柱狀豆柄]·단면이 원형인 다리형태의 손잡이[橋狀耳] 등이 발견되었다. 도질은 비교적 거칠다. 그릇 표면은 가지런하지 않으며, 어떤 것은 새끼줄무늬가 있다. 이러한 도기는 길림대학이 1974년 농안(農安) 전가타자(田家坨子)에서 발굴한 출토물과 기본적으로 같다.

그 중에서 한 종류는 왕공타자유지(王公坨子遺址)·흑어포유지(黑魚泡遺址)에 포함된 "세번째 유형"과 같은 도기편으로서, 그 수량이 많지는 않으나 오히려 자체의 특수한 무늬, 도질과 유물의 형태가 주목을 끈다. 수집된 니질갈도 잔편[泥質褐陶陶器片] 1점으로 보면, 목 부분에 2줄의 덧띠가 있는데, 그 윗부분은 뾰족하다. 다른 한 점은 세사회갈도

(細砂灰褐陶) 진흙띠로 만든 다리형의 손잡이[泥條横狀耳]이다. 그 손잡이 윗부분에는 작은 구멍이 늘어서 있고, 그 아래에는 뚫리지 않고 돌출된 꼭지 무늬가 있다.

발견된 도기편의 가장 두드러진 특징은 일반적으로 니질(泥質) 또는 협사도기편(夾砂陶器片)에 톱니형태의 덧띠무늬는 구연부에서 아래쪽으로 3~4cm에 있고, 사질도기편(砂質陶器片)은 구연부에서 1.5cm정도만 떨어져 있다. 이러한 도기편의 표면은 매끈하지 않고, 소성도가 일정하지 않으며, 재질은 비교적 푸석푸석하고, 엷은 갈색을 띠고 있다. 이러한 유형은 많이 보이지는 않으나, 이미 알려진 물길·말갈도기와 매우 유사한 특징을 보이고 있다. 지표면에서 수집된 유물로 보면, 이 유지는 그 의미가 매우 다양하여, 서쪽에 한서문화유적(漢書文化遺存)이 있고, 동쪽에 서단산문화유적(西團山文化遺存)이 있으며, 물길~말갈문화도 분포되어 있다.

덕혜시

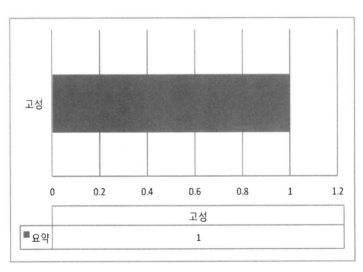

	고성
■ 요약	1

발해산성유적

1. 행산보고성(杏山堡古城)

행산보고성(杏山堡古城)은 덕혜시(德惠市) 달가구향(達家溝鄕)에서 북쪽으로 2km 떨어진 행산촌(杏山村) 뒤의 원형의 작은 산봉우리 위에 있다. 산성 북쪽은 길게 이어진 기복이 있는 등성이이다. 행산보 산성 평면은 방형으로, 한 변의 길이는 50m이며, 남벽 한 가운데에 성문이 있다. 성벽은 흙을 판축하여 쌓았다. 고성 안에서 진흙으로 빚은 회색 베무늬기와 잔편·무늬없는 회색 도기 잔편 등이 출토되었다. 이 성은 발해시기에 축조되어 요금시기에 사용된 것으로 생각된다.

도문시

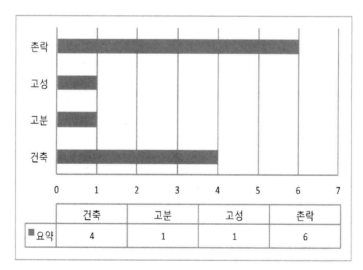

	건축	고분	고성	촌락
요약	4	1	1	6

발해건축유적

1. 기신6대유지(岐新六隊遺址)

[그림 1]　　　1. 기신6대유지 표지석　　2~4. 유지에서 수습한 기와들

　기신6대유지(岐新六隊遺址)는 도문시(圖們市) 월정향(月睛鄉) 기신6대(岐新六隊)에서 서남쪽으로 1km 떨어진 높은 대지 비탈에 있다. 동북쪽 월정향 소재지와는 2.5km 떨어져 있다. 유지 서쪽 100m에는 구릉이 있고, 그 위에는 TV중계탑이 있다. 동·서·남쪽은 비교적 낮은, 도문강 충적평지이다. 유지는 현재 강 수면보다 약 30m 높다. 유지 남쪽 가장자리에는 도문(圖們)~개산둔진(開山屯鎭) 도로가 있다.

　유지는 현재 농지로 개간되었다. 약간 높은 중앙에는 동서 길이 20m

정도 돌을 쌓은 흔적이 있다. 이 약간 높은 곳에 있는 주변 밭에서는 허리를 굽히기만 하면 지압문 암키와·연꽃무늬 와당·도기 잔편 등을 주울 수 있다. 유물의 분포상황으로 추측하면, 유지 범위는 동서 길이 150m, 남북 너비 200m이다. 문물조사팀[文物普査隊]이 1985년 4월이 유지를 발견하고, 각종 문양이 있는 암키와 4점·각양각색의 와당 6점·무늬 있는 도기 2점·도기구연부 1점·건축재료 1점 등 유물 14점을 수습하였다.

이 유지는 도문시 안에서 발해시기 건축기와편이 가장 많이 출토된 곳 가운데 하나이다. 그것은 1천년 전 기신6대 일대가 발해국에서 매우 중시되었고, 건축물들이 이곳에 자리잡기 시작한 것은 도문시 고대 건축업의 표지로서, 새로운 시기로 접어들었음을 설명하는 것이다. 기신6대 유지(岐新六隊遺址)의 발견은 발해유지의 수를 늘렸으며, 발해문화 등 여러 문제를 더욱 깊이있게 연구하는데 매우 귀중한 자료를 제공한다.

2. 하북유지(河北遺址)

하북유지(河北遺址)는 도문시(圖們市) 석현진(石峴鎭) 하북둔(河北屯)에서 동쪽으로 500m 떨어진 곳에 있다. 북쪽으로 산까지는 30m 떨어져 있고, 동쪽 10m에는 목단강(牧丹江)~도문(圖們)철도가 남북방향으로 지나간다. 옛 철로가 동서향으로 유지에 걸쳐 있으며 남쪽 70m에는 하북원시유적(河北原始遺跡)이 있다. 알하하(嘎呀河)가 유지 동쪽 150m에 있는데, 남쪽으로 흐르다가 다시 서쪽으로 흘러간다.

유지는 이미 농경지로 개간되었다. 동서 길이 30m이나, 남북 너비는 분명하지 않다. 옛길에는 유지에서 옮겨진 돌들이 많다. 유지에는 현재 커다란 원형 주초석이 남아 있는데, 지름은 55cm이다. 그리고 회색 베무늬 기와·지압문 암키와[指壓紋檐頭瓦]·회색 도기편(灰色陶器片)·그릇 등도 있다. 주초석 옆 10cm 토층 아래에서는 뾰족한 것으로 찌른 무늬[錐刺紋]가 있는 암키와·새끼줄무늬 기와·홍회색을 띤 네모 벽돌·건축장식 등이 출토되었다. 이 벽돌들과 기와는 니질(泥質)로서, 비교적 가늘고 매끈하며, 재질은 단단하고 소성도는 비교적 높다. 수습된 붉은 벽돌 잔편은 길이 16cm, 너비 17cm, 두께 55cm이다. 이러한 유물은 모두 발해시기에 일반적으로 볼 수 있는 건축자재이다. 그중에서 암키와에 있는 지압문은 그다지 많지 않으나 새끼줄무늬는 비교적 많다. 암키와 무늬는 비교적 간단하고 거칠다. 출토된 문물로 분석하면, 이 유지는 알하하(嘎呀河) 가에 축조된 발해초기의 건축지로 생각된다.

3. 석건7대24개돌유적[石建七隊 "二十四塊石"]

[그림 2]   1. 석건24개돌유적 추정지   2~3. 잔존하는 초석(문앞, 화장실 앞)

석건7대 24개돌유적[石建七隊"二十四塊石"]은 도문시(圖們市) 월정향(月睛鄕) 석건7대촌(石建七隊村) 남쪽에 있으며, 북쪽으로 월정향 소재지와는 6.5km 떨어져 있다. 유지 서남쪽 50m에는 산등성이가 있다. 산등성이 서쪽은 높고 낮은 산과 이어져 있고, 그 남쪽과 북쪽은 넓게 트여 있다. 동쪽 500m에는 도문강(圖們江)이 북쪽으로 흘러 간다. 강 맞은편은 북한의 당관리(潼關里)이다.

이 유지는 집을 지을 때 파괴되었고, 초석은 집을 지을 때 옮겨졌거나 돼지우리를 짓는데 사용되어, 한 개만이 제자리에 남아 있다. 조사에 의하면, 초석은 현재 6개 즉, 원래 위치에 하나, 주민 집 앞에 하나, 유지 북쪽에 있는 돼지우리 담장 가운데 4개가 있다고 한다. 초석은 비교적 네모나고 반듯한 5각형이다. 초석은 높이 85cm, 윗면 너비 60cm, 측면 너비 40cm이다. 유지 주위에서는 회색 베무늬 암키와 잔편을 수습할 수 있다. 초석분포 상태와 현지인들에 의하면, 유지 면적은 대체로 동서 길이 8m, 남북 너비 20m이다.

1960년대 용정현문관소(龍井縣文管所) 관계자가 이 유적을 조사하였으나 조사 자료가 아직 공개되지 않았기 때문에 그다지 주목을 받지 못하였다. 그러나 이곳은 매우 중요한 유지이다. 위와 같은 "24개돌유적[二十四塊石]"은 처음에 길림성 돈화시(敦化市)에서 흑룡강성(黑龍江省) 영안시(寧安市)에 이르는 구간에서 발견되었다. 왜냐하면 돈화시는 발해국의 구도(舊都:현재 돈화시에는 오동성(敖東城)유적이 있다.)로, 돈화시 강동향(江東鄕) 육정산(六頂山)에서 발해 3대 문왕 대흠무(大欽茂)의 둘째 딸 정혜공주묘(貞惠公主墓)와 묘비(墓碑)가 발견되었고, 비문에 "진릉(珍陵)의 서원(西原)에 배장하였다."고 하여, 육정산무덤떼가 발해왕족과 귀족들의 무덤이 소재한 곳으로 인정되었기 때문이다. 또한 영안시(寧安市) 동경성(東京城)은 발해국 도성인 상경성이기 때문에, 어떤 학자는 "24개돌유적[二十四塊石]"은 발해국에서

사자의 영혼을 맞이하거나 영혼을 제사하는 곳이라고 하였고, 어떤 학자는 "발해왕실의 기념적인 건축물로서 '구국'에서 상경용천부(上京龍泉府)로 통하는 도로에 축조된 것이다."라고 주장하였다. 이밖에도 역참(驛站)이라는 설이 있다.

위와 같은 견해는 시대적 제한, 발해의 구국과 상경 사이에서만 발견되었으므로 상술한 견해를 부정할 수 없었다. 그러나 최근에 북한 함경북도에서 같은 형태의 건축지가 발견되었고, 도문시 월정향 마패촌에서도 동일한 유형의 유지가 발견되어, 이것은 동일유형의 건축지가 목단강유역의 '구국'과 '상경'사이에서만 국한된 것이 아니라 도문강 유역에도 축조되었음을 설명한다. 따라서 "24개돌" 유지의 연대와 용도에 관해서는 많은 동일한 유지의 발견과 더욱 깊이있는 비교연구가 이루어지길 기대한다.

4. 마패24개돌유적[馬牌 "二十四塊石"]

 [그림 3]　　1. 마패24개돌 표지석　　　　2. 24개돌유적 분포상황

마패24개돌유적[馬牌"二十四塊石"]는 도문시(圖們市) 월정향(月晴鄕) 마패3대(馬牌三隊) 동쪽에 있는 도랑 서쪽에 있다. 북쪽으로 1km

떨어진 곳은 겹겹이 싸인 산이고, 도문강(圖們江)은 동쪽 500m 떨어진 곳을 북쪽으로 흘러간다. 유지 서쪽은 마패3대 주택과 붙어 있고, 동쪽과 남쪽에는 마을길이 있으며, 마을길 동쪽에는 너비 약 2m의 도랑이 있다.

"24개돌"유지는 동서 길이 10m, 남북 너비 약 7.5m이다. 초석은 대부분이 주택으로 옮겨져 사용되어, 현재는 9개만 남아 있다. 현지인에 의하면, 원래 초석은 동서로 3열, 매 열마다 세로로 8개가 있었다고 한다. 현재 남아있는 9개 가운데 1개는 동쪽에 있고, 나머지는 원래 위치에 남아 있다. 초석 밑 부분에 작은 돌과 굵은 모래가 깔려있는 것은 마을 사람들에 의한 것이라고 생각된다. 이 초석은 불규칙한 5각형의 긴 기둥형태로, 윗부분의 평면은 "⬡"이다. 초석의 높이는 90cm, 최대 지름은 65cm, 가장 넓은 곳 면적은 90×45cm이다. 나머지 8개 초석의 형태는 모두 이것과 유사하다.

유적에 남겨진 9개 초석 위치에서, 대체로 동서 3열로 배열되어 있는 모습을 볼 수 있다. 남쪽 첫 번째 열은 3개의 초석이 동서향으로 배열되어 있다. 초석간의 거리는 1.05m로 원래의 간격보다 가깝고, 다른 한 개는 석열 남쪽으로 약간 떨어져 있다. 중간은 2열로 4개의 초석이 있는데, 2개가 병렬되어 있으며, 간격은 1.10m이다. 2개는 농가에서 돼지우리를 지을 때 사용되었다. 가장 북쪽에 있는 것은 3열로 현재는 2개만 있는데 간격은 1.30m이다. 첫 번째 열과 두 번째 열의 거리는 2.80m이고, 두 번째 열과 세 번째 열의 간격은 2.50m이다.

마패 "24개돌"유적은 돈화시 교외·해청방(海靑房:현재는 임승향)·관지둔(官地屯:현재는 관지진)·요전자(腰甸子) 등에 위치한 발해 "24개돌" 유적과 대체로 동일하며, 심지어 초석 형태까지도 동일하다. 분명한 것은 이 유지는 상술한 것과 동일시기에 속하는 발해건축지라는 점이다. 유지에서는 암막새기와[滴水檐瓦]·미구가 있는 기와·수면와당 등과 같은 전형적인 요금시기의 유물도 발견되었다. 상술한 유적과 유물에 근거하여 분석하면, 이 유지는 발해시기에 처음으로 축조하여 후에 요금시기까지 사용된 것으로 생각된다.

발해무덤유적

1. 백룡5대발해무덤떼[白龍五隊渤海墓群]

백룡5대발해무덤떼[白龍五隊渤海墓群]는 도문시(圖們市) 월정향(月晴鄕) 백령5대(白龍五隊) 외양간 뒤뜰과 그 서쪽 작은 산등성이 남쪽 기슭 아래에 분포한다. 산등성이는 7.5km 떨어진 해발 760m의 봉도령(鳳道嶺) 산봉우리 자락이다. 무덤떼에서 동쪽으로 100m 떨어진 곳에는 백룡교(白龍橋)가 있고, 도로를 따라 북쪽으로 20여리를 가면 도문향 소재지가 나온다. 작은 시내가 골짜기에서 흘러 나와 무덤떼 남쪽에서 약 500m 동쪽으로 흘러 도문강(圖們江)으로 들어간다.

무덤떼 윗쪽은 과수원이다. 남쪽 가장자리는 시냇물과 산등성이에서 흘러내린 빗물로 인해 침식되었는데, 그 절단면에 무덤 4기가 노출되었다. 무덤 네 벽은 돌로 축조하였고, 그 윗부분은 커다란 판석을 이용하여 덮었다. 무덤 안에서 부장품은 발견되지 않았다. 현지인들에 의하면, 일찍이 석관에서 많은 개체분의 인골이 출토되었다고 한다. 조사할 때 비록 두개골은 발견하지 못하였으나, 기타 부위의 뼈는 분명하게 절단면에 드러나 있었다고 한다.

백룡무덤의 형식과 그 유적 현상은 화룡시(和龍市) 북대(北大) 발해무덤·용정시(龍井市) 덕신향(德新鄉) 부민(富民) 발해무덤·용정시(龍井市) 동성용진(東盛涌鎭) 영성(英城) 발해무덤과 서로 같거나 유사하다. 그 밖에 무덤떼에서 동북쪽으로 300m 떨어진 곳, 즉 백룡촌 북쪽 논에는 발해시기의 와당·암키와·도기 잔편 등이 흩어져 있어, 백룡무덤은 발해시기에 축조된 것으로 생각된다.

현재 도문시 관할구역 안에서 이곳에만 발해시기 무덤떼가 있고, 다른 지역에서는 아직 같은 형태의 다른 무덤이 발견되지 않았다. 백룡무덤떼 남쪽 가장자리는 이미 파괴되었고, 다행이 남아있는 부분도 여전히 훼손되고 있다.

발해산성유적

1. 기신고성(岐新古城)

기신고성(岐新古城)은 도문시(圖們市) 월정향(月睛鄉) 기신6대(岐新6隊)에서 서남쪽으로 1km 떨어진 높은 대지 위에 있다. 동북 월정향 소재지와 2.5km, 서쪽 TV중계탑과는 100m 떨어져 있다.

이 유지는 현재 평지로 변하여 겨우 길이 약 20m의 돌로 축조한 성벽만이 남아있다. 길이 150m, 너비 200m 범위 안 지표면에는 연꽃무늬 와당·회색 베무늬 기와·도기 잔편 등이 흩어져 있다. 이 성의 둘레 길이는 약 700m 정도로 발해시기에 축조된 것으로 생각된다.

발해촌락유적

1. 백룡촌북유지(白龍村北遺址)

[그림 4]   1. 백룡촌유지 전경   2. 수습한 도기구연   3. 수습한 베무늬기와

백룡촌북유지(白龍村北遺址)는 도문시(圖們市) 월정향(月晴鄕) 백룡촌(白龍村)에서 북쪽으로 100m 떨어진 밭 가운데 있다. 북쪽으로 월정향 소재지와는 10km정도 떨어져 있다. 유지가 위치한 곳은 도문강 좌안 대지로, 강변과 250m 떨어져 있다. 그 남쪽과 북쪽은 비교적 평탄하며 넓게 트였다. 서쪽에는 산이 있는데, 산등성이 서쪽으로 뭇 산들이 겹겹이 둘러쳐져 있다.

도문(圖們)에서 개산둔(開山屯)으로 향하는 도로가 유지 서쪽 가장자리를 지나간다. 1985년 4월 주문물조사팀[州文物普査隊]이 이 유지를 발견했을 때는 막 볍씨를 뿌리고 새로이 커다란 비닐하우스를 만들었기 때문에, 그 가장자리와 비닐하우스 사이의 공간만 조사하였다.

수습된 문물은 모두 6점이다. 암키와 2점 가운데 한 점은 성형틀에서 찍은[模制] 니질회도(泥質灰陶)로, 윗 부분에 새끼줄무늬를 찍었다. 다른 한 점은 지압문 암키와로, 태토의 질감과 제작방법은 위와 같지만 새끼줄무늬 흔적은 보이지 않는다. 와당 1점은 성형틀에서 찍은 니질회도(泥質灰陶)이다. 와당 위에는 연화문과 금방이라도 필 것 같은 꽃봉오리[花苞] 무늬가 있다. 도기잔편 2점은 모두 항아리 형태[罐形]의 그릇 윗부분 잔편이다. 한 점은 니질회도(泥質灰陶)로, 그릇 몸체는 비교적 두터우며 그릇 주둥이 근처에 3겹의 음각 선무늬가 있다. 다른 한 점은 오렌지색[橘紅色]을 띠고 있는 니질도(泥質陶)로서, 그릇 몸체는 비교적 얇으며, 그릇 주둥이 근처에 음각된 홈이 있다. 그릇 손잡이 1점은 니질도로 황갈색인데, 남아있는 부분으로부터 다리형태의 그릇 손잡이[板狀橋耳]임을 알 수 있다.

위에서 서술한 유물은 동서 길이 40m, 남북 너비 100m에서 수습된 것이다. 현지인들에 의하면, 일찍이 이곳에서 많은 암키와·와당·도기잔편 등이 출토되었다고 한다. 백룡촌북유지(白龍村北遺址)에서 수습된 새끼줄무늬 암키와·연꽃무늬 와당과 도기잔편 등은 연변주 안에 분포하는 많은 발해유지에서 고루 볼 수 있는 것으로, 북쪽으로 7.5km 떨어진 기신6대발해유지에서 수습된 유물과도 서로 비슷하다. 따라서 백룡촌북유지는 발해시기에 속하는 촌락지이다. 그러므로 백룡5대 외양간 뒤쪽에 있는 발해무덤은 당시 백룡촌에 거주했던 사람들이 묻힌 곳으로 생각된다.

2. 벽수4대유지(碧水四隊遺址)

벽수4대유지(碧水四隊遺址)는 도문시(圖們市) 홍광향(紅光鄉) 벽수촌(碧水村)에서 서북쪽으로 100m 떨어진 곳에 위치한다. 동쪽으로 도문시와는 11km 떨어져 있다. 유지는 부르하통하로 형성된 충적대지에 있는데, 하천과는 30m 떨어져 있다. 남쪽과 서쪽 비탈은 높고 낮은 산이 되었고, 동쪽과 북쪽은 1.5km 또는 500m 떨어진 곳에서 산등성이와 이어진다. 유지 북쪽 20m에는 작은 시내가 서쪽으로 흘러 부르하통하로 들어간다.

1985년 4월 조사할 때 이 유지를 발견하였다. 유지는 이미 농지로 개간되었으나 여전히 도기잔편이 즐비하다. 동서 길이 50m, 남북 너비 40m 범위에서 비교적 특징적인 유물 3점이 수습되었는데, 한 점은 도기 구연(陶器口沿)이고, 다른 두 점은 무늬 있는 도기 잔편이다. 도기 구연이든 무늬있는 도기 잔편이든 모두 니질도(泥質陶)로서 붉은색을 띠고 있으며 소성도가 높다. 구연은 물레로 빚었다. 주둥이가 넓고 원순(圓脣)에 가깝다. 주둥이[脣]와 테두리[沿]가 연결된 곳은 비교적 수직을 이루며 곧은 점은, 기신6대발해유지(岐新六隊渤海遺址)에서 수습된 구연과 그 형식 및 모양이 비슷하다. 그밖에 무늬있는 도기 잔편 2점 가운데 1점에 네모격자[方格]무늬가 있는 것 외에 덧띠무늬[堆紋]에 사선무늬도 있다. 다른 한 점에는 덧띠무늬 위에 사선무늬가 있는데 이것은 새긴 것이 아니다. 이러한 무늬 도기편은 기신6대발해유지에서도 일찍이 발견되었는데, 단지 회색을 띠고 있다는 점에서만 차이가 있다.

전체적으로 말하면, 벽수4대유지와 기신6대발해유지는 매우 비슷하여 발해시기에 속할 가능성이 매우 높다. 정말 그러한지는 앞으로 고고발굴과 심도있는 비교연구가 필요하다.

3. 마패묘포유지(馬牌苗圃遺址)

마패묘포유지(馬牌苗圃遺址)는 도문시(圖們市) 월정향(月晴鄕) 마패묘포(馬牌苗圃)사무실 서남쪽에 있으며, 월정향 마패1대(馬牌1隊)와는 약 400m 떨어져 있다. 서쪽은 완만한 산비탈과 이어져 있다. 남쪽 200m에는 반원형[半弧形]의 산등성이가 있고, 북쪽은 비교적 넓게 트인 평지이다. 동쪽은 도문시(圖們市)~백룡(白龍) 도로와 인접해 있고 다시 동쪽 약 750m에는 남북으로 흐르는 도문강이 있다. 1960년에 용정현문관소(龍井縣文管所) 관계자가 이 유적을 조사하였다. 유지 남쪽 50m에는 수남(水南) 원시사회무덤이 있고 북쪽 500m에는 마패발해 24개돌유적이 있다.

유지는 일찍이 경작지로 개간되었고, 또한 묘상(苗圃)정리·저수지 축조·육묘(育苗) 등으로 원래의 모습이 사라졌다. 묘포 관계자에 의하면, 일찍이 개간할 때 곳곳에 깨진 돌과 기와조각 잔편이 널려 있었고, 퇴적된 도기 잔편 가운데에 완전한 도기 항아리[陶罐]·도기 동이[陶盆] 등이 있었으며, 묘포로 용도를 변경할 때 많은 기와편과 도기편이 출토되었다고 한다.

1985년 봄에 주문물조사팀[州文物普查隊]이 조사할 때, 묘포지 가장자리와 도랑 옆에서 약간의 도기·기와 및 깨진 돌들을 발견하였다. 동서 길이 100m, 남북 너비 300m에서 수습된 유물은 암키와 1점·그물무늬와 둥근 테두리[圓圈]무늬 도기 잔편 각 1점·도기 구연(陶器口沿) 6점·그릇 손잡이[器耳] 1점·그릇 밑바닥[器底] 13점이다. 그중 암키와 잔편은 성형틀[模制]로 만들었으며, 소성도가 높다. 청회색의 니질(泥質)로 기와 앞부분에 지압문이 있다. 무늬는 고르다. 둥근 테두리무늬 도기편은 청회색을 띤 니질도(泥質陶)이다. 그릇 표면에 돌출된 띠 모양의 덧띠무늬[堆紋]가 있다. 덧띠무늬에 몇 개의 둥근 테두리 무늬가 찍혀있는데, 그 무늬는 윤곽이 분명하며 고르다. 원 지름은 0.4~0.6cm, 간격은 0.5cm이며, 그릇 벽[器壁]의 두께는 2.4cm이다. 이 유물은 대형 도기항아리류이다. 그물무늬 도기편은 도기 표면에 불균등한 그물무늬가 비교적 선명하게 찍혀있다. 그릇 벽의 두께는 약 2.1cm이다. 모두 물레로 빚었다. 도기 구연은 대부분 회색 니질도(灰色泥質陶)의 권연중순(卷沿重脣)이지만 원순(圓脣)도 있다. 비교적 성형(成形)된 구연 1점은 도기 항아리 구연부로 회색의 니질이며 소성도가 비교적 높다. 원순권연(圓脣卷沿)으로 단면상에는 마름모 형태의 작은 구멍이 있다. 그릇 표면에는 광택[磨光]이 있으며, 비교적 정교하게 만들었다. 도기 밑 부분 1점은 회색 니질도기(灰色泥質陶器)로, 바닥이 평평하다. 그릇의 밑 부분 가장자리와 그릇 몸체가 만나는 부분에는 물레를 돌린 흔적이 있다. 밑 부분의 지름은 8.8cm, 밑 부분의 두께는 2.4cm, 그릇 몸체의 두께는 1.4cm이다. 위에서 서술한 몇 점의 유물은 발해시기에 비교적 일반적으로 볼 수 있는 유물이다. 이밖에 유지 안, 특히 서남쪽에서 협사조도기(夾砂粗陶器) 잔편 약간과 석기 등을 볼 수 있는데, 이것은 원시사회유적에 속하는 것이다.

위에서 서술한 유물에 근거하면, 이 유지는 발해시기에 속한다. 일부 원시사회유물은 이 일대가 원시사회 인류의 거주지 또는 활동지로서, 발해 유적 아래 쪽에 원시문화유적이 중첩되어 있을 가능성을 설명하는 것이다.

4. 동흥유지(東興遺址)

동흥유지(東興遺址)는 도문시(圖們市) 석현진(石峴鎭)에서 동남으로 1km 떨어진 동흥촌(東興村) 서남쪽 경작지에 위치한다. 북쪽으로 겹겹이 둘러싸인 산들과는 100m 떨어져 있다. 남쪽 100m에는 알하하(嘎呀河)가 서북쪽에서 동남쪽으로 흘러간다. 서남쪽 200m에는 목단강(牧丹江)~도문(圖們) 철도가 지나간다. 유지는 비교적 높지만 평탄하고 넓게 트여있다.

유지는 일찍이 농경지로 개간되었는데, 동서 길이 약 300m, 남북 100m 정도에 수많은 니질도기(泥質陶器) 잔편과 암키와 잔편이 흩어져 있다. 빗물로 침식된 남쪽의 얕은 골짜기에서 문화층을 관찰할 수 있는데, 두께는 약 20~25cm이고, 그 깊이는 약 20cm이다. 문화층은 비교적 단일한데, 그 안에 약간의 타버린 재 찌꺼기와 니질도기 잔편 등이 포함되어 있다.

수습된 유물에는 기와와 도기 잔편이 있다. 기와는 니질(泥質)의 청회색의 지압문 암키와[指壓紋檐頭板瓦] 잔편 1점이다. 기와에는 지압문이 선명하다. 소성도가 높으며 크고 두껍다. 도기 구연(陶器口沿)은 16점인데, 그중 무늬가 있는 도기편은 3점, 손잡이는 2점이다. 구연은 넓은 주둥이[敞口]·바깥쪽으로 벌어진 주둥이[外侈口]·곧은 주둥이[直口] 등으로 나뉘며, 원순(圓脣)·방순(方脣)·중순(重脣)의 구분이 있다. 어떤 것은 입술[脣] 아래쪽 1cm에 덧띠무늬[堆紋]가 있는 것도 있다. 무늬가 있는 도기편은 청회색과 홍갈색 두 종류가 있고, 무늬에는 네모격자무늬[方格紋]·찍어누른 무늬[印壓紋]와 뾰족한 것으로 찌른 무늬[錐刺紋] 등이 있다. 손잡이는 판자형태[板耳]와 다리형태[橋狀

耳] 두 종류가 있다. 소성도는 비교적 높고 단단하여 발해 유물의 특징을 지니고 있다. 특히 지압문 암키와[指壓紋檐頭板瓦]는 발해유지에서 일반적으로 보이는 건축재료이다. 유지에서 약간의 협사도기(夾砂陶器) 잔편도 발견되었다.

지표면에서 수습된 유물에 근거하면, 동흥유지(東興遺址)는 원시문화유적 위에 발해유적이 중첩된 고대문화유지이다.

5. 곡수채대유지(曲水菜隊遺址)

곡수채대유지(曲水菜隊遺址)는 도문시(圖們市) 곡수채대5대(曲水菜隊5隊)에 있다. 서쪽으로 곡수묘포원시유지(曲水苗圃原始遺址)와 10m, 남쪽으로 장춘(長春)~도문(圖們) 철도와 25m, 북쪽으로 알하하(嘎呀河)와 250m 떨어져 있다.

유지는 이미 밭으로 개간되었는데, 그 범위는 동서 길이 30m, 남북 너비 40m이다. 밭 가장자리에 돌무더기가 있는데, 원시유물과 발해유물이 섞여 있다.

수습된 유물에는 회색 베무늬 기와·붉은색 새끼줄무늬 기와와 검은색 새끼줄무늬 도기 잔편이 있으며, 철제 수레바퀴[鐵車輨] 잔편도 있다. 남아있는 부분은 길이 9cm, 너비 5cm, 두께 0.6cm이다. 수습된 유물에 근거하면 발해시기의 유지로 추정된다.

6. 수구유지(水口遺址)

수구유지(水口遺址)는 도문시(圖們市) 월정향(月睛鄉) 수구촌(水口村)에서 서쪽으로 500m 떨어진 곳에 있다. 동남쪽으로 2km 떨어진 곳에 월정향 소재지가 있다. 유지 남쪽은 점점 높아지는 산기슭이고, 북쪽으로 300m 떨어진 산기슭의 막다른 곳에는 작은 시내가 동남쪽으로 흘러간다. 그 서북쪽과 동남쪽은 지세가 대체로 넓으나, 동북쪽과 서남쪽은 비교적 좁은 약간 높은 산맥이다.

1985년 4월 말 답사과정에서 발견되었다. 동서 길이 100m, 남북 너비 50m에서 약간의 베무늬암키와와 지압문암키와를 수습할 수 있다. 이에 근거하면, 수구유적은 발해시기의 유지이다. 그밖에도 수구유적에서 동남쪽으로 약 2km 떨어진 월정향 마패3대 동쪽에 발해시기의 "24개돌유적" 건축지가 있다. 두 곳은 동일시기의 유적으로 생각된다.

돈화시

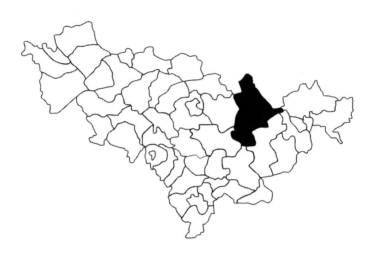

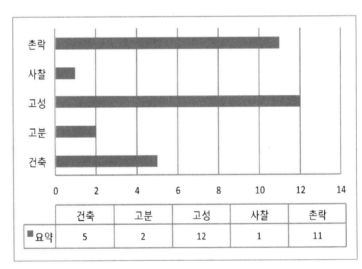

	건축	고분	고성	사찰	촌락
■ 요약	5	2	12	1	11

발해건축유지

1. 강동24개돌유적[江東二十四塊石]

[그림 1]

1. 도로공사 완공전 훼손된 강동24개돌유적
2. 공사완료 후의 강동24개돌유적

강동24개돌유적[江東二十四塊石]은 돈화시(敦化市) 강동향(江東鄉) 동남쪽 높은 언덕 위에 있다. 그 윗부분에 있던 건축물은 완전히 무너졌으나 지표면에는 3행의 커다란 돌들이 행마다 8개씩 남아 있으므로, 현지인들은 그것을 24개돌이라고 부른다. 주변은 평탄하고 넓게 트여있는 목단강 충적평원이다. 서쪽은 장도(長圖)철도이고, 동쪽에는 강동향연쇄점(江東鄉供銷社)이 있다. 북쪽에 있는 목단강과는 300m 떨어져 있다. 남쪽은 바로 돈화(敦化)~연길(延吉), 돈화(敦化)~영안(寧安) 도로이다.

유적은 발해 초기의 건축지로 24개의 돌로 이루어져 있다. 초석의 재질은 모두 현무암이다. 초석은 3행으로 나뉘며 남북으로 배열되어 있다. 북쪽 행은 길이가 10.15m로, 8개 초석이 있다. 중간 행은 길이가 9.90m이고, 동쪽으로부터 4번째 초석을 제외한 7개 초석이 있다. 남쪽 행은 길이가 10.53m로, 8개 초석이 있다. 남북 너비는 동쪽이 7.85m, 서쪽이 7.70m이다. 초석 간의 거리는 약 0.5m이고, 행간 거리는 3m이다. 초석 윗부분은 비교적 평평하고 반듯하다. 지름은 대략 0.8m이고, 초석마다 가공한 흔적이 있다. 지표면에서 0.5m 아래는 판축층이고, 그 아래는 깨진 돌과 흙을 0.9m 두께로 다진 기초부분이다. 지표면의 초석이 3행이기 때문에 깨진 돌로 다진 기초도 그것에 상대하여 3행으로 나뉜다. 행과 행사이는 다지기만 하였을 뿐 깨진 돌을 섞지는 않았다. 유적 안에도 수많은 회색과 붉은색 베무늬 기와편·수키와 잔편·암막새기와 등이 흩어져 있다.

유적에는 현재 23개의 초석이 남아 있다. 청나라시기의 기록에 근거하면, 멀리 100여 년 전에 사람들이 지표면에서 23개의 초석을 보았다고 한다. 민간에서는 사라진 초석이 태풍에 의해 날아갔다고 한다. 최근 들어 유적 부근에 사는 주민들이 집을 수리할 때마다 이곳의 흙을 파가서 유적이 훼손될 위험에 처했으므로, 보호를 위해 1981년 유적 주위에 난간을 설치하였다. 연변조선족자치주정부에서는 주급중점문물보호단위(州級重點文物保護單位)로 공포하고 표지석과 설명석을 세웠다.

강동24개돌유적은 서남쪽으로 발해시기 육정산(六頂山)무덤떼와 불과 6km 오동성(敖東城)유적과 서북쪽으로 1km 떨어져 있으며, 강을 사이에 두고 마주한다. 수습된 암키와와 수키와 잔편으로 보면, 육정산무덤떼 및 오동성에서 출토된 유물과 서로 같으므로, 당연히 동일시기에 속하는 유적이다. 그리고 수많은 암키와편·수키와·암막새기와는 이 유적이 지붕을 기와로 덮은 누각식(亭臺式) 건축물임을 증명하는 것이다.

유적이 어떤 건축물인가에 대해서는 사료기록이 없어, 발해가 외지에서 왕실귀족이 사망한 후 조상으로 묘역으로 영구를 옮겨오는 도중에 임시로 머무는 건축물이라는 견해와 발해왕실의 기념비적인 건축물이라는 주장으로 분분한 상태이다. 당연히 이 유적의 쓰임을 분명히 하기 위해서는 더욱 깊이있는 현지답사와 조사연구를 필요로 한다. 24개돌유적은 발해 초기 역사와 발해 건축형식을 연구하는데 귀중한 근거를 제공한다.

2. 관지24개돌유적[官地二十四塊石]

[그림 2]   1. 관지24개돌유적 소재지   2. 관지24개돌유적 초석렬

관지24개돌유적[官地二十四塊石]은 돈화시(敦化市) 관지진(官地鎭) 소재지인 동승촌(東勝村) 남쪽에 있다. 그 주변은 평탄하며 넓게 트여

있다. 서쪽은 하천이 흘러가며, 서남쪽 2.5km에는 발해시기의 석호고성(石湖古城)이 있다. 강동24개돌유적과는 28km 떨어져 있다.

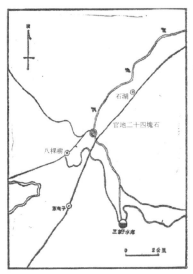

[도면 1]
관지24개돌위치도

　관지24개돌유적은 나머지 몇 곳의 24개돌유적과 같은 발해초기의 건축지이다. 그러나 유독 이 유적만 동서향이다. 초석은 3행으로 배열되어 있다. 서쪽 행은 길이가 9.30m로, 북쪽부터 8번째 초석을 제외한 나머지 7개의 초석이 남아 있다. 중간 행의 길이는 10.60m로, 8개의 초석이 남아 있다. 동쪽 행은 10.65m로 북쪽부터 3번째 초석 이외에 나머지 7개의 초석이 남아 있다. 초석 간의 거리는 약 0.3m이고, 초석 윗부분은 지름은 일반적으로 약 0.75m이다. 이 24개돌은 지면에 드러나 있어서 자연적으로 기울었고 간격도 일정하지 않다. 북쪽 너비는 5.70m, 남쪽 너비는 9.05m이다. 모두 현무암으로 만들었다. 유적 주위에는 수많은 기와편과 도기편이 남겨져 있다. 도기재질은 부드러우면서 단단하다. 물레로 빚은 것이 많다. 색깔은 토황색(土黃色)과 흑색(黑色)으로 나뉜다. 오렌지색[橘黃色] 아궁이 기단 흙[炕基土]이 약간 있는데, 둥근 형태로 생겼다.

현재 초석은 22개이다. 24개 중에서 두 개는 언제 없어졌는지 알 수 없으나, 그 나머지는 보존상태가 비교적 좋다. 유적은 원래 마을 변두리 공터에 있었다. 최근 몇 년 동안 인구가 증가함에 따라 새로 지어진 집들로 인해 원래의 모습이 변했다. 그래서 현재 24개돌은 민가 뒤뜰 안에 있게 되었다. 그 북쪽은 동·서 방향으로 뻗은 도로에 인접해 있다.

유적의 건축형식과 수습된 유물로 보면, 다른 24개돌유적과 같다. 왕승례(王勝禮)의 「길림 돈화 목단강상류 발해유적 조사기(吉林敦化牧丹江上流渤海遺迹調査記)」근거하면, 발해시기의 건축물 기초로 생각된다. 그러나 이 유적의 초석은 동서향으로 배열되어 있어 강동(江東)·해청방(海靑房)·요전자(腰甸子) 등 유적과 다르다. 관지24개돌유적은 발해사와 발해건축을 연구하는데 있어 일정한 가치를 지니고 있다.

3. 해청방24개돌유적[海靑房二十四塊石]

[그림 3]   1.해청방24개돌 소재지 임승향 전경   2.해청방24개돌유적 초석렬

해청방24개돌유적[海靑房二十四塊石]은 돈화시(敦化市) 임승향(林勝鄕) 소재지에서 동남으로 1km 떨어진 이도구구(二道沟口)의 약간 높은 지면 위에 있다. 임승의 원래 이름은 해청방(海靑房)이다. 이전 문헌의 명칭과의 통일을 위해서 원래의 명칭을 그대로 사용하였다. 이 유적 동쪽은 산이고 서북쪽은 작은 개울이다. 개울 건너 북쪽은 돈화(敦化)~영안(寧安) 도로이다. 관지24개돌유적과는 10km 떨어져 있다.

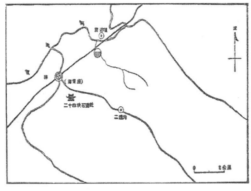

[도면 2]
해청방24개돌위치도

해청방24개돌유적은 발해시기의 건축물로, 3행의 초석이 남북향으로 배열되어 있다. 돌은 현무암이며 모두 24개이다. 남쪽 행의 길이는 10.38m, 중간 행은 10.30m, 북쪽 행은 10.05m이다. 남북 너비는 동쪽 8.2m, 서쪽 8.28m이고, 초석 지름은 일반적으로 0.75m이다. 오랜 세월로 초석 밑부분이 땅에 묻혔으므로, 노출된 부분은 약 40cm 정도이다. 유적에는 아직도 수많은 홍갈색 베무늬기와·암키와와 수키와 잔편이 흩어져 있다. 그 퇴적 두께는 20cm에 달하며, 약간의 재와 붉은색 소성토[紅燒土]도 있다. 수습된 유물로는 암키와·수키와, 그리고 암막새기와 잔편 등이 있다.

이곳 24개돌은 보존상태가 좋아 없어진 초석이 없다. 초석의 배열 상태와 출토된 유물로 보면, 강동(江東)·관지(官地)·요전자(腰甸子) 등과 동일시기의 발해건축지이다. 건축물의 성격과 용도는 다른 24개돌유적과 같아서, 발해초기 역사를 이해하는데 일정한 연구가치를 지닌다.

4. 요전자24개돌유적[腰甸子二十四塊石]

요전자24개돌유적 전경(동→서)

요전자24개돌유적[腰甸子二十四塊石]은 돈화시(敦化市) 대산취자향(大山嘴子鄕) 요전자촌(腰甸子村) 동구(東口)에 위치한다. 해청방24개돌유적[海靑房二十四塊石]과 27km 떨어져 있다. 이곳은 경치가 빼어나며, 남쪽으로 목단강과 이웃해 있다. 북쪽은 산과 이어졌고 산꼭대기에는 고성보(古城堡)가 있다. 동쪽으로 0.5km 떨어진 곳에도 발해건축지가 있다. 그 동·남·서 3면은 비교적 넓게 트여있다.

이 유적은 발해시기의 건축지이다. 초석은 3행으로 나뉘어 남북향으로 배열되어 있다. 북쪽 행은 길이가 9.5m로 8개의 초석이 있다. 중간 행은 9.2m로 서쪽부터 4번째 초석을 제외하고 7개가 남아 있다. 남쪽 행은 7.8m로 서쪽으로부터 3번째 초석을 제외하고 7개의 초석이 남아 있다.

유적의 남북 너비는 7.8m, 초석간 간격은 0.5m, 행간 거리는 3m이다. 초석 표면은 거칠고, 그 아래 부분은 흙속에 묻혔다. 지면에서 아래쪽으로 20~25cm는 표토층이고, 25~80cm은 판축한 협석층(夾石層)이다. 유적 안팎에는 붉은색과 회색 기와편이 많이 흩어져 있다. 이 뿐만 아니라, 수키와 · 암막새기와 등 잔편도 있는데, 그 두께는 20cm에 달한다.

[도면 3]
요전자24개돌위치도

현재 초석은 22개로 중간 행과 남쪽 행에 각각 1개씩 부족하다. 나머지 중에서 몇 개에는 갈라진 흔적이 있는데, 이것은 주민이 초석을 가져다 집을 지으려고 화약으로 깨뜨려서 생긴 것이다. 이 24개 초석은 심하게 훼손되었다. 유적 주위는 경작지로 개간되었다.

요전자24개돌유적[腰甸子二十四塊石]은 강동(江東) · 관지(官地) · 해청방(海靑房) 3곳 유적에 이어 돈화(敦化)~영안(寧安) 도로변에 남아있는 돈화 관내의 마지막 유적이다. 다른 유적에서 출토된 유물과 초석배열 형식이 모두 같다. 요전자24개돌유적과 나머지 유적도 동일한 특징을 지니고 있다. 그것은 모두 구국(舊國 : 敦化)~상경용천부(上京龍泉府 : 영안시(寧安市) 발해진(渤海鎭)) 도로변에 축조되어 있다는 점이다. 유적 주위는 평탄하고 넓게 트여 있다. 이는 발해 교통 및 건축연구에 신뢰할 만한 근거를 제공한다.

5. 요전자건축지(腰甸子建築址)

요전자건축지(腰甸子建築址)는 돈화시(敦化市) 대산취자향(大山嘴子鄕) 요전자둔(腰甸子屯)에서 동쪽으로 500m 떨어진 곳에 있다. 북쪽은 산과 이어져 있고, 남쪽에는 도로(鄕道)가 있다. 도로 너머 남쪽으로 500m 떨어진 곳에는 목단강이 있다. 이것은 돈화시 관내에 있는 큰 강(大河)으로서, 건축지는 이 평탄하게 탁 트인 곳에 축조되어 있다. 주변은 경작지이다. 이곳은 기후 조건이 좋을 뿐만 아니라 자연환경이 우월하다. 농업·부업과 어업이 공존하는 돈화시에서 비교적 부유한 지역 중의 하나이다.

건축지는 높은 언덕 위에 남쪽을 향하고 있다. 동서 길이는 약 30m, 남북 너비는 약 20m이다. 건축지에는 수많은 도기편·기와편·와당·수키와 등 잔편이 흩어져 있다. 도기편은 대부분이 회색의 고운 니질도기[泥質陶]로 소성도는 비교적 낮다. 물레로 빚었으며 무늬는 없다. 대부분이 평평한 바닥의 용기이다. 구연부(口沿部)는 권연(卷沿)이다. 와당에는 모두 귀면무늬가 있다. 기와는 회색과 갈색이 있는데 모두 베무늬기와로 앞부분 테두리에 지압문이 있다. 솔잎무늬 암막새기와도 있다.

건축기초 남쪽 중간에 돌계단이 있는데, 이는 푸른색 현무암을 쪼아서 5단으로 만든 것이다. 방향은 남쪽이며, 동서 길이는 110cm, 남북 너비는 130cm이다. 맨 위 1층은 지표면에서 54cm 떨어져 있다. 수습된 유물로는 지압문 기와편·귀면무늬 와당 잔편·솔잎무늬 암막새기와 잔편·수키와와 치미가 있다. 치미는 용[龍身] 형태로 회색의 고운 진흙으로 만들었으며, 활 모양을 이루고 있다. 잔여 길이는 44cm이다. 여러 해에 걸친 경작으로 기단부의 상황을 분명히 알 수 없어 건축규모가 도대체 어느 정도인지 가늠할 수 없다. 그러나 주변 유지와의 관계로 판단하면, 발해국시기의 건축지로 판단된다. 건축지는 현재 경작지로 변했다. 계단은 마을 동쪽의 학교 앞으로 옮겨졌으며, 보존 상태는 비교적 좋다.

건축지의 서쪽, 즉 마을 동쪽 입구에 발해시기의 24개돌유적과 비교적 면적이 넓은 주거지가 있고, 건축지 서북쪽 산꼭대기에는 고성보가 있다. 이 주변 0.5㎢ 안에 유적지가 비교적 밀집되어 있어, 당시 이곳에는 인구가 비교적 집중되었음을 알 수 있다. 또한 건축지에서 발견된 돌계단과 지붕마루 장식재료는 이 건축지가 일반적이지 않음을 설명한다. 그래서 이곳이 발해국시기의 중요한 시설이었음을 추단할 수 있다. 그러나 자료의 결핍으로 인하여 건축물의 용도와 그 주변 유적지와의 관계를 확정할 수 없다. 그밖에도 24개돌유적이 독립된 건축물인가에 대한 새로운 실마리를 준다. 이것은 앞으로 깊이있는 조사와 연구를 기대한다.

발해무덤유적

. . . .

1. 육정산옹관무덤[六頂山甕棺墓]

육정산옹관무덤[六頂山甕棺墓]은 돈화시(敦化市)에서 남쪽으로 5km 떨어진 육정산(六頂山) 남쪽 기슭에 있다. 옹관묘가 위치한 곳은 서·북·동 3면이 봉우리로 둘러싸인 산굽이[山峛]로, 동남쪽을 향하고 있다. 서남쪽으로 산등성이 너머 200m에는 육정산발해무덤떼가 있다.

1979년 가을, 어떤 사람이 산굽이에서 관을 묻다가 석관묘 2기를 발견하여, 돈화현문물관리소(敦化縣文物管理所)에서 조사하였다. 무덤은 산굽이 남북 중축선에서 약간 서쪽으로 치우친 곳에 있었다. 돌을 쌓아 장방형의 구덩이를 만든 것이나, 심하게 훼손되어 석광(石壙) 이외에 발견된 것은 없다. 조사과정에서 산굽이 중심에서 그다지 높지 않은 곳에서 훼손된 돌무더기를 발견하고 탐색갱을 팠으나 아무것도 발견하지 못했다.

1981년 가을, 다시 원래의 탐색갱 중심에서 북쪽과 직각방향으로 정자형태[丁字形]로 다른 탐색갱을 팠는데, 여기에서 일련의 돌무더기를 발견하였다. 탐색갱 남쪽에서도 소성도가 비교적 높은 흑색도관(黑色

陶罐) 구연부(口沿部)를 발견하였다. 편동쪽으로도 확대하였으나 발견된 것은 없었다. 후에 다시 탐색갱 북단에서 동쪽으로 확대하였다. 이에 탐색갱 동쪽 25cm 깊이 토층에서 흑색도관(黑色陶罐) 구연이 출토되었다. 도기 잔편에서 32cm 깊이에서 도기 항아리 덮개[陶瓮盖] 1점을 발견하였고, 다시 아래쪽으로 44cm 깊이에서 또 다른 옹관(甕棺)을 발견하였다. 옹관 둘레에는 돌로 곽을 만들어서 도기 항아리를 보호하였다.

옹관은 니질(泥質)의 회홍색(灰紅色)으로 뚜껑을 가지고 있으며, 네 개의 손잡이가 있었다. 오랫동안 땅속에 묻혀 있었기 때문에 그 압력으로 옹관은 이미 깨졌고, 불에 태운 뼈가루는 진흙과 도기편에도 섞여 있었다. 옹관은 비교적 크고, 그 바깥쪽 석곽은 비교적 상태가 좋다. 윗부분은 평면이 원형이다. 바깥 지름은 103cm, 안쪽 지름은 70cm이다.

이 옹관무덤은 옹관과 석곽이 파괴되지 않았다. 그러나 주변 대부분이 훼손되어 흑색 도기잔편 2점을 제외하고 다른 부장품은 발견되지 않았다. 도기 옹관[陶瓮]의 형식을 보면, 이 무덤은 발해 건국 전 말갈족 유적으로 말갈족의 장례풍속 연구에 실물자료를 제공한다.

2. 육정산무덤떼[六頂山古墓群]

[그림 5]
1. 육정산 전경(북→남)   2. 제1고분군 전경(남→북)
3. 5호무덤 정비상황(남→북) 4. 제2고분군 정비상황(서남→동북)
(※ 2-4 이병건 교수 촬영)

육정산무덤떼[六頂山古墓群]는 돈화시(敦化市)에서 남쪽으로 5km 떨어진 육정산(六頂山) 위에 있다. 육정산은 북쪽에서 남쪽으로 바라보면 동서향으로 뻗어있다. 길게 이어진 높고 낮은 6개의 봉우리가 일자로 배열되어 있어, 들판에 병풍을 둘러쳐 놓은 것 같다. 다른 문헌에서는 "육평산(六平山)" 또는 "우정산(牛頂山)"이라고도 하나 현재는 육정산이라고 부른다. 육정산 주봉은 산 서쪽에 있으며 해발은 603m이다. 주봉 남쪽 기슭에 볕이 잘 들고 바람이 없는 산굽이가 있는데, 바로 무덤떼가 위치한 곳이다.

무덤떼 북쪽은 산과 이어져 있고, 남쪽은 탁 트인 목단강 충적평원과 마주하고 있다. 목단강 서안에는 묘둔사찰지[廟屯古廟址]가 있고, 서남쪽으로 7km 떨어진 곳에는 발해초기 대조영이 진국(振國)을 건국했던 동모산성(東牟山城)으로 인정되는 성산자산성(城山子山城)이 있다. 무덤떼에서 남쪽으로 3km 떨어진 목단강 우안에는 발해 초기의 건축유지와 집자리터가 많은 영승유지(永勝遺址)가 있다.

육정산무덤떼는 발해국(698~926) 초기에 왕족과 귀족의 무덤구역이다. 발해왕국은 일찍이 당 성력(聖曆) 원년인 698년에 목단강 상류에 건국한 왕조로 지금의 돈화일대로 비정되는 구국시기의 도성 오동성에서 당 천보 14년인 755년에 흑룡강성 영안시(寧安市) 발해진(渤海鎭) 상경용천부(上京龍泉府)로 도읍을 옮겼고, 926년에 멸망하였다.

중국 동북에는 풍부한 발해유물들이 남아 있는데, 육정산무덤떼는 발해의 중요한 문화유적지 가운데 하나이다. 1961년 3월 14일 국무원에서 제1차 전국중점문물보호단위(全國重點文物保護單位)로 공포하였다.

이 무덤은 오래 전에 현지인이 발견하였으나, 만주국시기에 도굴되었다. 1949년 8월에는 돈화시(敦化市) 계동중학(啓東中學)에서 무덤떼의 일부 무덤을 발굴하다가 정혜공주묘(貞惠公主墓)를 발견하였다. 1949년 9월 계동중학·연변대학에서 재차 9기의 무덤을 조사발굴을 하고 정혜공주묘의 무덤칸 천정을 보수하였다. 1953년에서 1957년까지 길림성문물관리위원회(吉林省文物管理委員會)와 길림박물관(吉林博物館)에서 두차례 조사하였다. 1956년 염만장(閻萬章)은 「발해정혜공주묘비연구(渤海貞惠公主墓碑的硏究)」, 김육불(金毓黻)이 「발해정혜공주묘비연구에 대한 보충(關于渤海貞惠公主墓碑硏究的補充)」을 발표한지 얼마 지나지 않아, 왕승례(王勝禮)가 다시 「돈화육정산무덤군조사간기(敦化六頂山古墓群調查簡記)」를 발표하였다. 이 논문들이 발표된 이후 육정산무덤떼는 고고학계의 주목을 받았다. 1958년 7월 22일 길림성문관회(吉林省文管會) 소재(蘇才)와 동북인민대학 역사과 단경린(單慶麟)·장백천(張伯泉)이 한달 동안 육정산무덤떼와 돈화 목단강 상류지역 발해문화를 답사한 후 조사결과를 발표하였다. 1959년 8월 길림성박물관에서 동북사범대학 역사과와 다시 두 번째로 발굴조사를 실시하였다. 1963년 다시 일부 무덤을 조사하였다. 1964년 5월 15일에서 6월 중순 중조연합고고대(中朝聯合考古隊)의 중국 쪽 대장 우조훈(牛兆勛), 조선 쪽 부대장 주영헌(朱榮憲)이 20여일 동안 육정산발해무덤떼를 발굴하였다.

육정산무덤떼에는 두 구역에 모두 크기가 다양한 석실묘(石室墓)·석관묘(石棺墓) 80여기가 있다. 제1구역에는 30여기가 있고, 제2구역에는 50여기가 있다. 모두 현무암으로 한단 한단 쌓아올렸거나 또는 다듬지 않은 돌로 쌓았으며, 방형 또는 장방형을 이룬다. 일반적으로 묘실 앞쪽에는 용도(甬道)와 묘도(墓道)가 있다. 묘문(墓門)은 남향이며 무덤 위에는 봉토가 있다. 제1구역의 봉토는 비교적 높고, 제2구역의 봉토는 비교적 낮고 평평하다. 중요한 무덤 봉토에서는 암키와·수키와·와당 등의 건축자재들이 발견되었다.

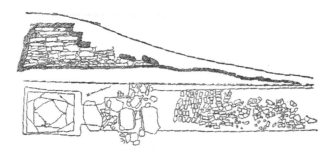

[도면 4] 정혜공주묘 평면 단면도

　이들 무덤 가운데 정혜공주묘가 가장 유명하다. 정혜공주는 발해 제3대 문왕 대흠무(大欽茂)의 둘째 딸로, 보력(寶曆) 4년인 777년에 사망하여 보력 7년인 780년에 육정산에 묻혔다. 이 무덤은 제1구역의 중앙에 있으며 지면에는 둥근 구릉형태의 봉토가 있다. 현존하는 잔고는 1.5m이다. 묘실은 지하에 만들었으며 그 깊이는 약 2m이다. 방형이며 방향은 남쪽에서 서쪽으로 24° 기울었다. 동서 길이는 2.66~2.84m, 남북 너비는 2.80m~2.94m, 높이는 2.68m이다. 네 벽은 크기가 다른 현무암으로 한단 한단 평행하게 쌓았다. 크고 작은 돌로 서로 엇갈려 8~9단으로 쌓아서 무덤 벽의 높이는 1.68m에 이른다. 네 벽은 아래에서 위쪽으로 단이 거듭될수록 점차 안쪽으로 좁아든다. 표면에는 백회를 발랐는데 그 두께는 1cm이다. 묘실 꼭대기는 말각고임천정[抹角迭澁藻井]으로 무덤 칸의 네 벽부터 그 위쪽은 13개의 커다란 판석으로 각을 줄여 쌓았다. 묘실 남벽 중간에는 용도가 있는데, 길이 1.74m, 너비 1.10m, 높이 1.40m이다. 용도 좌우 벽은 장방형의 돌로 평평하게 쌓았고, 묘실 천정은 장방형의 돌 3개로 평행하게 덮었다. 묘실 바닥에는 평평하고 커다란 판석으로 관대를 만들었다. 용도 앞에는 11m 길이의 묘도가 있는데, 너비는 2.45m이다. 묘도 바닥 중간과 남쪽 끝에는 다양한 크기의 돌을 깔았으나, 북쪽 끝에서는 돌이 발견되지 않았다. 중간에는 돌 위에 다시 벽돌을 한겹 깔았다.

정혜공주묘에서는 묘비 1점·암수 석사자 각 1마리·도금한 둥근 머리 못[鎏金圓帽銅釘] 등이 출토되었다. 제1구역에서 옥벽(玉璧)·목이 긴 도기 병[長頸陶甁]·도기 항아리[陶罐]·도금한 은행잎장식[鎏金銅杏葉]·금제고리[金環]·도기 대접[陶盂]·철제고리[鐵環]·철제버클[鐵帶扣], 그리고 꼭지무늬 와당[乳丁紋瓦當]·십자꽃잎무늬 와당·수키와·암키와·무늬없는 기와·부조·백회조각[白灰片] 등도 출토되었다.

육정산에 분포하는 수십 기의 무덤은 전부 발굴되지는 않았으나 출토된 유물자료는 발해고고학의 중요한 성과이다. 과거 문헌부족으로 발해사연구에서 수많은 문제들이 해결되지 못하였다. 육정산무덤떼에서 출토된 유물은 모두 두드러진 특징을 지니고 있는 전형적인 발해유물인데, 특히 정혜공주묘비의 출토는 첫번째로 발견된 발해 금석문 자료로, 학계의 다양한 견해를 한순간에 해결해 버렸다. 육정산무덤떼는 발해초기 왕족 귀족의 무덤구역으로, 목단강 상류 돈화일대가 발해 구국시기 도성 소재지였음을 증명하며, 현재 파악된 자료에 근거하여 학계에서는 오동성유적지를 구국의 고지로 인식하였다.

육정산무덤떼에서 출토된 유물은 발해와 중원 당나라간의 밀접한 관계를 생동적으로 반영하고 있다. 이것은 발해가 한자를 사용하였고, 중원문화를 배워 한문학의 조예가 매우 깊었음을 증명한다. 묘비의 문체는 당대 유행한 변려문으로 글이 화려하다. 서체는 가지런하며 필체가 매우 빼어나다. 서예와 문장 모두 보기 드문 진품이다. 무덤에서 출토된 석사자는 웅혼(雄渾)하고 생동감이 넘친다.

육정산무덤떼에서 출토된 유물도 발해초기 사회발전과 사회생활모습을 반영한다. 이 무덤떼를 발굴하기 전에는 동북지역에 분포하는 수많은 무덤을 일부 학자들은 고구려유적으로 인식하였다. 그러나 육정산무덤떼가 발해무덤이라고 판명되었으므로, 그 출토유물을 기준으로 발해문화의 특징을 분명하게 인식시켜야 한다. 육정산무덤떼는 발해초기 역사를 연구하는데 있어 귀중한 과학적인 자료를 제공한다.

발해사찰유적

1. 묘둔사찰지[廟屯廟址]

[그림 6]

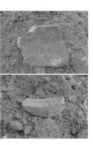

1. 사찰지 소재지인 일심촌 전경
2~5. 유지에서 수습한 각종 기와·도기편

묘둔사찰지[廟屯廟址]는 돈화시(敦化市) 홍석향(紅石鄉) 일심둔(一心屯)에서 서쪽으로 300m 떨어진 곳에 있다. 원래는 절로 인해 묘둔(廟屯)이라고 이름을 붙였으나 현재는 일심촌(一心村)으로 고쳤다. 이곳은 충적평원이므로 평탄하고 넓게 펼쳐져 있다. 사찰지는 목단강 서안에 있으며, 동쪽으로 강을 사이에 두고 육정산무덤떼[六頂山古墓群]가 있고, 서남쪽 7km에는 성산자산성(城山子山城)이 있다.

사찰지는 앞뒤 두 개의 건물로 나뉜다. 이 건축물은 남향이다. 사찰지는 동서 길이 14.4m, 남북 너비 30m이다. 앞 건축물은 길이 14.4m, 너비 6m이고, 뒷 건축물은 길이 14.4m, 너비 8m이며, 두 건축물간의 거리는 7.50m이다. 앞 건축물 남쪽 중앙에는 남북방향의 통로가 있어서 본당으로 통한다. 정전에서 3m 떨어진 곳 좌우에 각각 벽돌로 만든 향로지(香爐址)가 있는데, 기단은 정방형이며, 한 변의 길이는 2m이다. 그 안에는 수많은 벽돌과 기와 잔편들이 흩어져 있다. 그 중에는 수키와와 암키와 등이 있으며, 그 나머지 기와와 자갈은 모두 청나라시기의 유물이다.

사찰은 1947년 훼손되었으므로 사찰의 건축규모가 어떠한지는 알 수 없다. 현재는 농경지로 개간되었다. 수습된 유물로는 갈색 암키와와 수키와 끝부분[脣]이 있는데, 모두 베무늬가 있는 점에서 육정산무덤떼의 벽돌·기와와 매우 유사하므로, 이 사찰은 발해시기의 건축물로 간주해야 한다. 사찰지에 청나라시기의 기와와 자갈 등도 포함되어 있는 것은 청나라시기에 이 사찰을 중건하였다는 증거일 뿐이다.

사찰지 주변에는 발해유적이 매우 많다. 육정산무덤떼·성산자산성 이외에도 오동성·영승유지 등이 있다. 이것은 당시 이 일대에 거주지가 밀집되어 있고 인구가 많았으며 생활이 비교적 안정적이었음을 설명한다. 이 뿐만 아니라, 사찰지의 발견은 당시의 종교활동이 이미 상당한 규모에 이르렀음을 보여주는 것으로, 이것은 발해의 불교신앙활동을 더욱 명확히 하는데 근거를 제공한다.

발해산성유적

1. 성산자산성(城山子山城)

[그림 7] 　1. 성산자산성(동모산) 표지석　　2. 동모산 전경(서남→동북)

　성산자산성(城山子山城)은 돈화시(敦化市)에서 서남쪽으로 12.5km 떨어진 목단강 지류 대석하(大石河) 남안의 독립된 높은 산위에 있다. 해발이 600m에 달하는 성산자산(城山子山)은 비교적 넓은 대지에 있다. 대석하가 북쪽에 있는데, 서쪽에서 동쪽으로 흘러 목단강으로 들어간다. 하구에서 산성까지의 거리는 4.5km이다. 목단강은 산 동남쪽 4km 떨어진 곳에 있으며, 서남쪽에서 동북쪽으로 유유히 흘러간다. 목단강 동안에는 영승유지(永勝遺址)가 있는데, 산성과 동서방향으로 강을 사이에 두고 마주하며, 두 유적의 거리는 5km이다. 오동성(敖東城) 유지는 동북쪽으로 15km 정도 떨어져 있다. 육정산발해무덤떼는 동북쪽으로 7km정도 떨어져 있다. 동북쪽으로 5km 떨어진 곳에는 발해사찰지가 있다.

성산자산성(城山子山城)은 대체로 타원형을 이루면서 산허리를 감싸고 있으며, 산위에 서면 산 아래 사방의 경치가 확연히 시야에 들어온다. 이 성은 높은 곳에서 아래를 굽어보기 때문에, 방어하기는 쉽고 공격하기는 어려워 동서남북 각 방향의 교통요충지를 통제한다. 성벽의 둘레 길이는 2,000m정도이다. 성벽은 산의 높고 낮음에 따라 축조하여 굽이굽이 산허리를 감싼다. 성벽은 토석혼축이다. 성벽의 기단 너비는 5~7m이나, 어떤 곳은 너비가 10m 이상인 곳도 있다. 성벽의 잔여 높이는 1.5m~2.5m로 일정하지 않다. 성 평면은 동북쪽은 낮고 서남쪽이 높으며, 지세에 따라 동북쪽으로 약간 기울었다. 북벽은 강물과 마주한 절벽 위에 있다. 절벽의 가파름으로 인해 높이가 40여m에 이르므로 북벽은 비교적 낮다. 북벽의 서쪽 부분은 성벽이 동남쪽으로 굽어져서 예각을 이룬다. 그다지 길지 않은 구간을 지나면 서문이 있는데 그 너비는 4m이다. 문 서벽은 밖에서 안쪽으로 말려서 둥근 갈고리형태를 띠고 있는 보루이다.

성벽은 서문에서 동남향으로 산비탈을 따라 점차 높아진다. 이 구간은 산의 형태가 밖으로 돌출되어 있으므로, 각각 일정하지 않은 거리에 3개의 치[馬面]를 설치하여 조망과 수비를 좋게 하였다. 첫 번째 치는 서문에서 36m, 두 번째는 첫 번째와 80m, 세 번째는 두 번째와 200m 떨어져 있다. 성벽은 산기슭을 따라 산의 높은 곳에 이르렀다가, 급격하게 내려가며 동북쪽으로 기운다. 성 동북쪽 모서리는 낮고 평평해지므로, 이곳에 성문을 설치하였다. 이곳이 동문으로 입구는 서문보다 약간 작아 3m에 이른다. 문 양쪽 성벽도 밖에서 안쪽으로 굽어 들어와 둥근 고리형태을 이루어 두 개의 보루를 이룬다. 성문 밖 북쪽은 지세가 평평하고 완만하며, 하천과 100m정도 떨어져 있어 하천의 물을 길어올 수 있다.

동문 안쪽에서 남쪽으로 치우친 곳에는 평평하고 완만한 산굽이가 있는데, 이곳에는 50여개의 수혈식[半地穴式] 주거지가 남아있다. 대부분이 장방형으로, 큰 것은 동서 8m 정도 남북 6m 정도이며, 작은 것은 동서 6m 남북 4m 정도이다. 축조방법은 북쪽으로 기운 산비탈을 따라 주거지 남쪽 밖에는 구덩이를 파서 절수구(截水沟)로 삼았다. 산 위에서 흘러내리는 빗물이 집을 침식하는 것을 방지하기 위한 것으로, 이 구덩이는 빗물을 집의 동서 양쪽으로 유로하며 비탈 아래로 흘러가게 한다. 주거지의 중간은 평면을 얕은 구덩이 형태로 만들고, 사방에는 흙으로 벽을 만들었는데, 남아 있는 높이가 20~40cm에 달한다. 각각의 집에는 문이 있는데, 대부분이 동쪽 벽 중간에 있으나, 일부는 북쪽에 문을 만들었다. 산 남쪽 기슭과 산성의 편서쪽에도 약간의 주거지가 있다.

성 안 편서북쪽, 서문에서 100m 떨어진 곳에는 지름은 4.6m의 돌로 만든 연못이 있다. 솥 밑바닥 모양으로 깊이는 1m이며 바닥에 돌을 깔았다. 북쪽에는 물이 흘러나가는 홈이 있으며, 작은 도랑을 북쪽으로 끌어 절벽 아래로 지나가게 한다. 성 동쪽에는 대규모 주거지에 인접하여 커다란 저수지가 있다. 성 중간에는 몇 곳의 평평하게 깎은 운동장 형태의 연병장이 있는데 큰 것은 100여m에 이른다. 성 안팎에서 일찍이 창끝·쇠칼·철화살촉·"개원통보(開元通寶)" 등이 출토되었다.

성산자산성(城山子山城)의 유물과 형식으로 보면, 이 성은 발해 초기의 성터임을 알 수 있다.

현재 성산자산성(城山子山城)은 전국중점문물보호단위(全國重點文物保護單位)로 지정되었다. 발해 초기의 역사를 연구하는데 귀중한 자료를 제공한다.

2. 통구령산성(通沟嶺山城)

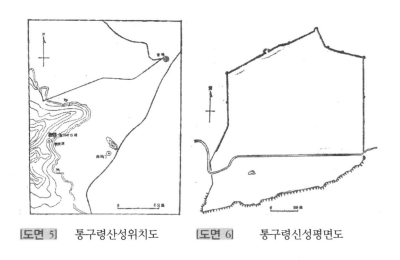

[도면 5]   통구령산성위치도   [도면 6]   통구령신성평면도

통구령산성(通沟嶺山城)은 돈화시(敦化市) 관지진(官地鎭) 노호동촌(老虎洞村) 동쪽 산 위에 있다. 성터 남쪽 절벽 사이에 골짜기가 있어, 습관적으로 노호동이라고 부르므로 이 성을 노호동산성(老虎洞山城)이라고도 부른다.

이 산은 통구령(通沟嶺)이다. 고성은 평탄하고 볕이 잘 드는 산굽이에 있다. 성 남쪽 절벽아래는 사하(沙河)가 남쪽에서 흘러와 성 서남쪽 모서리에서 동쪽으로 굽이 돈다. 물길은 낙차가 커서 곧장 산자락으로 흘러간다. 통구령 동쪽은 동산두처(東山頭處)라고 부르는데, 북쪽으로 굽이 돌아 흘러간 뒤 다시 산 북쪽 기슭을 따라 서북쪽으로 흘러간다. 이렇듯 통구령의 동쪽은 3면이 강물로 둘러싸여 있으며, 서쪽은 높은 산에 이어져 있다. 성 안에서 가장 높은 곳은 해발이 602m이다.

이 성의 동·북·서쪽 3면은 성벽이 있으나, 남쪽은 깎아지른 절벽이므로 성벽이 없다. 동벽은 남북향이며 길이는 500m이다. 북벽은 구불구불한 산등성이를 따라 쌓아서 직선을 이루지 못한다. 길이는 600m에 이른다. 서벽은 대체로 남북향을 이룬다. 약간 구불구불한 곳이 있다. 길이는 500m 정도이다. 남쪽은 절벽이며, 동서 양쪽의 지름은 400m이다. 전체 둘레 길이는 2,000여m에 달한다. 동쪽과 서쪽, 북쪽에 3개의 문이 있다. 동쪽과 서쪽 성문은 약간 파괴되었으며, 현재의 너비는 모두 7m이다. 북문은 완전하며 옹성이 있다.

성 동남쪽·동북쪽·서북쪽 모서리에 각루유적으로 생각되는 비교적 커다란 토축 기단지가 있다. 이밖에 동·북·서벽의 적당한 부분에 돌출된 보루(堡壘)형태의 구조물인 치[馬面]를 만들었다. 성벽 모서리 3곳을 제외하고, 성벽 3면에 모두 9개의 치를 쌓았다.

성 안은 북반부가 높다. 가장 북쪽은 산등성이로 제일 높은 곳이다. 남반부는 낮고 평평하다. 동서 양쪽은 약간 둔덕을 이루고 있다. 동서 두 성벽은 산세를 따라 각각 높은 언덕 위에 쌓았다. 성 서남쪽 서문 근처에는 지름이 6m에 이르는 비교적 큰 반원형의 구덩이가 있는데, 안쪽에 고운 진흙이 쌓여 있어서 저수지 유지로 생각된다. 전반적으로 이 성은 보존상태가 좋다.

현지인에 의하면, 일찍이 성 안에서 당·송시기 동전이 출토되었다

고 하며 동경을 주웠다는 사람도 있다. 1958년과 1960년 연변문물보사
대가 두차례 조사하였다. 길림성박물관 · 길림성고고대 · 길림성고고
연구실 등에서 여러 차례 조사하여, 약간의 동전 · 도기편 · 철촉 등을
수습했다. 이 성은 아마도 발해시기에 축조하고 요금시기에 보수하여
사용한 것으로 생각된다. 통구령산성(通沟嶺山城)이 위치한 곳은 교통
의 요충지로 군사적으로 중요한 위치를 점하는 것으로 생각된다.

3. 요전자성보(腰甸子城堡)

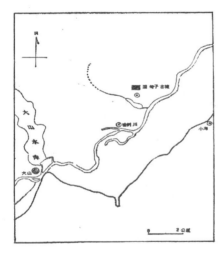

[도면 7]
요전자고성위치도

요전자성보(腰甸子城堡)는 돈화시(敦化市) 대산취자향(大山嘴子鄕)
요전자촌(腰甸子村)에서 북쪽으로 300m 떨어진 마안산(馬鞍山) 위에
있다. 남쪽으로 목단강과는 500m 떨어져 있다. 산 아래는 평탄하며 넓
게 트여 있으며 일찍이 농경지로 개간되었다. 이곳의 연평균기온은 시

내 및 다른 지역보다 높고 농작물도 잘 자라서 돈화의 "소강남(小江南)"으로 불린다.

성보(城堡)는 산꼭대기에 자리잡고 있어서 아래를 굽어보면, 멀고 가까운 곳의 경치가 모두 한 눈에 들어온다. 남쪽은 산비탈이 가파르고 북쪽은 비교적 평평하며 완만하다. 북쪽에는 산굽이가 있는데, 대체로 낮고 평평하다. 성벽은 산세를 따라 원형으로 쌓았으며, 지름 33m, 둘레 98m에 달한다. 동북쪽 모서리에는 성문이 있다. 구전에 의하면, 서벽 밖에 우물이 있었다고 하나 현재는 흔적이 없다. 성은 대체로 보존상태가 좋다.

성이 자리잡은 곳의 지리적 위치는 매우 중요하여 지키기는 쉽고 공격하기는 어려워서, 목단강의 중요한 수상교통을 통제할 수 있을 뿐만 아니라, 주변지역을 보호할 수도 있다. 왜냐하면, 그 동남쪽으로 400m 떨어진 곳에는 발해시기의 "24개돌" 건축지가 있고, 다시 동쪽으로 500m 떨어진 곳에는 비교적 큰 건축지가 있으며, 성에서 남쪽으로 100여m 떨어진 곳에도 대규모의 주거지가 있기 때문이다. 이들 유적지에는 수많은 발해시기 유물이 남겨져 있으므로, 상호간의 관계로 보면, 이 성은 발해시기의 성터로 판단된다.

4. 통구령요새(通沟嶺要塞)

통구령요새(通沟嶺要塞)는 돈화시(敦化市) 사하교향(沙河橋鄉) 영저촌(嶺底村) 서산 위에 있다. 영저촌은 통구령(通沟嶺) 아래에 있고, 동쪽으로는 사하(沙河)와 접해 있다. 강물은 동남쪽에서 서북쪽으로 흘러가다가 마을 북쪽에서 동북쪽으로 흘러간다. 사하 동안은 커다란 대지로 사하에 접해서 절벽을 이룬다. 절벽 가장자리는 물길을 따라 굽어졌는데, 길이는 10km에 달한다. 마을 서쪽과 북쪽은 통구령과 이어져 있다.

통구령은 동서방향으로 뻗어 있는데, 갈라져 나온 지맥이 마을 북쪽에서 서남쪽으로 뻗어나간다. 산세가 매우 가파르며 해발은 600여m에 이른다. 마을 남쪽은 평평하고 넓게 펼쳐진 하곡지대(河谷地帶)이다. 마을 서쪽의 산세는 산등성이가 서북에서 동남쪽으로 뻗어가다가 북쪽으로 방향을 바꾸어 동북쪽으로 뻗어나가 동쪽으로 트인 산굽이를 이룬다. 통구령요새(通溝嶺要塞)는 이 산등성이 남쪽에 있다. 북쪽 기슭을 따라 산등성이로 올라가면, 두 개의 계단식 구조물이 있고 산등성이 남쪽에는 해자가 있다. 해자는 길이가 250m, 너비는 1m 정도이다.

지형으로 판단하면, 이곳은 방어시설로 서남쪽에서 오는 적을 방어하기 위해 축조한 것이다. 이곳은 동쪽이 사하변(沙河邊)의 좁은 길이고, 서쪽은 여러 산들이 늘어선 험준한 봉우리이다. 이곳에서 동북쪽으로 2.5km 떨어진 곳에는 바로 통구령산성이 있기 때문에 이 시설은 그것에 속한 전방초소임을 알 수 있다. 통구령산성은 발해시기의 유적으로 요금시기에도 사용되었으므로, 이 요새는 그것과 동일시기에 속하는 유적이다.

발해촌락유적

1. 영승유지(永勝遺址)

[그림 8] 1~3. 유적에서 수습한 귀면와당 잔편 및 사선점무늬 기와
4. 영승유지와 육정산 전경(남→북)

영승유지(永勝遺址)는 돈화시(敦化市) 강동향(江東鄕) 영승촌(永勝村)에서 북쪽으로 1km 떨어진 경작지에 있다. 이 유적지는 목단강의 평탄하고 넓게 펼쳐진 충적평원에 위치한다. 서쪽으로는 목단강과 인

접해 있다. 동쪽은 낮고 작은 산등성이와 이어져 있으며, 강과 산등성이는 700여m 떨어져 있다. 목단강 지류인 대석하(大石河)는 유적지 서안에 있으며, 서쪽에서 동쪽으로 목단강으로 흘러 간다. 유적지에서 서쪽으로 5km 떨어진 곳에는 성산자산성(城山子山城)이 있어 멀리서 마주하여 호응한다. 유적지 북동쪽 3km에는 육정산무덤떼가 있다.

영승유지는 돈화시에 위치한 유적 가운데 가장 큰 규모로, 동서 길이는 700여m, 남북 너비는 1,000여m에 달한다. 현재까지의 기초조사에 근거하면, 유적지 안에는 5개의 건축지와 수많은 벽돌·기와 잔편 등이 남아 있다. 그중 1건축지는 지표면보다 높은 흙 기단 위에 있으며, 그 범위는 동서 길이 30m, 남북 너비 20m에 이른다. 주위에는 암키와·수키와·와당·방형 벽돌·장방형 벽돌·치미 잔편이 흩어져 있다. 이것은 유적지에서 가장 큰 건축지이다. 2건축지는 1건축지에서 동북으로 300m 떨어진 곳에 있으며 규모는 비교적 작다. 3건축지는 2건축지 남쪽에 있으며 1건축지와 동서방향으로 마주하고 있다. 규모는 비교적 작다. 4건축지는 1건축지에서 서북쪽으로 250m 떨어져 있으며, 규모는 작다. 5건축지는 4건축지 남쪽에 있으며, 1건축지와 동서로 마주하고 있다. 주위에는 회색의 건축장식 잔편이 흩어져 있다. 건축구조는 비교적 복잡하다.

유적지 안에 남아 있는 암키와는 대부분 회색이다. 재질은 니질(泥質)이고 주둥이[帶脣]가 있다. 장방형 벽돌은 회색의 니질이며, 약간의 모래가 섞여 있다. 너비는 17cm, 두께는 5.5cm이나 길이는 분명하지 않다. 방형 벽돌은 회색의 니질이며, 잔존 면적은 20×19cm, 두께는 5.7cm이다. 와당은 1건축지에서 잔편이 수습되었다. 남아 있는 무늬로 보면 도철(饕餮) 무늬에 가깝다. 이러한 와당은 육정산(六頂山) 제1구역에서 완전한 것이 출토된 적이 있다. 지름은 14cm, 두께는 2cm이다. 이밖에 유적지 안에는 수많은 도기편과 약간의 동전이 흩어져 있다. 도기편은 대부분이 회색이며 붉은색을 띤 것도 약간 있다. 니질로 바탕에는 무늬가 없으며 바깥쪽에는 물레를 돌린 흔적[輪線紋痕迹]이 선명하다. 동전에는 당대 "개원통보(開元通寶)"와 송대의 "숭녕중보(崇寧重寶)" 등이 있다.

영승유지는 1974년에 발견되었으나, 관련기록이 없다. 현재 영승유지의 지리적인 상황으로 보면, 자연조건이 매우 좋을 뿐만 아니라 주위에 있는 각종 유적의 중심에 위치해 있다. 따라서 각각의 요인들로 분석하면, 발해 초기의 매우 중요한 유적으로 판단된다.

2. 북산유지(北山遺址)

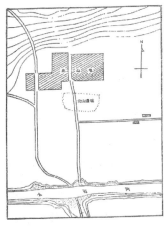

[도면 8] 북산유지위치도

북산유지(北山遺址)는 돈화시(敦化市) 북쪽 교외에 위치한 북산대대 남쪽, 소석하(小石河) 북안에 위치해 있는 발해 시대의 주거유적이다. 유적지 북쪽은 동서방향으로 뻗어내린 산과 이어져 있고, 남쪽 200m에 있는 소석하는 서쪽에서 동쪽으로 흘러간다. 지형은 평탄하고 넓게 트여 있으며 토질은 비옥하다. 유적지는 동서 길이 약 100m, 남북 너비 60m 정도로 크지 않다. 문화층은 지표면에서 약 100cm 깊이에 있고, 그 두께는 40cm 정도이다.

1975년 돈화시(敦化市) 수리국첨정대(水利局鉆井隊)가 우물을 파다가 도기편을 발견하여 주변을 발굴했다. 당시 1m 깊이의 토층에서 도기병[陶壺] 1점과 깨진 도기편 약간이 발견되었다. 농부들을 대상으로 한 방문조사에서, "몇 년 전에 부근에서 건축재료같은 몇 개의 비교적 커다란 돌을 발견하였고, 돌절구도 발견하였다."는 사실을 알게 되었다.

도기병[陶壺]은 짙은 회색으로 주둥이는 작고, 가장자리는 말려있다. 목은 짧고, 배는 불룩하며, 밑바닥은 평평하다. 대체로 세로로 긴 타원형이다. 니질(泥質)은 부드러우며 물레로 빚었다. 태토에는 물레로 빚을 때 생긴 선 무늬가 선명하다. 도기편은 어두운 황색을 띠고 있다. 재질은 니질로 약간 거칠고, 소성도는 비교적 낮으며, 층위는 도기병 아래에 위치한다. 도기병과 도기잔편은 현재 돈화현문물관리소(敦化縣文物管理所)에 소장되어 있다. 북산유지에서 출토된 도기병과 도기잔편은 목단강 상류에 위치하는 발해유적에서 출토된 유물의 특징과 같으므로 발해시기의 주거유지로 생각된다.

3. 경구유지(鏡沟遺址)

경구유지(鏡沟遺址)는 돈화시(敦化市) 대포시하진(大蒲柴河鎭) 소재지 동쪽 5km에 있다. 부이하(富尒河)가 그 남쪽을 서쪽에서 동쪽으로 흘러간다. 부이하 남안은 뭇 산들이 우뚝 솟아 있다. 서남쪽에는 경구(鏡沟)라고 부르는 동북방향의 계곡이 있는데, 작은 개울이 계곡에

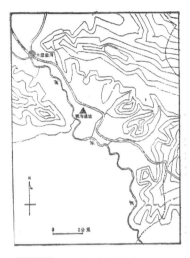

[도면 9] 경구유지위치도

서 흘러나와 유적지 맞은편에 있는 부이하(富尒河)로 유입되므로, 경구를 유적지 이름으로 삼았다. 금구(金沟)라고도 한다.

부이하 남안은 산자락에 이어져 있다. 북안은 넓게 트인 충적평원이며, 북쪽의 산기슭까지 1.5km 떨어져 있다. 돈화(敦化)~안두(安圖) 도로가 북쪽 산기슭을 따라 굽이 돌아 동쪽으로 뻗어 있다. 유적지는 바로 부이하 북안의 넓은 평지 위에 있다. 동쪽 가장자리에는 작은 시내가 동북쪽에서 서남쪽으로 흘러 부이하로 유입되며, 경구하(鏡沟河) 입구와 거의 마주하고 있다.

유적지는 동서 최장 길이는 약 500m, 남북 최대 너비는 250m인 불규칙한 사다리형태이다. 문화층은 1.5m 깊이에 있으며, 그 두께는 50cm 정도이다. 강물의 범람으로 진흙에 문화층이 매몰되어 지표면에서 비교적 깊어졌다고 판단된다. 지표면에는 흑회색·홍회색 도기잔편, 베무늬가 있는 암키와 잔편, 돌절구와 구덩이[灰坑] 등이 흩어져 있다. 가끔 흰색의 깨진 자기편 약간이 보이기도 한다.

1958년 8월 1일과 1960년 6월 20일 연변문물보사대(延邊文物普査隊)가 조사하여 돌절구 1점을 수습하였으며, 당시의 조사자료도 남아 있다. 1983년 5월 9일 현문물소(縣文物所)에서 다시 조사를 하여 약간의 도기편과 베무늬 기와편을 수습하였으며, 유적지 동쪽에 있는 개울 동편에서 중화민국시기의 거주지 1곳도 발견하였다. 이 두 유적지의 유물은 명확한 시대적 특징을 지니고 있다.

경구유지(鏡沟遺址)는 평탄하고 넓게 트여 있고, 토질은 비옥하다. 자연조건이 우월하여, 반농반어의 생산방식에 적당하다. 유물로 판단하면, 발해시기의 주거지로 생각되며, 상층에 약간의 요금시대의 유물이 포함되어 요금시기에도 지속적으로 사용되었음을 볼 수 있다.

4. 십팔도구유지(十八道沟遺址)

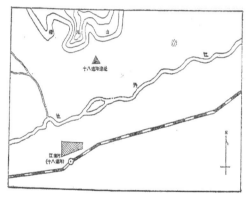

[도면 10]
십팔도구유지위치도

십팔도구유지(十八道沟遺址)가 위치한 십팔도구(十八道沟)는 돈화시(敦化市) 마호향(馬號鄉) 소할촌(所轄村)에 속하였으나 지금은 강남촌(江南村)으로 부른다. 역대 문물자료에서 모두 '십팔도구'라는 이름을 사용했으므로 원래의 이름을 그대로 사용하였다. 강남촌은 마호(馬號)에서 서쪽으로 6km 떨어진 목단강 남안에 위치해 있으며, 삼림철도(森林鐵路)와 산림도로가 마을 남쪽을 지나간다. 유적지는 마을 북쪽에 있으며, 강을 사이에 두고 서로 마주하고 있다. 유적지 북쪽에는 높게 솟은 모아산(帽兒山)이 있다. 목단강은 유적지 남쪽을 서쪽에서 동쪽으로 흘러가는데, 이 일대는 넓고 광활한 충적곡지(沖積谷地)이다.

이 유적지는 1973년 7월 문물조사과정에서 발견되었으나, 여러 해 전에 개간되어 농지로 바뀌었다. 유적지는 동서 길이 약 300m, 남북 너비 약 70m이다. 지표면에서는 도기편·돌칼·도제·어망추 등이 수습되었다. 도기편은 검은색과 회색으로, 물레로 빚으면서 생긴 선은 있으나 무늬는 없다. 구연(口沿) 가운데 어떤 것은 밖으로 말려 있고, 어떤 것은 주둥이가 넓다. 밑바닥이 평평한 것[平底器]도 있고, 얕은 둥근 테두리 받침[淺圈足]도 있다. 재질은 모두 고운 니질(泥質)이다. 돌칼 1점은 길이가 14cm로, 한쪽은 넓고 한쪽은 좁다. 앞쪽 너비는 4.5cm이다. 양쪽 끝에는 각각 1개씩 둥근 구멍이 있으며, 날은 한쪽에만 있다. 도제 어망추 1점은 둥근 기둥형태[圓柱狀]이다. 양쪽 끝에는 줄을 묶는데 사용된 홈이 있다. 그 길이는 3.5cm이고, 지름은 1.4cm이다. 손으로 빚었고, 재질은 니질이며, 회황색을 띠고 있다. 지표면에는 화강암 돌절구가 있는데, 절구면[臼面]의 너비는 50cm로 사다리 형태로 생겼다. 절구 주둥이 지름은 22cm, 깊이는 28cm이며, 돌 가운데는 긴 돌[長石]과 석영(石英) 입자들이 비교적 많이 포함되어 있다. 옅은 붉은색[土紅色]을 띠고 있다. 마을 사람들에 의하면, 농사를 지을 때 종종 당·송 시기 동전이 발견된다고 한다. 유적지 북쪽 가장자리 산기슭에는 금나라 시기의 석관무덤이 있다.

유적지에서 출토된 도기편을 분석·비교해 보면, 어떤 것은 분명하게 발해시기의 특징을 지니고 있다. 부근에 금나라 시기의 무덤도 있는데, 여기에서 송나라 시기의 동전이 출토되어 유적지 편년의 상한은 발해시기보다 늦을 수 없으며, 요금시기에도 사람들이 지속적으로 거주했다.

5. 쌍승유지(雙勝遺址)

[도면 11] 쌍승유지위치도

쌍승유지(雙勝遺址)는 돈화시(敦化市) 동쪽 교외에 위치한 쌍승대대(雙勝大隊)에서 남쪽으로 0.5km 떨어진 강변에 있다. 목단강이 쌍승촌(雙勝) 앞에서 서쪽에서 동쪽으로 흘러가고, 장도철도[長圖鐵道線]가 그 서쪽에서 남쪽으로 뻗어 나가다가 강을 건넌 후 다시 동남쪽으로 방향을 바꾼다. 이곳의 지세는 평탄하며 토질이 비옥하다.

1975년 돈화농아학교(敦化聾啞學校)에서 학교 건물정비를 위해 강변에서 흙을 파다가 약간의 도기편과 도제 어망추가 모래에 섞여 있음을 발견하였다. 유적지는 동서 길이 약 100m, 남북 너비 약 30m이다. 문화층은 지표면에서 50cm 깊이에 있으며, 그 두께는 30cm이다. 강물의 침식으로 심하게 훼손되었다. 이곳에서 출토된 도기편과 도제 어망추의 형식은 분명하게 발해시기의 특징을 지니고 있으며, 오동성에서 출토된 유물과 매우 비슷하다. 서쪽으로 오동성과 400m 정도 떨어져 있다. 이것은 동일시기문화에 속한다.

6. 요전자유지(腰甸子遺址)

요전자유지(腰甸子遺址)는 돈화시(敦化市) 대산취자향(大山嘴子鄉) 요전자촌(腰甸子村) 동쪽 마을 가장자리에 인접해 있다. 마을 동쪽은 평탄하며 넓게 트여 있다. 유적지는 남쪽으로 목단강에 붙어 있고, 북쪽으로는 높은 산에 인접해 있다. 마을과는 동쪽으로 0.5km 떨어져 있다. 유적지 동북쪽에는 건축지가 1곳 있고, 그 서북쪽에는 "24개돌" 건축지가 있으며, 다시 북쪽은 마안산(馬鞍山)으로 산꼭대기에는 고성보가 있다.

유적지는 동서 길이 500m, 남북 너비 300m이다. 지표면에는 유물이 매우 많다. 흑도(黑陶)・회도(灰陶)・홍도(紅陶) 잔편만이 아니라 벽돌과 기와 잔편도 포함되어 있다. 조사 당시 유적지 안에서는 새로 닦은 배수구(排澇沟)가 발견되었다. 이를 통해서 문화층이 지표에서 50cm 깊이에 있으며, 두께는 30~60cm로 일정하지 않음을 알게 되었다. 수습된 유물에는 협사홍도구연(夾砂紅陶口沿)・갈색협사교상이(褐色夾砂橋狀耳)・회색협사도제방추차(灰色夾砂陶紡輪)가 있다. 그중에서 협사도제방추차(夾砂陶紡輪)는 지름 5.5cm, 두께 1.3cm이다. 이밖에도 비교적 큰 초석이 발견되었는데, 현무암을 깨뜨려서 만든 것으로 지름은 40cm, 기저부의 너비는 60cm이고, 전체 높이는 45cm이다.

유적지 서쪽은 학교가 들어섰고, 그 나머지는 농지로 개간되었다. 목단강과는 어느 정도 거리가 있어 강물에 의한 침식은 받지 않았으므로, 초석은 원래의 자리에 보존되어 있다. 출토된 유물과 부근에 위치한 몇 곳의 유적지와의 관계로 보면, 발해시기의 주거지이며, 돈화시 경내에서 비교적 큰 발해주거지 가운데 하나로 생각된다.

7. 금어강유지(鮎魚江遺址)

금어강유지(鮎魚江遺址)는 돈화시(敦化市) 대산취자향(大山嘴子鄕) 금어강촌(鮎魚江村)에서 동쪽으로 400m 떨어진 곳에 있다. 이 유적지는 대지로 북쪽은 산과 접해 있다. 남쪽으로는 목단강과 인접해 있는데, 강안은 3m 높이의 절벽이다. 강물이 서쪽에서 동쪽으로 흘러간다.

유적지는 동서 길이 100m, 남북 너비 30m이다. 지표면 곳곳에 도기와 암키와 잔편이 흩어져 있는데, 일반적으로는 홍갈색(紅褐色)과 회색(灰色)을 띠는 모래가 섞인 것[夾砂]과 고운 진흙으로 빚은 것이다. 수습된 유물에는 1.4cm 두께의 모래가 섞인 암키와 잔편이 있는데, 회갈색(灰褐色)과 홍색(紅色)을 띠고 있다. 바탕에는 거친 새끼줄무늬가 있는 것도 있고, 무늬가 없는 것도 있다. 안쪽에는 베무늬가 있다. 소성도는 비교적 낮으며 제작기법은 거칠다. 또한 모래가 섞인 수키와 잔편은 홍갈색을 띠고 있으며, 두께는 1.5cm이다. 바탕에는 무늬가 없고, 안쪽에는 베무늬가 있다. 도기잔편은 청회색과 홍갈색이 있으며, 모래가 섞인 것과 고운 진흙[細膩]으로 빚은 것 등 2종류로 나뉜다. 무늬가 없는 것도 있고, 간단한 줄무늬가 있는 것도 있다. 물레로 빚었으며 그릇 벽 안팎에는 모두 광택이 있다. 또한 검은색의 작은 단지 구연 1점이 있는데 무늬는 없다. 이것은 모래가 섞인 부드러운 도기[夾砂細陶]로 조개가루도 발라져 있다.

유적지는 강물로 침식되지는 않았으나 다년간 경작으로 인해 이미 파괴되었다. 여기에서 수습된 유물로 보면, 육정산무덤떼에서 출토된 것과 유사하여 발해시기의 유적지로 생각된다.

8. 치안유지(治安遺址)

치안유지(治安遺址)는 돈화시(敦化市) 흑석향(黑石鄕) 치안촌(治安村)에서 서남쪽으로 1km 떨어진 목단강 북안에 있다. 목단강이 서쪽에서 동쪽으로 흘러가며, 강을 사이에 두고 흑석고성(黑石古城)과 서로 마주한다. 이곳은 지형이 평탄하며, 3개의 돌출된 작은 산등성이가 있다. 서쪽은 풀밭[草甸子]이고, 마을 북쪽에는 임구(林沟)로 통하는 삼림철로가 있다.

유적지는 남쪽으로 목단강에 인접해 있다. 서쪽 0.5km에는 작은 도랑(水沟)이 강으로 흘러간다. 그 범위는 동서 길이 200m, 남북 너비 100m이다. 지표면에는 도기 잔편·기와 잔편이 매우 많아서 허리를 굽히기만 해도 주울 수 있다. 기와편은 홍색(紅色)과 흑색(黑色)이 대부분이다. 도기편은 회색니질(灰色泥質)이 많은데, 제작기법이 정교하고 세밀하며 선 무늬가 있다. 수습된 수면와당 1점은 회색의 세니질(細泥質)로 지름은 9.7cm, 두께는 1.7cm이다. 유물의 형식으로 보면, 발해와 요금시기의 유적지로 판단된다. 도기편과 기와편 이외의 나머지 유적은 모두 경작지로 개간되어 훼손되었다.

유적지 남쪽에는 흑석고성, 동북쪽에는 남태자고성보(南臺子古城堡) 등 발해시기의 고성지 몇 곳이 있는데, 이들 사이에는 일정한 관련성이 있다. 유적지 안에서 발견된 도기·기와 잔편도 이와 같은 점을 증명할 수 있다. 이 유적지는 초기에 발해 말갈인들이 거주한 곳으로, 후에 요금시기 주민들이 사용하였다고 생각된다.

9. 송가강유지(宋家崗遺址)

송가강유지(宋家崗遺址)는 돈화시(敦化市) 흑석향(黑石鄉) 송가강자촌(宋家崗子村) 서북쪽에 있는 발해시기의 작은 주거지이다. 유적지 북쪽은 산과 이어져 있고, 남쪽은 넓게 트인 초원이다. 동쪽에는 산림철도의 흑석거(黑石車)역이 있고, 동남쪽에는 송가강자(宋家崗子) 촌락이 있다. 다시 동남쪽으로 2.5km 떨어진 곳에는 발해시기의 흑석고성(黑石古城)이 있어 강을 사이에 두고 마주한다. 목단강 북안에도 치안유지(治安遺址)가 있다. 유적지에서 서북쪽으로 3km 정도 떨어진 곳에는 금구유지(金溝遺址)가 있다.

이 유적지는 동서 길이 150m, 남북 너비 60m 정도이다. 지면이 비교적 높으며, 약간의 도기편과 베무늬기와가 흩어져 있다. 문화층은 지표에서 43cm 깊이에 있으며, 그 두께는 35cm이다.

1958년 문물조사 당시에 조사되었다. 여러 해에 걸친 경작으로 인해 이미 파괴되었다. 유적지에서 발견된 유물은 흑석고성과 치안유지의 유물특징과 같기 때문에, 발해시기의 유적으로 판단할 수 있다.

10. 청구자유지(青沟子遺址)

청구자유지(青沟子遺址)는 돈화시(敦化市) 대포시하진(大蒲柴河鎭) 소재지에서 동쪽으로 10km 떨어진 곳에 있다. 이곳은 동서 길이 1,500m, 남북 너비 800m에 달하는 장방향의 볕이 잘 드는 충적곡지(沖積谷地)로, 현지 사람들은 와조자지(窪槽子地)라고 부른다. 서쪽에서 오는 도로가 유적지 북쪽을 지나 동쪽으로 뻗어간다. 남쪽은 부이하(富尒河)에 접해 있다. 강물은 서북쪽에서 동남쪽으로 천천히 흘러가며, 강 건너 맞은편은 동남쪽으로 뻗어 내린 산맥이 있다. 유적지 북쪽은 산세가 점차 높아져서 서·북·동쪽 3면을 둘러싼다.

유적지는 농토 안에 있다. 규모는 동서 길이 300m, 남북 너비 100여m이며, 가장자리는 불규칙하다. 문화층은 20~30cm 깊이로 일정하지 않다. 지표면에는 약간의 도기편이 있다. 일반적으로는 회색으로, 모래가 섞여 있는 것[夾砂]이거나 부드러운 진흙으로 만든 것[細泥質]이다. 길이 70cm, 지름 50cm에 달하는 화강암 석군(石滾) 1점과 돌절구 1점이 보인다. 유적지 서북쪽은 작은 황무지로 농토 안에 끼어 있다. 이곳에는 두 개의 돌로 쌓은 장방형의 깊은 구덩이가 있는데, 서북~동남 방향으로 일자(一字)로 배열되어 있다. 서북쪽의 것은 길이 5m, 너비 3m이고, 동남쪽의 것은 약간 길어서 길이 7m, 너비 5m에 달하며, 두 구덩이 사이의 거리는 1.5m이다. 흙구덩이에서 서쪽으로 100m 떨어진 곳에 자갈돌이 지면에 흩어져 있는데, 동전과 기와편이 보인다. 수습된 도기편 가운데 대부분은 협사와 세니질이다. 검은색으로 물레로 빚었다. 바탕에는 아무런 무늬가 없고, 배는 둥글며 그릇 표면에는 광택이 있다. "황송통보(皇宋通寶)"·"지도원보(至道元寶)"·"도광통보(道光通寶)" 등이 출토되었다. 여러 해에 걸친 경작으로 유적지는 이미 파괴되었다.

유물로 판단하면, 이 유적지는 발해시기의 촌락으로 이후 요금시기에도 사람들이 거주했으며, 청나라 시기의 동전이 출토된 것은 이 시기에도 사람들이 거주하였음을 의미한다. 유적지 안에서 발견된 두 줄의 흙구덩이는 심하게 파괴되어 유물은 발견되지 않았으나, 그 외관으로 보면 석관묘 같다. 그러나 그 성격은 판단하기 어려워 심도있는 조사와 구명을 기대한다.

11. 액목유지(額穆遺址)

액목유지(額穆遺址)는 돈화시(敦化市) 액목진(額穆鎭) 소재지 동남쪽 주거지 가장자리에 위치한다. 유적지는 평탄한 충적하곡지대(沖積河谷地帶)가 약간 돌출된 부분에 있다. 그 서쪽으로 400m 떨어진 곳에는 주이다하(珠尒多河)가 서북쪽에서 동남쪽으로 흘러간다. 그 동쪽으로 300m 떨어진 곳에는 마록구하(馬鹿沟河)가 북쪽에서 남쪽으로 흘러가는데, 남쪽으로 1,000m 흘러 주이다하로 유입된다. 유적지는 공교롭게도 두 강물이 감싸 안은 가운데에 있다.

유적지에서 흔적을 살필만한 곳은 동서 길이 30여m, 남북 너비 20여m에 불과하다. 지표면에는 베무늬기와와 도기편이 흩어져 있다. 유물의 특징은 치안유지(治安遺址)·송가강유지(宋家崗遺址)와 비슷하여 동시대 유적으로 판단된다. 여러 해에 걸친 경작과 두 강의 범람으로 인해 심하게 훼손되었다.

발해평원성유적

1. 오동성(敖東城)

[그림 9]

1. 오동성 표지석 정면   2. 표지석 뒷면
3. 오동성 서벽(북→남)   4. 오동성 서벽(북→남)

오동성(敖東城)은 돈화시 동남쪽인 목단강 북안에 있다. 현재 고고학적 연구성과에 근거하면, 오동성은 발해왕국 초기도성으로 구국(舊國)의 소재지이다.

오동성이라는 이름은 발해시기의 명칭이 아니라 명나라 말 동북에서 만주족이 세력을 떨친 이후에 불려진 호칭이다. 당시 각종의 문헌에는 악타리성(鄂朶哩城)과 아극돈성(阿克敦城)이라 기록되었는데, 이 몇 개의 이름은 모두 동음(同音)이 변한 것일뿐, 다른 의미는 없다.

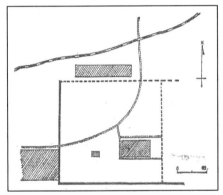

[도면 12]
오동성평면도

오동성유적은 목단강 북안 대지에 있다. 성 평면은 장방형으로 내성과 외성으로 나뉜다. 『길림통지(吉林通志)』에는 "외성은 둘레가 4리"라고 기록되어 있다. 일본인 야마모토(山本守)의 조사보고서인 『훈춘·돈화(琿春·敦化)』에는 다음과 같이 기록되어 있다. "본래 성은 내성과 외성이 있다. 외성은 동쪽을 제외하고 나머지 3면은 비교적 완전하다. 외성의 길이는 동서 길이 약 400m, 남북 너비는 그 절반인 약 200m이다". 성벽은 보루형태의 구조물인 치를 남벽에 3개, 북벽에 2개, 서쪽에 2개쌓았으나, 동벽은 파괴되어 축조되었는지 분명하지 않다. 내성은 정방형으로 각 변의 길이는 80m이다. 그 위치는 외성 서쪽으로 치우쳐 있다. 내성 서벽은 외성 서벽과 90m 떨어져 있고, 내성 동벽은 외성 동벽과 220m 떨어져 있다. 내성은 지세가 약간 높은 곳에 위치하며 주위에 해자(城壕)가 있다. 일본인 암간무차랑(岩間茂次郞)의 『돈화오동성조사보고서(敦化敖東城調査報告書)』에는 "성문은 남벽 중간에서 바깥쪽으로 돌출되어 있다."라고 기술되어 있다. 문 입구에는 옹성이 있으며, 북벽에서 동쪽으로 치우친 부분에 문지로 추정되는 곳이 있지만, 그 성격은 분명하지 않다. 서벽에는 문이 없고, 동벽은 일찍이 파괴되어 상황을 알 수 없다.

"9·1사변"이후 일본인들이 오동성 동반부에 두 개의 목재공장을 만들고, 북쪽에 있는 것은 "대이제재창(大二制材廠)", 남쪽에 있는 것은 "돈화제재소(敦化制材所)"라고 불렀다. 이 두 목재공장으로 성터가 훼손되었고, 이후에도 누차에 걸쳐 파괴되었다. 현재 남벽 잔여 길이는 252m, 서벽의 잔여 길이는 190m이나, 북벽은 남아 있지 않다. 내성은 여러 해에 걸친 경작으로 이미 그 흔적이 사라졌다.

1956년 길림성박물관에서 조사를 하였고, 1958년 7월 동북인민대학 역사과 단경린(單慶麟)과 장백천(張伯泉)이 학생을 인솔하여 조사하였다. 동북사범대학 역사과 등에서도 여러 차례 오동성유적지[敖東城遺址]를 조사하였다. 여러 해 동안 많은 동전·돌절구·도기·무기·철솥·수레 휘갑쇠[車穿]·벽돌·기와 등 귀중한 유물이 출토되었다. 일부 유물은 분명하게 발해 초기의 특징을 지니고 있다. 발해 초기의 정치·경제·군사·문화와 사회생활을 연구하는데 신뢰할만한 자료를 제공한다.

2. 마권자고성(馬圈子古城)

[그림 10]　　1. 마권자고성 내부(좌, 동→서)　　2. 고성 동벽 옹성(상, 서→동)
　　　　　　3. 고성 서남모서리 각루(하, 남→북)

　마권자고성(馬圈子古城)은 돈화시(敦化市) 대포시하진(大蒲柴河鎭) 낭시하촌(浪柴河村)에서 서북으로 4km 정도 떨어진 강변[河套]에 있다. 낭시하촌(浪柴河村)의 원래 이름은 마권자(馬圈子)이지만, 20여년 동안 국내외 고고문헌에서 사용해 온 명칭과의 혼란을 피하기 위해 "마권자"라는 이름을 그대로 사용하였다.

　이 성은 서쪽·남쪽과 동쪽 3면이 부이강(富尒江)으로 둘러싸여 있고, 그 남쪽 기슭은 깎아지른 높은 산으로 천연의 방어벽을 이루고 있다. 성 북쪽은 넓게 트인 평지로 돈화(敦化)·안도(安圖)~화전(樺甸) 도로가 지나간다.

　성은 기본적으로 방형이나, 각 변의 길이와 방향에서 약간의 차이가 있다. 동벽 209m, 서벽은 317m, 남벽 198m, 북벽 208m이다. 성의 잔고는 2~5m로 지형에 따라 높낮음이 있다. 성벽 위쪽 너비는 1~1.5m, 성벽 기단부 너비는 약 8m이다. 현재 성벽에는 동·남·북쪽에 문이 있는데, 현지인에 의하면, 이전에는 동문 하나만 있었고, 북문과

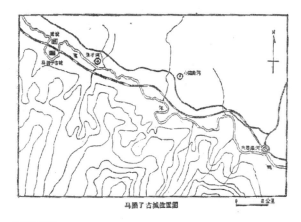

[도면 13] 마권자고성 위치도

남문은 1950년대 초에 농경의 편리를 위해 만든 것이라고 한다. 동문은 동벽에서 남쪽으로 치우친 곳에 있으며, 지름이 약 13m에 달하는 옹성이 있다. 성 둘레에는 네 모서리에 각각 1개, 동벽 중간에 1개, 서벽 중간에 1개, 북벽에서 동쪽으로 치우친 곳에 1개 등 모두 7개의 치[馬面]가 있다. 성 동북 모서리와 서북 모서리에도 덧붙여진 성벽과 보루 형태의 시설이 있다. 이것은 이 성에서 유일하게 적을 맞이하는 북쪽의 방어를 강화하기 위한 것으로 보인다. 성터는 보존상태가 좋다.

성 안은 이미 농경지로 개간된지 여러 해가 되어 지면의 유적은 이미 파괴되었다. 구전에 의하면, 50여 년 전 성 안에는 주거지가 매우 많았다고 하는데, 현재는 희미하게 성벽 기단부를 구별할 수 있을 뿐이며, 오랜 기간에 걸친 경작으로 인해 지표면에는 어지럽게 흩어진 기단석만이 남아 있다. 동문에서 서쪽으로 50m 떨어진 성 안 동남부에는 우물 1구가 있었지만, 현재는 이미 메워졌다. 그러나 그곳의 지면은 대체로 얕은 습지를 이루고 있다.

성 안에서 도기편·동전·철제 수레 휘갑쇠[鐵車穿]·쇠솥 잔편·숫돌 잔편·조개껍데기·말이빨 등이 수습되었다. 이 유물들의 특징으로 보면, 발해시기의 것도 요금시기의 것도 있어서, 성의 편년상한은 발해보다 늦지 않으며, 요금시기에도 사용되었음을 추정할 수 있다.

3. 횡도하자고성(橫道河子古城)

[그림 11]   1. 횡도하자고성 표지석   2. 횡자하자고성 내부(서→동)

횡도하자고성(橫道河子古城)은 돈화시(敦化市) 서북쪽 추리구진(秋梨沟鎭) 횡도하자촌(橫道河子村)에서 동쪽으로 2.5km 떨어진 곳에 있다. 성터 북쪽에는 뇌풍기하(雷風氣河)가 서쪽에서 동쪽으로 흘러가고, 그 동쪽에는 목단강이 남쪽에서 북쪽으로 흘러간다. 고성은 바로 이 두 강물이 합류하는 서남쪽 높은 대지에 있다.

고성은 서쪽으로 불규칙한 방형을 이루는데 그 둘레 길이는 1,620m이다. 서벽 중간에는 너비 7m의 문지가 있으며, 옹성 흔적도 있다. 서벽 북단 바깥쪽에는 3중의 성벽과 해자가 있는데, 잔여 높이는 2~4m,

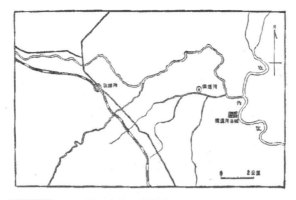

[도면 14] 횡도하자고성위지도

성벽 기단의 너비는 3~5m, 해자의 너비는 2m이다. 옹성은 이미 파괴되었다. 성 안 서남쪽에는 지름이 10m에 달하는 웅덩이가 있고, 그 사방에는 잔여 높이는 40cm의 흙 둔덕이 있다. 고성 동쪽은 강과 인접해 있다. 동남쪽 모서리 절벽은 높이가 30여m에 이른다. 또한 남북향의 석벽을 쌓았는데 길이는 70여m이며, 성 북쪽은 강에 인접한 20여m의 절벽이다.

고성 안은 일찍이 경작지로 개간되었고, 다년간의 경작으로 인해 유물은 발견하기가 어렵지만 다행이도 성벽과 성의 배치는 보존 상태가 비교적 좋다.

고성은 두 강물이 합류하는 곳에 축조되어 험준하게 보이며, 또한 서벽 밖에 3중의 방어선을 축조하였다. 따라서 동쪽으로 수로를 통제할 수 있고, 서쪽으로 침략해 오는 적을 방어할 수 있는 지키기는 쉽고 공격하기는 어려운 요새라고 할 만하다. 성 안에는 유물이 매우 적으나 고성의 형태와 입지의 선정에 근거하면, 발해시기의 성지임을 알 수 있다.

4. 대전자고성(大甸子古城)

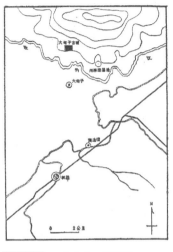

대전자고성위치도

대전자고성(大甸子古城)은 돈화시(敦化市) 임승향(林勝鄕) 대전자촌(大甸子村) 북쪽 목단강 북안에 있다. 강 북안은 본래 대산취자향(大山嘴子鄕)의 관할구역인데, 고성일대에서 강 남안의 대전자촌 이외에 다른 거주지가 없기 때문에, 습관적으로 대전자고성이라고 불렀다. 그러므로 이 이름을 그대로 사용하였다.

고성은 강이 굽는 곳에 있고, 강물이 절벽 서쪽으로부터 북쪽에서 남쪽으로 흐르다가, 절벽 서남쪽에서 그 방향을 동쪽으로 바꾸므로, 절벽 앞쪽과 강 북안이 동서로 좁고 긴 대지가 되었다. 성벽은 이러한 지형을 따라 축조하여 동서로 좁고 긴 형태가 되었다.

성벽은 절벽자락에서부터 축조하여 강변을 따라 북쪽에서 남쪽으로 뻗어있으며, 60m 떨어진 곳에서 점차 동쪽으로 굽어진다. 90m 떨어진 곳에는 문지로 판단되는 너비 10여m에 달하는 부분이 있다. 강물에 의한 침식으로 흔적이 모호하다. 문지에서 남쪽으로 160m 떨어진 곳에는 성벽이 동쪽으로 굽어져 동서방향으로 수로와 평행을 이루며, 동쪽으로 지세가 점차 낮아지는데, 이 낮고 평평한 곳에 강을 따라 흙벽이 있다. 다시 동쪽으로 물길이 북쪽으로 굽어져서 이 대지를 나누어 성벽이 없어진다. 전체적으로 보면, 성벽은 서벽과 남벽에만 있다. 전체 길이는 600m

이다. 동쪽 끝은 곧장 강기슭에 닿아 있어 동벽은 없다. 북쪽은 높은 산에 접해 있어 성벽을 쌓지 않았다. 남벽에는 두 개의 치 흔적이 있다.

성 안 중간에는 돌무더기가 있는데, 집 기초와 비슷한 동서 길이 12m, 남북 너비 5m 규모이다. 유물은 발견되지 않았다. 이 성은 발해시기의 강을 방어하는 요새[江防要塞]이다.

5. 손선구고성(孫船口古城)

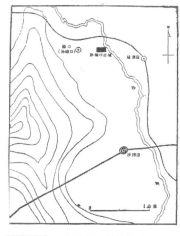

[도면 16] 손선구고성위치도

손선구고성(孫船口古城)은 돈화시(敦化市) 사하연진(沙河沿鎭) 손선구촌(孫船口村) 북쪽에 있다. 구불구불한 사하(沙河)가 진(鎭)소재지를 지나 남북으로 흘러 가며, 마을 동북쪽에서 서북쪽으로 물길을 바꾸는데, 고성은 바로 강물이 방향을 바뀌는 서남쪽 기슭에 있다. 동쪽과 북쪽은 사하가 감싸 돈다. 강 건너 맞은편에는 요령자(腰嶺子)라 불리는 산이 있다. 동쪽으로 반령자(盤嶺子)와는 2.5km 떨어져 있다. 서쪽은 넓은 경작지이며 진소재지로 향하는 도로가 있다.

고성은 발해시기의 성터이다. 남벽은 길이 120m이며, 그 중간의 잔존 부분은 35m, 높이는 0.7m이다. 서벽은 길이 170m, 높이 0.5m이며 그 중간의 일부분은 여러 해에 걸친 절개작업으로 도로가 되었다. 성문의 위치는 알 방법이 없다. 남아 있는 성벽 기단부 너비는 5m, 윗부분 너비는 1~1.5m이다. 남벽과 북벽 밖에서는 해자 흔적을 확인할 수 있다. 성 안에는 여러 해에 걸친 경작으로 약간의 회색(灰色)·흑색(黑色) 도기편만이 남아 있는데, 두께가 일정하지 않다. 대부분은 깨진 조각들이 있다.

100여 년 전에 손씨 집안(孫家) 3가구가 이 이곳으로 옮겨왔을 때는 성 안에 집을 짓고 살았다. 당시 성벽은 상당히 완전하였고, 성 밖에도 분명하게 해자가 있었으며, 문지도 분별할 수 있었다고 한다. 이후에 인구가 증가하고, 경지면적이 확대됨에 따라, 성 안에도 농작물을 심게 되었고, 물길도 변하여 고성의 모습이 상당히 파괴되었다.

고성 서쪽과 남쪽 두 성벽은 끊어지기도 이어지기도 하여 아주 일부분만이 남아 있다. 동벽과 북벽은 이미 강물에 침식되었다. 지표면에 남아있는 유물로 보면, 주로 발해시기의 유물이지만, 요금시기의 유물도 있다. 일찍이 수습된 유물에는 청색 베무늬기와와 벽돌, 붉은색 도기편과 장홍색(醬紅色)의 유약을 바른 연꽃무늬 홍태자편(缸胎瓷片)이 있다. 고성은 발해시기에 축조되어 요금시기에도 사용된 것으로 생각된다. 성터는 사하 가까이에 쌓았는데, 이것은 주로 구국~상경용천부 도로의 안전 통제하고 확보하기 위한 것이다.

6. 석호고성(石湖古城)

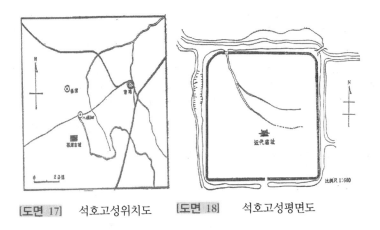

| [도면 17] 석호고성위치도 | [도면 18] 석호고성평면도 |

석호고성(石湖古城)은 돈화시(敦化市) 관지진(官地鎭) 팔과수둔(八棵樹屯)에서 서남쪽으로 0.5km 떨어진 곳에 위치한다. 고성은 지세가 평탄하고 넓게 트인 비옥한 토지 위에 축조되어 있다. 고성 동남쪽 약 1.5km에는 요령자(腰嶺子), 서남쪽 2km에는 사하(沙河)가 있다. 그 동쪽 기슭에는 석담(石潭)이 있어 석호(石湖)라고 부른다. 고성은 이로 인해서 이름을 얻게 되었다.

고성은 방형이며 남향이다. 성벽은 토축이며, 그 길이는 각각 470m로 전체 길이는 1,880m이다. 동벽과 남벽의 잔고는 약 1.5m이고, 서벽과 북벽은 각각 0.8m와 2m이며, 잔여 너비는 6~9m이다. 남벽 중간에는 너비가 6m에 달하는 홈이 있고, 성벽 기단의 양쪽에는 돌덩어리가 보이는데, 이것은 문지이다. 북벽의 서북쪽 모서리에서 60m 떨어진 곳에도 북문지로 추정되는 현재 너비 5m에 달하는 홈이 있다. 그 나머지 두 성벽에는 모두 몇 곳의 홈이 있는데, 이것은 후대 사람들이 통행의 편리를 위해서 만든 것이다. 성 밖에는 해자가 있어, 남·동쪽, 그리고 북쪽 3면을 감싸고 있다. 서벽 밖에는 지세가 약간 높으나 해자의 흔적은 없다. 성 서북쪽 모서리에는 물이 흘러 나오는 곳이 있으며, 이 물길이 성벽을 지나 해자로 흘러 들어간다.

성 안은 이미 경작지로 개간되어, 약간의 도기편만이 보인다. 또한 당간석[旗杆石] 3개와 흙기단 2곳이 있다. 성에서 남쪽으로 0.5km 떨어진 곳에 작은 대지가 있는데, 그 위 흙 두둑에는 길이 47m, 너비 43m의 작은 성이 있다. 대체로 방형을 이룬다. 토벽의 현재 너비는 약 5m로 지표면보다 1m 높다. 남벽 대부분은 이미 평평해졌으며, 작은 성의 지세는 약간 높은데, 그 용도는 알 수 없다.

고성은 토지가 비옥하고, 교통이 편리한 곳에 축조되어 있고, 게다가 장기간에 걸친 경작으로 심하게 훼손되었다. 유물은 찾기가 매우 어려워 남아있는 성벽만 볼 수 있을 뿐이다.

고성의 위치는 교통의 요충지에 해당한다. 서쪽으로 사하를 통제할 수 있고, 서남쪽으로 2km 떨어진 곳에는 통구령산성(通沟嶺山城)이 있어 멀리서 서로 호응하며 통행로를 통제한다. 고성 부근에는 발해시기의 "24개돌" 건축지가 있다. 성곽이 방형이라는 점에 주목하면, 훈춘 팔련성, 영안 발해 상경용천부지처럼 발해의 일반적인 예에 해당한다. 또한 수습된 회색도기편(灰色陶器片)으로 보면, 이 시기의 문화적인 특징을 지니고 있으므로 석호고성은 당연히 발해시기의 상터로 생각된다. 이것은 현재까지 돈화에서 발견된 가장 큰 평지성이다. 또한 성 남쪽에 있는 작은 성이 어떠한 용도였는가는 지금까지 명확하지 않다. 『액목현지(額穆縣志)』에는 "석호둔고성(石湖屯古城)은 명나라시기 혁통액목위성(赫通額河衛城)"이라고 기록되어 있다. 이 견해의 진위여부는 앞으로 심도있는 조사와 고증을 기대한다.

7. 남태자고성보[南台子城堡]

[그림 12]　　　1. 남태자고성내부(좌, 남→북)　　2. 새끼줄무늬 기와(중)
　　　　　　　3. 고성 서벽 세부(우, 서→동)

남태자고성보[南台子城堡]는 돈화시(敦化市) 흑석향(黑石鄕) 남태
촌(南台村)에서 북쪽으로 약 750m 떨어진 강기슭에 있다. 성터 서북쪽
은 목단강에 인접해 있다. 강물은 서북쪽에서 동남쪽으로 흐르는데, 성
서북쪽 가장자리에서 동북쪽으로 그 방향을 바꾸어 흘러간다. 강 양쪽
기슭은 20여m에 달하는 절벽이다. 성 동쪽에 있는 작은 하천은 남쪽에
서 북쪽으로 흘러 목단강으로 들어간다. 성터는 이 두 물줄기가 합류하
며 형성된 대지에 있는데 형세가 매우 험준하다.

[도면 14]
남태자고성위치도

南台子古城位置图

　이 성의 성벽은 대지의 형태를 따라 축조하여 그 모양이 불규칙하다.
성 북쪽은 강기슭으로 말미암아 성벽을 축조하지 않았다. 서벽 북쪽은
강기슭에서 시작하여 서남쪽으로 뻗어 있다. 그 길이는 108m, 성벽의
기단 너비는 5~6m, 북단의 높이는 1.5m에 달한다. 남단은 점차 평평하
게 낮아진다. 서벽 밖에는 해자가 있다. 해자 북쪽은 비교적 깊고, 남쪽
은 평평하고 얕다. 그 너비는 10여m에 달한다. 성벽 길이는 120m이다.
동벽은 하천 기슭에 접해 있는데, 형세가 매우 험준하며, 그 길이는
155m에 이른다. 이 세 성벽의 전체 길이는 365m이고, 절벽의 길이를
더하면 그 길이는 500m 정도에 이른다.

　성 안은 이미 여러 해에 걸친 경작으로 심하게 훼손되어 지면에서
유물은 발견되지 않았다. 왕승례의 「길림돈화목단강상류발해유지조사
기(吉林敦化牧丹江上流渤海遺址調査記)」에 근거하면, "성터 동남쪽
모서리에 있는 경작지에서 수습된 유물로는 석영(石英)을 포함된 청회
색 경도편(硬陶片)·세니홍도편(細泥紅陶片), 회색을 띠고 있는 황갈
색 회도편[黃褐色內夾灰色灰陶片]이 있는데, 모두 오동성(敖東城)에서

출토된 것과 비슷하다. 그래서 이 성은 발해시기의 성보로 후대에 연용되었다고 판단할 수 있다."라고 하였다. 『액목현지(額穆縣志)』에서는 "액하고성(厄河古城)은 옛 현성과 45리 떨어져 있다. 액하둔뇌자정(厄河屯磊子頂)에 있다."고 기록하였는데, 바로 이 성을 가리키는 것이다.

남태자고성[南台子城堡]은 형세가 웅장하고 험준하며, 수륙의 요충지에 해당하는 발해 구국과 상경 사이에 있는 수륙교통의 강방요새(江防要塞)이다.

8. 흑석고성(黑石古城)

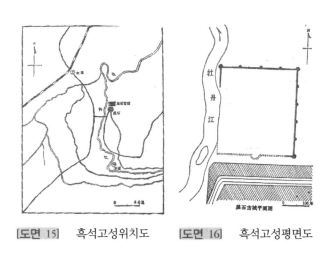

[도면 15] 흑석고성위치도   [도면 16] 흑석고성평면도

흑석고성(黑石古城)은 흑석향정부(黑石鄉政府) 소재지 북쪽 충적평원에 있다. 고성은 서쪽으로 목단강에 인접해 있다. 목단강은 남쪽에서 북쪽으로 흐르다가 성 서북쪽 모서리에서 다시 동쪽으로 흘러 간다.

고성은 발해시기의 유지이다. 성은 약간 높은 곳에 있다. 그 서쪽과 북쪽은 강물로 둘러싸여 있으며, 동쪽은 작은 등성이로 험준하다. 성곽은 장방형이며, 남향이다. 동·서 두 성벽은 각각 길이가 360m, 남·북 두 성벽은 각각 길이가 300m이며, 전체 둘레는 1,320m이다. 성벽 대부분은 이미 훼손되었다. 성벽 잔고는 3m이다. 서벽은 이미 강물에 침식되었으며, 강 기슭은 수면보다 6m~10여m 높다. 성 네 모서리에는 각루가 한 곳씩 있다. 동·서벽에는 각각 4개, 북벽에 3개, 남벽에 2개 등 모두 13개의 치[馬面]가 남아 있다. 치와 치의 거리는 약 50m로 모두 흙을 다져서 쌓았다. 성벽은 흙을 다져서 만들었으며, 남벽 중간에는 옹성이 딸린 문지가 있다. 성터 안에는 기와편·푸른색 벽돌·요금시기의 백자편 등이 흩어져 있다. 성 안에서는 우물 1구가 발견되었는데, 그 입구는 너비 120cm, 길이 132cm이다. 수습된 유물에는 도기편·자기편·동전 등이 있다.

성터는 "문화대혁명" 기간에 파괴되었다. 동·남·북 세 벽은 확인할 수 있으나, 서벽은 이미 강물에 의해서 침식되었고, 지면의 유물도 많지 않다. 고성은 강에 인접해 축조되었으므로 수로를 통제하기에 적당한 곳에 만든 강을 방어하는 요새[江防要塞]이다. 수습된 도기편과 기와편은 오동성(敖東城)에서 출토된 것과 동일하다. 성 안에서 발견된 백자편은 요금시기의 유물이다. 흑석고성은 발해유지로서 요금시기에도 이어서 사용한 것으로 생각된다.

동요현

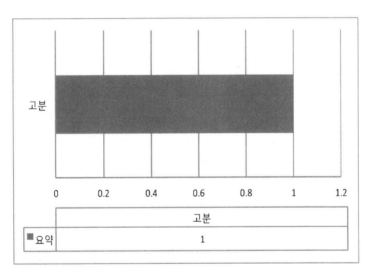

	고분
■요약	1

발해무덤유적

1. 소고려묘묘장지(小高麗墓墓葬地)

소고려묘묘장지(小高麗墓墓葬地)는 동요현(東遼縣) 족민향(足民鄉)
에서 북쪽으로 3km 떨어진 안민촌(安民村) 소고력목둔(小高力木屯)
남산 위에 있다. 이 산 이름은 소고려묘(小高麗墓)이다. 이곳은 동서방
향으로 뻗은 산등성이로 무덤은 바로 등성이 동쪽 끝에 있다. 동쪽 아
래쪽은 이통현(伊通縣)으로 향하는 도로(청나라시기에 이 도로가 있었
다)이고, 도로를 지나 약 250m를 가면 남북향으로 흐르는 유수하(楊樹
河)이며, 강 양쪽은 평지이다. 무덤떼에 서면 동북쪽으로 500m 떨어진
안화촌(安和村), 북쪽으로 300m 떨어진 소고력목둔(小高力木屯)과 이
통(伊通) 경내의 환희령(歡喜嶺) 저수지를 볼 수 있다.

선통(宣統) 원년(1908년) 편찬된 『서안현지략(西安縣志略)』 권4, 「지
형편」에서, "소고려묘산(小高麗墓山) 위에 옛 무덤 수십 기가 있다."라
고 하였다. 1986년 조사 당시, 무덤 동쪽에서 이루어진 지속적인 취토
(取土)로 무덤 대부분 파괴된 것을 발견하고 무덤 면적을 유물이 흩어
져 있는 범위인 약 2,000㎡로 추정하였다.

지면에 흩어져 있는 유물은 모두 니질회도(泥質灰陶)로, 소성도가 비교적 높다. 일부 도기편은 느린 물레로 다듬은 흔적이 있다. 알 수 있는 기형은 대부분 통형심복관(筒形深腹罐)이다. 수집된 이러한 도기 항아리[陶罐] 구연(口沿)에는 외권연(外卷沿)과 구연부 아래에 톱니무늬가 새겨진 덧띠무늬[堆紋]가 있는 것 두 종류가 있다. 항아리 바닥[罐底]은 평평하며, 지름은 12cm이다. 이밖에도 단층에서 말 아래턱뼈가 수집되었다.

무덤은 이미 심각하게 훼손되었지만 지표조사만 이루어졌기 때문에 묘실(墓室) 구조와 장식은 분명하지 않다. 유물의 특징으로 보면, 길림(吉林) 영길(永吉) 양둔(楊屯) 대해맹3기문화(大海猛三期文化), 돈화 육정산발해무덤에서 출토된 도기 항아리[陶罐]와 기본적으로 같다. 따라서 이 무덤은 당~발해시기 속말말갈족의 유적으로 추정된다.

동풍현

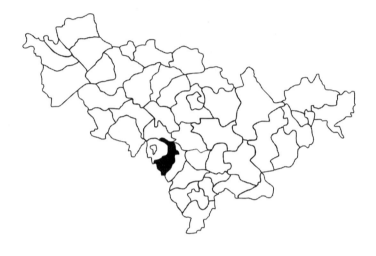

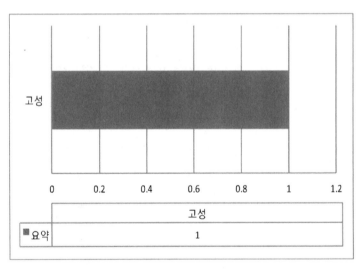

	고성
■요약	1

발해산성유적

1. 성자산산성(城子山山城)

성자산산성(城子山山城)은 동풍현(東豊縣) 횡도하진(橫道河鎭)에서 서쪽으로 약 6km 떨어진 성자산 정상에 있다. 동남쪽으로 매하구시 산성진(山城鎭)과 약 3km 떨어져 있고, 서남쪽은 요령성(遼寧省) 청원현(淸原縣)과 경계를 이룬다. 주변은 산봉우리가 기복을 이루며 지세가 험준하다. 동쪽으로 대가자산(大架子山)과 서로 마주하고 있다.

산성은 산세를 따라 토석으로 혼축하였는데, 평면은 불규칙한 형태를 이룬다. 성벽은 보존상태가 비교적 좋다. 둘레 길이는 2,000m, 성벽 높이는 4~8m로 일정하지 않으며, 윗부분의 너비는 2m, 기단의 너비는 12m이다. 성벽 위에는 모두 14개의 치[馬面]가 있다. 평균적인 간격은 80m이고 고성 성벽의 모서리 5곳에는 각루가 있다. 성벽 동·서·남쪽에는 성문지가 있고, 고성 성벽 안에는 너비 약 7m의 대지형태의 도로가 있다. 서북벽 중간에도 커다란 돌 몇 개가 있다. 동문 바깥쪽에는 장방형의 평평한 기단이 있다. 기단은 흙과 모래흙을 섞어서 만들었다.

현재 이 성의 시축년대에 대해서 다양한 견해가 있다. 어떤 학자는 요금시기에 축조되었다고 하고, 어떤 학자는 발해시기에 축조되었다고 한다. 주로 고성에 설치된 치[馬面]의 존재로 판단을 내린다. 고성의 성벽 축조방법에 근거하면, 이 성은 아마도 발해시기에 축조하고 후에 요금시기에 성에 치[馬面]를 부설하여 개축한 고성으로 추측하였다. 요금시기에 발해시기의 고성을 사용한 예는 매우 많다. 예를 들어 길림성 부여현의 백도고성(伯都古城)·농안현의 부여부고성 등이 그것이다.

무송현

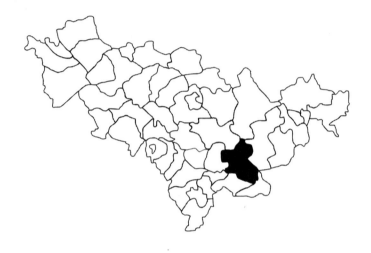

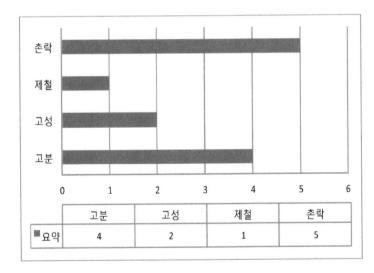

	고분	고성	제철	촌락
■요약	4	2	1	5

발해무덤유적

1. 전전자무덤[前甸子墓葬]

　전전자무덤[前甸子墓葬]은 무송현(撫松縣) 추수향(抽水鄕) 감장촌(碱場村) 원전전자둔(原前甸子屯)에서 서남쪽으로 약 0.5km 떨어진 흙둔덕 위에 있다. 둔덕은 동서방향으로 비교적 평탄하고 완만하다. 무덤 남쪽은 대도송화강(大道松花江)이 둔덕 서남쪽으로 흐르다가 방향을 바꾸어 북쪽으로 흘러간다.

　전전자무덤은 모두 3기로, 비교적 집중적으로 분포하며, 무덤간의 거리는 10m 이내이다. 무덤구역은 장백산발전소[長白山電站] 저수지 수몰지역이다. 1977년 5월부터 7월에, 길림성박물관에서 전문가를 파견하여 무송현문화관 관계자들과 함께 이 3기의 무덤을 조사하고 발굴하였다. 무덤은 대체로 삼각형을 이루고 있으며, 각각 M1 · M2 · M3로 번호를 붙였다. 무덤 3기는 모두 봉토석광목관묘(封土石壙木棺墓)이다. 무덤 평면은 모두 삽형태[鏟形]이며, M1의 봉토(封土)와 묘실[壙室] 모두 나머지 두 기에 비해 크다. 일부 묘벽은 고임으로 쌓아올린 것[疊澁]을 볼 수 있는데, 안쪽으로 좁아지는 형식과 무덤 방향은 모두 남쪽에서 동쪽으로 치우쳤다.

M1은 3기의 무덤 가운데 가장 남쪽에 있는 무덤이다. 무덤 방향은 남쪽에서 동쪽으로 6° 기울었다. 이 무덤은 파괴되어 윗부분은 이미 무너졌고, 무덤 칸[墓室] 안은 황사(黃砂)와 깨진 돌로 가득하다. 무덤 평면은 삽형태이다. 묘실 벽과 묘도(墓道)는 모두 불규칙한 돌로 쌓았다. 묘도는 묘광 남벽 중간에 평평하고 곧게 만들었는데, 그 길이는 1.70m, 너비는 0.80m, 깊이는 1.30m이다. 묘광 바닥은 황토(黃土)로 다져서 만들었는데, 그곳에서 약간의 숯, 2개체분의 두개골과 사지뼈 약간이 발견되었다. 묘광 네 벽은 돌로 축조하여 비교적 가지런하며, 틈은 깨진 돌로 메웠다. 묘광은 길이 3.50m, 너비 2.80m, 잔고 1.30m이다. 무덤 위는 이미 파괴되었다. 부장품도 교란되었으며, 도금한 동대구[銅帶卡] 1점·도금한 동사미[銅鉈尾] 1점·도금한 동식[銅飾] 1점·동대과(銅帶銙) 1점·쇠관못[鐵棺釘] 여러 점, 그리고 또한 약간이 철기 잔편과 도기 잔편들이 있다.

M2는 M1 서북쪽에 있으며 두 무덤의 거리는 약 10m이다. 무덤 방향은 남쪽에서 동쪽으로 5° 기울었다. 이 무덤은 M1과 마찬가지로 파괴되었고 무덤 윗부분은 무너졌으며, 무덤 안은 이미 황갈색(黃褐色) 모래로 메워졌다. 무덤 평면은 삽형태이다. 묘벽과 묘도는 돌로 축조하였으며 비교적 반듯하다. 묘도는 M1과는 달리 묘실 남벽 중간에 비탈형태로 만들었는데, 그 길이는 1.30m, 너비 0.80m, 깊이 0.70m이다. 묘실 바닥에는 판석을 깔았다. 판석 위에서는 두 개체분의 두개골과 사지골이 발견되었으나 모두 교란되었으며, 다시 한 개체분 유해도 발견되었다. 묘실 네 벽은 비교적 가지런히 쌓아올리고, 그 틈은 깨진 돌로 채웠다. 그 길이는 2.70m, 너비 1.80m, 높이 0.90m이다. 묘벽은 묘실바닥

위쪽 0.60m지점부터 점차 안쪽으로 오무라든다. 무덤 안에서 출토된 부장품에는 도기항아리[陶罐] 1점·구멍이 뚫린 숫돌[穿孔礪石] 1점과 약간의 쇠못 잔편이 있다. 이상 두 기의 무덤은 2인합장묘이다.

M3는 M1 동북쪽에 있으며, M1과 7m 떨어져 있다. 무덤 방향은 남쪽에서 동쪽으로 30° 기울었다. 이 무덤은 심각하게 파괴되었고 묘실 안은 모래로 채워져 있다. 무덤 평면은 삽형태이다. 네 벽과 묘도 벽은 모두 돌로 쌓아서 만들고, 그 틈은 진흙과 깨진 돌, 그리고 작은 조약돌로 채웠다. 묘도는 묘실 남벽 중간에 만들었으며, 그 길이는 1.20m, 너비 0.98m, 깊이 1.24m이다. 묘실 바닥은 황사토(黃砂土)를 깔았다. 묘실 벽은 서벽이 파괴되어 약간 무너진 것 이외에, 다른 3벽은 비교적 완전하다. 묘실은 길이 2.84m, 너비 2.48m, 잔고는 1.24m이다. 보존상태가 비교적 좋은 동북쪽 모서리로 보면, 무덤 윗부분 고임형태[疊澀式]이다. 이 무덤에서는 인골이 발견되지 않았고, 마노주(瑪瑙珠) 1점만이 발견되었다.

3기의 무덤에서 출토된 유물 가운데 비교적 완전한 것은 8점이다. 그중에는 도기 1점·철기 1점·동기 1점·도금한 동기 3점·석기 1점·마노장식 1점이 포함되어 있다. 이 유물은 현재 길림성 역사박물관(歷史博物館)에 소장되어 있다. 도기 항아리[陶罐] 1점은 협사갈도(夾砂褐陶)로 바탕에는 아무런 무늬가 없다. 그릇 표면은 광택을 냈다. 주둥이는 벌어졌고[侈口] 배는 불룩하며 바닥은 작고 평평하다. 구연부(口沿部) 바깥쪽에는 둥근 덧띠무늬[堆紋]가 있다. 전체 높이는 16.5cm, 입 지름은 9.5cm, 바닥 지름은 5.5cm이다. 그밖에 M1에서도 약간의 도기 잔편이 출토되었는데, 남아있는 도기로 보면, 모두 5점인데, 그중에서 1점은 구연부에 압인(壓印)된 덧띠무늬[堆紋]가 있다. 관못[棺釘]

은 여러 점(M1 : 10)으로 비교적 완전하다. 머리가 둥글며, 네 개의 모
서리가 있는 형태이다. 몸체의 길이는 13cm이다. 동대구[銅帶卡] 1점
은 길이 1.6cm, 너비 2.7cm이다. 구멍은 장방형이며 길이는 1.6cm, 너
비는 0.4cm이다. 다른 동대구[銅帶卡] 1점은 전체를 도금하였다. 버클
고리[扣環] 앞부분은 반원형이며, 뒷부분은 평평하고 곧다. 중간에는
버클침[扣針]이 있다. 그 뒤에는 타원형의 도금한 청동조각[銅片]이 있
다. 전체 길이는 3.1cm, 너비는 2.5cm이다. 도금한 동사미[銅鉈尾] 1점
은 꼬리부분에 5개의 잎으로 구름처럼 굽은 형태[云曲形]을 만들었고,
꼬리에는 3개의 돌출된 돌출못[凸釘]이 있다. 전체 길이는 2cm이다. 도
금한 동장식은 구름처럼 굽어진 타원형 위에 2개의 돌출된 돌출못이
있다. 전체 길이는 3cm이고, 너비는 1.8cm이다. 구멍이 뚫린 숫돌 1점
은 긴 가지형태로 위는 좁고 아래는 넓다. 윗부분에 구멍이 뚫려 있다.
구멍 지름은 0.3cm, 전체 길이는 20.5cm, 위부분의 너비는 1.9cm, 아랫
부분의 너비는 3.8cm이다. 마노주(瑪瑙珠) 1점은 짙은 붉은색이며 대
략 편평한 형태로 중간에 작은 구멍이 있다. 지름은 1cm이며, 구멍 넓
이는 0.1cm이다.

이 무덤 3기의 형식은 육정산발해무덤의 그것과 비슷하다. 무덤에서
출토된 도기항아리[陶罐]·동대구(銅帶扣)·동대과(銅帶銙)는 육정산
발해무덤과 화룡시 북대발해무덤떼·영길현(永吉) 양둔발해무덤떼에
서 출토된 것과 대체로 같다. 그래서 무송전전자무덤[撫松前甸子古墳]
은 발해시기의 무덤이다. 3기의 무덤은 비교적 집중되어 있고, 형식이
서로 같은 점은 그들 사이에 일정한 내재적인 관계가 있음을 설명하는
것이다. 그 중에서 M1의 규모가 비교적 크며, 도금 장식이 많이 출토되
어, 이 무덤 주인공의 신분이 M2·M3 무덤보다 높을 것으로 생각된다.

전전자무덤은 발굴 전에 파괴되었으나, 출토된 유물에 발해국이 이 지역에서 생활한 모습을 담고 있어, 발해문화를 연구하는데 실물자료를 제공한다.

2. 감장후산무덤[碱場后山墓葬]

감장후산무덤[碱場后山墓葬]은 무송현(撫松縣) 추수향(抽水鄉) 감장촌(碱場村) 북쪽에 위치한 후산(后山) 꼭대기 기슭에 있다. 동남쪽에 마을로 통하는 산길이 있다. 서북쪽은 산봉우리이고, 남쪽 1km에는 감장촌이며, 북쪽은 높은 산이다.

1986년 5월, 무송현문물보사대(撫松縣文物普査隊)가 이 무덤을 발견하였으나, 옛 모습은 전혀 확인할 수 없고, 무덤에 사용된 판석과 퇴적된 돌들만 볼 수 있다. 감장촌의 가계생(賈桂生)에 의하면, 그가 1946년 쯤 이 무덤을 발견하였을 때는 돌로 쌓여 있고, 무덤 윗부분은 커다란 판석이 덮여 있어서 "고려분(高麗墳)"으로 불렀다고 한다. 그가 알려준 무덤 형식과 현지조사 상황으로 분석하면, 이 무덤은 고구려시기의 무덤이다.

3. 감장서감무덤떼[碱場西坎墓群]

감장서감무덤떼[碱場西坎墓群]는 무송현(撫松縣) 추수향(抽水鄉) 감장촌(碱場村) 서감둔(西坎屯)에서 서북으로 약 500m 떨어진 고려구(高

麗沟) 일대에 있다. 동쪽은 높은 산이고, 서쪽은 커다란 골짜기로 서감둔(西坎屯)으로 통하는 산길이 있다. 남쪽은 고려구(高麗沟)이고, 북쪽은 산등성이이다.

감장촌(碱場村) 이복희(李福喜)씨에 의하면, 예전에 묘광에서 비녀같은 금속잔편과 검은색 협사도기잔편[夾砂陶片]을 발견하였다고 한다. 1986년 5월, 무송현문물보사대(撫松縣文物普查隊)가 조사 할 때는 이미 황무지로 지면처럼 평평해져 퇴적된 돌만 볼 수 있었다고 한다. 무덤구역은 동서 길이 50m, 남북 너비 20m이다. 조사 상황에 따르면, 인위적으로 파괴되었는지 아니면 오랜 세월로 인해 지하에 매몰되었는지, 아직 발굴이 진행되지 않아서 무덤내부구조와 부장품에 대해서는 분명하지 않다. 그 연대는 단지 마을사람들이 증언과 수습된 유물, 그리고 현지조사 결과를 종합할 때, 무덤이 돌로 축조되었다고 하나 그 형식이 적석묘(積石墓)인지 감히 단언할 수 없지만, 그 연대는 대체로 고구려에서 발해시기로 생각된다.

4. 신안무덤[新安墓葬]

신안무덤[新安墓葬]은 무송현(撫松縣) 송교향(松郊鄉) 신안촌(新安村)에서 서쪽으로 약 1km 떨어져 있다. 북쪽은 높은 산이고, 동남쪽은 두도송화강(頭道松花江)이다. 유지는 강 우안에서 약 300m 떨어진 비교적 넓게 트인 평지에 있다.

1986년 무송현문물보사대(撫松縣文物普查隊)가 이곳을 조사할 때, 무덤은 인위적으로 파괴되어 그 윗부분과 동남쪽이 완만한 비탈형태의 경작지로 개간된 것을 발견하였다. 그러나 그 남아있는 모습으로 보면, 원형봉토묘(圓形封土墓)로 생각된다. 서쪽과 북쪽 밑 부분에서 돌로 쌓은 흔적을 확인할 수 있는데, 자세히 보면 돌을 쌓아서 만든 모서리임을 알 수 있으나 무덤 윗부분까지 이르렀는지 분명하지 않다. 서쪽에 쌓은 돌은 한 변의 길이가 7m, 북쪽은 11m이고, 그 잔여 높이는 3m이다. 축조방식으로 보면, 마치 적석묘 같으나 쌓아올려진 돌이 무덤의 원래의 모습인지는 현재로서는 알 수 없다.

무덤은 신안고성(新安古城) 안 서북쪽 모서리에 있고, 서쪽으로 100m 떨어진 곳에는 형식을 알 수 없는 파괴분 1기 있다. 주위에는 커다란 방형판석을 포함한 많은 돌이 쌓여 있다. 판석의 크기는 약 3m 정도로 보인다. 돌 중간은 대략 방원형으로 이미 경지로 개간되었으며 지표면보다 약 1m 정도 낮다. 그 범위는 약 10×10m로, 유물은 발견되지 않았다.

무덤은 성안에 있는데, 이러한 현상은 조사과정에서 거의 보이지 않아서 성터와 어떠한 관련이 있는지 분명하지 않다. 무덤은 인위적인 파괴로 그 형식을 확인할 수 없을 뿐만 아니라, 출토된 유물도 없으므로 무덤의 연대를 판단하기 어렵다. 외형으로 보면, 그 형식은 고구려 시기의 적석묘로 보인다. 향후 심도있는 고증을 기대한다.

발해제철유적

1. 신안제철유지[新安煉鐵遺址]

신안제철유지[新安煉鐵遺址]는 무송현(撫松縣) 송교향(松郊鄕) 신
안촌(新安村)에서 서쪽으로 약 100m 떨어진 두도송화강(頭道松花江)
우안에 위치하며, 신안고성(新安古城) 동벽과 북벽 바깥쪽에 있다. 무
송현 소재지와는 6km 떨어져 있다. 강 동쪽은 정우현(靖宇縣) 유수천
향(柳樹川鄕)이다.

1986년 5월, 무송현문물보사대(撫松縣文物普査隊)가 이곳을 조사
를 할 때, 이 제철지가 발견되었다. 유지는 강에 인접해 있으며, 수면보
다 약 3m 높다. 강물에 해마다 침식되어 대부분이 이미 훼손되었기 때문
에, 남아 있는 단면을 통해서만 그 흔적을 알 수 있다. 유적 범위는
동서 길이 50m이지만, 너비는 확실치 않다. 단면으로 보면, 문화층은
5층으로 나눌 수 있다. 제1층은 흑회색(黑灰色) 부식토로 그 두께는
30cm이다. 제2층은 철 찌꺼기와 자갈이 혼합되어 있는 층이며, 두께는
20cm이다. 제3층은 불에 그을린 붉은색 토양으로 두께는 30cm이다.
제4층은 다시 철 찌꺼기와 자갈이 혼합되어 있으며, 두께는 15cm이다.

제5층은 또한 불에 그을린 붉은색 토양[紅燒土]이나, 그 두께는 확실하지 않다. 이 제철지는 문화층으로 분석하면, 야련(冶煉) 이후 폐기된 찌꺼기로 형성된 퇴적이다.

제철지는 신안성 성벽과 몇 미터밖에 떨어져 있지 않는데, 성 안에서 출토된 유물은 신안성이 발해시기의 성터임을 보여준다. 관련사료와 출토된 전형적인 문물에서도 신안성이 발해국 서경압록부(西京鴨綠府) 풍주(豊州) 치소임을 증명한다. 성안의 시굴된 유지에서, 일찍이 철 찌꺼기와 철광석이 출토되었다. 제철지에서 수집된 철 찌꺼기 샘플과 성안에서 출토된 철 찌꺼기·철광석, 그리고 기타 다양한 요인으로 분석하면, 제철지와 신안고성의 관계를 어렵지 않게 도출할 수 있다. 따라서 이것은 발해시기의 제철지로 판단할 수 있다.

『발해국지장편』권17, 「식화고」의 기록에 근거하면, "발해인들은 제철[煉鐵]에 능숙하다. 송왕(宋王)이 일찍이 유하관(柳河館)에서 본 발해인의 녹사석연철(漉沙石煉鐵)이 이것이다." 라고 기록하였다. 발해 중경현덕부(中京顯德府) 철주(鐵州) 관할의 위성(位城)은 철이 생산됨으로 "위성의 철"이라는 영예를 얻었다. 『왕청현문물지』에 기록된 '고성고성(高城古城)'에서도 제철찌꺼기가 많이 발견되었다. 신안고성과 고성고성은 모두 발해시기의 성터로서, 바로 발해인들이 제철에 능숙하였다는 기록을 증명한다. 성안에서 출토된 각종 철기와 제철유적의 발견은 발해시기의 야철(冶鐵)도 매우 발달하였음을 설명하며, 철제품의 광범위한 사용은 당시 생산력 발전에 중대한 역할을 담당하였다. 제철지의 발견은 또한 발해국 제 분야 연구에 귀중한 자료를 제공하였다.

발해촌락유적

1. 전전자유지(前甸子遺址)

전전자유지(前甸子遺址)는 무송현(撫松縣) 추수향(抽水鄉) 감장촌(鹹場村) 두도송화강(頭道松花江) 우안에서 약 70m 떨어진 3급 대지위에 있다. 동쪽은 높이가 약 50m의 산지이고, 서북쪽 감장촌(鹹場村)과는 약 2km, 남쪽 두도송화강과는 70m 떨어져 있다. 강물은 동쪽에서 서남쪽으로 흘러간다. 북쪽은 높은 산이다.

1960년 문물보사대(文物普査隊)가 이 유지를 발견하고, 현장에서 돌도끼와 숫돌[石磨盤]·도기편과 베무늬기와 잔편 등을 수습하였다. 또한 우물 1곳도 발견하였다. 따라서 신석기와 요금시기의 유적으로 생각되었다. 1986년 5월, 무송현문물보사대가 다시 조사하였다. 유지 면적은 동서 길이 150m, 남북 너비 80m인데, 이미 경지로 개간된 지 여러 해가 되었다.

유지에는 도기편·베무늬수키와 잔편·와당잔편과 도제 어망추 등이 많이 흩어져 있다. 도기편은 대부분이 니질회도(泥質灰陶)와 홍갈도질(紅褐陶質)이며, 구연부(口沿部)와 도제 그릇 손잡이[陶耳] 등이 있다. 유물의 유형에는 항아리[罐]·사발[碗]·동이[盆] 등이 포함되어 있다. 대부분이 물레로 빚은 것이다. 구연부는 원순(圓脣)·첨순(尖脣)·방순(方脣)의 구분이 있고, 곧은 입·벌어진 입·평평하게 꺾인 입 등 여러 종류가 있다. 이곳에서는 또한 도기 뚜껑 잔편 1점이 수습되었는데, 도기 꼭지만 남아 있다. 손으로 만든 니질회도(泥質灰陶)는 아요형 첨탑형태[亞腰形尖塔狀]이다. 잔고는 7.4cm, 최대 지름은 4.6cm이다. 전형적인 도기편은 홍갈색 니질도(紅褐色泥質陶)로, 물레로 만들었으다. 윗부분에는 두 줄이 새겨져 있으며, 중간에는 몇 줄의 서로 대응한 양각선무늬[凸絃紋]가 있다.

베무늬암키와 잔편은 회색 사질도로 물레로 빚었으며 통형(筒形)이다. 뒷면에는 베무늬가 있다. 와당잔편은 손으로 빚은 회색 니질도(灰色泥質陶)로 일부만 남아있고, 주변은 돌출되어 있으며, 중간에는 튀어나온 모서리 문양이 있다. 건축재료는 손으로 빚은 회색 니질도로 표면에는 찍은 무늬[戳印紋]가 있다. 도제 어망추는 모두 2점이 수집되었는데, 모두 손으로 빚은 토황색 도질(土黃色陶質)의 원형 기둥형태이다. 양 끝에 각각 홈이 파여 있으며, 길고 짧은 것 2종류가 있다. 모두 잔편으로 긴 것은 전체 길이가 4.3cm, 지름 1cm이고, 짧은 것은 전체 길이가 2.5cm, 지름이 1.7cm이다. 도기 잔편 1점도 발견되었는데 흰색 유약을 바른 철화(鐵花)이다.

전전자유지(前甸子遺址)는 두도송화강 가장자리에 인접해 있으며, 백산발전소[白山電站] 수몰지역에 위치한다. 신안고성과는 약 15km 떨어져 있고 부근에는 발해시기무덤이 많다. 수집된 유물은 신안고성에서 출토된 유물과 완전히 같아서, 이 유지는 발해시기 문화유적 가운데 한 곳임으로 생각된다. 그중에서 흰색 유약을 바른 철화자기편은 금나라시기 유물로, 이 유지가 당시에도 연용되었음을 설명한다.

2. 대영유지(大營遺址)

대영유지(大營遺址)는 무송현(撫松縣) 선인교진(仙人橋鎭) 대영촌(大營村)에서 서쪽으로 50m 떨어진 경작지, 바로 탕하(湯河) 우안에서 약 150m 떨어진 2급 계단식 대지에 있다. 대영촌(大營村)은 두 마을이 탕하로 인해 각각 하남(河南)과 하북(河北)으로 나뉜다. 유지는 하남의 관할지이다. 통화(通化)~백하(白河) 철도가 그 좌안에 있는 하남둔(河北屯) 뒷쪽을 지나간다.

1986년 6월, 무송현문물보사대(撫松縣文物普査隊)가 조사할 때, 면적이 동서 길이 200m, 남북 너비 150m인 이 유지가 발견되었다. 유지에는 도기편이 비교적 많이 흩어져 있다. 수집된 도기편에는 구연(口沿)·도기 손잡이와 그릇 바닥이 있으며, 쇠화살촉 1점도 수집되었다.

구연에는 원순(圓脣)·첨순(尖脣)·방순(方脣)이 있고, 곧은 입·좁은 입과 벌어진 입 등 그 종류가 많다. 그릇 형태로는 항아리[罐]·동이[盆]·대접[碗] 등이 있다. 대부분이 니질회도(泥質灰陶)이나 갈색 사질도(褐色砂質陶)와 흑갈색 사질도(黑褐色砂陶)도 있다. 그 중에서 원순직구(圓脣直口)·원순렴구(圓脣斂口)와 원순치구(圓脣侈口)의 니질회도(泥質灰陶)는 모두 물레로 빚었다. 원순직구(圓脣直口) 구연 바깥쪽에는 음각된 선무늬가 한 줄 있다. 첨순치구(尖脣侈口)는 토황색 니질도(土黃色泥質陶)로 구연 바깥쪽에 돌출된 선 무늬가 있다. 방순렴구(方脣斂口)의 갈색 사질도(褐色砂質陶)는 손으로 빚었다. 구연부 안쪽에 음각된 선 무늬가 한 줄 있다. 원순치구(圓脣侈口)인 흑갈색 사도(黑褐色砂陶)는 손으로 빚었다. 구연부 아래에 누른 무늬가 있는 덧띠무늬[堆紋]가 있는데, 이러한 종류의 구연 도질과 도기 형태는 혼강시(渾江市) 영안유지(永安遺址)에서 출토된 도기항아리[陶罐:말갈관이라고 부른다]와 완전히 일치한다. 수집된 도기편은 물레로 빚은 니질회도(泥質灰陶)로, 그 표면에는 평평하게 다듬은 덧띠무늬[堆紋]가 있고, 그 위에 또한 'x'형태의 음각 선 무늬가 있다.

수집된 도기 손잡이는 2점이다. 하나는 다리형태의 평평한 손잡이[橋狀板耳]로, 회색 사질도(灰色砂質陶)이며, 물레로 빚었다. 그 잔여 길이는 4.3cm, 너비 3.7cm, 두께 0.8cm이다. 다른 하나는 고리형태의 도기 손잡이인데, 회색 니질도(黑色泥質陶)이며, 손으로 빚었다. 손잡이 높이는 3.3cm, 지름은 1.2cm이다. 도기바닥 1점은 회색 니질도(灰色泥質陶)로 손으로 만들었으며, 벽이 비스듬하고 바닥이 평평하다. 쇠화살촉 1점은 두드려서 만든 것으로, 긴 가지형태의 납작한 기둥형태이다. 화살촉 끝은 뱀머리 형태이나 이미 굽어졌다. 그 길이는 13.8cm, 너비 0.7cm, 두께 0.4cm이다.

대영유지는 영안유지(永安遺址)와 대략 12km 떨어져 있으며, 수집된 유물은 영안유지에서 출토된 유물과 대체로 같다. 또한 두 유지는 모두 탕하 우안에 있는 발해시기의 육상교통로상의 휴식처이다. 지형과 거리로 보면, 대영유지도 마찬가지로 조공도에서 반드시 거쳐야 하는 곳이다. 가탐의 도리기에 " … 다시 동북으로 200리를 거슬러 올라가면 신주(神州)에 이르며, 다시 육로로 400리를 가면 현주(顯州)에 이르는데, 천보(天寶) 연간에 왕이 도읍한 곳이다. 다시 북동쪽으로 600리를 가면 발해왕성에 이른다."라고 하였다.

신주는 바로 지금의 혼강시 임강구이다. 임강(臨江)에서 영안(永安)을 거쳐 대영(大營)에 이르고, 다시 탕하구유지(湯河口遺址)를 거쳐서 당시 풍주(豊州)인 신안고성(新安古城)으로 들어간다. 이것은 바로 조공도의 한 구간으로 현장답사를 해본 결과, 이 경로가 사료에 기록된 방위·거리와 대체로 일치한다. 대영(大營)~영안(永安) 철도는 탕하 좌안을 따라 지나간다. 지리 환경으로 보면, 탕하 양안은 대부분이 절벽으로 다닐만한 길이 없고, 산을 넘어야 비로소 왕래할 수 있다. 따라서 현지조사로 보면, 두 지역에 위치한 그 규모는 대체로 일치하므로 영안유지는 조공도에 위치한 비교적 큰 주거지로 생각된다.

3. 탕하구유지(湯河口遺址)

탕하구유지(湯河口遺址)는 무송현(撫松縣) 선인교진(仙人橋鎭) 탕하촌(湯河村)에서 동쪽으로 약 1km 떨어진 곳에 있다. 이곳은 두도송화강(頭道松花江)과 탕하가 만나는 곳이며, 사방은 높은 산이다. 통화(通化)~백하(白河) 철도가 그 동남쪽에 있는 탕하 우안을 지나간다. 선인교(仙人橋)~무송(撫松) 도로는 남쪽에서 서북쪽으로 굽어지나가며, 화학비료공장이 바로 그 옆에 있다. 두도송화강과 탕하가 마치 "인(人)"자 형태를 이루는데, 유지는 두 하천이 갈라지는 곳에 있다.

1986년 5월, 무송현문물보사대(撫松縣文物普查隊)가 이곳을 조사할 때, 동서 길이 200m, 남북 너비 85m의 범위의 이 유지를 발견하였다. 그 안에는 비교적 많은 유물이 흩어져 있었으며 돌도끼·도기편·옥팔찌와 도기 장식 등이 수집되었다. 돌도끼는 푸른색 돌을 갈아서 만든 것으로, 편평한 둥근 기둥형태이다. 머리와 날 부분은 모두 깨졌고, 전체의 중간부분만 남아있다. 도기편은 니질회도(泥質灰陶)가 대부분이며, 물레로 만들었다. 구연은 원순직구(圓脣直口)·첨순직구

(尖脣直口)와 원순치구(圓脣侈口) 등이 있고, 그릇 형태에는 항아리[罐]와 동이[盆]가 있다. 그릇 바닥은 2점이다. 그 중에서 한 점은 니질회도로, 그릇 벽은 비스듬하고 바닥은 평평하다. 다른 한 점은 오렌지색 니질도[橘黃色泥質陶]로, 그릇 벽은 비스듬하고 바닥은 평평하며, 바닥부분의 바깥 테두리는 돌출되어 있고, 돌출된 평면에는 일정한 간격으로 배열된 삼각형무늬가 한 줄 찍혀 있다. 도기 장식은 오렌지색니질도이며, 손으로 빚었다. 또한 표면은 문질러서 광택을 냈다. 아랫부분은 안쪽으로 들어갔다. 그 평면에는 일정한 간격으로 찍은 두 줄의 삼각형무늬가 있다. 옥으로 만든 고리 잔편은 백색의 옥석을 쪼고 갈아서 만든 것으로, 타원형으로 굽은 기둥형태 양 끝에 갈라짐 현상이 있다.

탕하구유지(湯河口遺址)는 대영유지(大營遺址)와 약 5km 떨어져 있다. 이 유지는 대영(大營)에서 신안고성(新安古城)으로 향하는 중추로 조공도에서 반드시 거쳐야 하는 곳이다. 유지에서 수집된 유물에 근거하면, 이 유지는 발해시기의 문화유적 가운데 하나이다.

4. 온천유지(溫泉遺址)

온천유지(溫泉遺址)는 무송현(撫松縣) 선인교진(仙人橋鎭) 온천촌(溫泉村) 온천요양원(溫泉療養院) 남쪽 탕하(湯河) 좌안 고리형태의 2급 대지에 위치한다. 온천(溫泉)~대안(大安) 도로가 유지 남쪽 등성이 꼭대기를 관통한다. 전체 유지는 탕하에 의해 "C"자 형태로 둘러싸여 있다. 1986년 5월, 무송현문물보사대(撫松縣文物普査隊)가 동서 길이 30m, 남북 너비 130m에 달하는 이 유지를 발견하였다.

유지에는 구연(口沿)과 그릇 바닥 등 도기편이 흩어져 있다. 손으로 빚은 것과 물레로 빚은 것 두 종류로 나뉘고, 회도와 흑회니질도(黑灰泥質陶)가 있으며, 갈색 사질도(褐色砂質陶)도 있다. 원순외권(圓脣外卷)・첨순렴구평절연(尖脣斂口平折沿)・원순렴구평절연(圓脣斂口平折沿)이 있다. 그 중에는 갈색 사질도기 잔편[褐色砂質陶片]은 손으로 빚은 것으로 표면에는 평행하게 새긴 무늬가 있다.

온천유지는 대영유지(大營遺址)와 약 5km 떨어져 있다. 출토된 니질도는 대영(大營)・탕하구유지(湯河口遺址)에서 출토된 유물과 대체로 일치할 뿐만 아니라, 모두 탕하 우안에 있고 거리도 매우 가까우며, 조공도도 이곳을 지나간다. 그러므로 발해시기의 유적으로 판단된다.

5. 유고유지(油庫遺址)

유고유지(油庫遺址)는 무송현(撫松縣) 소재지에서 남쪽으로 2.5km 떨어진 곳에 있다. 약 300m 떨어진 곳에 두도송화강(頭道松花江)이 있다. 감장구문(碱場沟門) 남쪽 산자락아래에는 지면보다 약 3m 정도 높은 평평한 대지가 있는데, 바로 기름창고[油庫]가 있는 곳이며, 그 맞은편은 여객터미널이다.

1940년대 초에 일본이 이곳에 신사(神社)를 세울 때, 일찍이 연꽃무늬와당・수키와・베무늬암키와・도기편과 쇠화살촉 등이 출토되었으므로, 당시에는 요금시기의 역참으로 판단하였다. 1986년 문물보사대(文物普査隊)가 이곳에 와서 재차 조사를 하였다. 당시 조사상황을 보면, 이곳은 비교적 좁은 지형으로 유지는 두 산골짜기 남쪽 대지에 있었다. 높이 약 30m의 산이 남북으로 비교적 길게 활시위형태로 감싸고 있는데, 그 동서 길이는 약 50m, 너비는 약 200m이다. 그 곳은 반원형의 좁고 긴 지형이며, 그 오른쪽은 감장구문(碱場沟門), 앞쪽은 무송(撫松)~선인교(仙人橋) 도로이다. 이 둘 중간에는 신축한 주유소가 있다. 유지는 이미 평지가 되었고 지면의 원래 모습은 파괴되었다. 또한 그 위는 기름창고와 사무실 등 현대적인 건축이 들어서서, 조사 당시에도 유물이 발견되지 않았다.

1940년대 초 유지에서 출토된 유물은 모두 일본으로 가져갔다. 따라서 기록을 통해서 유물의 양식과 형식을 알 수 있다. 출토유물과 주변 몇 십 km내에 위치한 유지·성지 안에서 출토된 발해유물을 비교 분석하면, 유고유지(油庫遺址)는 발해시기의 유지이다. 유지에서 발견된 유물은 25km 떨어진 전전자유지(前甸子遺址)에서 출토된 베무늬수키와잔편 및 와당 잔편과 대체로 일치한다. 7km 떨어진 신안고성에서 출토된 연꽃무늬 와당·베무늬암키와·수키와 등과 비교 분석하면, 동일시기의 문화유존이다. 신안고성은 1986년 문물조사에서 새로 발견된 고대 성터로, 고증을 거쳐 발해 풍주(豊州)로 비정되었다. 이 성은 두도송화강(頭道松花江) 우안에 있고 동쪽에는 동대자고성(東臺子古城), 강 맞은편에는 유수천고성(柳樹川古城:靖宇縣에 속함)이 있다. 이 두 고성은 모두 산성이며, 신안고성과는 거리가 매우 가까울 뿐만 아니라, 무송현성과도 불과 몇 km 떨어져 있을 뿐이다. 그러므로 "지금의 무송현성은 발해의 풍주소재지이다."라는 이건재의 논증과 대체로 일치한다. 풍주는 발해시기의 중요한 주급성[州城]으로, 수많은 동일 유형의 유물은 신안고성과 유고유지가 매우 밀접한 관계에 있음을 설명한다. 유고유지가 어떤 구조인지 명확한 기록이 없으므로 향후 새로운 발견으로 고증되기를 기대한다.

발해평원성유적

1. 동대자성지(東臺子城址)

　동대자성지(東臺子城址)는 무송현(撫松縣) 송교향(松郊鄉) 신안촌(新安村) 동쪽 동대자산(東臺子山)에 위치하고 있다. 신안촌 동쪽에는 소청구하(小青沟河)와 운두구하(云豆沟河)가 있는데, 북쪽에서 남쪽으로 흘러 두도송화강(頭道松花江)으로 유입된다. 이 두 하천 중간에는 산등성이가 있는데, 동대자산이라고 부른다. 동대자산은 남북으로 뻗어있으며, 높이는 50m이다. 산등성이 동·서·남쪽 3면은 가파른 절벽이고, 북쪽만이 평평한 산꼭대기이다. 동대자성지는 소청구하와 운두구하 사이에 있는 동대자산 남쪽의 평탄한 산등성이에 있으며, 그 지세가 매우 험준하다.

　동대자성은 산등성이의 자연지형을 충분하게 이용하여 쌓았다. 동쪽과 서쪽은 성벽이 없는데, 이것은 가파른 절벽을 성벽으로 삼았기 때문이다. 이 성에 보이는 성벽은 모두 3곳으로, 남쪽에서 북쪽으로 횡으로 배열되어 있으며, 모두 흙을 다져서 쌓았다. 첫 번째 성벽은 동서 길이 52m, 잔고 3m, 너비 7.5m이다. 이 성벽의 서쪽 끝에는 문지로 생각되는 곳이 있다. 두 번째 성벽은 첫 번째 성벽과 67m 떨어져 있으며, 이 성벽은 동서 길이 28m, 기단부 너비 8m, 윗부분의 너비 2.6m, 높이 2.3m이다. 이 성벽 북쪽에 너비 17m, 깊이 4m에 이르는 도랑이 있는데, 상술한 두 성벽으로 형성된 참호시설로 보인다. 아울러 성 바깥 도랑바닥에서 성벽 정상부까지 비스듬한 석벽[護坡石]을 축조하여 성벽보호벽[護墻皮]으로 삼았다. 비교적 재미있는 것은, 이 성에서 북쪽으로 96m 떨어진 곳에도 길이 약 30m, 기단부 너비 6m, 윗부분 너비 2m, 잔고는 1.5m 규모인 동서방향의 판축벽이 있다는 점인데, 아마도 북쪽 제1방어선처럼 보인다. 이 성은 3면이 물로 둘러싸인 절벽 산등성이에 있으므로, 지세가 험준하여 지키기는 쉽고 공격하기는 어렵다.

1980년 봄과 1986년 두 차례 조사가 이루어졌다. 성 안에서 수집된 유물은 생활용기인 도기 잔편, 건축용 기와류 잔편 등이다. 도기편은 니질도(泥質陶)가 대부분이나 약간의 홍갈도(紅褐陶)도 보인다. 구연은 원순(圓脣) · 방순(方脣) · 첨순(尖脣) · 쌍순(雙脣)이 있다. 기형으로 보면 쌍순치구관(雙脣侈口罐) · 방순직구완(方脣直口碗)과 바리[鉢] · 병[壺] 등이 있다. 일반적으로는 모두 물레로 빚었다. 그릇 손잡이는 대부분 다리형태의 손잡이[橋狀板耳]이다. 기와는 청회색 베무늬 기와로, 대부분이 바탕에 무늬가 없으며 틀에서 찍어낸 것이다.

상술한 유물로 보면, 발해유물이고 성벽을 다져서 쌓았으므로 그 연대는 발해시기로 판단하는 것이 적당하다. 과거 일부 학자들이 고구려 시기의 성터로 판단하였으나 근거는 없다. 동대자성지는 서쪽으로 신안고성과 1.5km 떨어져 있는데, 두 성은 또한 동일시기의 것이므로 동대자성보(東臺子城堡)는 당연히 신안고성의 위성(衛城)이라고 할 수 있다.

2. 신안고성(新安古城)

신안성지(新安城址)는 무송현(撫松縣) 송교향(松橋鄉) 신안촌(新安村) 서쪽 경작지에 있으며, 무송현 소재지와 6km 떨어져 있다. 두도송화강(頭道松花江)이 반원형을 그리며 고성 바깥쪽을 동서로 흘러간다. 서쪽과 북쪽은 높은 산이다. 강 남쪽은 정우현(靖宇縣) 유수천향(柳樹川鄉) 관할지이며, 유수천성 및 신안고성(新安古城)과 강을 사이에 두고 마주하고 있다. 동쪽으로 신안촌(新安村)을 지나면 곧 동대자성지(東臺子城址)이다.

1983년 가을 신안촌에 사는 주성귀(周成貴)가 채소구덩이를 파다가 연꽃무늬와당·베무늬암키와·청동 활[銅弓] 형태의 그릇·청동고리형태[銅環形] 그릇·어망추와 도기편을 발견하여, 관계자가 현장을 방문하여 여러 차례 조사·고증을 통해서 발해시기의 문화유적으로 비정하였다.

출토된 연꽃무늬 와당은 원형으로, 틀에 찍어서 만든 것이다. 주변에 돌대가 있고 중간에는 원형의 꼭지가 있다. 꼭지와 주변 돌대 사이에는 간격이 일정하게 장식된 4개의 연꽃이 있고, 꽃잎 중간에는 각각 돌기된 "십(十)"자형 무늬가 있다. 전형적인 발해 연꽃무늬 와당이다. 베무늬암키와는 크기가 비교적 크며, 위쪽은 좁고 아래쪽은 넓다. 바깥쪽은 활모양으로 아무런 무늬가 없으며, 안쪽에는 베무늬가 있다. 수키와는 미구가 달려있는 반원형이다. 청동활모양의 그릇[銅弓形器]은 청동을 주조하여 만들었다. 형태는 활과 같으며, 두 끝은 새머리 모양 같다. 그 형태는 두 개의 꼬리가 서로 연결된 새 같으며, 활 대[軀干]는 불규칙한 마름모 형태의 기둥으로 양쪽 끝은 새의 목 가까이 아래로 굽은 곳에서 새 머리까지는 날개가 있다. 청동고리형태의 그릇[銅環形器]도 청동을 주조하여 만든 것으로, 형태는 가로로 쓴 "∞"자 같다. 중간에는 돌기된 주조 흔적이 있는데 그 모양은 새끼줄을 묶은 것 같다. 도기 어망추는 니질회도(泥質灰陶)로 손으로 빚었다. 기둥형태로 크기가 비교적 크며 양쪽 끝에는 홈이 있다. 도기편은 대부분이 니질회도로 구연과 그릇바닥 두 종류로 나뉘는데, 모두 물레로 빚었다. 바탕에는 아무런 무늬가 없다. 구연은 둥근 입술이 밖으로 말려 있고[圓脣外卷], 목은 짧고 배가 곧은 항아리[罐]이다. 그릇바닥은 벽이 비스듬하고 바닥은 평평한대, 어떤 그릇바닥은 테두리형태의 굽[假卷足]이다.

1985년 봄에 마을사람이 상술한 출토지점에서 북쪽으로 70m 떨어진 곳에 집을 지으려고 땅을 파다가 20개씩 묶여 있는 쇠화살촉[成梱鐵鏃] 묶음을 발견하였다. 마을 사람에 의하면, 화살촉은 돌기가 있는 북형태[梭形起脊]와 짧은 기둥형태[短鋌方柱形] 두 종류가 있었다고 한다. 주성귀(周成貴) 부친에 의하면, 그 집 채소밭에서 채 20m도 떨어지지 않은 이웃집에서 채소구덩이를 파다가 1.4~1.6m 깊이에서 돌로 쌓은 집 벽 기단이 발견하는데, 그 너비는 약 30~40cm라고 하였다. 이에 근거하면, 이 돌은 현지에서 생산된 것이 아니라, 2.5km 떨어진 망우강재(牤牛崗才)에서만 생산되며, 또한 근대인들이 이 돌로 집을 지은 것은 본적이 없고 돌로 쌓은 벽이 비교적 깊은 곳에 묻혀 있어서 근대에 축조한 것이 아니므로, 당연히 출토유물과 동일시기에 속하는 문화유존이다.

1986년 5월, 무송현문물보사대(撫松縣文物普查隊)가 이곳에서 조사를 할 때, 상술한 유물출토지점에서 서쪽으로 약 500m 떨어진 곳에서 판축성벽을 발견하였다. 성벽의 보존상태는 동일하지 않다. 동벽은 길이 490m, 서벽 길이 680m, 남벽 길이 1,150m이고, 북벽은 이미 평지로 변해서 단지 길 옆 단면으로 판축흔적과 대체의 방향을 확인할 수 있는데, 길이는 1,020m이다. 문지는 자세하지 않다. 동벽에는 문이 1곳 있고, 남벽에는 성문지로 추정되는 2곳이 있다. 서벽에는 3개의 성문이 있는데, 중간 성문은 44m로 가장 커서 신안고성에서 가장 웅장한 성문으로 생각된다. 고성은 장방형이며, 성벽의 둘레 길이는 3,340m이다. 남벽은 5층으로 나눌 수 있다. 제1층은 경토층(耕土層)으로 두께는 55cm이다. 제2층은 판축층으로 두께는 115cm이다. 제3층은 거친 모래층[粗砂層]으로 두께는 40cm이다. 제4층은 황색진흙층[黃泥層]으로 두께는 40cm이다. 제5층은 모래층[砂土層]이다. 성벽 판축층은 분명하고 판축층마다의 두께는 8~10m이다. 보존상태가 비교적 좋은 성벽 높이는 1.5~2m에 이른다.

남벽과 서벽 사이에는 유물이 비교적 많이 흩어져 있는 동서 길이 50cm, 남북 너비 35m에 달하는 대지가 있는데 지면보다 약 2m 정도 높다. 대지는 남벽과 90m, 서벽과 100m 떨어져 있으므로 비교적 중요한 건축지로 생각된다. 수습된 유물에는 수키와·암키와 잔편·도기편과 건축장식 등이 있다. 수키와는 두 종류로 나눌 수 있다. 하나는 연꽃무늬 와당과 연결된 미구가 있는 수키와로, 정면 돌대 중간에 연육이 함몰된 형태의 연꽃잎 4개가 장식되어 있고, 꽃잎 사이에는 다시 "십(十)" 자 문양이 있다. 윗면에는 아무런 무늬가 없으며, 기와 안쪽에는 베무늬가 있다. 다른 한 종류는 일반 수키와로 한쪽 끝에 미구[瓦脣]가 있다. 암키와는 3종류로 나눌 수 있는데, 첫번째는 토황색(土黃色) 암막새기와[尖頭板瓦]로, 윗면에는 희미한 새끼줄무늬 흔적이 있고, 암막새 끝부분에는 간격이 일정한 연주문(連珠紋)이 있으며, 연주문 양쪽에는 지압문이 있어 일반적으로 암막새기와[沟滴]라고 한다. 두 번째는 청회색의 암막새기와로 윗면에는 아무런 무늬가 없으며, 정면에는 앞에 서술한 것과 같은 무늬가 있다. 세 번째는 암키와로 색깔은 청회색이며, 바깥쪽에 아무런 무늬가 없고, 안쪽에는 베무늬가 있다.

이 건축지의 의미를 밝히기 위해서, 건축지에서 길이 20m, 너비 2m의 "광(厂)" 형태의 트렌치를 넣어, 전체 면적 36㎡를 노출시켰다. 단면으로 보면 3개의 퇴적층으로 나눌 수 있다. 제1층은 경토층(耕土層)이며 흑회색(黑灰色)의 부식토로 두께는 0.10~0.20m이다. 제2층은 문화층이며 흑갈색토(黑褐色土) 중에 석기·도기·철기·철 찌꺼기와 철광석 등이 포함되어 있다. 이 층의 두께는 0.60~0.80m로 일정하지 않다. 제3층은 모래층[砂土層]이다.

시굴에서 주거지 3곳, 아궁이[灶址] 3곳·재구덩이[灰坑] 2곳이 발견되었다. 주거지 벽은 황토로 판축하였다. 담장 너비는 0.40m이고, F1 주거지 담벽은 백회로 칠한 흔적이 있다.

재구덩이는 모두 원형인데, 하나는 크고 하나는 작다. 둘 사이의 거리는 매우 가깝다. 재구덩이 가운데는 흑색토이고 베무늬기와 잔편·짐승 뼈·새 뼈와 재 덩어리가 섞여 있다.

시굴에서 모두 각종 재질의 문물 43점이 출토되었다. 석기는 28점으로 그 중에는 돌도끼 3점·돌절구공이[石杵] 2점·돌칼 1점·돌화살촉 1점·숫돌 3점·흑요석 17건·석괴형그릇[石壞形器] 1점·도기 8점(복원할 수 있는 것 7점)이 있다. 그중에는 도기 항아리[陶罐] 2점·도기 대접[陶碗] 5점·도기 그릇[陶盅] 1점이 있다. 철기는 7점인데, 그 중에는 쇠칼 2점·쇠 화살촉 2점·쇠자귀[鐵鏟] 1점·쇠못 1점·철기 잔편 1점이 있다.

출토된 돌도끼는 2종류로 나눌 수 있다. 하나는 납작한 네모 기둥형태로 끝이 반듯하고 날이 둥글며, 전체는 갈아서 만든 것으로 길이 11cm, 너비 5.5cm, 두께는 3.2cm이다. 다른 한 종류는 청석(靑石) 재질로 타원형의 기둥형태인데, 전체를 쪼아서 만들고 날 부분은 갈아서 광을 냈다. 전체 길이는 12.8cm, 너비 5.5cm, 두께는 3.5cm이다. 돌칼은 푸른색 돌을 갈아서 만든 것으로 등은 평평하고 날은 둥글다. 자루부분은 일부만 남아있으며, 전체는 갈아서 광택을 냈다. 잔여 길이는 7cm, 너비는 2.5cm, 두께는 0.3cm이다. 돌화살촉은 청회색(靑灰色) 회암(灰岩)을 갈아서 만든 것으로 나뭇잎 형태이다. 뒤쪽 일부만 남아있고 중간에는 완만한 줄기가 있다. 잔여 길이는 2.1cm, 너비는 1.2cm, 두께는 0.2cm이다. 숫돌은 토황색(土黃色) 세사암(細砂岩)과 황갈색 사암(黃褐色砂岩) 두 종류이다. 어떤 것은 양면이 모두 문질러서 날을 세웠다. 도기 단지의 형태는 비교적 작고, 회갈색(灰褐色)이며, 손으로 빚었다. 입술이 뾰족하고 밖으로 벌어졌으며[尖脣侈口], 배는 약간 불룩하며, 표면에는 아무런 무늬가 없다. 모래가 섞여 있고, 제작기법은 거칠다. 높이는 8.8cm, 지름은 10.4cm이다. 도기대접은 홍갈색(紅褐色)과 흑회색(黑褐色) 두 종류로 나뉘는데, 원순(圓脣)·방순(方脣)·원순외권(圓脣外卷)과 첨순평절연(尖脣平折沿) 등이 있다. 그릇 벽은 비스듬하고 주둥이는 넓으며, 바닥은 평평하다. 모두 물레로 빚었다. 도기 그릇(陶盅)은 부드러운 니질도(泥陶質)로 회황색(灰黃色)이며 손으로 빚었다. 바탕에는 무늬가 없다. 높이는 2.6cm, 지름은 4.1cm이다. 쇠화살촉 2점은 모두 두드려서 만든 것으로 그 하나는 납작한 마름모형태이고, 화살대를 꽂는 부분은 네모기둥형태[方柱形]이다. 전체 길이는 7.8cm, 너비는 1.0cm, 두께는 0.3cm이다. 두 번째는 납작한 자귀형태로 화살대를 꽂는 부분이 짧다. 길이는 5.1cm, 너비는 0.9cm, 두께는 0.3cm이다.

쇠칼 2점은 모두 두드려서 만들었다. 그중 한 점은 등이 평평하고 날이 곧다. 뾰족한 부분 일부만 남아있다, 잔여길이는 19.6cm, 너비는 1.1cm, 두께는 0.5cm이다. 다른 한 점은 등이 평평하고 날이 비스듬하며 날 부분이 중간은 안쪽으로 함몰되었다. 전체 길이는 19.6cm, 너비는 1.7cm이다. 철광석은 암황색(暗黃色)의 자연석으로 길이는 4.8cm, 너비는 2.5cm, 두께는 1.1cm이다. 철찌꺼기는 야련(冶煉)에서 나온 폐찌꺼기로 불규칙한 타원형이다. 길이는 7.6cm, 너비는 5.7cm, 두께는 1.3cm이다. 도기편은 수량이 가장 많으며 손으로 빚은 것과 물레로 빚은 것으로 나뉜다. 전형적인 것은 협사홍갈(夾砂紅褐)·회갈(灰褐)과 니질회도(泥質灰陶)이며, 표면에는 모두 일정한 간격으로 누른 무늬가 가득하다. 또한 도제 시루바닥 1점도 출토되었다. 황갈색 니질도(黃褐色泥質陶)이며 물레로 빚었다. 여러 개의 구멍이 있는데, 남아있는 길이는 9cm, 잔여 너비는 8cm이다.

1986년 7월 신안촌(新安村) 주민이 성안에서 나무 뿌리를 캐다가 청동으로 만든 대구[銅帶扣]·쇠칼과 퇴적된 쇠 화살촉을 발견하였다. 대구(帶扣)는 청동을 단조하여 만든 것으로 길이는 4cm, 너비는 2.5cm이다. 쇠칼은 두드려서 만든 것으로 등은 평평하고 날 부분은 곧으며, 자루부분에는 자루를 꽂는 부분[鐵庫]이 있다. 길이는 11.5cm, 너비는 1.6cm이다. 쇠화살촉은 대부분이 방형기둥형태로 마름형태[菱形]는 화살 끝이 뾰족하며, 원형은 화살대에 꽂는 부분이 긴 것과 짧은 것 등이 있다.

현지조사상황으로 보면, 1983년 유물출토지점은 성 밖의 건축지에 해당하고, 1986년 유물이 출토된 지점은 성안 건축지에 해당하는데 두 곳은 성안과 성 밖의 구분뿐이다. 그러나 출토문물로 분석하면, 발해시기의 문화유존에 속한다. 여러 방면에서 고증한 결과, 신안성지는 당연히 발해 풍주(豊州) 치소이다. 『발해국지장편』 권14, 「지리고」에 "풍주는 반안군(盤安郡)이라도 부른다. 서울에서 동북으로 210리 떨어져 있고, 영현은 안풍(安豊)·발락(渤烙)·습양(濕壤)·협석(硤石) 네 곳이다."라고 기록하였다. 임강(臨江), 즉 서경압록부 신주(神州)에서 신안고성은 임강의 동북에 있으며 거리는 약 200리로 사료에서 기록한 것과 대체로 일치한다. 신안고성은 발해의 풍주로서 출토문물만이 아니라, 방향·위치·지형 등 모두가 일치한다. 신안고성의 발견은 학계에서 발해국의 역사를 연구하는데 참신한 자료를 제공한다.

부여현

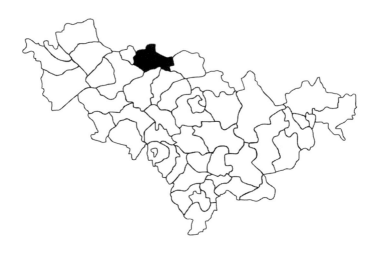

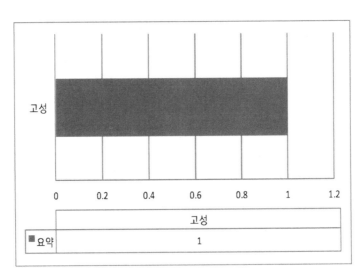

	고성
■요약	1

발해평원성유적

1. 백도고성(伯都古城)

백도고성(伯都古城)은 부여현성(扶餘縣城)에서 북쪽으로 12.5km 떨어진 백도공사(伯都公社) 소재지 동남쪽 200m에 있다. 이곳은 지세가 비교적 평탄하여, 성의 동·남·서쪽 삼면은 평원이고 동북쪽은 동남--서북향의 등성이다. 성 서쪽 240m에는 백도공사에서 부여진(扶餘鎭)으로 향하는 도로가 있고, 제2송화강과는 4km 떨어져 있다.

성터는 대체로 방형으로 판축하였으며, 방향은 355°이다. 성벽의 둘레 길이는 3,132m이고, 높이는 2~3.5m, 윗부분의 너비는 3~4m, 기저부 너비는 14~16m이다. 동벽은 709m, 서벽은 812m, 남벽은 797m, 북벽은 814m이다. 성벽은 보존상태가 그다지 좋지 않은데, 이미 몇 곳은 흙을 파내어 훼손되었거나 농경지로 개간되었다. 성문은 비교적 분명하게 볼 수 있는 곳은 4곳이 있다. 성벽마다 각각 1곳씩 중간에 있다. 북문은 너비 9m, 동문은 너비 8m, 남문은 너비 8m, 서문은 너비 9m이다. 각 성문 밖에는 모두 옹성(甕城)이 있는데, 그 형태는 방형에 가깝다. 보존상태가 비교적 좋은 곳은 동·서·북에 있는 3개의 옹성이고, 남쪽에 있는 것은 경작지로 변해서 겨우 형태만 볼 수 있다. 북쪽 옹성은 동서 길이 32m, 남북 너비 34m, 높이 1.5m이다. 문은 동쪽을 향하고 있으며, 그 너비는 4m이다. 동쪽 옹성은 동서 길이 36m, 남북 너비 39m, 높이 2m이다. 성문은 북쪽을 향하고 있으며, 그 너비는 5m에 이른다. 서쪽 옹성은 동서 길이 36m, 남북 너비 34m, 높이 2.5m이다. 문은 남쪽을 향하고 있는데, 그 너비는 8m에 이른다. 치[馬面]는 북벽에 14개, 서벽에 5개 등 모두 19개가 있으며, 다른 곳에서는 분명하게 확인되지 않는다. 보존상태가 비교적 좋은 북벽 치를 보면, 너비 10~13m로, 성벽의 윗부분보다 밖으로 12~15m 튀어나와 있으며, 치간 거리는 60~80m이다. 동남모서리에 위치한 각루(角樓)가 비교적 잘 보존되었고, 서북·서남쪽에 있는 것이 그 다음이다. 중간에 구멍이 있으며, 동북쪽 모서리에 있는 것은 심각하게 파괴되어 그 윤곽만을 확인할 수 있다. 커다란 반원형으로 성 모서리 중심점에서 바깥쪽으로 15~17m 돌출되어 있으며, 높이는 3.5m에 이른다.

성안은 경작지로 변하여 비교적 평탄하나, 내성 흔적은 발견되지 않았다. 4곳의 기단만이 남아있는데, 모두 성 안 서남쪽에 치우쳐 있다. 흙기단 4곳 가운데 1곳은 비교적 큰 모서리가 둥근 방형으로, 동·서·남쪽은 각각 62m, 높이는 3m이다. 지표면에 회색을 띤 수많은 방형·장방형 벽돌·베무늬기와편·연꽃무늬 와당·도자기 잔편 등이 흩어져 있으며, 약간의 불상과 불상장식 잔편·풀을 섞어서 구운 흙·백회 잔편 등 유물이 있다. 현지인들에 의하면, 예전에 이곳에서 작은 청동 불상이 출토되었다고 한다. 나머지 3곳은 각각 비교적 큰 흙기단 동북쪽 모서리, 동남쪽 모서리, 정남쪽에 있으며, 각각의 거리는 약 20m이다. 지표면에는 회색 벽돌·기와 잔편과 도자기 잔편 등이 흩어져 있다. 이상 4곳의 흙 기단에서 출토된 유물로 보면 이곳은 분명히 사찰지이다. 동북쪽에 우물이 있었는데 이미 메워져서 모습을 확인할 수 없다고 한다. 두 벽에서 바깥쪽으로 187m 떨어진 곳에 심각하게 훼손된 방형흙기단이 있는데, 그 위에는 수많은 회색벽돌과 기와 잔편이 흩어져 있어서, 점장대라고 부른다.

성안의 지표면에 수많은 벽돌·기와 잔편과 도자기 잔편이 흩어져 있는데, 대부분은 성 중앙과 남쪽에 있다. 1960년 백성지구문물보사대(白城地區文物普査隊)가 수집한 도기 유물에는 니질회도(泥質灰陶)와 황갈색 도기 잔편(黃褐陶片)이 있는데, 대체로 소성도가 비교적 높다. 물레로 빚었으며, 대부분이 항아리[缸]·병[壺] 등이다. 구연부(口沿部)는 주둥이가 말렸거나[卷沿] 밖으로 벌어졌다[侈口]. 배 부분은 불룩한 배와 약간 불룩한 것 두 종류가 있으며, 바닥은 모두 평평하다. 무늬에는 비녀같이 끝이 뭉특한 도구로 찍은 무늬[篦点紋]·줄무늬[絃紋]·비치문[篦齒紋]·덧띠무늬[堆紋]가 있다. 자기에는 노란색 유약[黃釉]·흰색 유약[白釉]·푸른색 유약[靑釉]·검은색 유약[黑釉]·회색 유약을 바른 자기편이 있다. 대부분은 바탕에 아무런 무늬가 없으나, 일부는 풀잎무늬가 새겨져 있는 것도 있다. 제작수법은 일반적으로 비교적 조악하다. 그릇의 형태는 대부분이 대접[碗]이거나 병이다. 건축재료에는 짐승무늬 와당·그물무늬와 파도무늬가 있는 막새기와 등이 있다.

1963년에 성안에서 일찍이 천년관음동패식[千年觀音銅牌] 1점이 출토되었다. 그 형태는 장방형이며 정면에 천년관음상(千年觀音像)이 부조되어 있고, 뒷면에는 낙타 한 마리가 음각되어 있다. 1963년 5월 마을 주민이 성 안에서 채소를 수확하던 중에 반량전[半兩]·오수전(五銖)과 북경전(北京錢) 등 80여 점의 동전이 출토되었다고 한다. 1967년 성의 서벽 밖에서도 오수전(五銖錢)·화천전(貨泉錢)·개원통보(開元通寶)·경덕운보(景德云寶)·원풍통보(元豊通寶)·황종통보(皇宗通寶)·순화통보(淳化通寶)·상부통보(祥符通寶)·함평원보(咸平元寶)·천희통보(天禧通寶)·희녕원보(熙寧元寶)·성화통보(聖和通寶)·소성원보(紹聖元寶) 등 10여근의 동전이 출토되었다고 한다. 1980년 문물조사대가 성안에 있는 흙기단에서 청동불상의 눈과 가사 부분 등 약간의 불상 잔편과 나선형(螺旋形)·연주형(聯珠形)·권운형[卷雲狀]과 화훼(花卉)무늬 등을 출토하였다. 이 유물 가운데 어떤 것은 붉은색 또는 황홍색인데, 불에 굽는 방식과 관련있는 것으로 생각된다.

이 성은 부여현에서 가장 규모가 큰 고성이다. 성터 형식에 근거하면 요금시기에 해당되는 것이 분명하지만, 이외에도 주변에는 신안고성(新安古城)·양가고성(楊家古城)·토성자고성(土城子古城)·비채성자고성(韭菜城子古城)·반덕고성(班德古城) 등 작은 고성들이 둘러싸고 있기 때문에 주목을 받고 있다. 일부 고고학자의 견해에 따르면, 이 성은 요대 영강주(寧江州)의 옛터라고 한다.

백도고성이 요나라 시기의 영강주의 옛터라는 것에 관해서, 최근의 학계의 견해 중의 하나는 요금고성이라고만 인식하는 것이다. 1982년 문물보사대가 이 성에서 조사를 할 때, 고성 중앙에서 수집된 연꽃무늬 와당, 서남쪽 흙기단에서 연꽃무늬 와당과 함께 출토된 청동불상과 그 장식 등 요나라시기에 앞서는 발해시기의 유물이 발견되었으므로 이곳은 당대 발해시기에 이미 중요한 건축지와 사찰지가 있었음을 알 수 있다. 이전의 고고자료로 보면, 발해유물의 가장 서쪽에 분포하는 지역은 이곳에 이르지 않았다. 이것은 발해국의 서쪽 강역이 지금의 어디인가에 대해서 새로운 실마리를 제공한다.

서란시

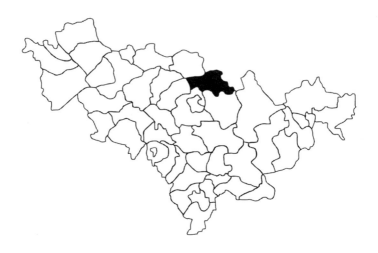

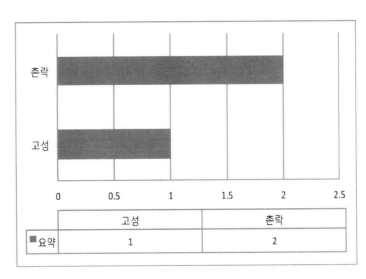

	고성	촌락
■요약	1	2

발해산성유적

1. 쌍인통고성(雙印通古城)

쌍인통고성(雙印通古城)은 서란시(舒蘭市) 계하향(溪河鄉) 쌍인통둔(雙印通屯)에서 동북으로 0.5km 떨어진 등성이 위에 있다. 고성은 마을 이름으로 인해서 이름 지어졌다. 동쪽으로 길림시(吉林市)~유수시(楡樹市) 도로와 약 300m 떨어져 있고, 서쪽은 송화강(松花江) 지류이다. 북쪽은 넓게 펼쳐진 농지로, 알하하(嘎呀河) 요금고성과는 약 3.5km 떨어져 있다.

성벽은 황토로 쌓았으며, 평면은 모서리가 둥근형태의 방형이다. 둘레 길이는 224m이고, 한 변의 길이는 약 56m이다. 북벽 중간에는 문지가 있다. 성안에서 회색의 베무늬기와 잔편과 푸른색 벽돌 잔편이 출토되었으나 치[馬面]는 없다. 고성 동북쪽에는 요나라 시기의 장성[界壕]이 있어, 일부 학자들은 이 성이 요금시기에 축조된 성으로 추측하지만, 이 성은 발해시기에 축조되어 요금시기에 사용된 것으로 생각된다.

발해촌락유적

1. 황어권주산유지(黃魚圈珠山遺址)

[그림 1]　　　황어권주산유지 표지석 및 전경(서북→동남)

황어권유지(黃魚圈遺址)는 길림성 서란시(舒蘭市) 법특향(法特鄕) 황어촌(黃魚村) 서쪽 주산(珠山) 위에 있다. 동남쪽으로 현성과 65km 떨어져 있는, 서란(舒蘭)·유수(楡樹)·덕혜(德惠)·구태(九台) 4시의 접경지이다.

주산(珠山)은 단산자(團山子)라고도 부른다. 송화강 우안에 있는데 산세가 비교적 완만하고 주위는 평평하다. 넓게 트인 송화강이 이곳에서 몇 가닥의 강줄기로 나누는데, 주류는 서쪽 산자락을 굽이굽이 북쪽으로 흘러가며, 지류는 산 남쪽에서 동쪽으로 흘러 비교적 커다란 포구[水泊]를 이룬다. 이곳은 산·물·평지와 개울이 서로 교차하는 등 자연조건이 매우 뛰어나서 농업뿐만 아니라 어렵에도 적합하다.

1980년 길림성문물공작대(吉林省文物工作隊)가 유지 서쪽 언덕과 북쪽 언덕에서 구덩이[灰坑:1호 구덩이]에서 벌인 조사에서 주로 입이 벌어지고[侈口], 입술이 두 개이며[重脣], 목이 좁은[束頸] 심복관(深腹罐)과 무늬가 있는 니질회도(泥質灰陶:일부는 갈색도기(褐陶))편이 출토되었다. 이밖에도 동대과(銅帶銙) 1점·철기 잔편 여러 점이 발견되었다.

이밖에 구덩이[灰坑]와 문화층 중간에서 동시에 출토된 유물에는 청동고리[銅環]가 있다. 이것은 크기가 작고 앙증맞은데, 단면은 마름모 형태이다. 지름은 겨우 1.6cm에 불과하다. 청동포[銅泡]는 돌출된 원형태로 안쪽에는 가로로 다리형태가 있고[橋狀橫梁], 겉에는 아무런 무늬가 없다.

발해시대의 유적·유물은 과거에 비교적 많이 발견되었다. 이곳에서 발견된 입술이 두 개이면서 목이 좁은[重脣束頸] 심복관(深腹罐)은 돈화 육정산발해무덤떼에서 출토된 유물과 일치하며, 약간의 복잡 다변한 무늬있는 도기편은 그 재질·도기의 색깔은 물론이고 무늬 도안 부분에서도 영길(永吉) 양둔(楊屯)·유수(楡樹) 노하심(老河深)·흑룡강(黑龍江) 수빈(綏濱) 동인유지(同仁遺址)에서 출토된 동일한 형태의 도기편과 닮은 점이 많아서 전형적인 말갈유물에 속함을 알 수 있다. 연대는 C14추정결과 B.P. 1500±85년으로, 동진남북조시기에 해당한다. 황어권주산유지(黃魚圈珠山遺址)와 유수 노하심·양둔 대해맹 등의 발견은 공교롭게도 이 시기의 역사적 사실을 반영한다.

2. 도덕구구대지유지(道德沟口臺地遺址)

도덕구구대지유지(道德沟口臺地遺址)는 길림성 서란시(舒蘭市) 상영향(上營鄕) 중영촌(中營村)에서 동쪽으로 1.5km 떨어진 도덕구구(道德沟口) 북쪽 대지에 있다. 동쪽은 도덕구로 통하는 산등성이와 이어져 있고, 서쪽은 세린하(細鱗河)이며, 서란~교하 도로와 약 0.5km 떨어져 있다. 남쪽은 상영촌 동산두유지(東山頭遺址)와 약 400m 떨어져 있으며, 북쪽에는 대조어대산유지(大釣魚臺山遺址)가 있다.

유지는 세린하보다 10m 정도 높은 동서방향의 농지 안에 있다. 그 길이는 150m, 너비는 60m 정도이며, 면적은 약 9,000㎡이다. 지표면에는 서단산문화유물뿐 아니라 속말말갈~발해시기에 속하는 유물도 흩어져 있다. 1984년 문물조사 당시에 이곳에서 발해시기에 일반적으로 보이는 입이 벌어지고[侈口], 입술이 두겹이며[重脣], 목이 좁은[斂頸] 심복관(深腹罐:일반적으로 말갈관이라고 부름) 구연부 잔편 2점·배 부분 잔편 1점·목 부분 잔편 1점 등이 발견되었다. 이밖에도 상술한 도기와 함께 만들어진 회색니질도기구연(灰色泥質陶器口沿) 2점, 시루 바닥 잔편 1점이 발견되었다. 니질도기(泥質陶器)는 물레로 빚은 것으로 옅은 회색을 띠고 있다. 구연 잔편 가운데 1점은 입술이 두 개이며[雙脣] 밖으로 벌어져 있고[侈沿] 안쪽에는 음각의 선 무늬가 있다. 다른 1점은 테두리가 넓으며 반쯤 말려 있다[寬邊半卷沿]. 시루 바닥 잔편은 길이가 7cm, 너비 4.5cm로 테두리에는 3개의 구멍이 있다.

상술한 "말갈관"은 흑룡강성(黑龍江省) 수빈현(綏濱縣) 동인유지(同仁遺址)·길림성(吉林省) 영길현(永吉縣) 양둔(楊屯) 대해맹유지(大海猛遺址)·돈화시 육정산무덤떼 등에서 발견되었다. 함께 출토된 니질도관(泥質陶罐) 등은 영길현 양둔 대해맹에서 비교적 많이 발견되었다. 이것은 이 문화유물이 광범위하게 분포하고 있음을 증명하는데, 제2송화강 연안 고지대만이 아니라 제2송화강에서 비교적 멀리 떨어진 강변 고지대에서도 발견된다. 이와 같은 상황은 속말말갈--발해문화의 분포범위를 반영하는 것으로, 이 시기의 역사를 연구하는데 있어 중요한 가치를 지닌다.

쌍료시

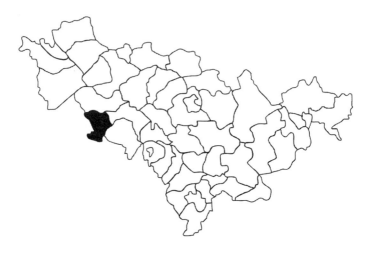

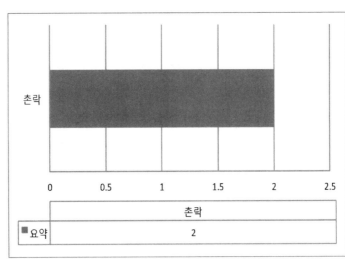

	촌락
■요약	2

발해촌락유적

1. 전합랍구유지(前哈拉沟遺址)

전합랍구유지(前哈拉沟遺址)는 길림성 쌍료시(雙遼市) 흥륭향(興隆鄉) 의용촌(義勇村) 전합랍구둔(前哈拉沟屯)에서 서쪽으로 1km 떨어진 모래언덕 위에 있다. 모래언덕은 동서 방향으로 뻗어 있으며, 바람과 호수에 의해 퇴적된 지형이다.

유지는 1호와 2호로 나뉜다. 1호 유지는 모래언덕 서남쪽 비탈에 있다. 동북쪽으로 전합랍구둔과는 1km 떨어져 있다. 정남쪽 기슭 아래는 농경지이고, 서남쪽은 풀밭이다. 2호 유지는 모래언덕 남쪽 기슭에 있다. 북쪽으로 합랍구둔(哈拉沟屯)과 1km 떨어져 있다. 서남쪽은 풀밭이다. 1·2호 유지는 서로 이웃해 있으며 문화적 성격은 대체로 같다.

바람에 깎여나간 지표 혹은 구덩이에서 대량의 유물이 발견되었다. 그중에는 압인문(壓印紋)·비치문(篦齒紋) 도기편이 대부분이다. 도질은 협사갈도(夾砂褐陶)·니질회도(泥質灰陶)와 니질홍도(泥質紅陶)이다.

협사갈도는 대부분이 통형(筒形) 또는 직구관(直口罐)이다. 주둥이는 둥글고 바닥은 평평하다. 구연부의 아래에 3줄로 평행하게 돌출된 띠무늬가 있다. 도기 표면의 어떤 압인무늬에는 기하학무늬와 비녀와 같은 뭉특한 도구로 찍은 원무늬가 있다. 니질회도는 바탕에 아무런 무늬가 없는 것외에, 압인(壓印)된 비녀와 같은 뭉특한 도구로 찍은 무늬·기하학무늬, 그리고 비교적 많은 꼭지무늬 등의 장식이 있다. 회도기(灰陶器) 구연이 비교적 많다. 입술은 둥글다. 설상순직구(舌狀脣直口)·중순절연직구(重脣折沿直口) 등이 있다. 그릇 바닥은 대부분이 평평하다. 니질홍도는 송곳으로 찍은 무늬가 있다.

상술한 도기편은 내몽고 사근문화유존(舍根文化遺存)에서 출토된 도기와 유사하다.[1] 그 가운데 통형관·직구관·설상순구연·입술 아래 돌출된 평행띠무늬가 있는 구연·중순구연(重脣口沿)과 바닥부분이 돌출된 그릇바닥 등은 사근무덤떼를 대표로 하는 선비유적에서 일반적으로 발견되는 것이다. 쌍료시(雙遼市) 대가타유지(大架坨遺址)에서도 기하학무늬와 그물무늬장식이 찍힌 도기편이 발견되었다. 상술한 특징은 이것이 선비문화유존임을 설명한다.

유지에서는 수많은 항태유도기(缸胎釉陶器)가 발견되었다. 대부분 큰 항아리 잔편으로 흑유(黑釉) 또는 갈유(褐釉)를 바른 요금시기의 유물이다.

현지인들에 의하면, 유지에서 또한 쇠 화살촉·쇠칼·동전 등 유물이 발견되었고, 일찍이 통형 검초동식(劍鞘銅飾)도 출토되었는데, 윗부분에 누조(鏤雕)된 꽃무늬가 있었다고 한다. 이것은 화룡발해무덤에서 출토된 도초금식(刀鞘金飾)과 유사하여[2] 발해시기의 유물로 생각된다.

---

1) 張柏忠, 〈鐵里木盟發現鮮卑遺存〉《〈文物〉》 1981년 제2기.
2) 郭文魁, 〈和龍渤海古墓出土的幾件金飾〉《〈吉林省考古文集〉》 油印本 하.

2. 상수유지(桑樹遺址)

1957년 성박물관에서 길림성 쌍료시(雙遼市) 홍기향(紅旗鄕) 상수둔(桑樹屯) 주변에서 고대문화유지 5곳을 발견하였다. 그중에서 상수후타자유지(桑樹后坨子遺址)는 청동기문화유지이고, 나머지 4곳은 모두 요대유지이다. 1) 동타자유지(東坨子遺址)는 상수촌둔(桑樹村屯)에서 동북으로 2km 떨어진 모래언덕 위에 있다. 모래언덕은 동남--서북방향으로 뻗어 있다. 유물은 주로 남쪽 지표면에 흩어져 있다. 2) 북타자유지(北坨子遺址)는 상수둔에서 북쪽으로 2km 떨어진 모래언덕 위에 있다. 유물은 또한 남쪽 기슭에 흩어져 있다. 당시에 일찍이 이 유지에서 3개의 작은 트렌치를 넣었다. 3) 남타자유지(南坨子遺址)는 상수둔에서 남쪽으로 1.5km 떨어진 곳에 있다. 유물은 주로 동남–서북방향으로 뻗은 모래언덕 등성이 부분의 평탄한 지면에 흩어져 있다. 4) 관정서타자유지(官井西坨子遺址)는 상수둔에서 북쪽으로 3km 떨어진 관정둔(官井屯)에서 서북쪽으로 1.5km 떨어진 비탈 위에 있다.

상수둔과 그 주변은 바로 쌍료시 충적호적(沖積湖積)평원 남쪽 가장자리에 위치하고 있다. 요하(遼河) 충적지대와 매우 가까우며, 동쪽과 서쪽은 요하가 만나면서 이루어진 삼각지대이다. 4곳의 유지문화의 의미는 동일하다. 발견된 유물은 도기가 대부분이다. 대부분은 니질회도(泥質灰陶)로 비점문(篦点紋)·새끼줄무늬·지압대상철(指壓帶狀凸)무늬가 있다. 바깥쪽에는 백유(白釉) 혹은 자유(赭釉)가 칠해져 있다. 관정서타자유지에서 물레로 만든 회도기(灰陶器) 바닥 1점이 발견되었는데, 지름이 24cm이며 안쪽에는 가파승리분(加巴勝利盆) 5글자가 찍혀있다. 또한 항태자유병(缸胎赭釉瓶) 1점이 출토되었는데, 어깨가 넓다. 북타자유지의 트렌치 A에서 대형회도옹(大形灰陶瓮) 잔편이 발견되었다. 주둥이는 바깥쪽으로 말려있고 배가 불룩하며 어깨에 압인철대문(指壓凸帶紋)이 있다. 그밖에 남타자유지에서 협사흑갈도(夾砂黑褐陶) 바닥 1점이 발견되었는데 비스듬하고 곧은 어깨로 바닥은 평평하다. 지름은 6.5cm이며 완이나 발 종류로 생각된다.

유지의 건축재료는 매우 많으며, 푸른색 벽돌·베무늬암키와·수키와·꽃무늬 암막새기와·수면와당·연화문 와당·치미 잔편 등이 포함되어 있다. 북타자유지에서는 암키와 잔편도 발견되었는데, 바탕에는 상(上)자가 음각되어 있다.

도기 이외에 자기·철기·동전도 발견되었다. 자기에는 송정요(宋定窯)에서 구워낸 자기편과 요금시기의 백자편 두 가지로 대별되는데, 대접[碗]과 소반[盤] 종류가 많다. 철기는 주로 쇠못으로 마름모형태이다. 쇠조각은 직각삼각형으로 윗부분은 못 구멍이 있다. 북타자유지 트렌치 B에서 쇠도끼도 출토되었는데, 형식은 요즘의 도끼와 비슷하다. 동전은 주로 북송시대의 동전과 개원전(開元錢)이다.

북타자유지 트렌치 C에서 건축유지와 한 줄의 각선이 있는 은제 잔편이 발견되었다. 은편은 비교적 작고, 대체로 방형을 이룬다. 한 변의 길이는 2cm로 새겨진 도안은 모호하여 알아보기가 어려우나, 농안시(農安市) 요나라 시대 고탑에서 발견된 한 줄 각선의 불상은편(佛像銀片)과 유사하여 요대문물로 생각된다.

이 4개의 유지는 문화적 의미로 보면, 요대의 문화적 성격이 짙다. 그러나 연꽃무늬 와당·새끼줄무늬 기와편·흑갈협사도기(黑褐夾砂陶器) 바닥과 문자와 등의 유물은 오히려 발해 문화의 특징을 지니고 있다.

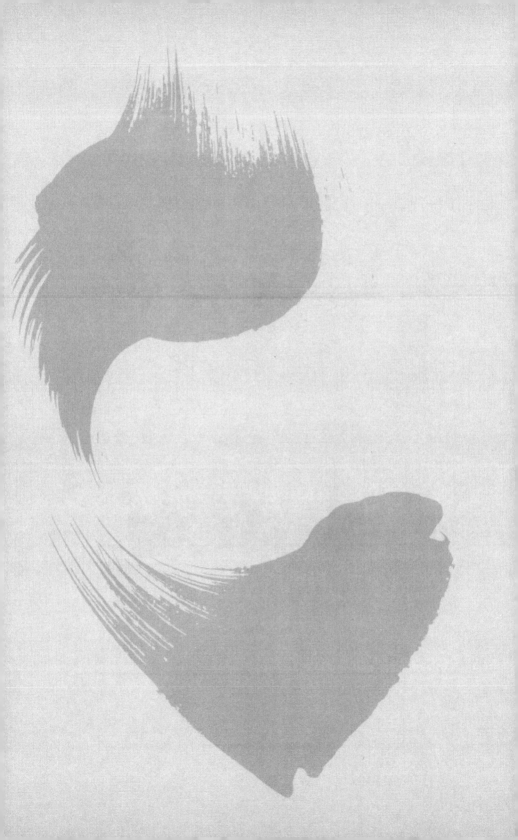

쌍양구(장춘시)

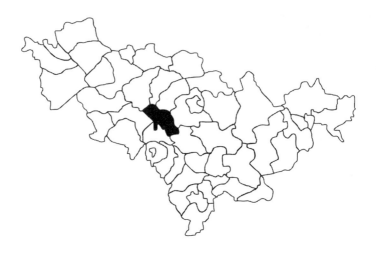

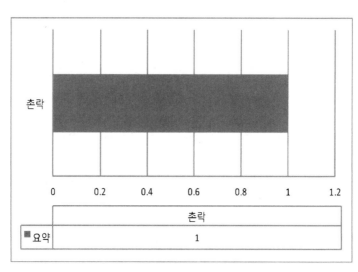

	촌락
■ 요약	1

발해촌락유적

<!-- ·········· -->

1. 율가둔유지(栗家屯遺址)

율가둔유지(栗家屯遺址)는 길림성 서란시(舒蘭市) 쌍양하향(雙陽
河鄉) 흑어촌(黑魚村) 율가둔(栗家屯)에서 북쪽으로 200m 떨어진 남
북방향의 산등성이 동쪽 기슭에 있다. 유지 동쪽은 경작지로 평탄하다.
쌍양하(雙陽河)가 유지에서 1km 떨어져서 남쪽에서 북쪽으로 굽이굽
이 흘러간다. 유지 중간에는 길이 200m, 높이 1.9m의 남북으로 뻗은
단층이 있다.

유지는 산등성이를 중심으로 동서 길이 100m, 남북 너비 500m에 달
하며, 문화층 두께는 1.0-1.5m이다. 지표면에는 요금시기의 도기 · 자
기 · 벽돌 · 기와 잔편이 주로 보인다. 도기는 모두 물레로 빚은 니질회
도(泥質灰陶)이다. 도기항아리의 말린 주둥이[卷沿] · 바닥 등 자기 잔
편은 모두 황백색의 유약을 발랐다. 대접[碗]은 테두리형태의 받침[圈
足]으로 재벌구이를 한 흔적이 있다. 수집된 표본에는 원풍통보(元豊通
寶) 1점 · 돌절구 1점도 있다.

주목할 만한 것은 요금유물과는 다른 도기편 일부도 발견되었다는

점이다. 그중 1점은 단지 구연부(口沿部)로 제작수법이 비교적 조악한 손으로 빚은 니질도(泥質陶)·회갈도(灰褐陶)이다. 입술이 둥글게 말려 있으며, 구연부 아래에 둥근 돌출된 표시가 있다. 다른 한 점은 어깨 부분에 물결무늬형태의 꽃무늬가 있다. 잔존하는 구연 또한 입술이 둥글며 주둥이가 좁다. 이 도기들은 발해초기 말갈도기의 특징을 띠고 있는 요금시기의 유물보다 빠른 문화유형이다.

안도현

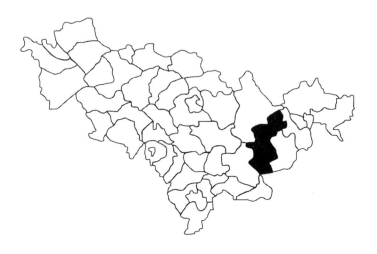

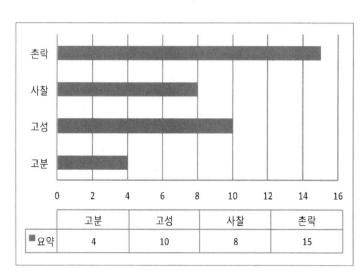

	고분	고성	사찰	촌락
■요약	4	10	8	15

발해무덤유적

1. 용흥둔무덤떼[龍興屯古墓群]

용흥둔무덤떼[龍興屯古墓群]는 길림성 안도현(安圖縣) 석문진(石門鎭) 용흥촌(龍興村) 남쪽에서 동쪽으로 치우친 곳에 있는데 현재는 주거지로 변했다. 무덤떼 남쪽은 약간 낮은 하곡평지이고, 북쪽은 산골짜기이다. 골짜기 안쪽을 흐르는 작은 시내는 북쪽에서 남쪽으로 흘러 무덤떼 동쪽 약 100m 지점을 지나 중평하(仲坪河)로 유입된다. 무덤떼가 위치한 곳은 지세가 약간 높으며 남쪽으로 비스듬하다. 면적은 대략 동서 길이 60m, 남북 너비 50m에 이른다. 현지인들에 의하면, 주민들이 집을 지을 때 많은 무덤들이 파헤쳐졌는데 무덤의 네 벽은 돌로 축조했으며 무덤의 위는 판석으로 덮었고, 무덤 안에서는 인골이 출토되었다고 한다. 또한 무덤돌은 대부분 집터를 닦는데 사용되었다고 한다. 그밖에 이곳에는 돌로 쌓은 우물 1구가 있었는데 현지인들이 이 우물을 사용하다가 이후에 메웠다고 한다. 이 무덤떼의 편년은 조사할만한 증거가 없지만, 주민들에 의하면, 아마도 발해 또는 요금시기 무덤으로 판단된다.

2. 동청무덤떼[東淸古墓群]

[그림 1]　　　동청고분군 전경(서→동)

동청무덤떼[東淸古墓群]은 길림성 안도현(安圖縣) 영경향(永慶鄕) 동
청둔(東淸屯) 북쪽 약 1.25km에 있는 작은 개울 북쪽 함몰지에 있다.
무덤떼 동쪽과 북쪽은 작은 산등성이가 감싸고 있다. 도로는 무덤떼
서쪽에 바짝 붙어 북쪽에서 남쪽으로 지나간다. 남쪽은 동서향의 하곡
에 접해 있다. 하곡 남쪽은 높은 대지이며, 동쪽으로 고동하(古洞河)와
약 30m 떨어져 있다. 무덤떼의 면적은 동서 50m, 남북 약 25m이며,
이미 농경지로 개간되었다. 무덤 윗부분에는 봉분은 없고 단지 돌무더
기만이 보인다. 이러한 형식의 무덤은 7기 정도를 확인할 수 있다. 서남
쪽에서 가장 큰 무덤은 지름 6m, 높이 1m이다. 동남쪽의 한 기는 그
규모가 두 번째로, 지름 4m, 높이 0.8m이다. 서북쪽에 있는 동서향으로
나란한 무덤 3기는 비교적 규모가 작으며 지름은 각각 약 3m, 높이
0.5m이다. 동북쪽에 있는 무덤 2기는 이미 파내어져서 묘석이 부근에
흩어져 있다. 구전에 의하면, 만주국시기 일본인들이 도굴하였다고 한
다. 이미 파헤쳐진 이 두 기의 무덤으로 보면, 묘벽은 크기가 다른 돌로

쌓아올리고, 묘실 천정은 커다란 판석으로 덮은 다음 다시 윗부분은 돌을 쌓아올렸다.

무덤떼 지면에서는 물레로 만든 니질도기편(泥質陶器片) 약간이 수습되었다. 한 점은 황갈색의 염구사순관(敛口侈脣罐) 잔편이며, 그릇 벽의 두께는 0.5cm이다. 다른 한 점은 황갈색의 평저사호벽관저(平底斜弧壁罐底) 잔편이다. 또 다른 한 점은 갈색으로 안쪽에는 베무늬가 있고 바탕에는 광택이 있는 도기편이다. 도기편의 길이는 단지 3cm에 불과하고 거의 기울기가 없어 그릇의 형태는 알 수 없다. 이밖에 가끔 청색 벽돌 잔편을 볼 수 있다.

동청무덤떼는 무덤 형식과 수습된 유물 및 무덤떼에서 남쪽으로 약 1km 떨어진 곳에 면적이 비교적 큰 발해유지가 있는 것 등에 근거하면, 발해시기의 유적이라고 분석된다.

3. 동청무덤[東淸古墓葬]

동청무덤[東淸古墓葬]은 길림성 안도현(安圖縣) 영경향(永慶鄉) 동청촌(東淸村)에서 북쪽으로 1.5km 떨어진 고동하(古洞河) 우안 대지에 있다. 북으로 산기슭과는 200m 떨어져 있고, 남쪽으로 200m 떨어진 곳에는 송강(松江)~명월진(明月鎭) 도로가 서쪽에서 동쪽으로 지나간다.

무덤이 있는 곳은 주변의 지면보다 1~2m 높다. 무덤 동쪽은 경작지이고, 서북쪽은 풀밭이다. 무덤이 위치한 곳에는 지름이 10m에 달하는 돌무더기가 있다. 현지인들에 의하면, 이 무덤은 원래 높이가 약 2m 정도 덮여 있었고, 1958년 마을양돈장[公社養猪場]을 지을 때 무덤 안으로 들어갔었다고 한다. 당시의 기억을 더듬으면, 묘벽은 반듯하게 가공한 장대석으로 쌓았고, 묘실천정은 커다란 판석으로 덮어져 있었다고 한다. 묘실 안에는 두 개의 목관이 있었다. 무덤에서 많은 도금한 머리가 둥근 못[鎏金泡釘]과 관못·항아리 태토와 유사한 도기항아리[陶罐:缸胎質陶罐] 등 유물이 출토되었다고 한다. 이 무덤의 연대는 분명하지 않아 조사가 이루어진 후에야 판단할 수 있다.

4. 청구자무덤[靑溝子古墓葬]

<u>그림 2</u>　　　청구자무덤 전경(남→북)

청구자무덤[靑溝子古墓]은 고려분(高麗墳)이라고도 부른다. 길림성 안도현(安圖縣) 청구자촌(靑溝子村)에서 서북으로 1.5km 떨어진 곳에서 깃대봉[旗杆頂子]으로 가는 길가에 있다. 북으로 호두산(虎頭山)과는 750m 떨어져 있다. 호두산 아래는 고동하(古洞河)가 동쪽에서 북쪽

으로 방향을 바꾸었다가 서쪽으로 흘러간다. 남쪽으로 30m 떨어진 곳에는 동서향의 삼림철도(森林鐵道)가 있다. 동쪽으로 청구자(靑溝子) 사찰지와는 500m, 서쪽으로 깃대봉유적[旗杆頂子遺址]과는 500m 떨어져 있다.

무덤구는 동서 길이 10m, 남북 너비 6m이다. 동서로 나란하고 방향이 정남인 봉토묘 두 기가 발견되었다. 봉토 높이는 약 1.2m, 지름은 약 4m이다. 서쪽에 있는 무덤 북쪽은 파괴되었다. 깊이 약 1m, 너비 약 0.8m의 커다란 굴이 뚫려 있으나, 굴 안에서는 관곽과 유물이 발견되지는 않는다. 이 무덤의 형식은 분명하지 않아 연대를 알 수 없다.

발해사찰유적

1. 장흥북건축지(長興北建築址)

장흥북건축지(長興北建築址)는 길림성 안도현(安圖縣) 장흥향(長興鄕) 소재지 북쪽 명월진(明月鎭)~도안(島安) 도로 동쪽에 있다. 맞은편은 장흥향 공초사 초대소(鄕供銷社招待所)이고 남쪽은 장흥촌(長興村) 민가와 인접해 있다. 유지 위에는 원래 담배잎을 말리는 건물이 있었으나 현재는 없다. 유지는 동서 길이 약 25m, 남북 너비 약 30m이다. 분포범위에는 도기편·기와편과 약간의 벽돌이 밀집되어 흩어져 있다. 유지에서 동쪽으로 치우친 곳에 수혈식 외양간이 있는데 깊이는 2m이다. 끊어진 벽에는 도기편과 기와편들이 섞여 있다. 문화층 두께는 1m 정도이다. 유지 바닥 1m 깊이에는 인공으로 다듬은 다양한 크기의 장대석들이 많이 묻혀 있는데 그 중에서 길이 0.8~1m, 너비 30cm, 두께 20cm의 것들이 비교적 많다. 또한 무늬를 조각한 장대석도 있는데 크기가 비교적 작은 것으로 보아 아마도 건축물의 문장식을 위해 사용된 것으로 생각된다. 현재 일부 장대석은 현지인들이 가져다가 사용하였으나 땅속에는 여전히 많은 양이 묻혀있다.

지면에서 수집된 유물로는 지압문 암키와·미구가 있는 수키와와 물레로 만든 회색도기편이 있다. 구전에 의하면, 이전에 이곳에서 연꽃무늬 와당과 대량의 목탄이 발견되었으며, 청나라시기는 사찰이 있었다고 한다. 상술한 상황에 근거하면, 이 건축지는 분명 발해시기의 유적으로 생각된다.

2. 신선동사찰지[神仙洞寺廟址]

[그림 3]   1. 수습한 수키와   2. 수습유물 일괄
              3. 수습한 벽돌   4. 사찰지 전경

신선동사찰지[神仙洞寺廟址]는 길림성 안도현(安圖縣) 복흥향(福興鄉) 신선동촌(神仙洞村) 복흥둔(福壽屯) 남쪽 1km 떨어진 하천에서 동쪽

으로 약 100m 떨어진 작은 산의 서쪽 비탈에 있다. 남쪽으로 500m 떨어진 곳에는 방죽이 있고, 서남쪽으로는 약 500m 정도 떨어진 신선동 바위[神仙洞砬子]와 대각으로 마주하고 있다. 서쪽은 비교적 탁 트인 남북향의 산골짜기이다. 이름없는 작은 하천이 남쪽에서 북쪽으로 흘러간다. 유지 동쪽에는 면면이 이어진 높은 준령이다.

산 서쪽 기슭의 10m 정도 높이에 동서 길이 20m, 남북 너비 50m의 평평한 대지가 있다. 이 평평한 대지 중간에 다시 융기된 사방 9m, 높이 1m 정도의 기단이 있다. 대지 서북쪽 모서리는 최근에 사람들이 판적이 있다. 기단 부근에는 회색과 홍갈색을 띤 베무늬기와편들이 흩어져 있다. 그중에서 미구가 있는 수키와도 보인다. 현지인들은 이 유지가 사찰지라고 한다. 지리적 위치와 건축자재로 보면, 아마도 발해시기의 사찰지로 생각된다.

3. 대동구사찰지[大東溝寺廟址]

[그림 4]   대동구사찰지(추정) 전경(북→남)

길림성 안도현(安圖縣) 석문진(石門鎮) 북산1대(北山一隊:옛이름은 頭溝屯)에서 동쪽으로 약 1km 떨어진 곳에 남북향의 산골짜기가 있는데 일반적으로 대동구(大東溝)라고 한다. 장춘(長春)~도문(圖們) 철도와 도로가 골짜기 서쪽 산 아래를 지나간다. 대동구사찰지[大東溝寺廟址]는 골짜기에서 약 1.5km 떨어진 골짜기 북쪽 산중턱의 완만한 곳에 있다. 북쪽에는 높이 50m 높이의 산등성이가 있고, 산마루에서 10m 떨어진 곳에는 자연적으로 형성된 사람 다리모양의 화강암이 2개 있다. 남쪽은 완만한 기슭으로, 동쪽 고개마루를 넘으면 난니촌(蘭泥村)에 이른다. 유지와는 1.5km 떨어져 있다.

유지는 남동향이며, 모두 경작지로 개간되었다. 토질은 황사토이다. 면적은 동서 37m, 남북 약 40m이다. 유지 지면과 물에 의해 깎여 나가 만들어진 작은 도랑 안에는 벽돌·기와편·니질도기잔편(泥質陶器殘片)과 다듬은 건축자재들이 흩어져 있다. 유지에서 서남쪽으로 50m 떨어진 곳에 샘이 있다.

출토된 유물은 장방향의 커다란 청색 벽돌과 도기 및 조각한 장식품 등이 있다. 장방향 벽돌은 청회색 또는 황색이다. 그중에서 완전한 것은 길이 33~34cm, 너비 15.3~15.5cm, 두께 5.3~5.5cm이다. 어떤 것은 벽돌 표면에 짐승 다리모양을 새긴 것도 있다. 도기는 모두 물레로 만든 니질도기(泥質陶器)로 비교적 많이 흩어져 있다. 그릇의 형태는 항아리·대야·소반 등이 많다. 색깔은 회색과 황갈색이 많다. 태토는 비교적 견고하고 정교하고 만들었다. 수습된 표본 가운데 항아리는 배가 불룩하고, 어깨는 비스듬하며, 주둥이는 좁고, 구연부는 꺾여 있거나 둥글게 말려있는 것이 많다. 항아리는 주둥이가 넓고 구연부는 꺾여 있으며, 주둥이는 뾰족한 것이 많다. 그릇 손잡이는 세로방향의 다리모양이다. 손잡이가 붙은 도기(陶器) 표면은 안쪽으로 들어갔다. 또한 항아리 구연(口沿) 1점이 발견되었는데 아랫부분에는 덧띠무늬 한 줄이 둘러져 있으며, 이 무늬에는 손가락을 누른 흔적이 있다. 장식품은 사암질이며, 깨졌다. 길이는 22cm, 잔여 너비는 15cm, 잔여 두께는 15cm 이다. 무늬는 테두리를 겹쳤으며 테두리 안에는 둥근 원이 한 줄 있고, 원안에는 연꽃무늬가 있다. 무늬는 모두 선으로서 양각되어 있다.

출토된 유물로 보면, 대동구유지(大東溝遺址)는 당연히 발해시기의 유존이다. 지리적 위치와 현지인들이 사찰기단이라고 하는 것에 근거해 분석하면, 아마도 발해시기의 사찰지로 생각된다.

4. 부가구유지(傅家溝遺址)

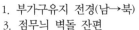

[그림 5]   1. 부가구유지 전경(남→북)   2. 구슬무늬기와 잔편
3. 점무늬 벽돌 잔편

부가구유지(傅家溝遺址)는 길림성 안도현(安圖縣) 석문진(石門鎮) 다조구(茶條溝)에서 서쪽으로 2.5km 떨어진 부가구 안에 있다. 부가구(傅家溝)는 동서향의 협곡이다. 유지는 동쪽으로 산골짜기까지 약

750m 떨어져 있고, 남쪽으로는 작은 하천과 인접해 있다. 작은 하천 남쪽은 동서향의 산등성이이고, 북쪽은 산에 의지해 있다. 고갯마루를 넘어 1.5km 떨어진 곳은 경성촌(鏡城村)이다. 유지는 비스듬한 경사지로 남쪽으로 갈수록 점차 낮아진다. 현재는 경작지가 되었다. 지표에는 벽돌조각·깨진 기와편·도기편 등 유물이 흩어져 있으며 수량은 제법 많다. 면적은 동서 길이 약 100m, 남북 너비 50m이다.

발해시기와 요금시기의 유물이 수집되었다. 발해시기의 기와편에는 지압문이 있는 기와··미구가 있는 수키와 등이 있는데 모두 베무늬가 있는 회색 기와이며 비교적 두껍다. 도기는 물레로 빚은 니질회도(泥質灰陶)이다. 그릇의 형태는 표면이 회색을 띠고 있으나 안쪽에는 홍갈색을 띠고 있는 바닥이 평평하고 복부가 비스듬한 도기 바닥[平底斜壁陶器底]이 보이고, 어깨가 평평한 것[平肩] 또는 어깨가 비스듬하고 주둥이가 좁으며 구연부가 말려있는 도기구연부[斜肩斂口圈沿陶器口沿: 이러한 형태의 구연부가 비교적 많다]도 보인다. 다리 형태의 손잡이와 닭 볏 모양의 가로로 된 손잡이 등도 확인된다. 이러한 발해유물 등은 유지의 동쪽 부분에 많이 흩어져 있다. 요금시기의 유물에는 가장자리에 꽃무늬가 있는 적수와[花沿滴水瓦]가 있다. 적수와의 꽃무늬는 두 종류이다. 하나는 적수 정면에 국화무늬가 이어져 있고 그 양쪽에 각각 두 줄의 평행한 선 무늬가 있으며 아래로 드리워진 끝부분이 물결모양을 이루고 있는 것이다. 다른 한 종류는 적수 정면에 두 가닥의 줄무늬가 있고 그 중간에 연속된 사각형무늬가 있으며 아래로 드리워진 끝부분은 파도무늬를 이루며 함몰된 부분에 3개를 한 조로 한 움푹 들어간 구덩이무늬[凹窩紋]가 있는 것이다. 이러한 적수와의 함몰 부분에는 모두 베무늬가 있다. 이밖에 유지 안에는 약간의 니질(泥質)의 건축자재가 흩어져 있는데 모두 잘게 부서진 잔편들이기 때문에 유물의 형태를 알기 어렵다. 벽돌은 청회색으로 너비는 14.5cm, 두께는 4.5~5cm이다. 이들 건축자재와 벽돌은 요금시대의 것 또는 발해시대의 것이다.

부가구유지(傅家溝遺址)는 좁고 편벽된 산골짜기 안에 있고 면적도 비교적 작지만, 흩어져 있는 건축자재는 오히려 많다. 당시에 이곳에는 일정한 규모의 웅장한 건축물이 있었을 것으로 추측된다. 부가구유지는 아마도 발해시기의 사찰유지로 요금시대에도 연용되었다고 생각된다.

5. 무학사찰지[舞鶴寺廟址]

[그림 6] 무학사찰지 소재지 무학1대 전경

무학사찰지[舞鶴寺廟址]는 길림성 안도현(安圖縣) 석문진(石門鎭) 무학촌1대(舞鶴村1隊: 원래는 舞鶴洞)에서 남쪽으로 1.5km 떨어진 산골짜기에 있다. 이 골짜기는 허가구(許家溝) 또는 석붕구(石棚溝)라고 부른다. 골짜기는 동서향이며, 골짜기 입구는 동쪽에 있다. 유지는 골짜기 입구에서 약 500m 정도 떨어진 맑고 물살이 센 작은 시내 북쪽 평지에 있다. 지금은 경작지로 변했다.

지면에서는 약간의 벽돌과 기와잔편·도기편 등 유물을 볼 수 있다. 유지 중간에는 동서 길이 10m, 남북 너비 5m의 돌무더기가 있고, 작은 시내 북쪽 대지에도 몇 곳의 돌무더기가 있는데, 모두 땅 속에서 캐낸 초석·돌덩어리·기와편·도기편·자기편 등 유물을 쌓아서 만든 것이다. 흩어져 있는 유물과 지형으로 판단하면, 유지 안에는 아마도 남북방향으로 배열된 3중전이 있었던 것으로 생각된다.

수집된 유물에는 와당·적수와·건축재료·니질도기구연부·항아리 복부잔편 등이 있다. 와당은 2점이 수습되었다. 모두 짐승 얼굴 모양의 와당 잔편이다. 지압문 기와편 1점은 수키와로 갈색이며, 미구(尾口)가 매우 짧으며 길이는 1.5cm에 불과하다. 적수와(滴水瓦) 잔편에는 모두 비스듬한 점무늬 또는 비스듬한 네모무늬가 있다. 건축재료 잔편은 짐승얼굴모양 또는 지붕마루를 장식한 짐승[屋脊獸] 머리 잔편과 뿔 모양의 장식이다. 니질도기 구연부(泥質陶器口沿部) 중에서 한 종류는 주둥이가 넓고 입술이 꺾인 구연부[廠口折脣口沿]이고, 다른 한 종류는 주둥이가 곧고 입술이 꺾인 둥근 구연[直口折沿圓脣口沿]이다. 항아리 배 부분 잔편 2점 가운데 한 점은 자기 항아리 배 부분의 잔편으로 유물의 형태가 크며, 벽의 두께는 1.5cm이다. 다른 하나는 소형의 그릇 잔편으로, 안팎에 된장색의 유약이 발라져 있다. 이곳의 기와들은 회색이 많으나 홍갈색 기와도 보인다. 안쪽에는 거친 베무늬가 있다.

현지인들에 의하면, 이곳에는 근대이후 사람들이 살지 않았기 때문에 사찰지라고 생각된다. 이곳의 지리적 환경과 출토유물, 그리고 현지인들에게 전해지는 말에 근거하여 판단하면, 분명 발해와 요금시기의 사찰지라고 판단된다.

6. 감장사찰지[碱場寺廟址]

감장사찰지[碱場寺廟址]는 길림성 안도현(安圖縣) 감장촌(碱場村)에서 서남쪽으로 약 750m 떨어진 산 중턱에 위치한 인공으로 평평하게 다듬은 대지 위에 있다. 남쪽으로 약 200m 떨어진 곳에 맑고 물살이 센 작은 시내가 동쪽으로 흘러간다. 그 남쪽과 서쪽은 모두 우뚝 솟은 높은 산이다. 사찰지는 높은 곳에 위치해 있는 심산고찰이다.

사찰지는 현재 경작지로 변했다. 그 범위는 동서 길이 약 30m, 남북 너비 30m이다. 지표면에는 약간의 청색 벽돌과 베무늬기와편이 흩어져 있다. 서북쪽 모서리에는 두 개의 초석이 지면에 노출되어 있는데 지름이 각각 70cm과 65cm이다. 사찰지에서 약 200m 떨어진 활엽수림에서 11개의 연꽃잎이 조각된 지름이 22cm, 높이는 15cm 원형석 1점이 발견되었다. 상하는 모두 자루모양을 띠고 있어 사찰 건축자재로 생각된다. 유지 안에서는 돌상자 2점도 발견되었다고 한다.

감장사찰지[碱場寺廟址]는 감장발해유지에서 멀지 않은데다 발해 건축자재도 출토되었으므로 당연히 발해사찰지임에 의심할 바가 없다. 그러나 유지 안에서 돌상자가 발견되었다는 사실만은 이곳이 요금시기의 무덤이었음을 설명하는 것이다.

7. 동청사찰지[東淸寺廟址]

[그림 7]   1. 동청사찰지 전경(남→북)   2. 수습한 수키와
          3. 수습한 지압문기와

동청사찰지[東淸寺廟址]는 길림성 안도현(安圖縣) 동청촌(東淸村) 동쪽 고동하(古洞河) 오른쪽 대지위에 위치한다. 유지 동쪽 약 100m에 있는 작은 하천이 서쪽에서 동쪽으로 흘러 고동하로 들어간다. 서북쪽으로는 송강(松江)~명월진(明月鎭) 도로와 약 150m 떨어져 있다. 인근은 주택가와 채마밭이다.

유지는 남북 길이 22m, 동서 너비 14m이다. 유지는 높이 약 1m 정도의 기단이다. 그 동북쪽에는 초석 5개가 지금도 남아있는데, 그중 두 개는 원래의 위치에서 옮겨졌다. 초석은 길이 80~110cm, 너비 50~90cm, 두께 20~30cm이다. 그 나머지 초석은 소재를 알 수 없다. 유지에는 베무늬 회색기와 잔편들이 약간 흩어져 있고, 남쪽 가장자리에는 크고 작은 돌과 벽돌·기와 잔편들이 쌓여 있다.

돌무더기에서 연꽃무늬 와당·지압문 암키와·미구가 있는 기와·장방형의 푸른 벽돌과 건축자재 등이 발견되었다. 와당은 연꽃무늬와 변형된 연꽃무늬 와당 두 종류이다. 지름은 13.5cm~14cm이다. 그중

하나는 가운데 꼭지가 있으며 그 바깥쪽에는 둥근 테두리가 둘러싸여 있다. 둥근 테두리와 주변 사이에는 일정한 간격으로 6개의 작은 연꽃 잎이 수놓아져 있다. 꽃잎 사이에는 두 잎이 바깥쪽으로 벌어진 무늬가 있고, 그 사이에는 테두리 쪽으로 작은 꼭지가 있다. 다른 하나는 중간에 있는 둥근 원 바깥쪽에 6개의 타원형 꽃잎이 수놓아져 있다. 꽃잎 사이에는 십(十)자 형태의 풀잎 무늬·두 잎이 바깥쪽으로 벌어진 무늬·세 잎 형태의 풀잎 등 3종류의 서로 다른 꽃무늬가 수놓아져 있다. 이러한 와당무늬는 비교적 독특하다.

암키와 가운데서는 회색의 지압문 암키와가 보이는데 안쪽에는 베무늬가 있다. 길이는 40.5cm, 기와 앞부분의 너비는 29cm, 두께는 2cm이다. 수키와 미구부분은 길이가 5cm이다. 미구에는 두 줄의 가로형태의 선이 있다. 건축자재는 모두 2점인데, 하나는 지붕마루를 장식했던 짐승의 아래턱부분으로 안쪽 가장자리에 이빨이 배열되어 있다. 앞쪽 양 옆에는 2개의 송곳니가 있다. 다른 한 점은 괴수의 눈썹과 눈 부분 잔편이다.

동청유지는 발해시기의 유존이다. 현지인들이 고대사찰지라고 하는데, 건축규모와 건축재료에 근거하면, 발해시기의 사찰지라고 생각된다.

8. 숭실유지(崇實遺址)

[그림 8] 1. 숭실유지 노출 초석   2. 수습한 수키와
         3. 수습 유물 일괄   4. 유지전경(숭실촌에서, 동남→서북)

숭실유지(崇實遺址)는 길림성 안도현(安圖縣) 중평촌(仲坪村)에서 동쪽으로 1km 떨어진 신작로 북쪽 산기슭의 평평한 대지에 있다. 이 대지는 지면보다 약 5m 정도 높다. 동남쪽으로 숭실촌(崇實村)과 500m 떨어져 있다. 남쪽은 하곡분지이며 동서향의 골짜기에서 흘러나온 작은 시내가 동쪽에서 서쪽으로 흘러 중평하(仲坪河)로 들어간다.

대지는 동서 약 30m, 남북 약 3~4m 규모이다. 유지는 원시무덤군 위에 중첩되어 있다. 남쪽은 흙을 파가서 훼손되었다. 수키와·지압문 암키와·새끼줄무늬 암키와 등 잔편이 흩어져 있다.

유지에 노출된 건축자재로부터 이 유지가 발해시기의 건축지, 아마도 사찰지였음을 알 수 있다.

발해산성유적

1. 오봉산성(五峰山城)

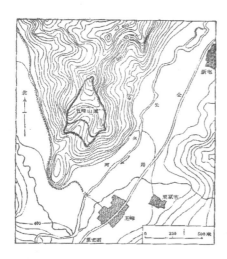

[도면 1]   오봉산성위치도

오봉산성(五峰山城)은 길림성 안도현(安圖縣) 장흥향(長興鄉) 오봉촌(五峰村)에서 북쪽으로 500m 떨어진, 도안(島安)~명월진(明月鎮) 도로와 인접한 높은 산 위에 있다. 동쪽으로는 도안분지가 넓게 펼쳐져 있고, 남쪽으로는 인구가 조밀한 오봉촌(五峰村)이 있다. 서쪽으로는 좁고 긴 와집구(窩集溝)가 있고 그 서쪽에는 유민촌(裕民村)이 있다. 북쪽으로는 산들이 중첩되어 있다. 성 중심은 천연적으로 형성된 산골짜기이다. 그 안에는 작은 시내가 남쪽으로 흘러간다.

산성은 능선 방향을 따라 성벽을 축조하였다. 평면은 나뭇잎 형태이다. 방향은 서남향으로 220°이다. 성벽은 흙과 돌로 쌓았으며, 둘레 길이는 약 2km이다. 성벽은 비록 비바람에 훼손되었지만 보존상태가 비교적 좋으며, 쌓아올린 성벽은 여전히 견고하고 웅장하여 장관을 이룬다. 산성 성문터는 서남쪽에 자연적으로 형성된 곳에 있으며, 너비는 17m이다. 성문을 나서면 바로 와집구에 이른다. 성문을 보호하기 위하여 다시 한 겹의 성벽을 더 쌓았다. 두 성벽간의 거리는 150m이다. 동벽의 중간 부분과 북쪽 부분, 곧 산성에서 가장 높은 지점에는 각각 망루를 쌓았다. 그곳에 올라서면 산성 사방이 일목요연하게 보여 적정을 감시할 수 있다. 성벽 사방에서 치[馬面] 4곳과 각루(角樓) 1곳이 발견되었다.

성안에 분포하고 있는 각각의 유적은 여전히 그 흔적을 확인할 수 있다. 북벽 아래에는 동서 길이 약 30m, 남북 너비 약 20m의 평평한 기단이 있는데, 윗부분에서 비교적 많은 벽돌과 기와류 건축재료가 흩어져 있어서 이것은 바로 산성에서 중요한 건축물의 하나였음을 알 수 있다. 이 건축지에서 서남쪽으로 30m 떨어진 곳에는 지름 8m, 깊이 1.5m의 둥근 구덩이가 있는데, 아마도 산성이 있던 당시의 저수지로 생각된다. 저수지에서 동쪽으로 50m 떨어진 곳에서 동서 길이 19m, 남북 너비 18m, 잔고 1m의 작은 토성 한 곳이 발견되었다. 문지는 남쪽 성벽 중간에 있다. 이 건축지는 아마도 산성을 책임지는 중요 인물의 관아였을 것으로 생각된다. 두 번째 성벽을 지나 북쪽으로 가면 산골짜기 양쪽에 인공으로 쌓은 평평한 기단 몇 곳을 발견할 수 있는데, 그곳에 건물 유적(방장유적)이 남아 있다. 이 건물유적에서는 기와편·도기편·회색의 벽돌 조각 등의 유물이 수습되었다. 이들 건축물은 분명히 병영 또는 그곳에 거주하는 자들의 주거지였을 것으로 생각된다.

오봉촌(五峰村) 주민들에 의하면, 일찍이 이 산성에서 철제 화살촉을 수습하였다고 한다. 산성은 험준하고 중요한 길목에 위치하여, 도안(島安)~명월진(明月鎭) 고대 교통로를 방어하며, 멀리 서남부의 와집구의 여러 마을을 조망할 수 있는 고대 군사요새이다. 출토유물과 산성의 형식구조로 판단하면, 이 성은 아마도 발해시기에 쌓고 요금시기에 개축하여 지속적으로 사용했던 것으로 생각된다. 문헌 기록의 결핍으로, 산성 축조 및 사용시기의 편년과 역사적 상황에 대해서는 심도있는 고증을 기대한다.

2. 대립자산성(大砬子山城)

[그림 9]   대립자산성 전경(남→북)

대립자산성(大砬子山城)은 길림성 안도현(安圖縣) 명월진(明月鎭)에서 장흥하(長興河) 동쪽 5km 떨어진 높이 약 30m의 작은 산등성이 위쪽 동편에 있다. 남쪽으로는 대립자촌(大砬子村)과는 약 1.5km 떨어져 있다. 대립자촌(大砬子村) 동쪽에는 소명월구(小明月溝: 豊産村)가 있는데 이곳은 용정시(龍井市) 삼도만향(三道灣鄕)을 거쳐 연길(延

吉)까지 이어진다. 서쪽은 장흥구(長興溝)로 돈화시(敦化市) 대석두
(大石頭) · 왕청현(汪淸縣) 합마당(蛤螞塘) · 흑룡강성(黑龍江省) 영
안시(寧安市) 경박호(鏡泊湖) 일대로 통할 수 있다. 산등성이 서북부
는 높은 산과 이어져 있으나, 나머지 3면은 넓게 트인 하곡평지이다.
명월진~장흥 도로는 산자락에 바짝 붙어 장흥하와 평행을 이루며 지나
간다. 산성 북쪽과 동쪽은 여러 해에 걸친 채석으로 인공절벽을 이루나
성벽은 없다. 서쪽은 완만한 경사지로 장흥방면으로 통하는 옛 도로가
산성 서쪽으로 고개마루를 넘어간다. 북벽과 서벽은 계단식 밭으로 훼
손되어, 약간의 흔적만을 확인할 수 있다.

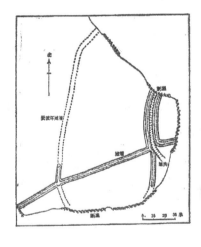

[도면 2]
대립자산성평면도

  산성은 부정형 사다리형태이다. 동벽 길이는 약 42m, 서벽 길이는
140m, 남벽 길이는 86m, 북벽 길이는 75m로, 전체 둘레는 약 340m이
다. 남벽은 보존상태가 비교적 좋다. 성벽 밑 부분은 흙으로 쌓았고,
윗부분은 돌로 쌓았다. 기단부 너비는 6m이고, 높이는 대략 2m이다.
성 동쪽에 작은 성이 붙어 있는데, 두 성이 서로 마주한 곳의 성벽은

나란하다. 그 중간에는 너비 6m, 깊이 1m에 달하는 해자가 있다. 남쪽으로는 산 아래로 바로 통한다. 작은 성 서벽 길이는 42m이고 남벽은 12.6m가 남아있다. 동벽과 북벽은 절벽이다. 작은 성(小城) 동·북 두 벽은 이미 사라졌다. 남벽 서쪽 끝에는 돌로 축조한 성벽이 산 아래까지 뻗어있는데, 그 길이는 39m이다. 남벽 바깥쪽은 너비 20~30m의 평지이고, 그 남쪽 끝은 절벽이다. 평지 주변에는 높이 약 0.5m의 성벽 흔적이 있다.

성안은 모두 경작지로 개간되어 유적이나 기타 시설이 보이지 않는다. 지표면에는 물레로 빚은 황갈색 또는 흑갈색 니질도기편(泥質陶器片)이 약간 흩어져 있다. 그중에는 다리형태의 그릇 손잡이와 주둥이가 말린 모양의 도기구연부[卷沿陶器口沿部] 잔편도 있다. 그밖에 흰색 도기잔편도 있다. 현지인들에 의하면, 만주국시기 도로공사 과정에서 철제 화살촉과 철제 솥 등이 출토되었다고 한다.

상술한 유물에 의하면, 대립자산성(大砬子山城)은 발해시기 고성으로 요금시기까지 사용되었음을 알 수 있다. 지리적 입지로 보면, 대립자산성은 교통요지에 위치하여, 소명월구(小明月溝)~장흥구(長興溝) 교통로를 통제하는 고대 군사요충지 가운데 하나임을 알 수 있다.

3. 오호산산성(五虎山山城)

오호산(五虎山)은 길림성 안도현(安圖縣) 다조구(茶條溝)에서 동남쪽으로 5km 떨어진 곳에 있다. 멀리서 보면 동서향으로 약 300~400m 높이의 산봉우리 5개가 중첩되어 있어, 현지인들은 오호산 또는 오봉산

(五峰山)이라고 부른다. 이곳은 장춘(長春)~도문(圖們) 철도의 유수천역(楡樹川驛)과 다조구역(茶條溝驛) 사이에 위치한 산림지대이다. 부르하통하와 철도가 오호산 서쪽 협곡사이를 지나간다. 산 동쪽에는 고개마루를 지나가는 도로가 있다. 오호산산성(五虎山山城)은 오호산 동쪽 두 번째 봉우리와 네 번째 봉우리 사이 능선과 두 산봉우리가 서남쪽으로 뻗어내려 간 능선 위에 쌓았다. 산성 평면은 산세로 인해 대체로 반월형을 띤다. 둘레 길이는 약 5km이다. 성 안은 좁은 골짜기이며, 입구는 서남쪽에 있다. 골짜기 동북쪽은 남북으로 나뉘었고, 작은 개울이 골짜기 안에서 서남쪽 골짜기 바깥쪽으로 흘러 부르하통하로 유입된다.

[도면 3]
오호산산성위치도

이 성은 매우 험준한 능선에 쌓았다. 쉽게 올라갈 수 없는 봉우리와 절벽이외에는 모두 돌로 성벽을 쌓았으나 대부분이 무너졌다. 남벽 중간에는 보존상태가 비교적 완전한 부분이 아직 남아 있다. 그 길이는 대체로 15m, 성벽 바깥쪽에서의 높이는 1.7m, 안쪽에서의 높이는 0.6m, 윗부분의 너비는 1.2m이다.

성문은 두 곳에 있다. 한 곳은 입구에서 약 500m 떨어진 서남부 골짜기 안에 있다. 그 너비는 3m이다. 성문 양쪽은 너비 7m, 높이 3.5m의 돌로 성벽을 쌓아 산골짜기를 막았다. 북벽 길이는 20m이고, 남벽 길이는 100m이다. 두 성벽의 끝부분은 모두 절벽이다. 골짜기 안을 흐르는 시냇물이 그 사이를 지나는데, 당시에 배수로나 통로였을 것으로 생각된다. 다른 한 곳은 북쪽 세 번째 봉우리와 네 번째 봉우리 사이에 있으며, 역시 돌로 쌓았다. 중간에 2m 너비의 문지로 생각되는 부분이 있다. 서쪽에는 지름 7m, 높이 5m의 바위가 있는데 아마도 초소[硝卡]였을 것이다. 문지 바깥쪽에는 돌로 쌓은 반원형 옹성이 있다. 그 중간에 두 개의 구멍이 있는데 그 거리는 14m이다. 이 문에서 골짜기를 따라 남쪽으로 내려가면 바로 성 안이다. 현재는 등산객이나 나뭇꾼들이 이곳을 지나다닌다.

성벽에는 전망대 또는 치가 있다. 두 번째 봉우리와 세 번째 봉우리 사이 성벽에는 돌로 쌓은 지름 10m, 너비 5m 크기의 성벽이 밖으로 돌출되어 있다. 두 번째 봉우리 북쪽에는 전망대로 판단되는 높이 2~3m 너비 3m의 석벽이 7m 돌출되어 있다. 이곳에서는 북쪽에 있는 두 골짜기가 한 눈에 들어온다. 두 번째 산봉우리와 남벽에는 밖으로 돌출된 성벽이 3곳이 확인되었는데, 모두 전망대 또는 치이다. 두 번째 봉우리와 첫 번째 봉우리 사이에는 높이 0.5m의 흙벽이 있는데, 아마도 첫 번째 봉우리를 성밖으로 삼는 전망대이고, 이 흙벽은 통행로로 생각된다.

성 안의 하구 양쪽 기슭에는 10여 곳의 주거유적과 적석묘같은 돌무더기도 10곳이나 남아 있다. 어떤 주거지는 하천 한쪽에 바짝 붙여 돌로 계단을 만들었다. 다른 어떤 것은 경사면을 파서 키의 형태로 만들었는데 이러한 주거지는 규모가 비교적 크다. 그 외에 지름이 약 5m에 달하는 구덩이도 있다. 서남쪽 문지에서 동쪽으로 약 200m 떨어진 골짜기 남쪽에 위치한 높이 약 10m의 완만한 경사지에는 인위적으로 만든 동서 길이 30m, 남북 너비 8m의 평평한 기단이 있다. 현재 성 안팎은 잡초가 우거지고 낙엽이 덮여 있어 유물을 발견하지 못했다.

험준한 지세에 웅장하게 쌓은 오호산산성은 연변지역에서 거의 보기 드문 성이다. 이 산성의 축조년대는 분명하게 알 수 없으나, 성의 형태와 인근 유적분포 상황에 근거하면, 발해시기의 고성으로서 요금시기까지 사용되었다고 생각된다. 이곳은 도문강 유역에서 통화(通化) · 길림(吉林) 일대로 통하는 유일한 곳이므로, 오호산산성은 분명 수륙교통을 통제하던 군사적 요충지로 판단된다.

4. 성문산산성(城門山山城)

성문산산성(城門山山城)은 길림성 안도현(安圖縣) 석문진(石門鎭) 무학촌(舞鶴村)1대(원래는 舞鶴洞)에서 남쪽으로 3km 떨어진 성문산(城門山)에 있다. 이곳은 해발 600~900m의 산들이 중첩되어 있는 산간지역이다. 동남쪽 4km에는 천보산 TV중계탑이 있다. 성 동쪽에는 황로모자구(黃老毛子溝)라고 부르는 남북방향으로 긴 골짜기가 있다. 계곡 안을 흐르는 시내가 북쪽으로 흘러간다. 이 골짜기를 따라 북쪽으로 가면 다조구(茶條溝)와 명월진(明月鎭), 남쪽으로 가면 신선동(神仙洞) · 천보산(天寶山)과 장인(長仁) · 두도구(頭道溝)에 이른다. 성 북쪽에 아파구(啞巴溝)가 있는데, 이곳을 지나면 복흥(福興) 일대로 통한다. 성은 교통의 요지에 있다.

산성은 험준한 지세를 이용하여 쌓았다. 성안에는 서쪽이 높고 동쪽이 낮은 동서방향의 골짜기가 있다. 성벽은 둘레 2.5km, 높이 50~100m이며, 대부분이 50°이상의 비탈이거나 절벽이다. 서쪽은 해발 900m의 산비탈이다. 동북쪽은 너비가 약 40m에 달하는 계곡 입구이나 석벽으로 가로막혀 있다. 이 석벽은 겹겹이 쌓았는데, 그 너비는 약 8m, 높이 약 3m이다. 그 양쪽에는 각각 홈이 있는데, 북쪽에 있는 것은 도랑이고, 남쪽에 있는 것은 너비 약 4m의 문지이다. 지금은 등산로로 변했다.

현재 성 안팎은 숲이 우거져 있다. 성 안 중간 북쪽의 완만한 비탈에는 흙으로 쌓은 담장 두 개가 있다. 하나는 동향이며 그 규모는 동서 길이 10m, 남북 너비 40m이다. 동·남·북 3면은 흙으로 쌓았고, 너비는 3m, 높이는 1.5m에 달한다. 담장 안에는 7~8개의 편평한 형태의 큰 초석이 있다. 다른 하나는 상술한 담장에서 동북쪽으로 약 20m 떨어진 곳에 있다. 방향은 남향으로 동서 길이 20m, 남북 너비 9m이다. 동·서·남 3면은 흙으로 성벽을 쌓았고, 북쪽은 산비탈을 이용하였을 뿐 성벽은 쌓지 않았다.

남벽의 중간에 너비 2m에 이르는 문지가 있다. 흙으로 쌓은 성벽은 아마도 당시 병영지로 생각된다. 첫 번째 흙으로 쌓은 성벽에서 동쪽으로 약 40m 떨어진 곳에 거주지로 생각되는 둘레 약 8m, 깊이 0.5m의 방형 구덩이가 있다. 다시 비탈을 따라 동쪽으로 약 40m를 가면, 돌로 쌓은 원형의 우물이 있다. 우물 지름은 2.5m, 현재 깊이는 1m이다. 우물 안에는 낙엽이 두껍게 쌓여 있다.

성문산산성은 참고할만한 문헌기록도 편년을 증거할 만한 실물자료도 없다. 산성의 지리적 위치와 부근의 고적분포상황에 근거하면, 발해 또는 요금시기 교통로를 통제하던 중요한 군사요새로 생각된다.

5. 앙검산성(仰臉山城)

앙검산성(仰臉山城)은 길림성 안도현(安圖縣) 양강진(兩江鎭) 소영
자둔(小營子屯:小嶺子라고도 부름)에서 남쪽으로 3km 떨어진 이도강
(二道江) 우안의 앙검산(仰臉山:높이70~80m) 위에 있다. 앙검산은 북
쪽에서 동남쪽으로 뻗어내린 능선인데, 여기서 북류하는 이도백하(二
道白河)와 이도강이 합류한다. 이도강은 동쪽으로부터 산성 동·남·
서 3면을 굽이돌아 서쪽으로 흘러간다. 산성 북벽은 산과 이어져 있다.
동북쪽은 산골짜기이다. 골짜기 안의 계곡물은 남쪽으로 흘러 이도강
으로 주입된다. 골짜기 안쪽은 다시 둘로 나뉘는데, 동쪽 계곡을 따라
가면 소사하(小沙河)로 통하고, 서쪽 계곡을 따라가면 양강(兩江)에 이
른다. 산성의 입지는 매우 험준하다. 동쪽
과 남쪽은 강에 인접한 절벽이고, 서쪽은 깎
아지른 비탈이며, 북쪽은 여러 산이 겹겹이
둘러쳐져 있고, 남쪽은 이도백하(二道白河)
양안의 구릉지대이다.

산성은 자연적인 산세를 이용하여 토석
으로 혼축하였다. 성은 불규칙한 호로박형
태[葫蘆狀]로서 동서쪽은 좁고 남북으로 길
며, 전체 길이는 대략 1.5km에 달한다. 북
쪽에는 목과 같이 좁아지는 곳이 두 군데 있
다. 성 안은 3개 구역으로 나뉘는데 그중 남
쪽 구역이 가장 넓다. 북쪽에는 3중 성벽이
있는데 두 번째 성벽이 가장 높고 크다. 기

[도면 4] 앙검산성평면도

단부 너비 7m, 높이 2.1m이다. 중간에는 너비 4m의 문지가 있다. 첫 번째 성벽 바깥쪽에는 너비 3m, 깊이 1m의 해자가 있다. 첫 번째 성벽과 두 번째 성벽간의 거리는 17m이고, 두 번째 성벽과 세 번째 성벽과의 거리는 25m이다. 세 번째 성벽의 바깥쪽에는 너비 5m에 달하는 "감(凵)" 형태의 흙으로 쌓은 담장이 있다. 세 번째 성벽에서 남쪽으로 75m 떨어진 곳에 너비 6m, 깊이 2m의 동서방향의 구덩이가 있고, 그 양쪽은 산기슭에 접해 있다. 이 해자 남쪽 근처에 있는 성벽에도 중간에 너비 3m의 문지가 있다. 서벽에는 3곳에 전망대 시설이 있고 동벽에는 1곳이 있다.

성안 남쪽 구역의 북쪽에서 2개가 서로 이어진 주거지가 발견되었다. 북쪽 주거지는 동서 길이 20m, 남북 너비 15m이다. 여기에서 기와조각이 많이 발견되었는데 그 대부분은 지압문 기와편이다. 기와는 비교적 짙은 회색 또는 붉은 갈색을 띤 두꺼운 베무늬기와이다. 그외 수습된 도제어망추[陶网墜] 1점은 납작한 원기둥 형태[扁圓柱形]인데, 그 안쪽에는 둥근 구멍이 뚫려 있다. 길이는 5.4cm에 달한다. 남쪽 주거지는 길이 15m, 남북 12m, 깊이 약 20cm의 얕은 구덩이다.

『안도현지』(민국17년본) 고적지에 "고성은 현에서 서쪽으로 50리 떨어진 앙검산(仰臉山) 위에 있다. 성벽 둘레는 대략 4리이다. 초목이 우거지고 폐허가 되어 문지는 확인할 수 없고 깨진 기와조각들만 보인다. 고성유지라고 전해지지만 높은 산등성이와 봉우리에 성을 쌓고 험한 지세를 이용하여 방비한 이곳이 언제 축조되었는지는 알 수 없다."라고 기록되어 있다.

이 기록은 산성의 형태와 대체로 일치한다. 성의 형식과 출토유물에 근거하면, 앙검산성(仰臉山城)은 당연히 발해시기의 군사성보로 판단된다.

6. 만보신흥고성보(萬寶新興古城堡)

[그림 10]　만보신흥고성보 소재지 전경(성남→동북)

만보신흥고성보(萬寶新興古城堡)는 길림성 안도현(安圖縣) 만보향
(萬寶鄕) 신흥촌(新興村) 북산(北山) 위에 있다. 현지인들은 이 성을
"점장대"라고 부른다. 이 산의 높이는 약 50m이나 성 위에 오르면 만보
평원이 일목요연하게 들어온다. 북산 아래는 고동하(古洞河)가 동쪽으
로부터 북산 동쪽 기슭을 돌아 남쪽으로 흘러간다. 동남쪽은 험준한
깎아지른 절벽이며, 서북쪽은 여러 산들과 이어져 있다. 남쪽은 삼림철
도(森林鐵路) 너머 신흥유지(新興遺址)와 서로 마주한다.

성은 대체로 삼각형으로 생겼다. 그 규모는 동서 길이 28m, 남북 너
비 18m이다. 서북쪽에는 높이 대략 2m의 토축성벽이 있고, 성벽 바깥
쪽에는 너비 약 5m, 깊이 약 1.5m의 해자가 있다. 성은 내부가 평평하
면서 볕이 잘 드는 지키기는 쉽고 공격하기는 어려운 곳이다.

성 서남쪽 아래에는 수많은 도기편·기와편, 그리고 발해시기 전형
적인 건축재료인 연꽃무늬 와당이 흩어져 있는 발해건축지가 있다. 이
에 근거하면, 발해시기의 고성으로 추정된다.

7. 삼도백하고성보(三道白河古城堡)

삼도백하고성보(三道白河古城堡)는 길림성 안도현(安圖縣) 송강진
(松江鎭) 삼도백하촌(三道白河村)에서 동쪽으로 500m 떨어진 낙엽송이
빽빽한 독립된 산에 있다. 산 동남쪽 모서리에 소학교가 있다. 서쪽은
낮은 습지이다. 삼도백하(三道白河)는 서쪽 약 300m지점에서 북쪽으로
흘러 이도강(二道江)으로 들어간다. 높이가 약 10m에 달하는 산이 북쪽
으로 점차 낮아지는데, 고성은 바로 이 산 서남쪽 모서리에 위치한다.

성은 대략 모서리가 둥근 형태의 방형[圓角方形]이며, 방향은 남쪽이
다. 성벽은 북벽과 동벽만 보이고, 경사가 심한 서벽과 남벽에서는 성
벽은 보이지 않는다. 동벽 잔여 길이 50m, 북벽 잔여 길이 50m이며,
전체 둘레는 약 200m이다. 모두 흙으로 쌓았다. 성벽 기단 너비는
4~5m, 현재 높이는 0.5~2m이다. 동벽과 북벽 바깥쪽에는 너비 3m, 깊
이 1m의 해자가 있다. 동북쪽 모서리 밖에도 대략 70m, 너비는 5m,
깊이는 1m 규모의 동북향으로 뻗은 해자가 있다. 동벽 밖 30m에는 인
공으로 판 구덩이가 있다. 동서 길이는 14m, 남북 너비는 10m이며, 서
벽 깊이는 2.5m, 동벽 깊이는 1m이다. 아마도 거주지로 생각된다.

현지인들에 의하면, 예전에 이곳에서 철제 화살촉과 같은 유물이 발
견되었다고 한다. 고성보에서 북쪽으로 1.5km 떨어진 이도강(二道江)
북안 중턱에는 매우 큰 발해유적이 있다. 또한 이도강을 따라 서쪽으로
약 5km를 가면 다시 발해 앙검산성(仰瞼山城)이 있다. 이러한 점에 근
거하면, 고성보는 당연히 발해시기의 군사성보[軍事戌堡]로 생각된다.

8. 장흥동산봉화대(長興東山烽火臺)

장흥동산봉화대(長興東山烽火臺)는 길림성 안도현(安圖縣) 장흥향(長興鄕)의 부르하통하에 인접한 동산(東山)이라 불리는 돌올산봉(突兀山峰)에 있다. 동산에 오르면, 서쪽 거치아산(鋸齒牙山), 서남쪽 대립자후산(大砬子后山), 남쪽 풍산후산(豊産后山), 북쪽으로 와집구(窩集溝)의 유민촌(裕民村)・장흥향(長興鄕) 소재지, 그 동쪽과 서쪽 마을을 확연히 볼 수 있다. 동산 위에는 2기의 봉화대가 있다.

하나는 동산 산꼭대기 서쪽에 있다. 타원형이며, 남북 지름 18cm, 동서 지름 24cm이다. 북쪽이 높고 남쪽이 낮으며 안쪽에는 불을 때는 함몰된 구덩이가 있다. 봉화대 네 벽은 잡석으로 비교적 견고하게 쌓았다. 동벽과 남벽은 그 높이가 2m에 이르며, 서벽과 북벽은 깎아지른 절벽에 쌓아 그 높이가 더 높다. 다른 하나는 서쪽 봉화대와 26m 떨어져 있는데, 역시 타원형이다. 봉화대는 남북 지름 5.5m, 동서 지름 12m이다. 북벽 높이는 1.5m, 동・서・남 3벽은 자연적으로 파괴되어 흔적만 남았다.

원래는 도안촌(島安村)~장흥향(長興鄕)~명월진(明月鎭)도로와 장흥향(長興鄕)~거치산(鋸齒山)~양병향(亮兵鄕) 봉서(鳳棲)・동명촌(東明村) 두 갈래 길이 있었다. 동산봉화대가 입지한 곳은 주변을 전망하고 경계하기는 곳이다. 또한 봉화대 주변에 발해・요금시기의 유적이 많이 분포하고 있다는 점에 근거하면, 동산봉화대는 아마도 발해시기에 축조하여 요금시기에도 사용된 군사시설로 생각된다.

발해촌락유적

1. 유수천유지(楡樹川遺址)

유수천유지 전경

　유수천유지(楡樹川遺址)는 길림성 안도현(安圖縣) 석문진(石文鎭) 유수촌(楡樹村) 신흥둔(新興屯) 북쪽 평지에 있다. 남쪽으로 장도철로 유수천역과는 약 500m 떨어져 있다. 이곳은 부르하통하 유역에 있는 산간 분지이다. 부르하통하가 유지 남쪽 약 100m 떨어진 곳을 서쪽에서 동쪽으로 흐르다가 다시 서남쪽으로 흘러간다. 북쪽은 가파른 절벽과 인접해 있다. 동쪽으로 약 500m 떨어진 곳에는 연길~안도 도로가 지나간다. 서북으로 3km 떨어진 곳에는 오호산산성(五虎山山城)이 있다. 유지는 분포범위가 비교적 넓지만, 현재는 논으로 개간되었다. 유지 안에 고성지가 있다. 지표면에서는 손으로 빚은 약간의 협사홍갈도편(夾砂紅褐陶器片)·물레로 빚은 니질회도기(泥質灰陶器) 잔편·회색 베무늬기와편 등을 볼 수 있다. 협사홍갈도 잔편은 유지 동북쪽에 흩어져 있는데, 그 범위는 동서 길이 약 200m, 남북 너비 약 140m이다. 니질협사편(泥質夾砂片)의 분포범위(협사도가 분포하는 범위를 포함함)는 동서 길이 330m, 남북 너비 230m이다.

협사홍갈도편은 작게 깨진 조각들로 유물의 형태를 알 수 없고, 무늬 있는 도기도 보이지 않는다. 니질도기편은 모두 물레로 빚은 것으로 대부분이 어두운 노란색[灰黃色]이다. 그중에는 절견렴구평순관 구연(折肩斂口平脣罐口沿)·염구권연기구(斂口卷沿器口)·창구원순기구(廠口圓脣器口)·교상이도편(橋狀耳陶片) 등이 보인다. 채도편(彩陶片)도 발견되었는데 바탕에는 짙은 녹색 유약을 발랐고 안쪽에는 된장색깔의 유약을 발랐다. 그릇 표면은 비교적 거칠지만 색깔은 밝다. 태토는 약간 붉은색[亞紅色]을 띠고 있는 작은 항아리 형태의 잔편이다. 그릇 벽 두께는 0.7cm이다. 지면에 흩어져 있는 유물에 근거하면, 유수천유지는 원시사회로부터 발해 요금시기까지 거주활동했던 유지이다.

2. 신흥1호유지(新興一號遺址)

신흥1호유지(新興一號遺址)는 길림성 안도현(安圖縣) 양병향(亮兵鄉) 신흥촌(新興村)에서 동남쪽으로 100m 떨어진 신흥구(新興溝) 입구에 있다. 서쪽으로 양병향 소재지와 2.5km, 동북쪽으로 장춘~도문 철도와는 50m 떨어져 있다. 이름이 없는 작은 하천이 마을을 지나 유지 북쪽으로 흘러 신흥촌 동북쪽 600m에서 부르하통하로 들어간다.

유지는 이미 논으로 개간되었다. 그 범위는 동서 길이 70m, 남북 너비 30m이다. 지면에는 미구가 있는 수키와·회색 베무늬기와편·니질의 다리모양 손잡이[泥質橋狀耳]와 니질도기편(泥質陶器片) 등 발해시기의 건축자재와 생활그릇들이 흩어져 있다. 유지 동쪽 도랑에서 손잡이 중간에 인위적으로 뚫은 구멍이 있는 석제 창모양의 그릇손잡이 1점이 발견되었다. 상술한 상황에 근거하면, 이 유지는 아마도 원시시대와 발해유지가 중첩된 문화유존으로 생각된다.

3. 장흥유지(長興遺址)

장흥유지(長興遺址)는 길림성 안도현(安圖縣) 장흥향(長興鄉)에서 동남쪽으로 1km 떨어진 하곡평지에 있다. 북쪽으로 1km 떨어진 곳에는 장흥북발해건축지(長興北渤海建築地), 남쪽으로 1km 떨어진 곳에는 봉양북구(奉陽北溝) 발해거주지가 있다. 유지 동 200m에는 장흥하(長興河)가 북쪽에서 남쪽으로 흘러간다. 서쪽으로 200m 떨어진 곳에는 장흥향(長興鄉)~명월진(明月鎮) 도로가 있다.

유지는 현재 논이 되었다. 지면에는 약간의 기와편과 도기편이 보인다. 기와편은 회색과 황갈색 두 종류가 있다. 수집된 유물에는 황갈색을 띠고 있는 베무늬암키와 잔편이 있다. 그 길이는 11.5cm, 너비 7cm, 두께 2cm이다. 기와 가장자리에 지압문이 있다. 유적의 입지와 유물로 보면, 발해시기의 유적으로 생각된다.

4. 오봉대포지유지(五峰大包地遺址)

오봉대포지유지(五峰大包地遺址)는 길림성 안도현(安圖縣) 장흥향에서 북쪽으로 4km 떨어진 오봉촌(五峰村) 남첨정자산(南尖頂子山) 아래의 흙둔덕에 있는데, 현지에서는 따바오띠[大包地]라고 부른다. 산 아래에 있는 장흥하(長興河)가 북쪽에서 남쪽으로 흘러간다. 북쪽으로는 1.5km 떨어진 곳에 위치하고 있는 오봉산산성(五峰山山城)과 서로 마주한다.

이미 논으로 변한 높이가 대략 1.5m인 유지 북쪽 대지에는 기와편과 도기편들이 비교적 밀집되어 있으며 수량도 매우 많다. 남쪽에는 약간의 기와편과 도기편들도 보인다. 대지 단면으로 보면, 문화층은 3층인데, 제1층 표토층은 30cm이고, 그 아래의 제2층은 수많은 기와편이 퇴적되어 있는 문화층이며, 다시 그 아래의 제3층은 생토층이다.

유지는 동서 길이 약 50m, 남북 너비 약 200m이다. 대지는 원래 밭이었으나 후에 토지를 정리하여 논으로 만들어 해가 거듭될수록 그 범위가 축소되었다. 현재는 동서 길이 50m, 남북 너비 20m만 남아있다.

수집된 암키와는 잔존 길이 11cm, 잔존 너비 15cm이며, 회색이다. 기와 끝부분 테두리에는 지압문이 있다. 도제 손잡이는 가로로 몸체에 붙어있는데, 그 길이는 8cm, 너비는 1.2cm, 두께는 1.2cm이다. 니질로 흑회색을 띠고 있으며, 닭 벼슬모양으로 생겼다. 아마도 손으로 눌러서 빚은 것 같다. 도기병 잔편은 황갈색 니질도(黃褐色泥質陶)로 바탕에는 아무런 무늬가 없다. 주둥이는 곧으며, 어깨는 비스듬하게 기울었고, 배는 장고처럼 불룩하다. 잔여 높이는 12.5cm이다. 불룩한 배 안쪽 벽에는 너비 1.5cm, 두께 1.5cm의 돌출된 둥근 모서리가 있다. 유물의 형태는 특수하지만 용도는 분명하지 않다.

오봉대포지유지는 발해시기 오봉산산성(五峰山山城)과 인접해 있고, 남쪽으로는 장흥유지(長興遺址)·봉양북구발해유지(奉陽北溝渤海遺址)와 서로 이웃해 있으므로, 마땅히 발해시기의 유지로 생각된다.

5. 봉양북구유지(奉陽北溝遺址)

봉양북구유지(奉陽北溝遺址)는 길림성 안도현(安圖縣) 장흥향(長興鄕) 봉양촌(奉陽村:奉陽6隊)에서 북쪽으로 500m 지점에 있다. 남쪽으로 1km 떨어진 곳에는 남흥둔(南興屯), 서쪽으로 300m 떨어진 곳에는 명월진(明月鎭)~장흥(長興) 도로, 동쪽으로 약 200m 떨어진 곳에는 장흥하가 있다.

유지는 북쪽이 높고 남쪽이 낮다. 분포범위는 동서 길이 100m, 남북 너비 200m인데, 현재는 논으로 변했다. 지표면에는 비교적 많은 안쪽에 베무늬기와 잔편과 물레로 빚은 니질도기편이 비교적 많이 흩어져 있다. 그중 도기구연부 1점은 주둥이가 밖으로 벌어지고, 구연부가 바깥쪽으로 말려있는 황갈색 도관(黃褐色陶罐)이다. 잔여 길이는 5cm, 구연부 높이는 2cm, 구연부 두께는 0.8cm이다. 유지 중간에는 옮겨진 돌덩어리가 아직까지 남아 있는데 아마도 건축에 사용되었던 돌로 생각된다. 유지 안에 있던 돌절구 1점은 현지인들이 제방을 쌓을 때 사용했으나 실물은 여전히 남아있다.

10여 년 전에 유지에서 세발 달린 철제솥 1점이 출토되었고, 우물 4곳이 발견되었으며, 철제 화살촉을 줍기도 하였다고 한다. 그러나 다년간의 경작으로 우물은 메워졌고, 출토유물도 사라졌다. 봉양북구유지는 장흥향 발해유적과 매우 가깝다. 또한 출토된 도기 잔편 대부분은 발해시기 생활용품과 유사하므로 발해유지로 생각된다.

6. 오봉삼장유지(五峰參場遺址)

오봉삼장유지(五峰參場遺址)는 길림성 안도현(安圖縣) 장흥향(長興鄉) 오봉촌(五峰村)에서 동쪽으로 5km 떨어진 인삼밭 부근 서쪽 산 북쪽 비탈에 있다. 동・서・북쪽 3면은 여러 산들에 의해 둘러싸여 있으나, 남쪽만 평탄한 개활지이다.

유지는 이미 농토로 개간되었다. 동서 길이 50m, 남북 너비 약 20m에 약간의 도기편들이 흩어져 있다. 1972년 이곳에 인삼밭[參場]을 만들 때, 베무늬기와와 철제 화살촉 등이 출토되었고, 약 60m 깊이에서는 목탄도 발견되었다고 한다.

수습된 도기항아리[陶罐] 구연부 1점은 니질황갈도(泥質黃褐陶)로 안쪽 벽은 검은 색을 띠고 있다. 주둥이가 좁고 이중으로 된 구연부는 길이 6cm, 높이 1.5cm, 두께 0.7cm이다. 이중구연의 도기항아리[重脣陶罐]는 발해시기 유물에서 종종 보이는 생활용구이므로 이 유적은 당연히 발해시기의 유적으로 생각된다.

7. 유민유지(裕民遺址)

유민유지(裕民遺址)는 길림성 안도현(安圖縣) 장흥향(長興鄕) 유민촌(裕民村) 소학교 운동장과 그 서쪽 경작지에 있다. 동쪽은 좁고 긴 산골짜기이고, 서쪽은 와집하(窩集河)에 인접해 있다. 동남쪽으로 오봉산산성과 2km, 북쪽으로 와집둔(窩集屯)과 1.5km 떨어져 있다.

유지 면적은 동서 길이 약 100m, 남북 너비 약 50m이다. 소학교 운동장에서 약간의 니질도기편(泥質陶器片)이 발견되었다. 현지인들에 의하면, 학교를 지을 때, 돌로 쌓은 우물 1곳이 발견되었고, 그 안에서 도기항아리 여러 점과 세발 달린 철제솥 1점이 발견되었다고 한다. 와집둔 서쪽에서도 규모가 큰 철제솥·청동 열쇠·불에 그을린 흙덩어리 등이 출토되었고, 와집둔에서 북쪽으로 1.5km 떨어진 산기슭 아래에서는 석관이 발견되었다.

세발 달린 철제솥과 니질도기편(泥質陶器片) 등 유물로 판단하면, 유민유지는 아마도 발해·요금시기의 유지로 생각된다.

8. 도흥유지(島興遺址)

[그림 12] 1. 도흥유지 전경(북→남) 2·3. 연화문와당 잔편
4. 수키와 5. 지압문암키와

도흥유지(島興遺址)는 길림성 안도현(安圖縣) 복흥향(福興鄕) 도흥
촌(島興村) 북쪽 산 양지바른 기슭에 있다. 남쪽은 복흥하(福興河)와
인접해 있고, 다시 500m를 지나면 명월진(明月鎭)~송강(松江) 도로이
다. 서북쪽으로 1.5km 떨어진 곳에는 용수평촌(龍水坪村)이 있다. 유
지 동·북 양쪽은 산과 이어져 있다. 이곳은 북쪽이 높고 남쪽이 낮은
지형을 이룬다.

유지는 동서 길이 약 1km, 남북 너비 약 100~150m이다. 서북쪽은 용
수평촌(龍水坪村) 골짜기로 약 200m 정도 뻗어 있다. 지면에는 발해·요
금시기의 벽돌·기와·도기잔편이 많이 흩어져 있고, 약간의 건축자재
들도 보인다. 유지 동쪽에는 발해시대 유물이 비교적 많은데, 그중에는
인위적으로 옮겨진 6개의 초석과 돌절구 1점도 포함되어 있다. 중간부
분에는 산기슭을 따라 남쪽으로 뻗어 나온 약 3m 높이의 봉화대 같은
작은 대지가 있다. 도흥촌(島興村) 주민들은 예전에 유지부근 복흥하
(福興河)에서 꽃이 새겨진 네모난 돌 1점을 발견하였다고 한다.

수습된 네모난 벽돌은 길이 36cm, 너비 18cm, 두께 6cm이며 회색이다. 연꽃무늬 와당은 두 종류가 있으나, 무늬는 각각 다르다. 하나는 깨진 조각이다. 원형이다. 회색으로 테두리가 있다. 꽃잎끝 부분이 산처럼 생긴 연꽃무늬가 있는데 그 두께는 10cm, 테두리 높이 10cm, 테두리 너비 1.0cm이다. 다른 하나는 역시 잔편으로, 회색이며 테두리가 있다. 두께 0.7cm, 테두리 높이 1.2cm, 테두리 너비 0.7cm이다. 연꽃은 비교적 통통하고 크며 초엽문이 장식되어 있다. 끝부분에 꽃무늬가 장식되어 있는 기와(花沿瓦)는 니질협사(泥質夾砂)로 갈색을 띠고 있으나 깨졌다. 연주무늬가 있다. 잔존 너비는 0.9cm, 잔존 길이는 5.2cm, 두께는 3cm이다. 짐승무늬 와당은 깨졌다. 니질이며 원형의 황색이다. 짐승얼굴이 장식되어 있고, 눈썹·눈동자·코가 돌출되어 있다. 적수와(滴水瓦)는 청회색이다. 기와 가장자리가 아래로 드리워져 있고, 불규칙하게 비스듬하게 누른 무늬가 있다. 기와 테두리 아랫부분에는 비스듬하게 눌러서 만든 가는 새끼줄무늬가 물결을 이루고 있다. 도기 구연부는 깨진 조각이다. 니질이며 물레로 빚었다. 회색이며 바탕에는 아무런 무늬가 없다. 치구원순고복관(侈口圓脣鼓腹罐)과 유사하다. 건축자재는 깨진 짐승의 귀모양이다. 니질이며 황갈색이다. 평행한 음각무늬가 있다. 길이는 11.5cm, 너비는 11.5cm, 두께는 3cm이다.

상술한 유물들의 특징에 근거하면, 도흥유지(島興遺址)는 분명 발해·요금시기의 문화유존이다.

9. 경성유지(鏡城遺址)

[그림 13] 1. 경성유적 전경(동→서)   2. 수습한 베무늬기와 윗면(중상)
          3. 베무늬기와 아랫면(우상)   4. 지압문암키와 앞면(중하)
          5. 베무늬기와 아랫면(우하)

경성유지(鏡城遺址)는 길림성 안도현(安圖縣) 석문진(石門鎭) 경성
촌(鏡城村)에서 서북으로 200m 떨어진 곳에 있다. 남쪽으로 50m 떨어
진 곳에는 현양종장(縣良種場)이 있고, 동쪽으로 부르하통하 너머에는
장춘~도문철로와 도로가 있다.

유지는 동서 길이 60m, 남북 너비 50m이다. 지표면에는 회색·홍갈
색을 띤 베무늬기와·지압문암키와·도기잔편 등이 흩어져 있다. 유
지 안에는 원래 화강암 돌절구가 많이 있었으나 마을사람들이 가져가
사용하였다고 한다. 그외 유지 안에서는 요금시기 적수와도 발견되었
는데, 이것은 이 유지에 발해·요금시기 사람들이 거주하였음을 설명
하는 것이다.

10. 감장유지(碱場遺址)

감장유지(碱場遺址)는 길림성 안도현(安圖縣) 양병진(亮兵鎭) 감장촌(碱場村)에서 남쪽으로 550m 떨어진 곳에 있다. 유지에서 동쪽으로 100m 떨어진 곳에 작은 하천이 북남으로 흘러간다. 동쪽으로 멀지 않은 곳에 있는 높은 산고개가 남쪽으로 명월진(明月鎭)~돈화(敦化) 도로가 있는 동명촌(東明村)까지 뻗어 있다. 서쪽으로 점차 높아지는데 마을길을 지나면 남쪽으로 뻗어내린 산줄기에 개간한 농경지이다.

유지는 일찍이 경작지로 개간되었다. 유물분포상황에 근거하면, 유지는 동서 길이 약 25m, 남북 너비 약 70m이다. 지표면에서 도기편과 기와편을 수집할 수 있다. 도기편은 물레로 빚은 니질도기(泥質陶器)로서 소성도가 비교적 높은 것이 많다. 기와는 암키와이며, 회갈색과 회색 두 종류이다. 안쪽에는 베무늬가 있고, 기와 앞부분에는 지압문이 있다.

지압문 암키와는 발해시기에 사용된 건축재료이므로, 감장유지(碱場遺址)는 발해시기의 유존으로 생각된다.

11. 만보신흥유지(萬寶新興遺址)

[그림 14]　만보신흥유지 전경

만보신흥유지(萬寶新興遺址)는 길림성 안도현(安圖縣) 만보향(萬寶鄕)에서 서북쪽으로 500m 떨어진 신흥촌(新興村) 안에 있다. 북쪽으로는 높은 산, 남쪽으로는 고동하(古洞河)와 인접해 있다. 서쪽으로 300m 떨어진 곳에는 만보고성(萬寶古城), 북쪽 산 꼭대기에는 고성보가 있다. 마을 안에는 인공으로 만든 도랑이 동쪽에서 남쪽으로 방향을 바꾸었다가 다시 서쪽으로 흐르면서 유지를 남북 두 부분으로 나눈다.

유지 범위는 동서 길이와 남북 너비가 각각 300m이나 이미 농지로 바뀌었다. 북쪽 지면에 도기편들이 흩어져 있으나 기와 조각은 보이지 않는다. 남쪽으로 마을 주변에 기와 조각이 밀집·분포하며 약간의 도기편들도 보인다.

수집된 와당은 깨졌다. 두께는 1.2cm, 테두리 높이는 1.7cm, 테두리 너비는 1.2cm이다. 회색이며 연꽃무늬가 있다. 암키와는 잔존 길이 8cm, 잔존 너비 14.5cm, 두께 1.5cm이다. 황갈색을 띠고 있으며 기와 앞부분에는 지압문이 있다. 끝부분에 무늬가 있는 기와(花沿瓦)는 깨진 조각이다. 기와 테두리 양쪽에는 비스듬하게 눌러서 만든 무늬가 있고 중간에는 연주문이 있다. 기와 두께는 2cm이다. 도기구연부는 흑회색이며, 바탕에는 아무런 무늬가 없는 염구원순사견관(斂口圓脣斜肩罐)이다. 몸체와 이어진 어깨부분의 너비는 4cm, 두께는 0.7cm이다.

신흥유지(新興遺址)에서는 전형적인 발해건축재료가 나왔으므로 발해시기의 유적지로 인정된다.

12. 동청유지(東淸遺址)

[그림 15]　1. 동청유지(동→서)　2. 수습한 도기구연　3. 수습한 베무늬기와

동청유지(東淸遺址)는 길림성 안도현(安圖縣) 영경향(永慶鄕) 동청촌(東淸村) 북쪽 고동하(古洞河) 우안 대지에 있다. 동쪽으로 대지 아래는 고동하가 북쪽에서 남쪽으로 흘러간다. 서쪽은 송강(松江)~명월진(明月溝) 도로와 인접해 있다. 남쪽에는 고동하로 흘러들어가는 작은 하천이 있는데, 그 남쪽이 바로 동청촌(東淸村)이다. 동청(東淸)은

송강(松江)~돈화(敦化) 도로와 송강(松江)~명월구(明月溝) 도로가 교차되는 곳에 있는 비교적 넓게 트인 하안 대지이다. 고대로부터 이곳은 교통의 요충지였다.

유지 동남쪽은 점차 낮아져 완만한 구릉을 형성한다. 면적은 동서 길이 60~150m, 남북 너비 300m로 전부 경작지로 개간되었다. 동남쪽 작은 하천 부근에는 기와편·깨진 벽돌과 도기 잔편들이 비교적 많이 흩어져 있는데, 그 범위는 동서 길이 약 55m, 남북 너비 약 30m이다. 기와 중에는 지압문기와·둥근 선무늬기와·언강이 있는 수키와 등이 보인다. 동북쪽 동서 약 100m, 남북 약 80m 안에는 돌덩어리가 비교적 많이 흩어져 있고, 10여개의 돌무더기도 있다. 그 주변에는 니질회도편이 흩어져 있어 옛 무덤떼로 생각된다. 그 북쪽에는 길이가 대략 150m 정도 되는 동서방향으로 쌓은 흙벽이 남아있다. 현지인들에 의하면, 이곳에 분명 토성벽이 있었으나, 이후 정리되어 경작지가 되었다고 한다. 현재의 토양색은 황갈색으로 원래의 토양색과는 같지 않다. 나머지 3면에서는 성벽흔적이 발견되지 않았다. 전체 유지에는 니질도기편이 흩어져 있다. 유물의 유형은 염구치순관구연(斂口侈脣罐口沿)·염구평순관구연(斂口平脣罐口沿)·사견치구원순관구연(斜肩侈口圓脣罐口沿) 등이 보이지만, 대부분은 어깨부분에 갈림이나 혹은 모서리가 있는 그릇이다. 수집된 유물 중에 무늬가 있는 도기편이 한 점 있는데, 그릇 벽 바깥쪽에 덧띠무늬[堆紋]를 한 줄 돌리고, 그 위에 사선과 그와 평행하게 파도무늬를 새겼다.

지면의 유물에 근거하면, 동청유지는 분명 발해시기의 촌락유적이다. 그러나 동북부에 있는 돌무더기와 토성벽은 조사 자료의 한계로 인해 단정하기가 매우 어렵다. 앞으로 한층 발전된 고고학적인 조사를 기대한다.

13. 고려성유지(高麗城遺址)

고려성유지(高麗城遺址)는 길림성 안도현(安圖縣) 송강진(松江鎭) 송강둔(松江屯)에서 서북쪽으로 6km 떨어진 곳에 있다. 송강진은 소사하향(小沙河鄉)과 접경한 산등성이 남쪽 기슭에 있고, 남쪽으로 이도강과는 350m, 서북쪽으로 소사하향 사하둔(沙河屯)과 2km 떨어져 있다, 동쪽은 남쪽으로 뻗은 산등성이이다. 유지가 자리잡은 곳은 평탄하며 바람이 없고 볕이 잘 드는 지역으로, 면적은 동서 길이 140m, 남북 너비 100m이다. 이미 경작지로 개간되었다. 지면에는 많은 베무늬기와 편들이 흩어져 있다. 그중에서 언강이 있는 기와·지압문 기와 등이 발견되었다. 현지인들은 이곳을 고려성이라고 부른다.

유지 가운데에는 중화민국시기 사찰지가 있다. 유지 동쪽편에 건축기단이 있는데 주변보다 약 1m정도 높다. 그 규모는 동서 길이 18m, 남북 너비 12m이다. 위쪽에는 커다란 초석·회색을 띤 네모 벽돌·니질홍갈도기편(泥質紅褐陶器片) 등이 흩어져 있는데, 이 유물들은 당연히 민국시기의 사찰지와 동일한 시기의 것들이다. 이 기단에서 동쪽으로 약 16m 떨어진 곳에 이미 무너져 버린 우물이 있다. 잔존 지름은 2.5m이다. 우물자리에서 서쪽으로 약 6m 떨어진 곳에도 연못 유지가 있는데, 그 지름은 4m, 깊이는 1.5~2m이다.

유지 규모와 흩어져 있는 유물에 근거하면 발해시기 비교적 큰 촌락유지이다.

14. 대립자유지(大砬子遺址)

[그림 16]　1. 대립자유지 및 산성 전경　2. 대립자유시에 흩어져 있는 기와편

대립자유지(大砬子遺址)는 길림성 안도현(安圖縣) 명월진(明月鎭) 대립자촌(大砬子村)에서 북쪽 1.5km 떨어진 산등성이에 있다. 명월진에서 동북으로 4km 떨어진 도로 서쪽에 일반적으로는 따라즈[大砬子]라고 부르는 절벽이 있으므로, 그 남쪽 평지에 자리잡은 마을을 대립자촌이라고 부른다.

유지는 지표면보다 약 30m 높다. 서북쪽은 산과 이어져 있고, 동쪽과 북쪽은 현재 채석장으로 변한 절벽이다. 부르하통하가 장흥하(長興河)에서 발원하여 남쪽으로 흘러 절벽 아래를 지난다. 도로는 산자락에 붙어 부르하통하와 나란히 지나간다. 동쪽과 남쪽은 비교적 넓은 하곡 평지이고, 산 서쪽은 완만한 경사지이다. 유지 안에 발해시기 산성이 있는데, 현재는 경작지로 변했다. 유지 범위는 동서 길이 약 80m, 남북 너비 약 150m이며, 토질은 황사토(黃砂土)이다. 경작지에는 협사갈도 편과 석기 등 유물이 흩어져 있다.

유지에서 석기와 도기 잔편 등 모두 8점이 수습되었다. 돌도끼 2점 가운데 한 점은 완전하다. 평면은 대체로 사다리 형태를 띠고 있으며,

단면은 타원형이다. 날이 둥글다. 석질은 청회색이다. 갈아서 만들었는데, 매우 정교하다. 길이는 8.4cm, 날 부분 너비 6.1cm, 두께 3.7cm이다. 다른 한 점은 부러진 날 조각이다. 유물의 몸체는 비교적 두껍고 날부분은 약간 둥글다. 돌칼 1점은 석질이 흑색이다. 한쪽이 깨졌다. 모양은 등이 굽고 날이 함몰된 반달형태이며, 날 한쪽에는 두 개의 구멍이 뚫려 있다. 잔존 길이는 14.6cm, 너비는 5.5cm, 두께는 0.9cm이다. 도기는 모두 무늬가 없는 협사갈도이다. 바닥이 평평하고 구멍이 하나인 시루 잔편·바닥이 평평하고 둥근 다리가 있는 단지 잔편·거칠고 큰 기둥형태의 그릇손잡이[柱狀耳]가 있다. 발굴하지 않았기 때문에 문화층·유물 분포·주거지 형태는 분명하지 않다. 그러나 수습된 유물은 대체로 훈춘 일송정유지에서 출토된 것과 비슷하며 유적의 문화적 의미는 도문강유역 원시사회말기 유존과 기본적으로 일치한다. 그러므로 전국~진한시기 북옥저인들의 원시촌락지로 생각된다.

15. 두구유지(頭沟遺址)

[그림 17]   1. 두구유지 전경(서→동)   2·3. 수습한 도기 잔편

두구유지(頭沟遺址)는 길림성 안도현(安圖縣) 석문진(石門鎭) 두구 둔(頭沟屯)~ 북산일대에서 동남쪽 1km 지점의 2급 대지에 있다. 대지 는 남쪽 평지보다 2~3m 높다. 북쪽으로는 산이 길게 이어져 있고, 남쪽 은 넓게 펼쳐진 부르하통하 충적평원이다. 장춘(長春)~도문(圖們)철도 와 도로가 유지 북쪽 산기슭을 따라 동쪽에서 서쪽으로 나란하게 지나 간다. 최근에 도로건설로 유지 북쪽이 훼손되었다. 현재 남아 있는 유 지 범위는 동서 길이 300m, 남북 너비 20~55m이다. 서쪽은 넓고 동쪽 은 점점 좁아진다. 북쪽의 대동구(大東沟)에서 흘러나온 계곡물이 유 지 중간으로 깊은 골을 만들며 흘러 유지를 동서 두 부분으로 나눈다. 유지는 현재 밭으로 변했다.

유지 북쪽 도로 단면으로 보면, 경토층(耕土層)은 20cm, 문화층은 20cm로, 협사갈도편(夾砂褐陶片)을 포함하고 있다. 서북부 도랑 단면 에는 주거지 한 곳이 노출되어 있는데, 단면은 서북~동남향이며, 길이 는 2.25m이다. 경토층은 25cm, 문화층 25cm이다. 검은색과 붉은색 점 토층이다. 검은색 점토층은 15cm에 달하는 생토층(生土層)인데 그 아 래는 자갈과 모래가 섞여 있는 고대 하천이다.

유지 지면에는 많은 양의 유물이 흩어져 있다. 수집품에는 석기·손 으로 빚은 협사도기·물레로 빚은 니질도기(泥質陶器)·자기(瓷器) 가 있으나, 벽돌과 기와는 보이지 않는다. 석기는 돌도끼 1점으로 모양 은 대체로 장방형이며, 단면은 타원형이다. 몸체는 쪼아 만들어서 비교 적 거칠다. 날은 갈아서 만들었다. 석질은 검은 녹색이며, 길이는 14cm 이다. 협사도기는 대부분이 손으로 빚었다. 색깔은 홍갈색·흑회색· 흑갈색을 띠고 있고, 바닥은 평평한 것이 많이 보인다. 또한 꼭지형태 의 손잡이가 있는 도기편이 있는데, 입이 바깥으로 벌어지고, 입술이 둥글며, 구연부와 만나는 부분이 비스듬한 도기[侈口圓脣斜肩器物] 잔편 등이 있다. 수집된 유물 가운데 복원할 수 있는 것은 도기단지 1점뿐이다. 홍갈색으로 입이 넓으며, 바닥이 평평하고, 몸체는 활처럼 둥글다. 입지름은 10.5cm, 바닥 지름은 6.1~6.5cm, 높이는 8.6cm이다. 그릇 표면은 비교적 거칠고, 소성도는 높지 않다. 협사홍갈도(夾砂紅褐陶) 잔편 가운데 도기 바닥 안쪽에 물레를 돌린 흔적이 있는 유물 1점이 있다. 협사도기 중에는 도제 어망추 1점도 포함되어 있다. 니질도는 모두 물레로 빚었다. 도기 색깔은 붉은 갈색・어두운 회색・어두운 흰색을 띠고 있다. 소성도는 비교적 높으며, 재질은 견고하고 단단하다. 일부 붉은 갈색 도기편에는 가로 선 무늬와 비스듬하게 나란한 선 무늬가 있다. 또한 어두운 흰색 도기편에 가로로 덧띠무늬[堆紋]가 있는 유물 1점이 있다. 덧띠무늬 위는 비스듬하게 누른 흔적이 있다. 재질은 단단하고 견고하다. 태토에 고운 모래가 섞여 있다. 자기는 모두 3점이며, 테두리형태의 받침이 있는 거친 사발 바닥이다.

지표면의 유물로 보면, 두구유지(頭沟遺址)는 원시사회・발해・요금시기의 문화적 의미를 담고 있다. 따라서 원시사회에서 발해・요금시기까지 인류가 이곳에 거주한 역사가 길고 면적이 비교적 큰 취락지이다.

발해평원성유적

1. 유수천고성(楡樹川古城)

유수천고성 전경

　유수천고성(楡樹川古城)은 길림성(吉林省) 안도현(安圖縣) 석문진(石門鎭) 유수천(楡樹川) 일대에는 산들이 겹겹이 둘러쳐져 있고, 여러 봉우리가 우뚝 솟아 있으며, 부르하통하는 산과 산 사이의 좁은 골짜기를 따라 서북에서 동남쪽으로 굽이굽이 흘러간다. 유수천고성은 유수천(楡樹川) 기차역에서 북쪽으로 약 500m 떨어진 조그마한 하곡분지에 있다. 남쪽 200m에는 부르하통하가 있고, 북쪽은 깎아지른 산봉우리에 붙어 있다. 유수천5·6대는 그곳에서 남쪽으로 약 90m 떨어져 있다. 고성이 자리잡은 곳은 주변보다 1m정도 높다. 지금은 대부분이 논으로 개간되었으며 서북쪽 모서리는 채소밭이 되었다. 성벽은 거의 남아 있지 않으며, 서벽 북쪽 끝에 일부 유적이 남아있다. 남벽 유지에는 돌무더기 1줄이 있고, 서남쪽 모서리에는 지름 5m, 높이 1m의 돌무더기가 있다. 서벽 북쪽에 새로 만든 도랑 단면으로 보면, 성벽 기단은 돌로 쌓았고, 그 윗부분은 흙과 돌을 섞어서 만들었다. 그 너비는 4m, 잔여 높이는 1m이다. 성 평면은 장방형이다. 동벽은 98m, 서벽은 105m, 남벽은 150m, 북벽은 143m이며, 둘레 길이는 500m이다. 서벽 방향은 190°이다.

성안 지면에는 편평한 모양의 커다란 돌과 자갈이 흩어져 있고, 베무늬기와 잔편도 약간 보인다. 기와잔편은 회색·갈색·검은색 3종류가 있으며, 그 두께는 1.4~2cm이다. 푸른색 벽돌조각도 보인다. 도기는 물레로 빚은 니질회도편으로 역시 홍갈색을 띠고 있다. 성 안에 흩어져 있는 유물과 남쪽 2.5km에 있는 용정시(龍井市) 태양고성(太陽古城)에 근거하면, 유수천고성은 발해시기에 축조하여 요금시기에 사용된 것으로 생각된다.

2. 보마성(寶馬城)

[그림 19]   1. 보마성 표지석   2. 보마성 내부에서 수습한 벽돌
(※ 이병건 교수 촬영)

보마성(寶馬城)은 길림성 안도현(安圖縣) 이도백하진(二道白河鎭)
에서 서북쪽으로 4km 떨어진 구릉 남쪽 기슭에 있다. 사방은 면면히
이어진 구릉지대로, 성 남쪽은 지세가 점차 낮아진다. 남쪽으로 약
500m 떨어진 보마하(寶馬河)가 서쪽에서 동쪽으로 흘러 이도백하(二
道白河)로 들어간다. 보마하는 현재 두도백하(頭道白河)와 이도백하
사이를 연결하는 하천이 되었다. 보마촌(寶馬村)은 성에서 서북으로
1km 떨어진 두도백하 우안에 있다. 서남쪽으로 5km 떨어진 곳에는 왜
왜정자(歪歪頂子: 平頂山이라고도 부른다)가 있다.

이 성의 평면은 장방형이다. 동벽은 길이 126m, 서벽은 길이 약
132m, 남벽은 길이 103m, 북벽은 길이 102m로, 전체 길이는 465m이고,
방향은 190°이다. 성벽과 성벽 기단은 돌을 쌓았고, 윗부분은 흙으로
쌓았다. 성벽은 심하게 파괴되어 남쪽 절반은 거의 남아 있지 않으므로
문지는 확인할 수 없다. 너비 4m, 높이 1.2m에 달하는 북벽은 보존상태
가 비교적 좋다. 성벽 윗부분에서는 옹성이나 각루·치·해재[護城河]
등이 발견되지 않았다. 성 밖은 모두 경작지로 바뀌었으며, 성 안의 남

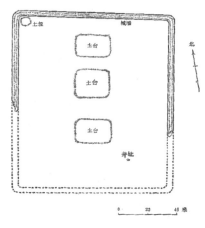

[도면 5]　　보마성평면도

쪽도 최근에 경작지로 개간되었다. 보마촌으로 통하는 동서향의 도로는 북벽 밖 10m를 지나간다.

성 안팎에는 많은 초석·기와편·도기편 등의 유물이 흩어져 있다. 성 중간에는 남벽에서 36m 떨어진 곳부터 남쪽에서 북쪽으로 차례로 3개의 흙 기단이 있다. 가장 북쪽에 있는 것은 북벽에서 14m 떨어져 있다. 흙 기단의 규모는 동서 길이 22m, 남북 너비 약 20m, 높이 1~2m로, 남쪽에 있는 흙 기단이 가장 높다. 흙 기단과 흙 기단 사이의 거리는 약 10m 정도이다. 이 흙 기단 위와 그 주위에는 많은 기와편들이 흩어져 있다. 남쪽에 있는 흙 기단 위에는 초석 4개가 지면위로 노출되어 있어서 건물지였다고 생각된다. 남쪽에 있는 흙 기단 남동쪽에는 4개의 초석이 배열되어 있다. 그중 흙 기단 중간에 있는 초석 1개가 가장 크고 가공상태도 정교하다. 그러나 현재는 이미 몇 조각으로 깨졌을 뿐만 아니라 그중 일부는 없어졌다. 초석의 길이는 98cm, 너비 96cm, 두께 48cm이다. 윗부분에는 지름 83cm, 높이 4cm로 둥근 북같은 형태가 조각되어 있고, 테두리에는 2개의 둥근 원 무늬가 수놓아져 있다.

최근에 어떤 사람이 흙 기단위에서 기와편을 많이 수습해 갔는데, 그 중에는 짐승얼굴무늬 와당·구적·암키와·언강이 있는 기와·푸른색 벽돌 등이 포함되어 있었다고 한다. 수키와는 언강부분 짧아 그 길이는 불과 2.5cm에 지나지 않는다. 언강 윗부분에는 두 줄의 테두리가 있다. 기와는 모두 베무늬가 있는 회색이다. 어떤 벽돌은 매우 크며, 그 잔존 길이는 44cm, 너비 25.3cm, 두께 6.8cm이다. 어떤 것은 완전한 장방형으로 길이가 35.5cm, 너비 16.5cm, 두께 5.3cm이다. 이들은 아마도 요금시기의 유물로 생각된다.

성 서북쪽 모서리에는 용도가 확실하지 않은 지름 8m, 높이 1.5m의 흙둔덕이 있다. 남쪽 흙 기단에서 동남쪽으로 20m 떨어진 곳에는 근대에 판 우물유적 1곳이 있다. 우물 안에는 아직도 물이 있다.

성안의 지면에 흩어져 있는 자리가 옮겨진 초석은 다음과 같은 몇 가지로 나뉜다. 첫 번째는 원주형으로 북모양을 하고 있으며 윗부분은 머리를 묶은 형상이다. 윗부분은 지름 50cm, 높이 33m이다. 함몰된 부분에는 3줄의 선 무늬가 있고, 그 위와 아래에는 연꽃문양의 기하학적 무늬가 수놓아져 있다. 두 번째는 북모양을 한 것으로, 윗부분은 지름 48cm, 높이 30cm이다. 무늬가 없으나 가공상태는 매우 정교하고 세밀하다. 세 번째는 방형으로 된 것으로 윗부분에는 십(十)자 형태의 홈[凹槽]이 있다. 네 번째는 방형 초석으로 윗부분에는 길이 6cm, 너비 3cm, 깊이 5cm의 장방형 구멍 3개가 뚫려 있다. 다섯 번째는 손으로 만든 낮은 받침형태로 지름 55cm, 두께 23cm이다. 이러한 형태의 초석이 2개가 있다. 초석은 모두 사암질이다.

성 안팎 지면에 흩어져 있는 유물에는 기와조각·벽돌조각·건축재료·도기편·자기편 등이 있다. 기와편은 회색이 많으나, 약간의 홍갈색 기와도 포함되어 있다. 모두 무늬가 있다. 도기편은 니질회도이다. 모두 바닥이 평평한 그릇이며, 주둥이가 밖으로 벌어지고 입술이 말려 있는 구연부가 많이 보인다. 건축재료는 니질로, 사슴뿔모양·뾰족한 혀 모양 등이 보이는데 모두 깨져서 원래의 형태는 분명하지 않다.

1978년 성고고대가 이 성을 조사할 당시에 약간의 지압문 기와편이 발견되어 이 성을 발해성으로 판단하였다.

『안도현지』(민국17년본) 고성지(古城志)에 "보마성은 현에서 서남쪽으로 70리 떨어진 곳에 있으나 축조연대는 알 수 없다. 현재는 이미 무너져 폐허가 되어 성 기초와 곳곳에 기와편들이 흩어져 있을 뿐이다. 성 둘레는 260장이다."라고 기록되어 있다. 성안 유물로 보면, 이 성은 발해시기에 축조하여 요금시기에도 사용되었던 것으로 생각된다. 보마성은 당나라시기 발해국이 당나라와 교통하던 주요한 교통로인 "조공도"에 있으므로, 당시에는 매우 중요한 고성이었다. 학계의 일부 학자는 이 성을 발해시기 중경현덕부 관할의 홍주(興州)로 비정하기도 한다. 그밖에도 "당나라시기 어떤 장군이 이곳에서 귀한 말을 얻어 보마성(寶馬城)으로 불렀다."는 이야기가 전해지기도 한다.

현지인들에 따르면, 청나라 말기 성안에 절을 세울 때, 성 서북쪽 모서리에 비구니[尼姑] 부도[座棺]가 있었으나 현재는 없어졌다고 한다. 성안에서 청나라 시기 벽돌이나 기와가 발견되지 않았다. 그러나 정교하고 세밀하게 가공한 몇몇 초석은 합이파령(哈尒巴嶺) 의극당아덕정비(依克唐阿德政碑) 부근 청나라 시기 사찰·송강진(松江鎭) 고려성(高麗城) 천명산(天明山)에 있는 민국시기 사찰지 초석과 유사하다. 이에 근거하면, 상술한 전승은 신뢰할 만하다고 생각된다.

연길시

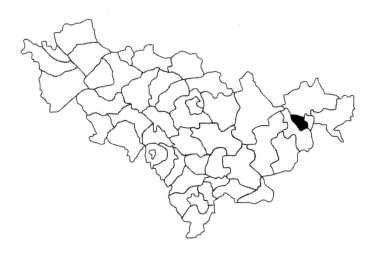

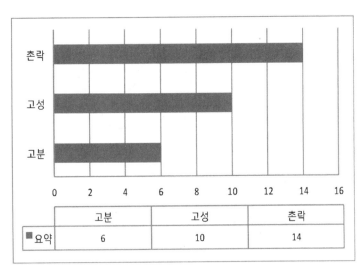

■요약	고분	고성	촌락
	6	10	14

발해무덤유적

1. 하룡무덤구[河龍古墓區]

하룡무덤구[河龍古墓區]는 길림성 연길시의 해란강과 부르하통하가 합류하는 곳 인근 대지에 있다. 동쪽으로 해란강과 200m, 북쪽으로 부르하통하와 300m 떨어져 있으며, 남쪽으로 하룡고성(河龍古城)과는 250m 떨어져 있다. 무덤구역은 이미 하룡촌(河龍村) 3·4대 주민의 앞마당으로 변했고, 북쪽은 넓은 논으로 개간되었다. 마을사람들에 의하면, 무덤구역은 대체로 동서 길이 200m, 남북 너비 150m정도이고, 대부분 석관묘라고 한다.

1978년 연변박물관에서 무덤에서 모래가 섞인 구멍이 하나인 도제시루[夾砂單孔陶甑]·니질회도관(泥質灰陶罐)과 손잡이가 네 개인 니질회도관(四系泥質灰陶罐) 1점씩을 수습하였다. 현재도 현지인들이 집을 고치거나 흙을 팔 때, 인골과 부장품들이 발견된다고 한다. 북쪽 논 가운데서도 사방으로 흩어져 있는 무덤 돌 약간이 발견되었다. 하룡무덤떼는 원시사회와 발해시기의 무덤으로 생각된다.

2. 신풍무덤떼[新豊古墓群]

신풍무덤떼[新豊古墓群]는 길림성 연길시(延吉市) 장백향(長白鄕) 신풍촌(新豊村) 2대에 있다. 남쪽으로 장춘~도문 철로와 인접해 있고, 서쪽으로 200m 떨어진 곳에는 신풍1대, 서남쪽으로 1km 떨어진 곳에는 인평6대 발해유지가 있다. 서쪽에서 동쪽으로 흐르다가 북쪽으로 방향을 바꾼 도랑이 무덤을 갈라 놓았다.

무덤떼는 현지인이 도랑을 팔 때, 약 1.5m 깊이에서 발견되었다. 무덤은 석편과 판석으로 축조한 석관묘이다. 주민들에 의하면, 2대에서 구덩이를 파다가 무덤같은 유적이 발견된 적이 있으며, 인골·도기항아리[陶罐]·관고리[棺環]와 반지 등이 출토된 적도 있다고 한다. 무덤구역의 범위는 비교적 넓다. 무덤구역은 이미 오랫동안 논이나 밭으로 이용되었기 때문에 지표면에서 어떠한 흔적도 발견할 수 없지만, 도랑 가장자리에는 아직도 석관의 덮개돌·돌조각[石片]·판석(石板) 등이 흩어져 있다.

주변에 발해유적이 많은 점으로 보면, 신풍고묘군은 아마도 발해시기의 무덤군으로 생각된다.

3. 신광무덤떼[新光古墓群]

신광무덤떼[新光古墓群]는 길림성 연길시(延吉市) 장백향(長白鄕) 신광구(新光溝) 양쪽 대지와 기슭에 있다. 신광구하는 남쪽에서 북쪽으로 흐른다. 하천에서 북쪽으로 750m 떨어진 곳에는 연길~하룡(河龍)

도로, 동쪽 절개지 아래는 신풍(新農)벽돌공장, 서쪽에는 연길시 12중 벽돌공장이 있다. 무덤떼는 신광촌3대 주거지와 경작지에 해당한다.

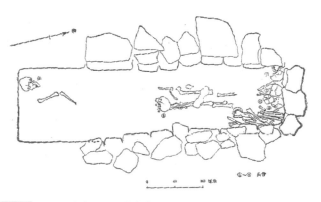

　　　신광고분묘실평면도

무덤구역은 대체로 동서 300m로 중간에 도랑이 있다. 도랑 동쪽 절개지에서 200m 떨어진 곳에서 파괴되고 남은 무덤이 발견되었다.

신광3대의 민가 정원 동쪽에 완전한 무덤 1기가 있다. 이 무덤은 석광묘로, 묘실은 길이 2.8m, 너비 90~95cm, 깊이는 50cm이다. 동·서·북 세 벽은 크기가 다른 돌로 쌓아 올렸다. 남벽은 돌이 남아 있지 않다. 묘실 천정은 커다란 판석 몇 장으로 덮었다. 묘실 바닥은 황갈색의 점토층이다. 묘실 안에는 인골 6구가 놓여 있었다. 1구는 관 한 가운데 있다. 두향은 남향이고 다리는 북향인 1차장이다. 북벽 아래에 4개체분의 두개골과 다수의 팔다리뼈가 있었으며, 남벽 아래에도 1개체분의 두개골과 팔다리뼈가 있었다. 모두 2차장이다. 장식으로 보면, 중간에 있는 자가 묘 주인이다. 남북 양쪽에 있는 뼈는 묘주인의 동족 또는 "부곡(部曲)"으로 생각된다.

묘실 안에는 부장품이 없다. 현지인들에 의하면, 무덤구역 안에서 지속적으로 인골이 출토되었으며, 철기(鐵器)·도기항아리[陶罐] 등이 출토된 적도 있다고 한다. 동쪽 대지에 있는 농가에서 상수도관을 팔 때, 지하 석관묘에서 다수의 철제 화살촉과 철제 등자 등 유물이 출토되었다고 하나 현재는 그 행방은 알 수 없다. 신광무덤떼의 무덤 대부분은 파괴되었으나 몇 기는 대체로 완전하게 남아 있다. 무덤의 형식과 구조로 보면, 발해시기의 무덤으로 생각된다.

4. 발전무덤[發展古墓]

발전무덤[發展古墓]은 길림성 연길시(延吉市) 흥안향(興安鄕) 발전촌(發展村) 2대 민가 안에 있다. 무덤은 연집하(煙集河)와 300m 떨어져

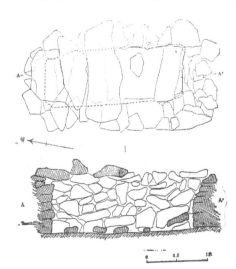

있고, 서쪽으로 남북 방향의 도로와 인접해 있으며, 북쪽으로 20m 떨어진 곳에는 동서향의 작은 도랑이 있다. 연집하 맞은편 동쪽은 북대촌(北大村)이다. 북쪽으로 1.5km 떨어진 곳에는 대성촌(大成村)이 있다.

무덤은 석광묘이다. 1982년 연변박물관에서 조사를 하였다. 묘실은 장방형의

[도면 2]   발전고분평면단면도

석광으로 네 벽은 돌로 쌓았고, 무덤 천정은 5개의 장방형 판석으로 덮었다. 묘실 바닥도 5개의 판석을 깔았으나 판석 사이에는 약간의 틈이 있다. 묘실은 지하에 축조하였는데, 길이 2.3m, 너비 0.8m, 깊이 0.85m이다. 무덤 안에서 인골과 부장품이 발견되지 않았다. 무덤의 봉토는 자세하지 않다. 무덤 남쪽 수십 미터 떨어진 곳에서 이와 비슷한 무덤이 발견되었다고 한다. 무덤 형식과 구조로 보면, 발해시기의 유적으로 생각된다.

5. 연하4대무덤떼[煙河四隊古墓群]

연하4대무덤떼[煙河四隊古墓群]는 길림성 연길시(延吉市) 연집향(煙集鄕) 4대 서쪽 기슭에 있다. 서쪽으로 금성소학교(錦城小學校)와 1km 떨어져 있다. 동북쪽 산 위에는 봉화대가 있다. 무덤떼는 모두 파괴되어 판석과 돌덩어리만이 어지럽게 흩어져 있어 그 형식과 구조는 분명하지 않다. 현지인들에 의하면, 이곳에 집을 지을 당시 다수의 인골이 출토되었는데, 인골은 불로 태운 흔적이 있다고 한다. 무덤은 석축이며 석판의 관 뚜껑이 있어서 발해시기의 무덤으로 생각된다.

6. 남계무덤떼[南溪古墓群]

남계무덤떼[南溪古墓群]는 길림성 연길시(延吉市) 연집향(煙集鄕) 남계촌(南溪村) 1·5대에서 북쪽으로 약 1km 떨어진 서산 동쪽 기슭에 있고, 동쪽으로 1km 떨어진 곳에는 연집하(煙集河)가 북쪽에서 남쪽으로 흘러간다. 그 사이는 넓은 하곡평지이다. 무덤떼 중간에는 동서향의 골짜기가 있어 무덤떼를 남쪽과 북쪽 두 부분으로 나눈다.

무덤떼가 산기슭에 위치해 있고, 산 위에서 흘러내린 돌에 덮혀서 봉토를 확인할 수 없다. 무덤떼 남쪽 구역의 길이는 약 50m, 북쪽 구역의 길이는 100여 m에 이른다. 예전에 현지 농민이 이곳에서 부식토를 파헤치다가 무덤 10여기가 파괴되었다. 유적 현상으로 보면, 석관묘로 생각된다. 돌덩어리 · 판석 · 깨진 돌덩어리가 곳곳에 흩어져 있다. 무덤 구조는 분명하지 않다. 그러나 무덤에서 출토된 부장품은 비교적 많으며, 모두 도기 잔편이다. 여기에는 단지 · 항아리 · 병의 구연 · 그릇 바닥 · 도기 손잡이 · 제기 손잡이[豆把] · 제기 받침[豆座] · 도기 접시 · 도기 시루(그 중에서 1점은 복원이 가능하다) · 도기 벽돌 등이 있다. 도기는 대부분이 아무런 무늬가 없으면서 바닥이 평평한 갈색도기이다. 도기 제기[陶豆] · 도기 접시는 문질러서 광택을 낸 흑도이나 색깔이 일정하지 않아서 흑갈색 혹은 흑회색을 띤다.

도기 구연 3점 가운데, 두 점은 배가 불룩한 병 구연이다. 이것은 무늬가 없는 협사갈도로 입은 바깥으로 벌어졌다. 목 길이는 7.5cm에 이른다. 다른 한 점은 단지의 주둥이로 홍갈색을 띠고 있다. 간간히 모래가 섞여 있다. 구연은 평평하며, 주둥이는 바깥쪽으로 벌어져 있다. 구연부 바깥에는 비스듬한 각획(刻劃)무늬가 있다. 주둥이 잔여 길이는 7.5cm, 그릇의 두께는 0.9cm이다. 도기 손잡이는 모두 모래가 섞인 갈색도기[夾砂褐陶] 손잡이로, 대부분이 납작하고 둥근 기둥형태를 띠고 있다. 그 길이와 긴 축의 지름은 3~5cm, 짧은 축의 지름은 1.5~3cm, 높이는 2cm이다. 역시 둥근 기둥형태가 있는데, 윗부분에는 오목한 홈이 있다. 그중에서 오목한 커다란 점의 지름은 6.6~7.1cm, 높이는 3.5cm이다. 도기 제기 잔편은 모두 3점으로 제기 소반[豆盤] 잔편이다. 그중 한 점은 속이 빈[空心] 기둥형태의 손잡이가 있는 제기 받침으로, 흑회색을 띤다. 바탕은 문질러서 광택을 냈다. 제기 손잡이[豆把]는 거칠고 크다. 제기 받침은 나팔형태의 입이 있는데, 잔여 높이는 8.5cm, 바닥의 지름은 약 12cm, 손잡이 지름은 약 8cm, 두께는 1.2cm이다. 다른 한 점은 속이 찬[實心] 기둥형태의 손잡이가 있는 제기 받침으로 흑색을 띤다. 바탕은 문질러서 광택을 냈다. 제기 받침은 역시 나팔형태이며, 잔여 높이는 9cm, 바닥 지름은 약 10cm, 제기 손잡이 길이는 5.5cm, 지름은 약 5.5cm이다. 또한 속이 빈[空心] 기둥형태의 손잡이가 있는 제기 잔편 1점이 있는데, 단지 제기 손잡이만 있으며, 흑갈색을 띤다. 이 유물의 잔여 길이는 13cm, 지름 8.0cm, 그릇의 두께는 1.0cm이다. 도기 접시 1점은 흑회색으로 모래가 섞여 있는 얕은 소반으로, 테두리형태의 낮은 받침이 있다. 소반은 받침에 비해서 약간 크다. 전체 높이는 2~2.5cm, 소반 지름은 약 12cm, 받침 지름은 약 10cm, 다리의 높이는 1~1.5cm에 이른다. 도기 시루는 구멍이 많은 대접[碗] 형태이다. 주둥이는 약간 오무라들었으며, 입술은 둥글고[圓脣], 바닥은 평평하다. 몸체 윗부분에는 작은 기둥형태의 손잡이가 붙어 있는데, 아마도 두 개였던 것 같다. 그릇의 형태는 비교적 작다. 도기 벽돌같은 유물은 길림성 연길시 소돈대유지(小墩臺遺址)·전와창유지(磚瓦廠遺址)·모아산유지(帽兒山遺址)·왕청현(汪清縣) 백초구유지(百草沟遺址) 등지에서도 발견된 적이 있으나 그 용도는 분명하지 않다. 도기 벽돌은 협사갈도(夾砂褐陶)로 장방형이며, 잔여 길이는 7.5cm, 너비는 6.5cm, 두께는 약 2cm이다.

남계무덤떼에서 출토된 유물은 대부분이 기둥형태의 손잡이로, 문질러서 광택을 낸 흑도 도기 제기와 시루형태의 유물이 매우 발달하였다. 그 문화적 의미는 흑룡강성(黑龍江省) 영안시(寧安市) 단결유지(團結遺址) 1기 상층과 훈춘(琿春) 일송정(一松亭)유지의 문화적 의미와 서로 비슷하여 초기철기시대, 즉 지금으로부터 2000여 년 전 옥저인들의 문화유존으로 생각된다.

발해산성유적

1. 장동고성보(長東古城堡)

    장동고성보(長東古城堡)는 길림성(吉林省) 연길시(延吉市) 장백향 (長白鄉) 장동촌(東山屯)에서 남쪽으로 100m 떨어진 곳에 위치한 산 서쪽 작은 독립된 산에 있다. 북으로 장춘-도문철로와는 150m 떨어져 있고, 동북으로는 계동철교(溪洞鐵橋)와는 1,000m 떨어져 있다. 남쪽 은 면면이 이어진 산지이고, 북쪽은 연길분지 동쪽 끝부분이다.

    고성보는 불규칙한 긴 원형[長圓形]으로 평탄한 산마루에 축조하였 다. 둘레 길이는 대체로 80m이며, 남쪽은 넓고 북쪽은 좁다. 동서 길이 는 5~10m, 남북 너비는 30m이다. 주변에 토석혼축의 성벽이 있다. 현 재는 대부분이 평지로 변했으나 성벽 기단부분은 여전히 남아 있다. 성보 북쪽 끝에는 주위보다 1m정도 높은 구릉이 있다.

    성보 꼭대기는 현재 밭으로 변했으나 많은 양의 도기편을 포함한 유 물이 흩어져 있다. 도기 항아리[陶罐]는 니질이다. 물레로 빚은 흑회색 의 단경권견고복평저관(短頸卷肩鼓腹平底罐)이다. 항아리 중간 아래 부분에는 작은 네모무늬가 빽빽하게 찍혀 있다. 바닥 지름은 6cm, 그릇

벽의 두께는 0.5cm이다. 도기구연부는 니질이다. 물레로 빚었으며, 황갈색을 띤다. 바탕에는 아무런 무늬가 없다. 주둥이는 바깥쪽으로 벌어졌고, 바깥쪽으로 말려 있다. 그릇 형태는 비교적 크다. 입지름은 대체로 25cm, 그릇 벽의 두께는 0.6cm이다. 자기 소반은 물레로 빚었다. 어두운 녹색[暗綠色] 유약이 발라져 있다. 소반 아랫부분에는 작은 원형의 받침 4개가 있으며, 그 태토가 드러나 있다. 받침의 바깥지름은 6.5cm, 굽 높이는 1.3cm이다. 자기 병은 단지 중간 아래 부분만 남아 있다. 물레로 빚었으며 회록색(灰綠色)의 유약이 발라져 있다. 작고 둥근 받침이 있으며 그 아랫부분은 태토가 드러나 있다. 유약은 바르지 않았다. 받침 지름은 7.0cm, 받침 높이는 1.2cm, 그릇 벽 두께는 0.6~0.9cm이다. 목이 길고 주둥이가 바깥쪽으로 벌어진 병[長頸侈口壺] 같다. 출토유물에 따르면, 요금시기 고성보(古城堡)로 판단된다.

2. 대돈대(大墩台)

[그림 1] 1. 대돈대 전경(남→북) 2. 대돈대 전경(북→남) 3. 돈대 전경(서→동)

대돈대(大墩台)는 길림성 연길시 연집향 동흥촌에 위치하고 있다. 대돈대는 원래 자연적으로 이루어진 작은 돌산이다. 최근 몇 년 동안 이루어진 채석으로 인해 북쪽의 1/3정도만 남았다. 대돈대 꼭대기는 원시문화층의 윗부분이다. 인위적으로 토석을 쌓은 돈대의 높이는 약 4.1m이다. 전체 돈대는 원추형으로 꼭대기에서 아래쪽으로 2m정도 떨어진 곳에 인공으로 쌓은 고리모양의 계단이 있다. 대돈대 기단부 지름은 60m이고 전체 높이는 17m이며, 꼭대기 부분의 지름은 대략 20m이다.

돈대는 보루 또는 봉화대라고 불리는데, 주둔하면서 수비하는 군사시설이다. 옛날에 군대가 주둔하는 곳에는 반드시 보루를 만들어 방위능력을 강화하였다. 대돈대는 문헌기록이나 유물이 없어 고증할 수 없지만, 발해시기에 축조된 것으로 생각된다.

3. 소돈대(小墩台)

[그림 2] 1. 소돈대유적 표지석(인민공원 내)
2. 소돈대유적(사진 정면의 정자, 남→북)

길림성 연길시 인민공원 북부에 있는 작은 구릉성 산이 소돈대라고 불리는 고대의 봉화대였다. 이 구릉성 산은 토석을 쌓아 올려 만든 돈대이며, 원추형이다. 높이는 8m, 기저부 둘레는 180m, 기저부 지름은 53m, 꼭대기 지름은 29m이다. 소돈대의 축조연대는 문헌기록이 없어 고증할 수 없다. 그러나 입지를 살펴보면, 동남쪽에 모아산돈대가 있고,

서북쪽의 동흥촌에 대돈대가 있어서 3자가 서로 삼각형의 군사통신체
계를 이룬다. 소돈대는 북대 발해고성과 멀지 않고, 모아산돈대 위에서
도 발해건축유지가 발견된 점에 근거하면, 발해시기에 처음으로 만들
어져 요금시기에도 지속적으로 사용되었을 것으로 생각된다.

4. 모아산돈대(帽兒山墩台)

[그림 3]　　　1. 모아산돈대(동남→서북)　　2. 모아산돈대에서 본 해란강

　모아산돈대(帽兒山墩台)는 길림성 연길시와 용정시 경계에 위치한
517m 높이의 모아산 꼭대기에 있는 봉화대이다. 산 정상에 오르면 주
위 사방 50~60m의 산줄기·하천·토지·마을이 한눈에 들어온다. 돈
대 주변의 발해건축지는 아마도 당시 군사시설이었을 것이다.
　모아산 꼭대기에 위치한 돈대는 깨진 안산암을 쌓아서 만든 것이다.
돈대 기저부 지름은 약 15m, 높이 약 3m, 꼭대기 부분의 지름은 6~8m
이다. 돈대 위에는 1m높이의 현재 항공표시[界標]가 있고, 그 주변에는
너비 15cm의 방형의 시멘트 기둥이 있으며, 다시 그 위에 철로 된 삼각
대가 세워져 있다. 돈대 북쪽 150m에는 동서 길이 15m, 남북 너비 20m
의 구덩이가 있고, 남쪽으로 50m 떨어진 곳에도 남북 각각 20m의 구덩

이가 있다. 다시 남쪽으로 약 100m 정도 떨어진 기슭 돌구덩이 안에서 원시협사갈도기 잔편 약간이 발견되었다.

모아산돈대 주변에 발해유적이 있고, 동북쪽으로 대돈대와 서로 호응하고 있어, 아마도 발해시기에 축조된 군사시설로 생각된다.

5. 장성 및 돈대(古長城及墩台)

고"장성"(속칭 "邊壕嶺"이라고 한다)은 연집향 태암촌에서 서북쪽으로 5,000m 떨어진 평봉산(平峰山)에 있다. 해발 680m의 평봉산은 그 지맥이 서북쪽·동남쪽과 남쪽으로 뻗어있다. 동남쪽은 비교적 넓고 트인 산골로, 그 안에 소연집하라고 부르는 작은 개울이 북쪽에서 남쪽으로 흘러 연집하로 들어간다. "장성"은 평봉산을 지나 곧장 동남쪽 하곡부근, 즉 태암6대 북쪽까지 뻗어내려가다 끊어진다.

평봉산 동쪽 끝 동쪽 절벽[大石砬子] 남쪽에는 동서방향으로 돌로 축조한 성벽이 있는데 그 길이는 대략 300m, 너비는 1.8m, 높이는 70~80m이다.

산 입구의 중간에는 남향의 구덩이가 있는데 너비는 약 50m이다. 구덩이 동쪽 끝에 있는 성벽 북쪽에는 방형 담장[圍墻]이 있다. 그 동서 길이는 9m, 남북 너비는 12m로 돌로 축조하였으나 성벽 대부분은 이미 무너졌다. "장성"은 절벽 동쪽에서 동남쪽으로 방향을 바꾸어 뻗어나가는데, 소연집하 하곡 서쪽에 이르면서 성벽은 보이지 않는다. 평봉산에서 구불구불 이곳까지 뻗어내려 온 성벽 길이는 대략 2.5km이다. 대부분은 토축으로 유적은 분명하다.

평봉산에서 동남쪽으로 1km 떨어진 산 양지편에 깎아 만든 평평한 곳이 확인되는데, 그 동서 길이는 20m, 남북 너비는 15m이다. 현재는 마른 풀로 덮여있으며, 부식토 두께는 20cm에 달한다. 그러나 유적 유물이 보이지 않아 아마도 건축지로 판단된다.

"장성" 동남쪽 끝(즉 소연집하 하곡의 서쪽)에는 돌로 쌓아올린 돈대가 있는데 기저부의 지름이 15m, 높이가 대략 3m이다. 돈대에서 북쪽으로 10m 떨어진 곳에는 동남향의 깊은 도랑이 곧장 소연집하 하곡까지 뻗어 있는데 그 길이는 대략 50m, 너비는 7~8m, 깊이는 2m이다. 이것은 아마도 장성의 연속이 아닐까 생각된다.

자료조사에 근거하면, 태암"장성"은 서쪽으로 용정시 팔도향(八道鄕) 쌍봉(雙鳳)까지 이어지고, 다시 굽이굽이 화룡시(和龍市) 팔가자(八家子) 서쪽으로 뻗어있다. 동쪽은 동남방향으로 뻗어가서 연하촌(煙河村) 북쪽에 있는 산 돈대와 서로 이어진다. 연집하 골짜기를 지나 연길시 부근의 청차관(淸茶館)·성자산(城子山) 북쪽을 지나 계림(鷄林)에 이른다.

"장성"에 대해서는 문헌기록이 없다. 장성에 대해서는 고구려시기 읍루인들의 남침을 방어하기 위하여 옥저인들이 쌓았다고도 하고, 발해 중경의 위성이라고도 하며, 금나라 말기 동하국이 몽고병의 동진을 방어하기 위해 만든 군사시설이라고도 한다. "장성"의 축조년대에 관해서는 다양한 의견이 제기되었으므로 앞으로 더욱 깊이 있는 조사와 고증이 이루어지길 기대한다.

6. 연하돈대(煙河墩台)

[그림 4]　　1. 연하돈대 원경(남→북)　　2. 연하돈대 근경(북→남)

연하돈대(煙河墩台)는 연길시 연하촌 깃대봉에 있다. 이곳은 연집하와 석인구하가 북쪽에서 합류하는 곳이다. 연집촌 북산은 해발이 358m으로 산 정상에 서면 연집하 유역이 한 눈에 들어온다. 연하돈대로 장성유적이 지나간다.

연하돈대는 돌로 축조하였다. 기저부는 지름 11m, 높이 2m이다. 그 주위에는 해재[圍壕]가 있는데 지름은 22m이다. 돈대 동쪽에는 흙으로 쌓은 성벽이 앞쪽으로 뻗어 있으며 그 방향은 120°이다. 이 부분은 보존 상태가 좋다. 서쪽 기슭에도 성벽 흔적이 남아 있는데, 그 방향은 250°이다. 연하돈대에서 정서쪽으로 1.5km 떨어진 산봉우리에도 돈대가 있으며, 남북으로 성벽과 연결되어 있다.

돈대 남쪽 비탈 경작지에는 물레로 빚은 니질회도 잔편들이 흩어져 있는데 그 범위는 동서·남북 각각 50m정도이다. 그중 대표적인 유물은 도기구연부·도기바닥·도기잔편 등이 있다. 도기구연부 1은 니질이며, 물레로 빚은 황갈색의 원순단경고복관(圓脣短頸鼓腹罐)이다. 구연부 아래는 양각의 선무늬가 한 줄 있고, 다시 그 아래에는 "병신(丙

申)"이란 글자가 음각되어 있다. 구연부의 남아 있는 길이는 5.7m, 두
께는 1.3m이다. 도기구연부 2는 니질이며, 물레로 빚었다. 구연부 아래
에 음각된 선무늬가 3줄 있는 황갈색의 바닥이 납작한 항아리[平脣罐]
이다. 구연의 남아 있는 너비는 4cm, 두께는 0.8cm이다. 도기구연부
3은 니질이며, 물레로 빚었다. 흑갈색이며, 바탕에는 아무런 무늬가 없
다. 중순절연(重脣折沿)이며, 구연부의 잔존 길이는 9.4cm, 두께는
1cm이다. 도기 바닥은 니질이며, 물레로 빚었다. 황갈색이며, 바탕에는
아무런 무늬가 없다. 바닥은 평평하며, 기벽은 곡선을 이룬다. 잔존한
바닥의 길이는 15cm이다. 도기 잔편 1은 니질이며, 물레로 빚은 황갈색
의 도기 항아리 그릇 벽[陶罐器壁]이다. 위쪽에는 줄무늬 도안이 있는
데 두께는 1.1cm이다. 도기 잔편 2는 니질이며, 물레로 빚었다. 황갈색
이고 점[篦点]무늬가 있다. 두께는 0.8cm이다.

현지인들에 의하면, 예전에 깃대봉이라고 부르는 이 산 위 농지에서
많은 양의 철제 화살촉이 발견되었다고 한다. 연하돈대는 고"장성" 보
루 가운데 하나이다. 이곳에서는 발해시기의 도기가 많이 발견되어, 고
"장성" 축조년대를 고증하는데 일정한 참고가 된다.

발해촌락유적

1. 용하촌유지(龍河村遺址)

용하촌유지(龍河村遺址)는 연길시(延吉市) 장백향(長白鄕) 용하촌 3·4대 경작지, 시 변전소 울타리 안과 그 동·서 양쪽에 있다. 남쪽으로 250m 떨어진 곳에 남산이 있으며, 북쪽에는 용하촌 주민의 주택이 있다. 변전소 서쪽 담장 밖에 있는 유지 면적은 동서 길이 약 100m, 남북 너비 약 50m이다. 지표면에는 약간의 무늬가 있는 회색 기와편·주둥이가 말려 있는 도기 구연[卷沿陶器口沿] 등이 흩어져 있다. 변전소 동쪽에서는 일찍이 약간의 화살촉이 출토되었는데, 이것은 화살대를 끼우는 자루가 있는 버들잎모양으로, 횡단면은 납작한 마름모형태[扁菱形]이다. 그 길이는 15.3cm이다. 발견된 기와편은 두껍고 무거운데, 이렇게 발해도기의 특징을 지닌 물레로 빚은 도기 구연(陶器口沿)에 근거하면, 이 유적지는 발해시기의 거주지로 생각된다.

2. 용하남산유지(龍河南山遺址)

용하남산유지(龍河南山遺址)는 연길시(延吉市) 장백향(長白鄕) 용
하촌(龍河村) 남산 산마루 대지에 있다. 유지 남쪽에는 연못이 있고,
서쪽 산굽이에는 주 임건농장(林建農場)이 있다. 서북쪽으로 1,500m
떨어진 곳에는 연길~용정 도로가 있고, 유지 서북쪽 모서리 소나무 아
래에는 용하촌열사기념비가 있다. 그 동쪽은 길게 이어진 산줄기이다.

유물의 분포상황에 근거하면, 그 면적은 동서 길이 약 70m, 남북 너
비 약 100m이다. 현재는 경작지로 개간되었다. 지면에는 기와편·벽돌
과 도기 잔편이 많이 흩어져 있는데, 동북쪽에 비교적 밀집되어 있다.

출토유물은 대부분이 발해시기의 전형적인 건축자재이다. 와당 1은
원형으로 회색을 띤다. 가장자리가 약간 높다. 연꽃무늬는 뾰족한 부분
이 바깥쪽을 향해 있고, 동심원 안에는 작은 돌기[乳丁]가 있다. 테두리
는 너비 1cm, 높이 0.3cm, 두께 1cm이며, 잔존부분의 지름은 10cm이
다. 와당 2는 원형으로 황갈색이다. 테두리가 약간 높다. 안쪽에는 연꽃
무늬가 있는데, 그 뾰족한 부분이 안쪽을 향하여 동심원과 마주하고
있다. 동심원 안에 있는 돌기는 비교적 크다. 또 다른 한 점은 꽃잎이
도드라진 두 가닥의 선에 의해 연결되어 있으며 연꽃의 뾰족한 부분
역시 안쪽을 향해 있다. 와당 3은 원형이며 회색이다. 테두리가 높다.
안쪽에는 변형된 연꽃무늬가 있다. 지름은 14cm, 테두리 너비는 1.0cm,
높이는 0.6cm, 두께는 1.0cm이다. 이러한 유형의 와당은 일찍이 발해
동경용원부유지인 팔련성과 화룡시 팔가자 하남둔고성 안에서 출토되
었다. 미구가 있는 수키와[榫頭筒瓦]는 회색이다. 겉에는 무늬가 없고,
안쪽에는 베무늬가 있다. 수키와의 잔존 길이는 16cm, 자루 부분 길이는

5cm, 두께는 1.5cm이다. 또한 지압문 암키와와 건축장식품들이 있다.

유지에 남아있는 건축자재는 매우 많아서 산마루에 있는 평대에 규모가 비교적 큰 발해건축지가 있었다고 생각된다.

3. 모아산유지[帽兒山山頂遺址]

모아산은 연길시와 용정시의 경계에 우뚝 솟아 있다. 남쪽 평평한 산등성이 아래는 해란강 충적평원이고, 북쪽은 부르하통하의 충적으로 형성된 연길하곡평지이며, 북쪽에서 서쪽으로 연길-용정간 도로가 모아산 산자락을 따라 남쪽으로 지나간다.

모아산유지[帽兒山山頂遺址]는 모아산 정상에 있다. 산꼭대기에는 돈대가 있는데 그 북쪽으로 30m 떨어진 곳에 있는 돌무더기 주위에는 기와편들이 흩어져 있다. 유지 범위는 동서 길이 약 20m, 남북 너비 약 11m이다. 발해시기의 건축재들이 발견되었다. 그중에서 와당은 흑회색이고 가장자리 안에는 연꽃무늬가 있으며 연꽃과 연꽃 사이에는 초엽문이 있다. 와당 중심에는 튀어나온 꼭지모양의 돌기가 있다. 와당은 비교적 작으며, 지름 10cm, 두께 1.6cm이다. 지압문 암키와는 짙은 회색이며 안쪽에는 베무늬가 있다. 암키와 가장자리에는 지압문이 있고, 암키와 표면에는 빽빽하게 줄무늬가 있다. 남아있는 너비는 6cm, 두께는 1.5cm이다. 무늬가 있는 기와[花沿瓦]는 회색으로 그 가장자리 위·아래에 사선무늬가 새겨져 있고, 중간에는 빽빽하게 음각된 점무늬가 있다. 또 다른 암키와 한 점은 짙은 회색으로 안쪽에는 거친 베무늬가 있다. 암키와의 가장자리는 바깥쪽으로 벌어져 있다.

모아산 정상에서 발견된 발해 건축자재는 일반적으로 확인되는 것보다 작고 얇다. 이것은 아마도 산세가 가파라 운반에 어려움이 있었기 때문에 생긴 것으로 생각된다. 이렇게 작고 얇은 발해건축자재는 연변 발해유적에서는 매우 보기 드물다.

모아산유지는 아마도 발해시기 돈대를 지키는데 필요한 건축지로 생각된다. 유지 안에 퇴적된 지름 7m, 높이 1m의 작은 돌무더기 아래에는 발해 기와편들이 있는데, 이것은 요금시기에 발해 돈대를 이용하기 위해 수리했던 것으로 생각된다.

4. 인평유지(仁坪遺址)

인평유지(仁坪遺址)는 연길시 장백향(長白鄕) 인평6대(仁坪6隊) 남쪽 한전에 있다. 동쪽으로는 신풍촌(新豊村)의 논과 이어져 있고 다시 그 동쪽은 비행장이다. 서쪽으로 농로를 지나면 경작지이고 서북으로 장춘도문간 철로와는 200m 떨어져 있다. 북쪽 모서리는 인평 6대 주택지이고 남쪽으로 1,000m 떨어진 곳은 봉림동 입구이다.

유지는 평활하게 펼쳐진 대지에 있으며 동서 길이 약 400m, 남북 너비 약 200m이다. 서쪽에 유물이 밀집되어 있는데 발해시기의 지압문 암키와·비스듬하게 누른 암키와[斜壓紋板瓦]·국화무늬 적수와(滴水瓦)가 많이 보이지만 벽돌은 거의 보이지 않는다. 물레로 빚은 도기 잔편은 유지에 두루 흩어져 있다. 지압문 암키와는 회색으로 지압무늬가 비교적 크다. 앞에서 보면 기와 가장자리는 파도모양을 이루며, 남아 있는 너비는 9cm, 두께는 2cm이다. 비스듬하게 누른 암키와[斜壓紋

板瓦]는 회색이며 안쪽에는 베무늬가 있다. 기와의 가장자리에는 비스듬하게 누른 무늬가 있는데 다른 발해유지에서는 거의 보이지 않는다. 기와의 가장자리 남아있는 너비는 15cm, 두께는 2.0cm이다. 적수와(滴水瓦)는 회색이다. 그 앞부분 중간에는 국화무늬가 있다. 윗 가장자리에는 뾰족한 것으로 찌른 형태의 무늬가 두 줄 있고, 아래쪽 가장자리에는 새끼줄로 누른 무늬가 있다. 남아 있는 너비는 12cm, 기와면의 너비는 5cm, 기와의 두께는 2.1cm이다. 돈화 강동 24개돌유적에서 출토된 같은 유형의 유물과 서로 비슷하다. 도기구연부는 니질로 물레로 빚었다. 회색이다. 그중 한 점은 주둥이가 벌어졌고 어깨부분은 꺾여 있는[敞口折沿] 자배기[盆] 구연이며, 다른 한 점은 주둥이가 좁고 어깨부분이 짧으며 배가 불룩한 항아리[敞口短肩鼓腹罐] 구연이다.

지표면에서 수습된 유물로 보면, 인평유지는 아마도 비교적 규모가 큰 발해시기 촌락지로서 요금시기에도 사람들이 거주하였던 것으로 생각된다.

5. 신풍유지(新豊遺址)

신풍유지(新豊遺址)는 연길시 장백향 신풍촌5대 논 가운데 있다. 북으로는 장춘도문간 철도에 접해 있고, 남쪽으로는 비행장을 지나 산등성이를 넘으면 모아산에 이른다. 동쪽으로는 신풍5대 촌락이며, 남쪽은 대단히 넓은 논이다. 유지 면적은 동서 길이 약 130m, 남북 너비 약 120m이다. 지면에는 비교적 많은 발해유물이 노출되어 있으며 원시 협사도기편도 약간 보인다.

발해유물에는 지압문 암키와 · 자루있는 수키와 · 새끼줄무늬 기와와 건축 장식품들이 있다. 그중 건축자재는 니질의 홍갈색이다. 대체로 세모를 이루는데, 한쪽 면에는 평면으로 된 무늬가 있고 다른 한쪽 면에는 돌출된 꽃무늬가 있다. 유물은 치미같다. 남아 있는 길이는 16.5cm, 남아 있는 너비는 10cm, 두께는 3.2cm이다.

유지 동북쪽에서는 일찍이 석관묘군이 발견되었으나 철도공사 때 훼손되었다. 당시 목격자들에 의한 묘의 형태와 장속상황으로 판단하면 아마도 발해시기의 무덤떼로 생각된다.

6. 남계1대유지(南溪一隊遺址)

[그림 5]   남계1대유지 전경(북→남)

남계일대유지(南溪一隊遺址)는 연길시 연집향 남계촌1대 동쪽 대지에 있다. 동쪽으로 100m 떨어진 곳에는 연집하가 북쪽에서 남쪽으로 흘러가며, 서쪽은 산지로 산세가 비교적 높다.

유지범위는 동서 길이 약 100m, 남북 너비 약 300m이다. 논 안쪽에는 자갈이 많이 쌓여있는데, 어떤 것은 길이가 몇 십m에 이르러 마치

돌담장 같다. 지면에는 베무늬기와편과 니질도기편이 흩어져 있다. 기와편 가운데는 일반적으로 확인되는 발해 지압문 토기가 있으며 도기 문양에는 그물무늬가 보인다.

현지인에 의하면, 유지 안에 남아있던 우물 몇 개를 메웠고, 정지작업을 할 때 자갈층 아래에서도 기와편이 발견되었다고 하는데, 이것은 이 유지가 거주기간이 비교적 긴 발해시기의 취락지였음을 설명하는 것이다. 북쪽으로 1,000m 떨어진 산자락을 개간할 때 석관묘가 발견되었고, 묘 안에서는 십여 명분의 인골이 출토되었다.

7. 남계4대유지(南溪四隊遺址)

[그림 6]　　　남계4대유지 전경(서북→동남)

남계4대유지(南溪四隊遺址)는 연길시 연집향 남계촌4대 서북쪽 산비탈에 위치한다. 동남쪽으로 향소재지에서 500m 떨어진 곳에 있는 연집하는 촌락의 동쪽 200m 지점을 북쪽에서 남쪽으로 흘러간다. 동북쪽 모서리에는 열사기념비가 있고, 서남쪽의 산비탈에는 과수가 숲을 이루고 있다. 동북쪽으로 남계1대유지와는 대략 500m 정도 떨어져 있다.

유지범위는 동서 길이 약 300m, 남북 너비 약 400m이며 이미 경지로 개간되었다. 지표면에는 발해시기의 연꽃무늬 와당·미구가 있는 수키와·가장 자리에 무늬가 있는 기와[花沿瓦]와 도기구연부·도기 손잡이 등이 산견된다. 그 북쪽에 있는 기와편과 도기편은 매우 밀집되어 있다. 유지에서 수습된 와당은 회색이며, 연꽃무늬 사이에 초엽무늬가 있다. 가장자리는 너비 1cm, 높이 2cm, 두께 1cm이다. 가장자리에 무늬가 있는 기와는 황갈색이며, 기와 가장자리의 아래·위쪽에 모두 비스듬하게 누른 무늬와 음각의 선무늬가 있고 사이사이에 국화무늬가 있다. 유지 범위가 비교적 커서 아마도 발해시기의 촌락지로 생각된다.

8. 금성1대유지(錦城一隊遺址)

[그림 7]   1. 금성1대유지 전경(서→동)   2. 유지에서 수습한 기와편

금성1대유지(錦城一隊遺址)는 연길시(延吉市) 연집향 금성촌 동북 과수원과 금성하 남쪽 경작지에 위치한다. 금성1대는 동북 양면이 산과 마주하고 있는 촌락이다. 금성하는 마을 동쪽에 있으며 서북에서 동남으로 흘러간다. 촌의 동북의 완만한 기슭에는 과수원이 있다. 유지 범위 동서 길이

약 200m, 남북 너비 약 500m 범위 안에는 많은 발해유물들이 드러나 있다.

지압문 암키와는 회색을 띠고 있다. 암키와 가장자리에는 지압문이 있는데, 물결모양을 이룬다. 안쪽에는 베무늬가 있다. 남아있는 너비는 9.5cm, 두께는 1.5cm이다. 와당은 회흑색이다. 연꽃무늬와 초엽문이 서로 결합되어 있는 무늬로, 가장자리 높이는 0.6cm, 가장자리 너비 1.2cm, 두께는 1.5cm이다. 미구가 있는 수키와는 회색으로 안쪽에는 베무늬가 있다. 미구부분에는 가로로 된 테두리[橫脊]가 있다. 가장 자리에 무늬가 있는 기와는 3종류가 있다. 한 종류는 회색이며 암키와의 가장자리 아래 위부분에 비스듬하게 새겨진 무늬가 있고, 중간에 음각된 점무늬가 있으며, 안쪽에는 베무늬가 있다. 다른 한 종류는 회색으로 암키와 아래와 위부분에 비스듬하게 새겨진 무늬가 있으며, 중간에는 국화무늬, 안쪽에는 베무늬가 있다. 남아 있는 부분의 너비는 8.5cm, 가장자리의 두께는 2.2cm, 암키와의 두께는 1.8cm이다. 다른 한 종류는 회황색으로 암키와의 가장자리 아래 윗부분에 비스듬하게 새겨진 무늬가 있고 중간에 전(田)자 무늬가 있으며 안쪽에는 베무늬가 있다. 남아있는 부분의 너비는 7.0cm, 가장자리의 두께는 1.7cm, 암키와의 두께는 1.5cm이다.

유지 가운데는 도기 잔편이 매우 많은데 그중에서 도기구연 한 점은 니질로 물레로 빚었다. 황갈색이며 바탕에는 아무런 무늬가 없다. 주둥이는 좁고 입술부분이 각을 이루며 배가 불룩한 항아리[斂口折脣鼓腹罐]로 입지름은 약 12cm, 두께는 0.7~1.0cm, 가장자리의 두께는 1.5cm인 특수한 대형관이다.

9. 태암유지(台岩遺址)

[그림 8]   1. 태암유지전경(서→동)
2. 유지에서 수습한 수키와(상) 지압문암키와(하)

태암유지(台岩遺址)는 연길시 연집향 태암촌 3·4대 촌락부근에 위
치해 있다. 동쪽은 하곡으로 강물은 북에서 남쪽으로 연집하로 흘러들
어간다. 남쪽과 북쪽도 모두 소하곡을 이룬다. 북쪽에는 태암고성이 있
으며, 북쪽에 위치한 평봉산(平峰山)까지는 약 5km 떨어져 있다. 유지
삼면은 산으로 둘러싸여 있고 나머지 한쪽 면은 비교적 넓은 골짜기를
이룬다.

유지 범위는 동서 길이 약 300m, 남북 너비 약 100m이다. 경지와
주택지 주변에서 발해유물이 수습되었는데, 태암고성 남쪽 경작지에
비교적 밀집되어 있다. 와당은 모두 3종류이다. 한가지 유형은 회색이
며, 연꽃무늬사이에 초엽문, 중간에는 꼭지형태의 돌기가 있다. 가장자
리의 너비는 1cm, 가장자리의 높이는 0.3cm, 두께는 0.8cm이다. 다른
한 종류는 회색이다. 동심원 안에 커다란 꼭지형태의 돌기가 있고, 그
둘레에는 몇 개의 작은 돌기가 있다. 바깥쪽에는 변형된 연꽃무늬가
있다. 지름은 14cm, 가장자리의 너비 1cm, 가장자리의 높이 0.2cm, 두
께 1.5cm이다. 나머지 한 종류도 역시 회색으로 가장자리 안쪽에 있는

두 연꽃무늬 사이에 위쪽으로 치우쳐 초엽문이 있다. 가장자리의 너비
는 1.2cm, 가장자리의 높이는 0.4cm, 두께는 1.8cm이다. 가장자리에
무늬가 있는 기와는 회색으로, 암키와 가장자리 아래 윗부분에 눌러서
만든 무늬[按壓紋]와 음각된 무늬가 있고, 중간에는 국화무늬가 있다.
가장자리의 잔존 길이는 8cm, 암키와 두께는 1.6cm이다. 수집된 지압
문 암키와와 미구가 있는 수키와는 일반적으로 확인할 수 있는 발해시
기에 사용된 기와이다. 도기구연은 니질이며 물레로 빚었다. 황갈색이
며 표면에는 아무런 무늬가 없다. 가장자리는 각을 이루며[折沿], 뒤에
는 테두리 무늬를 넣었다. 가장자리의 남아있는 길이는 7.6cm, 두께는
1.1cm이다. 도기 손잡이는 니질이며, 물레로 빚었다. 회색이며, 꼭지 모
양이다. 가로형태로 구멍이 있다. 손잡이 아래 부분의 길이는 3cm, 높이
는 1.5cm이다.

유지 남쪽 200m 떨어진 하곡평지에서 일찍이 청동인장[銅印] 1점이
출토되었다고 하나 그 소재는 알 수 없다. 태암유지는 발해시기의 취락
지로 생각된다.

10. 연하6대유지(煙河六隊遺址)

연하6대유지(煙河六隊遺址)는 연길시 연집향 연하6대에 위치한 동서
향의 골짜기 남쪽대지에 있다. 마을과는 500m 정도 떨어져 있다. 북쪽으
로 산등성이를 지나면 금성촌 1대가 있다. 지표면에는 회색의 베무늬가
있는 기와편들이 약간 흩어져 있는데, 그중에는 자루가 달린 수키와도
보인다. 1978년 이 마을의 외양간 서쪽 담장에서 깊이 대략 4m 정도 되
는 우물이 발견되었다. 우물 벽은 돌로 쌓아 올렸으며, 지름은 대략 1m에

달한다. 지금은 이미 평평하게 메워졌다. 지표면의 유물과 옛 우물 등 유적상황에 근거하면 이 유지는 발해시기의 취락지로 생각된다.

11. 용연유지(龍淵遺址)

용연유지(龍淵遺址)는 연길시 연집향 용연촌7대에 위치한 동서향의 용연구 북쪽 언덕 대지에 있다. 남쪽은 밭을 사이에 두고 민가가 있다. 동쪽은 골을 지나면 평탄한 산비탈이고 북쪽은 높게 솟은 산과 접해 있다.

유지범위는 동서 길이 약 70m, 남북 너비 약 50m이며, 이미 경작지로 개간되었다. 회색의 베무늬암키와 잔편과 물레로 빚은 도기편들이 흩어져 있다. 기와 잔편 중에는 지압문 암키와가 있는데 유지의 서쪽 기슭에 약간의 협사질 도기 잔편들이 보인다. 용연유지는 발해시기의 유지이며 부근에는 원시사회문화유존이 있다.

12. 하룡남산유지(河龍南山遺址)

하룡남산유지(河龍南山遺址)는 연길시 장백향 하룡촌에서 1km 떨어진 화첨자산(花尖子山) 북쪽 기슭의 평평한 대지에 있다. 북쪽으로 하룡고성과는 1km 떨어져 있으며, 해란강이 고성 북쪽을 동쪽에서 서쪽으로 흘러간다. 고성에서 북쪽으로 1.5km 정도 떨어진 곳에서 부르하통하와 합류한다.

유지에 남아있는 유물은 많지 않다. 발해시기의 새끼줄무늬기와와 회색의 베무늬기와들이 확인된다. 도기는 기저부와 구연부가 보이는데, 모두 니질이며 물레로 빚은 도기들이다. 이곳에 일찍이 사찰지가 있었다고 하나 확인되지는 않았다.

13. 소영자유지(小營子遺址)

소영자유지(小營子遺址)는 연길시 소영향 소영촌1대에 있다. 북쪽은 산등성이와 접해 있고, 그 남쪽 기슭에는 과수가 심어져 있다. 남쪽으로 대략 30m 정도 떨어진 곳에 연길로 통하는 도로가 있고, 동남쪽에는 소영2대가 있다. 유지 남쪽은 너른 평야이고, 동쪽은 성자산산성과 500m 떨어져 있다.

소영자유지 범위는 동서 길이 약 300m, 남북 너비가 대략 60~70m이다. 유지에는 기와편과 도기편 약간이 흩어져 있다. 동쪽 취토(取土)지에는 회색의 베무늬기와들이 비교적 많이 보인다. 아울러 푸른색 벽돌도 보인다. 푸른색 벽돌의 너비는 14.5cm, 두께는 4.1cm이며 남아있는 길이는 14cm이다. 출토된 구멍이 많은 도기는 매우 특수하다. 회갈색이며 바탕에는 아무런 무늬가 없다. 구멍의 지름은 4cm, 두께는 0.6cm인 시루의 아랫부분이다. 게다가 산에서 흘러내린 물에 의해 깎여져 형성된 단면을 관찰하면, 표토층 30cm, 문화층 30cm이며, 흑회색 도기 잔편과 기와 잔편이 섞여 있다.

유지가 있는 곳의 지세와 유물 상황, 특히 도제 시루 아랫부분의 모양에 근거하면, 발해도기의 특징을 지니고 있다. 따라서 소영자유적은 아마도 발해시기의 촌락지라고 판단된다.

14. 공농촌유지(工農村遺址)

공농촌유지(工農村遺址)는 연길분지 동쪽인 소영향(小營鄕) 부르하통하 북쪽 하곡평지에 있다. 동쪽은 시 원예농장 사택과 경작지이고, 서쪽은 공농촌(工農村) 3·4대와 광진촌(光進村)과 인접해 있으며, 남쪽은 공농촌 1대 주거지와 이어져 있다. 북쪽으로 1km 떨어진 곳에는 연변제분공장[延邊面粉場]이 있다.

유지범위는 동서·남북이 각각 약 300m이다. 현재 밭으로 개간되었는데, 주위보다 약간 높다. 원시사회 유물과 발해시기의 유물이 흩어져 있다. 원시사회유물에는 도기 구연·도기바닥·도기 제기 손잡이[陶豆把]·흑요석 잔편 등이 있다. 도기바닥은 밑부분이 평평하고, 바닥부분은 비스듬한 몸체와 이어져 있다. 모래가 섞여 있고 회갈색을 띠며 무늬는 없다. 바닥의 잔존 너비는 6cm, 두께 1.4cm, 벽의 두께는 1.1cm에 이르러 단지로 생각된다. 제기 손잡이[豆把]는 손으로 빚은 것으로 모래가 섞여 있다. 제기 손잡이 윗부분은 속이 채워져 있고[實心], 표면에는 세로 형태로 줄을 그은 흔적이 있다. 손잡이 지름은 4.0cm, 잔여 높이는 4.0cm이다. 발해시기의 유물로는 지압문 암키와·미구가 있는 수키와·가장자리에 무늬가 있는 기와[花沿瓦] 등이 있다. 가장자리에 무늬가 있는 기와 가장자리 위·아래에는 두 줄의 음각 선무늬가 있고, 안쪽에는 둥근 테두리 무늬가 있다. 와당은 연꽃무늬이며, 연꽃의 왼쪽에는 "십(十)"자 형태의 무늬가 있다.

일찍이 이곳에서 청동불상과 돌절구가 출토된 적이 있다. 공농유지는 원시문화유존과 발해문화유존이 서로 중첩된 유지이다. 원시유지는 아마도 원시촌락지로서 초기 철기시대에 속하는 것으로 생각된다. 유지 안에는 근래에 공자묘[孔廟]가 세워졌으나 현재는 남아있지 않다.

발해평원성유적

1. 흥안고성(興安古城)

흥안고성(興安古城)은 연길분지 북단의 비스듬한 언덕 위에 있다. 연길~도문간 도로가 성터 동북쪽을 지나간다. 성터는 흥안향정부(興安鄉政府)에서 북쪽으로 500m정도 떨어져 있다. 남쪽과 서남쪽은 주거지이고, 서쪽은 남쪽으로 흐르는 연집하와 접해 있다. 동쪽의 경작지는 완만한 구릉으로 현지에서는 동산(東山)이라고 부른다.

성터는 동쪽이 높고 서쪽이 낮다. 동벽과 북벽에 남아 있는 기단은 주위보다 약간 높으며, 남아있는 성벽의 기저부는 돌로 쌓아 만들었음을 대체로 확인할 수 있다. 동북쪽 모서리에는 각루유적이 있는데 높이는 1.5m이다. 북벽은 길이 374m이고, 서벽은 연집하의 물에 의해 깎여나가 흔적을 확인할 수 없으나 대략 500m 정도로 추산되며, 성터 둘레는 대략 1,800m이다. 흥안고성은 중간 규모의 성곽이다.

성지 안 지면에는 유물이 매우 많다. 기와에는 암키와·수키와가 있는데, 홍갈색이 많고 회색은 적다. 기와 대부분은 무늬가 있는데, 그중에서 굵기가 일정하지 않은 그물모양이 많고 새끼줄무늬는 적다. 성터 서쪽에는 약간의 지압문 암키와·인(人)자무늬 기와와 가장자리에 무늬가 있는 기와(花沿紋)가 흩어져 있으나 와당은 보이지 않는다. 도기편은 니질도기로서 물레로 빚었다. 홍갈색과 회갈색 두 가지 색깔이 있는데, 그 중에서 회갈색 도기 잔편이 대부분이다. 그릇 손잡이는 혀 모양과 다리 모양이 있고, 구연부는 주둥이가 벌어지고 말려 있는(侈口卷沿) 것이 많다. 가끔 파도무늬가 있는 도기편도 보인다.

홍안고성에서 수집된 유물에는 기와류와 도기류가 있다. 전자에는 암키와와 수키와가 있다. 암키와는 크게 3종류이다. 한 종류는 황갈색으로, 기와 가장자리에서 2cm까지는 무늬가 없으나 그 아래부터 작은 네모무늬가 있다. 일부 기와의 바탕에는 줄무늬가 있으며 안쪽에는 베무늬가 있다. 기와는 두께 2.5cm, 남아 있는 길이 16.5cm, 남아있는 너비 10.4cm이다. 다른 한 종류는 붉은색을 띠고 있다. 커다란 그물무늬가 있고 안쪽에는 베무늬가 있다. 기와 두께는 2cm이다. 이러한 유형의 암키와 수량이 가장 많다. 또 다른 한 종류는 회색을 띤다. 기와 바탕에는 새끼줄무늬가 있고 안쪽에는 베무늬가 있다. 기와의 두께는 1.9cm이다. 수키와는 홍갈색을 띠는데, 둥근 활 모양이다. 기와 바탕에는 두 개의 줄무늬가 있고, 안쪽에는 베무늬가 있다. 남아 있는 길이는 16cm, 두께는 0.9cm이다.

도기류에는 도기편·구연부·도기 손잡이 등이 있다. 도기편은 황회색을 띤다. 기벽은 곡선을 이루며, 물결무늬가 있다. 두께는 1cm이다. 구연부는 두 종류이다. 한 종류는 홍갈색을 이룬다. 바탕에는 아무런 무늬가 없고, 주둥이는 벌어져 있으며, 둥근 입술을 하고 있다. 남아 있는 길이는 7.5cm, 두께는 1.5cm이다. 다른 한 종류는 회갈색으로, 바탕에는 아무런 무늬가 없다. 주둥이는 넓고 입술은 뾰족한 항아리(廠

口尖骨罐]와 비슷하다. 남아 있는 길이는 9cm, 두께는 0.3cm이다. 그릇 손잡이는 회색을 띠고 있다. 바탕에는 아무런 무늬가 없으며 혀 모양이다. 손잡이의 너비는 9cm, 손잡이 높이는 3cm, 손잡이의 두께는 0.8cm이다.

홍안고성에서 출토된 기와편, 특히 붉은색의 그물무늬기 와와 새끼줄무늬 기와는 집안시 고구려 환도산성에서 출토된 유물과 같으며, 색깔·무늬 또는 기와의 두께나 무게를 막론하고 대체로 일치한다. 고구려유물은 연변에 위치한 고성에 밀집되어 분포하지만, 다른 지역의 고구려 유적에서는 거의 보이지 않는다. 따라서 홍안고성은 아마도 고구려의 동북부 변방의 중요한 군사시설인 관애로, 고구려가 이 일대의 옥저인들을 통치하는 정치·군사 중심지의 하나였을 것으로 생각된다.

2. 하룡고성(河龍古城)

[그림 9] 1. 하룡고성 동벽 노출부(동→서) 2. 하룡고성 동벽 노출부(동→서)

하룡고성(河龍古城: 또는 土城村土城이라고 부름)은 연길시 장백향 하룡촌5대에 위치해 있다. 이곳은 부르하통하와 해란강이 합류하는 하안평지이다. 남쪽에는 화첨자산(花尖子山)이 우뚝 솟아 있고, 북쪽으로는 해란강과 접해 있으며, 서북으로는 부르하통하 너머 1.5km 떨어

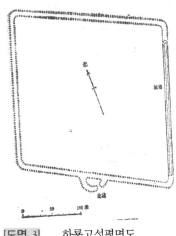

[도면 3]   하룡고성평면도

진 곳에 성자산산성이 있다. 동·서·남쪽은 민가와 이어져 있다.

성터는 마름모 형태이며, 방향은 약 200°이다. 동벽은 길이 240m, 남아 있는 높이는 2.5m이며, 남벽은 길이 255m, 서벽은 길이 230m, 북벽은 길이 259m이다. 둘레 길이는 984m이다. 현재 동벽에는 간간이 유적이 남아 있고 그 나머지인 남·서·북 3벽에는 논으로 개간되었다. 원래 남벽 중간에는 문지와 옹성이 있었으나 현재는 남아 있지 않다. 성벽 기초는 토석혼축으로, 윗부분은 흙으로 층을 나누어 10cm 두께로 쌓아 올렸으나 돌을 섞어 넣은 곳도 있다.

성지 안에는 유물이 매우 적다. 동벽 흙 속에 그물무늬와 새끼줄무늬 기와와 니질의 물레로 빚은 도기편 등의 유물들이 섞여 있다. 동벽 홈 주변에 어지럽게 흩어져 있는 돌무더기 가운데서 돌도끼 1점이 발견되었다. 채집된 유물에는 암키와와 구연부가 있다. 암키와는 두 종류인데, 한 종류는 홍갈색을 띠고 있다. 바탕에 그물무늬가 있고 안쪽에는 베무늬가 있다. 기와 테두리의 남아 있는 너비는 6.2cm, 기와의 두께는 2.3cm이다. 다른 한 종류는 회황색으로, 바탕에 새끼줄무늬가 있고 안쪽에는 베무늬가 있다. 기와 테두리의 남아 있는 너비는 6.6cm, 기와 두께는 1.4cm이다. 구연부가 회색인 안압무늬가 있는 주둥이가 넓은 항아리[盤口罐]로, 테두리의 남아 있는 너비는 5cm, 두께는 0.5cm이다.

1964년 5월, 일찍이 이 성에서 연꽃무늬 와당과 미구가 있는 수키와

302   북국 발해 탐험

등이 수습되었다. 출토유물에 근거하면, 하룡고성은 발해시기에 축조되어 요금시기까지 사용된 것으로 판단된다. 금나라 말기 동하국시기의 하룡고성의 지위문제에 대해서 학계에 다양한 견해가 있다. 한 가지 의견은 동하국시기에 이 성이 계속 사용되었다고 생각은 하지만 그러나 일반적인 작은 성이었다는 견해이고, 다른 한 가지는 동하국의 남경성(城子山山城)과 하룡고성이 결합되어, 동하국의 통치자들이 전쟁이 없던 시기에는 이 평지성에서 거주하고 전쟁이 있을 시기에는 험준하여 수비하기가 쉬운 성자산산성으로 옮겼다는 견해이다. 어떤 학자는 명대 여진인 올량합부(兀良哈部)가 일찍이 이 일대에서 활동하였으며 당시에 애단위(愛丹衛)의 치소였다고 주장하기도 하였다.

하룡고성 성벽 중에는 그물무늬와 새끼줄무늬 기와가 있다. 성벽에서는 원시석부도 발견되었다. 또한 이전에 고성부근에서 무늬가 있는 협사도기편이 발견되기도 하였다. 이러한 문화현상은 이 성이 원시유적과 고구려유적의 윗부분에 건축되었음을 보여주는 것이라고 생각한다.

3. 북대고성(北大古城)

북대고성(北大古城)은 연집하 동안 하곡평지에 있다. 이곳은 흥안향 북대촌에 속한다. 남쪽은 이곳에 주둔하고 있는 군부대이고, 북쪽은 민가이며, 동쪽은 연길~도문 도로와 약 400m 떨어져 있다. 동북쪽 200m 지점에는 연변농약창(延邊農藥廠)이 있다.

1937년 조산희일(鳥山喜一)이 이 성을 조사한 후 『간도성고적조사보고』에 논문을 발표하면서 연길가북고성(延吉街北古城)으로 이름 지어졌다. 당시 이곳은 일본의 중요한 군사지역이었으므로 조산희일은 성 안의 건축지에 대해서만 보측(步測)하고, 지면에 있는 약간의 유물을 수집하였을 뿐이다. 1985년 연변주문물보사대(州文物普査隊)가 두 차례 조사하여 고성의 위치·규모와 출토유물을 종합 분석하여 북대고성으로 명명하였다.

북대고성의 성벽은 이미 없어져 버렸다. 동쪽은 너른 밭이고, 서·남·북 3면은 주거지와 군부대이다. 유물은 밭과 군부대 안에 비교적 많고 분포하지만, 거주지에서는 그다지 많지 않다. 유지 남쪽에는 흙 두둑이 있는데, 고성 내에서 규모가 큰 건축물 기단 같다. 그 주위에는 유물도 비교적 많다. 유물 분포범위에 근거하면, 고성은 동서·남북이 각각 500m정도로 중간 규모의 성지이다.

수습된 유물은 발해시기에 흔히 볼 수 있는 건축자재들로 와당과 암키와·화연와·수키와·녹유와 등이 포함되어 있다. 와당은 두 종류인데, 한 종류는 회색이다. 연꽃무늬·십(十)자무늬와 꼭지형태의 돌기, 둥근 점 등이 있으며, 그 무늬가 화려하다. 지금은 16.5cm, 두께 1.8cm, 테두리 너비 1.0cm, 테두리 높이 0.5cm이다. 다른 한 종류 역시 회색으로, 연꽃무늬가 있고 둥근 점·꼭지모양의 돌기와 초엽문이 있다. 암키와는 짙은 회색이며 기와 테두리 한쪽에 지압문이 있다. 남아 있는 너비는 11cm, 남아 있는 길이는 6.5cm, 두께는 2.0cm이다. 수키와는 짙은 회색이며 손잡이가 있다. 미구 중간에는 음각된 넓은 줄무늬가 있고, 안쪽에는 베무늬가 있다. 남아 있는 길이는 13.6cm, 손잡이 부분의 길이는 6.0cm, 남아 있는 너비는 14.0cm, 기와 두께는 1.9cm이다. 가장 자리에 무늬가 있는 기와(花沿瓦)는 짙은 회색으로 기와의 테두리에 비스듬한 선 무늬와 둥근 원 무늬가 있다. 남아 있는 너비는

8.5cm, 두께는 2.2cm이다. 녹유와는 수키와 잔편이다. 태토는 황갈색으로 바탕에 녹유를 발랐고, 안쪽에는 베무늬가 있다. 남아 있는 길이는 14.5cm, 남아있는 너비는 10cm, 두께는 1.6cm이다.

  북대고성은 발해시기의 평지성이다. 성 안에는 건축자재들이 폭넓게 분포하는데 이것은 당시 성 안에 건축물이 즐비하고 생활하던 백성들이 비교적 많았음을 설명하는 것이다. 주목할 만한 점은 성안에서 녹유와가 출토된 것이다. 녹유와는 연변지역 발해유적 가운데서 훈춘 팔련성발해동경지(琿春八連城渤海東京址)·화룡 서고성발해중경지(和龍西古城渤海中京址)와 몇몇 발해사찰지를 제외하고 다른 유적에서는 거의 보이지 않는 것이기 때문이다. 또한 성 남쪽에는 모아산봉화대가 있고 서남쪽에는 소돈대가 있으며 동북쪽에는 대돈대가 있어, 이 세 곳이 서로 의각(犄角)의 형세를 이루며 북대고성을 호위하고 있다. 그래서 지역적으로 중경현덕부에 가까운 북대고성은 아마도 관할지역인 "노(盧)·현(顯)·철(鐵)·탕(湯)·영(榮)·흥(興)" 6주 가운데 어떤 주 또는 현 치소로 생각된다.

4. 태암고성(台岩古城)

[그림 10]　　1. 태암고성 북벽 안쪽(동남→서북) 2. 고성 내 수습 도기 및 기와

태암고성(台岩古城)은 연길시 연비향 태암촌4대 뒤쪽의 넓고 완만한 비탈에 있다. 고성에서 1km 떨어진 동쪽에는 소연집하가 북쪽에서 남쪽으로 흘러간다. 북쪽에서 편서쪽으로 6.5km정도 떨어진 곳에 평봉산(平峰山)이 있고, 남쪽으로 300m 떨어진 곳에는 작은 개울이 서쪽에서 동쪽으로 흘러간다. 고성 동남쪽에는 태암3·4대가 있다.

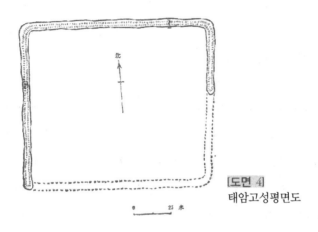

[도면 4]
태암고성평면도

현재 고성 안팎은 모두 경작지로 변했다. 고성은 대체적으로 방형을 이루며, 그 방향은 185°이다. 동·서벽은 각각 길이가 75m, 남·북쪽 성벽은 각각 약 80m, 둘레 길이는 대략 310여m이다. 성벽은 자연석으로 쌓아올렸으나 각루나 치는 보이지 않는다. 남벽 동쪽 끝과 동벽 남쪽 끝은 이미 사라졌다. 서벽 기단 너비는 4m, 높이는 1.5m이다. 문지는 분명하지 않다.

성안은 오랫동안 농작물을 재배했기 때문에 지표면에 드러난 유물은 매우 적으며, 홍갈색의 새끼줄무늬 기와와 니질의 물레로 빚은 회색과 홍갈색의 도기편만이 보일뿐이다. 성 밖의 남·동쪽 지면에는 연꽃무늬 와당·미구가 있는 수키와·지압문 암키와 등 발해유물이 흩어져 있다.

영길현

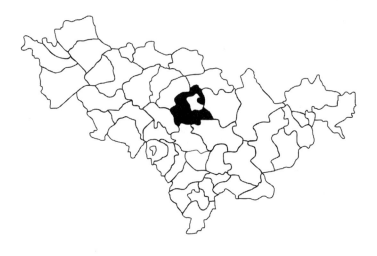

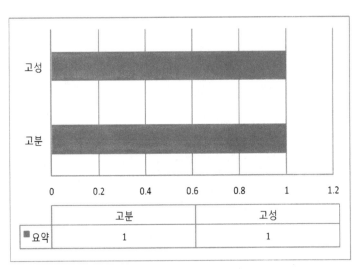

	고분	고성
요약	1	1

발해무덤유적

· · · · · · · · · · · · · · · · · · · ·

1. 양둔대해맹제3기문화무덤떼[楊屯大海猛第三期文化墓葬]

양둔대해맹유지(楊屯大海猛遺址) 제3기문화유존(第三期文化遺
存)은 무덤으로 세 차례에 걸쳐 토광묘(土壙墓) 90기 · 석광묘(石壙墓)
2기가 발굴 · 조사되었다. 무덤은 분포상태가 밀집 · 중첩되어 파괴된
것도 있어서, 아마도 당시의 공동묘지로 생각된다.

이곳의 무덤은 비록 배열순서를 확인할 수는 없으나, 무덤 방향이
대체로 일치하고 대체적인 두향은 260~290°의 서쪽이다. 단인석광묘
(單人石壙墓) 두 기를 제외하고, 나머지는 모두 수혈토광묘(竪穴土壙
墓)이다. 토광묘(土壙墓)는 단인일차장(單人一次葬) · 이인일차장(二
人一次葬)이 있으며, 또한 2인과 다인이차합장묘(多人二次合葬墓)가
있다. 다인이차합장묘 가운데 가장 많은 합장인원은 11개체분(예 : 80M)
이다. 일부 단인토광묘 안에서 쇠 관못과 목탄 흔적이 발견되었는데,
이것은 목관의 장구가 있었음을 설명하는 것이다. 나머지 토광묘에서
는 장구 흔적이 발견되지 않았다. 단인토광묘는 일반적으로 길이가 2m,
너비가 1m 정도이며, 다인이차장토광묘는 일반적으로 길이가 2m, 너

비가 1.4m정도이다. 석광의 길이는 2.2m, 너비는 1m 정도이다. 일부 다인이차합장묘를 제외하고는 모두 부장품이 비교적 많이 출토되어 2,000여점에 이른다.

도기는 니질(泥質)과 협사(夾砂) 두 종류이다. 모래가 섞여있는 도기[夾砂陶]는 전체 도기의 약 80%이다. 석영입자(石英砂砬)와 운모(云母) 잔편이 섞여 있어 색깔이 일정하지 않으나, 회갈색이 가장 많으며, 흑갈색·홍갈색 순이다. 어떤 것은 여러 가지 색깔이 포함된 것도 있다. 소성도는 비교적 낮으며 재질은 비교적 연하다. 니질도기[泥質陶]는 회색과 짙은 회색이 가장 많으며, 회황색과 오렌지색은 매우 드물다. 소성도는 비교적 높고 재질은 단단하다. 도기 가운데 40%정도는 선 무늬·어두운 무늬·각선무늬·압인무늬·가지형태가 붙은 무늬 또는 톱니무늬의 덧띠무늬[堆紋]이다. 대부분은 기물 구연부 아래와 배 부분에 장식이다. 도기는 대다수가 손으로 빚은 것이며, 니질도기는 물레로 만들거나 또는 손으로 빚어 물레로 다듬은 것도 있다.

협사도기(夾砂陶器) 가운데는 통형심복관(筒形深腹罐)이 가장 많으며 특징적이다. 그릇의 형태는 주둥이가 넓고, 배가 깊으며, 약간 불룩하다. 바닥은 작고 평평하다. 대다수 유물의 목 부분에는 둥근 톱니무늬가 있는 덧띠무늬[堆紋]가 있는데 배 부분에 연속적인 물결무늬 또는 단속적인 파도무늬가 있는 것도 있다. 또한 도기항아리[陶罐] 표면에는 매우 두꺼운 그을음[煙炱]이 붙어 있는데, 이 유물이 당시 취사도구이면서 음식용기였음을 설명하는 것이다.

니질도기 가운데는 주둥이 가장자리가 말리고 배가 불룩한 항아리[卷沿鼓腹罐]가 가장 특징적이다. 대다수는 배 부분에 선 무늬 또는 압인된 둥근 원 무늬가 있고, 어떤 것은 배 가운데 다리 형태의 그릇 손잡이[橋狀橫耳]가 있으며, 어떤 것은 기체 혹은 그릇 바닥에 "⊕"·"*" 형태의 부호가 찍혀 있다.

철기는 일부의 쇠도끼·쇠 낫·쇠톱 등의 생산도구 이외에 대다수는 무기·마구(馬具)·대식(帶飾)·갑편(甲片) 등이다. 무기에는 쇠창·쇠칼·쇠화살촉 등이 있다. 철창은 몸체가 긴 버들잎 형태의 여러 종류가 있는데, 모두 기러기가 입을 벌리고 있는 것처럼 비스듬한 둥근 구멍[圓銎]이 있고 그 끝에는 작은 구멍[孔眼]이 있다. 쇠칼은 모두 등이 곧고 날은 둥글다. 어떤 칼자루에는 나무잔편이 남아 있는데, 이것은 당시 나무 손잡이를 끼워넣었음을 설명하는 것이다. 쇠화살촉은 수량이 많을 뿐만 아니라 양식이 복잡하여, 마름모형태의 화살촉·정삼각형 형태의 화살촉·장삼각형 화살촉·세 개의 날개 뒤에 끝에 마름모형태가 있는 화살촉·제비꼬리 형태의 화살촉 등이 있다. 거의 모든 무덤의 부장품에서 무기가 출토되었는데, 이것은 당시에 전쟁이 빈번하였음을 설명하는 것이다. 철기 가운데는 말재갈·마렴(馬鐮)·말 등자 등의 마구(馬具)와 갑옷편·원포(圓泡)·심장모양의 장식[心形飾]·투구용 갑편[盔甲類] 등과, 대구(帶具)·대과(帶銙)·대구(帶扣) 등 대식(帶飾)류가 있다.

청동기는 대부분이 장식물로 대식류가 가장 많다. 그 중에는 대과(帶銙)·대구(帶扣)·타미(鉈尾)와 기타 장식품 등 여러 종류가 있는데, 대부분은 바탕에 무늬가 없지만 꽃잎형태가 있는 것도 있다. 또한 어떤 것은 표면에 도금을 하였고, 어떤 것은 칠을 발랐다. 청동패식(靑銅牌飾)에는 방형패식(方形牌飾)·원형패식(圓形牌飾)과 투구형패식[盔形牌飾] 등이 있으며, 패식에는 각종의 복잡한 무늬가 있다. 청동기 중에는 청동고리·청동귀걸이·청동팔찌·청동비녀·물방울모양[泡形]

의 비녀·마름모형태의 장식 등도 있는데, 그중 "쌍인어마동식(雙人馭馬銅飾)"이 가장 생동감이 있는 형식이다. 쌍인어마는 외형을 주조한후, 인물상과 말의 눈썹과 눈을 조각했다. 형태가 고졸하고 소박하며,조각기법이 숙련되어 당시 높은 공예수준을 반영한다. 이밖에도 은팔찌·은비녀·마노주 등이 출토되었는데, 특히 주목되는 것은 부장품으로서 10여 점의 옥벽이 출토된 점이다. 이것은 길림성에서 처음 발견된것으로, 모두 유백색 혹은 회백색으로 바탕은 광택이 있으며, 가장 큰것의 바깥지름은 11.7cm, 안지름은 1.7cm이다.

양둔대해맹 제3기문화무덤에서 출토된 수많은 옥벽·청동장식·철공구·무기·마구·갑편 등은 길림성에 분포하는 같은 시기의 유적에서는 거의 보이지 않는 것이다. 그 중에서 통형심복관(筒形深腹罐)의형식과 무늬는 흑룡강성 동녕단결유지(東寧團結遺址)에서 출토된 발해 초기의 도기항아리[陶罐]와 길림성 돈화 육정산초기발해무덤에서출토된 도기항아리[陶罐]와 매우 비슷하다. 니질고복관(泥質鼓腹罐)은흑룡강성 동녕단결유지의 후기 도기와 흑룡강성 영안시 발해상경용천부 유지에서 출토된 도기와 매우 비슷하다. 여기에서 협사통형관과 니질고복관은 무덤과 구덩이[灰坑]에서 모두 발견되었다. 79M17호 무덤안의 죽은 사람 다리 아래에서 개원통보 한 점이 출토되었는데 이것에근거하여 양둔대해맹제삼기문화의 무덤이 송화강유역에 살던 속말말갈인의 유존이며, 그 문화적 의미는 당연히 속말말갈~발해문화에 속함을 알 수 있다.

양둔대해맹유지 제3기문화의 무덤에서 출토된 옥벽·도금하고 칠을바른 청동 대식·철기·무기·마구·갑편 등 많은 유물들은 모두 중원지구에서 출토된 동일한 유형의 유물과 유사하여, 발해와 당왕조가문화적으로 밀접한 관계와 연원관계에 있음을 설명하는 것이다.

발해산성유적

1. 삼가자고성(三家子古城)

삼가자고성(三家子古城)은 영길현(永吉縣) 오랍가진(烏拉街鎭) 삼
가자촌(三家子村: 즉 腰三家子屯) 서남쪽에 있다. 동남쪽으로 대구흠
향(大口欽鄕) 양목촌(楊木村)과는 강을 사이에 두고 마주하고 있다.
서쪽과 북쪽은 송화강(松花江)과 약 100m, 남쪽으로 삼가자둔(三家子
屯)과는 1.5km 떨어져 있다. 현지인들은 일반적으로 이 성을 노성(老城)
또는 소성자(小城子)라고 부른다.

고성 평면은 대체로 방형이다. 성벽 기단은 모두 돌을 쌓아서 축조하
였다. 성벽은 내·중·외 3겹으로 나뉜다. 현재 외성 성벽은 심각하게
파괴되어 이미 원래의 모습을 잃었다. 내성은 보존상태가 비교적 좋다.
이 성의 형식은 비교적 특수하다. 성 북쪽에는 혀 모양의 흙기단이 있
는데 성벽과 높이가 같다. 성 북쪽 정중앙에는 남북으로 연결된 3중의
성벽이 있는데 남쪽이 높고 북쪽이 낮은 형세이다. 외성의 둘레 길이는
380m, 중성의 둘레 길이는 320m, 내성은 160m이다. 성안에서 북송시
기의 동전과 니질 회색 도기잔편 등이 발견되었다. 이 성은 발해시기에
축조되어 요금시기에 연용된 것으로 잠정 결론을 내린다.

왕청현

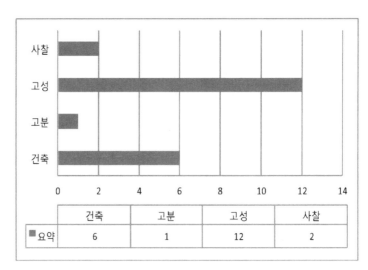

	건축	고분	고성	사찰
■요약	6	1	12	2

발해건축유적

1. 영벽건축지(影壁建築址)

[그림 1]　　영벽건축지 전경(서→동)

[그림 2]　　영벽건축지 전경(북→남)

영벽건축지(影壁建築址)는 계관향(鷄冠鄕) 영벽촌(影壁村)에서 동남쪽으로 약 750m 떨어진 평지에 있다. 건축지 남쪽에는 작은 산이 있고, 그 북쪽 기슭에는 낙엽송 숲이 있다. 북쪽으로 300m 떨어진 곳을 지나는 남청하(南淸河)는 동남쪽에서 서북쪽으로 흘러 계관하(鷄冠河)로 들어가며, 그 서안과 인접한 곳에는 공가점(公家店)으로 가는 도로와 무덤군이 있다.

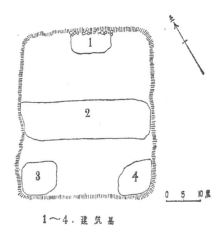

1~4. 建筑基

[도면 1]　　영벽건축지평면도

건축지는 이미 경작지로 개간되었으나, 지표면에는 약 0.3m 높이의 흙둔덕[土臺]이 있다. 이 흙둔덕은 남북 약 46m, 동서 약 36m이며, 방향은 215°이다. 이 작은 흙둔덕에는 기와편·와당·도기편 등 유물이 많이 흩어져 있다. 이곳에는 4곳에 건축기단이 있다. 첫 번째 건축기단은 북쪽 중간에 있으며 길이는 13m, 너비는 6m이다. 북쪽에 돌로 쌓은 흔적이 있는데 출입문으로 생각된다. 두 번째 건축기단은 흙둔덕 중간에 있으며 길이 36m, 너비 10m이다. 북향한 장방형 가옥이다. 세 번째와 네 번째 건축기단은 남동쪽과 남서쪽 모서리에 있으며, 각각 길이 약 10m 너비 약 7m이다.

이 네 개의 건축지의 흙색은 회색이며 윗면에는 기와편 무더기가 있다. 흙둔덕 사방에도 약간의 기와편과 도기편이 흩어져 있는데, 이는 경작으로 인해 흙둔덕 위의 유물이 해마다 흩어진 까닭이다. 건축지에는 유물이 풍부하다. 주로 지압문 암키와·미구가 있는 수키와·연꽃무늬 와당·미구가 있는 기와·도기편 등의 유물이다. 미구가 있는 기와의 앞쪽 양 측면에는 ×무늬, 비스듬하게 새긴 선 무늬, 둥근 무늬, 둥근 원안에 +를 넣은 무늬, +자 무늬 등 다양하다. 도기의 재질은 주로 니질회도와 니질회갈도이며, 주둥이 가장자리가 꺾였거내[折沿] 또는 그 가장자리가 말려 있는[卷沿] 것이다. 주둥이 가장자리[口沿]에는 모두 물레를 돌린 흔적이 있다. 수집된 유물로 보면 발해시기의 건축지임을 알 수 있다.

건축지의 구조는 비교적 특수하며 배열에 규칙이 있다. 지면 상황으로 보면, 회랑식 건축물로 생각되는데 발굴을 통해 더욱 분명해지기를 기대한다.

2. 중대천건축지(中大川建築址)

[그림 3] 1~3. 중대천건축지에서 수습한 수키와·어골문기와·암키와
4.유지 전경(서남→동북)

중대천건축지(中大川建築址)는 춘양향(春陽鄕) 중대천촌(中大川村) 서북쪽 소학교 뒤쪽 50m에 위치해 있다. 이곳은 팔도하자(八道河子) 우안 대지로, 맞은편은 몇 십m에 달하는 절벽이다. 유지 남쪽은 새로 지은 벽돌공장과 인접해 있다. 건축지 담장 서남쪽 모서리는 벽돌공장에 의해 파괴되었다. 건축지에서 서쪽으로 멀지 않은 곳에 목도철로(牧圖鐵路)가 지나간다.

건축지는 담장과 건축 두 부분으로 이루어져 있다. 담장은 돌로 축조하였으며, 평면은 방형이다. 방향은 360°이다. 동서 길이 58m, 남북 너비 63m이며, 밑 부분의 너비는 3~5m, 높이 0.3m, 담장 길이는 242m이다. 담장 중앙 서북쪽에 융기된 커다란 흙둔덕[土包]이 있는데 그 높이는 0.5~1m이다. 그 위에는 기와편·와당 등의 유물이 밀집되어 있다. 원래 건축자리이다.

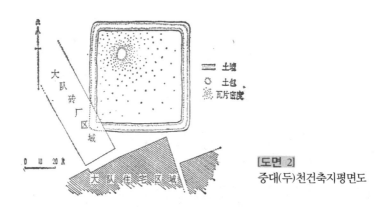

[도면 2]
중대(두)천건축지평면도

기와에는 암키와·수키와·미구가 있는 기와·와당 등 몇 종류가 있다. 암키와 앞부분에는 지압문이 새겨져 있다. 수키와는 두 종류가 있는데, 하나는 미구가 있는 형태이고, 다른 하나는 미구가 없는 형태로, 앞부분은 좁고 얇으며, 뒷부분은 넓고 두껍다. 미구가 있는 기와 앞부분 측면에는 방사선무늬·+자무늬·둥근 원무늬 등이 있다. 와당에는 연꽃무늬가 있다. 중대천건축지는 발해시기의 역참으로 생각된다.

3. 홍운건축지(紅云建築址)

[그림 4] 1. 수습한 수키와   2~3. 지압문암키와
4. 홍운건축지 전경(북→남)

홍운건축지(紅云建築址)는 춘양향(春陽鄕) 홍운촌(紅云村: 옛 이름은 高麗村)에서 북쪽으로 500m 떨어진 춘양저수지 서북쪽 대지 중앙에 있다. 팔도하자(八道河子)가 건축지에서 남쪽으로 20여m 떨어진 곳에서 저수지로 흘러 들어간다. 유지에서 북쪽으로 100m 떨어진 곳에

있는 작은 산에는 새로 지은 향 임업장이 있다. 서북쪽은 길게 이어진 합이파령(哈尒巴嶺) 자락이고, 그 사이에는 춘양에서 흑룡강성 영안시 발해진(渤海鎭)으로 통하는 도로가 있다. 이 도로는 곧 발해시기의 상경(上京)으로 통하는 옛 도로이다.

건축지는 남북향이며, 동서 길이 23m, 남북 너비는 38m, 높이는 약 0.5m이다. 흙둔덕에는 기와편들이 집중되어 있다. 이를 중심으로 동서 길이 약 150m, 남북 너비 약 90m 안에서는 기와편들이 거의 보이지 않지만 도기편은 비교적 많이 흩어져 있어, 아마도 건축지 주변에 촌락지가 있었다고 생각된다.

건축지는 이미 경작지로 개간되었다. 마을 사람들이 땅을 고를 때 쌓아놓은 돌무더기에서도 몇 개의 초석이 발견되었다. 건축지에서 수습된 유물로는 지압문 암키와·미구가 있는 수키와·연꽃무늬 와당 등이 있다. 이것은 발해시기 건축지는 영안 동경성에서 출발하여 합이파령을 넘어 왕청현(汪淸縣)으로 들어오는 첫 번째 역참으로 아마도 발해 "일본도(日本道)"상의 중요한 역참 중의 하나라고 생각된다.

4. 행복건축지(幸福建築址)

행복건축지(幸福建築址)는 춘양향(春陽鄕) 행복촌(幸福村) 서쪽, 우권하(牛圈河)가 팔도하(八道河)로 유입되는 대지 위에 있다. 남쪽으로 400m 떨어진 곳에는 소성자촌(小城子村)이 있고, 이 마을과 행복촌 사이는 목도철로(牧圖鐵路)가 지나간다. 건축지의 남북은 높은 산이고, 동서는 좁고 긴 평지이다.

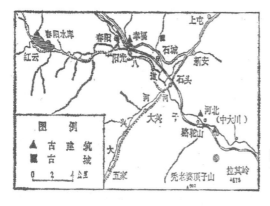

[도면 3]
행복건축지위치도

건축지 위는 1960년부터 집을 짓기 시작하여 원래의 건축지는 흔적도 없다. 주민이 판 집 기단 단면으로 보면, 지표에서 20cm 아래쪽에 두께 15~20cm의 벽돌과 기와무더기가 확인된다. 마을 서쪽에는 동서 길이 110m, 남북 너비 80m의 범위에 벽돌과 기와 등의 유물이 흩어져 있으나 원래의 건축지 범위인지 아닌지 확정할 수 없다.

주민이 판 집 기단에서 지압문 암키와·미구가 있는 수키와·연꽃무늬 와당 등 발해시기의 유물이 수습되었다. 또한 암키와도 수습되었는데, 바탕에는 아무런 무늬가 없으나 안쪽에는 베무늬가 있고, 기와의 앞부분은 위쪽으로 들려 돌출된 모서리를 이룬다. 이러한 암키와는 지압문 암키와·연꽃무늬 와당 등 발해시기의 전형적인 유물과 함께 나와서 발해시기 기와류에 대한 새로운 인식을 확대시켰다. 건축지에서 녹유수키와[綠釉筒瓦]도 발견되었다. 녹유수키와는 발해의 상경·중경·동경 등 비교적 큰 성터에서 많이 발견되었던 것을 제외하면, 다른 곳에서는 거의 보이지 않는다. 행복건축지는 발해 "일본도(日本道)"상에 있고, 또한 녹유와 등 건축 재료가 발견된 것은 아마도 당시 "일본도"상에서 중요한 지위와 역할을 지닌 건축지라고 생각한다.

5. 전각루건축지(轉角樓建築址)

전각루건축지(轉角樓建築址)는 동신향(東新鄕) 전각루촌(轉角樓村) 동북쪽 모서리에 있다. 동남으로 약 300m 떨어진 곳에 알하하(嘎呀河)가 동북쪽에서 서남쪽으로 흘러가고, 북쪽으로 100m 떨어진 곳에는 왕청(汪淸)~동신(東新) 도로가 지나가며, 남쪽으로 50m 떨어진 곳에 개울이 북쪽에서 남쪽으로 흘러가 알아하로 유입된다.

건축지는 성벽과 건축 두 부분으로 이루어져 있다. 건축지의 범위 안에는 농기구점·철공소와 민가가 있어 담장 일부가 훼손되었다. 현재 서벽은 비교적 분명하여 기단부의 너비는 5~6m, 잔고는 0.3~0.5m이다. 다른 세 벽은 약간의 흔적에 근거하여 그 윤곽을 확인할 수 있을 뿐이다. 성벽은 돌로 축조하였는데 방형이며 방향은 345°이다. 성벽마다의 길이는 65m이고 둘레는 260m이다. 1979년에 조사할 때 성벽 안 중간에서 서남쪽으로 치우친 곳에서 4개의 초석이 10m 정도의 간격으로 방형으로 늘어서 있음을 확인하였다. 주민들에 의하면 일찍이 몇 개의 초석이 더 발견되었다고 한다.

상술한 상황에 근거하면 성벽 안 중앙에 건축물이 있었음을 알 수 있다. 현재 지표에는 많은 암키와·수키와·와당 등 유물이 흩어져 있다. 1979년 봄 조사 당시 땅을 고를 때 출토된 완전한 지압문 암키와·미구가 있는 수키와·연꽃무늬 와당 등 전형적인 발해시기 유물을 통해서, 이 건축지가 발해시기에 속함을 단정할 수 있다.

6. 천교령건축지(天橋嶺建築址)

천교령건축지(天橋嶺建築址)는 천교령진(天橋嶺鎭)에서 남쪽에 위치한 알하하(嘎呀河) 우안 대지 위에 있고, 서쪽으로 약 100m 떨어진 곳에는 목도철로(牧圖鐵路)가 남북으로 지나간다. 춘양향(春陽鄕)의 팔도하(八道河)와 동신향(東新鄕)에서 발원한 향수하(響水河)가 천교령(天橋嶺) 북쪽에서 합류한 후에 도문강 유역에서 가장 큰 지류인 알하하가 된다. 천교령진 부근은 알하하 충적으로 형성된 동서로 넓고 남북으로 좁은 산간 분지이며, 원시사회유적·무덤과 발해시기의 건축지 등 유적이 분포한다.

건축지에는 이미 삼공국변전소(森工局變電所)가 들어서면서 유지가 거의 파괴되어 흔적이 없으며, 단지 지표와 변전소 담장 주변의 퇴적물에서 지압문 암키와·각종의 도안이 있는 막새기와[檐頭瓦] 수막새기와·연꽃무늬 와당 등 발해시기의 유물과 홍갈색 협사통형관(紅褐色夾砂筒形罐)·제기[豆]·도기 어망추[陶網墜]와 기둥형태의 돌도끼·반월형 구멍 뚫린 돌칼·마반(磨盤) 등 원시사회시기의 유물을 수습할 수 있다.

변전소 관계자에 의하면, 담장 안에는 변전소를 짓기 전에 높게 솟은 커다란 둔덕이 있었고, 그 위에는 기와편·와당 등이 흩어져 있었으며, 40~50cm을 파기만 해도 도기·석기 등 유물이 많이 출토되었다고 한다. 전술한 상황과 수습된 유물에 근거하여 분석하면, 이곳은 원래 원시사회 유지이며, 천교령에서 북쪽으로 4km 떨어진 산자락의 무덤은 아마도 이 유지에 거주했던 사람들의 공동묘지로 생각된다. 발해시기에는 이 유지 위에 일찍이 건축물을 세웠으므로 원시사회와 발해시기의 두 개의 문화층이 나타났을 것이다. 천교령건축지는 발해 "일본도(日本道)" 상에 있으므로, 아마도 교통로상의 역참 중에 하나일 것으로 생각된다.

발해무덤유적

1. 영벽무덤떼[影壁墓群]

[그림 5]   영벽고분군 전경

영벽무덤떼[影壁墓群]은 계관향(鷄冠鄕) 영벽촌(影壁村)에서 동남쪽
으로 1km 떨어진 곳에 공가점촌(公家店村)으로 향하는 도로 산기슭에
있다. 도로 남쪽에는 남청하(南淸河)가 바짝 붙어서 동남에서 서북쪽으
로 계관하(鷄冠河)로 흘러 들어가며, 북쪽은 높은 산과 이어져 있다.

무덤떼는 도로를 닦기 위해 흙을 모으는 과정에서 발견되었다. 그
단면으로 보면, 도로를 따라 대체로 80m구간에서 노출된 무덤이 수십

기에 달한다. 형식은 두 가지로, 한 가지는 토갱수혈봉토묘(土坑竪穴封土墓)이고, 다른 한 가지는 석광봉토묘(石壙封土墓)이다. 석광(石壙)은 작은 돌로 1·2층으로 쌓아 올렸으나 무덤 구덩이는 비교적 낮다. 석광봉토묘는 일반적으로 화장했으므로, 석광(石壙) 안에는 목탄·붉게 그을린 흙과 두께가 약 7~10cm에 달하는 재가 남아 있고, 그 재 안에는 타다 남은 인골 잔편이 포함되어 있다. 토갱수혈묘는 화장을 하지 않았다. 취토(取土) 단면에서 관찰된 지층을 보면, 첫 번째 층은 산 위에서 유실되어 내려온 두께는 30~50cm의 흙으로, 후기에 퇴적된 것이며 두 번째 층은 두께는 약 10~20cm에 달하는 회색토로 원래의 표토층이다. 세 번째 층은 황사토이며 무덤 입구(開口)는 두 번째 층에 있다.

무덤떼에서는 약간의 도기편만이 수습되었다. 도질은 니질(泥質)로 약간의 부드러운 모래가 섞여 있으며, 홍갈색이 많고 흑갈색은 적다. 그릇의 형태는 항아리[罐]가 많은데 모두 손으로 빚었다. 그릇 몸체는 비교적 얇으며, 모두 손으로 빚은 후 느린 물레로 다듬었다. 구연(口沿)은 모두 벌어져 있고[敞口], 구연 아래는 덧띠무늬[堆紋]가 있지만, 어떤 것은 그 위에 비스듬하게 누른 무늬가 있고, 어떤 것은 몸체에 세 줄의 파도무늬가 있다.

영벽무덤떼에서 수집된 도기편은 독특한 특징을 지니고 있다. 도기질(陶器質)은 니질로 가는 모래가 섞여 있으며, 도기구연은 둥근 덧띠무늬를 하였고, 그 위에는 다시 비스듬하게 누른 무늬가 있어서 백초구유지(百草沟遺址)·나자구유지(羅子沟遺址) 등 연변 원시사회유지에서 출토된 협사도(夾砂陶)와는 같지 않다. 또한 기벽이 두꺼운 것도 보이지 않고, 몸통에 기둥모양[柱狀]·혹모양[瘤狀]·꼭지모양[乳狀]의

손잡이가 있는 통형관(筒形罐)·항아리[瓮] 등은 원시사회유지의 문화
적 의미와 현저하게 구별된다. 1979년에서 1981년 길림성문물공작대
(吉林省文物工作隊)·길림성박물관(吉林省博物館) 등에서 길림양둔
대해맹유지(吉林楊屯大海猛遺址)를 발굴할 때 제3기 문화층 무덤에
서 수량이 많은 톱니무늬가 있는 장신관(長身罐)이 출토되었다. 이러
한 도기 구연에는 영벽무덤에서 수습된 도기구연(陶器口沿) 무늬와 매
우 흡사하며 도기 색깔에서만 약간의 차이가 있을 뿐이다. 양둔대해맹
에서 출토된 도기의 색깔은 주로 흙갈색이 많고 홍갈색은 거의 보이지
않지만, 영벽(影壁)에서 출토된 도기의 색깔은 오히려 홍갈색이 많고
흑갈색이 거의 보이지 않아서, 시간적으로 양둔보다 약간 빠름을 알
수 있다. 양둔무덤의 연대는 C14측정에 의하면 BP1015±70년이며 나이
테연대교정(樹輪校正年代)으로는 기원 510년이다. 79M17에서 출토된
"개원통보(開元通寶)" 한 점은 상한이 수나라말~당나라초기(隋末~唐
初), 하한은 당나라 중기로, 속말말갈의 문화유존에 속하는 것으로 추
정된다. 영벽무덤떼는 수나라에서 당나라에 이르기까지의 말갈유적으
로 생각되며 연변지역에서 이전에 일찍이 이러한 특징을 지닌 도기편
들이 약간 발견되었으나 분명하게 인식되지는 않았다. 영벽무덤떼의
발견은 이러한 문화상을 이해하는 실마리를 심화시켜주었다.

발해사찰유적

1. 낙타산건축지(駱駝山建築址)

[그림 6] 낙타산건축지 원경(산 계곡사이 건물지, 남→북)

낙타산건축지(駱駝山建築址)는 춘양향(春陽鄕) 낙타산둔(駱駝山屯) 기차역에서 북으로 1km 떨어진 대북구구(大北沟口) 산기슭의 작은 대지 위에 있다. 건축지 앞으로 약 100m 떨어진 곳에 팔도하(八道河)가 서북에서 동남으로 흘러가며 그 맞은편 산기슭에는 목도철로(牧圖鐵

路)가 동서로 지나간다.

건축지는 산기슭에 일찍이 인위적으로 정지한 길이 약 50m, 너비 약
20m의 대지 중앙에 있다. 현재 이 대지는 석두촌(石頭村) 버섯농장으
로, 그 위에는 버섯포쥐[木耳杆子]가 놓여 있어 유적은 분명하지 않다.
다만 융기된 대지에서 약간의 암키와·수키와·푸른색 벽돌 등만이
보인다. 1979년 문물보사대(文物普査隊)가 대지 중앙에서 4개의 초석
이 장방형으로 배열되어 있음을 발견했는데 초석간 동서 거리는 2.9m,
남북 거리는 4.2m이다. 이 4개 초석 서북쪽에도 3개의 초석이 있었는
데, 그 배열상태는 앞에 서술한 것과 같으나 중간에 있는 1개 초석은
없어졌다. 대지 서남쪽에서 약 60m 떨어진 골짜기 입구 주변에도 길이
가 약 4m에 달하는 건축기단이 있으며 그 지표에는 기와편·와당 등
유물이 밀집되어 있다.

수집된 암키와는 두 종류이다. 한 종류는 기와 앞부분에 지압문이
있는 것이고, 다른 한 종류는 기와 앞부분 측면에 각종 무늬가 있는
막새기와류[檐頭式]이다. 수키와는 모두 자루가 달려 있는 형식이고,
와당은 연꽃무늬 와당이다. 푸른색 벽돌은 장방형으로 한쪽 면에는 새
끼줄무늬가 있다. 지압문 암키와·미구가 있는 수키와·연꽃무늬 와
당과 각종 무늬가 있는 막새기와는 전형적인 발해 유물로, 건축지 편년
에 신뢰할 만한 근거를 준다. 이렇게 산기슭에 인공으로 지면을 정리한
후 건축물을 축조하였고, 건축물과 멀지 않은 곳에 다시 주택의 특징을
지닌 작은 건물이 있는 것은 다른 평지상의 건축지 형식과는 차이가
보이는 점이다. 사찰 건축지로 생각되나 앞으로 연구를 기대한다.

2. 신전건축지(新田建築址)

그림 7
1. 신전건축지 유지 전경(북동→남서)　　2. 수습한 수키와
3. 수습한 지압문암키와

　신전건축지(新田建築址)는 백초구향 신전촌(新田村)에서 동남쪽으로 500m 떨어진 산자락의 작은 평평한 대지 위에 있다. 동쪽으로 약 500m 떨어진 곳에 알하하(嘎呀河)가 산기슭을 따라 북에서 남쪽으로 흘러가며, 백초구(百草沟)~면전(棉田) 도로가 하안을 따라 남북으로 지나간다.

　건축지는 산자락 아래에 인공으로 지면을 정리한 동서 길이 약 33m, 남북 너비 약 35m의 타원형의 대지 중앙에 있다. 현재 대지 위에는 근래에 조영한 무덤 몇 기가 있다. 원래 건축 흔적이 뚜렷하지 않지만 지표면에는 기와·와당·벽돌 등의 유물이 많이 흩어져 있다. 대지 북쪽 가장자리에도 대지 아래쪽 비탈에서 돌로 쌓은 유구를 볼 수 있다. 평지에서 서쪽으로 약 5m 떨어진 곳에 인공으로 만든 길이와 너비가 10m에 달하는 작은 평평한 대지가 있다. 현재 이 대지 위에는 마을 열사기념탑(村烈士記念塔)이 있고, 지표면에는 비석을 세울 때 파낸 벽돌과 기와조각들이 빽빽하게 흩어져 있다. 현지인들은 이곳을 묘대(廟臺)라고 부른다.

건축지 위에서 발견된 유물은 주로 암키와·수키와·와당·벽돌 등 몇 종류이다. 암키와 앞쪽에는 지압문이 있고, 수키와는 미구가 있는 형식이다. 와당은 두 종류인데, 한 종류는 연꽃무늬 와당이고, 다른 한 종류는 권초문(卷草紋) 와당이다. 벽돌 한쪽 면에는 아무런 무늬가 없고 다른 한쪽 면에는 새끼줄무늬가 있다. 장방형과 방형 두 종류가 있다. 그밖에도 녹유수키와와 암키와 잔편이 있다. 녹유와(綠釉瓦)는 왕청현 경내에서는 거의 발견되지 않는 것인데, 행복건축지(幸福建築址)에서 1점의 수키와가 발견되었고, 이곳에서 2점이 발견되었다. 지압문 암키와·미구가 있는 수키와·연꽃무늬 와당은 모두 발해 시기의 전형적인 유물이다. 신전건축지(新田建築址)와 낙타산건축지(駱駝山建築址)는 입지선정에서 배치구조까지 매우 유사하여, 모두 산자락 아래에 평평하게 만든 대지 중앙에 건축물을 지었고, 멀지 않은 곳에 그에 딸린 작은 건축지가 있으며, 또한 비교적 많은 벽돌이 발견되어, 평지에 축조한 건축지와는 다른 사찰 건축지로 생각된다.

발해산성유적

1. 흥릉고성보(興隆古城堡)

[그림 8]   흥릉고성보 전경(남→북)

흥릉고성보(興隆古城堡)는 중안향(仲安鄕) 흥릉촌(興隆村)에서 동남으로 1.5km 떨어진 산꼭대기에 있다. 서쪽으로 500m 떨어진 곳에는 왕청(汪淸)~연길(延吉) 도로가 산자락을 따라 굽이 돌고, 산을 경계로 북쪽은 중안향(仲安鄕), 남쪽은 백초구향(百草沟鄕)이다.

고성보 성벽은 산꼭대기를 한 바퀴 감싸고 있는 토석혼축의 타원형이다. 성벽 기단부 너비는 대략 5m, 꼭대기 너비는 대략 1m이다. 남아 있는 높이는 0.5~1m로 일정하지 않으나, 전체 둘레 길이는 352m이다.
성보 안의 산꼭대기와 기슭에는 몇 곳의 건축유지 흔적이 있고 지표면
에는 약간이 니질회도편이 흩어져 있다.

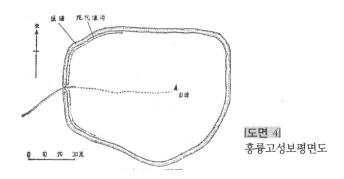

[도면 4]
홍륭고성보평면도

수습된 유물에는 도기구연(陶器口沿) 4점, 무늬가 있는 도기편이 1
점 있다. 구연은 모두 물레로 만든 니질회도(泥質灰陶)로, 주둥이 부분
이 말려 있으며[卷沿], 주둥이 입술부분[口沿脣部]에는 음각된 선 무늬
가 있어 중순[重脣]형태로 생각된다. 도기편은 니질회도(泥質灰陶)로
3줄의 물결무늬 장식이 있다.

고성보는 지세가 높고 넓은 산꼭대기에 축조되어 있다. 남쪽을 바라
보면 백초구(百草沟) 평원과 사방의 산봉우리가 일목요연하며, 북쪽을
바라보면 중안(仲安)·서외자(西崴子)의 평천산맥(平川山脈)이 모두
눈 아래에 들어오는, 입지가 매우 좋은 곳이다. 『길림왕청백초구유지발
굴간보(吉林汪淸百草沟遺址發掘簡報)』에서는 이 성보를 파수대[守望
古城堡]라고 했다. 홍륭고성보는 그 특징과 지리적인 입지로 보면, 불을
피워 신호를 보내는 봉화대이다. 고성보 안에서 수집된 도기구연부(陶
器口沿部)와 무늬있는 도기편으로 분석하면 발해시기로 생각된다.

2. 안전고성보(安田古城堡)

1. 안전고성보 전경(남→북)   2. 고성 북벽
           3. 고성 서벽   4. 서벽 상부

안전고성보(安田古城堡)는 백초구향(百草沟鄕) 안전촌(安田村) 신화려(新華閭)에서 서쪽으로 500m 떨어진 산꼭대기에 있다. 이 산은 높이가 60~70m에 달한다. 남쪽은 채석장으로 산꼭대기에서 깨진 돌들이 산자락을 지나는 왕청(汪淸)~연길(延吉) 도로변으로 간간히 떨어진다. 도로 남쪽은 소백초구(小百草沟)와 바짝 붙어 있다.

고성보는 험준한 산꼭대기에 축조되었다. 산꼭대기에는 깨진 돌로 이루어진 구덩이[碎石塘]가 산꼭대기에서 산자락을 따라 아래쪽으로 몇 십 미터나 이어져 있다. 성벽은 타원형인데 북벽 일부를 제외하고 나머지 부분은 붕괴 정도가 다르나, 성벽 기단부 만은 쌓은 돌들만이 분명하다. 성벽 윗부분 너비는 1.5~2m로, 남아 있는 높이는 일정하지 않다. 가장 높은 곳은 1.4m에 달하며 전체 둘레는 64m이다.

고성보 안에서는 아무런 유물도 발견되지 않았다. 1953년 길림성박물
관에서 백초구유지를 발굴할 때 이 성보를 조사한 적이 있고, 게다가 신
화려둔(新華閭屯) 안에서 발해고성(이 성은 이미 완전히 파괴되어 흔적
이 없으며, 성 안에서 수습된 유물은 현재 연변박물관에 수장되어 있다)
이 발견되어서 고성보의 연대를 발해시기로 확정하였다. 이 성보는 지세
가 험준한 산꼭대기에 축조되어 있다. 성보에 서서 동쪽·서쪽·남쪽을
바라보면 모든 전경을 다 볼 수 있으며, 고성발해고성(高城渤海古城)도
분명하게 볼 수 있다. 이 성보는 흥륭고성과 같이 파수대 역할을 한다.

3. 광흥산성(廣興山城)

[그림 10]   광흥산성 전경(동→서)

광흥산성(廣興山城)은 왕청현(汪淸縣) 합마당향(蛤蟆塘鄕) 신흥촌
(新興村) 광흥둔(廣興屯) 서북쪽 뒷산 위에 있다. 산성에서 동쪽으로
1km 떨어진 곳은 향과 마을 소재지로 현재는 합마당둔(蛤蟆塘屯)이다.
산성 남쪽에는 개울이 서쪽에서 동쪽으로 흘러가고, 왕청~서양(西陽)

도로가 산성 남쪽 500m 지점을 산자락을 지나간다.

이 성은 산세를 따라 말밥굽 형태에 가까운 산등성이에 축조하여 지세가 매우 험준하다. 동·서·북쪽 3면의 성벽은 산 능선의 기복을 따라 축조하였고, 동·서벽은 남쪽의 두 골짜기까지 뻗어 있으며, 남벽은 산 중간에 걸쳐 있다. 동서 골짜기 입구에 이르러 두 개의 남문을 이룬다. 문은 각각 너비가 17m이다. 성벽은 흙으로 축조하였으며, 잔고는 약 0.5m, 윗부분의 너비는 약 2m, 둘레 길이는 2,288m이다. 고성의 서북쪽에는 인공으로 정비한 비포장도로가 산 능선을 따라 뻗어 있는데, 마을 사람들은 이를 고도라고 부르며, 5km 밖의 동사방대산성(東四方臺山城)까지 이어져 있다.

성 안의 동·서·북쪽 산비탈에서는 계단형식의 뚜렷한 건축유지를 볼 수 있다. 지면에 비교적 많은 것은 도기편으로 무늬가 없는 흑갈색 도기항아리[黑褐色陶罐]잔편과 북송 "숭녕중보(崇寧重寶)"·"천성통보(天聖通寶)" 동전 각각 1점씩 수집하였으며, 현지인들은 또한 금대의 청동도장 1점을 수습하였다.

산성의 형식특징과 수집된 도기편과 출토된 문물로 보면, 이 성은 발해시기에 축조되어 요금시기에 사용된 것으로 생각된다.

4. 동사방대산성(東四方臺山城)

동사방대산성(東四方臺山城)은 왕청현(汪淸縣) 합마당향(蛤蟆塘鄕) 중부의 높이가 956m에 이르는 동사방대산(東四方臺山) 정상에 있다. 동사방대산은 동양둔(東陽屯)에서 북쪽으로 5km 떨어진 곳에 있고, 이곳은 왕청현 경내에서 해발이 가장 높은 산봉우리 가운데 하나이다. 동·서사방대 중간에는 몇 가닥의 작은 시내가 모여서 개울을 이루며, 산 아래로 흘러내려와 동양둔 서남쪽 500m 이르러 전하로 유입된다.

동사방대산 정상에는 5km 정도의 불규칙한 사변형의 광활한 평지가 있다. 이웃한 두 개의 사방대가 각각 동서쪽에 있기 때문에 동사방대와 서사방대라고 부른다. 산성 성벽은 산정상이 가파른 절벽 가장자리를 따라 토석으로 혼축하였다. 동북쪽 모서리의 몇 백m에 달하는 절벽을 제외하고는 그 나머지 십 몇 리는 모두 토축이다. 서쪽 성벽은 특히 견고하게 쌓았다. 현존하는 성벽의 기단 너비는 15m, 정상 부분의 너비는 3m이다. 서북쪽 모서리 평탄한 곳의 성 밖에는 해자가 있는데, 곧장 산기슭까지 뻗어있다. 성문은 동쪽의 산골짜기에 있는데 너비는 약 5m이다. 산성의 모퉁이와 돌출된 곳마다 모두 각루를 설치하였다. 산성 안에는 또한 2곳의 내성이 있는데, 주위에는 방형의 성벽을 축조하였다. 성안에서 우물 유적 1곳이 발견되었다. 성 안의 지하수가 작은 시내로 모여 산 아래로 흘러간다.

산성의 남부는 화산폭발로 함몰되어 30~40m 너비의 깊은 구덩이가 만들어졌는데, 이것으로 산성이 두 부분으로 나뉜다. 상하의 높이 차이는 70~80m에 이르며, 함몰된 부분으로 인해 이어짐이 일정하지 않다.

동사방대산성은 왕청현 내 산성 가운데서 가장 크다. 그것은 절벽과 높고 가파른 산 정상에 있어서 지리적인 위치는 매우 중요하다. 험준한 곳에 있으면서 스스로 방어할 수 있고, 또한 전하(前河)와 후하(后河) 몇 십리를 통제할 수 있다. 동쪽으로 산 능선을 따라 약 5km 밖의 광흥산성(廣興山城)에 이를 수 있다.

1975년 서양촌소학(西陽村小學)관계자가 산성 안에서 금나라시기의 손잡이가 여섯인 철솥을 발견하였는데, 현재는 연변박물관에 소장되어 있다. 그밖에 동사방대산에서 일찌기 "대정통보(大定通寶)"·"개원통보(開元通寶)" 등이 출토되었다. 산성의 형식·출토유물에 근거하면, 이 성은 당연히 발해시기에 축조하여 요·금·원나라시기에 연용하였음을 알 수 있다.

5. 북성자산성(北城子山城)

북성자산성(北城子山城)은 왕청현(汪淸縣) 동신향(東新鄉) 신화촌(新華村) 북성자둔(北城子屯)에서 동북으로 250m 떨어진 북산 기슭에 있다. 산성 서쪽과 북쪽에는 천교령(天橋嶺)~장가점(張家店) 삼림철로가 있고, 화피전자하(樺皮甸子河)가 북쪽에서 산기슭을 감싸 돌아 서남쪽으로 흘러간다.

산성은 불규칙한 형태로 둘레 길이는 375m이며, 동쪽 절벽에는 성을 보호하는 성벽으로 형세가 험준하다. 성벽과 해자는 모두 토축이고, 성벽의 기단 너비는 4~5m, 윗부분의 너비는 1m이며 높이는 0.5~1.5m이다. 성을 보호하는 성벽의 기단 너비는 3~4m, 윗부분의 너비는 0.5~1m, 길이는 190m이다. 성 안은 수목이 울창하고, 낙엽이 비교적 두껍게 쌓여서 유물을 확인하기가 쉽지 않다. 1983년 5월 연변자치주문물보사대가 북성자산성에서 출토된 철제 무기 삼지창[三股叉] 1점을 수집하였고, 어떤 주민은 또한 성 안에서 쌍지창[二股叉]과 버들잎모양[柳葉型]의 쇠 화살촉 등 유물을 주웠다고 한다. 삼지창은 중간 송곳이 비교적 길고, 날 부분은 창 형태를 띠고 있으며, 양쪽의 송곳은 끌 형태로 전체적으로는 편평하다. 자루를 꽂는 부분이 있는데, 아래로 가면서 점점 좁고 얇아진다. 전체 길이는 23.7cm, 너비는 4.6cm이다. 이 무기와 주민이 주운 기타의 유물로 보면, 이 성은 아마도 발해시기에 축조되어 요금에 연용된 것으로 생각된다.

6. 동양고성(東陽古城)

　동양고성(東陽古城)은 왕청현(汪淸縣) 합마당향(蛤蟆塘鄕) 동양촌(東陽村)에서 서쪽으로 500m, 전하(前河) 북안과 약 300m 떨어진 2급 대지 위에 있다. 북쪽은 동사방대산(東四方臺山)이 있고, 왕청(汪淸)~서양(西陽) 도로가 성지에서 남쪽으로 7~8m 떨어진 곳을 지나간다.
　이 성지 성벽은 동벽 길이 60m, 서벽 길이 43m, 남북 길이가 73m, 둘레 길이는 242m이다. 문지는 동벽 중간에 있으며 너비는 약 5m이다. 성벽의 기초는 돌로 축조하였고, 윗부분은 흙으로 쌓았다. 바닥의 너비는 5.5m, 윗부분의 너비는 1.5m이다. 성 안쪽에는 너비 8m, 깊이 약 1.5m의 해자가 성벽을 한 바퀴 두르고 있다. 성안은 현재 이미 농경지로 개간되어 원래의 건축에 사용된 초석 대부분은 남벽 안쪽의 구덩이로 옮겨졌다. 성 안의 중간에서 남쪽으로 치우친 곳에는 원래 3열의 초석이 있었는데, 현재는 6개만이 남아 있다. 이러한 유물들로 보면, 원래 성벽 안에는 동서로 길고 남북으로 좁은 대형의 건축물이 있었음을 알 수 있다.
　건축지에는 회색 암키와・복사형태의 무늬・작은 방격요문이 있는 적수와・말발굽형태의 건축 재료와 홍갈색 수키와・수면와당 등이 흩어져 있다. 이 성은 발해시기에 축조되어 후에 요금원시기에 사용된 것으로 생각된다.

발해평원성유적

1. 계관고성(鷄冠古城)

[그림 11]   1. 계관고성 전경(남서→북동)   2. 수습한 베무늬기와 윗면
3. 수습한 베무늬기와 아랫면

계관고성(鷄冠古城)은 계관향(鷄冠鄕) 소재지에서 동북으로 약 300m 떨어진 평지에 있다. 고성에서 서쪽으로 약 1km 떨어진 곳에는 북에서 남쪽으로 흘러가는 계관하(鷄冠河)가 있고, 성과 그 사이에는 왕청(汪淸)~나자구(羅子沟) 도로가 남북으로 지나간다. 성에서 북쪽으

로 약 50m 떨어진 곳에 동서방향으로 뻗어나간 산등성이가 있고, 남쪽
에는 동쪽에서 서쪽으로 흘러가는 유수하(柳樹河)와 접해 있다. 고성
가운데 동벽과 남벽의 일부가 유수하에 침식되었다.

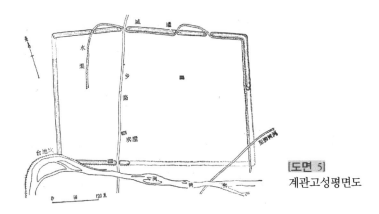

[도면 5]
계관고성평면도

고성은 자갈과 흙을 섞어서 축조하였으며, 장방형으로 방향은 195°이
다. 남벽과 동벽은 각각 길이 510m, 동벽은 길이가 333m이며, 서벽은
길이가 337m로 전체 둘레 길이는 1,690m에 이른다. 북벽은 보존상태가
비교적 좋으며 성벽 기단부의 너비는 9~11m, 남아있는 부분 중에 가장
높은 곳은 1.5m에 달한다. 북벽은 동쪽에서 서쪽으로 320m를 뻗어나
간 이후에 약간 서남쪽으로 꺾인다. 서벽은 이미 논으로 개간되어서
성벽이 남아 있지 않다. 그러나 성벽 기단석은 아직 남아 있는데, 그
길이는 314m에 이른다. 서벽 남단이 꺾인 곳은 유수하에 의해 일부
침식되었다. 동벽과 남벽은 보존상태가 그다지 좋지 않고, 남벽은 중앙
에서 서쪽으로 일부분만이 남아 있다. 남아 있는 길이는 124m, 높이는
약 1m이지만, 나머지 부분은 유수하의 범람으로 침식되어 흔적이 남아
있지 않다. 북벽의 중간에는 구멍이 있어 원래의 북문지로 생각되나,

남문지는 분명하지 않다. 현지인들에 의하면, 고성 안에는 원래 우물 몇 구가 있었는데 현재는 모두 평평하게 메워졌다고 한다.

고성 안은 이미 농경지로 개간되었으나 지표에는 기와편·도기편 등의 유물이 흩어져 있다. 수습된 것에는 암키와·수키와·처마 암키와·와당·도제 방추차·도기 구연 등 유물이 포함되어 있다. 와당 가장자리에는 돌출된 테두리가 있고, 중간에는 돌출된 꼭지가 있으며, 꼭지 바깥쪽에는 돌출된 둥근 테두리가 있고, 둥근 테두리와 가장자리 사이에는 연꽃무늬와 권초문(卷草紋)이 수놓아져 있다. 기와 겉면에는 아무런 무늬가 없고 안쪽에는 베무늬가 있다. 암키와 앞부분에는 지압문이 있다. 수키와는 미구가 달려 있다. 수막새기와 끝부분에는 다양한 무늬가 있는데 대부분은 두 줄의 사선사이에 둥글게 말린 십(十)자 또는 8잎 꽃무늬가 있다. 도기는 대부분이 진흙재질의 회색 도기[泥質灰陶]인데, 종종 모래가 섞인 홍갈색 도기[夾砂紅褐陶]가 확인된다. 물레로 빚은 것이 많으며 소성도가 높다. 기형은 대체로 권연원순(卷沿圓脣) 또는 중순[重脣]의 동이 항아리유형[盆罐類]이다. 현지인들에 의하면, 일찌기 고성 안에서 100여 점에 달하는 돌절구가 나왔으며 현재는 마을 사람들 집에도 적지 않다고 한다. 지압문 암키와·미구가 있는 수키와·연꽃무늬 와당은 발해유적에서 일반적으로 보이는 전형적인 유물로서 고성의 편년에 신빙할만한 근거를 제공하였다. 이 성은 현재 왕청현에서 발견된 규모가 가장 큰 발해고성이다.

고성에서 서쪽으로 약 210m 떨어진 곳에 건축지가 있다. 건축지는 담장과 건축 두 부분으로 이루어져 있다. 담장은 토축이며 장방형으로 동서 길이는 56m, 남북 너비는 65m이다. 방향은 205°이다. 건축지는 담장 안 중간에 있으며 방형이다. 가장자리 길이는 13m이며 주위의 지면보다 30~40cm 높다. 건축지의 지표에는 많은 지압문 암키와·미구가 있는 수키와·연꽃무늬 와당·미구가 있는 암키와·도기 잔편 등이 흩어져 있는데 이는 고성 안에서 수습된 유물과 대체로 동일하여 고성과 밀접한 관련이 있는 발해건축지임을 알 수 있다.

『발해국지장편』 권14 「지리고」에서 "요지(遼志) 함주하(咸州下)에 말하길, 발해는 동산군(銅山郡)을 두었는데 위치는 용천부의 남쪽으로 지세가 험하나 도적들이 들끓고 있다. 내가 생각하길 이곳이 발해 구지(舊志)의 글로 후에 설치한 함주와는 관련이 없다고 생각한다. 동산군은 동주(銅州)의 다른 이름이다. 이에 근거하면 동주 소재지는 아마도 발해 구국의 땅에 있으며 그 체제를 존중하여 독주주(獨奏州)로 삼은 것이다. 이에 근거하여 찾아보면, 아마도 그 비슷한 곳을 찾을 수 있다." 라고 기록하였다. 『중국역사지도집』 제5책 발해지도에서 동주를 상경(上京) 남쪽에 정해 놓았다. 지금 왕청현 왕청진) 북쪽의 합마당향(蛤蟆塘鄉)·계관향·나자구향·춘양향 등 대부분 지역과 흑룡강성의 일부지역이 동주 관할범위로 되어 있다. 위에서 언급한 고증에 잘못이 없다면, 계관고성은 공교롭게도 동주의 중심에 위치하고 있고, 규모 또한 비교적 크므로 동주치소의 위치를 연구하는데 새로운 실마리를 제공할 것으로 생각된다.

2. 하북고성(河北古城)

하북고성(河北古城)은 왕청현(汪淸縣)에서 동북으로 1km 떨어진 왕청하(汪淸河) 우안의 하북촌(河北村) 벽돌공장(현재는 汪淸縣 公安局

벽돌공장)에 있다. 고성 남북은 산이고, 동서는 비교적 넓게 트인 왕청하 충적평원이며, 성 남쪽은 왕청(汪淸)~탑자구임업장(塔子沟林場) 도로가 있다.

고성유지에는 이미 벽돌공장이 들어서 지표상에는 성벽 흔적이 보이지 않는다. 벽돌공장 남쪽 도로변 대지에는 건축 초석 몇 개가 있다. 벽돌공장 남쪽 도로변에 있는 흙을 파내어 형성된 구덩이[沟塹] 단면을 관찰하면, 지표에서 20cm 아래에 두께가 약 10cm에 달하는 벽돌과 기와가 퇴적되어 있다. 또한 동서 길이가 약 8m인 1단의 돌이 있는데 이것은 원래 성 안에 있던 건축유지이다. 단면에 노출된 유물의 범위는 동서 길이 130m로, 고성의 동서 길이와 비슷하다. 단면 아래의 도로변에 암키와·수키와·처마 암키와·와당·꽃무늬 벽돌 등의 유물이 많다. 암키와 안쪽은 모두 베무늬가 있고, 바탕에는 새끼줄무늬와 아무런 무늬가 없는 두 가지 종류가 있다. 암키와 앞부분에는 지압문이 있고, 수키와 표면에는 아무런 무늬가 없으며, 안쪽에는 베무늬가 있고, 자루에는 1줄 또는 1줄의 음각된 홈이 있다. 암막새기와 표면에 어떤 것은 새끼줄무늬, 어떤 것은 무늬가 없으나, 안쪽에는 모두 베무늬가 있다. 기와 앞쪽 가장자리에는 사선의 네모 무늬 또는 두 줄의 비스듬히 누른 무늬 사이에 둥근 원 무늬·십(十)자 무늬 등이 있다. 와당에는 연꽃무늬가 있다. 고성 안에서는 꽃무늬 벽돌이 비교적 많이 발견되었다. 꽃무늬는 2가지 종류로 나눌 수 있다. 하나는 연꽃무늬이고, 다른 하나는 보상화문이다. 미구가 있는 수키와·지압문 암키와·연화문 와당은 발해의 전형적인 유물이므로, 이 고성은 당연히 발해고성이다. 왕청현은 발해 "일본도(日本道)"의 후기노선에서 반드시 거쳐야 하는 곳으로 노선을 따라 많은 발해고성과 건축지가 분포되어 있다. 하북고성(河北

古城)은 발해 "일본도"상에 있고 다른 발해유지 중에서 그다지 많이 보이지 않는 연화문 벽돌 등 진귀한 유물이 출토되어, 이 성이 발해시기에 중요한 역할을 지니고 있었음을 알 수 있다.

3. 고성고성(高城古城)

[그림 12]   1. 고성고성 원경(서남→동북)   2. 고성제철유적 근경(서남→동북)
3. 제철 슬래그

고성고성(高城古城)은 중평향(仲坪鄕) 고성촌(古城村) 서남쪽 모서리에 있다. 성에서 동남쪽으로 200m 떨어진 곳에는 서남에서 동북으로 흘러 알하하(嘎呀河)로 들어가는 소백초구하(小百草沟河)가 있다. 성 북쪽에는 높은 산과 이웃해 있고, 고성(高城)~용하(龍河) 도로가 성 안 서북쪽을 지나간다.

고성은 북쪽으로 높은 산에 의지해 있어 단지 동쪽·서쪽·남쪽 3면만 성벽을 축조하였으며 현재 남벽은 아직도 비교적 분명하다. 서벽은 약간 융기되어 있고, 동벽에서 남쪽으로 90m 떨어진 곳도 약간 융기되어 있으며, 나머지 부분은 민가로 인해서 파괴되어 흔적도 남아 있지 않다. 성벽은 토석혼축이고 평면은 불규칙한 장방형이며 방향은 340°이다. 동벽 길이는 267m, 서벽 길이는 87m, 남벽 길이는 224m, 북벽 길이

도면 6 고성고성평면도

는 330m로 둘레 길이는 908m이다. 현존하는 남벽 기저부의 너비는 5~7m이며, 윗부분의 너비는 1m, 높이는 약 0.5m이다. 고성에서 남쪽으로 약 70m 떨어진 곳에는 많은 건축 기단석들이 있고, 서남쪽으로 약 200m 떨어진 곳에도 동서 길이 16m, 남북 너비 24m, 높이 0.5m의 타원형 연철(煉鐵)찌꺼기가 퇴적되어 있다. 현지인들에 의하면, 이전에는 성벽이 비교적 분명하였고, 성 안팎에서 우물이 여러 곳 발견되었으며, 아울러 많은 제철찌꺼기가 있었다고 한다.

성 안에서 수습된 지압문 암키와·미구가 있는 수키와·연꽃무늬 와당과 기와 앞부분에 다양한 무늬가 있는 암막새기와 등 전형적인 발해시기의 유물은 고성의 편년에 신뢰할만한 증거를 제공하였다.

『발해국지장편』 권17 「식화고」에 "발해중경현덕부(渤海中京顯德府) 철주(鐵州)는 철이 생산되는 것으로 이름지어졌으며 위성(位城)은 그 속현이다."라고 기록되어 있고, 『遼史』 「식화지」에도 "신책(神冊) 초에 발해를 정벌하고, 광주(廣州)를 얻었는데, 본래는 발해의 철리부(鐵利府)로서 철리주(鐵利州)로 고쳤으며 철이 많이 생산된다."라고 기술하였다. 발해 중경현덕부 철주는 철이 생산되는 것으로 이름이 지어졌으며 철주 관할의 위성은 철이 풍부하게 생산되어 "위성의 철"이라 불렸다. 돈화·화룡·영안 등 발해유지와 무덤에서 상당한 양의 철기들이 출토된 것은 곧 발해시기에 철기가 이미 광범위하게 군사·생활 등

각 분야로 응용되었음을 반영하는 것이다. 철주의 구체적인 위치에 관해서 역사고고학계에 다양한 의견을 있는데, 어떤 학자는 화룡현의 장항고성(獐項古城)으로 비정하고, 어떤 학자는 북한의 무산(茂山) 일대로 비정하며, 어떤 학자는 돈화 남쪽으로 비정하기도 한다. 현재까지 조사된 발해고성에서 제철찌꺼기 유적이 발견된 곳은 고성고성(高城古城) 한 곳에 불과하므로 고성고성은 발해역사고고에서 주목할 만한 고성이다.

4. 용천평고성(龍泉坪古城)

용천평고성(龍泉坪古城)은 신흥향(新興鄉) 용천평(龍泉坪) 소학에서 동쪽으로 400m 떨어진 평지에 있다. 고성 북쪽은 왕청(汪淸)~혼춘(琿春)에 이르는 도로와 붙어 있고, 도로 북쪽은 군부대가 있다. 성 남쪽에는 신흥하(新興河)가 산세를 따라 동에서 서쪽으로 흘러 알하하(嘎呀河)로 들어간다.

고성의 서·남·북벽은 분명하게 볼 수 있으며, 동벽이 약간 융기되어 있다. 성벽은 토석혼축으로 방형에 가까우며 방향은 210°이다. 동·서벽은 각각 길이가 70m, 남·북벽은 길이가 약 62m로 전체 둘레 길이는 265m이며, 현재 성벽의 기단부 너비는 3~5m이고, 윗부분의 너비는 1m이며, 남아 있는 높이는 일정하지 않으나 가장 높은 곳은 1m에 이른다. 문지는 분명하지 않다. 성 안에서 융기되어 있는 흙돌무더기는 원래 건축유지였다.

성 안팎은 이미 경작지로 개간되었고, 지면에서 특히 마을 사람들이 땅을 고를 때 수습한 돌무더기 안에 많은 암키와·와당과 홍색 회색 베무늬암키와 등 유물이 있다. 수습된 지압문 암키와·미구가 있는 수키와·연꽃무늬 와당 등은 전형적인 발해시기의 유물이다. 용천평고성은 발해 "일본도(日本道)"의 고성 가운데 하나이다.

5. 석성고성(石城古城)

[그림 13]　　　석성고성 소재지(추정) 전경(남→북)

석성고성(石城古城)은 춘양향(春陽鄕) 석성촌(石城村)에서 서북으로 500m 떨어진 황니하구구(黃泥河沟口)에서 500m 떨어진 산간의 작은 평지에 있다. 동쪽·서쪽과 북쪽은 산으로 둘러싸여 있고, 남쪽은 넓게 트인 평지이다. 성에서 남쪽으로 1km 떨어진 곳에는 팔도하(八道河)가 서북에서 동남으로 흘러가며 골짜기 입구 앞에는 도로가 있고 도로와 팔도하(八道河) 사이에는 목도철로(牧圖鐵路)가 지나간다.

성벽은 돌을 쌓아 만들어 석성이라는 이름을 얻었으며, 방위는 345°이다. 동서 길이는 약 134m, 남북 너비는 약 180m로 전체 둘레는 628m이다. 문지는 분명하지 않다. 고성 안팎은 모두 농경지로 개간되어 성벽이 분명하지 않다. 남벽과 북벽은 지면보다 약간 도드라져 있고, 동벽은 부분 부분이 돌출되어 있어 원래의 위치를 분간해 낼 수 있으나, 서벽은 이미 평평해져서 확인할 수 없으므로 단지 남·북벽이 꺾어진 부분에 근거하여 추단한다.

성 안에는 지압문 암키와·미구가 있는 수키와·연꽃무늬 와당·도기편 등 유물이 흩어져 있다. 어떤 곳에는 흩어져 있는 유물이 비교적 밀집되어 있어서 성 안의 건축유지로 생각된다. 이 성은 발해고성으로 발해 "일본도(日本道)"에 위치해 있어 발해와 일본과의 교류에 일찍이 중요한 역할을 하였다.

6. 목단천고성(牧丹川古城)

목단천고성(牧丹川古城)은 중안향(仲安鄕) 목단촌(牧丹村)에서 동쪽으로 700m 떨어진 소학교에서 남쪽으로 50~60m 에 위치한 목단천(牧丹川) 하안대지 위에 있다. 남쪽과 북쪽은 모두 기복이 있는 산이고, 동쪽과 서쪽은 좁고 긴 작은 평지이다.

고성유지는 이미 농경지로 개간되어 성벽은 남아있지 않지만, 부분적으로 약간 돌출된 성벽 흔적이 있을 뿐이다. 성벽을 쌓았던 돌은 완전히 정리되어 성 남쪽에 있는 목단천 북안으로 옮겨졌다. 현지인들에 의하면, 이전에는 성벽이 비교적 분명하였으며, 토석혼축으로 동서 길이가 대략 100m, 남북 너비가 약 100m였는데 몇 년 전부터 땅을 갈고 파종하는 것이 편리해지면서 땅 속의 많은 돌을 가장자리로 치웠다고 한다. 현재 지면에 흩어져 있는 유물의 범위는 대체로 이 범위에 부합되며 매 변의 길이가 100m에 이르는 작은 성지이다.

성 안의 지표, 특히 현지인들이 치운 돌무더기에는 많은 암키와·수키와·와당·도기편 등 유물이 포함되어 있다. 기와는 표면에 아무런 무늬가 없고 안쪽에는 베무늬가 있으며, 암키와의 측면 테두리에는 지압문이 대부분이고, 수키와는 미구가 달려있는 형식이며, 와당에는 주로 연꽃무늬가 있다. 목단천고성은 발해고성임을 의심할 바가 없다.

용정시

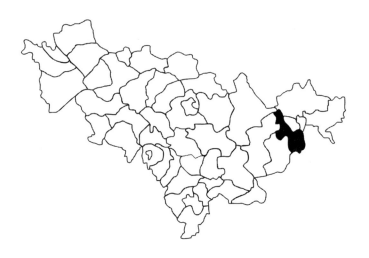

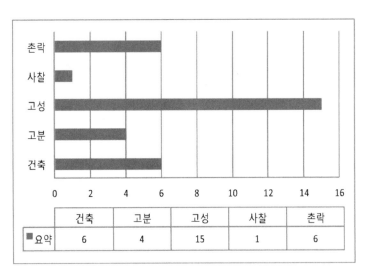

	건축	고분	고성	사찰	촌락
■요약	6	4	15	1	6

발해건축유적

1. 삼합건축지(三合建築址)

[그림 1]　　1. 삼합건축지 전경(서→동)　　2·3. 건축부재(초석)

삼합건축지(三合建築址)는 삼합진(三合鎭) 양식창고관리소[糧庫管理所] 북쪽의 높은 대지 동남쪽 끝에 있다. 서북쪽은 점차 높아지는 언덕으로 동쪽 언덕 아래의 도로와는 15m 떨어져 있고, 도문강과는 400m 떨어져 있으며, 남쪽으로 50m 떨어진 곳에는 동쪽으로 흘러 도문강(圖們江)으로 들어가는 작은 개울이 있다. 개울 남북에는 삼합진(三合鎭) 민가가 있다. 건축지는 배산임수지로 위치가 분명하다.

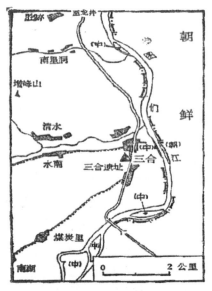

삼합건축지위치도

1979년 성문물고고훈련반보사소조(省文物考古訓練班普查小組)가 일찍이 조사하여 건축지 동쪽 도문강 양안에서 발해무덤을 발견하였다. 건축지에는 현재 5개의 불규칙한 큰 돌이 있는데 건축물의 초석으로 생각된다. 지면에 흩어져 있는 유물에는 붉은색 지압문 암키와 잔편 등이 있으며, 그 분포 범위는 사방 10m, 면적 100㎡에 이른다.

건축지는 발해시기의 유지로 산기슭 아래의 발해무덤과 매우 밀접하게 관련되어 있다.

2. 상암건축지(上岩建築址)

상암건축지(上岩建築址)는 석정향(石井鄉) 상암촌(上岩村)에서 서쪽으로 약 2km 떨어진 채석장 서쪽 산 아래에 있다. 유지는 북쪽으로 산과 인접해 있고, 남쪽으로는 남쪽에서 북쪽으로 흐르다가 다시 동쪽으로 흘러가는 해란강과 이웃해 있다. 동쪽으로는 채석장과 붙어 있고, 남쪽으로는 차도와 인접해 있으며, 다시 남쪽은 흙구덩이가 있다. 강 맞은편 산 아래에는 용정(龍井)~석정(石井) 도로가 있다.

유지는 현재 경작지와 황무지로 변했으며, 지면에는 많은 돌·베무늬와 지압문 암키와 잔편과 니질도기구연(泥質陶器口沿)·회백색 자기편 등이 흩어져 있다. 유지 단면으로부터 지면에서 10cm 정도 깊이에 문화층이 있고, 그 안에는 베무늬암키와 잔편 등이 포함되어 있음을 알 수 있다. 다시 30cm 아래쪽에서는 원시협사도기편(原始夾砂陶器片)·회백색 자기편 등이 흩어져 있다. 유지 범위는 40cm×40cm이다.

유지 동쪽에는 남북향의 돌로 쌓은 성벽이 있는데, 이미 반 정도는 파괴되었다. 돌로 쌓은 성벽의 동서 잔여 길이는 1m, 남북 잔여 너비는 5m이며, 현재 높이는 0.8m이고 성벽 기단의 현존 너비는 2m이다.

이 유지의 돌로 쌓은 성벽유적은 당연히 발해시기의 주민들이 쌓은 것으로, 아마도 서쪽으로 4km 떨어져 있는 영성고성(英城古城)과 밀접한 관련이 있는 것으로 생각된다.

3. 동구건축지(東溝建築址)

동구건축지(東溝建築址)는 삼도향(三道鄕) 동구촌(東沟村)에서 북쪽으로 1.5km 떨어진 조양하(朝陽河) 서안 대지 위에 있다. 대지는 산골짜기 사이에 형성된 하안충적분지(河岸沖積盆地)로 지세가 평탄하다. 동쪽으로는 조양하(朝陽河)와 접해 있으며 서쪽에는 도로가 있고, 조양하 동쪽과 도로 서쪽에는 각각 남북으로 뻗어나간 산이 있다.

건축지는 흙기단[土包狀]으로 지면보다 20cm 높으며 모두 3곳이 발견되었다. 그 중에서 두 개의 건축지는 남북으로 배열되어 있으며 50m의 간격이 있고, 다른 한 건축지는 북쪽 건축지에서 서쪽으로 20m 떨어져 있다. 건축지는 크기가 같지 않은데 동북쪽에 있는 건축지가 가장 크고, 동서 길이 10m, 남북 너비 5m이며, 남쪽에 있는 건축지가 가장 작으며 동서 길이 8m, 남북 너비 4m에 달한다. 건축지 지표에는 많은 양의 자갈[河卵石]과 적지 않은 기와편·도기편이 흩어져 있다. 또한 새끼줄무늬 암키와·지압문 암키와·붓대롱무늬 암키와[筆管紋板瓦]·미구가 있는 수키와·연꽃무늬 와당 및 원순절연도기구연(圓脣折沿陶器口沿)들이 수습되었다.

주민들에 의하면 1964년 건축지가 있는 곳을 경작지로 개간할 당시에는 초석배열이 정연했고, 기와와 자갈이 쌓여 있었으며, 유지 동북쪽에는 우물 1구가 있었다고 한다. 또한 후에 해마다 진행된 토지정리로 초석이 옮겨졌고, 기와조각과 자갈을 수습했으나, 우물은 메우는 등 건축지가 크게 훼손되어 원래의 모습을 잃었다고 한다.

상술한 문물은 이 유지가 발해 건축지였음을 설명한다. 새끼줄무늬 암키와의 출토는 그것이 발해초기에 건축되었고 기타의 유물은 후기의 문물임을 설명한다.

4. 영성건축지(英城建築址)

[그림 2] 1. 영성건축지 전경(남→북) 2. 수습한 베무늬기와 잔편
3. 수습한 벽돌 잔편

영성건축지(英城建築址)는 동성용진(東盛涌鄉) 영성이둔(英城二屯) 북쪽에 있는 골짜기 동쪽의 동서 방향으로 뻗어있는 산 남쪽 끝 작은 평평한 대지 위에 있다. 북쪽은 면면이 이어진 산이고, 남쪽은 넓게 트인 평탄한 해란강 분지로 해란강과는 1.5km 떨어져 있다. 영성고성(英城古城)은 서남쪽으로 500m 떨어진 곳에 있다.

건축지는 산의 양지바른 언덕 가운데에 축조하였는데 지상건축은 보이지 않고 평평한 기단만 남아 있다. 면적은 30㎡에 다다르며 현대 무덤 두 기가 그 위에 있다. 평평한 기단 아래의 산기슭과 산자락에는 회색과 붉은색의 건축용 기와편이 흩어져 있고, 변형된 연꽃무늬 와당 잔편·완전한 수키와·지압문 암키와·안쪽에 베무늬가 있고 바탕에는 아무런 무늬가 없는 암키와 등도 있다. 그 중에서 수키와는 회색으로 전체 길이는 30cm, 너비는 15.4cm, 두께는 1.6cm이다. 이외에 기타 유물은 보이지 않는다.

출토유물에 근거하면 이 건축지는 당연히 발해시기의 건축지로 아마도 영성고성과 밀접한 관련이 있는 것으로 생각된다.

5. 용암유지(龍岩遺址)

용암유지(龍岩遺址)는 덕신향(德新鄕) 용암촌(龍岩村)에서 서남으로 1km 떨어진 팔도하(八道河) 좌안 평지에 있다. 동남으로 팔도하(八道河)까지는 200m 떨어져 있다. 북쪽에는 덕신(德新)~용암(龍岩) 도로가 있다. 유지 북쪽은 도로와 경작지를 사이에 두고, 산골짜기에 있는 용암발해무덤(龍岩渤海墓葬)과 아래 위에서 마주하고 있는데 간격은 100m이다. 지세는 서북쪽이 높고, 동남쪽이 낮다.

유지는 이미 경작지가 되었으며, 대유수(大楡樹) 동쪽 지면에 분포한 유물로 보면, 그 범위는 서남에서 동북으로 길이가 150m, 서북에서 동남으로의 너비가 120m다. 출토된 유물에는 회황색 귀면와당・회색의 구적(勾滴)・암키와와 푸른색 벽돌 등 건축재료 잔편과 니질회색의 물레로 빚은 도기 잔편과 기와편이 있다. 도기는 잘게 부서진 잔편이 많아서 그 형상을 알 수 없으나, 바닥이 납작한 그릇[平底器]과 주둥이가 좁고 입술이 평평한 그릇 구연[斂口平脣口沿]・주둥이가 좁고 입술이 둥근 그릇 구연[斂口圓脣口沿] 등이 있다. 자기 잔편에는 1mm 두께로 푸른색 유약을 바른 도기잔편도 있다.

이 유지는 요・금시기의 문화유존이며 주거건축이었다고 생각된다.

6. 사수유지(泗水遺址)

사수유지(泗水遺址)는 동불향(銅佛鄉) 사수촌(泗水村) 입구둔(入口屯) 남쪽의 부르하통하 북안 대지 위에 있다. 대지는 강바닥보다 10여m 높고, 동불향(銅佛鄉) 소재지의 동불사(銅佛寺)에서 북쪽으로 1km 떨어져 있다. 유지 북쪽은 동서향의 완만한 산등성이와 남쪽은 부르하통하와 인접해 있다. 서쪽은 사수하가 북쪽에서 남쪽으로 흘러 부르하통하로 유입되며, 강 남쪽은 평탄한 충적분지이다.

유지 면적은 동서 길이 500m, 남북 너비 100m이며, 지표면에는 대량의 홍갈색 또는 흑갈색 도기편이 있다. 유지 서쪽에는 현재 남북 방향의 인공 수로가 있는데, 너비는 2m, 깊이는 1.8m에 이른다. 그 단면은 3층으로 나뉜다. 제1층은 표토층으로 흑갈색점토(黑褐色粘土)이며, 두께는 30cm이다. 제2층은 문화층으로 회갈색협사점토(灰褐色夾砂粘土)이고, 두께는 30cm이며, 안에는 홍갈색 또는 흑갈색 도기편이 포함되어 있다. 제3층은 생토층으로 황갈색의 자갈과 모래가 섞여 있는 층이다.

현지인들에 의하면, 1974년에 유지 동쪽에서 벽돌 요지를 만들 때, 석기·도기·옥구슬[玉石珠子]이 많이 출토되었는데, 대부분 사라지고 석기 3점만이 남아 있다고 한다. 한 점은 판자형태의 돌도끼로 평면은 사다리형태로 몸체는 정교하게 갈았다. 전체 길이는 16cm이고, 날 부분의 너비는 7cm이며, 두께는 2.5cm이다. 다른 한 점은 돌칼[石劍]으로 버들잎 형태이며, 끝이 뾰족하고, 등에 줄기가 있다. 전체 길이는 25cm, 너비 5cm이다. 다른 한 점은 방망이로 납작한 공 형태이며, 중간에 구멍이 있다. 지름은 8.5cm, 구멍의 지름은 2cm, 너비는 3.5cm이다.

1984년 조사 당시에 지표면과 문화층에서 도기 제기 잔편과 도기 단지 잔편이 수집되었다. 도기 단지는 복원이 가능한데, 형식은 입이 곧고, 입술이 둥글며, 몸체가 활과 같고, 바닥은 평평하며, 몸체의 윗부분에는 대칭의 기둥형태의 손잡이가 있다. 전체 높이는 22.3cm, 입의 지름은 16cm이며, 바닥의 지름은 10cm이다.

상술한 유물은 대체로 왕청 백초구(百草沟) 제2기 문화층에서 출토된 유물과 비슷하다. 백초구 제2기 문화층에서 일찍이 철기가 출토되었는데, 이것은 발달되지 않은 철기시대의 원시문화유존으로 그 편년은 대체로 전국~서한시기에 해당한다.

학계의 많은 학자들은 전국~한대 연변지역에 거주한 주민들은 북옥저인들이라고 생각하기 때문에 사수유지의 주민은 옥저인들일 것이다.

사수유지 중간에도 지면보다 0.3m 높은 흙기단이 있는데, 면적은 동서 길이 25m, 남북 너비 15m이고, 윗부분에는 수많은 자갈과 약간의 발해시기의 지압문·붓대롱무늬 암키와와 요금시기의 물결무늬 구적(沟滴)이 흩어져 있다. 이들 유물은 이곳이 일찍이 발해와 요금시기의 건축이 있었음을 설명하는 것이다.

발해무덤유적

1. 용천무덤떼[龍泉墓葬]

[그림 3]   1. 용천무덤떼 전경(동→서)   2. 노출된 무덤 유구

용천무덤떼[龍泉墓葬]은 석정향(石井鄕) 구룡촌(九龍村) 용천둔(龍泉屯)에서 동쪽으로 약 300m 떨어진 곳에 있다. 산맥을 등지고 남쪽으로는 해란강과 약 30m 떨어져 있다. 남쪽으로 500m 떨어진 곳 좌우에는 동서향의 산마루가 있는데, 산 남쪽은 용신촌(龍新村) 용곡둔(龍曲屯)으로 이 마을에 발해유지가 있다.

무덤구역의 길이 약 30m 범위 안에 6~7기의 무덤이 드러나 있다. 그 중에서 1기는 파괴된 무덤으로 무덤 벽은 돌을 사용하여 쌓아 올렸는데 남아있는 길이는 1.80m, 너비는 0.80m, 깊이는 0.90m이다. 이 무덤에서 일찍이 입술이 두 겹인 도기항아리 구연[雙脣口沿陶罐] 잔편 등이 출토되었다. 이 무덤의 년대는 발해시기이다.

2. 용암무덤떼[龍岩墓葬]

[그림 4]　　용암고분군 전경(남→북)

용암무덤떼[龍岩墓葬]은 덕신향(德新鄉) 용암촌(龍岩村)에서 서남으로 300m 떨어진 곳에 있다. 서남쪽과 동북향의 구불구불한 산골짜기 안쪽과 동남쪽으로 경사진 기슭, 동남쪽 근처에는 용암(龍岩)~덕신(德新) 도로가 있고, 150m 떨어진 곳에는 동북으로 흘러가는 팔도하(八道河)가 있다. 무덤구역의 동북쪽과 서남쪽 근처에는 각각 열사비(烈士碑)와 커다란 버드나무가 있다.

1979년 길림성고고훈련반(吉林省考古訓練班)에서 무덤을 조사했다. 현재 무덤구역 안에는 파헤쳐진 두 기의 무덤 이외에 나머지는 모두 지하에 묻혀 있는데, 그 분포범위는 동북쪽에 있는 열사비 북쪽 산등성이부터 서남방향으로 220m에 이르는 지역까지, 동남쪽과 서북쪽으로 너비는 60m이다. 이미 지표면에 노출된 묘석과 파헤쳐져 무덤의 봉토를 분명하게 확인할 수 있는 것까지 계산에 넣으면 모두 26기에 달하지만 더 많을 것으로 생각된다. 주목할 만한 것은 무덤구역 중앙에, 산골짜기의 중앙에서 약간 높은 곳에, 지름이 22m에 달하는 봉토가 있다는 점이다. 봉토 중간에는 갈라짐으로 인한 상하 어그러진 현상[錯位現象]이 있고, 서북반부가 높고 남북반부가 낮은 것은 아마도 무덤 내부가 비어있는 것과 관련이 있는 것으로 생각되며, 이것으로 보아 대형무덤이 아닐까 생각된다.

일반무덤의 봉토는 분명하지 않지만, 이미 파헤쳐진 무덤의 상황과 1979년 조사기록을 참고하여 분석하면, 무덤은 장방형으로 네 벽은 돌로서 축조하고 무덤의 윗부분은 판석(石板) 또는 장대석[石條]으로 덮은 것으로 생각된다. 사용된 덮개돌의 일반적인 길이는 1.60~2.40m, 너비와 두께는 0.25~0.65m에 이르며, 무덤 방향은 조사되지 않아 분명하지 않으나, 지세로 보면 아마도 동남향 또는 남향으로 생각된다.

무덤구역 내의 지표와 일부 산길 단면에는 다양한 기와잔편들이 노출되어 있다. 특히 열사비 북쪽에 있는 대지 남쪽에 집중되어 있다. 수집된 문물에는 회색과 회황색 와당·회색 지압문 암키와·새끼줄무늬 암키와·수키와와 건축재료 등이 있다. 1979년 유물기록에 근거하면 만주국시기에 이 부근에서 청동인장[銅印]·화살촉 등 유물이 출토되었다고 한다.

이곳은 발해시기의 무덤구역으로, 지리위치로 보면 아마도 서남쪽으로 500m 떨어진 중평발해유지(仲坪渤海遺址)와 관련이 있을 것이다. 무덤의 명확한 구조와 규모·장례도구와 장례풍속 등 제문제에 대해서는 조사를 통해 분명해지기를 기대한다.

3. 부민무덤[富民墓葬]

부민무덤[富民墓葬]은 덕신향(德新鄉) 부민촌5둔(富民村5屯)에서 동남으로 100m, 향소재지와는 10km 떨어져 있다. 무덤구역 동쪽은 남북향으로 뻗어나간 산등성이이고, 그 동남쪽은 금곡(金谷)저수지이다. 남쪽은 지세가 비교적 좁고 북쪽으로 향하면서 점차 넓게 펼쳐지는데 끊임없이 흘러가는 팔도하(八道河) 지류가 무덤구역 동쪽으로 굽이굽이 흘러간다.

무덤구역은 팔도하의 지류에 의한 침식과 하상의 이동[移位] 및 동산(東山)에서 흘러내리는 빗물로 인해, 일부 무덤이 침식단면에 노출되었다. 단면상의 흔적으로 관찰하면, 동서 길이 30m, 남북 너비 80m에 달하는 범위 안에서 10기의 무덤이 발견되었다. 무덤 배열은 남북향이다. 이들 무덤 가운데 일부는 몇 개의 묘석만 남아 있으며 어떤 것들은 절반만 남아 있고, 어떤 것들은 무덤의 일부만이 노출되어 있다. 단면 아래의 시내 양쪽에는 무덤구역에서 흘러내려 온 묘석·인골과 도기 잔편들이 흩어져 있다.

1980년 연변박물관에서 금곡신석기시대(金谷新石器時代) 유적을 조사할 때, 이 무덤떼를 발견하였다. 1984년 6월 12일 『용정현문물지(龍

井縣文物志)』편찬조사팀이 무덤의 구조와 연대 등의 문제를 분명히 하기 위해 그 중에서 비교적 완전하지만 자연적으로 파괴된 무덤 1기를 조사하였다. 번호는 84JLDFM1로 간단하게 M1이라고 부른다.

M1은 무덤구역의 중앙에서 약간 남쪽으로 치우친 단면 부근에 위치한다. 조사 전에는 서남쪽 모서리 일부가 이미 단면상에 노출되어 있었다. 단면상으로 무덤과 지층간의 관계를 분명하게 볼 수 있다. 무덤구역의 지층은 간단하며 토색은 비교적 검은 표토층 아래 즉, 황갈색의 원생토층이 있다. 무덤은 표토층에 구덩이가 있고, 생투층을 팠다. 0.20m 두께의 표토층 아래 1~1.20m 지점에 석곽 천정부분이 있다.

석곽 천정부분은 진흙 아래 있으며, 목곽 흔적이 발견되었다. 목관 안에서는 보존이 비교적 좋은 인골 1구가 발견되었다. 무덤에서는 또한 도기 1점과 철기 21점이 출토되었다.

석곽의 구조는 동·서·남 3벽은 크기가 다른 돌로 쌓아 올렸고, 북벽은 1개의 장방형 판석을 이용하여 가로로 막았다. 자연적인 작용으로 동벽의 남반부의 위쪽의 석벽이 안쪽으로 기울었다. 윗부분에 나란하게 가로로 놓은 장방형 혹은 타원형에 가까운 4개의 판석으로 윗부분을 덮었고 판석 사이는 크기가 다른 약간의 돌로 메웠다. 무덤 바닥에서는 바닥에 깐 돌이나 판석이 발견되지 않았다. 석곽 내부의 길이는 2.27m, 내부의 너비는 0.64m, 내부의 높이는 0.48m~0.06m에 달한다.

목관은 석관의 중간에 있는데 붉은 소나무 판자를 재료로 한 것 같으며 3가지 종류의 쇠못으로 장방형의 나무관을 고정하였다. 나무관 양쪽 세로 방향의 나무판 안쪽 끝부분은 깊이가 2.5cm에 달하는 홈이 있어 양끝의 가로 판을 홈 안으로 끼워 넣었다. 출토된 쇠못에 남아 있는 종횡(縱橫) 방향의 목질에서 목판의 두께가 5.5cm임을 알 수 있다. 목관에는 4개의 둥근 고리[棺環]가 있는데 각각 목관의 양쪽 남쪽과 북쪽의 중간에 있으며 목관의 주요 구성부분이다. 목관은 남북 길이 1.98m, 안쪽 길이 1.69m, 남쪽 끝부분의 높이 0.40m, 북쪽 끝부분의 높이 0.30m, 남쪽 너비 0.40m, 북쪽 너비 0.03m이다. 목관 안에는 인골 1구가 있는데 보존상태가 비교적 좋다. 앙신직지(仰身直肢)이며, 얼굴은 편동쪽을 향하고 있고, 두향은 173°이다.

부장품은 겨우 도관 1점뿐이다. M1:22의 이 도관은 완전하다. 회갈색, 협사질(夾砂質)로, 느린 물레로 다듬었다. 주둥이는 뾰족하고[尖脣], 그 가장자리는 작고 평평하며[小平沿], 주둥이는 벌어졌고[敞口], 배는 불룩하며[鼓腹], 바닥은 평평하다[平底]. 뾰족한 입술[尖脣] 바깥쪽 가장자리에는 비스듬하게 4개 점[篦点]으로 이루어진 평행선이 있고, 도기의 어깨부분에도 역시 6가닥의 평행한 음각무늬와 2줄로 비스듬하게 4개 또는 3개의 점으로 구성된 띠무늬가 있다. 지름은 11.2cm, 몸체의 두께는 0.4cm, 밑 부분의 지름은 6.4cm, 전체 높이는 16.4cm이다. 도기의 밑 부분과 몸체 아래 부분에는 구운[燒燎] 흔적이 있으므로 구워 만든 토기로 생각된다. 이 도기는 사자의 머리 부분 남쪽, 즉 석곽과 목관의 사이에서 출토되었다. 둥근 관고리[鐵棺環]는 모두 4점으로 완전하다. 형태는 모두 같으며 쇠고리[鐵環]・쇠받침[鐵鼻]・당두(擋頭) 3개 부분으로 구성되어 있다. 쇠고리는 철을 꼬아서 꽈배기모양으로 만든 후에 고리형태로 만들었다. 고리받침은 지름이 8.2cm이다. 고리받침[環鼻]의 다른 한쪽은 목판에 박은 이후에 구부려서 고정하는 역할을 한다. 당두(擋頭)는 지름 9.8cm, 두께 0.2cm의 철편으로 만들었으며 관판과 고리받침이 곧바로 맞닿는 것을 방지하는 역할을 한다. 4개의 관 고리[棺環]는 목관의 양쪽 앞부분과 뒷부분에서 대칭되어 들기에 편하다. 쇠못은 모두 17점으로 대부분이 완전하다. 형태로 보면 둥근 머리[圓頭]·꺾인 머리[折頭]·머리가 없는 것[無頭] 3종류로 나뉜다. 둥근 머리 못[圓頭釘]은 모두 10점으로 일반적으로는 길이가 11.2~ 12.4cm이다. 이것은 네모난 쇠 한쪽을 편평한 원형 또는 타원형으로 두드려 만들고 직각으로 꺾어서 못의 머리 부분을 만든다. 이러한 못은 모두 목관의 당판(擋板) 양쪽에서 나왔다. 머리가 둥근 못은 목관의 양쪽을 고정하는데 사용한 것임을 알 수 있다. 꺾인 머리 못[折頭釘]은 4점이며 길이는 9.4~13.4cm이다. 모두 네모난 쇠의 한쪽을 구부리고 못의 몸통과 직각을 이루는 짧은 부분으로 만들었다. 이러한 못은 목관 의 네 테두리와 관 밑 바닥판이 만나는 곳에서 나왔다. 머리가 꺾인 못은 관 밑바닥 판을 고정하는데 사용한 것임을 알 수 있다. 머리가 없는 못은 3점이며 길이는 7~11.9cm이다. 네모난 몸통의 송곳형태이다 [方體錐形]. 모두 목관 네 모서리와 목관의 덮개가 만나는 곳에서 나왔 다. 머리 없는 못은 관 뚜껑을 고정하는데 사용한 것임을 알 수 있다.

부민 M1구조를 확실히 알고, 완전한 자료를 얻은 것은 과거 연변지 역에 있는 같은 형태의 무덤에서는 하지 못한 것이다. 그러나 출토문물 이 종류가 비교적 적어서 단지 현재 지니고 있는 자료에 근거하여 그 년대에 대해 대체적인 추측을 하였다. 무덤 안에서 나온 도기항아리[陶 罐]는 고고학에서 말하는 "말갈관(靺鞨罐)"에 가까우며 약간 통통하다. 도기항아리[陶罐]의 주요무늬는 말갈족 도기항아리[陶罐]에서 익히 본 무늬로, 돈화 육정산무덤에서 출토된 도관·하얼빈시 황가외자(黃家 崴子)에서 출토된 도기항아리[陶罐] 등과 같다. 이러한 무늬는 현재의 자료로 보면 말갈족 초기(발해 초기) 즉, 수당초기에 유행했으나 발해 중·후기 무덤에서는 많이 보이지 않는다. 화룡 북대(北大)무덤군을 예로 들면, 출토된 12점의 도기에는 이러한 무늬가 없다. 점무늬[篦点]는 말갈족들이 즐겨하던 문양으로 발해 중·후기에 이르면 경부(京府)와 교통이 편리한 지역에는 이미 사라졌다. 그러나 부민무덤떼는 해란강 지류인 팔도하(八道河) 상류에 있으며 이곳의 산맥이 종횡하여 교통이 불편하다. 개방된 중경현덕부(화룡 서고성)로 말하면 "세상밖의 무릉도원"이라고 할 만하다 이곳에는 약간의 말갈민족의 습속을 지니고 있는 것은 가능하다. 출토된 도기항아리[陶罐]은 이러한 점을 설명한다. 그 형식으로 말하면 이러한 문양을 지니고 있는 도기가 즐비하므로, 부민에서 나온 도기는 후기의 특징을 지니고 있다고 하겠다. 따라서 부민무덤군은 발해 후기의 무덤이다. 출토된 도기는 발해 후기의 이 기간에 말갈 참빗무늬 도기가 보이지 않던 공백을 메워주었다.

무덤 편년에 대한 방증은 3가지이다. 하나는 형식이 화룡 북대발해무덤과 매우 유사하다. 두 번째는 출토된 관고리·관못 등도 북대묘와 대체로 비슷하며, 단지 더욱 정교해졌을 뿐이다. 세 번째는 무덤에서 동남쪽으로 1.5km 떨어진 금곡촌, 서북으로 1km 떨어진 부민4둔에 모두 발해 유지가 있다는 점이다.

4. 영성무덤[英城古墓]

1. 무덤소재지 (구)영성위생소 전경(동남→서북)
                    2. 노출된 무덤 유구

영성무덤[英城古墓]은 영성촌(英城村) 위생소(衛生所)에서 북쪽으로 10m 떨어진 곳에 있다. 무덤은 북쪽으로 약간 높은 비탈 및 산등성이와 접해 있는데 산비탈에는 과수가 심어져 있고, 남쪽으로 동성평원과 이웃해 있으며 동쪽으로 흘러가는 해란강과는 750m 떨어져 있다. 무덤구역은 취토(取土)로 파괴되어 높이 0.7~2m, 동서 길이 20m의 단층아래에서 무덤 7기가 노출되었다. 그중에서 1기는 남반부 개석이 노출되었고 1기는 이미 개석이 들려 있다.

1983년 겨울, 연변박물관과 연길시문화관에서 일찍이 연이어 조사를 하였으며, 1984년 5월 27일과 28일『용정현문물지』편사보사(編史普査)팀이 재차 조사를 하였다. 그 중무덤 1기의 조사내용은 아래와 같다.

무덤 소재지는 5개의 문화층으로 구성된다. 표토층은 황갈색모래흙(사토)으로 두께가 20~60cm이며 동쪽은 얇고 서쪽은 두껍다. 두 번째 층은 황색 모래흙으로 두께가 85~95cm에 이르며, 첫 번째 층위와 마찬가지로 동쪽이 얇고 서쪽이 두껍다. 세 번째 층은 황갈색 모래흙으로 두께는 20~25cm에 달하며 이 층은 위의 두 층과 반대로 동쪽이 두껍고 서쪽이 얇다. 이상의 층위는 모두 어떠한 유적이나 유물을 포함하고 있지 않다. 네 번째 층은 토질과 토양색이 세 번째 층과 같으나, 다른 점은 층위 안에서 많은 그을린 흙과 타고 남은 재가 발견되었다는 점이다. 석곽은 이 층 아랫부분에 눌려 있으며 두께는 20cm이다. 곽 뚜껑 위에서 돼지 윗턱 잔편이 발견되었다. 다섯 번째 층은 생토층으로 무덤이 이 층위를 파괴하였다. 무덤은 석곽과 목관으로 구성되었다.

석곽 네 벽은 먼저 높이 40~60cm, 길이 60~100cm의 9개 큰 돌로 쌓은 이후 크기가 다른 돌로 윗부분을 평평하게 하였다. 곽은 4개의 커다란 판석과 2개의 작은 돌을 가로로 놓아 덮었다. 곽 바닥에는 약간의 깨진 돌을 깔았다. 석곽 안은 길이가 2.3m, 안쪽 너비는 0.8m, 높이는 0.6m이다. 목관은 석곽 안에 놓여 있다. 조사 당시에 목관은 이미 부패하였으며 보이는 것은 단지 진흙사이에 있는 색깔이 같지 않은 연경(軟硬)이다. 석곽 가운데는 길이 2m, 너비 0.4~0.5m에 달하는 흑회색 선 흔적이 있는데 이것이 바로 목관의 길이와 너비이다. 주목할 만한 것은 첫째 무릎관절 양측에서 머리 부분에 이르는 횡당판(橫擋板)으로 4~6cm 간격으로 두 개의 선 흔적이 있는 것이고, 두 번째는 무덤 안에서 어떠한 형식의 쇠못도 발견되지 않았다는 점이다. 이것은 아주 간단하고 허름한 목관이었음을 말하는 것이다. 목관이라고 말하는 것보다 차라리 몇 개의 철류(鐵鎦)로 결합하지 않은 목판에 모아 놓았다고 하는 것이 더욱 확실할 것이다. 두 가닥의 검은색 선과 한 가닥의 검은색 선의 존재는 목판의 넓고 좁음이 같지 않았기 때문에 생긴 것이다.

목관 안에는 시체 1구가 있었는데 비교적 완전하다. 앙신직지(仰身直肢) 1차장으로, 얼굴은 약간 서쪽으로 기울었으며, 두향은 210°이다. 골격의 길이로 추측하면, 키는 약 1.8cm 정도이다. 골격 위의 진흙에서는 약간의 목탄을 발견할 수 있는데 두개골 아래와 그 주위에 두께가 약 2cm다. 인골에서는 태운 흔적이 없다.

무덤 안에서 출토된 문물로는 철대구(鐵帶具)·철쌍환(鐵雙環)·철창도(鐵槍刀)·도기항아리[陶罐] 등이 있다. 철대구 1점은 잔편으로 부식이 비교적 심하다. 원각사장방형(圓角斜長方形)으로 사자의 허리 부분에서 출토되었다. 철쌍환(鐵雙環) 2점은 완전하며 지름 2.5cm의 고리 두 개로 구성되어 있다. 고리 안쪽 지름은 0.6cm이다. 두 개의 쇠고리가 서로 8자 형태로 연결되어 있고, 그 한쪽은 이미 부패한 베가 붙어 있다. 두 개의 쇠고리는 각각 무덤주인공의 좌우 팔뚝과 요골(橈骨)과 척골(尺骨)이 만나는 곳에서 나왔다. 쇠창칼 1점은 완전하다. 전체 모습은 긴 혀 모양이다. 날 부분은 한쪽에 있으며 대략 활모양이다. 몸은 긴 띠 모양이다. 손잡이 부분에는 류흔(鉚痕)과 부패한 베무늬 흔적이 있다. 칼 뒤쪽에는 두 조각의 쇠 조각이 바깥쪽으로 벌려져 있다. 길이는 17.1cm, 너비 2.4~3cm, 두께는 0.3cm이다. 분골(盆骨)의 오른쪽에서 출토되었다. 도기항아리[陶罐] 1점은 완전하다.

이 무덤의 형식은 화룡 북대발해무덤군의 무덤과 서로 비슷하며 출토된 도기항아리[陶罐] 또한 비슷하다. 무덤 구역 안에서는 또한 지압문 암키와 잔편이 수습되었다. 무덤구역에서 동쪽 약 500m 산비탈에서 발해시기의 건축지 1곳이 발견되었고, 남쪽 100m는 영성발해평원성 북벽이다. 이것에 근거하면 영성무덤군은 발해시기에 만들어진 것이라고 생각된다.

발해사찰유적
∙∙∙∙∙∙∙∙∙∙∙∙∙∙∙∙∙∙∙∙

1. 중평사찰지[仲坪寺廟址]

[그림 6]　　1. 중평사찰지 전경(동→서)　2. 새끼줄무늬기와
　　　　　　3. 귀면무늬와당

　중평사찰지[仲坪寺廟址]는 덕신향(德新鄕) 소재지에서 1km 떨어진 중평둔(仲坪屯) 남동쪽에 있다. 사찰지 서쪽에는 담배잎을 말리는 창고[黃煙樓]가 있고 동쪽에는 덕신향(德新鄕)~용암촌(龍岩村) 향로(鄕路)가 있다. 팔도하(八道河)는 유지 남쪽 10m 지점을 동쪽으로 흘러가며, 북쪽으로 중평유지(仲坪遺址)와는 200m 거리를 두고 있다.

　사찰은 현재 무너져 남아있지 않으나, 경작지로 변한 지면에는 기와와 자갈이 곳곳에 흩어져 있다. 현지인들이 수습한 깨진 기와조각들을

길가의 서쪽 편에 쌓아 두었는데, 마치 흙 두둑처럼 남북향으로 뻗어 있다. 이곳에서 수습된 유물에는 연꽃무늬 와당·지압문 암키와·새끼줄무늬 암키와·니질회도 권연원순관구연(泥質灰陶卷沿圓脣罐口沿) 등이 있다. 수집된 백석불상(白石佛像) 조각 1점은 파손되었다. 유지 범위는 동서 20m, 남북 15m이다.

위에서 언급한 유존은 대부분 발해 문화의 전형적인 분위기를 지니고 있다. 따라서 사찰은 발해국 시기에 창건된 것으로 생각된다. 이 사찰지와 그 북쪽에 있는 중평발해유지(仲坪渤海遺址)는 매우 밀접한 관계를 지니고 있는 것으로 생각된다.

발해산성유적

. . . .

1. 금곡산성(金谷山城)

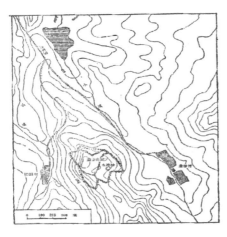

[도면 2]
금곡산성위치 및 평면도

금곡산성(金谷山城)은 덕신향(德新鄕) 금곡촌(金谷村)에서 서쪽으로 250m 떨어진 산꼭대기 북사면에 있다. 동쪽과 서쪽 산기슭 아래에는 각각 작은 시내가 있는데 팔도하(八道河)의 상류와 그 지류이다. 북쪽은 비교적 낮은 산과 연결되어 있고, 산으로부터 북쪽으로 500m 떨어진 곳에는 금곡저수지가 있으며, 남쪽으로 길게 이어진 산과 접해 있다.

성지는 불규칙하며 방향은 250°이다. 성벽은 토축으로 판축[碎土] 흔적은 없다. 성벽 둘레는 1,415m이며 높이는 1m이다. 산성은 4부분으로 구성되었다. 첫 번째, 북문 밖에는 하나의 성벽이 있는데 옹성역할을 한다. 두 번째, 방어시설의 역할을 하는 약간 가파른 언덕으로, 그 서북쪽 모서리에는 작은 평탄한 대지가 있고 움푹 파인 구덩이도 있다. 어떤 곳에는 초소가 있다. 세 번째, 성으로 지세가 평탄하다. 저수지 동북쪽과 서남쪽에는 크지 않은 초석 약간과 작은 평지가 있다. 네 번째, 성의 부속건물로 생각되는 시설물인데, 유적은 발견되지 않았다.

이 성은 출토유물이 매우 적어 단대를 추정할 수 없으나 성 동쪽에 있는 금곡발해유적과 관계가 있는 지에 대해서는 앞으로의 연구를 기대한다.

2. 선구산성(船口山城)

[그림 7] 1. 선구산성 표지석(동→서) 2. 선구산성 성문(남→북)
3. 선구산성 옹성(동→서)

선구산성(船口山城)은 개산둔진(開山屯鎭)에서 북으로 7.5km 떨어진 선구촌5둔(船口村5屯)에서 서북으로 300m 떨어진 광개향(光開鄕)에 있다. 산성이 입지한 이곳 서쪽에는 동남・서북향의 산골짜기가 있는데 일반적으로는 북장구(北獐沟)라고 부른다. 동쪽으로 500m 떨어진 곳에는 도문강이 북쪽으로 흘러가고, 서북쪽에 울퉁불퉁한 산들이 서로 이어져 있으며, 성 동쪽 산 아래에는 도문시에서 개산둔진으로 향하는 도로가 있다. 산성 남쪽에는 동서 길이가 3.5km, 남북 너비가 5km에 달하는 도문강 충적분지가 있다. 이곳은 토지가 비옥하고 기후가 온화하며 광개향(光開鄕)에서 유명한 쌀 산지 중에 하나이다.

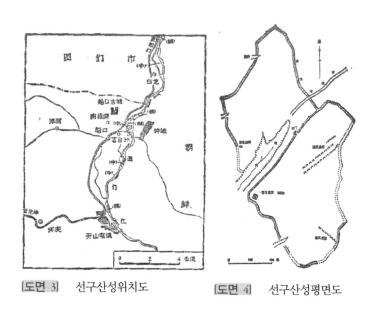

[도면 3] 선구산성위치도   [도면 4] 선구산성평면도

이 성지는 동남성과 서북성 두 부분으로 이루어져 있다. 성지는 마름모 형태로 방향은 140°이다. 동남성의 둘레는 1,960m이고, 서북성의 둘레는 1,814m이다. 성벽 높이는 대략 4m이다. 성은 산 능선을 따라 축조하였다. 동남성의 동쪽은 산비탈의 경사도가 비교적 크나 아직까지 성벽의 흔적은 발견하지 못하였다. 서북성의 서북벽 동북단은 대체로 완만한 산등성이에 축조되어 있어 성벽이 가장 높다. 성 밖의 높이는 7.1m, 성 안의 높이는 5.7m이고 밑 부분의 너비는 26.1m, 윗부분의

너비는 1m이다. 서북성의 동북벽은 동남성의 서북벽의 동북쪽과 이어져 있으며, 서남쪽 성벽은 동남성과 산골짜기를 사이에 두고 이어져 있는데 산골짜기의 끝부분은 서북성과 동남성의 옹성문에 가까운 곳이다. 이곳에서 동북쪽에는 인공으로 판 해자가 있는데 길이는 450m, 너비는 16m이다. 해자는 서북성의 동북벽 동단에서 흘러나와 서북성 밖의 또 다른 산골짜기로 통하는데 서북성에서 성 밖으로 통하는 유일한 통로이다. 서북성의 서북벽에는 밖으로 돌출된 흙 기단 3개가 있으나 문지는 없다. 동남성의 서북벽 중부에서 약간 동북쪽으로 치우친 부분에는 옹성문이 있고, 옹성문 동북쪽에도 2개의 돌출된 흙 기단이 있다. 동남성의 서남벽과 남벽에는 각각 작은 산골짜기가 있다. 동남성은 주성이고 서북성은 부속성이다.

동남성에서 서쪽 모서리에 인접한 곳에 대형 건축지가 있는데, 이곳은 32개의 초석이 동서 방향으로 3열이 배열되어 있고, 지압문 암키와·평평한 암키와·암막새 귀면와당·물레로 만든 니질회도기 밑부분 등의 유물이 흩어져 있는 산성의 중심이다. 성의 서쪽 모서리 부분에도 작은 방형의 흙벽이 둘러쳐진 흔적이 있다. 여기에서 남쪽을 바라보면 작은 평원을 바라볼 수 있어서 초소와 같다. 대형 건축지의 동북쪽에는 비교적 평탄하고 완만한 언덕이 있는데 여기에서 니질회도의 둥근 손잡이·도기편 등이 수습되었다. 역시 낮고 작은 흙벽의 흔적을 볼 수 있다. 이곳이 주된 거주지이다.

성 밖의 유적은 동남성의 서쪽 약 500m에 있는 작은 산 위에 1기의 봉화대가 있다. 선구고성은 발해에 처음 건축되어 요금시기에 지속적으로 사용된 고성으로 생각된다.

3. 성자산산성(城子山山城)

[그림 8]　　1. 성자산산성 성벽 노출부　　2~3. 산성 성벽 축조열
　　　　　　4. 성자산산성 전경(하룡촌에서, 동→서)

　성자산산성(城子山山城)은 연길시에서 동쪽으로 10km 떨어진 장안진(長安鎭) 마반촌(磨盤村) 산성리둔(山城里屯) 서성자산(西城子山) 위에 있는데, 산 위에 축조된 고성으로 인해 예로부터 성자산이라고 불렀다.

　성자산은 대체로 말발굽모양으로, 동쪽과 동북쪽에 골짜기가 있고, 골짜기에는 각각 작은 개울이 흘러간다. 서북쪽에는 산봉우리가 우뚝 솟아 있는데, 이것이 성자산의 주봉으로 해발은 390m이다. 그 남쪽에도 하나의 산봉우리가 있다. 동쪽 산봉우리는 해발이 277m이다. 동남쪽에도 산봉우리가 있다. 이 4개의 산봉우리 사이에는, 두 곳의 골짜기를 제외하고, 모두 산등성이와 연결되어 4개 봉우리·두 개 골짜기·

네 곳의 산기슭·3개의 대지를 이룬다. 대지는 사방이 산기슭인 지역의 중간에 있고 대지는 모두 완만한 경사지로 산성 서북쪽·중간과 동남쪽에 있다. 산의 동쪽과 남쪽은 산세가 험준하고, 서쪽과 북쪽은 약간 완만하며, 서쪽은 흘러내린 산등성이와 접해 있고, 북쪽은 작은 하구에 이웃해 있다. 동쪽과 남쪽 산비탈 아래에는 장도철로(長圖鐵路)가 서쪽에서 동쪽으로 가다가 다시 북쪽으로 뻗어 있다. 남쪽으로는 부르하통하가 있는데 철로를 따라 흘러간다. 동남쪽으로 1km 떨어진 곳에는 해란강이 남쪽에서 북쪽으로 흘러 부르하통하로 유입된다. 부르하통하 남안과 해란강 양안은 충적분지이다. 동남쪽으로 2km 떨어진 해란강 서안에는 2기의 고성이 있는데 발해시기에 축조하여 요금시기까지 사용된 토성이다. 산 북쪽은 협곡으로 골짜기 안에는 작은 시내가 있는데 서쪽에서 동쪽으로 흘러 부르하통하로 들어간다. 북쪽으로는 높은 산등성이로 산등성이 윗부분 동쪽부분에는 고성지가 있다. 유지의 동쪽 비탈에는 산을 오르고 내려가는 "지(之)"자형 길이 있다.

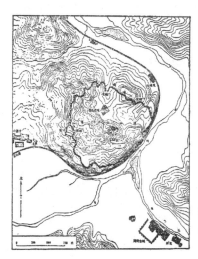

[도면 5]
성자산산성평면도

성자산산성(城子山山城)은 이러한 우월한 성자산의 지세를 이용하여 쌓았다. 산성은 불규칙한 타원형이다. 성벽은 서남쪽 산봉우리가 성 안쪽으로 뻗어 들어온 것을 제외하고 그 나머지 부분은 모두 산봉우리와 산등성이의 뒤쪽에 축조하였으며 둘레 길이는 4,454m이다. 성벽은 돌로 축조한 이후에 흙으로 덮었다. 기단부의 너비는 5~7m, 높이는 1~3m이다. 동쪽·동북쪽·서쪽·동남쪽은 모두 성문지가 있다. 동남쪽 문을 제외하고 모두 옹성이 있다. 서문 밖에는 토축 성벽이 있는데 "∧" 형태이다. 성벽 방향은 205°이며 30m를 뻗어나간 후에 방향을 105°로 바꾸어 다시 40m를 뻗어 나간다. 동남쪽 문 안에도 약간의 성벽 흔적이 있는데 역시 "∧" 형태이다. 그중에서 한쪽 담장은 방향이 100°이며 40m를 뻗어 나간다. 다른 한쪽 담장은 방향이 190°로 40m를 뻗어 나가며, 25m지점에 출입구가 있는데 너비는 1m이다.

성안 중간에 있는 대지에는 궁전지가 있다. 궁전지 기단은 계단식으로 모두 9개의 섬돌이 있는데 그 중에서 6개의 섬들이 비교적 분명하다. 섬돌은 동남에서 서북방향으로 일자로 배열되어 있으며 거리는 각각 12.5m·22m·22.5m·19m·22m·15m로 일정하지 않다. 초석의 배열은 대체로 장방형이다. 초석은 장방형으로 크기가 일정하지 않으나 대체로 비슷하다. 그 중에서 1개는 길이가 60cm, 너비는 50cm이며 두께는 15~28cm이다. 궁전지에는 또한 청회색의 베무늬기와와 도기잔편 등이 흩어져 있다. 현지인들이 궁전지 부근에서 "병마안무사지인(兵馬按撫使之印)"을 수습하였다고 한다.

궁전지에서 동남쪽으로 200m 떨어진 곳에 많은 붉은색 그물무늬 또는 새끼줄무늬 기와편들이 흩어져 있는데 이것은 집안시 환도산성에서 출토된 동일 유형의 기와와 서로 같다.

성안의 서북쪽 대지에는 많은 기와편들이 흩어져 있는데 모두 청회색이며 지압문 암키와와 물결무늬 구적(勾滴)이다. "남경로구당공사지인(南京路勾當公事之印)"은 바로 이곳에서 수습된 것이다. 성 안의 동남쪽 대지에도 약간의 기와편들이 흩어져 있는데 수량은 많지 않다. 성 안의 사방이 산기슭에 연결된 곳에도 기와편들이 흩어져 있는 것은 이곳에도 건축지가 있었음을 설명하는 것이다.

여러 해 동안 성자산산성에서 많은 유물이 출토되었는데 그중에는 기와·청동기·철기·자기·도기와 옥기 등이 있다. 기와는 3가지로 나뉜다. 한 종류는 고구려의 그물무늬·자리무늬·새끼줄무늬 암키와이다. 두 번째는 발해시기의 지압문 암키와이다. 세 번째는 요금시기의 것으로 가장자리에 물결무늬를 하고, 그 위에 톱니 또는 매화무늬를 한 막새기와이다. 청동기는 종류가 매우 많다. 주로 청동도장[銅印]·청동거울[銅鏡]·동전(銅錢) 등이 있다. 청동도장(銅印)은 동하국(東夏國)의 "남경로구당공사지인(南京路勾當公事之印)"·"병마안무사지인(兵馬按撫使之印)"과 "구당공사지인(勾當公事之印)"이 있다. 청동거울에는 "장수부귀(長壽富貴)"·"덕부장수(德富長壽)"의 명문이 있는 네모난 거울[方鏡]이 있다. 이밖에 동겁마(銅砝碼)·작은 청동인물상·작은 청동토끼·청동바둑알[銅相棋子] 등 청동제품들이다. 철기로는 고구려 철제 솥·금대의 철제 화살촉·등자·수레바퀴·철제 도끼·철제 창 등이 있다. 도기는 고구려 한식제량관(漢式提梁罐)과 발해 요금시기의 회도편이 있다. 수습된 도기편은 모두 그릇 밑 부분과 구연부분이며 그릇 밑 부분은 모두 바닥이 평평하다. 구연(口沿)은 대체로 2종류로 나누는데 하나는 원순절연(圓脣折沿)이고, 다른 하나는 원순권연(圓脣卷沿)이다. 자기에는 백자편이 있는데 모두 가마에서 구워낸 작은 자기 접시들이다. 위에서 서술한 유물이외에도 다듬이돌[捶衣砧板]이 출토되었고 돌출된 둥근 테두리가 조각된 초석·숫돌·돌절구·옥대·원앙노리개·마노노리개 등이 있다.

성벽의 수축방법과 출토유물로 분석하면, 성자산산성은 아마도 고구려시기에 축조되어 발해·요금·동하국(東夏國)시기까지 사용되었으며, 동하국 시기에 행도남경(行都南京)의 치소가 되었던 것으로 생각된다. 사료의 기록에 근거하면, 동하국 국왕 포선만노(蒲鮮萬奴)가 성자산산성에 거주하였으며, 1233년 몽고의 포로가 되어 멸망하였다고 한다.

성자산산성은 정식 발굴이 이루어지지 않아 전체적인 상황은 아직 분명하지 않지만, 연변지역 역사를 연구하는데 중요한 가치를 지니고 있다.

4. 성자구산성지(城子溝山城址)

성자구산성지(城子溝山城址)은 용정시(龍井市) 도원진(桃源鎭) 태양촌(太陽村)에서 서남으로 2.5km 떨어진 성자구(城子溝) 산 끝자락 위에 있다. 성자구는 키 형태로 골짜기는 북쪽에 있다. 골짜기 안은 남쪽이 높고 북쪽이 낮으며, 작은 개울이 남쪽에서 북쪽으로 흘러 부르하통하로 유입되는데, 부르하통하와는 1km 떨어져 있다. 골짜기 바깥은 말발굽형태의 산등성이가 골짜기 동·서·남 3면을 감싸고 있어, 험준하여 공격해 들어오기가 쉽지 않다. 성벽은 산등성이 능선 북쪽에 있다. 성벽은 토석혼축이다.

산성은 불규칙한 형태로 둘레 길이는 2,500m이다. 남북에 각각 문지가 있으며 서남쪽을 향하고 있는 남문 바깥에는 방형 옹성이 있다. 성벽에는 모두 7개의 치[馬面]가 있는데, 그중에서 4개는 성벽 바깥쪽으로 튀어나와 있고, 나머지 3개는 성벽 안쪽으로 들어와 있다. 성 안 경사지와 평지는 일찍이 경작지로 개간되었으나 일부 경작지를 제외하고는 대부분이 버려져 있다. 지표면에는 회색 도기편들이 흩어져 있다. 동·서·남 3면 경사지 근처에는 적지 않은 건축지가 있는데 삼삼오오 짝을 이루면서 위에서 아래로 배열되어 있어 계단을 이룬다.

1973년 연변박물관에서 이 성터를 조사할 때, 남문 부근에서 뇌석(擂石) 2점을 수집하였다. 뇌석은 공 형태로 생겼는데, 하나는 크고 하나는 작다. 큰 것은 지름이 17cm, 작은 것은 지름이 12cm이다. 성자구산성은 부르하통하 유역 교통도에 축조된 군사적 방어시설이다. 이 산성은 고구려시기에 축조되어 발해시기까지 연용된 것으로 생각된다.

5. 편검산산성(偏臉山山城)

편검산산성(偏臉山山城)은 용정시(龍井市) 동불진(銅佛鎭) 영승촌(永勝村) 동쪽 편검산(偏臉山) 정상에 있다. 편검산은 산 갈림 끝자락에 우뚝 솟아있는 산으로 해발은 358m이며, 부르하통하 수면과 약 100m 차이를 보인다. 만주국시기에는 일찍이 태평구산성(太平溝山城)으로 불렸다. 산 정상은 북쪽이 높고 남쪽이 낮다. 산성 동·남·북 3면은 깎아지른 절벽이나 서쪽은 완만한 구릉이 이어져 있으며, 지형은 평탄하다. 남쪽으로 약 300m 떨어진 부르하통하는 서쪽에서 동쪽으로 흘러간다. 강 남북 양안은 잘 정비된 논이다. 동·북쪽은 깊은 골짜기이며, 그 안에서 흘러나온 작은 개울은 남쪽으로 흘러 부르하통하로 들어간다.

산성은 모서리가 둥근 장방형[圓角長方形]으로 둘레 길이는 380m이다. 성 안에 있는 동서향의 성벽이 성을 남과 북으로 나눈다. 성벽은 토석혼축이나 심각하게 훼손되었다. 기단부의 너비는 7m, 높이는 1~2m이다. 서벽에는 3개의 치[馬面]가 있는데 모두 성벽 밖으로 돌출되어 있다. 성문은 북벽의 서쪽에 있는데, 너비는 6m이다. 고성은 아마도 고구려 또는 발해시기에 축조하여 요금시기에 연용된 것으로 생각된다.

6. 삼산동산성(三山洞山城)

삼산동산성(三山洞山城)은 용정시(龍井市) 조양진(朝陽鎭) 삼산동산(三山洞山) 정상에 있다. 성 안에는 삼산동원시유적(三山洞原始遺跡)이 있다. 산성이 입지한 곳의 지형이 험준하여, 동·북쪽은 가파른 절벽을 이룬다. 서쪽은 완만한 구릉이 이어져 있어 비교적 평평하나, 남쪽은 가파른 경사지이다. 남쪽으로 0.5km 떨어진 곳은 삼산동촌(三山洞村)이다. 산 정상은 북쪽이 높고 남쪽이 낮다. 성벽은 산 정상 주변의 가장자리에 있다.

산성은 키 형태로 둘레 길이는 2,075m이다. 성벽은 토석혼축으로 너비는 4m, 높이는 1~1.5m이다. 서벽에 단절된 부분이 있는데, 산 아래에서 정상으로 통하는 도로가 이곳을 지나가므로 아마도 당시의 문지였을 것으로 생각된다. 그 바깥에서 많은 둥근 돌[石球]과 납작한 둥근 돌[石餠]이 수집되었다. 둥근 돌은 쪼아서 만든 것으로 단면은 타원형이다. 한쪽에 모두 돌기된 꼭지가 있는데 크기는 일정하지 않다. 큰 것은 지름이 5.7~7.6cm, 작은 것은 지름이 2~4cm이다. 납작하고 둥근 돌은 부침개처럼 생겼는데 깨뜨려서 만든 것으로 크기가 일정하지 않다. 지름은 7~9.3cm, 두께는 2~3cm이고, 작은 것은 지름이 4.6cm, 두께는 0.6~0.7cm이다. 이러한 둥근 돌과 납작하면서 둥근 돌은 연변지구에서는 처음으로 발견된 것으로, 처음에는 성을 지키는데 사용된 뇌석(擂石)으로 판단하였으나 그 분명한 용도는 알 수 없다.

성 안에는 이중 석벽이 있는데, 너비는 1~1.5m, 높이 0.1~0.5m이다. 석벽 북쪽 산봉우리를 중심으로 부채 형태를 이룬다. 만주국시기 일본 학자들이 이 산성을 조사하면서, 주민들한테 요금시기의 유물로 생각되는 4개의 모서리가 있는 형태[四棱式]의 화살촉과 편평한 형태[扁平式]의 쇠화살촉 두 점을 수집하였다고 한다. 삼산동산성은 아마도 고구려시기에 축조된 후에 발해 또는 요금시기에 연용된 것으로 생각된다.

7. 양삼봉산성지(養參峰山城址)

양삼봉산성지(養參峰山城址)는 용정시(龍井市) 지신진(智新鎭) 성남촌(城南村)에서 서남쪽으로 5km 떨어진 양삼봉(養參峰) 정상에 있다. 양삼봉산성 동남쪽과 서쪽은 길게 기복을 이루고 중첩된 여러 산들이며, 산성에서 서쪽으로 2km 떨어진 곳은 덕수촌(德壽村)이다. 산성에서 동북쪽을 바라보면 멀리 지신향 육도하상류(六道河上流) 분지까지 조망할 수 있다.

산성 평면은 불규칙하다. 성안의 지형은 서쪽이 높고 동쪽이 낮다. 성벽은 산세를 따라 축조하여 높이가 1~2m로 일정하지 않다. 둘레 길이는 1,952m이다. 성 안쪽에는 너비는 2~3m, 깊이 1m의 해자[土壕]가 많은데 대체로 뻗은 방향이 성벽과 평행하다. 성벽 위에서도 흙기단과 움푹파인 구덩이 시설이 발견되었다. 북벽 바깥에는 덧대어진 성벽시설이 남아 있다. 흙기단은 모두 5곳으로, 대체로 큰 성벽이 꺾이는 부분의 높은 곳, 성의 동남·정남·정서와 동북 모서리에 위치해 있다. 흙기단 평면은 반원형으로 성벽에서 바깥으로 2~5m 돌출되어 있고, 안쪽에는 흙구덩이 형태의 유적이 있어서 아마도 평지성의 각루 또는 치[馬面]와 동일한 기능을 한 것으로 생각된다. 움푹패인 구덩이 형태의 시설은 모두 성벽과 평행한 해자[土壕] 안쪽 가까운 곳에 있다. 지름 2m, 깊이 0.5~1m의 원형이다. 모두 33곳이 발견되었는데, 대부분이 산기슭의 비교적 완만한 곳의 북쪽과 서북쪽 성벽 안쪽에 있어서 주된 방어시설의 방향과 관련이 있다. 아마도 반수혈식 주거혈 유지로 생각된다. 성벽에 덧대어진 것은 1곳만이 발견되었다. 북벽 중간에 있는데 평면은 활처럼 생겼으며, 그 양쪽은 곧장 주된 성벽의 안쪽과 연결된다. 길이는 24m이고, 주 성벽과의 간격은 8m이다.

성문은 동문 1곳이 있는데 너비는 3m이다. 성문의 남북은 산기슭에서 안쪽 방향으로 축조된 성벽과 연결되어 있다. 성문에는 또한 덧대어진 성벽에 있는데 그 잔여 길이는 40m, 기단의 너비는 5m, 높이는 2.5m이며, 원래의 성벽과의 거리는 4m이다. 성문 바깥쪽 남쪽에는 지름이 10m에 달하는 원형의 토벽 시설이 있다. 성문 안의 남북 양쪽에도 장방형 또는 타원형의 토축시설 3곳이 있다. 그 중에서 1곳은 남북 길이가 8m, 동서 너비가 6m이며 안쪽은 함몰된 구덩이 형태이고, 주위는 흙구덩이 형태이다. 주거지는 성문에서 150m 떨어진 기슭의 남북 양쪽에 있고, 황폐화된 경작지 지면에는 계단형태의 평면이 있다.

성 안의 유물은 매우 드물다. 그 중 1점은 바닥이 평평한 그릇[平底

器) 잔편이나, 그 형태를 알 수 없다. 이 성 안에서 농사를 지었던 농민들에 의하면, 성 안에서 일찍이 쇠화살촉 등이 출토되었다고 한다. 성에서 3km 떨어진 동북산(東北山) 아래 장풍동(長豊洞) 부근에서 요금시기의 금속 가마가 출토되었으나 이후에 폐철처리되었다.

양삼봉산성은 지신향에서 발견된 유일한 고성지로, 성 안에는 현재 비교적 많은 유적이 남아 있고, 보존상태도 좋다. 산성의 축조년대와 역할에 대해서는 좀 더 깊이있는 연구가 필요하다. 잠정적으로 고구려시기에 축조된 것으로 판단한다.

8. 청수산성지(淸水山城址)

청수산성지(淸水山城址)는 삼합진(三合鎭) 청수촌(淸水村) 청수동둔(淸水洞屯)에서 서북쪽으로 2km 떨어진 산 정상에 있다. 동쪽으로 삼합진과는 약 6km 떨어져 있다.

성터는 우뚝하고 웅장한 금산산맥(金山山脈) 남단에 축조되어 있는데, 해발은 500m이다. 성 서쪽은 도문강 지류로, 성 남쪽 2km에서 동쪽으로 방향을 바꾸어 5km 흘러간 뒤 도문강으로 유입된다. 성 동쪽에는 기복이 있는 산맥으로 지형은 대체로 완만하다.

성터는 산세를 따라 축조하였다. 그 평면은 대략 손바닥 형태이며 성벽은 토석혼축이다. 둘레 길이는 2,053m, 높이는 2~5m, 위부분의 너비는 1~3m, 기단 너비는 10~17m이다. 산성 한 가운데는 동남~서북향의 고성구(古城溝)라고 부르는 깊은 골짜기가 있다. 성벽은 골짜기 끝부분에서 가파르게 솟아 있는 산비탈을 따라 각각 동북과 동남방향으

로 쌓았으나, 산 능선에 이르러서는 다시 산 능선이 뻗어나간 방향을
따라 축조하였다.

성벽 북부는 비교적 높은 5m이다. 북벽 밖에는 높이가 1m에 달하는
낮은 성벽이 있다. 북벽의 한 가운데에 문지가 있고 옹성도 있다. 북벽
동단에는 두 개의 융기된 흙둔덕[土包]가 있는데, 치[馬面]와 같은 역할
을 한다. 북벽과 동북벽이 서로 연결되는 곳에는 옹성과 같은 시설이
있으나 성 밖으로 통하는 문지는 보이지 않는다. 북쪽 성 안쪽에서 서
남쪽으로 10m 떨어진 곳에 두 개가 서로 이어진 5×5m 규모의 키 형태
의 함몰된 구덩이가 있는데, 이곳이 주 방어구역으로 생각된다. 동북벽
위에도 융기된 작은 흙기단이 있는데, 아마도 군사시설로 생각된다.

성 안에서 골짜기를 감싸고 있는 끝부분에 비교적 커다란 평지가 있
다. 골짜기 끝자락 왼쪽의 평평한 대지는 주요 건축지로, 현재는 초석과
회색베무늬 암키와 약간이 있다. 현지인들의 말에 의하면, 이 성에서 일
찍이 청동불상 1구가 출토되었는데, 만주국시기 북한 회령군박물관에
팔았다고 한다. 이밖에도 많은 동전들이 출토되었다. 골짜기 끝부분 오
른쪽 평지에는 낮고 작은 토축담장이 있다. 산성 안에는 시대적인 특징
을 지닌 유물이 발견되지 않았기 때문에 산성 축조연대는 좀 더 깊이있
는 연구가 필요하다. 잠정적으로 고구려시기에 축조된 것으로 비정한다.

9. 조동산산성지(朝東山山城址)

조동산산성지(朝東山山城址)는 한왕산산성(汗王山山城)이라고도
부르는데, 용정시(龍井市) 부유진(富裕鎭) 명동촌(朝東村)에서 서쪽

으로 1km 떨어진 한왕산(汗王山) 정상에 있다. 삼합진(三合鎭) 청천촌(淸泉村)과는 2.5km 떨어져 있다. 한왕산은 천불지산(天佛指山)의 지맥에 속하며, 그 산봉우리에서 동남쪽으로 10km 떨어진 곳에 있다. 산성은 동북쪽으로 높고 낮은 산들과 이어져 있다. 서남쪽 산 아래에서 1.5km 떨어진 곳에는 도문강이 있다. 그 맞은 편은 북한의 유선군(游仙郡)이다.

산성 서북에서 동남까지의 길이는 620m, 동북에서 서남까지의 너비는 20~160m, 산성의 둘레 길이는 1,502m이다. 산 정상 바깥쪽의 사방에서 동북쪽이 비교적 완만한 동향의 비탈과 연결되어 있는 것을 제외하면, 모두 높이 5~15m에 이르는 절벽이다. 성 안 북쪽 지세는 비교적 높고 가파르며, 남쪽의 지세는 비교적 낮고 완만하다. 성벽은 대부분이 험준한 절벽 가장자리에 높이 0.5~5m에 이르는 석벽을 축조한 곳이 많아, 직접적으로 올라갈 수 없을 만큼 수직 또는 경사진 성벽을 이룬다. 성벽 안쪽은 너비가 1~2m에 이르는 좁은 길이 많다. 일부 성벽은 자연적으로 파괴되었으나, 원래의 규모와 모습을 능히 분별해 낼 수 있다.

문지는 모두 2곳이다. 한 곳은 동북벽 중간의 지세가 비교적 완만한 곳에 있으며 옹문구조이다. 옹문은 자루형태로 길이는 80m, 너비는 30m이다. 옹문은 모두 돌로 축조하였는데, 성벽과 마찬가지로 동북쪽을 향하고 있다. 그 안쪽 성벽과 바깥쪽 성벽의 중남쪽에 각각 출입구가 있는데 30m 간격을 두고 서로 마주한다. 그 안 문지는 너비가 5.5m, 바깥문의 너비는 2m이다. 바깥 문지 안쪽에서 성벽에 가까운 곳 양쪽에는 각각 깊이 1.5m, 지름 2m에 달하는 구덩이가 있는데, 아마도 문을 수비하는 시설로 생각된다. 동남쪽 구덩이 서북쪽에는 또한 너비가 1.5m에 달하는 비스듬한 도로가 문지의 동남쪽 성벽과 이어져 있다.

제2문지는 서남벽의 남쪽에 설치되어 있는데, 이곳의 지세는 험준하다. 문지 너비는 6m이다. 문지 동쪽에서 서쪽으로 치우친 곳과 8m 떨어진 곳에 제1거주지가 있는데, 이 문지는 도문강을 마주하고 있으며, 성문 밖의 산기슭은 가파라서 지키기는 쉽고 공격하기는 어렵다.

성안에는 3곳의 거주지가 있다. 첫 번째는 바로 제2문지 안쪽으로 규모는 비교적 작으며 장방형을 이룬다. 성의 방향을 따라 축조되었으며, 길이는 7.6m, 너비는 4.5m이며, 벽은 돌로 축조하였다. 벽 기단의 현재 높이는 0.4m, 너비는 0.7~0.8m이다. 방문지는 서남쪽 담장에서 동남쪽으로 치우친 곳에 있으며, 너비는 0.9m이다. 주거지 바깥쪽 동남쪽으로 0.9m 떨어진 곳에도 지름이 0.7m, 깊이 0.5m에 이르는 말라버린 우물이 있다. 두 번째 주거지는 옹문에서 남쪽으로 120m 떨어진 곳에 있고, 첫 번째 주거지와는 80m 떨어져 있다. 두 번째 주거지는 현재 흙 둔덕 형태의 담장이 있는데 평면은 방형이며 벽은 흙으로 쌓았다. 기단 너비는 4m, 높이는 1.5m 한 변의 길이는 27~28m이다. 문지는 없고, 성 안 동남쪽 모서리에는 지름이 1.5m, 깊이 0.5m의 마른 우물 유적이 있다. 세 번째 주거지는 두 번째 주거지 동쪽에 있으며, 동남벽 가장자리에 인접해 있다. 또한 흙 둔덕 형태의 낮고 작은 담장이 있다. 평면은 방형으로 한 변의 길이는 45~50m, 높이 0.2~0.4m이다. 안에 몇 개의 방형 구덩이가 있는 것을 제외하고 기타의 유적은 발견되지 않았다.

저수지는 옹문에서 남쪽으로 40m 떨어진 곳에 있다. 평면은 대체로 타원형이며 지름은 60m이다. 저수지 서남쪽과 서북쪽 가장자리에는 지름 10m, 깊이 2m에 달하는 물웅덩이가 있고, 그 안에서 인공으로 옮긴 커다란 돌덩어리가 발견되어 아마도 취수지로 생각된다.

성 안에 현존하는 유물은 매우 적어서 겨우 서남쪽 두 번째 문지 남단 성벽 부근에서 1점의 회색베무늬 암키와 잔편을 수습하였다. 현지인들에 의하면, 성안에서 일찍이 석조와 청동 숟가락 등 유물이 출토되었다고 한다.

조동산산성은 주거지·저수지 등 일반시설이 있을 뿐만 아니라, 비교적 견고하고 전술적 의의를 지니는 옹문과 지키기는 쉽고 공격하기는 어려운 석축성벽을 구비하고 있으므로, 중요한 군사시설로 생각된다. 산성의 축조연대와 그 역할 등의 문제에 대해서는 좀더 깊이있는 연구를 기대한다. 산성의 축조형식과 특징에 근거하여 잠정적으로 이 성은 고구려시기에 축조되어 발해·요·금시기에 아마도 연용되었다고 생각한다.

10. 장성유지(長城遺址)

장성유지(長城遺址)은 화룡·용정 두 시와 연길시의 북부 산지까지 구불구불하게 이어진다. 토석혼축으로 대부분의 구간은 산등성이 또는 산등성이 한 편에 축조되었는데 일부 구간에서는 산봉우리·계곡과 하천을 지난다. 장성은 활모양인데 고대 해란강과 부르하통하 분지를 지키는 군사건축시설이라고 생각된다. 현재까지의 조사 상황에 근거하여 보면, 장성은 아래와 같은 지역을 지나간다.

[그림 9] 1. 청차관변장 전경(서→동)   2. 청차관변장 돈대(서→동)
          3. 변장 내부 해자(동→서)   4. 청차관변장 외부(동→서)
          5. 청차관변장(동→서)

장성은 화룡시(和龍市) 팔가자진(八家子鎭) 풍산(豊産)에서 시작하
여 화룡시(和龍市) 서성향(西城鄕)의 명암(明岩), 용문향(龍門鄕)의
아동(亞東)·용문(龍門), 용정시(龍井市) 세린하향(細鱗河鄕)의 장성
(長城)·일신(日新)·문화(文化)·소북(小北), 도원향(桃源鄕)의 대
기(大箕)·염명(廉明)·관도(官道)·관선(官船), 동불향(銅佛鄕)의 사
수(泗水), 조양향鄕(朝陽鄕)의 석산(石山), 팔도향(八道鄕)의 호조(互
助)·쌍봉(雙鳳), 연길시(延吉市) 연집향(煙集鄕)의 평봉산(平峰山)·태
암(台岩)·남계(南溪)·이민(利民), 흥안향(興安鄕)의 홍기(紅旗)·
청차관(淸茶館)·광흥(光興), 용정시(龍井市) 장안진(長安鎭)의 마반
(磨盤)을 거쳐 마지막으로 용정시(龍井市) 장안진(長安鎭) 계림북산
(鷄林北山)에 이른다.

장성의 좌우 양측에는 수 십기의 돈대가 축조되어 있다. 일부는 현대의 측량표지대를 세워서 사용하고 있으나 대부분은 폐기되었다. 현재 발견된 곳은 유지 3곳이다. 첫 번째는 화룡시 아동촌 아동저수지 남쪽의 해란강 지류인 두도강 우안 대지에 있다. 남쪽은 두도(頭道)~장인강 도로가 있다. 도로 양쪽에는 높은 산들이 우뚝 솟아 있고, 동쪽은 넓게 펼쳐진 두도평원이 있다. 북쪽은 하천 협곡으로 지세가 험준하다. 유지는 토축으로 장방형이며 길이 1m, 너비 14m, 성벽 기단 너비는 6m, 윗부분의 너비 2m, 높이는 2.1m이다. 남벽에 구멍이 있는데 출입구로 생각된다. 두 번째는 연길시 연집향(煙集鄕) 평봉산(平峰山) 중턱의 대지에 있다. 돌로 축조했으며 장방형이다. 규모는 동서 길이 21m, 남북 너비 10m, 성벽의 너비 1m, 높이 0.5~1m이며, 중간에는 남북향의 성벽이 있어 유지를 두 구역으로 나눈다. 서벽 밖에는 동서 길이 8m, 남북 너비 6m의 건축지가 붙어 있다. 세 번째는 용정시 장안진(長安鎭) 계림촌(鷄林村) 북쪽 산 위에 있다. 석축이고 장방형이며 서남향이다. 규모는 길이 27~32m, 너비 18~20m이다. 성벽의 너비는 2m, 높이는 1~1.5m이다. 서남쪽 성벽에는 구멍이 있는데 너비가 4m로 출입구로 생각된다. 유지는 높은 곳에서 아래쪽을 내려보고 있어 해란강과 부르하통하 사이의 통로를 통제하고 있다.

이 유지 3곳의 규모와 위치한 지리적 환경으로 분석하면, 장성과 관련이 있는 군사시설(수보)로 생각된다. 장성의 왼쪽편에는 많은 고성들이 있다.

1. 발해 중경현덕부유지인 화룡시 서고성은 장성에서 동쪽으로 10km 떨어져 있다.

2. 명암고성(明岩古城)은 장성에서 동쪽으로 1km 떨어진 곳에 있다.
3. 화룡시 동고성(東古城)은 어떤 학자는 금나라 시기의 갈라로(曷懶路)의 치소였다고 생각하는데 장성에서 동남으로 15km 떨어진 곳에 있다.
4. 대회둔고성(大灰屯古城)은 발해의 고성으로 장성에서 서쪽으로 2.5km 떨어진 곳에 있다.
5. 사수(泗水) 발해 요금유지는 장성에서 남쪽으로 2.5km 떨어져 있다.
6. 태암(台岩) 발해 요금고성은 장성에서 남쪽으로 1.5km 떨어져 있다.
7. 남계(南溪) 발해고성은 장성부근에 있다.
8. 성자산산성(城子山山城)은 동하국행도남경유지(東夏國行都南京遺址)로 장성에서 북쪽으로 1km 떨어져있고, 동쪽으로 2km 되는 곳을 우회하여 지나간다.

장성의 조사는 아직 마무리되지 않아서 장성 양쪽이 어느 곳까지 연결되었는지는 분명하지 않다. 장성의 편년문제는 현재 다양한 견해가 있다. 어떤 학자는 장성이 서고성 주위까지 뻗어있으므로 당연히 발해 장성이라고 하고, 어떤 학자는 장성이 성자산산성을 감싸고 있으므로 당연히 동하국의 장성이라고 하며, 또 어떤 학자는 동도성은 갈라로(曷懶路)의 치소였고 고구려가 일찍이 갈라전수구성(曷懶甸修九城)을 점령하였으므로, 아마도 고구려시기의 장성이라고 주장한다. 그러나 다양한 주장들은 모두 문헌과 고고학적 근거가 아직 부족하므로 좀더 심도있는 조사와 고증을 기대한다.

발해촌락유적

1. 부민유지(富民遺址)

[그림 10]   부민유지 전경(동→서)

    부민유지(富民遺址)는 덕신향(德新鄉) 부민촌(富民村) 부민4둔(富民4屯) 동쪽과 북쪽에 있다. 동남쪽으로 금곡(金谷)저수지와 2km 떨어져 있다. 유지는 동향의 완만한 언덕에 있고, 언덕 아래는 팔도하(八道河) 상류인 작은 시내가 있다. 동쪽은 두 산의 끝자락으로 이 골짜기를 지나면 해발 700m 높이의 큰 산을 마주하게 된다.

유물은 부민4둔(富民4屯) 동쪽에 새로 지은 붉은 벽돌공장[新建紅磚房]과 부민4둔 동남쪽 모서리에 있는 변압기 전주 및 북쪽으로 펼쳐져 있는 경작지 안에 분포한다. 주로 지압문과 새끼줄무늬 기와 잔편이며 특히 변압기 부근에 많다. 유지 범위는 동서 길이 약 400m, 남북 너비 약 100m이다. 유물은 이곳이 발해유지임을 보여준다.

2. 탄전유지(灘前遺址)

[그림 11] 1~3. 탄전유지에서 수습한 새끼줄무늬암키와 · 와당 · 지압문암키와
4. 유지 동벽 전경(동→서)

탄전유지(灘前遺址)는 광개향(光開鄕) 애민촌(愛民村) 탄전둔(灘前

屯) 북쪽 모래톱에 있다. 이곳의 동쪽 부분은 북쪽으로 흐르는 도문강이 굽이 돌고, 서쪽 부분은 비교적 가파른 산등성이가 둘러쳐져 있다. 유지는 남북으로 길고 동서로 좁으며, 전체 지세는 서쪽이 높고 동쪽이 낮다. 지면에는 가는 황사와 엽암(葉岩) 잔편들이 덮여 있다.

1979년 길림성고고훈련반에서 이곳을 조사하여 마을 남쪽 경작지에서 무덤군 한 곳을 발견하였다. 유지는 이미 경작지로 개간되었으나, 그 안은 아직도 바둑판처럼 질서가 있으며, 너비가 큰 흙둔덕과 이것으로부터 형성된 크기가 다른 네모 형태의 구덩이가 보존되어 있다. 현재는 두터운 모래층이 덮고 있는데다가 경작지의 파괴로 유적의 역사적인 모습을 분명하게 확인할 수 없다. 그러나 그 형식과 흙둔덕에 퇴적된 많은 돌무더기와 지면에 흩어져 있는 돌덩어리로 보면, 위에서 서술한 흙둔덕은 아마도 토석혼축 성벽 또는 성벽의 옛 터였을 것으로 생각된다. 그 분포 범위는 동서 길이 250m, 남북 너비 300m이다.

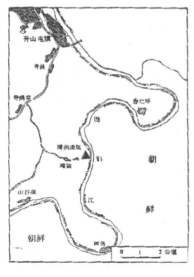

[도면 6]
탄전유지위치도

유지 주위에 흩어져 있는 문물에는 기와편·도기편·자기 등이 있다. 기와류는 회색 또는 황색이며, 무늬가 있는 와당·미구가 있는 수키와·지압문 암키와·새끼줄무늬 암키와[繩紋平頭板瓦]·표면을 마광한 베무늬 암키와[表面磨光里飾布紋平頭板瓦] 등이 있다. 도기류는 모두 니질로 회색이며, 물레로 빚은 것으로 염구권순평저(斂口卷脣平底)가 많으나 창구원순고복기(廠口圓脣高腹器)도 있다. 그릇의 형태를 알 수 있는 것은 항아리[罐]로 입지름이 21cm에 달하는 창구원순고복관(廠口圓脣鼓腹罐)이다. 일부 그릇은 무늬가 있으며 주둥이 아래 부분에 넓은 띠 모양의 장식에 가로 방향으로 "인(人)"자 무늬가 새겨져 있다. 그리고 어떤 것은 그릇 몸체에 가지모양의 흙을 붙이고, 그 위에 지압문을 넣었으며, 어떤 것은 어떠한 장식도 없는 그릇의 몸체에 수많은 방형의 작은 음각무늬를 넣은 것도 있다. 상술한 유물 이외에 유지 북쪽에서 일찍이 마제편원주형장방형사인석부(磨製扁圓柱形長方形斜刃石斧)와 판상제형석분(板狀梯形石錛) 및 협사갈도구연(夾砂褐陶口沿)이 발견되었는데 협사갈도구연(夾砂褐陶口沿)은 염구원순(斂口圓脣)으로 두께는 6cm 정도이다.

유지는 발해시기의 주거지로 그 규모와 범위가 비교적 크다. 유지에서는 협사도와 석기 등이 출토되었는데, 이것은 이곳이 원래 원시유적이었음을 설명하는 것이다.

3. 용곡유지(龍曲遺址)

[그림 12]　　용곡유지 전경(남→북)

용곡유지(龍曲遺址)는 석정향(石井鄕) 용곡촌(龍曲村) 남쪽에 있는 해란강 우안의 대지 위에 있다. 유지의 동쪽은 기복이 있는 산이고, 북쪽은 동서향의 산등성이이며, 서쪽과 남쪽은 해란강으로 충적된 작은 평야와 하천으로, 남쪽으로 석정향(石井鄕) 소재지와는 2km 떨어져 있다.

유지 서남쪽은 이미 해란강에 의해 깎여 나갔으며, 인공적으로 판 도랑(깊이 3m, 너비 5m, 남북 길이 200m)·마을길·경작지로 파괴가 심각하다. 해란강으로 깎여 나간 단면과 도랑의 단면에서 지표로부터 40cm~1m의 문화층과 돌로 축조한 건축지 흔적을 확인할 수 있다. 문화층의 안쪽에 회색층·붉은 소성토층[紅燒土層] 등의 유적과 조개껍데기·기와편·도기편 등 유물이 있다. 이밖에 지표에도 같은 형태의 유물과 일부 초석이 있는데, 그 유물들의 분포범위는 동서 길이 100m, 남북 너비 200m에 다다른다.

지표와 문화층의 단면에서 수습된 문물은 대부분이 건축용 기와류와 생활용기들이다. 기와류에는 연꽃무늬 와당·수키와·암키와 등이 있다. 암키와에는 다양한 무늬가 있는데 여기에는 지압문·새끼줄무늬·그물무늬와 인(人)자 무늬 등이 있다. 기와는 대부분이 회색이지만, 회황색 또는 홍색도 있다. 도기류는 대부분이 니질로 물레로 만들었으며, 회색이다. 그릇 형태로는 항아리[罐]·바리[鉢]·시루[甑] 등이 있다. 그릇 형태는 주둥이가 벌어지고[侈口], 바닥이 납작한 것[平底]이지만 구연부(口沿部)는 그 형태가 매우 다양하다. 일부 그릇은 구연부 아래에 지압문이 있는 테두리가 있거나 또는 판상(板狀)의 손잡이가 붙어 있다. 또한 약간의 자기도 보이는데 대부분은 회색 자기 밑 부분에 회황색의 유약이 발라져 있는 주둥이가 낮은 대접[淺口碗] 잔편이다. 그 밖에도 유지에서는 도기잔편에 뚫린 구멍을 이용하여 만든 원형 도기 방추차[陶紡輪]와 지름이 2.6cm에 달하는 불규칙한 둥근 공 모양[圓球狀]의 도기가 출토되었다.

이곳은 발해시기의 문화유적으로 아마도 촌락유적으로 생각된다.

4. 중평유지(仲坪遺址)

중평유지(仲坪遺址)는 덕신향(德新鄕) 안방촌(安邦村) 중평둔(仲坪屯) 북쪽 경작지에 있다. 덕신향(德新鄕)~용암촌(龍岩村) 도로가 유지 중간부분을 지나간다. 유지 서북쪽은 높고 동남쪽은 낮은 흘러내린 듯한 언덕[漫坡狀斜坡]이다. 이곳은 비교적 넓게 트여 있고, 동쪽은 서남쪽에서 동북쪽으로 흘러가는 팔도하(八道河)와 인접해 있다. 서남쪽은 덕신향소재지와 1.5km 떨어져 있다.

유지 범위는 서남과 동북의 길이가 대략 500m에 이르며 동남과 서북은 너비가 대략 300m이다. 지표면에서 볼 수 있는 유물은 지압문·새끼 줄무늬 암키와 잔편 등이다. 하류 단면에서 표토층 아래가 바로 문화층이며 그 깊이가 20~40cm임을 알 수 있다. 문화층에는 타고 남은 재[燒土草木灰炭渣] 이외에 짐승 뼈·조개껍데기·도기편 등이 있다.

이 유지는 발해시기의 비교적 큰 주거지로 생각된다.

5. 용성유지(勇成遺址)

[그림 13]　　　용성유지 전경(남→북)

용성유지(勇成遺址)는 동성용향(東盛湧鄉) 용성촌(勇成村)에서 서쪽으로 300m 떨어진 산기슭에 있으며, 북쪽으로 동성용향 소재지와는 약 5km 떨어져 있다. 유지는 남북향의 도랑(水渠)으로 두 부분으로 나뉜다. 유지 동쪽에는 작은 산이 있고 북쪽에는 동서향의 작은 골짜기에 오솔길이 있다. 서쪽은 산기슭의 경작지이나, 남쪽은 마동(磨洞)무덤떼와 인접해 있다.

유지는 현재 농지로 개간되었으며 동서 길이는 약 30m, 남북 너비는 약 50m에 달한다. 지표면에 흩어져 있는 유물은 푸른색 벽돌 잔편·새 끼줄무늬와 지압문 암키와 잔편 등이다. 도랑 단면에서 지표에서 약 30cm 깊이에 문화층이 있음을 알 수 있다. 그 아래에서 많은 양의 베무 늬 암키와 잔편이 발견되었다. 수집된 유물은 이곳이 발해시기의 유지 였음을 설명한다.

6. 금곡유지(金谷遺址)

[그림 14]　　금곡촌유지 표지석(동→서)

금곡유지(金谷遺址)는 금곡촌(金谷村) 안에 있다. 동쪽으로는 해발 851m의 금곡산(金谷山)과 접해 있고, 서쪽으로는 작은 시내를 사이에 두고 금곡산성(金谷山城)이 있다. 이곳은 남쪽으로는 지세가 비교적 좁으며, 북쪽으로는 점차 넓게 펼쳐져 있다. 유지는 금곡저수지로부터 1.5km 떨어져 있다.

유지는 현재 농경지로 개간되었는데 그 범위는 동서 길이가 50m, 남북 너비가 약 500m에 달한다. 마을 북쪽 지표면에는 베무늬 암키와 잔편·도기편 등이 흩어져 있다. 민가의 무 구덩(蘿卜窯)이 벽면을 관찰하면, 표토층이 20~30cm에 달하며 그 아래는 문화층으로 두께는 40cm에 이르고, 문화층에는 검게 그을린 흙[燒土]·타고 남은 재[炭渣]와 짐승 뼈가 포함되어 있음을 알 수 있다.

유지의 편년은 발해이다. 이 유지가 금곡산성과 관련이 있는가는 연구를 기대한다.

발해평원성유적
. . . .

1. 토성둔토성(土城屯土城)

토성둔토성(土城屯土城)은 팔도향(八道鄕) 서산촌(西山村) 토성둔
(土城屯)에 있다. 북쪽으로 팔도와 2.5km 떨어져 있다. 성지는 조양하
(朝陽河) 서안 대지 위에 있으며, 조양하와는 1km 떨어져 있다. 성지
서쪽 200m에는 남북향의 산이 있다.

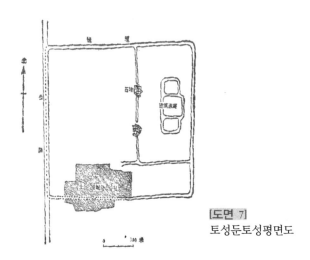

[도면 7]
토성둔토성평면도

성은 장방형이며 방향은 178°이다. 전체 둘레 길이는 1,880m로, 동벽의 길이는 440m, 서벽의 길이는 420m, 남벽의 길이는 500m, 북벽의 길이는 520m이다. 성벽은 토석혼축으로 현재는 훼손이 심각하다. 서벽과 남벽의 서쪽 부분은 이미 훼손되어 도로로 변했고, 동벽과 북벽은 보존상태가 약간 좋지만, 성벽에 퇴적되어 있는 돌과 기와편들은 이미 원래의 모습을 잃었다. 현존하는 성벽 기저부의 너비는 7~10m, 높이 1~1.5m이다. 성벽에서는 분명한 문길이 발견되지 않았으므로, 문지를 찾을 방법이 없다.

성 안의 대부분은 논으로 바뀌었고 일부는 주거지가 되었다. 건축지는 전부 파괴되었다. 그러나 동서향의 성벽 기단과 남북향의 성벽 기단 부분이 남아 있다. 두 성벽의 기단은 성 안의 동남부에서 서로 이어지며 성 안을 3개 구역 즉, 남쪽의 1개 구역과 북쪽의 두 개 구역으로 나눈다. 북쪽 구역의 동쪽 지역 가운데에는 장방형의 성벽이 있고, 중간에는 두 개의 성벽 기초가 있어서 다시 3개 구역으로 나눈다. 주민들에 의하면, 과거에 성 안에 몇 줄기의 성벽이 있어서 전체 성 안을 몇 개의 구역으로 나누었다고 하는데 이러한 배치는 훈춘 팔련성의 배치와 비슷하다.

성안에서 수집된 유물로는 연꽃무늬 와당·붓대롱무늬·지압문·전(田)자무늬·그물무늬 암키와·니질의 새머리 장식[泥質鳥頭飾]·원순절연도기구연(圓脣折沿陶器口沿)과 진흙 재질의 도기병[泥質陶器壺] 등이 있다.

토성둔토성은 방형으로 성 안은 성벽(담장)에 의해 구역이 나누어진 발해성지의 특징을 지니고 있다. 수집된 유물 가운데 새머리 모양[鳥頭形] 장식·전(田)자 무늬 암키와가 처음 발견된 유물이라는 점을 제외하면, 나머지는 모두 발해성지에서 일반적으로 발견되는 유물로, 이것은 토성둔토성(土城屯土城)이 발해시기의 고성이라는 것을 설명한다. 이 성은 둘레 길이가 1,880m으로 연변지역의 고성 중에서는 중간 크기에 속한다. 성 안에서 출토된 새로운 유물은 발해 역사를 연구하는데 새로운 자료를 제공한다.

2. 태양고성(太陽古城)

태양고성(太陽古城)은 도원향(桃源鄉) 태양촌(太陽村) 마을 북쪽 하안 대지 위에 있다. 마을과는 500m 떨어져 있고, 부르하통하는 성의 북·동·남 3면을 굽이 돌아 흘러가며, 장도철로(長圖鐵路)는 성의 서쪽을 북쪽에서 남쪽으로 지나가는데 성과는 100m 떨어져 있다.

성은 장방형이다. 북벽의 서쪽은 약간 돌출되어 있으며, 방향은 175°, 전체 둘레는 361m이다. 동벽은 105m, 남벽은 73m, 서벽은 110m, 북벽은 70m, 성벽은 토석혼축이다. 성 안의 남쪽으로 치우친 부분에는 동서향의 성벽이 있어 성을 남북 두 부분으로 나눈다.

성 안은 이미 논으로 개간되었고, 성벽의 기단은 저수지 둑[池埂]으로 변했으며, 윗부분에는 많은 돌들이 퇴적되어 있어 성벽 원래의 모습을 잃었다. 동·남·북 3면 성벽에는 출입구가 보이지 않지만, 오직 서벽에 두 개의 출입구가 있다. 너비는 각각 15m로 하나는 서벽의 북쪽에 있어 성의 북쪽으로 들어갈 수 있고, 다른 하나는 서벽의 중간에 있어 성의 남쪽으로 들어갈 수 있다.

1972년 연변박물관에서 일찍이 이 성을 조사하여, 연꽃무늬 와당·

지압문 암키와를 수습하였다. 1984년에는 문물보사대(文物普查隊)가 다시 성 안에서 붓대롱무늬[筆管紋] 암키와, 청회색의 벽돌과 많은 양의 청회색 도기구연(陶器口沿)을 수습하였는데 구연은 모두 원순절연(圓脣折沿)이다.

이 성에서 서남쪽으로 2km 떨어진 곳에는 석관묘군(石棺墓群)이 있다. 연변박물관에서 일찍이 1기의 무덤을 조사하였는데 그 형식은 화룡시 북대발해무덤(北大渤海古墳)과 유사하다. 위에서 서술한 유물은 모두 발해시기의 전형적인 유물인데, 부근에서 또한 발해시기의 무덤군이 발견되었다. 이것으로 추단하면 이 성은 발해시기에 축조된 것이다.

1974년 현지 사람들이 성 안에서 청동도장[銅印] 1과를 수습하였다고 하는데, 이것은 "대동십년예부(大東十年禮部)에서 만든" "총압지인(總押之印)"이다. 대동년호(大東年號) 청동도장은 연변지역에서는 아주 드물게 출토된 것이다. 역사학계의 대동연호에 대한 견해는 다양하다. 어떤 학자는 동하국(東夏國)의 연호라고 하고, 어떤 학자는 1233년 동하국 국왕 포선만노(蒲鮮萬奴)가 포로로 잡힌 이후 그 후예들이 고친 연호라고 한다. 어떤 견해를 막론하고 이 도장은 모두 동하국과 관련이 있다. 이것으로 분석하면 이 성은 동하국시기에도 아마도 사용되었을 것이다.

이 성은 부르하통하의 서안에 있는데 이것은 연길에서 돈화로 통하는 교통의 요충지로 아마도 이 교통의 요충지를 제어하는 군사적인 성보라고 생각된다.

3. 대회둔고성(大灰屯古城)

대회둔고성(大灰屯古城)은 세린하향(細鱗河鄉) 일신촌(日新村) 대
회둔(大灰屯)에서 서쪽으로 1km 떨어진 세린하 남안 대지 위에 있다.
세린하향 소재지와는 5km 떨어져 있다. 성지는 지세가 평탄하여 남과
북 양쪽에는 산이 나란하게 남북 방향으로 뻗어 있고, 동쪽과 서쪽에는
비교적 넓게 트인 하곡과 하안대지이다. 성지 서쪽에는 원래 작은 시내
가 있었는데 현재는 물길을 바꾸어 성안을 서남쪽에서 동북쪽으로 흘
러 세린하로 유입된다. 그 북안에는 도로가 있는데 하안을 따라 동서로
뻗어있고, 도로의 북쪽은 부대의 병영지역이다.

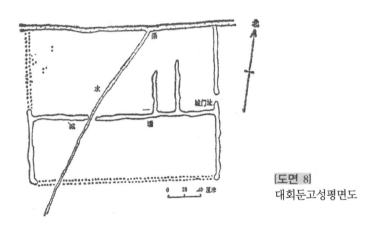

[도면 8]
대회둔고성평면도

성지는 심각하게 훼손되었다. 세린하에 의해 북벽 전부, 동·서 두
성벽의 북쪽부분이 깎여 나갔다. 남벽은 동쪽과 서쪽 끝에 약간의 성벽
이 남아 있는 것 이외에 그 나머지는 모두 평지로 변해 경작지가 되었
으며, 서벽도 작은 시냇물에 의해 대부분이 깎여 나가고 남쪽의 일부만
남아 있다. 유일하게 동벽(북쪽 부분을 제외하고)이 비교적 잘 보존되

어 있는데, 너비는 3m, 높이는 1~1.5m이다. 동벽의 중간부분에는 출입구가 있는데 너비는 5m에 달하며 문지로 생각된다. 성 안은 이미 경작지로 변했으며 동서향 성벽의 기단부분이 남아 있는데 너비는 1m 높이는 0.5m이다. 성 안과 성 벽에는 많은 기와편과 도기편이 쌓여 있다.

성은 장방형이며 방향은 100°이다. 성벽은 토석혼축으로 북벽이 하류에 의해 깎여 나가서 성의 둘레를 측정할 방법이 없다. 현존하는 성벽의 길이는 동벽 158m, 서벽 20m, 서벽과 동벽의 거리는 230m인데, 이것이 바로 남벽과 북벽의 길이이다.

성 안에서 수습된 유물에는 지압문·붓대롱무늬 암키와와 도기 구연과 도기 밑 부분이 있다. 구연은 모두 원순절연(圓脣折沿)이며 기저잔편은 모두 바닥이 평평하다. 현지인들에 의하면, 이러한 유물은 세린하 북안에 있는 부대 안에서도 발견되었다고 한다. 이것은 성지가 원래는 매우 컸으며, 아마도 하류에 의해 깎여나간 부분은 두 부분이었음을 반영하는 것이다. 지압문·붓대롱무늬 암키와와 원순절연도기구연(圓脣折沿陶器口沿) 등은 모두 발해시기의 전형적인 유물이다. 대회둔고성(大灰屯古城)은 발해시기의 고성으로 생각된다.

4. 고성촌고성(古城村古城)

고성촌고성(古城村古城)은 의란향(依蘭鄕) 고성촌(古城村)에서 동쪽으로 500m 떨어진 의란하(依蘭河) 남안 대지 위에 있다. 향 소재지와는 서북으로 20km 떨어져 있다. 성지는 남쪽으로 남북향의 산등성이(漫崗)와 접해 있고, 북쪽은 의란하와 인접해 있으며, 그 맞은 편은 산등성이다. 성지 동쪽과 서쪽은 비교적 넓게 트여 있다.

주민들에 의하면, 만주국시기에 일본인들이 성 안에 "집단부락(集團部落)"을 만들면서 성지가 파괴되었는데, 해방 후에는 마을을 북쪽으로 옮기고 성벽을 부숴서 논을 만들어 원래 모습을 잃어버렸기 때문에 그 형태나 크기를 알 수 없다고 한다. 주민들은 또한 성은 장방형으로 둘레가 1,000m에 달한다고 한다.

성지 안에서는 청회색의 베무늬기와와 도기구연(陶器口沿)이 수습되었는데, 도기구연은 원순절연(圓脣折沿)으로 발해시기의 유물로 생각된다.

성 안에서 수습된 문물이 적고, 성도 거의 파괴되어 연대를 추정하기가 어려우므로 앞의로의 심도있는 조사를 기대한다.

5. 영성고성(英城古城)

[그림 15] 1~3. 고성에서 수습한 새끼줄무늬 · 지압문 · 빗살무늬 기와
2. 영성고성전경(북→남)

영성고성(英城古城)은 용정시(龍井市) 동성용향(東盛涌鄕) 영성촌(英城村) 남쪽에 있는 해란강 북안에서 300m 떨어진 논에 있다. 성 북쪽으로 멀지 않은 곳, 즉 부르하통하와 해란강 사이의 산등성이에서 동쪽으로 1km 떨어진 곳은 해발 300~400m의 높은 산이다. 서남쪽은 비교적 넓게 트인 동성분지(東盛盆地)와 접해 있고, 성 북쪽에 있는 마을 뒤쪽에는 발해건축지와 무덤 등이 있다.

고성의 평면은 방형이며 방향은 290°이다. 성벽은 기본적으로 모두 무너졌고 동·서벽은 이미 도로가 되었으며, 남·북벽은 이미 수로가 되었다. 성벽은 모두 토축이며 현재의 높이는 0.3~0.5m이고 기단의 너비는 대략 4m이다. 성 동벽 길이는 624m, 서벽과 남벽은 각각 길이가 644m이며 북벽 길이는 640m이다. 전체의 둘레는 2,496m이다. 동벽 중간에서 남쪽으로 치우친 부분에는 옹성 문지가 있는데 반원형으로 성 바깥쪽으로 15m 돌출되어 있다. 서벽 중간에서 남쪽으로 치우친 곳에는 동쪽 옹성 문지와 일직선으로 마주하는 곳에 너비가 20m에 달하는 저습지가 발견되었는데 이는 서문지이다.

성 안의 논에는 현재는 크고 작은 높은 기단이 몇 곳이 있는데 윗부분에는 돌이 쌓여 있고, 안쪽에는 깨진 도기편과 기와 잔편 등이 포함되어 있다. 그 중에서 성 중앙에 있는 높은 기단지 부근에는 순서있게 배열된 초석군이 남아 있는데, 그 초석 가운데 큰 것은 지름이 1.5m에 달한다. 이곳은 성 안의 주요 건축지였을 것이다. 이 건축지 동·서·남 3면의 논 안쪽과 밭두둑 부근에서도 수량이 비교적 많은 초석들이 발견되었는데 부속건축지이다. 이 건축지에서 이미 조사된 크고 작은 초석은 60여 개에 달한다. 유물은 주로 높은 대지 부근의 돌무더기와 성안 서쪽 논 가운데 분포한다. 수집된 유물에는 회색 지압문 암키와·

갈색평두 암키와·어두운 붉은색[灰紅色] 새끼줄무늬 암키와와 넓은 끈 형태의 테두리에 연주(連珠)무늬가 있는 도기 잔편·권순구연(卷脣口沿) 잔편·창구절순구연(廠口折脣口沿) 잔편, 다리 모양의 그릇손 잡이 잔편 등이 있다.

영성6둔(英城六屯) 주민에 의하면, 만주국시기에 고성 서문 안 북쪽 높은 대지에서 쟁기질을 하다가 우연히 돌상자(石函)를 파내었는데, 그 안에는 동(銅)·은(銀)·금합(金盒)이 겹겹이 싸여 있고 다시 그 안에 사리 12개가 있었다고 하나, 후에 간도일본총영사관(間島日本總領事館)에서 가져간 후 그 소재를 알 수 없다고 한다. 영성고성(英城古城)은 발해시기 규모가 비교적 큰 고성 중의 하나로 생각된다.

유수시

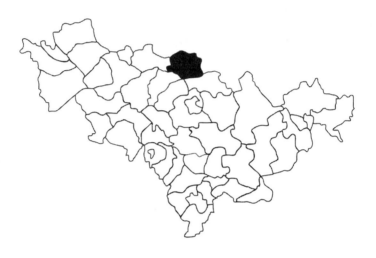

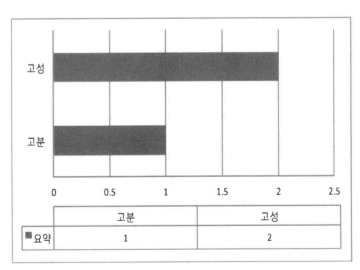

■요약	고분	고성
	1	2

발해무덤유적

1. 노하심말갈무덤[老河深靺鞨墓葬]

[그림 1]　　　노하심말갈무덤 전경(서→동)

노하심말갈무덤[老河深靺鞨墓葬]은 노하심유지(老河深遺址) 지층
퇴적의 가장 윗부분에 있으며, 모두 무덤 37기가 발견되었다. 무덤은
토갱수혈석관묘(土坑竪穴石棺墓)·토갱수혈목관묘(土坑竪穴木棺
墓)·토갱묘(土坑墓)등 3가지 유형이다. 목관묘(木棺墓) 1기(M23)는
석관묘(石棺墓:M24) 위에 중첩되어 있다. 그래서 시간적으로 보면, 석
관묘가 아마도 목관묘와 토갱묘보다 앞선다고 할 수 있다. 3종류의 무

덤에서 토갱묘가 가장 많으나, 부장품은 오히려 가장 적으며 심지어 부장품이 없는 것도 있다. 목관묘와 석관묘 가운데는 도기편 약간이 매납되어 있다. 갑옷편은 작은 쇠를 깎아 만든 형태의 유물이다. 이것은 일반인들의 공동묘지로 생각된다.

장식은 앙신직지(仰身直肢)이며, 완전하게 유골이 있는 것은 매우 드물다. 두향은 규칙이 없으나, 동서향이 비교적 많다. 석관묘와 목관묘·토갱묘는 모두 몇 기에서 불에 태운 흔적이 있다. 어떤 것은 무덤 안에 비교적 큰 면적에, 비교적 두터운 붉은 색의 불에 탄 흙이 있다. 불에 탄 뼈는 대부분이 덩어리 형태이며, 회백색으로 단면에는 매우 많은 작은 구멍이 있다. 이차장 중에서, 주목을 끄는 것은 토갱묘 1기로, 무덤 안 곳곳에 불에 탄 붉은색 흙과 목탄이 있고, 불에 탄 사지뼈가 어지럽게 흩어져 있는데, 이것은 천장(遷葬) 이후 재차 화장하였음을 반영한다. 얼마 되지 않는 무덤 가운데는 화장한 것도 있고, 이차장과 이차장 이후 재차 화장한 것도 있다. 이렇게 복잡한 상황은 바로 당시 서로 다른 부족 또는 동일 부족이 외부의 영향을 받아서 격렬한 변화가 일어났음을 반영하는 것이다.

부장품의 종류는 비교적 적고, 그릇의 형태가 비교적 단순하다. 여기에는 도기·철기·동기와 옥기 등이 있다. 도기는 항아리[罐]가 대부분인데, 기형은 주로 입술이 두 개인 키가 큰 단지(雙脣長身罐)이다. 이러한 유물은 시대적·민족적 특징이 뚜렷하며, 문화유형을 판별하는 기준이 되는 전형적인 유물이다. 도기는 소성도가 비교적 높다. 손으로 빚었으며, 모래가 포함되어 있다. 대부분의 기형은 반듯하지 않다. 물레로 빚은 회색 니질도관(灰色泥質陶罐) 1점은 도기 중에서 뛰어난 것으로, 이것은 일상생활에서 일부 유물은 특수하게 처리했음을 반영하는 것이나, 전체 도기의 제작 수준은 비교적 낮다.

철기는 대부분이 개갑편(鎧甲片)으로, 작은 쇠칼·쇠 화살촉은 비교적 적다. 녹이 많이 슬어서 어떤 것은 이름을 붙이기가 어렵다. 동기는 단추[扣]·포(泡)·팔찌[釧]·고리[環] 등으로 수량은 매우 적다. 은기는 장식품으로 팔찌 하나와 고리 하나이다. 또한 약간의 옥기가 출토되었는데, 납작한 고리 형태로, 재질은 부드럽고 매끄러우며 투명하다.

이곳에서 출토된 쌍순장신관(雙脣長身罐)은 흑룡강성 동녕단결유지(東寧團結遺址)·길림성 돈화 육정산발해묘지(六頂山渤海墓地)·길림성 영길(永吉) 양둔대해맹유지(楊屯大海猛遺址) 상층에서 출토된 도기항아리[陶罐]와 대체로 같다. 이것은 동일시기 동일민족에 속한 문화임을 설명한다. 고고학계는 발해의 유물에 대해서, 문왕 대흠무(大欽茂)가 상경으로 천도한 것을 기준으로, 그 이전은 초기, 그 이후는 후기로 나뉜다. 상술한 유지의 연대는 초기이다. 따라서 노하심유지(老河深遺址)의 상층유존의 연대는 발해초기에 해당하는 약 7세기 초에서 8세기 중엽 이전으로, 바로 대흠무 천도 이전이다.

무덤의 형식, 장속과 특징적인 부장품은 그 주인이 수당시기 제2송화강 중류에서 생활했던 역사가 오래된 민족 말갈족의 한 지파, 구체적으로는 속말말갈인임을 설명한다. 『북사』 기록에 "…말갈…부모가 죽으매 비통하게 우는 자는 씩씩하지 않다고 여긴다. 단지 시체를 산의 나무위에 올려 놓고 3년이 지난후, 그 유골을 거두어 태운다."라고 하였는데, 이것은 이차장 이후에 다시 화장하는 풍속과 서로 같다. 말갈의 선조는 중국 고대의 숙신족(肅愼族)이다. 한나라 시기에는 읍루(挹婁)라고 불렀고, 위진 시기에는 물길(勿吉)이라고 불렀으며, 수당시기에는 말갈(靺鞨)이라고 불렀다. 모두 7부가 있는데, 그 이름은 속말·백산

(白山)·백돌(伯咄)·안거골(安車骨)·불열(拂涅)·호실(號室)·흑수(黑水)이다. 고증에 따르면, 속말은 태백산 아래에 이르러 고려와 접하였고, 속말수에 의지하여 살았다. 태백산은 지금의 장백산이며, 속말수는 곧 지금의 송화강 북류이고, 속말부는 물로 인해서 불리웠다. 따라서 속말부는 당연히 지금의 제2송화강 북류 양안에 분포하였으므로 노하심 상층 무덤의 주인은 당연히 속말부의 한 부분이다.

부장품에 반영된 사회경제는 그다지 발달하지 않았다. 비록 철기가 있으나, 무기로 국한되어 있었는데, 이것은 당시 사회가 어렵을 위주로 하고 농업과 축목업이 아직 경제의 주요한 근간으로 이루어지지 않았음을 나타낸다. 또한 이것은 말갈인들이 발해건국전과 건국초기 경제 발전 상황을 반영한다.

발해산성유적

1. 신립고성(新立古城)

[그림 2]   1. 신립고성지 전경(서→동)   2. 신립고성 서벽라인(북→남)

신립고성(新立古城)은 유수시(楡樹縣) 신립향(新立鄕) 정부소재지에서 서남쪽으로 약 1.5km 떨어진 신립촌(新立村) 서성자둔(西城子屯) 서북쪽에 있다.

고성은 동서 길이 약 180m, 남북 너비 약 220m, 둘레 길이 1,000m에 이른다. 평면은 장방형이고, 성벽에는 치[馬面]·각루와 옹성 시설은 없다. 고성은 아마도 발해시기에 축조하여 후에 요금시기에 연용된 것으로 생각된다.

발해평원성유적

1. 합심촌남성자고성지(合心村南城子古城址)

합심촌남성자고성지(合心村南城子古城址)은 유수시(楡樹市) 유가향(劉家鄕) 합심촌(合心村) 남성자둔(南城子屯)에서 서쪽으로 0.7km 떨어진 곳에 있다. 제2송화강이 성 서쪽을 남쪽에서 북쪽으로 굽이굽이 흘러간다. 고성은 강면(江面)과 약 60여m 떨어져 있다. 성의 소재지는 지세가 평탄하다. 남쪽과 북쪽은 모두 절벽과 도랑(冲沟) 사이에 있다. 동벽에는 마을의 작은 사이길(小路)이 있는데, 마을(屯)에서 고성 안으로 들어가 서북쪽으로 뻗어 나간다.

성지는 장방형으로 방위는 340°이며, 둘레 길이는 900m이다. 동벽과 서벽은 모두 150m이며, 남벽과 북벽은 각각 300m이다. 성지 안은 현재 경작지로 개간되었으며, 일부는 빗물에 의해 침식되어 도랑이 되었다. 성 네 벽은 이미 무너져 동남쪽 모서리의 잔벽만 남아 있다. 남단(南段)은 25m, 동단(東段)은 11m이며, 두 곳의 남아 있는 부분은 높이가 60~80cm, 꼭대기의 너비는 1.5~2m이다. 남아 있는 동벽의 두 끝 즉, 한쪽 끝은 성 동북부에 인접한 곳에서 남쪽으로 25m 떨어져 있고, 다른 한쪽은 동남쪽 모서리에 북쪽으로 15m 떨어져 있다. 두 곳의 잔벽 높이는 일정하지 않아서, 가장 높은 곳은 2m에 이르며, 낮은 곳도 대체로 지표보다 약간 높다. 꼭대기 너비는 1~1.5m사이이다. 성벽은 판축으로 만들었다. 현지인들에 의하면, 이곳에 마을을 만들 초기에는 성지의 보존상태가 비교적 좋아서, 동·남·북벽이 비록 이미 무너져서 훼손되었으나, 남아 있는 벽은 오히려 분명하게 볼 수 있었으며, 동벽 중간에 성문지가 있는데, 현재 이미 도로가 되어 그 흔적을 찾을 수 없다고 한다.

성 안은 현재 지표면에 문물이 많지 않으며, 단지 성 서쪽의 지면에서 약간이 보이며, 흩어져 있는 유물에는 벽돌·기와와 도자편 1점이 있다. 벽돌은 짙은 회색으로, 너비는 13cm, 두께는 5cm이다. 성 안에서 수집된 푸른색 벽돌 1점은 벽돌의 잔여 길이가 10.5cm이며, 넓은 면 중간에 길이 3cm, 너비 2cm의 방형 돌기가 있다. 기와는 짙은 회색으로 안쪽에는 베무늬가 있다. 도기편은 고운 진흙으로 빚은 회색도기[細泥質灰陶]로, 도기의 재질은 부드러우며 단단하다. 소성도는 비교적 높다. 기물의 잔편으로 보면, 기형에는 동이[盆]·항아리[罐]가 있는데, 대부분은 입이 크고 주둥이가 말려 있고[大口卷沿], 바닥은 평평하다. 그릇 손잡이는 다리형태[橋狀]가 대부분이며, 자기편 중에 어떤 것은 흰색유약을 바른 자기편으로, 유색 누른색을 띠는 무늬가 있고, 안쪽에 말이 장식되어 있다. 또한 한 종류의 자기는 재질이 거칠어 항아리용 태토[缸胎] 속하며 안쪽에 누른색 유약[醬釉]과 옅은 황록색(黃綠色) 유약을 바른 것 2종류이다.

1960년대 성 안에서 또한 쇠칼[鐵刀]·청동불[銅佛]·동전(銅錢) 등이 출토되었다. 동전은 대부분이 송나라 시기의 것으로 예를 들면, 숭녕통보(崇寧通寶) 등이다.

지표에 흩어져 있는 문물로 보면, 요금시기의 문화적 특징을 지니고 있다. 성 안 지표에 요금시기의 유물이 있는 것을 제외하고, 서쪽 단층과 도랑 안쪽에서도 서단산문화유형과 발해시기의 유물이 발견되었다.

유하현

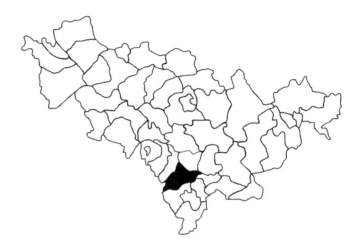

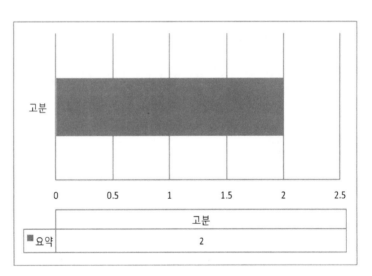

	고분
■요약	2

발해무덤유적

· · · · · · · · · · · · · · · · · · ·

1. 강석무덤떼[康石墓群]

강석무덤떼[康石墓群]는 유하현성(柳河縣城)에서 동북으로 약 34km
떨어진 태평천향(太平川鄕) 강석둔(康石屯) 서쪽 과수원 안에 있다.
마을과는 300m 떨어져 있다. 북쪽으로 태평천(太平川) 향정부(鄕政
府) 소재지와 약 1.5km 떨어져 있고, 그 사이에는 구릉이 있다. 서쪽은
여러 산들로, 일반적으로 "강석절벽[康石砬子]"라고 부른다. 동쪽으로
마안산촌(馬鞍山村)과는 약 2.5km 떨어져 있고, 다시 동쪽 1.5km는
바로 유하(柳河)와 휘남(輝南) 두 현 접경지역이다. 남쪽 산자락 아래
에 저수지가 있는데, 저수지 동남쪽은 집안둔(集安屯)이며, 강석과 집
안 두 마을 거리는 약 2km이다.

무덤이 위치한 과수원은 산 북쪽 기슭에 있는데, 면적이 비교적 크
다. 무덤은 동서 길이 300m, 남북 너비 500m 범위 안에 분포하고 있다.
1982년 가을, 통화지구문관회(通化地區文管會) 사무실과 유화현문화
국(柳化縣文化局)에서 이 무덤떼를 발견하여 조사하고, 기록과 실측
(測繪)을 하였다. 무덤 62기를 기록하고(현지인에 의하면, 원래는 100

여기의 무덤이 있었는데, 1974년 계단식 밭을 만들 때 일부가 훼손되었다고 한다.), 훼손된 무덤을 조사하였다.

　조사된 무덤은 봉토묘(封土墓)로, 그 높이는 1.60m, 지름은 4.0m이다. 봉토에서 아래쪽으로 0.6m 지점은 무덤길(墓道) 입구이며, 방향은 180°이다. 무덤칸[墓室]은 장방형이며, 동벽 길이는 2.30m, 서벽 길이는 2.31m, 남벽 길이는 1.35m, 북벽 길이는 1.45m이고, 남벽에서 동쪽으로 치우친 곳에 0.40m 너비의 무덤문[墓門]이 있다. 무덤칸 벽은 불규칙한 돌로 축조하였는데, 한단씩 위로 올라갈수록 약간씩 안쪽으로 좁아진다. 벽면은 비교적 평평하며, 무덤칸의 높이는 0.90m이다. 무덤칸 윗부분은 7개의 돌로 덮었고, 네 모서리는 각을 줄여 가며[抹角迭澁] 쌓았다. 무덤바닥은 크기가 일정한 평평한 돌을 깔았다. 무덤칸 안에는 진흙이 퇴적되어 있는데, 두께는 약 0.78m이며, 진흙아래에서 진흙으로 빚은 회색 도기항아리[泥質灰陶罐]가 발견되었는데, 중순대구(重脣大口)로, 화룡 북대(北大) 발해무덤에서 출토된 도기항아리[陶罐]와 같다. 또한 철촉 1점도 있다. 출토 유물과 무덤의 형식으로 보면, 이 무덤은 당연히 발해시기의 무덤이다.

　전체 무덤은 기본적으로 봉토묘이나, 그 의미는 분명하지 않다. 무덤떼에서 고구려무덤과 발해무덤이 도대체 어느 정도 포함되어 있는가는 좀 더 세밀한 고찰을 기대한다.

2. 색수배무덤떼[色樹背墓群]

색수배무덤떼[色樹背墓群]는 유하현성(柳河縣城)에서 동남쪽으로 20km

떨어진 호산자진(狐山子鎭) 색수배촌(色樹背村) 서남쪽 산기슭에 있다. 마을과는 약 700m 떨어져 있다. 동쪽으로 호산자진정부(狐山子鎭政府) 소재지와 약 3.5km, 남쪽으로 평안둔(平安屯)과는 약 1km 떨어져 있으며, 동남쪽 1.5km에는 신안고성(新安古城)이 있다. 서쪽은 산이고, 남쪽 산자락 아래는 저수지가 있다. 북쪽 산자락 아래에는 신안촌(新安村)으로 통하는 도로가 있는데, 작은 개울이 동쪽에서 남쪽으로 흘러가서 삼통하(三統河)로 들어간다.

무덤구역의 면적은 비교적 커서, 동서 길이 800m, 남북 너비 100m이며, 원래 무덤 100여 기가 있었다고 하나 현재는 70기 정도가 있다. 1958년 8월 길림사대(吉林師大) 역사과(歷史科) 문화공작대(文化工作隊)가 산등성이에 있는 가마터[高爐地基]를 파던 도중에 무덤을 팠고, 쇠화살촉과 금고리장식[金環飾] 등 유물이 출토되었다. 1984년 길림성문물고고연구소와 유하현문화국(柳河縣文化局)이 무덤 2기를 긴급 조사하였다.

1호 무덤은 봉토석실분으로 봉토 두께가 0.40m이고, 황갈색니질사혼합토(黃褐色泥質砂混合土)이다. 방향은 160°이다. 무덤칸[墓室]은 장방형으로, 네 벽은 불규칙한 돌로 쌓아올렸다. 동벽은 길이 2.0m, 서벽 길이는 2.10m, 너비 1.05m이고, 무덤칸의 높이는 0.60m이다. 무덤바닥은 판축층으로 두께는 10~20cm이다. 무덤칸 안에는 2구의 시체가 있는데, 모두 앙신직지(仰身直肢)이며 부부합장이다. 2점의 유물이 출토되었다. 도금한 청동귀고리[鎏金銅耳器] 1점은 청동구리를 도금하여 만든 것이며, 귀걸이의 지름은 2.3cm, 두께는 지름 0.3cm이다. 전체적으로 빛이 있고 깨끗하며 완전하다. 다리형태의 그릇 손잡이[橋狀陶耳] 1점은 모래가 섞인 흑갈색 도기[夾砂黑褐陶]로 손으로 빚었으며, 소성도는 비교적 낮다.

2호 무덤 역시 봉토석실분으로 봉토 두께가 0.45m이고, 토석혼합층 (土石混合層)의 두께는 0.23m이다. 무덤의 높이는 1.42m이고 방향은 180°이다. 무덤 칸 네 벽은 불규칙한 돌로 쌓아 올렸다. 윗단으로 올라 갈수록 안쪽으로 오무라들며, 아울러 백회로 틈을 메웠다. 동벽 길이는 2.32m, 서벽 길이는 2.41m, 남쪽은 너비가 1.10m이고 북쪽의 너비는 1.23m이다. 무덤칸의 높이는 0.82m이다. 무덤 바닥은 납작한 돌로 평 평하게 깔고, 위쪽에는 백회를 발랐는데, 두께는 약 1cm이다. 무덤칸에 서 불에 그을린 흔적이 발견되었다. 도금한 금동귀걸이[鎏金金銅耳環] 1점이 출토되었는데, 0.4cm의 거친 청동실로 고리모양을 만든 후에 도 금을 하였다. 고리 지름은 2.1cm이다. 1호 무덤에서 출토된 도금한 귀 걸이와 형태가 같다.

색수배무덤떼는 대체로 두 종류의 무덤으로 나눌 수 있는데, 하나는 봉토분이고, 다른 하나는 적석묘이다. 발굴된 두 기의 봉토분로 보면, 무덤의 형식·구조는 집안 고구려시기의 봉토동실묘(封土洞室墓)와 비슷하다. 일반적으로 무덤 칸은 낮고 작으며, 돌로 축조한 면이 반듯 하지 않으며, 무덤 바닥도 평평한 돌로 깐 이후 백회를 바른 흔적이 있다. 무덤에서 출토된 도금한 귀걸이는 집안 고구려무덤 중에서 출토 된 동류와 비슷하다. 전체 무덤떼를 총괄하면, 적석묘와 봉토묘가 대부 분이며 고구려시기의 무덤으로 생각된다. 최근에 집안의 무덤 발굴자 료를 보면, 봉토동실묘(封土洞室墓) 가운데 일련의 발해무덤이 존재한 다. 색수배무덤군 가운데 발해무덤이 존재하는지는 아직 확정하기 어 렵다. 그러나 긍정할 만한 것은, 이미 발굴된 무덤년대가 고구려 중기 보다 빠르지 않은 점이다.

이수현

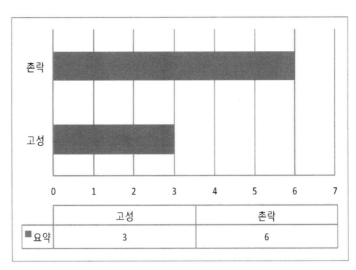

	고성	촌락
■요약	3	6

발해산성유적

1. 석령자성자산고성(石嶺子城子山古城)

석령자성자산고성(石嶺子城子山古城)은 석령향(石嶺鄉) 강가와자촌(姜家洼子村) 후이가둔(后李家屯)에서 북쪽으로 500m 떨어진 산구릉 위에 있다. 산은 성으로 인해서 성자산(城子山)이라고 불린다. 성자산 남쪽과 서쪽 그리고 북쪽 3면은 모두 길게 이어진 산봉우리와 이어져 있으며, 유일하게 동쪽만이 좁고 긴 하곡지(河谷地)를 향해 있다. 골짜기에는 작은 개울이 흘러 간다. 골짜기에서 동쪽으로 후이가둔(后李家屯)·전이가둔(前李家屯)을 지나면 곧장 사평(四平)~요원(遼源) 도로에 이른다.

고성은 산비탈에 축조하였는데, 그 북쪽과 서쪽은 현재 도로에 의해 훼손되어 성지 전체 범위를 조사할 방법이 없다. 성벽 잔존부분은 불규칙한 원으로 길이는 약 500m에 이른다. 성벽 단면은 사다리 형태로, 토석을 쌓아 만들었다. 윗부분의 너비는 5m, 기단부의 너비는 15m이고, 가장 높은 곳은 약 3m 정도이다. 고성 동남쪽에는 동서 길이 30m, 남북 너비 100m의 설형(楔形) 산굽이가 있다. 산굽이 북단은 곧장 성

안으로 들어왔는데, 성벽은 산굽이 양쪽을 막아서고 있다. 현재 잔존 성벽 남반부에는 너비 약 12m의 문지가 있고 바깥쪽에는 방형 옹성(甕城)이 둘러싸고 있는데, 둘레는 58m이다. 남아 있는 성벽 동반부에도 동일 형태의 문지와 옹성이 있는데, 그 둘레 길이는 56m이다. 작은 오솔길이 이곳으로부터 성을 지나 성 서쪽의 도로와 연결된다. 고성 안에는 또한 남북 방향의 토성 벽과 외벽이 있어 "정(丁)"자 형태로 고성의 각 두 부분에 연결되는데, 그 길이는 300m이다. 주목할 만한 것은 너비 5m, 깊이 1m의 해자가 일반적인 것과는 달리 모두 성벽의 안쪽에 있다는 것이다.

성 안으로 들어온 산굽이에는 불규칙한 돌을 교차하여 쌓은 우물과 유사한 구덩이가 있는데, 현지 사람들은 그것을 고려정이라고 부른다. 현재 지표면에는 커다란 돌 6개가 있다. 구덩이 안에는 다듬지 않은 돌들이 있고, 그 아래에 보다 큰 돌이 있는데, 일찍이 큰 돌 아래와 구덩이 벽 사이에서 철색(鐵索)을 발견하였다. 구덩이에서 동경과 궁형 동랍수(銅拉手) 등이 출토되었다. 현재 확인할 수 있는 해자는 이 구덩이에서 시작하여, 남쪽으로 곧장 마을에 이른다. 소위 고려정은 실제로 샘물임을 알 수 있다.

고성이 파괴가 심각하기 때문에 지면에서 협사도기(夾砂陶器)·희태백유자(灰胎白釉瓷)·홍태해청유도(紅胎蟹靑釉瓷) 등 도자기 잔편 등 약간의 유물만이 발견되었다. 유물에는 협사갈도의 연대가 가장 빨라, 이수현(梨樹縣) 경내의 청동문화유지에서 출토된 도기편과 비슷하며, 기타 유물은 발해문화의 특징을 지니고 있다.

역사상 발해국 부여부의 관할이었으므로, 발해문화가 일반적으로 발견되었다. 그밖에 고성 구조와 지리적인 위치로 보면, 자못 발해산성의 특징을 지니고 있다. 따라서 석령성자산고성(石嶺城子山古城)은 발해 고성으로 인정할 수 있다. 고성 안에서 출토된 청동기문화 유물로 보면, 이 일대는 일찍이 인류가 활동했음도 알 수 있다.

2. 성릉자고성북성(城楞子古城北城)

성릉자고성북성(城楞子古城北城)은 동요하(東遼河) 좌안 2급대지 가장자리에 있다. 성이 자리 잡은 곳은 비교적 평탄하며, 성벽의 평면은 불규칙한 사변형(四邊形)으로, 방향은 남쪽에서 동쪽으로 12° 치우쳐 있다. 북성(北城) 성벽은 이미 농경지로 개간된 지 여러 해가 되어 당시 웅장했던 모습은 찾을 수가 없다. 현재는 단지 지면보다 약간 융기한 흙두둑(土塄), 즉 성벽의 사방과 구조를 살펴볼 수 있을 뿐이다.

북성 성벽은 서·남·북쪽 3벽이 비교적 곧으며, 서벽은 길이 329m, 남벽은 길이 280m, 북벽은 길이 324m이다. 동벽은 하안의 자연적인 방향을 따라서 축조하였기 때문에 굴곡이 있다. 성벽 길이는 331m이다.

남부는 길이 약 171m에 이르는 부분이 대략 서남쪽으로 기울었으며, 잦은 동요하(東遼河)의 범람으로 침식되어 대부분이 훼손되었을 뿐만 아니라, 약 10여m 높이의 절벽이 형성되었다. 동벽의 단층에서 황갈색점토(黃褐色粘土)를 퇴적해서 성역을 만들었음을 볼 수 있다. 성벽의 둘레 길이는 1,264m, 너비는 8m, 잔고는 0.5m정도이다.

북성 성벽 네모서리는 모두 각루(角樓)를 만들었는데, 서남·서북쪽에 있는 각루는 지름이 8~10m, 잔고는 0.8m이다. 그러나 동남 각루는 이미 대부분이 무너졌다. 동북 각루 형식은 비교적 특수하여 지름이 나머지 3개의 각루보다 15m나 더 크다. 또한 동북쪽으로 길이 25m 길이의 토벽이 뻗어 나왔다. 토벽은 동요하 안까지 이어져 있으며, 윗부분은 넓고 평평하여, 북성에 딸린 부두로 생각된다. 북벽에서 밖으로 50m 떨어진 곳에는 또한 북벽과 평행한 길이 360m, 높이 0.5m의 흙두둑이 있다. 흙두둑은 또한 동쪽으로 동요하까지 뻗어 있다. 두 개의 사이는 0.6m의 틈이 있다. 이 흙두둑은 아마도 부두를 방어하는 시설로 생각된다.

북성에는 현재 후대의 사람들이 서남쪽 각루 부근에 만들어 놓은 구멍 이외에 출입구는 없다. 오직 남벽의 중간에 문지로 생각되는 두 곳이 있다. 기타 옹성·치[馬面]·해자 등은 모두 흔적을 찾을 수 없다. 북성 안쪽은 일찍이 경작지로 개간되어, 지면에서는 약간의 건축재료·도자기 잔편 등이 발견되었을 뿐이다. 건축 재료는 기와와 벽돌이 대부분이다. 벽돌은 니질(泥質)이며 청회색(靑灰色)이다. 기와 재질은 벽돌과 같고, 청회색·옅은 황색과 황갈색(黃褐色) 3종류가 있으며, 뒷면에는 베무늬가 있다. 도기는 대부분은 청회색(靑灰色)의 부드러운 니질로, 바탕에는 아무런 무늬가 없다. 물레로 빚었다. 주둥이가 좁고[斂口], 입술이 둥글며[圓脣], 배가 불룩하고[鼓腹], 바닥이 납작한[平底] 것이 대부분이다. 기형을 알 수 있는 것은 항아리[瓮]·항아리[罐]·병[壺]·동이[盆] 등이다. 자기 종류는 비교적 많은데, 요백자(遼白瓷) 외에도 누른 자색 유약[醬紫釉]·검은색 유약[黑釉]·옅은 녹색 유약[淡蘭釉]을 바른 것들이 있다. 자기의 태질은 비교적 거칠며, 유약은 바닥까지 바르지 않았다. 형식은 주둥이가 좁고[斂口], 입술이 둥글며[圓脣], 배가 불룩하고[鼓腹], 바닥이 평평하다[平底]. 입이 좁고, 입술이 평평하고 밖으로 벌어져 있으며, 배가 불룩하고, 바닥이 평평하다. 입이 넓고[敞口], 배가 곧으며[直腹], 낮은 테두리형 받침[矮圈足]이 있는 자기도 있다. 기형을 알 수 있는 것은 항아리[瓮]·항아리[罐]·대접[碗]·소반[盤] 등이 있다.

현지인들에 의하면, 북성 안에서 일찍이 동·쇠 화살촉·손잡이가 여섯인 철솥[六耳鐵鍋]·송나라 시기의 동전·쇠로 만든 가래[鐵鏵] 등이 출토되었다고 한다. 화살촉은 편평한 자귀모양으로 꼬리에는 둥근 화살대를 끼우는 부분이 있다. 길이는 7cm이며, 날의 너비는 3cm이다. 쇠로 만든 가래는 틀에 넣어 만든 것으로 대체로 삼각형이며 길이는 32cm이다. 손잡이가 여섯인 쇠솥 역시 틀에 넣어서 만든 것으로 입이 평평하며[平口], 배가 깊고[深腹], 배 위에 6개의 판자 형태의 손잡이가 있다. 지름은 33cm이다. 이들 유물의 형식은 대체로 편검성(偏臉城)과 조안정(洮安程) 사가자고성(四家子古城)에서 출토된 것과 같다.

북성의 동벽 남단 절벽에서도 일찍이 자모구(子母口) "式"(모두 잃어버림)의 테두리가 평평하며[平沿], 배가 불룩하며[鼓腹], 바닥이 평평한[平底] 자기관(瓷器罐) 1점이 출토되었는데, 이것의 높이는 11cm, 입 지름은 10cm, 배 지름은 12.5cm, 바닥 지름은 9cm이다. 자관의 태질은 비교적 거칠며, 회백유가 발라져 있었다. 유약 아래에는 청색의 국화가 그려져 있는데, 도안이 소박하고 단아하며, 붓으로 그렸으나 색깔이 비교적 엷다. 그 조형과 유색과 도안으로 보면, 제작시기가 그다지 빠르지 않아 요금시기로 생각된다.

주의할 만한 것은 북성지(北城地) 안에서도 연꽃 와당 잔편 1점과 목이 긴 병[長頸壺] 잔편 1점이 출토되었다. 와당은 고운 진흙으로 빚은 것으로 청회색(靑灰色)을 띠고 있다. 정면에서 본 연꽃이 그려져 있는데, 연꽃은 선묘로 부조한 것으로 꽃잎에는 3가닥의 줄기가 있다.

전체 도안은 조형이 소박하고 배치가 균형 잡혔다. 목이 긴 병은 고운 진흙으로 빚은 것으로 색깔은 옅은 황색(黃色)이다. 주둥이는 벌어졌고 [侈口], 입술은 둥글며 목이 곧다. 잔편의 길이는 8cm이다. 이 두 점의 유물과 앞에서 서술한 옅은 황색(黃色)·황갈색(黃褐色) 베무늬기와는 모두 흑룡강 영안 상경용천부·길림 화룡 북대 발해무덤떼에서 출토된 유형의 유물과 마찬가지로, 전형적인 발해문화의 특징을 지니고 있다.

3. 성릉자고성남성(城楞子古城南城)

성릉자고성남성(城楞子古城南城)은 북성(北城)과 같이 또한 동요하(東遼河) 좌안의 2급대지에 축조되어 있다. 성 북쪽 50m에는 원래 서쪽에서 동쪽으로 흘러 동요하(東遼河)로 들어가는 작은 시내가 있는데 현재는 말라버렸다.

남성(南城)이 위치한 곳은 남쪽이 높고 북쪽이 낮다. 성벽 평면은 대체로 불규칙한 사변형(四邊形)으로 방향은 남쪽에서 동쪽으로 3° 치우쳤다. 이미 경작지로 개간되었기 때문에 현재는 단지 지면에서 약 0.5m정도 융기된 낮고 작은 흙두둑, 즉 성벽만을 볼 수 있다. 남성 성벽의 서·남·북 3면은 비교적 평평하고 곧다. 그중에서 서벽은 길이 174m, 남벽의 길이는 180m, 북벽의 길이는 148m이다. 동벽은 하안의 자연적인 방향을 따라서 축성하였기 때문에, 굴곡이 비교적 커서 대체로 "S"자 형태를 이루는데, 길이는 173m이다. 남성의 성벽 둘레 길이는 575m이다.

성벽에는 각루(角樓) 4개가 축조되어 있는데, 현재 서남쪽, 서북쪽

두 개의 각루는 잔적만이 남아 있다. 동남쪽과 동북쪽 두 개의 각루는 잔여 높이가 1m 정도, 지름은 5~7m이다. 성벽은 북벽 중간에 낮은 웅덩이가 있는데 성문터로 생각된다. 성벽 주위에서는 개울 이외에 해자 흔적은 발견되지 않았다.

남성 안은 비록 일찍이 농경지로 개간되었으나, 지면에서 약간의 건축 재료와 도자기 잔편 등의 유물을 볼 수 있다. 특히 북반부에 비교적 밀집되어 있다. 당시 성안의 건축물은 아마도 이곳에 집중된 것으로 생각된다.

유물 가운데 건축 재료는 북성(北城)과 마찬가지로 기와편은 역시 청회색과 옅은 황색과 황갈색 3종류가 있고, 안쪽에는 베무늬가 있다. 자기는 치아와 같은 색의 유약을 바른 자기[齒白釉瓷]와 항아리용 태토로 빚은 그릇[缸胎器]이 대부분이다. 치백유(齒白釉)의 유색은 비교적 어두우며, 태질은 대체로 거칠고 푸석푸석하다. 대부분은 작은 테두리 형태의 받침[矮圈足]의 대접[碗]·소반[盤] 등의 유형이 많다. 항태기(缸胎器)는 갈색(褐色)과 자흑색(紫黑色)유약을 발랐으며, 유색은 빛이 있으나, 유약을 바른 것이 고르지 않다. 커다란 항아리·병[壺]·단지 이외에도 얇은 태의 대접[碗]·접시[碟] 등 작은 그릇 등이 있다.

남성(南城)은 비록 북성같이 연꽃무늬 와당·목이 긴 병[長頸壺] 잔편 등이 출토되지는 않았으나, 두 성에서 출토된 절대 다수의 유물 특히 종류가 많은 요금시기의 문화유물과 기본적으로 같다. 남성의 지리 위치·형식구조와 규모로 보면, 북성의 부성이다.

역사적으로 이수현(梨樹縣) 경내는 당대 일찍이 발해국 부여부의 관할에 있었고, 요금시기에도 한주의 관할이 되었다. 성릉자(城楞子)의 두 고성에서는 요금문화 유물이 많이 출토되었을 뿐만 아니라 또한 전형적인 발해문화의 특징을 지니고 있는 연꽃무늬 와당·옅은 황색과 황갈색 베무늬기와·목이 긴 병(長頸壺) 잔편 등의 유물이 출토되었다. 이것에 근거하면, 성릉자(城楞子)의 두 고성은 당연히 발해시기에 축조하고, 두 성이 의각을 이루며 요하 변을 방어하고 부두를 설치하여 양안을 왕래하는 배들을 이용하였음을 알 수 있다. 성이 자리 잡고 있는 곳은 험요한 곳에 있기 때문에 요가 발해를 멸망한 이후 줄곧 요금 두 왕조에서 연용하였을 것이다.

현재까지 성릉자고성(城楞子古城)은 이수현(梨樹縣) 북반부에서 유일하게 발견한 발해문화유적이다. 고성의 형식구조, 성안에서 출토된 유물은 이수현의 역사연혁과 동북민족사를 연구하는데 있어서 매우 귀중한 실물 실마리를 제공한다.

발해촌락유적

1. 장산유지(長山遺址)

장산유지(長山遺址)는 하산향(河山鄉) 장산촌(長山村) 후진가둔(后陳家屯) 뒤의 등성이 남쪽 기슭에 있다. 이 산등성이는 장산(長山) 또는 오포산(敖包山)이라고도 부르며, 또한 그것을 요보산(閙寶山)이라고 부르기도 한다. 유지 서쪽은 남북방향의 길과 천연 수포(水泡)와 이웃하고 있다. 유지는 남쪽으로 후진가둔(后陳家屯)과 인접해 있으며, 동쪽은 남북방향의 방풍림 지대가 있고, 북쪽으로 동요하(東遼河)까지는 약 1.5km, 동쪽으로 하산향정부(河山鄉政府)와는 약 10km 떨어져 있다. 유지가 있는 이 산등성이 서북쪽 기슭에서 원시유지가 발견되었다.

유지는 동서 길이 약 200m, 남북 너비 100m이며, 지세는 주변의 지표보다 약간 높다. 유지 서쪽은 파괴가 심각하여, 길이 약 30m, 너비 약 15m, 깊이 2m의 구덩이가 파여 있다. 북반부는 경작지로 개간되었다. 지표면에는 유물이 비교적 많으며 거의 도처에서 회색 커다란 벽돌 잔편, 회색과 홍색의 거친 베무늬 암키와 편 등의 건축재료, 진흙으로 빚은 회색도기[泥質灰陶]·항아리용 태토로 빚은 그릇[缸胎陶]과 자기 잔편 등을 볼 수 있다. 유지 서쪽 절벽과 모래 구덩이에서 대량의 짙은 청색[蘭灰色] 제련찌꺼기를 볼 수 있는데, 과립형태로 재질이 매우 가볍다.

수집된 표본으로 보면, 대부분이 요금시기의 유물이다. 도기는 대부분이 고운 진흙으로 물레로 빚었다. 회색이며, 중간에 옅은 황색이 끼여있는 도기가 있다. 형식은 항아리[罐]와 병[壺]이다. 주둥이가 둥글고[圓脣], 목이 짧으며[短頸], 배가 불룩하고[鼓腹], 바닥은 평평하다.[平底] 대부분은 압인(壓印)된 톱니무늬[篦齒紋]의 돌출된 선 무늬가 있고, 안쪽 벽에는 어떤 것은 암압(暗壓) 그물무늬와 선 무늬가 있다. 도기의 몸체는 비교적 얇으며, 소성도는 비교적 높다. 자기편은 대부분이 아이보리색 유약[牙黃色釉]·괘반유(挂半釉)를 바른 것이며, 유약을 바른 곳은 빛이 있다. 유약의 질은 투명하지 않으며, 태는 비교적 두껍다. 대접[碗]·소반[盤]·항아리[罐]의 종류에 속하며, 정소(正燒)하여 어떤 것은 가루를 볼 수 있다. 누른 자색[醬紫色]·검은색 유약을 바른 자기편도 발견되었는데, 모두 반괘유(半挂釉)로 두께가 비교적 두껍다. 재질은 비교적 거칠고, 유약을 바른 면은 광택이 있다. 모래가 섞인 항아리(罐) 종류이다. 항태유도(缸胎釉陶)는 수량이 비교적 많다. 태토[胎]는 두껍고 무거우며, 재질은 거칠다. 흑갈색·차잎색·자홍색 유약이 많으며 병[瓶]·항아리[罐]·항아리[瓮] 종류이다.

이 유지에서 송대 자기편 1점만이 발견되었는데, 청백유(青白釉)를 발랐으며, 작고 낮은 둥근 받침을 지니고 있는 대접[碗] 종류이다. 그 안쪽 바닥에는 연꽃무늬 도안이 있다. 태토 색깔은 회백색이다. 재질은 단단하고 가볍고 얇다. 유색은 투명하고 광택이 있다. 그것은 송나라의 이름 있는 요지 즉 정요(定窯)에서 생산된 것이다.

이밖에도 몇 편의 발해문화풍격의 도기편이 발견되었다. 하나는 각획횡현문(刻劃橫絃紋)과 소용돌이 문양(渦紋)으로 구성된 도안으로 손으로 만들었으며, 고운 진흙으로 손으로 빚은 회색 도기편이다. 다른 하나는 각획횡현문(刻劃橫絃紋)과 파도형태로 구성된 도안으로 고운 모래로 손으로 빚은 홍갈색 도기편이다. 도기의 태토는 모두 비교적 두꺼우며, 소성도는 비교적 높다.

현지인들에게서 수집한 이 유지에서 출토된 유물 몇 점에는 삼족기(三足) 잔편·평평한 바닥[平底]·주철가마(鑄鐵鍋) 1점 등이 있는데, 모두 전형적인 금대의 취사도구 중의 하나이다. 또한 주원통보(周元通寶) 1점과, 송대 휘종의 숭녕중보(崇寧重寶) 1점이 있다.

이 유지에서 요금유물이 발견된 것 외에도 발해 송대의 유물이 발견되었다. 그 중에서 요금유물이 대부분이다. 분명히 이 유지 문화연대의 상한은 어쩌면 발해 또는 요이며, 그 하한은 금보다 늦지 않을 것이다. 아마도 거란이 발해를 멸망시킨 이후 이곳이 경영되기 시작하여 금대까지 사용되었을 것이다, 당시 이곳은 건축이 비교적 많고, 인구가 비교적 번성하였으며, 규모도 비교적 큰 거주지였을 것으로 생각된다.

유지 서쪽에 노출된 제련찌꺼기는 일찍이 야련장 혹은 요지, 혹은 어떤 소조(燒造)작업장이 있었음을 보여준다. 장산유지(長山遺址)는 유물이 풍부하고, 문화가 복잡하며, 역사가 오래된 것으로 본 지역에서는 많이 발견되지 않았다. 그것은 발해·송·요와 금의 각 문화의 상호 영향을 연구하는데 있어서, 그리고 요금문화의 특징을 연구하고, 현지의 역사를 연구하는데 있어 모두 일정한 참고적 가치를 지닌다.

장산유지의 자연지리 환경은 또한 비교적 특수하여 그 북쪽은 물이 맑고 고기가 기름진 동요하이고, 뒤쪽은 돌출된 산등성이이며, 서쪽은 끝이 없는 요하평원과 마주하고 있다. 따라서 나아가서는 농업과 목축업에 종사할 수 있고, 물러나서는 고기를 잡고 배를 띄우는 이로움이 있어서 인류가 안주할 만한 곳이다. 이곳은 고대와 현대의 사회, 지리 환경에 대해서 인류발전에 대한 영향에 대해서 또한 상당한 참고 가치가 있다.

2. 소성자유지(小城子遺址)

소성자유지(小城子遺址)는 소성자향(小城子鄕) 소성자(小城村)가 서반부에 있다. 길 남쪽의 소성자향과 도로를 사이에 두고 마주하고 있는데, 그 양쪽은 청나라 시기의 사찰지이다. 서북쪽은 약간 돌출된 산등성이이며, 남·동쪽에는 주택지, 양식창고가 있다. 이곳에서 동쪽으로 동요하(東遼河)까지는 7km, 동북쪽으로 회덕현(懷德縣) 진가둔(秦家屯) 고성지와는 약 15km, 서남쪽으로 금산향남요고성지(金山鄕南窯古城址)와는 약 10km 떨어져 있다.

드물게 남아 있는 벽돌 잔편·기와 잔편과 도자기 잔편에 근거하여 그 범위를 대략적으로 살펴보면, 동서 길이 약 300m, 남북 너비 약 200m이다. 지세는 주위 지표보다 약간 높으며, 사방은 넓게 펼쳐진 요하평원이다.

유물은 북서부의 공터에 집중적 분포한다. 이곳은 문화층이 매우 두꺼워서 평균 50~100cm에 달한다. 지면에는 대량의 회색 베무늬기와·회색 커다란 벽돌 잔편·약간의 홍색 베무늬기와·치미 잔편·막새기와 등이 드러나 있다. 대량의 니질(泥質) 도기 잔편·항태도기(缸胎陶

器) 잔편과 자기편 등 생활용기 잔편들이다. 치미는 니질(泥質)로 흙을 이겨서 만든 것으로, 회색을 띠며 비늘무늬를 찍었다. 구워서 만들었는데, 소성도는 비교적 높다. 형상이 생동감이 있으며, 모습이 흉악하다. 적수 (滴水)는 회색으로 진흙재질로 모형으로 만든 것이며, 빗살무늬[篦紋]이 찍혀있는 긴 띠 형태이다. 구워서 만들었는데, 소성도는 비교적 높다.

도기편은 모두 부드러운 진흙으로 빚은 것으로 회색을 띤다. 물레로 빚었는데, 두께는 비교적 얇으며, 소성도는 비교적 높다. 대부분은 빗살무늬[篦紋]·돌출된 선 무늬[凸絃紋]·암현문(暗絃紋)과 그물형태의 무늬[網狀紋] 등이 있다. 그릇 형태는 대부분이 입술이 말려 있는 단지[卷沿罐]·동이[盆] 류이다. 항태도편은 대부분이 검은색 유약·누른색 유약를 발랐다. 표면은 거칠고, 벽은 두껍고 무겁다. 그릇의 형태는 대부분이 입술이 두껍고 둥글며[厚圓脣], 주둥이가 좁고[斂口], 어깨가 넓으며[廣肩], 바닥이 평평한[平底] 큰 항아리[大瓮]·항아리[罐] 류에 속한다. 자기편은 대부분이 아이보리색[牙黃色]이며, 또한 회백유 (灰白釉)도 있다. 유약은 맑지 않으나, 유약을 바른 면은 대체로 빛이 있다. 태질은 비교적 거친데 대부분은 반유를 하여, 유약을 바른 것이 고르지 않아서 흘러내린 흔적을 볼 수 있다. 기형은 대부분이 입술이 둥글고[圓脣], 배는 약간 곧으며[淺直腹], 바닥은 평평하고[平底], 테두리 형태의 굽이 있는 것[圈足]으로, 대접[碗]·바리[鉢]·소반[盤] 등 그릇이다. 어떤 것은 안쪽 바닥에 명확하게 점소(垫燒) 혹은 포개어 구운 (摞燒) 흔적이 남아 있다. 이밖에도 도기항아리[陶罐] 1점을 수습하였는데, 입술이 말려 있고[圈沿], 주둥이는 좁으며[斂口], 목이 짧고[短頸], 어깨가 넓으며[廣肩], 배가 불룩하고[鼓腹], 바닥이 평평하다[平底]. 그릇 표면에는 암현문(暗絃紋)이 있는 부드러운 니질(泥質)로 청회색을 띠고 있다. 물레로 빚었으며, 두께는 비교적 얇다. 소성도는 비교적 높다. 전체 높이는 28cm, 입 지름은 13.2cm, 바닥의 지름은 12.6cm이다.

이 유지에서 유물이 노출된 곳은 이곳만이 아니다. 현지인에 의하면, 이곳에서 일찍이 숫돌[石磨]·쇠솥[鐵鍋]·청동불과 도기 병[陶甁] 등 유물이 출토된 적이 있으나, 남아 있지는 않다고 한다.

이 유지는 유물이 풍부할 뿐만 아니라, 문화층도 두꺼워서 연속된 시간이 매우 오래되었다. 벽돌·기와·막새기와와 기타 재료로 보면 모두 요대 건축 재료의 특색을 지니고 있으며, 도기와 자기류의 생활용구는 비교적 금대의 도자공예의 특징이 두드러지게 표현되어 있다. 또한 이곳에서 발견된 홍색 베무늬 암키와는 발해 기와의 풍격을 두드러지게 지니고 있다. 따라서 문화 년대로 보면, 이 유지의 상한은 요나라보다 늦지 않아서 발해시기 사람들이 이곳에서 생활했을 가능성이 매우 많다.

드러난 현상으로 관찰하면, 유지 서북쪽에 일찍이 벽돌과 기와로 지은 건축물이 있었고, 치미형태의 장식품이 처마와 지붕마루가 있는 전당형태의 커다란 건축물이 있었다. 이러한 건축물은 어쩌면 관청(官署)·관사(館舍) 또는 종교시설로 일반 백성들이 살던 곳이 아니다. 현지인들에 의하면, 이곳에는 원래 성이 있었기 때문에 소성자(小城子)라 불린 것이라고 한다. 몇 십 년 전에 양식창고 서북쪽 모서리에서 판축한 성벽의 일부가 발견되었다.

전체적으로 보면, 소성자유지(小城子遺址)는 곽의생(郭毅生)의 고증이 일리가 있다. 소성자유지(小城子遺址)는 당연히 『송막기문』에 기록된 목아포(木阿鋪)이며, 요대 건축된 고성지이다.

3. 석호지유지(石虎地遺址)

석호지유지(石虎地遺址)는 유가관자향(劉家館子鄕) 탄요촌(炭窯村) 장가유방(張家油坊) 서쪽의 등성이 남쪽 기슭에 있다. 사람들은 이곳을 석호지(石虎地)라고 부른다. 동쪽으로 장가유방(張家油坊)과는 약 100m, 서쪽으로는 탄요소학교(炭窯小學校)와 150m, 북쪽으로 동요하(東遼河)와 약 2km 떨어져 있다. 주위는 모두 평원이다.

유지는 동서 길이 약 150m, 남북 너비 약 100m이며, 현재는 경작지로 개간되었다. 유적의 노출은 명확하지 않으며, 지면에는 도자기 잔편과 푸른색 벽돌 잔편이 약간 흩어져 있다.

수집된 표본으로 보면, 도기편은 회도(灰陶)가 가장 많다. 그중에는 회갈도(灰褐陶)가 포함되어 있는데, 모두 물레로 만든 것으로 두께가 얇고 단단하며, 소성도가 비교적 높다. 무늬는 주로 빗살무늬[篦齒紋]·돌출된 선 무늬[凸絃紋]과 암압문(暗壓紋)으로 단순하다. 항아리용 태토로 빚은 그릇[缸胎陶]은 대부분 흑유(黑釉)를 발랐으며, 유약을 바른 면은 광택이 있고, 재질은 비교적 순수하다.

도기 잔부 1점은 입술이 둥글며(圓脣), 주둥이가 벌어졌고[侈口], 목이 가늘며[細頸], 어깨가 기울어져 있으며[斜肩], 배가 약간 불룩하다[微鼓腹]. 세로로 세워진 다리형태의 손잡이[竪橋狀耳]와 세 줄의 주름무늬가 있다. 흑회색(黑灰色)의 사니태(砂泥胎)로 재질이 단단하다. 벽은 매우 얇으며 전체적으로 무색의 투명한 유약을 발랐다. 마치 쌍계항태도병(雙系缸胎陶瓶) 같다. 조형이 우아하고 소박하며, 공예기법도 비교적 정교하다. 자기는 대부분이 아이보리색[牙黃色] 반유자(半釉瓷)이며, 자기의 태토는 비교적 거칠다. 대부분이 바닥이 평평하며, 둥근 테두리 굽이 있는 대접[碗] 또는 바리[鉢] 등 그릇이다. 벽돌은 청회색으로 잔여 길이는 33cm, 너비는 16cm, 두께는 5.6cm이다.

또한 소량의 각획현문(刻劃絃紋)과 파도무늬의 회색·황갈색 도기편이 발견되었다. 도기 두께는 비교적 두꺼우며, 회갈색과 황갈색을 띠고 있고, 소성도는 비교적 높다. 이러한 각획문(刻劃紋)도기는 발해문화의 도기소조(陶器燒造) 풍격과 매우 유사하다.

석호지에서 출토된 문물 특징으로 보면, 이곳은 당연히 요금유지이며, 그 아래층은 발해문화유물이 중첩되어 있는 것으로 생각된다.

4. 왕가위자유지(王家圍子遺址)

왕가위자유지(王家圍子遺址)는 유가관자향(劉家館子鄉) 대력호촌(大力虎村) 왕가위자둔(王家圍子屯) 남쪽 산등성이 남쪽 기슭에 있다. 서쪽은 동남~서북 방향의 향도(鄕道)이고, 서남쪽은 진가타자(陳家坨子)와 약 1km, 동쪽은 동가가(董家街)와 약 500m, 북쪽으로 500m 떨어져 있다. 동요하(東遼河)와는 주변은 시야가 넓게 트여 있으며, 지세가 평탄하여 대부분이 평원과 감탄(鹹灘)이다.

유지는 동서 길이 약 70m, 남북 너비 약 100m이며 현재는 경지이다. 지면에 유물은 많지 않으나, 밭두둑에 약간의 깨진 도기편이 흩어져 있다. 도기편은 대부분이 회색을 띠고 있고 태토는 고운 진흙[細泥胎]이다. 물레로 빚었으며, 벽은 얇고 단단하다. 무늬장식에는 덧띠무늬[堆紋]이 붙어있는 것과 빗살무늬[篦齒紋]가 있다. 기형은 동이[盆]·항아리[罐] 종류이다. 그 중에서 일부의 도기편에는 각획횡현문(刻劃橫

絞紋)과 물결무늬로 구성된 도안이 있다. 또한 도제 어망추와 마제석기가 발견되었다. 도제 어망추는 회흑색을 띤 기둥형태로, 양 끝에 각각 홈이 있다. 전체 길이는 3.5cm, 지름은 1.2cm이다. 마제석기(잔편)는 이미 그 기형(器形)과 용도를 분별하기가 어렵다. 그밖에 북송시기의 동전 2점이 발견되었는데, 하나는 송나라 진종의 상부통보(祥符通寶)이고 다른 하나는 인종의 천성통보(天聖通寶)이다.

상술한 유물은 기본적으로 3종류의 유형으로 나눌 수 있는데, 즉 마제석기와 도제 어망추유형은 원시문화유물이고, 각획문(刻劃紋) 도기 종류는 발해문화유물이며, 덧띠무늬[堆紋]가 부가된 것과 점무늬[篦点紋]가 찍혀있는 것은 요대 문화유물이다. 이로 보면 이 유지는 아마도 요대 유지이고, 그 하층에는 아마도 발해와 원시문화유물이 중첩되어 있는 것으로 생각된다.

그밖에 유지는 평원에 있으며, 동요하(東遼河)와 인접하고, 초목이 무성하고 수원이 풍부한 천연적인 목장이다. 특히 유지에는 자기와 항태도기(缸胎陶器)와 금속기물은 발견되지 않고 또한 벽돌·기와 등의 건축 재료도 보이지 않으며, 또한 어떠한 토목건축유지도 없다. 여러 현상들은 이곳이 아마도 요대 유목민족의 거주지였을 것으로 생각된다.

5. 소노야묘유지(小老爺廟遺址)

소노야묘유지(小老爺廟遺址)는 만발향(万發鄉) 여가강자촌(呂家崗子村) 소노야묘둔(小老爺廟屯) 동남쪽에 있다. 서북쪽은 소노야묘둔(小老爺廟屯)과 약 500m 떨어져 있고, 서쪽은 곽가점(郭家店)에서 소성자로 향하는 도로와 접해 있으며, 남쪽은 배수구를 넘어 청퇴자촌(靑堆子村) 봉황산둔(鳳凰山屯)과 마주하고 있다.

유지는 동서 길이 150m, 남북 너비 100m로 이미 경작지가 되었다. 지표면에는 푸른색 기와·베무늬 기와·도기편과 자기편이 많이 흩어져 있다. 벽돌은 청회색이며 크기가 크다. 기와는 회색의 판자형태이며, 중간에 약간의 돌출된 선 무늬가 있고 등에는 거친 베무늬가 분명하다. 어떤 것은 가장자리에 지압의 흔적이 있다. 도기편은 대부분 니질회도(泥質灰陶)이며, 어떤 도기편은 옅은 황색으로 모두 물레로 빚었다. 기형은 대부분이 동이[盆]·항아리[瓮]·항아리[罐] 종류이다. 자기편은 대부분이 아백유(牙白釉) 자기이다. 또한 약간의 자기편에는 회백색유약이 발라져 있는데, 일반적으로는 유약이 바닥까지 발라져 있지 않다. 대부분이 주둥이가 넓고[敞口], 배가 얕으며[淺腹], 바닥이 평평하고[平底], 테두리 형태의 굽이 있는[圈足], 대접[碗]·소반[盤]·바리[鉢] 종류이다.

이밖에도 각획현문(刻劃絃紋)과 물결무늬가 있는 도기편이 있는데, 두께는 0.4cm이다. 고운 진흙으로 물레로 빚은 것으로 황갈색을 띠고 있다. 동이[盆]·항아리[罐] 등 도기 배 부분의 잔편이다. 그 공예기법이 발해문화풍격과 유사하다.

이 유지에서 출토된 유물은 대부분이 요금시기의 문화특색을 지니고 있으며, 또한 발해문화풍격을 지니고 있는 유물도 발견되었다. 이것으로 보면, 요금시기의 문화유지이며, 그 아래는 아마도 발해시기의 유존의 중첩되어 있는 것으로 생각된다.

6. 방신지유지(房身地遺址)

방신지유지(房身地遺址)는 동가와보향(董家窩堡鄕) 동가와보촌(董家窩堡村) 항가와보(項家窩堡) 후로방신지(后老房身地)에 있다. 이 지역은 동북~서남으로 뻗은 등성이 동남쪽 기슭이다. 서쪽으로 이수(梨樹)에서 유수대(楡樹臺)로 통하는 도로와 약 500m, 서북으로는 향 소재지와 약 2km 떨어져 있으며, 동북으로는 촌 저수지(현재는 이미 말라버림)와 인접해 있다. 앞쪽에는 낮은 웅덩이이고, 동남은 완만한 등성이이다.

유지는 동남~서북향의 길이는 70m, 동북~서남향의 너비는 200m이다. 이미 경작지로 변했다. 지면에 흩어져 있는 유물로는 벽돌·기와·도기·자기 등의 잔편이 있다.

벽돌은 청화색이다. 기와는 회색으로 판자 형태이며, 중간에 활모양으로 돌출되어 있고, 뒷면에는 거친 베무늬가 있다. 도기는 동이[盆]와 항아리(瓮) 종류가 대부분이다. 구연은 변화가 비교적 풍부하여, 첨순대권연(尖脣大卷沿)·원순직구(圓脣直口)·치구(侈口)·염구(斂口)의 구분이 있다. 모두 고운 니질로, 물레로 빚었다. 청회색으로 소성도가 비교적 높다. 그물무늬와 돌출된 선 무늬 등의 문양이 있다. 자기는 대접[碗]·소반[盤] 종류의 그릇이 많고, 동이[盆]와 항아리[罐] 종류는 적다. 채색은 대체로 백색·황백색·갈색·흑색 네 종류의 유약을 발랐다. 어떤 자기편은 유약을 바르지 않고, 단지 겉에 분(粉)만 발랐다. 자기 뚜껑(잔편)이 하나 있는데, 제작이 비교적 정교하고 세밀하며, 윗부분에 꼭지 형태의 단추가 있는 자모 구연으로 외부에는 회색 유약을 발랐다. 그밖에 또한 물결무늬가 새겨져 있는 회색의 니질도편이 발견되었다.

이 유지에서 출토된 유물은 대부분이 요·금시기의 문화특징을 지니고 있는데, 약간의 발해시기의 문화적인 분위기를 지니고 있는 유물도 발견되었다. 따라서 판단해 보면, 이 유지는 요금시기의 유지로, 그 아래층에는 아마도 발해시기의 문화유존이 중첩되어 있다고 생각된다.

이통현

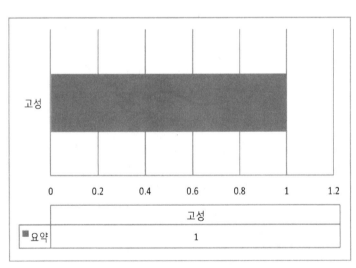

	고성
■요약	1

발해산성유적

1. 소상구고성(小上溝古城)

소상구고성(小上溝古城)은 이통현(伊通縣) 이도향(二道鄕) 흑정자촌(黑頂子村) 배가소상구둔(裴家小上溝屯) 동쪽 남북향의 산줄기 주봉 위에 있다. 동북으로 1.5km 떨어진 곳에는 이통현 석문(石門)저수지, 서남쪽으로 2km 떨어진 곳에는 흑정자둔소구(黑頂子屯小溝), 서남쪽으로 0.5km 떨어진 곳에는 배가소상구둔고성(裴家小上溝屯古城)이 있다.

토석혼축인 고성 성벽은 산세를 따라 만들어 불규칙한 형태를 이룬다. 고성의 동서 길이는 약 50m, 남북 너비는 200m이며, 둘레 길이는 500m이다. 성안은 전체 산봉우리에서 가장 높은 곳이다. 고성 안에서 유물이 거의 발견되지 않아 이 성의 확실한 축조년대를 판단하기가 어렵다. 그러나 고성의 성벽이 토석혼축이라는 특징에 근거하여, 이 성을 발해시기에 축조한 것으로 잠정결론을 내린다.

장백현

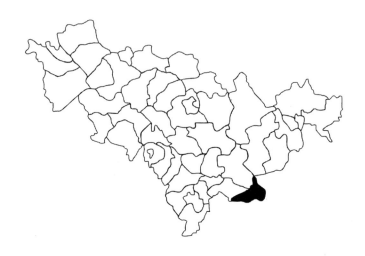

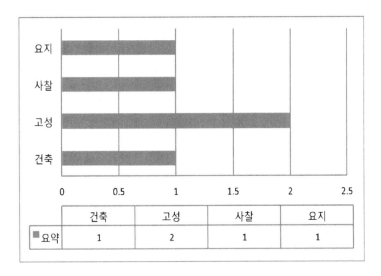

	건축	고성	사찰	요지
요약	1	2	1	1

발해건축유적

1. 신방자유지(新房子遺址)

신방자유지(新房子遺址) 소재지 신방자촌(新房子村)에서 서쪽으로 300m 떨어진 팔도구하(八道沟河) 동안 대지 위에 있다. 팔도하(八道河)가 동쪽에서 서쪽으로 흘러간다. 북쪽으로 약 100m 떨어진 곳에는 길게 이어진 기복있는 산등성이이다. 유지는 현재 논밭으로 변했다.

1986년 5월, 현문물보사대(縣文物普査隊)가 신방자에서 조사를 할 때, 논 저수지 도랑에서 발해시기의 기와편과 유물이 발견되었고, 수구에서 약 30m 떨어진 밭 돌무더기에서도 발해시기의 기와편이 발견되었다.

수집된 주요한 문물로는 지압문 암키와·새끼줄무늬 암키와·수키와·청동비녀 등이 있다. 지압문 암키와 3점은 니질로 청회색이다. 기와 앞쪽에는 지압문이 있고, 바탕에는 아무런 무늬가 없으며, 기와 안쪽에는 베무늬가 있다. 그 중에서 1점은 두께가 1.5cm에 이른다. 새끼줄무늬 암키와 5점은 니질로 청회색이다. 바깥쪽에는 가는 새끼줄 또는 굵은 새끼줄무늬가 있으며, 안쪽에는 베무늬가 있다. 그중에서 1점은 기와 앞쪽에 지압문이 있으며, 두께는 1.2cm이다. 수키와 6점은 옅은 회색이다. 바탕에는 아무런 무늬가 없으며, 안쪽에는 베무늬가 있고, 어떤 것에는 와순(瓦脣)이 있다. 청동비녀 1점으로, 비녀 앞부분은 두 겹의 나팔형태의 꽃잎형태(花朶形)이다. 몸통은 두 갈래이며, 비녀의 몸체는 원주형이다. 전체 길이는 18.5cm, 비녀 몸체 길이는 15cm, 지름은 0.2cm이다.

출토된 문물로 보면, 신방자유지는 발해시기 건축지로 생각된다. 그러나 발해시기에 무덤 위에 집이 있고, 관에 쇠못을 박는 점을 고찰하면 역시 무덤이다. 앞으로의 발굴을 기대한다.

신방자유지에서 출토된 새끼줄무늬 기와는 화룡시 용두산 발해무덤 떼에서 출토된 새끼줄무늬 기와와 비슷하며, 청동비녀는 집안(集安)의 발해무덤, 화룡시 용해발해무덤에서 출토된 발해 청동비녀와 비슷하다. 그것은 이 유지가 발해시기의 유존임을 설명한다. 신방자유지의 발견은 발해의 역사와 건축, 그리고 수공예를 연구하는데 실증적인 자료를 제공한다.

발해사찰유적

1. 영광탑(靈光塔)

[그림 1]   1. 영광탑(동남→서북)   2. 영광탑 입구   3. 표지석
4. 영광탑(동북→서남)

영광탑(靈光塔)은 장백진(長白鎭) 서북쪽 교외의 탑산(塔山) 서남
단의 평탄한 대지 위에 있다. 해발은 820m이며, 북쪽으로 약 200m 떨
어진 곳에는 산봉우리가 있는데, 일람봉(一覽峰)이라고 부른다. 탑산
에서 남쪽으로 약 1km 떨어진 곳에는 압록강이 동쪽에서 서쪽으로 흘

러가며, 탑은 압록강의 수면보다 약 100여m 높다. 압록강과 탑산 사이에는 동서 길이 약 2km, 남북 너비 약 1km의 분지로 원래 이름은 탑전(塔甸)이다. 현재는 시가지와 농지로 변했다. 서쪽은 골짜기로 작은 시내가 있는데 북쪽에서 남쪽으로 흘러 압록강으로 들어간다. 장백(長白)~임강(臨江) 도로가 탑산 산기슭 아래를 서쪽으로 뻗어 있다. 탑산에 올라 바라보면, 장백진(長白鎭) 시가지와 맞은 편의 북한 혜산시(惠山市)가 눈 아래에 들어온다.

장백 영광탑은 벽돌로 축조한 누각형태의 공심방탑으로 북쪽에서 남쪽을 향하고 있으며, 방향은 200°이다. 영광탑은 무덤바깥길·무덤안길[甬道]·묘실[地宮]·탑신과 탑찰 5개 부분으로 구성된다.

무덤바깥길은 무덤안길 바깥쪽에 있으며, 무덤안길 전방의 좌우 양날개에서 지면에 이르기까지 모두 11개의 계단이 있는 계단식이다. 10계단을 올라야 지면에 이른다. 무덤안길 좌·우벽과 계단은 모두 원생토로, 유일하게 계단마다 중앙부분에는 일반적으로 3~4개의 돌(방, 장방과 규형 벽돌)을 깔았을 뿐만 아니라, 한 가운데 있는 벽돌은 아래쪽으로 비스듬하게 만들거나 두 개의 벽돌을 비스듬하게 맞붙여서 계단 중간에 홈을 만들었다. 무덤안길을 조사할 때 흙속에서 음각의 홈이 있는 동이[盆]와 목이 짧고 어깨가 평평한 항아리[瓮] 깨진 조각이 발견되었는데, 모두 니질도(泥質陶)이다. 이밖에 크기가 일정하지 않은 두 개의 풍경이 발견되었는데, 모두 주조한 것으로 중간에는 두드려서 만든 부분[鋒舌]이 있다. 그중에서 한 점은 완전하여 가볍게 흔들면 소리가 나는데, 원래 탑옥개석의 모서리에 걸려 있던 풍경으로 생각된다.

무덤안길은 무덤바깥길 안쪽에 있다. 묘실 앞과 무덤안길 좌우에는 모두 돌로 쌓았으며, 지면에는 3층의 벽돌을 깔았으나 천정에는 판석을 덮지 않았다. 묘실은 무덤안길 안쪽에 있다. 묘실은 협소한 장방형으로 동서 길이 1.42m, 남북 너비 1.9m, 높이 1.49m이다. 묘실 벽은 여러 층으로 벽돌을 쌓아서 만들었는데 그 방향과 탑의 방향이 서로 비슷하다. 바닥에는 3층의 벽돌을 깔았고, 윗부분에는 석판으로 덮었다. 묘실 벽면과 윗부분은 모두 백회를 발랐으나 대부분은 떨어져 나갔다. 대부분은 아무런 그림이 없지만, 일부 벽면에 붉은색[楮石]이 칠해져 있어서 기둥처럼 바른 간단한 벽화로 생각된다. 묘실 뒷벽 중앙 동쪽 방바닥에는 돌로 쌓은 관대가 있다. 관대의 평면은 상당히 평평하여, 어떤 사람은 사리합을 두는 곳이라고 추측하였다. 묘실 지붕 덮개돌은 깨져서 아래로 떨어졌다.

탑기단은 묘실 덮개돌 윗부분에 있는데 판축층으로 두께는 분명하지 않다. 탑신은 탑기단 판축층 위쪽에 있는데, 장방형 벽돌·규형벽돌·다각형 벽돌로 축조하였다. 전체 높이는 12.86m이다. 탑신 평면은 방형이다. 높이는 5층으로 층이 올라갈수록 안쪽으로 좁아진다. 층 꼭대기마다 벽돌을 쌓아서 처마를 만들었다. 중첩된 중간부분에서 1층 건너 마름모 형태의 쐐기(牙子)를 시문하였다. 제1층은 한 변의 길이가 3.3m, 높이 5.07m이고, 바닥층 주위에는 돌로 쌓은 기단이 있는데 높이는 0.8m이다. 제2층의 한 변의 길이는 3m, 높이는 1.65m이고, 제3층은 한 변의 길이가 2.4m, 높이 1.5m이며, 제4층은 한 변의 길이가 2.1m, 높이가 1.2m이고, 제5층은 한 변의 길이가 1.9m, 높이가 1.98m이다.

탑찰은 탑신 꼭대기에 있는데 호로박 형태이며 높이는 1.98m이다. 탑신 제1층 정면(남면)에는 공권문(拱卷門)이 있는데 지표에서 80cm 떨어져 있으며, 너비는 0.9m, 높이는 1.65m이다. 탑신 정면 제2·3·5층에 방형의 벽감이 한 개씩 있으며, 길이와 너비가 각각 20cm이다.

탑신의 정면 제4층, 동서 양쪽 면의 제2층에서 제5층까지는 모두 세로로 긴 방형 창이 있으며 한 변의 길이는 20cm이다. 탑 안은 공심(空心)으로 각 층의 탑꼭대기는 모두 궁륭식이다. 탑 처마는 바깥쪽에서 보았을 때, 삼각형을 이룬다.

공문 윗부분 양쪽과 탑 제1층 이외의 3층은 각각 문자가 있는 갈색의 화문전으로 쌓았는데, 동서 양쪽은 연꽃무늬, 남북 양쪽은 권운(卷云)무늬, 동쪽면 벽돌의 형태는 국(國)자, 남면의 형태는 입(立)자, 서면의 형태는 왕(王)자, 북면의 형태는 토(土)자와 같아서 "국립왕토(國立王土) 또는 왕립국토(王立國土)"로 읽을 수 있으나, 의미는 분명하지 않다. 그밖에 탑신 북면 제1층에서 5층까지에도 화문전을 사용하였으나 창문은 보이지 않는다.

영광탑의 원래 이름은 일찍이 전해지지 않는다. 1908년, 장백부(長白府) 제1임지부(第1任知府) 장풍대(張風臺)가 장백에 취임한 기간에 고탑이 수 백년을 지났음에도 훼손되지 않은 것을 보고 서한(西漢)의 노(魯)나라 영광전(靈光殿)과 같이 전란을 겪었음에도 홀로 존재함에 비유하여 영광탑으로 이름 지었다.

고탑은 오랜 세월로 인해 심하게 훼손되었다. 『장백산강강지략』에 "탑 꼭대기는 명나라 시기에 사나운 바람으로 인해 부서져서 지금에 이르렀다."라고 기록한 것으로 보면, 탑 꼭대기는 명나라 시기보다 일찍 훼손되어 청나라 말기에 이르러서도 보수되지 않았음을 알 수 있다. 1936년에 이르러 지방의 어떤 사람이 수리하여 비로소 탑 꼭대기에 탑찰이 있게 되었다. 당시 그들은 5개의 쇠솥과 같은 물건에 중간에 쇠막대를 꽂아 탑찰을 만들어 5층 꼭대기에 설치하였다. 중국이 성립된 이후 탑기단이 빗물에 침식되고 부식되는 등 보존상태에 문제가 있어

1955년 탑기단을 수리하고, 돌 기단을 쌓아서 보호하였다. 현존하는 돌 기단은 바로 당시에 축조한 것이다. 1981년 영광탑은 당대의 발해탑으로 확정되었다. 후에 탑 주변에 쇠난간을 설치하고 표지석과 안내판을 세웠다.

영광탑은 오랫동안 비바람에 훼손되고 탑신이 동남쪽으로 기울어 붕괴의 위험이 있었으므로, 길림성인민정부에서는 영광탑을 1984년 5월에서 9월까지 보수하였다. 묘실은 전부 파괴되어 보존가치가 없었으므로 시멘트로 묘실을 메우고, 강철을 세워 탑신을 지탱시켰다. 1936년 설치한 탑찰과 같은 형태로 주조한 탑찰을 다시 설치하고, 출토된 풍경 모양으로 주조 제작한 풍경 20개를 각 층 옥개석 사방에 달았다. 또한 탑찰 꼭대기에 피뢰침을 설치하고 훼손된 탑신 이곳 저곳을 보수하였다. 보수 이후의 영광탑은 이전처럼 고졸하고 소박한 모습을 띠고 있다.

영광탑의 보수시기와 그 성격에 대해서 많은 이야기가 전해진다. 장풍대(張風臺)가 편찬한 『장백회정록(長白匯征錄)』・유건봉(劉建封)이 지은 『장백산강망지략(長白山江崗志略)』 등의 책들에서는 전해지는 이야기에 근거하여, 당나라시기에 축조되었거나 요금・원 시기의 유물이라고 추측하였다. 그러나 모두 신뢰성이 없다. 1982년 6월, 중국 과학원 자연과학사연구소 부연구원 장어환(張馭寰)이 영광탑을 조사하고, 이를 당나라 시기의 발해탑으로 판단하였다. 길림성문물공작대도 여러 차례 영광탑과 묘실을 조사하였다. 조사결과 영광탑의 구조는 훈춘현 마적달 발해탑과 대체로 같다는 결론을 얻었는데, 이것은 영광탑이 당대 발해탑임을 설명한다. 1986년 6월 현문물보사대가 장백고성 안에서 발해시기 와당을 수집하였는데, 꽃무늬가 영광탑의 꽃무늬 벽돌에 있는 연꽃무늬와 완전히 일치하여, 영광탑이 당대 발해시기에 축조한 탑임을 증명하였다.

탑의 성격에 대해서, 탑의 묘실 북쪽에서 동쪽에 치우친 곳 바닥에 관대가 있던 것에 주목하고 사리함을 놓는 곳이라고 생각하여 탑은 사리탑이라고 주장하였는데, 어느 정도 일리가 있다. 그러나 훈춘 마적 달탑 묘실과 화룡 정효공주묘에서 출토된 인골 상황을 감안하면, 영광 탑도 묘탑일 가능성이 있다.

장백 영광탑은 발해시기 정치·경제·문화, 그리고 건축기술을 연구하고, 동북지방사를 연구하는데 중요한 의의를 지닌다.

발해산성유적

1. 팔도구산성(八道溝山城)

팔도구산성(八道溝山城)은 장백향(長白縣) 압록강 우안의 산등성이 위에 있다. 팔도구진(八道溝鎭)과 서로 이웃해 있고, 남쪽은 압록강과 인접해 있다. 겨우 돌로 축조한 석벽만이 남아 있는데, 길이는 약 500m에 이른다.

이 성의 축조방법은 단동시(丹東市) 호산촌(虎山村) 고구려산성과 유사하기 때문에 잠정적으로 고구려시기에 축조되어 후에 발해시기에 연용된 것으로 결론을 내린다.

발해요지유적

1. 민주촌요지(民主村窯址)

  민주촌요지(民主村窯址)는 장백현성(長白縣城) 장백진(長白鎭) 교외 남쪽 민주촌(民主村) 채마밭에 있다. 동쪽과 남쪽은 압록강에 인접해 있으며, 동쪽으로 100m 떨어진 곳은 장백고성(長白古城) 서벽이다.

  1980년 민주촌의 농부가 채마밭은 고르다가 면적이 매우 큰 붉은색 소성토층[紅燒土層]과 많은 회색 벽돌을 발견하였다. 벽돌은 회색으로 장방형·방형·마름모 형태의 이빨형태·다변형 벽돌이 있으며, 그 형식의 크기와 재질은 완전히 영광탑(靈光塔)에 사용된 벽돌과 같으므로, 발해시기의 벽돌요지로 생각된다.

  요지는 채마밭으로 변하고, 유지는 이미 완전히 파괴되어, 요지의 형식과 구조는 분명하지 않다. 앞으로 발굴을 기대한다.

발해평원성유적

1. 장백고성(長白古城)

장백고성(長白古城) 장백진(長白鎭) 동남의 압록강 우안 제2급 대지상에 있다. 지형은 평탄하다. 압록강이 대지와 약 100~200m 떨어진 곳에서 방향을 바꾸어 흘러간다. 대지 북쪽은 커다란 지면보다 낮은 구역으로, 높이가 약 5m에 달하는 지역은 바로 장백진 주거지이다. 대지는 현재 장백진 민주촌(民主村)의 채마밭과 과수원이 되었다. 대지 동북쪽에는 장백현의 명승인 선인도(仙人島)가 있다.

1960년 현문물보사대(縣文物普査隊)가 이 고성을 조사하였다. 당시 강자갈로 쌓은 장방형의 동서 길이 20m, 남북 너비 26m 성벽이 발견되었다. 석벽 기단 너비는 8.4m, 윗부분의 너비는 1.5m, 높이는 0.5~1.5m이다. 남벽에는 너비 3m의 홈이 있는데 문지로 생각된다. 성벽 안팎에서 발해시기의 권점문(圈点紋) 암키와·새끼줄무늬 암키와와 니질의 그릇 손잡이[橋狀陶耳]가 발견되어, 발해시기의 고성지로 인정되었다.

1986년 6월, 현문물보사대가 장백고성(長白古城)을 다시 조사하여, 석벽 기단을 발견하였다. 하나는 동쪽에, 하나는 서쪽에 있는데 둘 간의 거리는 350m이다. 현지인에 의하면, 이 성벽은 서벽 기단에서 서쪽으로 약 30m를 뻗어나간 후 북쪽으로 방향을 바꾸어 곧장 대지 북쪽에 있는 주택지까지 이어진다고 한다. 이것은 아마도 성벽으로 생각된다. 이와 동시에 선인도 서쪽에 있는 과수원 안에서 많은 기와편과 와당 1점을 발견하였다. 그것은 바로 1960년에 현문물보사대가 발견한 고성 유지였다. 원래 있던 석벽은 현재 이미 훼손되어 평평하게 변했으나 지면에는 기와편이 흩어져 있다. 현지인들에 의하면, 석벽을 절개하고, 그 돌로 채소밭 온실 벽을 쌓았다고 한다. 수집된 기와편에는 새끼줄무늬 암키와·권점문(圈点紋) 암키와·꼭지있는 연꽃무늬 와당이 있는데, 모두 발해시기의 건축재료이다. 따라서 고성은 당연히 발해시기의 고성임에 의심의 여지가 없다.

남벽과 서벽의 존재, 선인도 왼쪽에 흩어져 있는 발해시기의 기와편으로 분석하면, 고성의 범위는 대체로 동서 길이 약 380m, 남북 너비 약 240m로, 둘레 길이는 약 1,200m이며, 방향은 175°이다. 장백고성은 현재 장백현에서 발견된 유일한 고성이며, 또한 발해시기의 비교적 크고 비교적 중요한 고성이다. 발해시기 장백현은 발해 서경압록부의 관할이다.

정우현

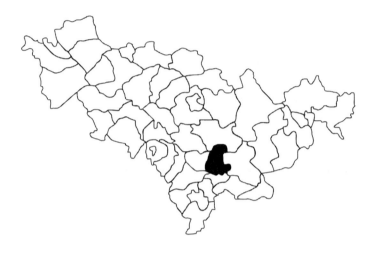

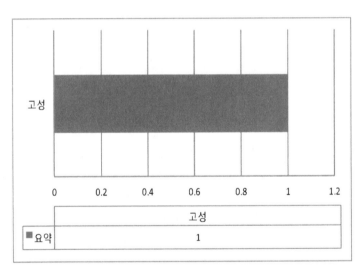

	고성
■요약	1

발해산성유적

....

1. 유수천성지(楡樹川城址)

유수천성지(楡樹川城址)는 정우현(靖宇縣) 수천촌(楡樹川村)에서 서남쪽으로 약 1km 떨어진 산의 평평한 대지에 있다. 강 북쪽은 무송현 (撫松縣) 신안촌(新安村) 서쪽 계곡의 2급 계단식 대지에 위치한 신안 발해성지(新安渤海城址)와 강을 사이에 두고 이웃하고 있어서, 한쪽은 높고 한쪽은 낮은 두도송화강(頭道松花江)의 양안에 자리잡고 있다고 할 만하다. 두 성의 가장 짧은 거리는 약 500m정도이다.

유수천성(楡樹川城)이 위치한 곳은 지세가 험준한대 동쪽과 서쪽 그리고 북쪽 3면은 절벽으로 거의 높이가 100여m에 이르러 오르기가 쉽지 않다. 오직 남쪽만이 평탄하여 산의 평탄한 언덕을 만든다. 이 언덕 서쪽 산기슭에는 삼도화원하(三道花園河)가 남쪽에서 북쪽으로 흘러 고성의 서쪽을 지나 두도송화강으로 들어간다. 삼도화원하 서쪽도 역시 기복있는 산이다.

유수천성에 서면, 두도송화강이 한 눈에 들어오며, 신안성 전체를 조감할 수 있다. 성은 자연적인 형세를 충분히 이용하여 동·서·북 3면은 절벽 가장자리를 따라 돌과 흙으로 낮게 성벽을 쌓았다. 잔고는 1m 정도인데, 대부분이 무너졌다. 남벽만은 높고 웅장하게 판축하였다. 기단 너비는 6m, 윗부분의 너비는 2m, 잔고는 2~3m에 이른다. 남벽 바깥쪽에는 너비가 약 6m, 깊이가 1.5~2m에 달하는 보호성벽이 있다.

성은 대략 장방형이다. 성 네모서리가 동·서·남·북의 방위각 상에 있으므로, 동벽·서벽·남벽·북벽은 단지 대체적인 명칭일 뿐이다. 실측결과, 동벽의 길이는 439.5m, 서벽의 길이는 540.5m, 남벽의 길이는 439.5m, 북벽의 길이는 221.6m, 둘레는 1,455.6m이다. 성에는 남벽 중앙에 설치된 반원형의 남옹성문(南瓮門) 한 개만이 있다. 출입로는 동남쪽에 있다. 옹성벽 기단의 너비는 5m, 윗부분의 너비는 1.5m, 잔고는 1.5m이다.

성안의 지세는 평탄하며, 대체로 북쪽이 높고, 남쪽이 낮다. 성 중앙에는 소나무들이 울창하다. 성의 서북쪽과 동남쪽만은 농경지로 개간되어 성 안의 원래 도로와 이방(里坊) 등의 배치는 알 길이 없다. 성 안에는 지금도 마실 수 있는 우물 2구가 있는데, 하나는 남문에 있고, 다른 하나는 성 안의 동남쪽 즉, 성 동남쪽 모서리에서 30여m 떨어진 곳에 있다. 후자는 1987년 6월 초에 도굴을 계기로 조사가 이루어졌다. 이 우물의 벽은 방형인데 떡갈나무(柞木) 또는 들메버들에 홈을 파서 2단으로 엇갈려 쌓았으며, 평평하고 곧은 면이 물쪽을 향하고 있다. 이러한 축조법을 현지 마을 사람들은 "패왕권(覇王圈)"이라고 부른다. 나무로 쌓은 우물 벽 사이는 푸른색 돌로 채워 넣었다. 우물은 방형으로 아래쪽은 넓고 위쪽은 좁다. 입구 한 변의 길이는 80cm이고, 우물의 깊이는 7m이다. 현재는 이 우물을 이용하는 사람들이 없어서 바깥쪽으로 흘러 넘친다. 조사 전 현지인들에 의하면, 우물은 나무 덮개, 그리고 다시 그 위는 흙으로 덮여 있었으며, 흙과 나무 덮개를 치우고 양수기로 물을 모두 퍼 올렸지만, 안에서는 아무런 유물도 발견되지 않았다고 한다.

성 안은 오랫동안 소나무가 울창하게 자라 여러 해에 걸친 조사에서도 수습된 유물이 매우 적다. 이전 조사자 대부분은 현지인들의 전언에 따라 고구려시기의 산성으로 판단하였다. 1986년과 1987년 두 번에 걸친 조사에서 성 안의 동남쪽 개간지에서 약간의 유물을 수집하였다. 그중에는 황갈협세사도편(黃褐夾細砂陶片)이 있다. 바탕에는 아무런 무늬가 없으나 문질러서 광택을 내었다. 또한 물레로 빚었으며, 재질은 단단하고 소성도는 비교적 높다. 이 밖에도 니질회도(泥質灰陶) 수키와 잔편 1점을 수집하였다. 도기잔편과 수키와 잔편으로 보면, 발해문물의 특징을 지니고 있고 강북 신안성지 안에서 출토된 유물과 같은데, 이것은 이 성이 발해시기의 성터임을 의미하는 것이다.

유수천성지는 비록 산꼭대기에 있지만, 지세가 평탄하므로, 단순히 "산성(山城)"이라고 부를 수 없다. 그것은 산성과 평원성 사이에 존재하며, 두 가지의 공통된 특징을 지니고 있다. 유수천성지는 무송현(撫松縣) 신안성지와 단지 강 하나를 사이에 두고 있고, 두 성의 거리는 매우 가까우며, 동한 동일시기의 성지로 관계가 매우 밀접하므로, 자매성(姊妹城)이라고 부를 만 하다.

『발해국지장편(渤海國志長篇)』하편(下編)「지리고」풍주조(豊州條) 하에는, "풍주(豊州)는 일명 반안군(盤安郡)으로, 서울에서 동북으로 210리 떨어져 있다."라고 기록하였다. 서경압록부(西京鴨綠府) 치소는 학계 대다수가 "임강진설(臨江鎭說)"을 주장한다. 정우(靖宇) 유수천성(榆樹川城)과 무송(撫松) 신안성(新安城)은 마치 임강에서 동북으로 200여리 떨어진 곳에 있어, 방위와 거리가 서로 부합한다. 다시 성의 규모로 보면, 두 성은 모두 주치소(州治所)의 규모를 갖추었으므로, 풍주 소재로 생각된다. 그러나 풍주가 동시에 두 성을 주의 치소로 삼았는가 하는 점에 있어서는 그다지 좋은 설은 아니다. 그러나 두 성이 매우 가깝고, 또한 동일 시기의 성지이므로, 부인하기도 쉽지 않다.

하나는 높은 곳에 있고, 하나는 낮은 곳에 있다. 낮은 곳에 있는 것은 두도송화강의 범람같은 수해를 입기 쉽다. 높은 곳에 있는 것은 지세가 매우 험준하여 지키기는 쉽고 공격하기는 어렵다. 현재의 교통상황으로 보면, 강북 신안촌의 주민이 무송현성에 가서 일을 처리하려 할 때, 모두 남쪽으로 두도송화강을 건너와서 유수천촌에서 차를 타고, 다시 동쪽으로 무송진으로 간다. 강북은 산이 중첩되어 통행이 여의치 않다. 그러므로 두 성은 모두 풍주치소(治所)로 생각되는데, 아마도 신안성이 거주하기에 쉽지 않을 때, 산위로 옮기거나, 혹은 두 성이 동시에 풍주의 치소였을 것이다.

집안시

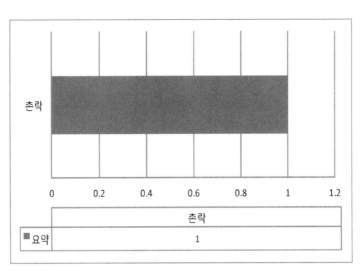

	촌락
■요약	1

발해촌락유적

1. 민주육대유지(民主六隊遺址)

　민주육대유지(民主六隊遺址)는 집안(集安) 기차역에서 남쪽으로 2km 떨어져 있는 동강(東崗)이라 불리는 통구(洞沟)평원 동쪽 둥성이에 있다. 유적 범위는 약 100×50m이며, 남쪽 압록강과는 200m 정도 떨어져 있다. 이곳의 지세는 평평하고 넓게 펼쳐져 있고 물에 인접해 있는 남향의 이상적 주거지이다. 1975년 11월, 태왕향(太王鄉) 민주촌(民主村) 주민이 경지작업중에 민주육대둔(民主六隊屯) 북쪽 150m 경작지에서 도기와 아궁이 유적 등을 발견하고, 후에 조사를 통해서 이곳이 원래 발해시기의 거주지였음을 알게 되었다.

　유적에서 발견된 도기는 모두 니질도(泥質陶)로 지표에서 1.6m 깊이의 흑갈색 흙(黑褐土)에서 출토되었다. 조사한 바에 의하면, 유지의 표토층은 0.4m로 토질은 검은 색 모래흙[黑砂土]이다. 제2층은 두께가 1m정도이며, 황갈색(黃褐色)의 모래를 포함하고 있는 층이다. 제3층은 곧 도기가 출토된 문화층으로, 두께는 0.2m이다. 회색의 유물을 포함하고 있고, 그 아래는 강자갈과 거친 모래가 혼합된 층으로 생토층이다.

도기 중에서 복원할 수 있는 것은 6점이며, 나머지는 많은 도기 잔편이다. 도기 색깔은 회색·황색·홍갈색으로 나뉘며, 그릇 형태는 손잡이가 두 개인 단지[雙横耳罐]·배가 불룩한 단지[鼓腹罐]·바리[鉢]·어깨가 넓은 단지[廣肩罐]·시루 바닥[甑底] 등이 있다. 예를 들어서 표본 1은 니질도(泥質陶)로 목이 짧고 배가 불룩한 것으로[短頸鼓腹] 입술이 둥글고 주둥이가 바깥쪽으로 벌어졌다[圓脣口沿侈]. 가장 넓은 배부분의 지름은 위쪽에 있으며, 배 중간에는 두 개의 대칭된 그릇 손잡이[横橋狀耳]가 있다. 이보다 약간 위쪽에는 음각된 선 무늬가 있으며 바닥은 평평하다. 물레로 빚었다. 높이는 31cm, 입지름은 22cm, 바닥의 지름은 18cm이다. 그밖에 도기항아리[陶罐] 1점이 있는데, 그 모양도 이것과 같다. 이러한 형식의 도기는 집안에서는 거의 보이지 않는 것이며, 흑룡강성 영안 동경성(東京城)에서 출토된 발해 도기항아리[陶罐]와 매우 비슷하다. 다시 표본 3을 예로 들면, 역시 니질도이다. 주둥이는 벌어졌고, 테두리가 말려 있다. 목은 짧고 배가 납작하다. 지름은 13.5cm, 바닥의 지름은 12.4cm, 높이는 14cm이다. 이 도관은 화룡 북대(北大) 발해무덤떼에서 수집된 도기항아리[陶罐]와 비슷하다. 그밖에 발견된 도기항아리 가운데, 바닥에 "대대(大大)"자 부호가 있는 것이 있다. 이것은 발해도기에서 일반적으로 문자부호를 새기는 습관과 비슷하다. 따라서 민주육대유지는 당연히 발해시대의 거주지이다.

유지에서는 또한 판석으로 쌓은 아궁이 유적이 드러났으며, 비교적 심하게 불에 그을려 검게 변한 판석이 발견되었다. 이러한 난방시설은 동북 각 민족이 비교적 보편적으로 사용한 방법으로 동녕단결유지(東寧團結遺址) 발해유지에서도 발견되었다. 이러한 문물에 근거하면, 유적은 상술한 것과 같은 결론을 내려도 크게 무리가 없을 것이다.

발해문물은 집안에서 비록 드물게 발견되지만, 그러나 대부분이 층위관계가 확실하지 않은데, 민주육대(民主六隊)와 같이 확실한 지층과 짝을 이룬 도기의 발견은 처음이다. 문헌기록에 근거하면, 발해시기 집안은 일찍이 서경압록부(西京鴨綠府) 관할의 환주(桓州)치소였고, 또한 조공도 상에서 반드시 거쳐야 하는 곳이었으므로, 발해문물이 이곳에서 출토된 것은 이해하기 어려운 것이 아니다. 주목할 만한 것은 이 도기들에, 발해도기의 풍격을 농후하게 지니고 있을 뿐만 아니라, 고구려 도기에서 보편적으로 사용했던 수장문도편(垂帳紋陶片)은, 대체로 고구려 유속이 또한 강력하게 유지되어, 이곳의 발해문화에 대해서도 미묘한 작용을 불러일으키지 않을 수 없었다는 점이다. 이 유지의 발견은 발해시대 집안의 주민분포, 거주구조 내지 발해문화의 각 측면을 연구하는데, 새롭고 유익한 자료를 제공한다.

통화시

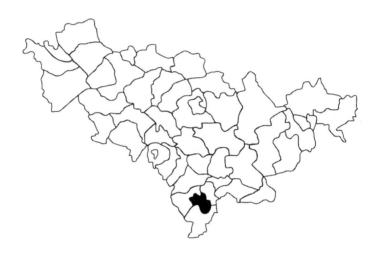

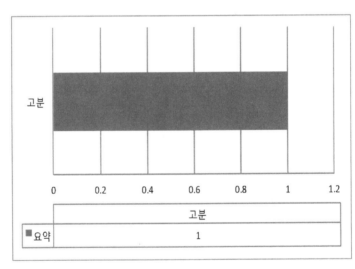

	고분
■요약	1

발해무덤유적

1. 강남스키장무덤떼[江南滑雪場古墓葬]

강남스키장무덤떼[江南滑雪場古墓葬]는 통화시(通化市) 강남촌(江南村) 석판구문(石板沟門)에 위치한다. 현시위당교(縣市委黨校) 부지로 시 중심과는 2.5km 떨어져 있다.

현시위당교 부지는 원래 시 강남스키장 건물이 있는 곳이며 그 남쪽 산은 스키장이다. 동쪽과 북쪽은 비교적 가파른 산봉우리이며, 통화(通化)~집안(集安) 옛 도로가 두도립(頭道砬)골짜기를 거쳐 이곳을 지나간다. 서북쪽은 혼강(渾江)과 1km 떨어져 있으며, 서쪽은 넓게 트인 채소밭이다.

1957년과 1958년 스키장관련 건물을 세울 때, 통화시문물보사대(通化市文物普査隊)가 이곳을 다시 조사하여, 일부 유골과 동대식(銅帶飾)·삼족쇠솥[三足鐵鍋]·도기항아리[陶壺]·이빨장식[牙飾] 등을 출토하였다. 현재 성박물관(省博物館)에 수장되어 있다. 1985년 가을 통화시문물보사대(通化市文物普査隊)가 이곳을 다시 조사하였으나 부근 지표면에서 아무런 것도 수습하지 못했다. 1985년 7월, 시문물보사대가 성박물관에 가서 관련 유물을 다시 기록·실측하고 도면을 작성하였다. 문화대혁명으로 인해 당시 조사기록을 열람할 수는 없지만, 카드에 기록된 간단한 내용으로 분석하면, 이곳은 원래 발해시기의 무덤인 동시에 요금시기 유물도 존재한다.

출토문물에는 청동 혁대장식[銅帶飾]이 17점으로 대부분이며(그밖에 3건의 單片鉈尾), 과(銙) 15점·타미(鉈尾) 2점이 있다. 방형과(方形銙) 7점은 장방형 구멍을 새긴 청동조각[鏤空銅片]을 주조해서 4개의 유정(鉚釘)으로 만든 것으로 중간에 부패한 가죽혁대 흔적이 남아 있다. 반타원형과(半橢圓形銙) 8점, 제작기법은 위와 같은데 3개의 류정류(鉚釘鉚)로 이어서 만들었다. 타미(鉈尾) 2점, 한쪽은 방형이고, 다른 한쪽은 반원형으로 제작기법은 위와 같다. 세발 달린 철 솥[三足鐵鍋:다리 하나는 비교적 많이 남아 있으나, 다리 두 개는 거의 훼손되었다.]은 목이 곧고 밑바닥이 둥글며, 솥 중간은 돌출된 가장자리가 있다. 흑룡강성 태래(泰來)에서 출토된 요대 세발 달린 철 솥[三足鐵鍋]과 유사하나, 다리는 삼각형 모양이다. 도기 병 1점, 니질회도(泥質灰陶)이며 물레로 만들었다. 목이 가늘고 배가 불룩하며, 비교적 농후한 당나라의 풍격이 있다. 뼈장식과 이빨장식 각 1점, 뼈장식은 갈아서 가는 방망이 형태로 만들었으며, 이빨장식은 쇠뿔 모양으로 거친 부분에 작은 구멍이 있다. 뼈장식[骨飾]은 길이가 9.7cm, 이빨장식은 길이가 6.7cm이다.

이미 발견된 많은 발해시기의 유지·무덤에서 모두 대구가 출토되었는데, 그 형식은 강남스키장에서 출토된 것과 거의 차이가 없다. 발해시기 통화(通化)는 신주에 속하였으나 이곳이 아마도 정주(正州)의 관할지였을 것이라고 주장한다. 발해유물은 현재 발견된 것이 그다지 많지 않다. 따라서 이 유물의 발견은 비교적 중요한 고고학적인 가치를 지닌다.

해룡현(매하구시)

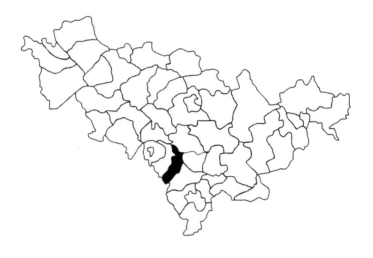

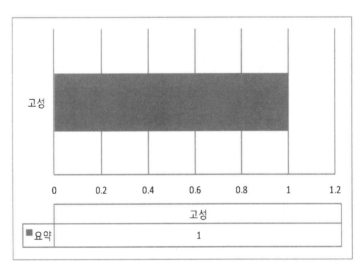

	고성
■요약	1

발해산성유적

. . . .

1. 소성자산성(小城子山城)

소성자산성(小城子山城)은 해룡현(海龍縣) 성남향(城南鄉) 정의촌
(正義村) 부근 대류하(大柳河) 북안의 강에 인접한 작은 산 위에 있다.
서쪽으로 해룡진(海龍鎭)과 약 1.5km 떨어져 있다. 산성 서쪽은 내자
산(奶子山)이고, 동쪽은 대사하(大沙河)이다. 북쪽은 길게 이어진 산
지이고, 남쪽은 넓게 트여 끝이 없는 대류하(大柳河) 충적평원으로, 입
지가 매우 탁월하다. 그 남쪽 산자락 아래에는 대류하에 인접하여 해룡
(海龍)~조양진(朝陽鎭) 도로가 있다.

성지의 면적은 비교적 작다. 사방에는 흙 두둑이 뚜렷하여 아마도
원래의 성벽유적이 아닐까 생각되며 동벽을 기준선으로 삼으면 방향은
170°이다. 실측결과, 성지 동서 길이는 70m, 남북 너비는 60m의 정방형
이다. 북벽 중간에서 동벽 북부 사이에 도로가 서북~동남 방향으로 성
한 가운데를 지나 산 아래 마을로 뻗어 있다. 성벽은 토축이다. 남벽
중간 한쪽은 채석장에서 이루어진 폭발로 인해 훼손되었으나 그 나머
지 3면은 완전하다. 잔존하는 성벽의 기단의 너비는 약 4m, 윗부분의

너비는 80cm이며, 서남쪽 모서리의 가장 높은 곳은 바깥쪽으로 산골짜기와 인접해 있기 때문에 그 남아있는 높이가 4m에 달한다.

성 안의 유물은 풍부하다. 수집된 표본 가운데는 약간의 도기와 자기 잔편외에 많은 양의 벽돌·기와편·치미 잔편 등도 있다. 기와는 암키와와 수키와 두 종류로, 안쪽 면에는 베무늬가 있다. 암키와는 일반적으로 길이가 26cm, 잔여 너비 20cm인데, 너비가 16cm인 것도 있다. 수키와는 1점만 확인되는데 그 너비는 11cm, 잔여 길이는 16cm이다. 자기편은 대부분이 대접의 바닥면이다. 태토의 재질은 대체로 거칠다. 모두 아이보리색의 유약이 발라져 있다. 도기편은 모두 물레로 빚은 니질회도로, 소성도가 비교적 높다. 단지 주둥이, 바닥부분, 배부분의 도기 잔편만이 수집되었다. 그중에서 구연부 1점은 소성도가 매우 높으며, 입이 바깥쪽으로 벌어졌고, 입술은 드리워졌다. 그 형식이 매우 특이하여 발해시기의 유물로 생각된다. 이밖에 도기 단지 밑 부분은 지름이 21cm에 달한다. 상술한 유물에 근거하면, 이 성은 요금시기로 그 아래층에는 아마도 발해시기 유물이 있는 것으로 생각된다.

소성자산성의 축조방식은 간단하다. 면적이 협소한대 엄격하게 말하면 큰 정원 같아서 많은 사람들이 거주하기에 적당하지 않다. 그러나 그 주위의 수 백m 범위 안에서 고대문화유물이 발견된 것이 없고, 부근에서도 다른 유지가 존재하지 않는다. 다만 이 성만이 유하 북쪽에 위치하는데, 이러한 상황은 과거 구태·유수 등지에서 발견된 일련의 요금산성과 유사하므로, 아마도 요금시기의 방위시설로 생각된다.

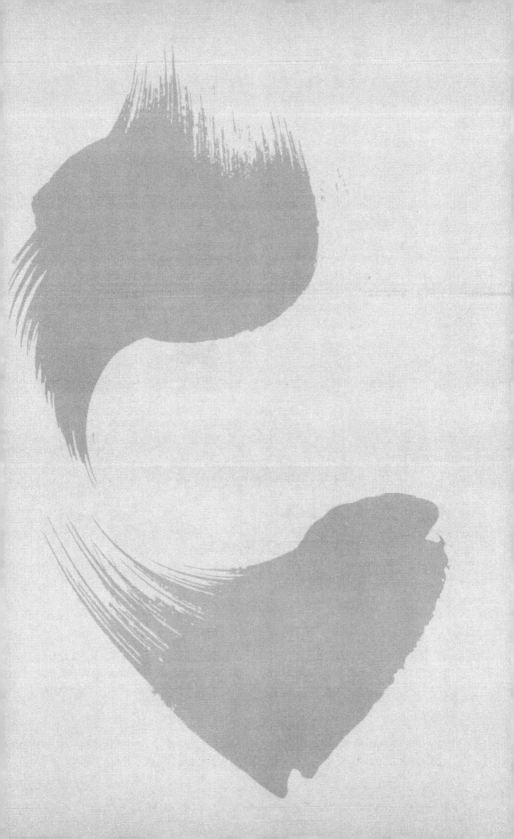

혼강시(임강시)

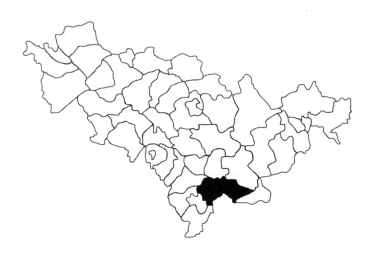

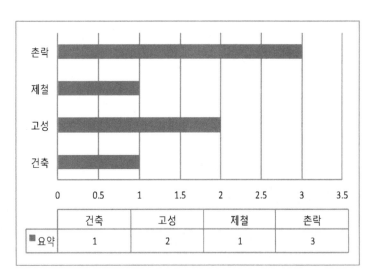

	건축	고성	제철	촌락
■요약	1	2	1	3

발해건축유적
● ●

1. 하남둔유지(河南屯遺址)

하남둔유지(河南屯遺址)는 사도구향(四道沟鄉) 하남둔촌(河南屯村)
에서 북쪽으로 3km 떨어진 하남둔(河南屯)에 있다. 북쪽으로 오도구
하(五道沟河)와는 약 500m 떨어져 있다. 마을은 압록강변 대지에 있
고, 그 안에는 시기가 그리 오래지 않은 벽돌요지가 있다. 1984년 5월,
혼강시문물보사대(渾江市文物普查隊)가 서쪽으로 강안과 50m 떨어
진 벽돌요지 북쪽 대지에서 비교적 많은 베무늬기와 진편과 약간의 도
기편을 수집하여, 이곳이 고대 주거지였음을 확인하였다. 이곳에서 멀
지 않은 서남쪽에 원래 무너져 내린 성벽이 있었는데, 현존하는 잔여
길이는 50m 정도이며, 일반적인 높이는 0.2~0.4m이고, 가장 높은 곳은
1.0m이다. 판축으로 쌓았는데 전체 형태는 알 수 없다.

하남둔은 강안에 있으며, 왼쪽 가까이에는 오도구하·사도구하(四
道沟河)가 압록강으로 흘러들어간다. 이곳은 사도구향 파구유지(坡口
遺址)와 거리가 멀지 않아서 고대인들이 생활하고 정착하기에 적당하
다. 수륙교통 모두 대체로 편리하다.

수집된 문물은 모두 비교적 깨진 잔편이 있다. 이것에 근거하여 고대 유지의 연대를 판단할 수는 없지만, 유지 서남쪽에 흙 성벽이 오히려 중요하다. 이곳은 성터로 그 안에는 원래 비교적 규모가 갖추어진 건축물이 있었을 것으로 생각된다.

판축층은 발해성지의 특징을 지니고 있다. 현재 발견된 발해 중기 이후의 성지는 모두 판축 성벽인데, 이러한 축성법은 고구려 초기 관할지역에서는 발견되지 않았다. 그러므로 이것에 근거하면 하남둔유지의 잔여 성벽은 아마도 발해시기의 작은 성터였을 것으로 생각된다. 이 성은 훼손정도가 심각하지만, 원래는 방형 혹은 장방형의 성지였을 것으로 생각된다. 이와 같이 작은 성은 화룡시 서고성·혼춘시 팔련성 등과는 서로 다른 점이 발견되고, 또한 화전시 소밀성(蘇密城) 등 회(回)자 형태의 성지와도 다르나, 화룡시 하남둔고성(河南屯古城)의 규모·형식과 서로 비슷하여 발해 현성 수준의 관청 소재지로 생각된다.

하남둔 서북으로 임강시까지는 직선거리가 10km이다. 임강시는 발해의 서경압록부 신주(神州)의 치소이며, 요나라 시기에는 녹주(淥州)라고 불렀다. 『요사』「지리지」 동경도 녹주조(淥州條) 하에는 " 발해는 서경압록부라고 부르며, 신(神)·환(桓)·풍(豊)·정(正) 4주를 관할한다. 현은 세 개가 있었는데 지금은 모두 폐하였다."라고 기록하였다. 여기에서 "故縣(옛 현)"은 김육불의 고증에 근거하면, 신주(神州)의 영현으로 이들은 신록(神鹿)·신화(神化)·검문(劍門)이다. 신록현은 신주(神州)의 수현(首縣)이므로 치소는 당연히 신주와 같은 지역일 것이다. 신화(神化)와 검문(劍門) 2현은 치소가 분명하지 않다. 하남둔유지(河南屯遺址)가 이 두 현의 치소 중의 하나인가에 대해서는 더욱 많은 자료를 통해 검증할 필요가 있다.

발해산성유적

1. 임성팔대고성(臨城八隊古城)

임성팔대고성지(臨城城址)은 이하에서 임성고성(臨城古城)으로 약칭한다. 고성은 지금의 임강시(臨江市) 동삼도구하(東三道溝河)에서 동쪽으로 약 5km 떨어진 임성팔대(臨城八隊) 북쪽 산등성이에 있다.

임성팔대는 임강~대호(大湖)석탄광산 도로 옆에 있는 마을이다. 삼도하(三道河)가 동북에서 흘러와서 마을 남쪽을 지나 고성이 위치한 산자락 아래를 동·남·서 3면을 감싸 돌고, 다시 남쪽으로 흘러서 임성촌 부근에서 압록강으로 들어간다. 임강~장백 도로가 하천 맞은편 산기슭을 선회하여 올라간다. 성 북쪽의 산자락 아래에는 임강~대호석탄광산 전용철로가 지나간다. 성지가 있는 산등성이는 지면보다 약 200m 높다. 북쪽은 양목정자산맥(楊木頂子山脈)이며, 동쪽은 삼도구(三道溝) 골짜기를 볼 수 있어서 그 지리적인 위치가 매우 중요하다.

성지는 북쪽이 높고 남쪽이 낮은 산등성이 정상에 있으며, 동쪽은 깎아지른 절벽에 인접해 있다. 북쪽과 서쪽은 자연적으로 이루어진 석벽을 이용하여 약간 다듬어 만들었는데, 높이는 약 3~5m이다. 남벽 바끝쪽은 비교적 평탄하고 완만하며, 약 20×50m에 이르는 평탄한 산등성이 정상이 있다. 성지 평면은 원형이며 북벽의 길이 26~27m, 기단의 너비 2m, 아래의 너비 0.5m 잔고 1.3m이다. 동벽은 비교적 긴 8m, 너비 3.5m, 높이 0.7m이다. 남벽은 활모양으로 각각 동·서벽과 연결되며, 길이 약 20m, 높이 1m 정도이며, 기단의 너비 0.5~0.8m이다. 서벽의 잔여 길이는 5m에 이르지 않으며, 높이는 1m이다. 성 안은 동쪽이 높고 서쪽이 낮은데 확실한 유적은 없다. 남벽에서 서쪽으로 치우친 곳에 문지로 생각되는 너비 약 1m 정도의 구멍이 있다.

이 성은 훼손정도가 심각하다. 현재의 유적 상황으로 보면, 성벽을 돌로 축조하였으나 평평하고 곧게 쌓은 부분은 없다. 사용된 석재는 산돌이 많고 그 사이사이를 자갈을 섞어 넣었다. 석재는 일반적으로 길이가 20~40cm이다.

수집된 도기편은 매우 적으며, 모두 소성도가 비교적 높은 니질회도·황갈도이다. 일부 유물은 그 벽이 비교적 두터워서 저장용 그릇의 잔편으로 생각되나 그릇의 형태는 분별할 수 없다. 성안에서 대패 형태의 화살촉도 출토되었다고 한다.

삼도구하(三道溝河) 유역은 면적이 비교적 크고, 압록강·사도구하(四道溝河)·오도구하(五道溝河) 및 부근의 수로와 연결되는 중요한 통로이다. 임성고성은 바로 삼도구하 하류에 위치하면서 압록강과 주위의 모든 하곡지대의 교통로를 통제하고 있어서, 그 전략적인 위치가 매우 두드러진다. 이러한 산성은 고구려의 성지에서 일찍이 발견되었고, 그 규모·성격·축성법 등은 임성고성과 같다. 이러한 점에 근거하면, 임성고성은 아마도 고구려시기에 축조되어 후에 발해시기에 연용되었다고 추측된다.

발해청동광산유적

1. 육도구동광지(六道沟銅礦址)

육도구동광지(六道沟銅礦址)는 1984년 6월 하순, 혼강시문물보사대 (渾江市文物普査隊)가 육도구향(六道沟鄕)을 재조사를 할 때, 옛 청 동광산에 대한 실마리에 기초하여 다방면의 조사와 실증작업으로 육도 구향에서 동북으로 약 13km 떨어진 동산진(銅山鎭) 서쪽 산위에 있음 을 알게 되었다. 현재는 임강동광채광구(臨江銅礦採礦口)로 바뀌었다.

현재 착초정자향(錯草頂子鄕) 당위서기 주정발(周正發)이 이 청동 광산의 발견자 중의 하나로 알려져 있다. 1954~58년에 원래 심양지질탐 사공사 108대(지금은 길림성 야금지질(冶金地質) 601 탐사대)가 육도구 동산진(원래 이름은 老黑頂子) 일대를 탐사를 할 때, 상기의 발견자가 현지의 2호 갱도에서 작업을 하고 있었다. 최초 갱도를 뚫을 때 빈 굴이 발견되었는데, 화약으로 굴을 넓히는 과정에서 좁은 길이 발견되었다. 당시 어떤 사람이 기어서 들어가 잠깐 사이에 유물 2점을 발견하였다. 한 점은 높이가 약 30cm에 달하는 청동으로 주조한 고병천반등(高柄淺 盤燈)이고, 다른 하나는 가지런한 목판으로 제작한 목흔(木扸)이다. 기억을 더듬어 보면, 목흔은 너비가 25~30cm, 길이는 30~35cm, 자루의 길이는 70cm 정도였다고 한다. 이 광산굴은 둘레가 불과 0.7m 정도이나 그 깊이는 알지 못한다. 후에 유물도 어디로 갔는지 알지 못한다.

청동광산 지질과와 갱구조사실 책임자에 의하면, 임강(臨江) 청동광산은 작은 광산으로 주로 금속에 이용되는 황동광(黃銅礦)·반동광(斑銅礦)과 휘상광(輝相礦)을 채취하던 곳이 있다. 광맥은 동서 2600m, 남북 1000m이며, 광석의 품위는 일반적으로 0.2/100정도인데, 일부 부광맥(富鑛脈)의 품위는 20/100에 이른다고 한다. 소위 청동동굴에 대해서는 이곳에서 오랫동안 일을 했던 사람들에게 알려져 있다. 채굴 도중에 종종 옛 굴과 만나는데, 최근에도 옛 굴에 들어가서 명재(松木火巴)를 발견하였다고 한다.

현재의 청동광산의 채굴은 평행하게 굴을 뚫는 방식이다. 즉 여러 개의 굴을 평행으로 뚫고, 다시 주굴과 연결시킨 후, 폭발시켜 광석을 채굴한 이후 원래의 갱도사이를 전부 굴로 만드는 것이다. 옛 길은 왕왕 세로의 굴을 파는 것을 위주로 하고 또한 부광맥(富鑛脈)을 뚫고 들어가지만 규칙성은 없다. 따라서 20여 년 간의 채굴로 청동광산은 이미 거의 채굴되었으므로 문물보사대가 조사를 할 때, 임강 청동광산은 이미 폐광이 되었다.

임강 청동광산은 청 광서 년간에 시작하였다는 확실한 기록이 있고, 약간의 채굴이 있었다. 만주국시기 일본인들이 이곳에서 년 생산량 7,500톤의 선광창(選礦廠) 축조를 계획하였으나 오래지 않아 중국이 성립되어 청동광산이 국유로 환수되었다.

문물조사 기록에 근거하면, 50년대 말, 육도구향(六道溝鄉) 곡류수(曲柳樹) 부근(현재는 착초정자향(錯草頂子鄉) 입신촌(立新村)에 속하며, 또한 협심강(夾心崗)이라고도 한다)에서 비교적 많은 양의 문물이 발견되었다. 돌도끼·돌화살촉·쇠화살촉·쇠솥과 동불 등이 포함되어 있으며 마제 화살촉 1점도 수습되었다. 부근에서는 아궁이지와 구덩이[灰坑] 등 유적도 발견되기도 하였다. 협심강일대의 평평한 산등성이에는 지금도 많은 야동지가 있고, 목탄과 찌꺼기[溶渣] 등도 남아 있다. 이 현상들은 이곳에 거주한 고대주민들이 청동광산의 최초 채굴자임을 설명한다. 청동광산 종사자들에 의하면, 노천에서 동을 제련하는 데 필요한 온도는 높지 않아서 목탄을 연료로 사용할 수 있다고 한다.

이들 유물은 광산에서 채굴한 연대는 사료에 명확한 기록은 없다. 부근에는 고구려·발해 등의 많은 유적·유물이 남겨져 있다. 청동광산이 처음으로 채굴된 것은 대체로 고구려시기로 발해시기에 성행하였으며, 채광이 지속된 시간은 비교적 길다.

『발해국지장편』에 인용된 『선화봉사고려도경』에는 "고려가 동이 많다."라고 기록하였고, 또한 『오대사증(五代史証)』에는 "주나라 세종 시기에 사람을 보내어 면과 고구려의 동을 바꾸어서 동전을 주조하였다."고 하였으므로, 원래의 고구려의 경내에서 일찍이 청동광산이 있었음을 증명하는 것이다.

『책부원귀』「호시(互市)」권999의 기록에는 "문종 개성 원년(836) 6월, 치청절도사가 주청하기를, 발해가 장차 숙동을 보내오니 청하건데 금단하지 마십시오."라고 하였고, 이로부터 발해 경내에서도 청동이 생산되었고, "조공도"를 통하여 당과 교역하였음을 알 수 있다. 이들 "숙동"은 대체로 임강의 광산에서 채굴된 것을 포함하여 야련을 거쳐서 순도를 높인 이후 육도구하곡(六道沟河谷)을 따라 압록강으로 들어가 뱃길로 등주(지금의 산동 봉래)로 들어간다.

상술한 상황을 실증하기 위해서 문물보사대가 601대 현임 총공정사 왕군홍(王君鴻)을 찾아갔고, 왕총공정사의 열렬한 도움 아래에서 이 탐사대의 문헌기록에서 굴을 뚫을 당시에 그린 일부의 작은 동굴의 평면도를 발견하였는데, 비록 현재는 이미 이러한 동굴의 연대가 언제인가는 확인할 수 없지만, 굴을 뚫은 방식과 규모로 보면, 당연히 일부는 고대의 굴에 속하며, 이것은 매우 중요한 발견이다.

　이 옛 광산은 비록 이미 존재하지 않으나, 부근의 유적이 여전히 남아있고, 그것은 동북고대 소수민족의 채광·야련공법과 생산력 수준을 연구하고 사료의 기록의 부족함을 보충하는데 있어서 중원과 변강 각 민족과의 문화교류 등 모든 부분에서 중요한 의미가 있음을 설명하는 것이다.

발해촌락유적
. . . .

1. 서고가유지(西高家遺址)

서고가유지(西高家遺址)는 임강시(臨江市) 사도구향(四道沟鄕) 삼합성촌(三合城村) 경내의 서고가둔에 위치한다. 이곳은 산맥이 압록강변으로 뻗은 평평한 꼭대기 산등성이로, 마을 사람들은 "장미파강(長尾巴崗)"이라고 부른다. 약 200m이다. 산등성이는 동서 길이 약 8km, 남북 너비 1~3km으로 그 위는 지세가 평탄하여, 현재는 대부분이 농지로 개간되었다. 등성이 서쪽은 서고가 일대로, 임강시(臨江市)시내와 삼도구하(三道沟河) 골짜기가 한 눈에 보이는 지리적인 위치가 매우 뛰어나다.

1960년 4월 시전람관(市展覽館)이 산등성이 서쪽의 서고가둔에서 동쪽으로 200m 떨어진 곳에서 철촉·쇠칼·도기편 등 유물을 수집하였다. 1984년 5월, 혼강시문물보사대(渾江市文物普査隊)가 다시 이 지역을 조사하여, 도기편·기와 조각들을 수집하였다.

서고가는 평평한 산등성이 서쪽 끝, 지세가 비교적 높은 곳에 있으며, 주위에는 드넓은 활동공간이 있어 생산과 거주에 적당하다. 수집된 철

촉형태는 이미 발견된 고구려 유물과 달리 연대가 다소 늦어서 그 하한
은 아마도 발해시기이거나 약간 늦은 시기로 판단된다.

1984년 3월 8일, 서고가(과거에는 삼합성(西高家(과거에는 三合城)
이라고함)유지는 성급중점문물보호단위(省級重點文物保護單位)가
되었다.

2. 임강진유지(臨江鎭遺址)

임강진은 임강시(臨江市)에서 동남쪽으로 65km 떨어진 압록강 우안
에 있으며, 강 왼쪽은 북한 중강군(中江郡) 중덕리(中德里)이다. 이곳
은 혼강시의 전신인 임강현 치소로 현재는 혼강시 관할이다. 이곳은
배산임수 지역으로 수륙교통이 편리하다. 현재 이곳에는 건축물이 밀
집되어 분포하며, 임강진(臨江鎭) 시가지를 한 눈에 조망할 수 있다.

1960년 문물기록에 1950년대 말 "심경(深耕)" 할 때 원래의 건국소학
(建國小學) 부근 와룡산(臥龍山) 서쪽 기슭에서 손잡이가 달린 쇠솥
[提梁鐵鍋]·쇠화살촉·쇠 등자 등이 발견되었다고 기록되어 있다.
1984년 6월, 혼강시문물보사대(渾江市文物普查隊)가 다시 임강시내의
몇몇 건축현장 단면에서 비교적 많은 양의 니질회도편(陶質灰陶片)·
베무늬기와 잔편 등 유물을 수집하고, 이곳을 발해~요금시기의 유적지
소재지로 비정하였다.

문물보사대(文物普查隊)가 임강시 내의 신화가(新華街) 임강시약재
공사 창고지, 정양로(正陽路) 북단(北段)의 임강인쇄공장 기숙사지, 압
록강로 남단(南段)의 임강펌프장 공장지, 문성가(文城街) 상수도관 일

부지역에서 지층단면을 관찰하였는데, 이곳에서 남북으로 500m 정도 떨어진 곳에서 모두 니질회도편과 기와편 등의 유물이 발견되었다. 이들 유물은 모두 지표에서 1.2~1.6m 깊이의 진흙과 모래층에 묻혀 있었다. 이것은 유지가 비교적 넓게 분포하고, 범위가 비교적 큼을 설명하는 것이다.

지층 상황으로 임강펌프장 공장지의 단면을 예로 들 수 있다. 제1층은 교란층으로 흑갈색 세사토이다. 두께는 일정하지 않아서 대략 30~35cm 정도이며, 근대적인 쓰레기·벽돌과 기와편 등이 포함되어 있어서 교란이 비교적 심하다. 제2층은 비교적 깨끗한 회갈색 세사토층으로 몇 층의 수형의 진흙퇴적층이다. 안쪽에는 약간의 도기편이 포함되어 있으며, 두께는 50~70cm정도이다. 제3층은 바로 문화층으로 황갈색 세사토이다. 밑 부분에는 강자갈과 거친 모래층으로 안쪽에는 비교적 많은 도기편·기와조각 등이 포함되어 있으며, 도기편은 마식(磨蝕)이나 침식의 흔적이 없다. 이 층의 두께는 30~40cm이다. 그 아래는 자갈층으로 곧 생토층이며, 두께는 알 수 없다.

유물의 분포와 매장된 깊이에 근거하여 분석하면, 임강진은 일찍이 범위가 넓고 큰 고대의 촌락지로, 후에 진흙의 퇴적으로 인해 많은 유적이 지하에 깊이 매몰되었을 것으로 추정되며, 임강진 중심과 강둑 사이는 현재 지세가 매우 낮은 웅덩이를 이루는데, 아마도 강물의 옛길로 생각된다. 지하에 깊이 매장되어 있는 촌락은 그동안 인정하기 어려웠던 발해고성, 즉 경압록부 신주(神州)와 관련된 곳일 가능성이 매우 높다. 이곳에서 수집된 도기편은 대부분은 소성도가 매우 높은 니질회도이나 니질홍갈도(泥質紅褐陶)와 세사회도(細砂灰陶)도 있다. 일부 도기편은 표면이 흑색이다. 기형은 주둥이가 좁고 입술이 말린 단지·

입술이 벌어진 병·입술이 꺾인 단지·동이 등이 있다. 입술이 둥글거나 말린 것인 주된 특징이나 입술이 두 겹인 도기 구연부도 있다. 도기는 대부분이 바탕에 무늬가 없으며, 어떤 것은 가로형태의 선 무늬만 있고, 그릇의 표면은 광택을 냈다. 수집된 기와에는 아무런 무늬가 없는 것·베무늬가 있는 것·새끼줄무늬가 있는 것 등 몇 종의 수키와가 있으나 와당은 발견되지 않았다. 이들 도기는 모두 완전하지 않아 한계가 있으나, 어떤 도기는 발해유물의 조형적 분위기를 띠는 것도 있고, 요금문물의 특징을 지니는 것도 있다.

1959년 임강건국소학(臨江建國小學)에서 진행한 현장학습과정에서 발견된 철촉에는 몇 종류가 있는데, 형식은 발해 철촉과 비슷하다. 말등자의 평면은 둥근 사다리 형태로, 윗부분은 두드려서 납작한 고리에 가죽끈을 연결하였고, 밑 부분의 발을 밟는 부분은 편평하고 얇으며 돌출되고 들어간 부분이 있는데, 이것은 요금시기의 문물과 유사하다.

1970년대 말, 임강시 백화점 도매부가 창고를 지을 때, 일찍이 지표에서 약 1.8m 깊이에서 석사자 한 마리가 출토되었다는 점은 주목할 만하다. 목격자에 따르면, 이 석사자는 회색 암석에 새겨서 만든 것으로, 아래 쪽에는 네모형태의 받침이 있고, 그 위는 석사자가 웅크리고 있는 형태로 무게는 약 20kg에 달하였다고 한다. 목격자 진술에 근거하면, 돈화시 육정산 정혜공주무덤에서 출토된 석사자와 매우 유사하다. 유물의 소재를 알 수 없는 점은 매우 애석하다. 이곳은 신화가 서쪽 끝에 위치하는데, 역시 니질회도편 등이 출토되었다. 만약 석사자가 확실히 발해유물이라면, 신화가(新華街) 서단(西段)은 발해시기의 중요한 건축지였을 것이다.

임강시 북쪽 문성가(文城街) 중부에는 원래 성벽이 있었는데, 1960

년대 중기에 임강시토산공사(臨江市土山公司)가 창고를 지으면서 그 북쪽 담장아래에 눌렸다. 인근 주민에 따르면, 이 성벽은 잔여 길이가 30m 정도, 높이 0.3~0.5m이며, 성벽은 산석과 자갈을 섞어서 만들었고, 그 안쪽은 황토로 채워 넣었다. 또한 성벽의 윗부분과 북쪽의 지표는 일찍이 물과 평행하여 겨우 남쪽 면만을 볼 수 있었으므로 성벽의 너비는 알 수 없다고 하였다. 『임강현향토지(臨江縣鄕土志)』를 조사해 보면, 임강시는 1924년에 처음으로 참호를 팠는데, 성벽은 지금의 문성가(文城街) 일대를 지나지 않았다고 한다. 이 성벽은 지하에 깊이 묻혔으므로 당연히 상술한 많은 유물의 존재와 밀접하게 연결된 것으로 아마도 발해 서경압록부의 신주(神州) 성벽 유적 혹은 요나라 동경도의 녹주(淥州) 치소 북쪽 성벽유적으로 생각된다.

임강시는 발해 서경압록부의 신주로, 유적·유물·입지·거리 등에서 모두 비교적 취신할 만하다. 이에 대한 관련작업 그다지 심화되지 않아 전형적인 발해문물에 의한 고증이 결여되어 있으므로 유적 조사와 발견을 강화할 필요가 있다. 이 유지의 범위는 넓고 크며, 몇 시기에 걸친 유존이 있는데, 현재 그 중 일부가 노출되었다. 관련사업의 진행에 따라 임강시에 묻혀 있는 유적들은 동북아역사와 고고에 대해 귀중한 연구자료를 제공할 것이다.

3. 영안유지(永安遺址)

영안유지(永安遺址)는 송수향(松樹鄕) 영안촌(永安村) 서쪽의 대묘지(大廟地) 일대에 있다. 서남쪽으로 송수향과는 8km 떨어져 있다. 유지는 탕하(湯河) 우안의 탄지(灘地)에 있으며 북쪽으로 탕하에 인접해 있고, 강 건너에는 통화(通化)~백하(白河) 철로가 지나간다. 남쪽은 비교적 완만하고 평탄한 기슭으로 점점 산등성이와 연결되며, 동쪽은 가파른 산등성이로 오솔길로만 통할 수 있다. 1960년 봄에 혼강시(渾江市) 전람관 관계자가 이곳에서 많은 도기편·철촉 등을 발견하였다. 1984년 5월, 혼강시문물보사대(渾江市文物普査隊)가 재조사를 할 때, 다시 비교적 많은 문물을 수집하여 말갈~발해시기의 유지로 확정하였다.

1984년 여름 무송현에서 무송(撫松)~대안(大安)도로가 이곳을 경유하여, 혼강시문물보사대가 59일간 면적 400㎡를 긴급 발굴을 하였다. 출토된 각종 유물 300여 점은 말갈~발해시기의 유적·유물이 장백산지구에 분포하는 특징과 법칙을 연구하는데 매우 중요하다.

유지의 지층 퇴적은 3층으로 나뉜다. 제1층은 경토층(耕土層)이다. 흑회색(黑灰色)의 부식토(腐植土)이며, 두께는 0.20~0.30m이다. 제2층은 근대교란층이다. 1950년대 말 이루어진 심경으로 크게 교란되었다. 검은색·회색·황사토가 뒤섞여 있으며, 깊이는 0.50~0.80m로 일정하지 않다. 문화층 안쪽에는 발해시기의 문물이 풍부하게 포함되어 있고, 이 층 아래는 주거지·회갱(灰坑) 등이 있다. 제3층은 황사토층(黃砂土層), 즉 생토층으로, 발견된 많은 유물은 모두 이 층에서 파괴되었다. 교란층 문물의 영성함과 교란·복잡·다양과 문화층 유적이 중첩하여 파괴된 상황으로 보면, 이곳은 비교적 오랜 시간 사용된 고대의 취락지로 생각된다.

이번 발굴에서 모두 주거지 6곳·회갱 32곳이 발견되었다. 주거지는 모두 장방형의 반수혈식[半地穴式]으로 아궁이 터가 있다. 출입로는 없고, 실내의 지표면에는 황토를 깔았다. 벽은 가공한 흔적이 보이지 않는다. 방향은 대체로 일치하며, 일반적으로 145°정도이다. 방 안에는 아궁이가 있다. 기둥 구멍은 발견되지 않았으나 어느 정도 규칙성을 잃은 초석이 발견되었다. 그중에서 F1은 보존이 가장 좋다. 그 나머지는 모두 대체로 파손되었고, 혹은 퇴적층의 교란으로 인해 매우 얇아졌다.

아궁이는 대부분 원형이며 타원형도 있는데 일반적인 깊이는 30~60cm 정도이다. 이곳의 아궁이는 대부분 중첩되거나 훼손되었다. 아궁에서 나온 유물은 매우 적어서, 비교적 오랜 시간 사용되지 않았거나 혹은 저장구덩이였을 것으로 생각된다.

출토문물 중에서 가장 일반적인 특징은 키 형태의 도기이다. 이 기형(器型)은 길림성에서 처음 발견된 것이다. 그것과 유사한 유물이 흑룡강 우안의 수빈현(綏濱縣) 동인유지(同仁遺址)·사십연성유지(四十連城遺址)와 러시아 경내에서 발견되었다. C14측정에 근거하면, 연대는 대체로 남북조시기에 해당된다. 수천 km 떨어진 곳에서 이와 비슷한 도기조합이 출토되었다는 것이 주목을 끈다.

영안유지(永安遺址)를 발굴할 때, 고구려풍 도기와 말갈도기가 함께 발견되었다. 이것은 유지편년에 실마리를 제공함에는 의문이 없다. 문헌기록에서는 말갈이 일찍이 고구려에 신복하였으며, 일찍이 고구려의 대외확장과정에서 중요한 역할을 하였다고 기록되어 있다. 이들 고구려정권하의 말갈인들이 어떠한 생활을 하였는가? 그들은 고구려 문화에 융합되었는가? 영안유지는 이러한 물음에 대해서 좋은 실마리를 제공한다.

유물자료·종류·특징에서도 영안유지 선주민들이 발달된 어렵경제를 영위하였고, 농업에는 그다지 종사하지 않았음을 알 수 있다. 이러한 상황은 현지의 지리환경에 원인이 없지 않으나, 이미 알려진 속말말갈과 서로 다른 것으로 설명하기도 한다. 이러한 차이가 말갈칠부의 구분을 암시하는 것인가에 대해서는 앞으로 깊이있는 연구가 필요하다.

영안유지에서 출토된 유물에는 마노·석기·골각기·도기·동기·철기 등이 있다. 이들 유물의 풍격으로 보면, 영안에 남겨진 많은 유적 유물 가운데 대표 유적의 연대는 대략 고구려 중기 혹은 그보다 약간 늦을 것이며, 이후에도 지속적으로 요금시기까지 사용되었을 것으로 생각된다. 교란이 매우 심해서 그 상층유적은 모두 파괴되어 폐기년대를 알 수 없는 것이 아쉬운 점이라고 할 수 있다. 퇴적층이 비교적 두껍고, 편벽된 지리적 상황으로 분석하면, 아마도 발해건국 이전으로 생각되며, 이곳은 고구려 관할영역 내 말갈인들의 촌락으로, 발해 건국 후 이곳은 조공도의 육로교통로상의 경유지 중 하나가 되었을 것으로 생각된다. 전체적으로 이 유지의 발굴은 장백지구의 말갈인들의 분포·문물 특징·주변의 고구려유적과의 관련 내지 말갈7부를 고찰하는 데 있어서 매우 귀중한 자료를 제공한다.

발해평원성유적

1. 임강발해고성(臨江渤海古城)

[그림 1]　　　임강발해고성_서경압록부지

　임강발해고성(臨江渤海古城)은 임강시(臨江市) 교통국(交通局) 소재지, 즉 임강시 임강대가(臨江大街) 129호에 위치해 있다. 현재 고성은 주택지로 변하여 남아 있지 않다. 이곳은 남쪽으로 압록강과 인접해 있으며, 북한과는 강을 사이에 두고 마주한다. 서쪽은 대속자진과 겨우 몇 km 떨어져 있다.

이전에 일부 학자들은 임강시내에 분포하는 고성은 당연히 발해의 서경압록부(西京鴨綠府) 소재지라고 하였으나, 이 설은 계속적인 조사와 연구가 필요하다. 임강시 문화국장 화전혜에 따르면, 임강시내에 있던 원래의 고성지는 그다지 크지 않은데, 최근에 터를 닦고 주택을 철거할 때 이 일대에서 길이가 매우 짧은 석벽이 발견되었다고 한다. 따라서 아마도 고구려 중기에 축조되어 후에 발해시기에 연용되었다고 추측한다.

임강시내에서 전형적인 발해문물이 거의 출토되지 않은 것으로 보면, 이 고성이 발해의 서경압록부일 가능성은 매우 낮다. 또한 임강시 문화국예술과장 연세규에 따르면, 1993년 요령대학의 발해유적고찰단이 일찍이 임강시 압록강 맞은편에 있는 북한 내 산기슭에서 성지를 발견하였다고 하나 그 축조연대는 알 수 없다. 따라서 이 성은 고구려시기에 축조되어 발해시기 또는 요금·원·명·청대까지 연용된 것으로 결론을 내린다.

화룡시

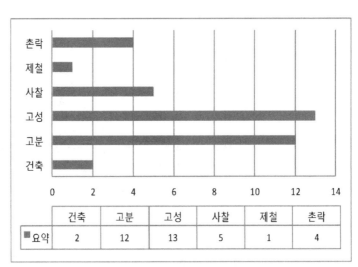

	건축	고분	고성	사찰	제철	촌락
■요약	2	12	13	5	1	4

발해건축유적

1. 장인유지(長仁遺址)

[그림 1] 장인유지 전경

장인유지는 용문향(龍門鄕) 장인촌(長仁村)에서 북쪽으로 1.5km 떨어진 맹산구(孟山沟) 남쪽 대지에 있다. 남쪽으로 약 200m 떨어진 곳은 기복이 있는 산이다. 북쪽에는 맹산구하(孟山沟河)가 있는데, 서쪽에서 동쪽으로 흘러 500m 떨어진 장인하(長仁河)로 들어간다. 유지는 맹산구하 바닥보다 약 5m정도 높다. 지세는 평탄하게 넓게 트여 있고, 산과 물에 인접해 있으며, 토지는 비옥하다.

유지는 동서 길이 200m, 남북 너비 70m이다. 지면에는 베무늬기와·지압문 암키와·꽃잎무늬 꼭지가 돌출된 와당·푸른색 벽돌 잔편과 도기 잔편 등이 흩어져 있다. 유지 중간 남쪽에 장방형의 담장이 있는데, 동서 길이는 41m, 남북 너비는 약 35m에 이르며, 담장 잔고는 0.50m, 담장 기단 너비는 2m, 담장 윗부분의 잔여 너비는 0.40~0.60m이다. 담장 안에 있는 유물은 담장 밖의 유물과 서로 같으며, 단지 비교적 밀집되어 있을 뿐이다.

유지는 일찍이 경작지로 개간되어 대부분의 유물은 깨졌다. 노출된 수량이 비교적 많은 건축재료로 추측하면, 당시 이곳은 중요한 건축지이다. 그중에서 꽃잎무늬 꼭지가 돌출된 형태의 와당은 문양이 매우 분명하고 소박하다. 푸른색 벽돌 잔편은 모두 모제(模制)로, 발해시기 건축재료 풍격과 특징을 지니고 있다. 이 유지는 분명 발해시기의 건축 유지이다.

2. 용연유적지(龍淵遺址)

용연유적지(龍淵遺址)는 덕화향(德化鄕) 용연촌(龍淵村)에서 동북쪽으로 약 250m 떨어진 대지 위에 있다. 서쪽으로 300m 떨어진 곳에는 덕화(德化)~용화(勇化) 도로가 있고, 동쪽으로 200m 떨어진 곳에는 도문강(圖們江)이 서남쪽에서 동북쪽으로 흘러간다.

유지는 이미 경작지로 개간되었다. 동서 길이 50m, 남북 너비 100m 안에, 수많은 지압문 암키와·연꽃무늬와당·수키와와 약간의 도기잔편 등이 흩어져 있다. 일부 기와편에는 마름무늬[棱形]·그물무늬[網

格]·가지형태무늬[條狀]과 새끼줄무늬[繩紋]가 있다. 도기편은 물레로 빚은 것이 대부분이며, 바탕에는 아무런 무늬가 없는 니질도(泥質陶)로, 홍갈색과 회색 두 종류로 나뉜다.

유지 안에서는 협사도기잔편(夾砂陶片)과 기둥형태의 그릇 손잡이와 도기로 만든 시루[陶甑] 등 원시사회 유물도 발견되었는데, 이것은 원시사회에 이곳에 인류가 거주했음을 설명한다.

1979년 5월 길림성고고훈련반(省考古訓練班) 화룡현문물조사팀(和龍縣文物普査隊)이 일찍이 조사를 했다. 현지인들에 의하면, 이곳이 개간되기 전에는 지표면에 각종 형태의 기와와 도기편이 흩어져 있었는데, 비교적 크고, 수량도 많았다고 한다. 경작지 중간에 방형에 가까운 담장이 있는데, 안에는 약간의 커다란 돌덩이가 흩어져 있었으나 개간 당시에 모두 옮겨져서 현재는 없다. 유지 중간 두 곳에서 두둑형태로 융기된 곳이 발견되었는데, 흙 색깔이 주위의 것과 구별된다. 융기된 곳마다 모두 3개의 흙 기단이 동일선상에 위치한다. 흙기단 사이의 거리는 30m정도이고, 흙기단 잔고는 약 1.20m·0.70m·0.50m로 일정하지 않다. 그 위치와 뻗어나간 방향으로 분석하면, 아마도 현지인들이 말한 담장은 성 벽의 잔적으로 생각된다. 담장 안에서 지압문 암키와·수키와 등 건축자재를 수습할 수 있고, 아울러 크기가 다양한 현지에서 생산되지 않는 돌덩어리를 볼 수 있다. 이 돌들은 아마도 당시에 건축에 사용되었던 초석으로 생각된다.

출토유물에 근거하면, 용연유지(龍淵遺址)는 분명 원시유지와 발해시기의 건축지가 서로 중첩되어 있는 유적으로 추측된다.

발해무덤유적

1. 정효공주묘(貞孝公主墓)

[그림 2]   1. 정효공주묘 표지석(남→북)   2. 정효공주묘 보호각(서→동)
(※ 이병건 교수 촬영)

　정효공주묘(貞孝公主墓)는 용수향(龍水鄕) 용해촌(龍海村) 서쪽 용
두산(龍頭山) 위에 있다. 용두산 꼭대기는 남쪽에서 북쪽으로 뻗어 있
는 등성이로, 남쪽은 높고 북쪽은 낮다. 산등성이 중간의 작은 갈림이 서
쪽에서 동쪽으로 뻗어 있고, 그 끝자락의 남쪽 기슭은 면적이 약 2천 ㎡에
이르는 평평하게 깎아 만든 작은 대지로, 정효공주묘는 바로 이 평평한
대지 중간에 있다. 무덤에서 동쪽으로 약 500m 떨어진 곳에는 복동하
(福洞河)가 남쪽에서 북쪽으로 흘러 해란강(海蘭江)으로 들어간다. 복

동하 양안은 북쪽이 넓고 남쪽이 좁은 협곡분지이다. 그 사이에는 두도(頭道)~복동(福洞) 도로가 남북으로 관통하여 지나가며, 도로 양쪽에는 빽빽하게 집들이 있다.

[도면 1]
용해부근 발해유적지리위치도

1980년 연변박물관(延邊博物館)에서 이 무덤을 발굴·조사하였다. 정효공주묘는 남북향이며, 방향은 170°이다. 벽돌과 판석으로 축조하였고, 무덤칸[墓室]·무덤안길[甬道]·무덤문[墓門]·무덤바깥길[墓道]·탑(塔) 등으로 이루어져 있다. 무덤은 동서 길이 약 7m, 남북 너비 약 15m이다. 일찍이 도굴되어 조금 훼손되었으나, 구조는 대체로 완전하다.

무덤칸은 지표에서 약 4m 깊이에 축조하였고, 푸른색 벽돌로 무덤벽[墓壁]을 만들었다. 무덤벽은 수직으로 쌓은 남쪽 벽을 제외하고, 동·

서·북 세 벽은 모두 아래에서 위쪽으로 올라갈수록 약간 안쪽으로 들어가게 하였다. 무덤천정은 평행고임[平行迭涩]이다. 동·서 두 벽은 무덤칸 바닥에서 1.4m 높이까지 쌓아 올리고, 그 위쪽은 장방형 벽돌로 3층으로 나누어 쌓았으며, 윗부분은 비스듬한 장대석으로 무덤천정까지 쌓고, 그 윗부분은 다시 벽돌을 2층으로 고여 쌓아서, 무덤천정[墓頂]을 점점 안쪽으로 좁아지게 하였다. 북벽은 무덤칸 바닥에서 1.60m 높이까지 쌓고, 윗부분은 비스듬한 돌을 고여서 천정까지 쌓았으며, 돌위에는 다시 장방형의 벽돌을 이용하여 2층으로 고여 쌓아서, 무덤천정을 한층 한층 안쪽으로 들어가게 하였다. 남벽은 무덤칸 바닥에서 1.66m 높이까지 쌓아 올리고, 비스듬한 돌을 천정부분까지 고여 쌓아서, 무덤 윗부분을 안쪽으로 들어가게 하였다. 네 벽을 고여 쌓아올린 무덤천정은 몇 개의 커다란 판석을 가로로 걸쳐서 무덤칸을 덮었다. 벽마다 천정을 만드는 시작점의 높이가 달라서, 벽마다의 높이도 차이가 있다. 벽면과 무덤천정은 모두 백회를 발랐다. 무덤칸 바닥은 네모난 벽돌을 평평하게 깔고, 그 위에 백회를 발라서 평평하게 만들었다. 평면은 장방형이며 무덤칸 바닥은 동서 길이 2.10m, 남북 너비 3.10m, 무덤칸의 전체 높이는 1.90m이다.

무덤칸 바닥 중간에는 관대[棺床]를 쌓았다. 관대는 2번에 걸쳐 만들었는데, 처음에 만들 때는 장방형 벽돌을 5층으로 쌓고, 그 위쪽과 주위는 백회를 발라서 평평하게 만들었다. 두 번째 만들 때는 장방형의 벽돌을 원래의 관대 동·서 양쪽에 각각 남북방향으로 원래 관대 높이까지 2줄로 쌓은 이후 윗부분과 주변에 다시 백회를 발라서 평평하게 하였다. 관대는 동서 길이 1.45m, 남북 너비 2.40m, 높이 약 0.40m이다. 관대 위의 북쪽 끝자락은 도굴꾼들에 의해 파헤쳐져 교란되었고, 그 위와 무덤칸 바닥에는 몇 조각의 사람뼈와 부패한 나무 등이 남겨져 있을 뿐이다.

무덤칸 앞은 무덤안길[甬道]이다. 무덤칸과 무덤안길 사이에는 문이 있는데, 높이는 1.34m 너비는 1.42m이다. 무덤안길은 동서 길이 약 1.65m, 남북 너비 1.90m이다. 무덤안길의 동·서 두 벽은 장방형의 벽돌로 쌓았으며, 벽의 높이는 1.56m이다. 윗부분은 비스듬한 장대석으로 고여서 안쪽으로 들여서 무덤천정까지 쌓고, 몇 개의 커다란 판석을 걸쳐서 천정을 덮었다. 무덤안길 벽면과 천정은 모두 백회를 발라 평평하게 하였고, 바닥은 장방형의 벽돌을 평평하게 깔았다. 무덤안길은 나란하게 세운 두 개의 돌문을 경계로 앞·뒤 두 부분으로 나뉜다. 앞부분은 동서 길이 1.60~1.70m, 남북 너비 1.10m, 전체 높이는 1.70~1.75m이다. 여기에는 문을 막는 벽돌 담장[封門磚墻]만이 있다. 문을 막는 벽돌담장과 돌문 사이에는 0.16m 너비의 공간이 있을 뿐이다. 무덤안길 뒷부분의 바닥 평면은 횡장방형(橫長方形)으로, 동서 길이 1.70m, 남북 너비 0.64m, 전체 높이 약 1.80m이다. 돌문 뒤쪽에 붙어서 장방형 벽돌로 쌓은 바닥에 깐 돌이 있는데 동서향으로, 길이는 1.46m, 너비 0.17m, 높이 0.22m이다. 바닥에 깐 돌 양쪽 끝에 있는 동·서 두 벽과 무덤안길 천정은 바닥돌과 수직 또는 평행을 이루는 홈(凹槽)이 있다. 벽면에 있는 홈의 높이는 1.54m, 너비는 0.16m, 깊이는 약 0.01m이다. 바닥에 깐 돌 부근의 진흙을 조사할 때, 도금한 청동장식품[鎏金銅飾件]·도금한 머리가 달려있는 청동 못[鎏金銅帽釘]·쇠못과 부패한 나무들이 수집되었다. 상술한 상황에 근거하여 분석하면, 이 홈은 문 가장자리를 상감한 홈으로, 문 테두리에는 아마도 나무판으로 문을 만들고, 다시 돌문을 이용하여 막은 것으로 생각된다.

무덤안길 남쪽은 무덤문[墓門]이다. 무덤문은 무덤안길 동·서 두 벽으로 문기둥을 삼고, 천정 덮개돌 가장자리에 백회를 발라서 문액(門額)으로 삼았다. 문액은 약간 돌출된 장방형으로, 높이는 0.30m, 너비 2.80m이다. 문은 뾰족한 모서리를 자른 홀 형태[截尖圭形]로, 위쪽 너비는 1.25m, 아래쪽 너비는 1.60m, 전체 높이는 1.70m이다. 문액에는 방형 벽돌을 교대로 평평하게 쌓아 문액의 벽면을 쌓았다. 문액 벽은 남쪽으로 기울어졌으며, 중간은 도굴범들에 의해서 일부분이 훼손되었는데, U자 형태를 이룬다. 문액 벽은 길이 5.80m, 너비 0.37m, 잔고는 1.30m이다. 문액 동·서 양쪽 끝부분에는 방형 벽돌과 장방형 벽돌로 익장(翼墻)을 각각 쌓았는데, 서쪽은 완전히 파괴되었고, 동쪽은 보존이 비교적 좋다. 익장은 동서 길이 0.34m, 남북 너비 0.30m, 잔고 0.78m이다. 문액과 문액벽(額壁)과 익장은 모두 백회를 발랐으나, 현재는 이미 대부분이 떨어져 나갔다. 무덤문은 벽돌로 쌓아 막았다. 잔고는 1.20m, 두께는 약 0.90m이다. 윗부분은 도굴꾼들에 의해 0.50m정도 훼손되었다.

무덤문 앞은 무덤바깥길과 연결되며, 길이는 7.10m이다. 무덤바깥길은 남쪽에서 북쪽으로 점점 좁아져서, 평면은 나팔형태를 이룬다. 남쪽이 높고 북쪽이 낮은 계단형태로, 두 층으로 나누어 쌓았다. 제1층은 지표면 아래에 있는데, 남쪽 끝부분의 너비는 5.75m, 북쪽 끝부분의 너비는 3.30m이다. 무덤바깥길 동·서 두 벽은 판축하였고, 바깥쪽은 풀을 섞은 진흙[草拌泥]을 한 겹 발랐는데, 두께는 약 1cm이다. 무덤바깥길 동·서 두 벽면은 아래에서 위쪽으로 올라가면서 점차 바깥쪽으로 기운다. 무덤바깥길 노면은 남쪽이 얕고 북쪽이 깊으며, 남쪽이 넓고 북쪽이 좁다. 무덤바깥길 노면 남쪽 끝부분에는 동서향으로 깨진 벽돌을 한 줄 깔았다. 중간이 끊어졌으나, 서쪽 길이는 1.20m, 동쪽 길이는 1m이다. 무덤바깥길 노면은 남쪽에서 북쪽으로 5.50m 떨어진 곳에 계단을 만들고, 점토로 판축하였는데, 모두 5단이다. 각 계단의 높이는 0.20~0.32m, 너비는 0.80~1.30m로 일정하지 않다. 계단의 윗부분과 측면은 모두 풀을 섞은 진흙을 발랐는데, 두께는 약 1cm이다. 북쪽에서 무덤바깥문에 이르는 1.60m 길이의 비탈길 윗부분은 백회를 발랐다. 제2층은 제1층 무덤바깥길의 다진 흙[回塡土]에 축조였는데 남쪽 끝부분이 약간 파괴되었다. 제2층을 쌓은 무덤바깥길은 1층의 무덤바깥길보다 좁고 짧으며, 너비는 2.25~2.60m, 길이는 5.80m에 이른다. 동·서벽은 백회가 섞인 흙[五花土]으로, 아래에서 위쪽으로 올라갈수록 약간 바깥쪽으로 기울었으며, 두드려서 견고하게 하였다. 노면은 남쪽이 높고 북쪽이 낮다. 백회가 섞인 흙을 제1층 노면 위에 겹쳐 깔았고, 남쪽에서 북쪽으로 5.50m에 이르는 곳에 계단을 만들었는데, 일부 계단은 파괴되었다. 현재 8단이 남아 있는데, 계단의 높이는 0.12~0.22m, 너비는 0.34~0.53m로 일정하지 않다. 무덤바깥길 바닥은 흙과 커다란 강돌(河光石)로 메웠다. 무덤문을 지나서는 위에는 백회가 섞인 흙을 깔아서 지면과 평행하게 하였다. 무덤바깥길 북쪽의 다진 층에 도굴구멍이 있다.

무덤천정 위에는 탑형태의 건축기단이 있는데, 장방형의 벽돌로 무덤안길과 무덤칸 덮개돌 위에 쌓았다. 탑기단은 장방형으로, 동서 길이 5.50m, 남북 너비 5.65m이다. 탑기단 중간은 비어 있다. 방형에 가까우며, 동서 길이는 2.60m, 남북 너비는 2.70m이며, 탑기단 벽 두께는 1.50m이다. 탑기단을 만들 때, 먼저 무덤안길과 무덤칸 덮개돌 위를 평평하게 고른 후, 윗부분에 장방형 벽돌을 평평하게 한겹 깔고 백회를 발라서 평평하게 한 이후에, 백회 면에서부터 탑기단 벽을 쌓기 시작하였다. 기단 벽은 위쪽으로 0.76m를 쌓고, 점토에 돌을 섞어서 기단 벽 안쪽을 다져 쌓아서 벽돌높이와 평행하게 하였다. 위쪽으로 점토에 돌을 섞어서 0.22m 높이로 판축층을 쌓은 다음, 다시 장방형 벽돌을 이용하여 탑기단을 만들었다. 판축토층 상하 탑기단 안쪽 벽에서 남·북 두 벽은 가지런하나, 동·서 두 벽은 일치하지 않아서 윗부분 내벽은 동쪽으로 각각 0.10m 정도 어그러져 있다. 탑기단 윗부분의 벽돌 면은 내벽과 붙은 부분에 벽돌을 1줄로 평행하게 한 것을 제외하면, 나머지는 모두 바깥쪽으로 기울었다. 특히 탑기단 남쪽 동·서 양쪽의 벽돌면의 경사가 커서 가라앉은 흔적이 분명하다. 이것은 탑신이 붕괴될 때 중력의 집중적으로 작용해서 생긴 것이다, 벽돌의 경사 방향으로 보면, 탑신은 동남쪽으로 무너졌다.

무덤 안의 인골은 도굴꾼들에 의해서 옮겨지고 교란되어 완전하지 않다. 인골 대부분은 관대에서 문을 막는 벽돌로 쌓은 벽[封門磚壁] 뒤쪽으로 옮겨졌고, 아주 일부분만이 무덤칸의 관대와 무덤칸 바닥에 남아 있다. 무덤안길과 무덤칸을 조사할 때, 모두 31점의 뼈가 수집되었다. 측정을 통해, 이 인골들은 각각 남녀의 유골이며, 그 중에서 여성 인골은 5점, 남성인골은 26점임을 알게 되었다. 치아 마모상태로 판단하면, 남녀 2명의 연령은 비슷하여 25~45세의 장년기에 속한다. 정효공주묘는 실제로 부부2인합장무덤(夫婦二人合葬墓)이다. 관대와 문을 막는 벽돌로 쌓은 벽[封門磚]·무덤바깥길 등을 1차적으로 막은 이후, 두 번째 다시 옮겨진 상황으로 분석하면, 두 사람은 한 번에 묻힌 것이 아니라, 두 번에 걸쳐서 묻힌 것이다.

무덤안길 뒤쪽에 깐 벽돌 윗부분에서 세워져 있던 정효공주묘비(貞

孝公主墓碑) 1점이 발견되었다. 무덤안길 뒤쪽 동·서벽과 무덤칸 동·서·북 세 벽에는 가로로 늘어서 있는 12명의 인물벽화가 있다.

정효공주묘는 일찍이 도굴되었으므로 부장품은 하나도 없다. 다만 도굴갱·무덤안길과 무덤칸 안에서 도용(陶俑) 얼굴 잔편 2점, 도금한 청동장식품[鎏金銅飾件] 8점, 도금한 머리달린 청동 못[鎏金銅帽釘] 7점·쇠못 7점과 쇠조각·칠조각[漆片]·도기편·벽돌 등의 유물이 수습되었을 뿐이다. 도용 얼굴 잔편은 니질협갈도(泥質灰褐陶)이다. 한 점은 얼굴 아랫부분으로 입·코·아래턱만이 남아 있고, 다른 한 점은 얼굴 윗부분으로 이마·눈썹·눈과 코만 남아 있다. 도금한 청동 장식품[鎏金銅飾件]은 얇은 청동조각으로 윗부분에 금이 한 겹 칠해져 있다. 모양은 흘러가는 구름모양[流云形]이 많은데, 두 조각·네 조각의 구름에 한·두 겹의 꼬리를 붙여서 만든 것이며, 반원형·나뭇잎 모양 도안도 있다. 도금한 머리달린 청동 못은 머리 부분이 둥근 모자 같고, 몸체는 방추형이며, 큰 것과 작은 것 두 종류가 있다. 큰 것은 머리 지름이 2.9cm, 못 길이는 2.3cm, 작은 것은 머리 지름은 2.5cm이다. 못은 잔편이다. 쇠못의 형태는 위쪽이 납작하게 꺾인 네모난 송곳형태[方錐式]·둥근머리에 둥근 송곳형태[圓頭圓錐式]와 양끝이 뾰족한 네모난 송곳형태[兩端尖方錐式]가 있다. 무덤안·무덤천정과 그 부근에는 벽돌이 많이 남아 있는데, 그 형식은 주로 방형 벽돌과 장방형 벽돌이며, 필요에 따라 특별히 만든 비스듬한 벽돌[坡面磚]·뾰족한 벽돌[尖磚]·이빨형태의 벽돌[齒形磚] 등이 있다.

정효공주묘 발굴은 정혜공주묘(貞惠公主墓) 발굴 이후, 발해고고학의 또 하나의 대발견으로, 여기에서 출토된 묘비와 벽화는 매우 귀중한 것으로 학계의 주목을 받았다. 수많은 학자들이 묘비와 벽화에 대해서

고증·연구를 하였고, 묘비와 벽화연구를 통하여 매우 발달된 발해문
화, 그리고 발해문화와 당 문화의 밀접한 관계를 분명하게 서술하여,
발해사 연구를 매우 발전시켰다.

정효공주묘의 발견은 화룡 서고성(西古城)이 발해 중경현덕부(中京
顯德府) 소재지라는 견해에 신뢰할 만한 근거를 제공하였다. 과거 역
사학계에서는 발해 중경현덕부 유지에 대해서 일찍이 몇 가지 다른 견
해가 있었는데, 소밀성설(蘇密城說)·돈화설(敦化說)·요양설(遼陽
說)·서고성설(西古城說) 등이 그것이다. 현재 서고성 부근에서 발해
정효공주묘가 발견되었기 때문에, 서고성설에 확실한 증거를 제공하였
다. 그래서 서고성을 중경현덕부라고 주장하는 사람들은 더욱 많아졌다.

정효공주묘는 발견 이후, 길림성인민정부(吉林省人民政府)에서는
정효공주묘를 성급중점문물보호단위(省級重點文物保護單位)로 지정
하고, 건물을 지어 보호를 하고 있다.

2. 용두산무덤떼[龍頭山墓群]

[그림 3]   정효공주묘 보호각(용두산고분군, 동→서)

용두산무덤떼[龍頭山墓群]는 1980년 연변박물관에서 정효공주묘를

발굴하고 그 주위를 조사하다가 발견한 것이다. 정효공주묘 동쪽 산꼭대기에서 산기슭에 이르는 약 200여m에 군데군데 평평한 작은 대지가 있다. 작고 평평한 대지마다 2~3기의 무덤이 있는데, 분명하게 무덤으로 생각되는 곳은 모두 10기이다. 이 무덤떼는 대부분이 돌덩어리와 커다란 판석으로 무덤칸을 축조하고, 그 위에 흙을 덮어 무덤을 만들었다. 현재 봉토가 남아 있는 무덤 1기를 제외하고, 그 나머지는 모두 무덤돌이 지표면에 드러나 있다. 각각의 무덤 규모는 비교적 크며, 대다수 무덤의 돌무더기 범위는 모두 4×5m 정도이다. 정효공주묘에서 동남쪽으로 약 70m 떨어진 산기슭에서 파괴된 무덤 1기를 조사하였다. 동·서·북쪽의 세 벽은 정교하고 세밀하게 가공한 판석으로 축조하였고, 그 윗부분은 커다란 판석으로 무덤천정을 평평하게 덮었다. 무덤벽은 모두 백회를 발랐으며, 그 위에 벽화를 그렸는데, 현재는 전부 떨어져나가 벽화 잔편이 무덤칸 바닥에 쌓여있다. 무덤칸은 동서 길이 2m, 남북 너비 3m, 높이는 1.90m이다. 봉토가 남아 있는 무덤의 봉토범위는 동서 길이 10m, 남북 너비 22m, 높이 약 1.5m이다. 무덤 앞 동서 양쪽에는 네모난 기둥형태의 장대석이 세워져 있는데, 하나는 길이가 0.42m, 너비 0.36m, 높이 1.23m이고, 다른 하나는 길이 0.36m, 너비 0.34m, 높이는 1.08m이다. 다른 5기의 무덤 돌무더기에서는 비교적 많은 벽돌·기와 등이 발견되어, 원래의 무덤 위에 건축물이 있었을 것으로 생각된다.

용두산무덤떼[龍頭山古墓群]는 발해 왕실·귀족의 무덤구역으로, 정효공주묘 이외에도 10여기의 무덤이 있다. 정효공주묘 무덤안길[甬道]에서 출토된 묘지는 정효공주가 발해 "대흥(大興) 56년 여름 6월 9일에 사망하여, 그 해 겨울 11월 28일 기묘(己卯)에 염곡(染谷)의 서원(西原)에 배장되었고" "향년 36세였다."라고 기록하였다. 정효공주묘는 남쪽이 좁고 북쪽이 넓은[南窄北寬] 좁은 계곡의 서쪽 산에 있는데, 이 좁은 계곡이 아마도 옛날에 "염곡"일 것이다. "염곡의 서원"은 용두산(龍頭山)에 있는 10여 기의 무덤을 가리키는 것이다. 정효공주가 "배장"되었다고 말한 것은 무덤 중에 정효공주보다 신분이 높은 왕실무덤이 있음을 증명하는 것이다. 어떤 학자는 정효공주가 아마도 그의 큰아버지에 배장되었을 것이라고 하고, 어떤 학자들은 배장이라고 하는 것은 제(帝) 즉 왕(王)이므로, 염곡은 분명 대흠무(大欽茂)의 무덤이 있는 곳이어야 하나, 당시에는 대흠무가 살아 있었기 때문에 능에 이름을 붙이지 않고, 염곡이라는 옛 이름을 그대로 사용하였다고 한다. 정효공주가 도대체 누구에게 배장된 것인가는 앞으로 고고발굴을 통해 해결되기를 기대한다.

용두산무덤떼는 매우 중요한 발해 왕실·귀족무덤으로, 서고성과 밀접한 관계를 지니며, 중경현덕부에 거주하고 있던 왕실귀족이 사용한 무덤구역이라고 생각된다.

3. 용해무덤떼[龍海墓群]

[그림 4]　1. 용해무덤떼 전경(동→서)　2. 노출된 무덤 덮개돌(남→북)

용해무덤떼[龍海墓群]는 용수향(龍水鄉) 용해촌2대(龍海村2隊)에서 남쪽으로 약 400m 떨어진 용해중학(역자주 : 龍海中學은 본래 용해소학) 서북쪽 모서리와 동쪽 논 가운데 있다. 두도(頭道)~복동(福洞) 도로가 무덤떼 중간을 남북으로 관통하여 지나간다. 무덤떼 북쪽에 있는 용해촌1대(龍海村1隊) 소재지에는 무덤떼와 같은 시기의 잠두성(蠶頭城)이 있다. 서쪽으로 약 500m 떨어진 곳에는 용두산무덤떼가 있다.

용해무덤떼의 면적은 동서 길이 약 200m, 남북 너비 약 40~50m이다. 이 무덤떼는 연대가 오래되어, 어떤 곳은 논으로 개간되었거나 학교가 들어서 많은 무덤들이 심각하게 파괴되었으나, 학교 동쪽 논과 학교 서북쪽 모서리에만 10여기의 비교적 보존이 잘된 무덤들이 남아 있다. 1982년 5월 연변박물관(延邊博物館)에서 학교 서북쪽 모서리에 있는 7기의 무덤을 조사하였다.

7기의 무덤은 모두 석실봉토분(石室封土墳)이나, 봉토의 유실이 매우 심각하여 무덤천정 덮개돌[墓頂石] 대부분이 외부로 노출되었다. 무덤은 빽빽하게 분포하며, 무덤 사이의 거리는 일반적으로 2m정도인데, 어떤 무덤들은 서로의 무덤으로 인해 파괴되었다. 축조방법은 먼저 장방형의 구덩이를 파고, 약간 가공한 돌 또는 커다란 강돌[大河卵石]로 동·서·북쪽의 세 벽을 쌓았다. 무덤칸[墓室] 안쪽 벽은 비교적 가지런하다. 무덤벽은 어떤 것은 6층으로 쌓고, 어떤 것은 3층으로 쌓아서, 무덤칸의 깊이가 일정하지 않다. 무덤벽의 돌과 흙구덩이 벽 사이의 간격은 어떤 것은 흙을 이용하고 메웠고, 어떤 것은 작은 강돌과 흙을 섞어서 메웠다. 무덤칸 남쪽 끝자락의 동·서벽 안쪽에는 각각 돌 1개를 놓아 무덤문협[墓門頰]을 만들었다. 무덤문협 남쪽에 어떤 것은 비교적 짧게 만들어진 무덤바깥길[墓道]이 있고, 어떤 것은 무덤바깥길이 없이 무덤문[墓門]만 있다. 무덤 입구는 돌덩어리를 쌓아서 막거나 혹은 1~2장의 장방형 판석을 세워서 막았다. 그 중에서 판석을 세워서 막은 무덤이 돌덩어리를 쌓아서 무덤문을 막은 무덤을 파괴한 것은, 전자가 후자에 비해서 시간적으로 약간 늦게 조영되었음을 설명한다. 무덤 바닥은 대부분이 생토층에 1겹의 황사토를 깔았는데, 1기 무덤(M1)은 무덤 바닥 중간에 작은 돌로 관대[棺床]를 만들었다.

무덤칸 윗부분은 모두 크기가 일정하지 않은 몇 개의 판석으로 평평하게 무덤천정[墓頂]을 덮었는데, 그 중에서 가장 큰 것은 판석 1개가 길이 2.7m, 너비 1.74m에 이른다. 무덤은 일반적으로 길이가 약 2m, 너비 약 1m, 깊이 약 0.80m 정도이며, 가장 큰 무덤(M1)은 길이가 3.80m, 너비 1.12m, 깊이 1.05m이고, 가장 작은 무덤(M3)은 길이가 1.75m, 너비 0.55m, 깊이 0.45m이다.

조사된 7기의 무덤 중에서 단인장(單人葬)은 보이지 않고, 2인 합장묘(合葬墓)가 6기에 달한다. 그중에서 두 기 무덤은 2인 1차장으로 모두 남녀합장(男女合葬)이고, 4기의 무덤은 1인 1차장, 1인 2차장이다. 1기는 4인 합장인데, 그 중에서 한 구는 1차장, 나머지 세 구는 2차장이다. 1차장 뼈는 모두 무덤칸 가운데에 있으며, 앙신직지(仰身直肢)이다. 2차장은 모두 뼈가 1차장 뼈의 머리 부분 또는 다리부분에 쌓여 있다.

무덤에는 부장품이 매우 적어서 도기 2점・청동기 2점・수정구슬 2점・마노(瑪瑙)구슬 1점・쇠로 만든 고리[鐵環] 1점・쇠못 29점이 출토되었다. 도기 단지[陶罐] 1점은 완전하며, 니질(泥質)의 회도(灰陶)이고, 물레로 만들었다. 입이 좁고 어깨가 넓으며, 배가 불룩하고 밑바닥이 평평하다. 구연(口沿) 부분은 1줄의 돌대가 있고, 어깨와 배가 만나는 곳에는 두 줄의 돌대가 있다. 입지름은 6.1cm, 배의 최대 지름은

12.5cm, 바닥 지름은 6.8cm, 전체 높이는 8.1cm이다. 목이 짧고 입이 넓은 병[短頸盤口甁] 1점은 대체로 완전하나 구연과 배 부분이 약간 손상되었다. 협사황갈도(夾砂黃褐陶)이고, 물레로 만들었다. 입은 나팔형태(喇叭口)이고, 목이 짧으며 어깨는 넓고, 배가 불룩하며 바닥은 작고 평평하다. 구연부 아래에는 1줄의 돌대가 있고, 목 부분 아래는 문질러서 평평하게 하였으며, 표면은 빛이 난다. 입지름은 12.3cm이고, 배의 최대 지름은 18.5cm이며, 바닥의 지름은 8.5cm, 전체 높이는 22.8cm이다. 청동 비녀 1점은 "∩"형태로, 비녀의 머리는 "산(山)"자 형태이다. 3개가 돌출된 부분은 못 끝과 같이 생겼으며, 윗부분에는 각각 6잎 꽃무늬가 있고, 구부러진 부분에는 4꽃잎무늬와 권운(卷云) 꽃무늬가 있다. 전체 길이는 14cm이다. 청동 팔찌[銅鐲] 1점은 타원형으로 모두 붙어있다. 안쪽은 평평하고 곧으며, 바깥쪽은 둥글게 생겼으며, 단면은 "D"형태이다. 장축 지름은 6.9cm, 단축 지름은 6.2cm, 두께는 0.3cm이다. 수정구슬 2점은 둥근 공 모양과 타원형 공 모양으로, 중간에 한 쌍의 구멍이 있고, 밝게 빛나며, 제작이 정교하고 세밀하다. 쇠로 만든 고리[鐵環] 1점은 머리[擋頭], 쇠로 만든 고리와 미구가 있는 못으로 구성되는데, 쇠로 만든 고리는 미구가 있는 못[檊釘]을 이용하여 머리[擋頭] 중간에 붙인다. 머리는 둥근 떡 모양으로, 이미 부식되었다. 쇠로 만든 고리 단면은 마름모 형태이며, 고리 지름은 6.2cm이다. 쇠못 29점은 각각 5기의 무덤에서 출토되었다. 못의 몸체에는 4개의 모서리가 있고, 머리는 평평하며 꺾여 있다.

용해무덤떼(龍海古墓群)의 무덤형식은 발굴된 7기의 무덤으로 볼 때, 무덤칸은 모두 지하에 만들었다. 무덤칸은 돌을 쌓아서 벽을 만들었고, 무덤천정은 커다란 판석으로 덮었다. 장식(葬式)은 2인 혹은 다인합장, 2차 천장(遷葬) 등으로, 발해 중소형 석실묘와 대체로 같다. 무덤 중에서 출토된 도기, 청동기는 화룡 팔가자(八家子) 북대발해무 덤에서 출토된 유물과 비슷하므로, 발해무덤으로 생각된다. 용해무덤 떼의 범위는 비교적 크고, 밀집되어 분포하며, 무덤은 비교적 작고, 장 기간에 걸쳐 이루어진 것으로, 무덤떼에서 400m 떨어진 잠두성(蠶頭 城)과 밀접한 관련이 있어서 아마도 잠두성에 거주하던 주민들의 공동 묘지가 아닌가 생각된다.

4. 하남촌무덤[河南村墓葬]

하남촌무덤[河南村墓葬]은 팔가자진(八家子鎭)에서 동쪽으로 약 4km 떨어진 하남촌(河南村) 서쪽 가장자리 논 가운데 있다. 북쪽으로 해란강(海蘭江)과 인접해 있고, 그 나머지 3면은 하남촌고성(河南村古 城)이 감싸고 있다. 남쪽으로 1km 떨어진 곳에 조양천~화룡(朝陽川-和 龍)철로가 동서로 지나간다. 1971년 하남촌에 거주하는 농부가 논을 밭으로 개간하다가 두 기의 무덤을 발견하였고, 아울러 이곳에서 금제 품[金器]이 출토되었다. 현지의 관련부서에서 출토유물을 잘 보관하였 다. 같은 해 9월, 길림성박물관(吉林省博物館)과 연변조선족자치주전 람관(延邊朝鮮族自治州展覽館 : 즉 지금의 연변박물관), 그리고 화룡현 문화관(和龍縣文化館) 등에서 무덤 2기의 나머지 부분을 조사하였다.

하남촌고성(河南村古城) 중앙에서 서남쪽으로 치우친 곳에 한 변 길 이가 120m에 달하는 네모난 담장[圍墙]이 있고, 남쪽 담장 가운데에는 문지가 있다. 담장의 한 가운데에는 동서로 나란히 한 개의 봉토를 사용하는 두 기의 무덤이 있는데, 동쪽에 있는 것이 1호 무덤, 서쪽에 있는 것이 2호 무덤이다. 두 무덤은 모두 전실무덤으로 남북향이며, 형식과 크기는 대체로 같다. 길이는 2.40m, 너비는 1.40m, 높이는 0.47m이다. 무덤칸 네 벽은 모두 장방형의 푸른색 벽돌로 쌓고, 백회를 발라서 틈을 메웠으며, 무덤 바닥은 방형 벽돌을 깔았다. 이 무덤은 조사 전에 무덤천정이 파괴되었다. 현지인들에 의하면, 원래 무덤천정은 8개의 커다란 판석을 이용하여 두 겹으로 덮었고, 두 무덤 위에는 동서 길이 28m, 남북 너비 약 20m, 높이 약 2m에 달하는 커다란 흙둔덕이 있었으며, 그 위에는 30여 개(다른 설에는 20여개)의 커다란 초석이 동서 방향으로 가지런하게 배열되어 있었다고 한다. 조사 당시에 무덤 앞에서 동남쪽으로 약 2m 정도 떨어진 곳에 또 하나의 초석(현재는 없음)이 있었다. 무덤 앞쪽으로 약 1m 정도 떨어진 곳에는 구덩이[灰坑]가 있었는데, 이 구덩이에는 벽화를 그렸던 흙벽[土坯] 잔편·쇠 갈고리[鐵勾] 잔편과 건축재료 등이 쌓여 있었다.

두 무덤에서 보기 드문 금속품이 출토되었다. 1호 무덤에서는 금대구(金帶扣) 2점·금으로 된 용머리장식[金龍首飾] 2점·금팔지[金釧] 1점·금 귀고리[金耳環] 1쌍·은팔지[銀釧] 1점이 출토되었다. 2호 무덤에서는 금대구(金帶扣)·금대과(金銙)와 타미(鉈尾) 등으로 구성된 금 허리띠[金帶] 1점·금으로 된 네모 고리[金方環] 14점·작은 금대구(金帶扣) 8점·금조환(金吊環) 9점·안장형태의 금장식[鞍形金飾] 9점·손잡이가 있는 금장식[柄首金飾] 4점·칼집금장식[刀鞘金飾] 4점·금비녀[金釵] 2점·금꽃장식[金花飾件] 26점·쇠칼[鐵刀] 1점·숫돌[礪石] 1점이 출토되었다. 두 무덤에서 출토된 금장식은 형식의 다양하고, 제작기법도 매우 정교하고 아름답다. 아울러 많은 무늬를 수놓은 도안 꽃무늬, 특히 금허리띠는 각각의 허리띠 장식 사이에 수정과 다른 색깔의 녹송석(綠松石)을 상감하여, 전체 금허리띠를 부귀하고 화려하게 보이도록 하였다.

하남촌의 두 무덤은 동서로 나란하며 1개의 봉토를 사용하였다. 봉토에는 건축물을 축조하였으며, 무덤 주위에는 담장도 설치하였다. 1호 무덤에서는 금은 팔지·금귀걸이가 출토되어 무덤주인은 여성으로 생각되며, 2호 무덤에서는 금허리띠와 허리에 차는 칼[佩刀]이 출토되었으므로 무덤주인은 당연히 남성이다. 이것에 근거하여 판단하면, 분명 상류 왕실귀족의 부부이혈합장묘(夫婦異穴合葬墓)이다.

무덤에서 출토된 금장식은 형식으로 보면, 분명히 당나라 형식이 보인다. 그 중에서 금꽃장식(金花飾件)·금비녀·금으로 만든 네모난 고리[金方環]와 작은 금으로 만든 대구[小金帶扣] 등은 서안(西安) 남쪽 교외에 있는 향가촌(向家村) 당나라 요지(窯藏)에서 출토된 금잔장식문양[金杯紋飾], 당나라 영태공주(永泰公主) 무덤에서 출토된 대구 형식과 매우 비슷하다. 따라서 발해무덤으로 판단된다.

문헌기록에, 발해는 고왕 대조영으로부터 200여 년 동안, 항상 사신을 당나라로 파견하여 조공하였고, 당나라 왕조도 여러 번 "자색전포와 금으로 된 허리띠[紫袍金帶]"를 발해 사신에게 사여하였다. 두 무덤에서 출토된 일련의 금장식품, 특히 금허리띠는 당나라 무덤에서 출토된 것과 매우 비슷하여, 아마도 당나라에서 발해왕실 귀족에게 사여한 것으로 생각된다. 이 보기 드문 유물들은 무덤 주인공의 신분을 판단하는 데 매우 중요한 가치가 있을 뿐만 아니라, 발해 공예 및 당나라와 발해의 관계를 연구하는데 매우 귀중한 실증자료를 제공한다.

5. 북대무덤떼[北大墓群]

북대무덤떼[北大墓群]는 팔가자진(八家子鎭) 상남촌(上南村) 북쪽
에 있는데, 원래 북대촌(北大村) 관할에 속한다. 팔가자임업국(八家子
林業局) 삼림철도가 무덤떼 동쪽 약 400m지점을 남쪽에서 북쪽으로
관통하며, 남쪽으로 약 500m 떨어진 곳에는 해란강이 서쪽에서 동쪽으
로 흘러간다. 무덤떼에서 동북쪽으로 약 5km 떨어진 곳에 발해시기
중경현덕부 유지가 있다.

무덤떼는 1943년 일본인들에 의해 도굴되었다. 해방 후 다시 서성향
(西城鄉)으로 통하는 도로로 동·서 두 구역으로 나뉘었다. 1964년에는
중조고고연합고찰단(中朝考古聯合考察團)이 무덤떼를 조사하였다.
1973년 8월 현지의 건설상황에 부합하기 위하여, 연변박물관(延邊博物
館)·화룡현문화관(和龍縣
文化館)이 무덤구역 동쪽에
위치한 비교적 보존이 좋은
54기 무덤을 조사하였다.

이 54기 무덤은 모두 지하
에 축조된 단실석실봉토묘
(單室石室封土墓)이다. 각
각의 무덤은 모두 남북향으
로, 봉토 대부분은 이미 유
실되었으며, 무덤덮개돌[墓
盖石]은 없어졌다. 무덤칸[墓
室]은 모두 돌로 축조하고,

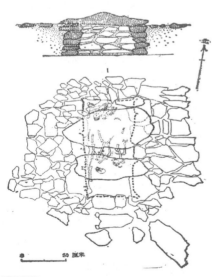

[도면 2]　　북대무덤 M1 평면, 단면도

대다수는 무덤 바닥에 약 10cm정도의 점토를 평평하게 깔았으며, 일부 무덤은 바닥에 모래 또는 판석을 깔았다. 무덤벽[墓壁] 축조에 사용된 돌은 대부분 다듬지 않았거나 약간 다듬은 크기가 다양한 판석, 돌 또는 자갈[河卵石]이다. 무덤칸은 모두 장방형이며, 구조는 무덤바깥길이 있는 것과 없는 것 2종류로 나눌 수 있다. 첫째, 무덤바깥길이 있는 것은 모두 14기이다. 일반적으로 규모가 비교적 크며, 무덤칸은 장방형이다. 길이는 2.30~2.90m, 너비는 1~1.70m, 높이는 약 0.60~0.85m이고, 방향은 148~200°이다. 무덤벽 동·서쪽, 그리고 북쪽 3면은 모두 돌덩어리 또는 장대석을 이용하여 쌓았다. 무덤바깥길[墓道]은 남벽 중간에 설치하였는데, 일반적인 길이는 0.40~1.10m, 너비는 0.40~1.02m이며, 쌓아올린 모습이 비교적 가지런하다. 무덤천정[墓頂]은 평천정[平盖頂]과 말각고임천정[抹角迭涩盖頂] 2종류가 있다. 덮개돌은 일반적으로 3~4개의 커다란 판석을 이용하여 덮었다. 무덤천정과 무덤벽, 무덤천정돌과 천정돌 사이의 틈은 작은 돌을 이용하여 메웠다. 대다수 무덤의 무덤 바닥은 황갈색점토를 평평하게 한 겹 깔았는데, 두께는 10cm이다.

비교적 잘 보존된 제34·35호 무덤을 보자. 34호 무덤은 불규칙한 장방형으로 무덤칸바닥 길이는 2.30m, 너비는 1.49m, 높이는 0.66m이고 방향은 200°이다. 무덤벽은 한층 한층 쌓아 올렸는데 비교적 반듯하다. 무덤바깥길은 남벽에서 동쪽으로 치우친 곳에 마련하였는데, 길이는 0.85m, 너비는 2.70m이다. 모두 흙과 돌로 무덤칸을 막았다. 무덤천정은 판석을 이용하여 평평하게 덮었으나 덮개돌 1개만이 남아있다. 무덤바닥은 황갈색점토를 한 겹으로 평평하게 깔았는데, 두께는 10cm이다. 35호 무덤은 비교적 크며 장방형이다. 무덤바닥은 길이 2.90m, 너비 1.70m, 높이 0.80m이고, 방향은 195°이다. 무덤벽 역시 한층 한층 쌓아올렸다. 무덤바깥길은 남벽 중앙에 설치하였는데, 길이는 1.10m, 너비는 0.70m이다. 흙과 돌로 무덤칸을 막았다. 무덤천정은 말갈고임천정이며, 무덤칸 천정 덮개돌[封頂石]은 없다. 다른 무덤들과 다른 점은 무덤천정 주변에 판석과 돌덩어리를 장방형으로 깐 것으로 그 범위는 5.80×4.60m이며, 무덤바닥은 34호 무덤과 같다. 둘째는 무덤바깥길이 없는 무덤은 모두 40기이다. 일반적으로 규모가 작고, 구조도 간단하다. 무덤칸은 장방형인데, 일반적인 길이는 2.00~2.90m, 너비는 0.76~1.10m, 높이는 0.40~1m이다. 무덤벽은 돌덩어리로 쌓았거나 판석을 세워서 만들었다. 무덤천정은 커다란 판석으로 평평하게 덮었다. 무덤바깥길은 없고, 무덤문[墓門]은 남쪽에 설치하였는데, 돌로 쌓거나 판석을 세우거나, 또는 흙과 돌을 메워서 막았다. 무덤바닥은 일반적으로 황갈색 점토를 한층 깔았으나, 모래나 판석을 깐 것도 있다. 예를 들어 28호 무덤은 장방형으로, 무덤바닥은 길이 2.40m, 너비 1.10~1.30m, 높이 0.90m이고, 방향은 164°이다. 무덤벽은 5~6층으로 쌓았다. 동·서 두 벽은 층이 거듭될수록 안쪽으로 들여 쌓았다. 무덤문은 남벽 중간에 만들고 돌덩어리로 막았다. 무덤천정은 길고 큰 판석 3장을 평평하게 덮었다. 봉토는 이미 유실되었고, 무덤바닥은 황갈색 점토를 한층 깔았다. 비교적 특수한 무덤으로는 1호 무덤이 있다. 무덤칸은 장방형이며, 바닥은 길이 2.90m, 너비 1.10m, 높이 0.90m이며, 방향은 174°이다. 무덤바닥은 두께 10cm에 달하는 황갈색 점토를 깔았다. 무덤칸 서북쪽 모서리에 돌덩어리로 장방형의 부실[副室]을 만들었다. 동서 길이는 0.40m, 남북 너비는 0.70m, 높이는 0.30m이며, 안쪽에 2차장 유골이 있다. 무덤천정은 커다란 판석 3장을 이용하여 평평하게 덮었다. 무덤문은 남쪽에 설치하였고, 계단과 무덤길이 있다. 무덤길은 길이 0.80m,

너비 1m이며, 판석 또는 돌덩어리로 쌓았다. 계단은 3단이며, 한 단의 높이는 30cm이고, 흙과 돌로 무덤칸을 막았다.

　이미 조사한 무덤을 관찰하면, 대부분은 1차장이고, 일부는 2차장이다. 발견된 무덤 가운데 19기에는 2차장 유골이 쌓여 있는데, 적은 것은 1개체분이나, 일반적으로는 3~5개체분이며, 많은 것은 10개체분에 이른다. 1차장은 모두 목관을 장구(葬具)로 사용하였다. 목관은 일반적으로 길이 1.80~1.95m, 너비 0.40~0.50m, 높이 약 0.30m이다. 관판(棺板) 두께는 약 3~4.5cm이며, 가장 큰 목관의 길이는 2.40m, 너비 0.60m에 달한다. 장식은 모두 앙신직지장(仰身直肢葬)이다. 두향이 북쪽인 것은 19기이다. 두향이 분명하지 않은 무덤 1기를 제외하면, 그 나머지는 모두 남향이다. 단인장과 2인합장 두 종류이다. 2인합장 무덤에서는 두 시체의 두향이 일치한다. 일부 단인장 무덤의 시체가 한쪽에 치우쳐져 있어서 합장을 준비한 것으로 보인다. 감정결과, 단인장에는 남자도 있고 여자도 있는데, 모두 노인 혹은 장년이다. 2인합장 무덤 가운데는 모두 남자 한 명과 여자 한 명이 있으며, 역시 노년 또는 장년이다. 어떤 무덤은 남자가 왼쪽 여자가 오른쪽에 있는데, 여자가 왼쪽 남자가 오른쪽에 있는 것도 있다. 유골은 보존상태가 좋지 않아서, 어떤 것은 부패하였고, 어떤 것은 두개골·사지만 남았다.

　조사된 54기 무덤 가운데, 19기 무덤에서 부장품이 발견되었고, 6기에서는 도기편이 출토되었으며, 나머지는 부장품이 없다. 출토유물은 은제품·청동제품·철제품·유약바른 도기[釉陶器]·도기·방직품(紡織品)과 허리장식품[佩飾] 등으로 구분되며, 모두 40여 점이다. 비교적 볼 만한 유물로는 은비녀[銀釵]·도금한 청동고기장식[鎏金銅魚飾]·고리형태의 청동가위[環形銅剪]·도금한 연꽃잎장식[鎏金蓮瓣式飾

件]·끌 형태의 쇠화살촉[鑿形鐵鏃]·자루구멍이 달린 쇠칼[帶鋌鐵刀]·
마름꽃무늬 동경[菱花式銅鏡]·손잡이가 두 개인 유약바른 도기단지
[雙系釉陶罐]·도기솥[陶鼎]·도기병[陶瓶]·도기주전자[陶壺]·도기
바리[陶鉢]·도기동이[陶盆]·도기벼루[陶硯]·도금한 대롱형태 장식
[鎏金管形飾件]·청동 허리띠 장식[銅帶具飾帽]·평행무늬 마포[平紋
麻布]·뼈로 만든 비녀[骨笄] 등이 있다. 그 가운데 도기는 모두 12점이
출토되었는데 재질은 니질(泥質)과 협사(夾砂) 두 종류가 있다. 대부분
은 바탕에 아무런 무늬가 없으나 일부 유물에는 양각 또는 음각의 선무
늬 혹은 문자를 새긴 것이 있다. 일반적으로 유물의 태토의 벽은 비교
적 두껍고, 소성도는 높지 않다. 대부분이 느린 물레[慢輪]로 빚었다.
주둥이가 작고 목이 긴 병(小口長頸瓶)은 바닥 부분 중앙에 약간 두드
러진 꽃무늬가 있고, 어깨 부분에는 돌대가 1줄 있으며, 배 부분에서 약
간 아래쪽에는 양각된 "불(不)"자가 있다. 또한 목이 긴 단지[長頸壺 :
수집품]는 황갈색이며 니질이다. 어깨가 넓고 배가 불룩하며, 배 부분에
서 약간 위쪽에 "정(井)"자가 양각되어 있다. 또한 청동대구는 14개의
고리로 이루어져 있는데, 대구(帶具)와 대과(帶銙)와 사미(鉈尾) 3부분
으로 나뉘며, 대구는 검은 옻칠을 하였다. 그 중에서 사미는 편평한 혀
모양으로, "태(泰)"자 같은 글자가 새겨져 있다. 조형은 시원하고 제작
이 정교하고 아름다워 당시 금속야련업(金屬冶煉業)이 발달하고 수공
업이 비교적 높은 수준에 있었음을 반영한다.

북대무덤떼[北大古墓群]는 범위가 매우 커서, 동서 길이 약 1,000m,
남북 너비 약 250m에 이르며, 여기에 100여 기에 달하는 무덤이 분포하
고 있다. 1973년 동쪽구역에 대한 발굴·조사로 모두 70여 기가 발견되
었으며, 그 면적은 약 4만㎡에 이른다. 무덤떼 서쪽구역은 분포하는

무덤이 적으며 심각하게 파괴되었는데, 대부분은 땅을 개간하거나 집을 지을 때 훼손되었다. 무덤떼 서쪽, 즉 산자락과 가까운 곳에 10기의 무덤이 있는데, 역시 정도의 차이는 있지만 파괴되었다. 그밖에 산자락에 인접한 곳에 3~4기의 무덤이 있는데, 무덤떼와는 비교적 멀리 떨어져 있다. 사람들에 의하면, 집을 지으려고 기초를 팔 때, 여러 차례 커다란 판석이 발견되었고, 덮개돌을 들어내면 여러 구의 시체를 볼 수 있었으며, 어떤 무덤에서는 철기 잔편과 도기편 등이 있었고, 어떤 무덤은 아무런 유물도 없었다고 한다.

북대무덤떼는 발해 중경에서 서남쪽으로 약 5km 떨어져 있고, 남쪽으로 약 1.5km 떨어진 곳에는 팔가자남산산성(八家子南山山城)이 있으며, 북쪽으로 약 1km 떨어진 곳에는 군민교발해건축지(軍民橋渤海建築址)가 있다. 그밖에 무덤의 구조, 장례풍속으로 보면, 대체로 돈화 육정산발해무덤떼[六頂山渤海古墓群]·흑룡강성 영안(寧安) 대주둔 발해무덤떼[大朱屯渤海古墓群]와 비슷하다. 청동대구·도기 등과 같은 출토유물은 돈화 육정산에서 출토된 유물과 비슷하며, 무덤에서 출토된 유약을 바르고 손잡이가 둘인 도기단지[釉陶雙系罐]와 동경은 흑룡강성 영안시 발해진(渤海鎭)에서 출토된 유물과 역시 비슷하다. 이모두 당나라 풍격이 현저한대, 특히 동경은 그 꽃무늬·재질과 규격이 정주(鄭州) 상가구(上街區) 당나라 무덤에서 출토된 마름꽃 동경[菱花鏡]과 완전히 같다.

요컨대, 북대무덤떼는 발해시기의 무덤떼로 생각된다. 북대무덤떼의 발굴은 많은 1차 자료를 제공하여, 발해 매장풍속에 대한 인식을 넓혀준 발해역사문화연구에 더할 수 없는 귀중한 자료이다.

6. 명암무덤떼[明岩墓群]

[그림 5]   1. 명암고분군 전경(동→서)   2. 노출된 무덤 덮개돌

명암무덤떼[明岩墓群]는 서성향(西城鄉) 명암촌6대(明岩村6隊)에서 서쪽으로 150m 떨어진 곳에 있다. 여기에서 남쪽은 산지구릉(山丘漫崗)이고, 북쪽에는 마을길에 붙어 화룡(和龍)~연길(延吉) 도로가 있다. 다시 북쪽으로 약 500m 떨어진 곳에는 이도하(二道河)가 서쪽에서 동쪽으로 흘러간다.

무덤구역은 지세가 평탄하며 넓게 펼쳐져 있는데 이미 경작지로 개간되었다. 무덤구역 중간에는 있는 농업용 관개수로로 인해 무덤떼가 동·서 두 구역으로 나뉘며, 범위는 동서 길이 100m, 남북 너비 150m에 달한다. 무덤의 형식은 봉토석실묘(封土石室墓)이다. 무덤 대부분은 오랫동안 비바람과 이동으로 파괴되었다.

현지인들에 의하면, 일찍이 이곳에는 돌무더기가 매우 많았는데, 개간을 위해 옮길 때 시체·철기·도기편 등이 섞여서 발견되었다고 한다. 현재 무덤 서쪽 구역 북쪽부분에는 보존상태가 좋은 10여기의 무덤이 있다. 무덤은 일반적으로 5×4m 정도로 덮개돌은 노출되어 있으며, 봉토가 있는 것은 매우 적다. 그중에서 서너 기의 무덤은 덮개돌이 들렸으나, 무덤칸은 파괴되지 않았다. 무덤떼 동쪽 구역 북쪽부분에는 농수로 부근에 4기의 무덤이 있는데, 보존상태가 비교적 좋다. 봉토는 많지 않고, 덮개돌이 노출되었으며, 지면보다 약간 높다. 무덤들의 배열은 비교적 가지런하다. 무덤 간의 거리는 약 6m이다. 그 북쪽에 있는 무덤 옆에는 도기편과 깨진 돌이 섞여 있는 무더기가 있는데, 농민들이 농사를 지을 때 주워서 쌓아놓은 것이다. 수습된 유물 표본 가운데는 복원이 가능한 도기항아리[陶罐] 1점 있다. 도기항아리는 입이 좁고 주둥이는 네모나며, 목이 짧고 배가 불룩하며 바닥은 평평하다. 입지름은 10.2cm, 배의 지름은 16cm, 밑지름은 9cm, 높이는 5.5cm이다. 바탕에는 아무런 무늬가 없다. 단지는 갈아서 빛이 나고, 느린 물레로 빚어서 만든 것으로 분명하게 발해도기의 특징을 지니고 있다. 팔가자 북대발해무덤떼[北大渤海古墓群]에서 출토된 유물과 매우 비슷하다.

명암무덤떼[明岩古墓群]에서 동남쪽으로 약 2.5km 떨어진 곳에는 북대발해무덤떼가 있는데, 두 무덤떼 간의 거리는 멀지 않고 그 문화의 의미도 기본적으로 같으므로, 발해시기의 무덤으로 생각된다.

7. 득미무덤떼[得味墓群]

득미무덤떼[得味墓群]는 와룡향(臥龍鄕) 득미촌(得味村)에서 동쪽으로 1.5km 떨어진 산기슭 아래에 있다. 북쪽으로는 길게 이어진 높은 산과 인접해 있고, 남쪽은 비교적 넓게 펼쳐진 평지이다. 그 사이는 고동하(古洞河)가 서쪽에서 동쪽으로 흘러가고, 무덤떼에서 남쪽으로 10m 떨어진 곳에는 도로가 있다. 다시 남쪽으로 5m 떨어진 곳에는 삼림철도(森林鐵路)가 있다.

남북 너비 약 10m, 동서 길이 약 30m 범위 안에 무덤 몇 기가 분포하
는데, 모두 석실봉토분(石室封土墳)이다. 지면의 봉토는 매우 낮아서,
수많은 무덤 덮개돌들이 이미 노출되었다. 무덤의 봉토 지름은 약 5m
에 이른다. 1979년 봄, 길림성고고훈련반(吉林省考古訓練班)이 일찍
이 무덤구역 서쪽에 위치한 무덤 1기를 시굴하였다. 1984년에는 연변
자치주문물조사팀(州文物普査隊)이 다시 시굴했던 무덤을 조사하고
도면을 작성하였다. 무덤칸은 크기가 다른 돌로 동·서·북쪽의 세 벽
을 쌓았고, 남쪽에는 무덤문을 만들었다. 무덤 입구는 작은 돌을 쌓아
서 막았다. 무덤천정은 커다란 판석 3개로 덮었다. 무덤은 장방형이며,
방향은 198°이다. 무덤칸은 길이 2.50m, 너비 1.30~1.40m, 높이 0.50m
이다.

  현지인들에 의하면, 만주국시기 일본인들이 이곳에 삼림도로를 닦을
때, 무덤 3기를 도굴하였으며, 부장품이 전혀 없었다고 한다. 현재 무덤
떼에는 파괴되고 파헤쳐진 무덤이외에, 보존이 비교적 잘 된 8기의 무
덤이 남아 있다.

  무덤에는 부장품이 없으나, 무덤형식으로 보면, 발해시기의 중·소
형석실분과 매우 비슷하여, 아마도 발해시기의 무덤으로 생각된다.

8. 장인무덤떼[長仁墓群]

[그림 6]   1. 장인강1호무덤 입구(동→서)
2~3. 1호고분 천정 및 묘벽 축조상태(내부)
4. 유지 전경(북→남)

　장인무덤떼[長仁墓群]은 용문향(龍門鄉) 장인촌(長仁村)에서 서쪽으로 약 500m 떨어진 산 남쪽 기슭에 있다. 장인촌 동쪽에는 북쪽에서 남쪽으로 흘러가는 장인강(長仁江)이 있고, 무덤떼에서 북쪽으로 1.5km 떨어진 맹산구(猛山溝) 골짜기 입구에는 발해시기의 유적지가 있다.
　무덤떼는 산등성이 동남쪽 기슭 울창한 숲 속에 있다. 동서 길이 약 100m, 남북 너비 약 70m 범위에 비교적 많은 무덤이 분포한다. 무덤간의 거리는 가까운 것은 3~5m인데, 일반적으로는 7~8m이다. 현재 확인할 수 있는 무덤은 23기이다. 모두 석실봉토분(石室封土墳)이며, 대부분 무덤의 봉토는 매우 얇어져서 덮개돌도 이미 노출되었다. 이 가운데

6~7기 무덤은 무덤칸이 무너졌으나, 그 나머지 무덤은 보존상태가 비교적 좋다.

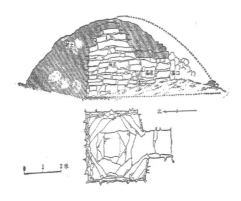

무덤떼 중앙에는 보존상태가 비교적 좋은 규모가 큰 무덤 1기가 있는데, 한 변의 길이는 약 8m이고, 높이는 약 3.5m이며, 둥근 구릉형태의 봉토가 있다. 무덤칸은 방형에 가깝고 방향은 정남쪽이다. 동서 길이는 2.8m, 남북 너비는 3m, 높이는 2.75m이다. 네 벽은 크기가 일정하지 않은 판석과 돌덩어리로 층마다 평행하게 8~9층을 쌓아올렸다. 네 벽은 아래에서 윗쪽으로 점차 들여쌓았으며, 내벽은 비교적 가지런하다. 무덤천정은 말각고임천정[抹角迭涩藻井]이고, 무덤칸 네 벽은 20여개의 판석을 이용하여 5층으로 각을 줄여가며 쌓았다. 제1층 말각은 4개 돌로 무덤칸 사방모서리에 각을 줄여 평행하게 쌓았으며, 각을 줄인 두 개의 돌[抹角石] 사이는 장방형의 판석을 평행하게 쌓아서, 올려보면 팔각형을 이룬다. 이렇게 5층까지 쌓은 이후에 정방형 판석 1장으로 천정을 덮었다. 무덤안길[甬道]은 남벽 중앙에 만들었는데, 길이는 1.5m, 너비는 1.2m이다. 무덤안길에는 흙이 쌓여 있어서 높이는 분명

하지 않다. 무덤안길의 동·서 두 벽은 돌로 쌓았으며, 윗부분은 장방형의 커다란 판석으로 평형하게 덮었다. 무덤안길 앞의 무덤바깥길은 조사가 이루어지지 않아서 분명하지 않다.

장인무덤떼의 편년문제에 대해서는, 1960년 문물조사(文物普査) 당시에는 무덤떼 중앙에 위치한 규모가 큰 무덤만이 발견되어 고구려시기로 편년되었다. 이후 몇 차례의 조사에서도 규모가 큰 무덤만을 주목하고, 주변의 다른 무덤은 조사를 하지 않았으며, 편년도 이전의 고구려설을 그대로 사용하였다. 최근 몇 년 동안 연변박물관의 일부 학자들이 재조사를 한 이후, 장인무덤떼는 아마도 발해시기의 무덤일 것이라고 생각하였다. 규모가 큰 무덤 주위에서 20여기의 크기가 다른 무덤떼를 발견하였고, 규모가 큰 무덤도 측량하여 도면을 작성하였다.

장인무덤떼의 형식은 모두 석실봉토분으로 돈화 육정산·화룡 북대 등 수많은 발해 석실봉토분과 유사하다. 특히 규모가 큰 무덤의 형식구조는 돈화 육정산에서 발견된 정혜공주묘와 기본적으로 같으며, 단지 말각고임[抹角迭澁]이 2층 더 많을 뿐이다. 무덤떼에서 1.5km 떨어진 맹산구 골짜기 입구에서 발해유적지 1곳이 발견되었고, 남쪽으로 4km 떨어진 장인강 동쪽 대지에서도 면적이 비교적 큰 발해유적이 발견되었다. 무덤구조의 이러한 특징은 부근에 위치한 유적과 관련지어 생각해보면, 장인은 당연히 발해시기에 속한다.

9. 청룡무덤떼[靑龍墓群]

[그림 7]   청룡무덤떼 전경(동북→서남)

청룡무덤떼[靑龍墓群]는 용문향(龍門鄕) 청룡촌(靑龍村)에서 서북으로 3.5km 떨어진 산자락에 있다. 북쪽은 뭇 산들과 접해 있고, 남쪽으로 200m 떨어진 장인강(長仁江) 좌안 대지에는 발해시기의 유적 1곳이 있다.

무덤떼는 이미 용문향에서 장인촌(長仁村)으로 통하는 도로에 의해서 남·북 두 개의 구역으로 나뉜다. 북쪽 구역은 무덤이 비교적 많고 보존상태가 좋으며, 10여 기를 확인할 수 있다. 모두 매우 낮은 봉토가 있으며, 무덤 덮개돌은 대부분이 외부로 드러났고, 어떤 무덤은 무너졌다. 무덤떼 중간에서 북쪽으로 치우친 곳에 비교적 커다란 무덤이 있는데, 보존이 좋다. 지표면보다 약 0.60m 정도 높은 둥근 구릉형태의 봉토가 있으며, 점유면적은 약 4×3.5m 정도이다. 남쪽 무덤구역은 무덤이 비교적 적어 겨우 3기만 존재하는데, 도로와는 약 30m정도 떨어진 경작지 가장자리에 있다. 1979년 5월 길림성고고훈련반(省考古訓練班)에서 그 중 무덤 1기를 발굴하였다. 무덤 형태는 장방형의 봉토석실분(封土石室墳)이다. 무덤 네 벽은 크기가 일정하지 않은 돌로 쌓았으나 비교적 반듯하다. 무덤칸은 길이 2.40m, 너비 약 0.80~1.00m, 높이 약 0.60m이다. 무덤바닥은 인공으로 평평하게 정지한 흔적이 있으나, 돌을 깔지는 않았다. 무덤천정은 모두 4장의 판석으로 덮었는데, 그 중에서 가장 큰 판석은 길이 약 1.50m, 너비 0.80~0.95m, 두께는 약 0.30~0.40m이다. 부장품은 많지 않다. 단지 쇠 화살촉[鐵箭頭] 1점이 나왔는데 매우 심하게 녹슬었다.

이 무덤의 형식과 구조는 기본적으로 장인발해무덤떼[長仁渤海古墓群]와 서로 비슷하여 발해시기의 무덤으로 생각된다.

10. 복동무덤떼[福洞墓群]

[그림 8] 1. 복동무덤떼 전경(남→북)   2. 수습한 베무늬기와
3. 수습한 지압문암키와

복동무덤떼[福洞墓群]는 복동진(福洞鎭) 중심촌(中心村 : 菜隊) 서북쪽 산 완만한 기슭에 있다. 동쪽으로 약 100m 떨어진 곳은 복동진소학교[福洞鎭小學]이고, 북쪽은 높은 산과 이어져 있다. 남쪽은 비교적

평평하게 펼쳐져 있고, 500m 떨어진 곳에는 복동하(福洞河)가 서남쪽에서 동북쪽으로 흘러간다.

무덤구역은 이미 현대 무덤으로 교란되어서, 겨우 서쪽에 무덤 3기만이 남아 있는데, 분포상황은 대략 이등변 삼각형의 형태이다. 동·서쪽의 두 무덤은 서로 60m 떨어져 있고, 다른 1기는 북쪽으로 약 50m 떨어진 곳에 있다. 다른 무덤들은 현대 무덤들에 의해 중첩되거나 파괴되어서 판단할 없다. 현대 무덤 옆에는 크기가 일정하지 않은 수많은 무덤돌들이 흩어져 있다.

이 3기의 무덤 중에서 가장 큰 무덤은 동쪽에 있는 1기로, 남북 약 8m, 동서 약 5m이다. 무덤 윗부분에는 많은 베무늬기와와 지압문 암키와 잔편이 흩어져 있다. 무덤 주변에도 많은 기와잔편이 흩어져 있다. 이것으로 판단하면, 원래는 무덤 윗부분에 아마도 건축물이 있었음을 알 수 있다. 나머지 무덤 2기의 묘실천정[墓頂]에는 유물은 매우 적으며 간혹 약간의 기와잔편이 보인다. 무덤 구역에서 수습된 유물에 근거하여 판단하면, 이 무덤은 바로 발해시기의 무덤으로 생각된다.

11. 장항무덤[獐項墓葬]

    1. 장항고분군(북→남)   2. 고분 내부 남벽(북→남)

장항무덤[獐項墓葬]은 서성향(西城鄉)에서 서쪽으로 4km 떨어진 장항촌(獐項村) 서북쪽 석회채석장 산 아래에 있다. 뒤쪽은 여러 산들로 중첩되어 있으며, 남쪽은 이도하(二道河)가 흐른다. 무덤과 하류 중간에 있는 하곡분지 안에는 장항고성(獐項古城)이 있다. 고성 북벽은 무덤과 겨우 10m 정도 떨어져 있다.

무덤은 채석장 인부들이 기찻길 공사를 하던 중에 발견되었으며 두기가 노출되었다. 무덤 2기는 모두 봉토석실분으로 동서로 배열되어 있으며, 무덤 사이의 거리는 3.5m이다. 봉토 주위에는 베무늬기와편과 방형 벽돌잔편 등이 흩어져 있는데, 장항고성의 유물과 같다. 두 기의 무덤은 파괴되어 그 전모를 파악할 방법이 없으나, 보존이 비교적 좋은 무덤구조로 약간의 상황을 이해할 수 있다.

동쪽 무덤 위에는 높이 약 0.5m정도 융기된 봉토가 있고, 그 북반부에 노출된 덮개돌은 폭파로 둥근 구멍이 있다. 무덤칸은 장방형이며 방향은 10°이다. 자연석으로 네 벽을 쌓고, 백회를 발라 틈을 메웠다. 회색의 풀[灰漿]로 벽을 발랐고, 벽면은 밝고 부드러우며 평평하고 곧다. 무덤천정은 고임천정[迭澀式]이다. 동·서 두 벽은 1.6m 높이까지 쌓아 올리고, 장대석을 안쪽으로 평행하게 고여 쌓아 한차례 각을 줄인 이후, 다시 3장의 커다란 판석을 가로로 그 위에 올려놓아 천정을 만들었다. 무덤칸의 길이는 4m, 너비는 2.45m이고 전체 높이는 1.90m이다. 무덤칸 남쪽은 무덤바깥길과 이어져 있는데, 위쪽은 판석 1장으로 덮었다. 무덤바깥길은 비교적 짧아 길이는 0.60m, 너비는 1.50m, 높이 1.75m에 이른다. 무덤입구는 커다란 판석을 이용하여 막고, 틈은 크고 작은 돌로 메웠다.

서쪽 무덤의 봉토는 자연적인 높이를 유지하고 있으며 두께는 1m

정도이다. 무덤 북쪽 벽에는 구멍이 있다. 현지 사람들에 의하면, 무덤 형식과 구조는 동쪽에 있는 무덤과 대체로 일치하는데, 단지 무덤바깥 길만이 없다고 한다. 무덤 중간에 네모난 벽돌로 세워 쌓은 장방형의 곽(槨)을 볼 수 있고, 그 안에 썩어버린 목관과 약간의 인골이 있다.

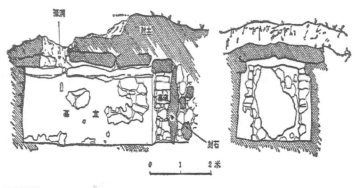

[도면 4]　　　장항무덤단면도

이러한 현상은 이 무덤이 일찍이 도굴되었고, 부장품도 이미 도굴되어 하나도 없음을 보여준다. 마을 사람들에 의하면, 1971년 서쪽 무덤에는 약간의 청동기가 있었는데, 현재는 그 행방을 알 수 없다고 한다.

장항무덤의 형식과 구조는 발해시기에 유행한 봉토석실분(封土石室墳)과 비슷하며, 고임식[迭涩式] 무덤천정·무덤벽에 백회를 바르는 점 등은, 발해 대·중형 무덤에서 비교적 일반적으로 보이는 것이다. 무덤 2기 근처에는 발해시기 장항고성이 있고, 출토유물은 장항고성에서 출토된 유물과 서로 같다. 상술한 상황에 근거하면, 장항무덤은 분명 발해시기의 무덤으로, 아마도 이웃한 고성과 어느 정도 관계가 있다고 생각된다.

12. 혜장무덤[惠章墓葬]

혜장무덤[惠章墓葬]은 용화향(勇化鄕) 혜장3대(惠章3隊)에서 서쪽으로 1km 떨어진 도문강(圖們江) 지류인 고령하(高嶺河) 북안 산자락에 있다. 무덤구역 3면은 여러 산들로 둘러싸여 있고, 남쪽은 용화(勇化)~혜장(惠章) 도로가 있다. 동쪽은 혜장 발해건축지와 500m 떨어져 있다.

[그림 10]   1. 혜장무덤 표지석(남→북)   2. 무덤 근경   3. 모줄임천정 세부

무덤구역 남쪽부분은 마을주민들이 흙을 파가면서 형성된 높이 약 1.5m, 길이 약 30m에 달하는 단층이다. 단층에는 2기의 무덤이 드러나 있다. 이 무덤 두기는 지표에서 1.30m 깊이의 흑갈색 점토층에 있으며, 안에는 수많은 목탄·인골과 도기편이 포함되어 있으나, 그 구조와 장식은 분명하지 않다. 상술한 2기의 무덤에서 동쪽으로 약 30m 떨어진 곳에 비교적 잘 보존된 봉토석실분 1기가 있다. 무덤칸은 대체로 방형이고, 방향은 350°이다. 무덤칸은 불규칙한 돌로 쌓았고, 무덤천정은 말각고임식[抹角迭涩式]이다. 덮개돌은 대부분이 남아 있지 않다. 무덤

칸은 동서 길이 2.40m, 남북 너비 2.45m이다. 무덤칸 남쪽은 무덤바깥
길[墓道]과 이어져 있다. 무덤입구 위쪽은 커다란 판석 1장을 가로로
덮었다. 무덤바깥길의 길이는 0.80m, 너비는 1m, 높이는 1.70m이다.
이 무덤에서 북쪽으로 20m 떨어진 곳에 무덤 1기가 있는데 현대 무덤
에 의해 파괴되었다. 도굴된 인골·불에 그을린 부장품이 사방에 흩어
져 있다.

혜장무덤 출토유물은 비교적 풍부하며 재질에 따라서 도기·청동
기·철기·장식품과 옥기 등으로 구분할 수 있다. 도기는 물레로 빚은
니질도(泥質陶)와 손으로 빚은 협사회갈도(夾砂灰褐陶) 두 종류가 있
으며, 중순구연(重脣口沿) 단지 1점(잔편)이 있다. 청동기는 평면이 대
략 방형으로 생긴 누공대식(鏤孔帶飾), 새 모양의 대구(帶扣) 및 두
개의 둥근 쇠사슬 장식[雙環鏈飾] 등 모두 9점이다. 철기는 단지 1점으
로 모양이 분명하지 않다. 장식품은 둥근 공 모양의 구멍 뚫린 마노주
(瑪瑙珠) 여러 점이 있는데, 크기는 일정하지 않다. 옥고리[玉環] 2점
가운데 한 점은 작은 잔편이다. 모두 납작하고 얇은 옅은 녹색이며, 정
교하고 윤택하다. 지름은 1.7cm, 구멍 지름은 2.8m, 두께는 0.3cm이다.
1983년 마을주민이 무덤구역에서 청동장식·철기 등의 유물을 습득하
였다. 1984년 봄에 마을주민이 흙을 파다가 또 손잡이가 두 개인 철솥
1점을 수습하였는데, 쇠솥 지름은 약 50cm, 높이는 약 40cm이고, 솥바
닥에는 3개의 꼭지모양의 다리가 있다. 이 솥은 이미 깨졌다.

혜장무덤의 연대에 대해서는 두 가지 견해가 있다. 하나는 무덤 형식
으로 보면, 발해시기의 봉토석실분과 매우 흡사하며, 출토된 청동패식
은 길림 양둔발해무덤, 집안 일대의 발해무덤에서 출토된 청동패식과
비슷하여, 아마도 발해시기는 무덤이라고 하는 견해이다. 다른 하나는

무덤에서 출토된 청동패식·철기 등이 흑룡강성 요나라시기 오국부문화(五國部文化)에서 출토된 유물과 비슷하므로, 당연히 요나라시기 여진문화유적이라고 인식하는 견해이다. 1984년 문물조사 당시에 무덤 주위에서 발해시기 건축지 1곳이 발견되었다. 무덤의 형식특징, 주위의 유적·유물의 특징 등 3가지를 관련지어 고찰하면, 혜장무덤은 아마도 발해시기에 속할 것으로 생각된다. 무덤의 확실한 연대는 앞으로 진전된 조사발굴과 비교연구를 통해서 해결되기를 기대한다.

발해사찰유적

1. 용천동유지(龍泉洞遺址)

용천동유지(龍泉洞遺址)는 동성향(東城鄕) 흥성촌(興城村) 용천동둔(龍泉洞屯) 동북쪽 산골짜기 안쪽으로 1km 떨어진 산기슭에 있다. 산골짜기는 남북향으로 뻗어 있으며, 골짜기 안에는 북쪽에서 남쪽으로 흐르는 작은 개울이 있다. 서남쪽으로 약 100m 떨어진 곳에 작은 저수지가 있다.

유적지 범위는 동서 길이 약 50m, 남북 너비 약 40m로, 이미 농경지로 개간되었다. 지표면에는 수많은 지압문 암키와·베무늬기와·수키와와 도기 잔편 등이 흩어져 있다. 경작지 가장자리에의 돌무더기 몇 곳이 있는데, 많은 회색 도기편과 기와편이 포함되어 있다. 현지인에 의하면, 땅에서 주워서 쌓아놓은 것이라고 한다.

유적지는 비교적 평탄하지만, 분명하게 인공적으로 만든 흔적이 있다. 중간부분은 지세가 약간 높고, 지표면에 흩어져 있는 유물도 많다. 땅에는 불에 그을린 흙이 섞여 있어서, 다른 곳의 흙 색깔과 다르다. 이곳에서는 잘게 부서진 건축재료와 수키와 및 다양한 형태의 암키와 잔편 등도 발견되었다.

출토유물로 보면, 기와는 모제(模制)이며 재질은 단단하다. 도기잔편은 모두 니질도(泥質陶)이며, 물레로 빚었다. 대부분은 회색이며, 약간 덧띠무늬[堆紋]가 있는 도기잔편도 있다. 일부 건축재료 잔편 가운데, 어떤 것은 덕화향(德化鄕) 고산사(高山寺)터에서 출토된 유물과 비슷하다. 유적지에서 수습된 다른 유물 역시 고산사터에서 출토된 유물과 서로 유사하다. 이 유지는 당연히 발해시기 건축지이며, 사찰지로 생각된다.

2. 용해사찰지[龍海寺廟址]

용해사찰지[龍海寺廟址]는 용수향(龍水鄕) 용해촌(龍海村)에서 서쪽으로 약 500m 떨어진 복동하(福洞河) 서안 산기슭 대지 위에 있다. 서북쪽으로 150m 떨어진 산 위에는 발해 정효공주묘가 있다.

대지 중앙에는 동서 길이 40m, 남북 너비 34m, 높이 1m의 커다란 흙기단이 있다. 현지인들에 의하면, 몇 년 전 이 흙기단을 고를 때 0.30m 정도 깊이에서, 인공적으로 쪼아 만든 지름 1.5m 이상의 커다란 초석 여러 개를 발견하였으며, 지금도 원래의 위치에 순서대로 묻혀 있다고 한다. 흙기단 지표면에는 많은 붉게 그을린 흙덩어리와 벽돌·기와·도기잔편 등 유물이 남아 있다. 지압문 암키와와 연꽃무늬 와당이 수집되었다.

정효공주묘에서 남쪽으로 50m 떨어진 작은 평평한 대지 중간에 동서 길이 13m, 남북 너비 11m의 벽돌 기단이 있다. 벽돌 대부분은 가져

가버려서 심각하게 파괴되었다. 마을 사람들에 의하면, 벽돌더미 아래에서 일찍이 온돌이 발견되었다고 한다.

이 두 건축지는 모두 정효공주묘와 밀접한 관련이 있다. 정효공주묘 지면에는 탑을 세웠으므로, 산 아래 평평한 곳에 위치한 건축지는 아마도 동일시기의 축조한 사찰유적지로 생각된다. 산 위에 탑을 쌓고, 산 아래 사찰을 창건한 것은, 훈춘시(역자주 : 琿春縣은 현재 훈춘시) 마적달향(馬滴達鄕) 발해탑지에서 일찍이 확인되었다. 산 위에 위치한 건축지는 면적이 작다. 아울러 온돌이 발견되었는데 아마도 거주지, 즉 사찰 승려들의 거주지로 생각된다.

3. 고산사찰지[高産寺廟址]

[그림 11]   1. 고산사지 전경(동→서)   2. 수습한 수키와 잔편
3. 지압문암키와 잔편

고산사찰지[高産寺廟址]는 덕화향(德化鄕) 고산촌(高山村)에서 약 500m 떨어진 산기슭에 있다. 동쪽으로 약 400m 떨어진 곳에는 우복동(牛腹洞)에서 차광자(車廣子)로 통하는 도로가 있다. 서쪽으로 약 200m 떨

어진 곳은 작은 독립된 산이다. 서북쪽으로 약 7km 떨어진 곳은 해란강
(海蘭江)이 서쪽에서 동북쪽으로 흘러간다.

사찰은 사방이 지표면보다 2m 정도 높은 대지 위에 축조되었다. 지
표에는 수많은 홍색 · 회색(紅 · 灰色) 암키와 · 수키와와 와당 · 건축자
재 잔편 등이 흩어져 있다. 건축 기초석이 분명하게 지면에 노출되어
있다.

1979년 5월, 길림성고고훈련반(省考古訓練班) 화룡현문물조사팀[和
龍縣文物普査隊]이 유적지를 조사하고 시굴하였다. 당시 길이 10m,
너비 2m에 달하는 트렌치 2개를 넣고 15×12m 범위를 조사하였다. 그
층위는 아래와 같다. 경토층(耕土層)은 두께가 약 10cm이며, 다양한
기와편(雜瓦片)과 깨진 돌들이 포함되어 있다. 제2층이 바로 문화층이
다. 두께는 약 30~40cm이며, 문화층에는 수많은 붉게 그을린 흙과 연꽃
무늬 와당 · 지압문 암키와 · 수키와(문자가 찍혀있는) 잔편과 쇠로 만
든 풍경 · 쇠못 · 다양한 건축재료 · 진흙불상(泥佛像) 잔편과 팔다리
(肢趾 : 손) 잔편 등이 포함되어 있다.

유적지 지표면에 드러난 16개의 초석은 배치에 순서가 있으며, 안팎
두 개의 테두리로 나뉜다. 안쪽 테두리에는 8개의 초석이 8각형을 이루
고 있는데, 바깥쪽도 이와 같다. 안쪽 테두리 중심에는 원형의 높은 기
단이 있고, 중간은 약간 북처럼 솟아 있는데, 백회를 발랐다. 초석 안쪽
테두리는 지름이 7m, 바깥 테두리는 지름이 12m이며, 초석 사이는 모
두 백회를 발랐다. 고증에 의하면, 높은 기단은 본당(대웅전) 기단이며,
초석 사이에는 회랑이 만들어져 있다. 초석 배치 상황으로 분석하면,
아마도 단칸의 팔각형건축으로 생각된다. 유적지와 그 주위에서 아직
까지 벽돌 종류의 유물이 발견되지 않았기 때문에, 이 건축지는 나무와

기와로 이루어진 팔각 사찰건축지로 생각된다.

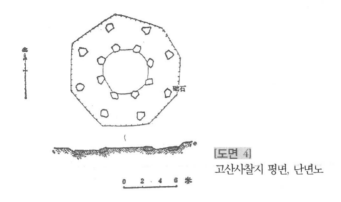

[도면 4]
고산사찰지 평면, 난년노

0 2 4 6 ✳

  현지인들에 의하면, 일찍이 유지 부근에서 청동불상[銅佛]·옥으로
만든 사자[玉獅]·진흙불상 잔편 등을 수습하였다고 한다. 사찰지에서
2점의 진흙불상 얼굴 잔편이 출토되었는데, 조형이 사실에 가깝고, 뺨
이 풍만하며, 단정하고 고요하다. 출토된 풍경은 제작기법이 소박하고
돈후(敦厚)하며, 소리가 크고 맑다. 많은 채색된 불상장식과 건축재료
등은 형식이 다양하며 공예기술이 정교하고 세밀하다.
  그밖에 이 사찰건축지에서 북쪽으로 약 150m 떨어진 곳에 많은 지압
문 암키와·연꽃무늬 와당·도기잔편·벽돌 등이 흩어져 있는데, 그 범
위는 약 50~60m에 달한다. 유적지는 현재 농경지로 개간되었으며, 농경
지 가장자리에는 아직도 커다란 돌과 벽돌, 기와조각들이 쌓여 있다. 유
물과 사찰의 입지에 근거하여 판단하면, 이것은 건축지이다. 이 건축지
는 아마도 사찰지와 밀접한 관련이 있는 동일시기의 건축으로 생각된
다. 건축지에서 다시 북서쪽으로 약 300m 떨어진 곳 즉, 고산촌(高山
村) 서남쪽 산자락 아래에 있는 동서 길이 약 20m, 남북 너비 30m 범위

에, 약간의 암키와 잔편과 도기편 · 벽화 잔편(?) 등이 흩어져 있다. 이
곳에서 나온 유물은 사찰지에서 출토된 유물과 매우 비슷하다.

사찰지는 서성향(西城鄉) 서고성(西古城)과 30km 떨어져 있으므로
중경의 관할 범위일 것이다. 출토된 유물은 서고성 남쪽에서 약 5km
떨어진 동남구발해사찰지에서 출토된 유물과 매우 유사하다. 이 사찰
지는 발해시기의 사찰건축지로 생각된다.

4. 군민교사찰지[軍民橋寺廟址]

[그림 12]   군민교사찰지 전경(동→서)

군민교사찰지(軍民橋寺廟址)는 서성향(西城鄉)에서 팔가자진(八家
子鎮)으로 통하는 공로교(公路橋 : 軍民橋라고 부른다)에서 서쪽으로
50m 떨어진 하안대지에 있다. 대지 아래는 서쪽에서 동쪽으로 흘러가
는 이도하(二道河)로, 강바닥에서 대지까지는 약 8m 정도 차이가 난다.
건축지에서 서남쪽으로 500m 떨어진 곳에 융기된 작은 흙 기단이 있는
데 현지 사람들은 패각산(貝殼山)이라고 부른다.

건축지는 담장과 건축 두 부분으로 이루어져 있다. 담장은 토석혼축으로 장방형이며, 방향은 180°이다. 담장은 동서 길이 20m, 남북 너비 30m이며, 담장 기단의 너비는 3m, 위 부분의 너비는 1m, 잔고는 0.5m이다. 담장 정중앙에 문지가 있는데, 너비는 5m이다. 담장 안쪽 중앙에 건축유지가 있으며, 그 위에는 벽돌·기와조각들이 흩어져 있다. 1973년 명암촌(明岩村)의 한 농민이 성 안에서 부식토를 파다가, 쇠솥 2점과 약간의 문자가 새겨진 암키와·연꽃무늬 와당 등 유물을 주웠다. 1981년 연변박물관에서 이곳을 조사할 때도 문자와와 연꽃무늬 와당을 수집하였다.

쇠솥[鐵鼎]은 생철(生鐵)로 틀에 넣어 만든 것이다. 한 점은 원형으로 밑바닥이 둥글며[圜底], 바닥부분에 3개의 납작한 네모형태[扁方]의 다리가 있다. 다른 한 점은 장방형으로, 밑 부분이 평평하며, 바닥 네모 서리에 각각 납작한 형태의 다리가 있다. 문자와는 6점으로 종류는 "술(述)"자 1점·"본(本)"자 1점·"천(川)"자 3점이다. 또 다른 한 점은 글자가 반만 남아 있어, 어떤 글자인지 알 수 없다.

수습된 연꽃무늬 와당과 문자가 새겨진 암키와, 그리고 쇠솥 두 점으로 분석하면, 군민교유적지(軍民橋遺址)는 발해시기의 사찰지로 생각된다.

5. 동남구사찰지[東南沟寺廟址]

[그림 13]   1. 동남구사찰지 원경(북→남)   2. 둥근점무늬기와
3. 연꽃무늬와당

동남구사찰지[東南沟寺廟址]는 팔가자진(八家子鎭) 하남촌고성(河南村古城)에서 남쪽으로 약 1.5km 떨어진 동남구(東南沟) 골짜기 산중턱에 있다. 유적지에서 서쪽으로 약 1km 떨어진 곳에는 남구촌(南沟村)이 있고, 북쪽으로 약 500m 떨어진 곳에는 조양천(朝陽川)~화룡(和龍) 철로가 동서방향으로 지나간다.

사찰지는 산중턱에 인공으로 깎아 만든 대지 위에 있다. 대지는 동서 길이 30m, 남북 너비 50m이다. 대지 중앙에는 길이와 너비가 각각 10m에 달하는 커다란 흙기단이 있는데, 이것은 주변보다 1m 정도 높다. 흙기단과 주변에는 벽돌·기와 등 유물이 흩어져 있는데, 흙기단 위에 더욱 밀집되어 있어서 아마도 원래의 건축지로 생각된다.

유적지 위에서 수집된 유물에는 지압문 암키와·자루달린 암키와·자루달린 수키와·연꽃무늬 와당·암막새기와(滴水瓦)·건축재료 등이 있다. 지압문 암키와·자루달린 암키와·자루달린 수키와·연꽃무늬 와당은 전형적인 발해유물이다. 암막새기와(滴水瓦) 1점은 기와 입술이 아래쪽으로 드리워져 있고, 입술 부분이 비교적 넓으며, 그 위쪽에는 지압문(指甲紋)·둥근 점무늬[圓点紋]·가지무늬[條紋]·비스듬한 점무늬[斜点紋] 등 다양한 도안무늬들이 있다. 이러한 기와는 요금시기 고성에서 가장 자주 보이는 것이다. 수습된 유물에 의하면, 동남구사찰지[東南沟寺廟址]는 발해시기에 축조되어, 요금시기까지 사용되었다고 판단된다. 전해지는 말에 따르면, 청나라 말 민국초기에 이곳에 사찰건축이 있었다고 한다.

발해산성유적

1. 양목정자산성(楊木頂子山城)

양목정자산성(楊木頂子山城)은 용수향(龍水鄉) 석국(石國)저수지에서 동남쪽으로 5km 떨어진 양목정자구(楊木頂子沟) 산 정상에 있는데, 현지인들은 "토성구(土城沟)"라고 부른다. 그 서쪽과 남쪽은 험준한 산등성이이고, 북쪽은 깊은 협곡이다. 산성 안에는 개울이 있는데, 골짜기를 따라 남쪽에서 북쪽으로 흘러 양목하(楊木河)로 흘러들어가, 마지막에 석국저수지로 모인다.

산성은 산의 능선 방향으로 축조하였고, 여러 산들이 구불구불

도면 5   양목정자산성평면도

하게 이어져 있다. 성터는 대체로 불규칙한 타원형이다. 둘레 길이는 2,680m이고, 성벽의 기단 너비는 10여m, 일반적인 높이는 약 1.50~2.50m 이다. 성벽은 토석혼축이다. 성벽 외벽은 크고 작은 돌로 쌓아서 층위 가 분명하며 벽면은 비교적 가지런하다. 성벽 윗부분은 흙과 돌로 메웠 는데, 너비가 일정하지 않아서 어떤 곳은 넓고 어떤 곳은 좁다. 서벽과 남벽 중간부분과 동벽의 남쪽 부분이 비교적 넓다. 비교적 넓은 성벽 윗부분에는 아마도 부속시설이 있었던 것으로 생각된다. 서벽 중간부 분에서, 너비가 약 8~10m에 이르는 성벽 윗부분 중간은 대체로 V형태 를 이룬다. V형태 안에는 깊이가 일정하지 않은 3곳의 구덩이가 있는 데, 구덩이의 넓고 좁음이 일정하지 않다. 그 중에서 한 곳은 서벽의 남쪽 부분에 있으며, 4개 구덩이는 대체로 대칭을 이루고 있다. 구덩이 깊이는 0.50~1m이고, 지름은 1.50~2m로 그 용도에 대해서는 연구를 기대한다. 성벽이 굽어지는 곳에는 4개의 각루가 있다. 성문지로 생각 되는 곳은 2곳이 있다. 하나는 북문으로 너비는 약 11m이고, 옹성의 둘레 길이는 25m이다. 다른 하나는 남문지로 너비는 약 6m이며 옹성이 없으나. 문 안팎에 인위적으로 땅을 고른 흔적이 있다. 성안 서남쪽·남쪽과 동남쪽은 모두 비탈로 북쪽으로 경사를 이루었으며 곧장 계곡 으로 이어진다. 완만한 기슭에는 건축지가 많이 분포하고 있다. 특히 동남부에 있는 건축지가 가장 크며, 인공으로 땅을 고른 지면에 20여 개의 초석이 드러나 있고, 사방에 장방형으로 쌓은 70×35m에 이르는 토축 담장이 있다. 성벽과 겨우 50m 떨어진 성벽 위에 너비 3m의 구멍 이 있고, 바깥쪽에도 반원형의 토축 담장이 축조되어 있어 옹성과 비슷 하지만 문은 없다. 담장 안쪽 성벽과 가까운 곳에는 약 0.70m 깊이의 구덩이가 있는데 우물로 생각된다. 주거지는 산기슭의 계단식 대지에 있다. 많고 적음이 일정하지 않으나 배열은 가지런하다. 성 서쪽 산기늪에 비교적 밀집되어 있다.

1979년 5월 길림성고고훈련반(省考古訓練班)과 화룡현문물조사팀[和龍縣文物普査隊]이 이 산성을 조사하고, 세모형태의 쇠화살촉 1점·벽돌잔편 1점·새끼줄무늬 암키와[繩紋板瓦] 2점·베무늬 암키와[布紋板瓦] 1점 등을 수집하였다. 산성의 축조연대는 고찰할 만한 문헌기록이 없어서, 앞으로의 연구를 기대한다.

2. 팔가자산성(八家子山城)

[그림 14]   팔가자(남산)산성 전경(북→남)

팔가자산성(八家子山城)은 팔가자진(八家子鎭) 남산 꼭대기에 축조되어 있다. 성 서쪽은 깊은 협곡이고, 남쪽은 면면히 이어진 산지이며 북쪽은 절벽이다. 절벽 아래에서 북쪽으로 약 50m 떨어진 곳에는 조양천(朝陽川)~화룡(和龍) 철도가 동서방향으로 지나간다. 산성에서 동북쪽으로 약 6km 떨어진 곳에 발해 서고성이 있고, 북쪽으로 약 1km 떨어진 곳에는 발해시기의 북대무덤떼가 있다.

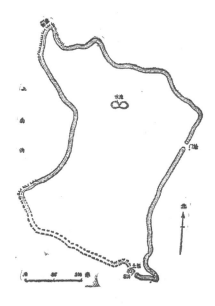

산성은 대체로 불규칙한 凹자
형태이며, 둘레 길이는 약 1,500m
이다. 성벽은 대부분이 토축이
나, 일부 구간은 토석혼축이다.
서·남·북쪽 성벽은 험준한 산
세를 이용하여 쌓았다. 자연적·
인위적인 파괴로 산성은 예전의
모습이 사라졌다. 약 100m 정도
에 달하는 남벽의 일부구간은
이미 사라져서 남아있지 않지만,
그 나머지는 보존상태가 비교적
좋다. 보존상태가 가장 좋은 부
분은 산성 동벽으로 비교적 완

[도면 6] 팔가자산성평면도

만한 기슭에 축조되어 있다. 성벽의 기단 너비는 약 3m, 높이는 약
1.20~1.50m이다. 확인할 수 있는 성문지는 1곳으로, 동벽에서 북쪽으로
치우친 곳에 있다. 성문지 너비는 약 10m이다. 성문지 양쪽에는 몇 개의
돌이 드러나 있으나 그 용도는 분명하지 않다. 성문지의 안팎에는 인공
적으로 땅을 고른 유적을 확인할 수 있다. 성안의 지세는 남쪽이 높고
북쪽이 낮으며, 비탈이 비교적 완만한 몇 군데는 농경지로 개간되었다.
서벽에서 약 40m 떨어진 남쪽과 서벽에서 약 30m 떨어진 북쪽 두 곳은,
비교적 높은 산지 구릉으로 성에서 가장 높은 곳이다. 산 구릉 꼭대기에
는 봉화대 또는 전망대로 생각되는 인공으로 만든 유적이 있다.
　　현지인들에 의하면, 예전에는 산성 안에 우물이 있었다고 하나, 현재
는 찾을만한 흔적이 없다. 북벽과 약 70m 떨어진 곳에는 저수지 같은

화룡시 **557**

유적 2곳이 있다.

산성의 입지와 부근에 발해유적이 많은 점으로 보면, 아마도 발해시기에 축조한 것이라고 생각된다.

3. 송월산성(松月山城)

송월산성(松月山城)은 부흥향(富興鄕) 송월촌(松月村)에서 서남쪽으로 약 1km 떨어진 산 위에 있다. 산성에서 동쪽으로 300m 떨어진 곳에는 화룡(和龍)~석인구임장(石人沟林場) 도로가 있다. 다시 동쪽으로 약 50m 떨어진 곳에는 해란강(海蘭江)이 남쪽에서 북쪽으로 흘러 송월촌(松月村)을 지나 다시 동북쪽으로 흘러간다.

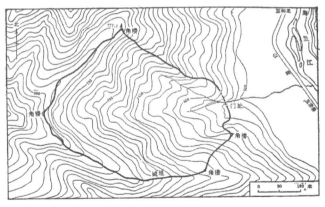

[도면 7]　송월산성평면도

산성은 산세에 의지해 산등성이를 따라 축조하였다. 서쪽 일부에서 절벽으로 성벽으로 삼은 것을 제외하고, 나머지는 모두 흙을 쌓아 축조하였다. 성은 불규칙한 타원형으로 둘레는 2,480m에 달한다. 성벽 기단부의 너비는 10m, 윗부분의 너비는 1~2m, 높이는 2~4m이다. 동벽에서 남쪽으로 치우친 골짜기 입구에 문지가 있는데, 너비는 약 13m에 달한다. 성이 굽어지는 곳에는 4개의 각루가 설치되어 있다. 성문 남쪽에 2곳·서쪽에 1곳·북쪽의 가장 높은 지점에 1곳 설치되어 있으며, 각루의 지름은 약 6m에 달한다. 성안에는 3곳의 골짜기가 있는데, 남·북 두 개가 골짜기는 좁고 가파르며, 중간에 있는 골짜기는 경사가 완만하고 넓게 트여있다. 골짜기 중심에는 평탄한 대지가 있는데, 그 동쪽 부분은 돌로 쌓았다. 대지에서 동쪽으로 10m 정도 떨어진 곳에 샘[山泉]이 있는데, 개울을 이루어 성문지에서 북쪽으로 20m 떨어진 곳에 있는 구멍을 통해서 산 아래로 흘러내려간다. 이 대지는 아마도 성 안에 있던 건축지로 생각된다. 이 성은 성문 서쪽 기슭이 도로건설로 30m 정도 성벽이 훼손된 것을 제외하면 나머지는 보존상태가 비교적 좋다.

성 안에는 유물이 매우 적어서, 단지 니질회도편(泥質灰陶片)·니질갈도편(泥質褐陶片) 3점만이 수습되었다. 현지인들에 의하면, 일찍이 성 안에서 약간의 쇠화살촉이 발견되었는데, 모양은 세모형태·버들잎형태[柳葉狀]였다고 한다. 산성의 확실한 연대는 확인할 수 없으나, 어떤 학자는 부근에 발해문화유존이 많다는 점에 근거하여 발해시기의 산성으로 추정하였다.

4. 삼층령산성(三層嶺山城)

삼층령(三層嶺)은 도문강 중류 서안에 위치한 용화향(勇化鄉)과 덕화향(德化鄉)이 접경하는 곳에 있는 산봉우리로 해발은 약 570m에 달하며, 용화향(勇化鄉)에 속한다. 산성은 바로 이 산봉우리 꼭대기에 자리잡고 있다. 산성에 올라가서 바라보면, 성 동쪽은 좁고 긴 하곡분지로서 도문강을 사이에 두고 북한과 서로 마주하고 있고, 그 나머지는 뭇 산들이 겹겹이 둘러싸여 있다.

산성은 자연적인 산세를 이용하여 서·북·남벽은 산등성이에 축조하였다. 성터는 비교적 넓게 트인 산골짜기로 서쪽이 높고 남쪽이 낮은 키형태를 띠고 있다. 산성 북벽에서 동쪽 끝부분의 약 140m 정도는 깎아지른 듯한 절벽을 성벽으로 삼았고, 북벽 서반부와 서벽의 북반부는 인공적으로 석벽을 쌓았다. 몇 곳에 구멍이 뚫려 있는 것을 제외하고 성벽의 보존상태는 비교적 좋다. 북벽은 자연석으로 평행하게 엇갈려 쌓았으며 성 벽면은 평평하고 반듯하다. 작은 돌로 틈을 메워서 매우 견고하다. 일반적으로 성벽은 12층으로 높이는 1.50~2.20m에 이르며, 윗부분의 너비는 1.5~2m로 일정하지 않다. 북벽은 747m를 뻗어나간 이후에 험준한 산등성이를 성벽으로 삼았다. 곧장 강안 절벽으로 뻗었는데, 이 구간의 길이는 470m이다. 성문지는 분명하지 않으나 산세와 성의 형식으로 추측하면, 도문강 골짜기 쪽으로 설치되었을 가능성이 비교적 크다.

성안에서는 보조시설과 건축유적이 발견되지 않았고, 유물도 발견되지 않았다. 그러나 현지 농민들에 의하면, 일찍이 성안을 개간하고, 땔감을 채취할 때, 약간의 쇠활살촉을 발견하였다고 하나 현재는 그 행방을 알 수 없다.

삼층령산성(三層嶺山城)은 둘레가 겨우 1,000m에 달하여 주변의 산성과 비교하면 규모가 비교적 작다. 그러나 성이 위치한 입지로 보면,

이 성은 덕화(德化)~숭선(崇善) 교통로 주변에 우뚝솟은 도문강 기슭에 축조되어 있어서, 높은 곳에서 아래를 굽어보면 지킬 만큼 험준하다. 따라서 이 성은 아마도 고대 도문강안의 교통로를 방어하고 통제하는 군사요새 중의 하나라고 생각한다.

5. 화룡지역의 "고장성(古長城)"

"고장성(古長城)"은 현지에서는 "만리장성(萬里長城)" · "변장(邊墻)" 등으로 불린다. 그것은 해란강(海蘭江) 북안 토산향(土山鄕) 동산촌(東山村) 이도구(二道溝) 산기슭에서 시작한다. 이곳은 깎아지른 듯한 절벽으로 험준하며, 화룡(和龍) · 복동(福洞)으로의 통행을 통제하는 교통의 요충지이다. "고장성"은 토산향(土山鄕) · 서성향(西城鄕) · 용문향(龍門鄕)을 지나고, 가로로 아동(亞東)저수지를 지난 연후에 북쪽으로 용정시(龍井市) 세린하향(細鱗河鄕) 장성촌(長城村) 방향으로 뻗어간다.

"고장성"의 길이는 높은 험준한 봉우리 사이를 굽이 돌아 화룡까지 약 20km에 이른다. 성벽은 대부분이 토축이지만, 돌로 축조하거나 토석으로 혼축한 부분도 있다. 현재 서성향 명암(明岩)에서 구산(邱山) 서쪽 구간 · 구산(邱山) 서쪽 산꼭대기에서 토산향 동산촌(東山村) 이도구구(二道溝口)구간 · 용문향 아동(亞東)저수지 남쪽과 북쪽구간이 비교적 잘 보존되어 있다. 그 나머지 성벽은 대부분이 사라져서 남아 있지 않다. 잘 보존된 성벽을 관찰하면, 성벽 기단은 일반적으로 너비 5~7m, 윗부분의 너비 1~3m, 높이 약 1~2.5m에 달한다. "고장성"이 지나는 곳에서 봉화대 유적을 볼 수 있는데, 모두 5곳이 발견되었다. 그 형식은 서로 유사하나, 크기가 일정하지 않으며, 모두 "고장성" 안쪽에 분포하고 있다.

"고장성"에 대해서는, 단지 지표조사만 이루어졌기 때문에 유물은 발견되지 않았고, 고찰할 만한 문헌기록도 없어, 확실한 축조연대는 앞으로의 연구를 기대한다.

6. 청룡 "변호(靑龍邊壕)"

"변호(邊壕)"는 용문향(龍門鄕) 청룡촌(靑龍村) 남쪽에서 서성향(西城鄕) 장항촌(獐項村) 북쪽 사이에 위치한다. 그것은 횡으로 두 향의 가파른 산등성이를 지나고 장인강(長仁江)을 지나가며, 전체 길이는 약 5km에 달한다. 현지에서는 "변호령(邊壕嶺)" "토장성(土長城)"이라고 부른다.

"변호(邊壕)"는 이미 심각하게 파괴되어, 험준한 지형에 축조되어 있는 몇 곳만이 비교적 보존이 좋다. 변호는 토축이다. 일부 구간은 토석혼축도 있으나 그다지 길지는 않다. 성벽 기단 너비는 약 3~5m, 윗부분의 너비는 1~2m, 잔여 높이는 1.5~2.0m 정도이다. "변호(邊壕)"가 지나는 부근의 비교적 높은 봉우리에는 봉화대가 축조되어 있다. 현재는 2곳만이 발견되었는데 형식은 서로 비슷하다. 지름 약 10m, 높이 약 2m이며, 봉화대 간의 거리는 2km이다.

청룡 "변호"는 역사문헌 기록이 없고 최근까지 다른 유물이 발견되지 않았다. "변호"는 아마도 고대 군사방어시설로 생각되지만, 축조연대에 대해서는 깊이있는 고증을 기대한다.

발해제철유적

1. 혜장건축지(惠章建築址)

　　1. 혜장건축지 전경(남→북)　　　　2. 건축지 수습 기와편

　혜장건축지(惠章建築址)는 용화향(勇化鄉) 혜장촌3대(惠章村3隊)
에서 서북쪽으로 200m 떨어진 산기슭에 있다. 북쪽은 높은 산과 이어
져 있다. 남쪽으로 500m 떨어진 곳에는 구불구불한 고령하(高嶺河)가
서북쪽에서 동남쪽으로 흘러간다. 서쪽 지형은 비교적 낮고 평평하며
넓게 트여 있다. 서쪽으로 500m 떨어진 북산(北山)자락에는 발해시기
의 무덤떼가 있다.

　유적지는 경작지로 개간되었다. 범위는 남북 너비 약 30m, 동서 길이
30m이다. 지표면에는 비교적 많은 기와잔편, 홍갈·회갈색 도기잔편·

약간의 건축재료·제련찌꺼기가 흩어져 있다. 기와는 대부분 베무늬 암키와·지압문 암키와·미구가 있는 수키와와 연꽃무늬 와당 등이다. 도기잔편은 모두 니질이며, 바탕에는 아무런 무늬가 없는 홍갈색과 회색(灰色) 도기 두 종류이다. 유적지 주위에도 유물이 흩어져 있다. 대부분이 경작지 가장자리, 농수로 옆에 한 무더기씩 도기편과 기와편이 있는데, 깨진 돌과 함께 쌓여 있다. 경작지에서 옮겨놓은 것이 분명하다.

유적지 가운데는 인공적으로 만든 대지가 있다. 대지에는 비교적 큰 초석 3개가 드러나 있는데, 모양이 각각 다르다. 모두 평평한 면이 지표면 위로 드러나 있으며 초석간의 거리는 2m 정도이다. 조사에 의하면, 개간하기 전에는 초석이 많았으나, 개간 당시에 대부분이 깨뜨려져 가장자리로 옮겨졌다고 한다. 이것은 바로 당시 건축지 초석이다.

유적지에서 산기슭을 따라 동쪽으로 약 400m 떨어진 곳은 복흥구(福興沟)인데, 이 골짜기 입구에서 북쪽으로 약 50m 떨어진 곳에서부터 산자락까지 약 50×20m 범위에 제철찌꺼기가 많이 쌓여 있다. 제철찌꺼기 분포범위가 이와 같이 넓고 밀도가 높은 것은 연변지역에는 보기 드문 현상이다. 이곳은 아마도 당시 야철장(冶鐵場)이었다고 생각된다. 출토유물을 분석하면, 유적지는 발해시기 건축지로 생각된다. 복흥구구(福興沟口) 야철장은 바로 동일시기의 유지이다.

발해촌락유적

1. 노과유지(蘆果遺址)

[그림 16] 추정 노과유지 전경(서→동)

노과유지(蘆果遺址)는 노과향(蘆果鄕) 노과촌(蘆果村)에서 동남쪽
으로 약 100m 떨어진 도문강(圖們江) 왼쪽 기슭 대지에 있다. 중간에
는 산골짜기에서 흘러나오는 작은 개울이 북쪽에서 남쪽으로 흘러 도
문강(圖們江)으로 들어간다.

유적지는 현재 농경지로 개간되었다. 작은 개울을 중심으로 동서 길
이 500m, 남북 너비 200m에 달하는 지표면에는 드물게 협사질홍갈색

도기잔편(夾砂質紅褐陶片)이 흩어져 있다. 1979년 길림성고고훈련반(吉林省考古訓練班)에서 이곳을 조사할 때, 약간의 도기잔편과 석기를 발견하였고, 1984년 연변주문물조사팀(州文物普査隊)이 유적지 편 동쪽에서 동쪽 동서 길이 약 70m, 남북 너비 약 100m에서 지압문 암키와(指壓紋板瓦)·네모무늬 기와[方格紋瓦]·미구가 있는 수키와[樺頭式筒瓦] 등을 수집하였다. 유물 분포로 추측하면, 이 유적지는 원시사회와 발해시기에 속하는 유적지이다.

2. 청룡유지(靑龍遺址)

[그림 17] 청룡유지

청룡유지(靑龍遺址)는 용문향(龍門鄕) 청룡촌(靑龍村)에서 서북쪽으로 약 3km 떨어진 장인강(長仁江) 왼쪽 대지에 있다. 북쪽으로 500m 떨어진 곳에는 발해시기의 무덤떼가 있다.

유적지는 현재 경지로 개간되었다. 동서 길이 약 80m, 남북 너비 약 500m에는 벽돌·기와·도기잔편 등이 흩어져 있다. 장인강(長仁江)에 인접한 초가집 주변 경작지에 특히 밀집되어 있는데, 바로 이곳이 유적지의 중심이다. 도기는 모두 물레로 빚은 니질회도(泥質灰陶)이다. 기와류는 암키와[板瓦]·수키와[筒瓦]·암막새기와[檐頭板瓦] 등이 있다. 수습된 유물은 중순구연(重脣口沿) 3점·다리형태의 그릇 손잡이[橋狀器耳] 1점·물결무늬 도기잔편[波浪狀紋飾陶片] 1점·암막새기와[檐頭板瓦] 1점 등이다. 수습된 유물에 근거하여 분석하면, 청룡유적지(靑龍遺址)는 발해시기의 주거지로 생각된다.

[도면 8]
장인고분군위치도

3. 봉조댐유지[鳳照水文站遺址]

봉조댐유지[鳳照水文站遺址]는 용문향(龍門鄕)에서 서북쪽으로 5km 떨어진 봉조댐관측소[鳳照水文站] 주택지 부근에 있다. 남쪽으로 100m 떨어진 곳에는 장인강(長仁江)이 있다. 유적지는 현재 경작지로 개간되었고, 중간 지역은 댐관계자 주택지가 자리한다. 주택지를 중심으로 하는 동서 길이 100m, 남북 너비 50m 범위에 벽돌, 기와와 도기잔편이 약간 흩어져 있다. 기와는 베무늬가 있는 청회색 지압문 암키와[指壓紋板瓦]와 미구가 있는 수키와[桦頭式筒瓦]이다. 도기잔편은 모두 물레로 빚은 니질회도(泥質灰陶)이며, 벽돌은 아주 드물게 보인다. 댐[水文站] 관계자에 의하면, 1983년 봄에 주택지 동쪽에 있는 외양간(우사) 안에 구덩이를 팔 때, 20cm 깊이에서 도기항아리[陶罐] 1점·청동기[銅器] 4점·쇠화살촉[鐵鏃] 1점이 출토되었다고 한다. 봉조댐유적지[鳳照水文站遺址]는 발해시기 문화유적이다.

4. 대동유지(大洞遺址)

대동유지(大洞遺址)는 숭선향(崇善鄕) 대동촌(大洞村)에서 남쪽으로 100m 떨어진 대지 위에 있다. 동쪽으로 약 50m 떨어진 곳에는 남쪽에서 북쪽으로 흐르는 도문강(圖們江)이 있는데, 대지는 도문강 바닥보다 10m정도 높다. 서쪽에는 인공으로 만든 수로가 있는데, 남쪽에서 북쪽으로 흘러간다.

유적지 범위는 비교적 커서, 동서 길이 약 300~400m, 남북 너비 약

150m에 이른다. 지표면에는 암키와·수키와·도기잔편 등이 흩어져 있다. 유적지 중심에서 편동쪽의 동서 길이 20m, 남북 너비 10m안에 기와편이 비교적 밀집되어 있는데, 아마도 건축유적지로 생각된다. 유적지 서쪽에 있는 수로 단면을 관찰하면, 지표에서 30cm 깊이에 20cm 두께의 흑갈색토층(黑褐色土層)이 있는데, 그 안에 니질회도편(泥質灰陶片)과 기와편이 포함되어 있다. 다시 그 아래는 사석생토층(砂石生土層)이다.

유적지 안에서는 지압문 암키와(指壓紋板瓦)·미구가 있는 수키와 [樺頭式筒瓦]·기와 앞쪽에 각종 문양이 있는 미구가 있는 수키와[樺頭式筒瓦]·니질회도구연(泥質灰陶口沿) 등 전형적인 발해시기 유물이 수집되었다.

발해평원성유적

1. 서고성(西古城)

　　1. 서고성 표지석(북→남)　　2. 남문 동벽 판축층(서→동)
　　3. 5호 궁전지 노출유구(북동→남서)　　4. 서고성 내부 전경(남문→북문)

서고성(西古城)은 두도평원(頭道平原)의 서북쪽에 있다. 동남쪽으

로 서성향(西城鄕) 북고성촌(北古城村)과 250m 떨어져 있다. 고성 북
벽은 연길(延吉)~화룡(和龍) 도로에 붙어 있다. 도로에서 북쪽으로 약
200m 떨어진 곳은 기복이 있는 산등성이이고, 남쪽으로 5km 떨어진
곳은 조양천(朝陽川)~화룡(和龍) 철도가 있다. 해란강(海蘭江)은 철도
와 성터 사이를 서남쪽에서 동북쪽으로 흘러간다.

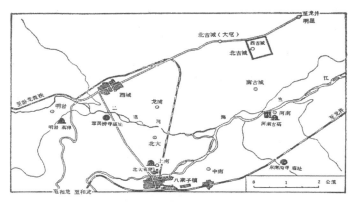

[도면 9]　　　서고성 주변 발해유적분포도

　만주국시기 일본인들이 서고성(西古城)을 조사하였다. 일부 조사·발
굴 자료는 『간도성고적조사보고(間島省古迹調査報告)』에 발표되었다.
중화인민공화국 성립이후 체계으로 서고성을 조사·연구하여, 그 형식구
조·규모와 배치 및 역사적 가치를 분명하게 파악하였다.
　서고성은 일찍이 농경지로 개간되었고, 일부 성벽은 마을길과 차도
로 변했으며, 성 안에도 여러 채의 민가가 지어졌다. 고성은 장방형이
고 방향은 약 170°이며, 흙을 다져서 쌓았다. 성 전체는 당나라 도성인
장안성의 형식을 모방하였으나, 규모는 비교적 작다. 서고성은 외성과
내성으로 구성된다.

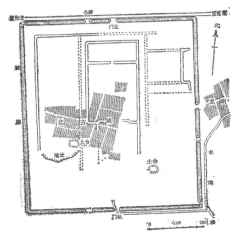

[도면 10]
서고성평면도

외성은 장방형이며 진흙으로 다져 쌓았다. 동서 길이 약 630m, 남북 너비 720m로 둘레 길이는 2,700m에 달한다. 성벽의 기단 너비는 13~17m, 윗부분의 너비는 1.5~4m이다. 잔고는 일반적으로 1.5~2.5m이 지만 높이가 4.5m에 이르는 곳도 있다. 북벽·남벽과 일부 동벽은 오랫동안 흙을 파내서 여러 곳에 구멍과 함몰된 구덩이 형태의 단벽이 만들어졌다. 외성 문지로 생각되는 곳은 2곳으로, 각각 남·북벽 중간에 있다. 남문지 너비는 15m, 북문지 너비는 14m이다. 현지인들에 의하면, 성벽 바깥쪽에 성의 해자유적으로 생각되는 수로가 있었는데 지금은 평평하게 메워졌다고 한다. 성 안 서남쪽에는 면적이 대략 1,500㎡에 달하는 저수지같은 유적이 있다. 저수지 유적에서 북쪽으로 약 50m 떨어진 곳에는 대지가 있는데, 잔고는 0.5m, 범위는 20×18m에 이른다. 성 안쪽의 동남쪽 모서리에도 대지가 있는데, 규모가 비교적 작아 약 18×15m에 이르고, 잔고는 약 0.40m에 달하나 그 용도는 분명하지 않다. 현지 노인들에 따르면, 외성 안 중간에서 서남쪽으로 치우친 곳에 매우 깊은 우물이 있었는데, 우물에 두둑진 부분[井臺]과 우물 담장[井圍]이 있었고, 우물 지름은 약 1~1.50m에 달했으나 이미 메워져서 없어졌다고 한다.

내성은 외성의 중간에서 북쪽으로 치우친 곳에 있는데 역시 장방형이다. 동서 길이는 약 190m, 남북 너비는 약 370m이며, 둘레 길이는 1,000m이다. 그 북벽과 외성 북벽은 나란하며 약 70m 떨어져 있다. 내성 성벽은 매우 심각하게 파괴되어 거의 그 흔적을 찾아볼 수 없다. 그 서·남 두 성벽은 마을길로 변했다. 동벽과 북벽은 논두둑이 되었다. 성 안 중간에서 남쪽으로 치우친 곳은 주택지로 변했다. 『간도성고적조사보고(間島省古迹調査報告)』에는 아래와 같이 기록되어 있다. 내성 중부와 북부에 모두 5개의 궁전지가 있다. 제1·2·5궁전지는 내성 남북중축선에 남쪽에서 북쪽으로 순차적으로 배열되어 있다. 제1궁전지와 제2궁전지 거리는 약 36m에 이르고, 제2궁전지와 제5궁전지는 약 80m 떨어져 있다. 궁전지 사이는 회랑으로 이어져 있는데, 회랑 너비는 약 4m에 달한다. 제2궁전지와 제5궁전지 사이에는 동서향의 성벽이 있다. 그 중간에 너비가 약 10m에 달하는 구멍이 있는데 성문지 같다. 제3·4궁전지는 각각 제2궁전지 동쪽과 서쪽에 위치한다. 제1궁전지는 내성 중간에서 남쪽으로 치우친 높은 대지에 있는데, 지면보다 약 0.60m 높으며, 면적은 300㎡에 달한다. 위에는 수많은 회색기와(灰瓦)와 녹유와잔편(綠釉瓦殘片), 그리고 다양한 형태의 건축재료가 흩어져 있다. 이 궁전지는 일찍이 조사되지 않았다. 제2·3·4·5궁전지는 모두 1922~1945년에 일본인들에 의해 발굴되었다. 그 중에서 제2궁전지가 가장 크며 배치 또한 분명하다. 이 궁전지는 동서 길이 약 20m, 남북 너비 약 9m이다. 궁전 지붕은 정면 3칸, 측면 1칸의 맞배식[廡殿

式)구조이며, 사방은 회랑으로 통하게 하였다. 출토유물에는 다양한 형태의 암키와·꽃무늬 벽돌·녹유 기둥받침(綠釉柱座)·녹유 연꽃무늬·녹유와와 푸른색 기와 등이 있다. 그 중에서 꽃무늬 벽돌은 잔여 길이 25cm, 잔여 너비 1cm, 두께 6cm이며, 윗부분에는 부조로 모인(模印)한 보상화문이 장식되어 있다. 녹유 기둥받침(綠釉柱座)은 대·소 두 종류가 있는데, 큰 것은 바깥지름이 44cm, 안지름은 33.6cm, 높이 6cm, 두께 1.5~2cm이다. 제2궁전지 동남쪽 모서리와 서남쪽 모서리의 초석부근에서 출토되었다. 녹유 연꽃잎 장식은 건축장식품으로 생각된다. 제1궁전지는 아마도 당시 최고 통치자가 거주했던 곳으로 건축이 매우 화려하고 웅장하다.

몇 년에 걸쳐 서고성에서 수많은 유물이 출토되었다. 일본인들이 유물을 가져간 것 이외에, 대부분은 연변박물관과 길림성박물관에 수장되었다. 연변박물관에는 귀면(鬼面)건축장식품 잔편·지압문 암키와·붓대롱무늬 암키와·녹유 수키와·청색 수키와·문자와·연꽃무늬 와당·인동무늬 와당 및 유약을 바른 도기·무늬가 있는 도기 잔편 등이 소장되어 있다.

서고성의 건축형식과 출토유물은 발해 상경용천부의 형식 및 출토유물과 기본적으로 비슷하다. 서고성 제2궁전지와 발해 상경성 제5궁전지는 매우 비슷하다. 두 궁전지에서 출토된 연꽃무늬 와당·녹유와·수키와·암키와·문자와는 모두 같은 유형에 속한다. 이것에 근거하면 동일시기의 건축 즉, 발해3대 문왕(文王) 대흠무(大欽茂)시기에 축조한 것이다.

서고성의 역사적 가치에 관해서, 학계 연구자들 대부분은 "서고성은 발해 중경현덕부(中京顯德府)의 옛 터"라고 생각한다. 『신당서』「발해

전」에 "상경(上京)의 남쪽은 중경이며 현덕부라고 부른다. 노(盧)·현(顯)·철(鐵)·탕(湯)·영(榮)·흥(興) 6주를 관할한다."라고 기록되어 있다. 서고성은 상경용천부(上京龍泉府)의 정남쪽에 있고, 5경의 중심에 있다. 몇 년 동안 서고성 부근과 사방에서 또한 많은 발해시기의 고성·무덤과 사찰건축지 등이 발견되었고, 문헌에 "중경현덕부는 6주 30현을 관할한다."고 기록한 것과 서로 부합한다. 서고성은 발해시기 도성의 특징을 지니고 있다. 서고성은 내성과 외성으로 구분되며, 내성은 외성의 중간에서 북쪽으로 치우친 곳에 있다. 내성 안에는 궁전지가 있는데, 북쪽에서 남쪽을 바라보고 있으며, 3개의 궁전지는 성 남북 중축선상에 배열되어 있다. 그 형식은 발해 상경·동경과 대체로 비슷하다. 서고성 부근에서 발견된 여러 기의 귀족무덤은 서고성에 왕족과 기타 상층 귀족이 거주하고 있었음을 설명한다. 예를 들면, 서고성에서 남쪽으로 4km 떨어진 하남둔무덤(河南屯古墓)에서는 귀중한 금·은기 등이 출토되어 무덤의 주인은 아마도 서고성에서 거주했다고 생각된다. 또한 용수향(龍水鄕) 용해촌(龍海村) 서산에서 발견된 정효공주묘(貞孝公主墓)는 서고성이 발해 도성 중에서 중요한 위치를 차지했다는 힘있는 증거를 제공한다.

2. 하남둔고성(河南屯古城)

하남둔고성(河南屯古城)은 팔가자진(八家子鎭)에서 동북쪽으로 약 5km 떨어진 하남둔(河南屯) 서남쪽에 있는데, 일반적으로는 "허래성(虛萊城)"이라고 부른다. 북쪽은 동쪽으로 흘러가는 해란강(海蘭江)과 인접해 있고, 남쪽은 넓게 펼쳐진 두도평원(頭道平原)이다. 남쪽으로 약 1km 떨어진 곳에는 조양천(朝陽川)~화룡진(和龍鎭) 철도가 있다. 고성에서 북쪽으로 4.5km 떨어진 곳에는 서고성(西古城)이 있다.

[그림 20]　1. 하남둔고성 표지석　2. 하남둔고성 전경(동남구사찰지에서)

고성은 일찍이 농경지로 개간되었고, 해란강(海蘭江) 물길이 남쪽으로 옮겨져서 성벽이 거의 파괴되었다. 그러나 성 서쪽과 남쪽을 관찰하면, 대체로 성벽의 윤곽을 알아볼 수 있다. 고성은 장방형이며 둘레 길이는 약 2.5km에 달한다. 성벽은 흙으로 판축하였고, 기단 너비는 8~10m, 잔고는 약 0.5~1m에 달한다. 고성 북벽은 해란강에 의해 침식되었고, 남벽은 도로가 되어 남벽 서쪽과 서벽 남쪽 기단만을 확인할 수 있다. 서벽과 동벽은 이미 논·수로로 훼손되어 대체적인 방향만 살필 수 있다. 현재 도로가 된 곳은 원래 남벽의 중간이다. 너비가 약 10m에 이르는 비교적 낮은 웅덩이여서 성문지로 생각된다.

고성 안에 흩어져 있는 유적과 유물은 비교적 많다. 성 중간에서 약간 남쪽으로 치우친 곳에, 방형에 가까운 담장 일부가 있는데, 둘레 길이는 약 500m에 이른다. 담장 중간에서 일찍이 나란히 위치한 부부무덤이 발견되었다. 1971년의 발굴조사에서 금은 장식품 등을 포함한 귀중한 발해유물이 출토되었다. 성 안에서는 꽃무늬 벽돌 잔편·지압문 암키와·와당과 글자가 찍혀있는 기와 잔편 등 유물이 출토되었다. 최근에도 성 안에서 작은 청동불상·쇠로 만든 불상[鐵佛像]·쇠 문지도리[鐵門樞]·청동방울[銅鈴]·쇠솥[鐵鼎]과 장방형 화문전 등이 출토되었는데, 이는 모두 발해시기의 특징을 지니고 있기 때문에, 이 성은 발해시기의 고성으로 생각된다.

3. 장항고성(獐項古城)

[그림 21]   장항고성 전경(북→남, 장항고분군에서)

장항고성(獐項古城)은 서성향(西城鄉) 장항촌(獐項村)에서 서북쪽으로 500m 떨어진 산기슭에 있다. 북쪽은 높은 산과 이어져 있다. 남쪽으로 약 400m 떨어진 곳에는 팔가자진(八家子鎭)에서 와룡향(臥龍鄉)으로 통하는 삼림철도[森鐵]와 도로[公路]가 있다. 다시 남쪽으로 약 10m 떨어진 곳에는 이도하(二道河)가 서쪽에서 동쪽으로 흘러간다.

고성은 이미 논으로 변했고 성벽은 평평하게 되었다. 현지인들에 의하면, 이곳에는 원래 돌로 쌓은 성벽이 있었고, 성 안에는 수많은 기와편·도기편 등이 흩어져 있었다고 한다. 조사에 근거하면, 일부 유적은 확인할 수 있다. 고성은 장방형이고, 방향은 5°이다. 북쪽에서 남쪽으로 향하고 있고, 남아 있는 30m 정도의 북벽으로 성의 대체적인 윤곽을 살펴볼 수 있다. 성벽은 토석혼축이다. 기단부 너비는 약 10m, 윗부분의 너비는 약 1m, 현재 높이는 약 1.2m이다. 성벽은 동서 길이 약 75m, 남북 너비 90m, 전체 둘레 약 330m에 달한다. 성문지는 분명하지 않다. 현지인들에 의하면, 남벽 중간에 너비 약 5~6m에 달하는 구멍이 있었는데, 아마도 성문지로 생각된다고 하였다.

성 안에는 수많은 벽돌·베무늬기와·수키와·지압문 암키와 잔편 등이 흩어져 있다. 동시에 약간의 홍갈·회갈색 도기잔편과 약간의 건축재료 등도 볼 수 있다. 그 중에는 비교적 특수한 긴 돌이 있는데, 인공적으로 쪼아 만든 것으로 장방형을 띠며, 길이는 0.40m, 너비는 0.15m에 달한다. 한쪽은 비교적 평평하고 반듯하며, 다른 한쪽은 두 개의 손잡이를 만들었다. 손잡이의 거리는 3cm, 손잡이의 길이는 6cm이다, 양쪽의 손잡이는 홈이 난 부분과 서로 대응한다. 돌의 재질은 단단하며 가공이 정교하고 세밀하여 건축 재료로 생각된다.

성터에서 북쪽으로 약 60m 떨어진 곳에 나란히 위치한 발해시기의 무덤 2기가 있는데, 아마도 고성과 직접적으로 관련이 있어 보인다. 수습된 유물로 분석하면, 이 고성은 발해시기에 속한다.

4. 잠두성(蠶頭城)

[그림 22]　　　1. 잠두성 북벽(동→서)　　　2. 잠두성 북벽(서→동)

잠두성(蠶頭城)은 용수향(龍水鄕) 용해1·2대(龍海1·2隊) 소재지에 있다. 고성 서쪽 500m에는 용두산무덤떼[龍頭山古墓群]가 있고, 남쪽 400m에는 용해무덤떼[龍海古墓群]가 있다. 1980년 가을, 연변박물관에서 용두산에 있는 발해 정효공주묘를 발굴하는 한편 이 성도 조사했다.

이 성은 오랜 동안 파괴되어 겨우 약 100m 정도의 북벽과 일부 성벽만이 남아 있고, 나머지 부분은 모두 사라졌다. 조사를 통해서 성곽에 대한 기본적인 윤곽이 분명해졌다. 성벽은 강돌에 흙을 섞어 쌓은 토석혼축으로, 장방형이며, 방향은 190°이다. 동서 길이는 약 300m, 남북 너비는 약 320m이다. 현존하는 북벽의 잔여 너비는 6m, 잔여 높이는 약 0.5m에 이른다.

성 안에는 비교적 많은 벽돌과 기와, 도기 잔편 등이 흩어져 있다. 수습된 유물에는 암키와·수키와·도기 잔편 등이 있다. 기와 안쪽에는 모두 베무늬가 있고, 바탕에는 아무런 무늬가 없으며, 새끼줄무늬가 있는 것이 약간 포함되어 있다. 암키와 앞쪽에는 지압문무늬가 있는 것이 대부분이고, 수키와는 주로 미구가 있는 형태이다. 도기편은 구연과 도기바닥의 대부분이며, 그릇 손잡이도 약간 수습되었다. 도기 재질은 니질회도(泥質灰陶)·협사회도(夾砂灰陶)가 대부분이며, 일부 협사회갈도(夾砂灰褐陶)도 포함되어 있다. 구연은 권연원순(卷沿圓脣)이 가장 많고, 다음은 권연방순(卷沿方脣)이다. 구연부 중간에 음각된 선 무늬가 있어 이중 입술을 이룬다. 구연과 도기의 밑바닥으로 분석하면 도기유형은 대부분이 항아리[罐]이며 일부는 동이[盆]이다.

잠두성의 형식구조는 화룡 서고성·훈춘 팔련성 등 발해시기의 고성과 유사하지만, 치[馬面] 등이 없는 것은 요금 고성과 다르다. 성 안에서 수습된 지압문 암키와·미구가 있는 수키와와 도기 구연은 발해유물 중에 보이는 전형적인 유물이다. 이것에 근거하면 잠두성은 발해고성으로 추단할 수 있다.

5. 성교고성(聖敎古城)

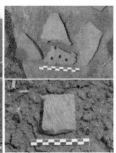

[그림 23]   1. 성교고성 남벽 및 내부(서→동)   2. 도성 내 수습 도기
             3. 수습한 새끼줄무늬 기와

성교고성(聖敎古城)은 동성향(東城鄕) 홍성촌(紅星村) 성교둔(聖敎屯) 서북쪽에 위치한 대지에 있다. 대오도구(大五道沟)에서 흘러나오는 작은 시내가 성 동쪽을 지나 북쪽으로 흘러간다. 성에서 북쪽으로 1km 떨어진 곳에는 조양천(朝陽川)~화룡(和龍) 철도가 있다. 다시 남쪽으로 1.5km 떨어진 곳에는 해란강(海蘭江)이 있으며, 강을 사이에 두고 동고성(東古城)과 마주한다.

고성은 장방형이며, 방향은 330°이다. 성벽은 토석혼축이다. 현재의 남·북 두 성벽은 보존이 비교적 좋으나, 서벽은 일부가 끊어졌다. 동벽은 심각하게 훼손되었을 뿐만 아니라 이미 경작지가 되어 흔적이 보이지 않는다. 고성은 동서 길이 약 120m, 남북 약 67m이며, 둘레 길이는 374m이다. 성벽의 기단 너비는 8~10m, 윗부분의 너비는 1~1.5m, 가장 높은 곳은 약 1.70m에 달한다. 성문지와 기타 시설은 자세하지 않다.

성 안은 이미 경작지로 개간되었다. 남서쪽에 위치한 돌출된 평평한 대지는 서벽과 연결되어 있는데, 그 길이는 약 90m, 너비는 약 40m이다. 성 밖에서 북동쪽으로 약 100m 떨어진 곳에 융기된 흙기단이 있으며, 현지 사람들은 무덤이라고 한다.

성 안에는 비교적 풍부하게 유물이 흩어져 있다. 이 유물 가운데 일부 홍갈색 도기 잔편(紅褐陶片)을 제외하면, 모두 청회색(靑灰色) 니질도기 잔편(泥質陶片)이며, 벽돌과 기와는 매우 적다. 중순구연(重脣口沿)·구멍이 여럿인 시루 밑바닥[多孔甑底]·혹 형태의 그릇 손잡이[瘤狀器耳]·닭벼슬 모양의 손잡이[鷄冠狀耳]·둥근 둥지 형태[圓窩狀]·파도무늬[波浪狀]가 있는 도기편 등이 수습되었다.

성의 형식과 출토유물로 분석하면 발해고성이다. 이 성은 중경현덕부와 비교적 가깝다. 규모와 입지로 보면 아마도 중경현덕부의 위성(衛城)으로 생각된다.

6. 고성리고성(古城里古城)

[그림 24]　　숭선 고성리고성 서벽 및 추정문지(서→동)

고성리고성(古城里古城)은 숭선향(崇善鄕) 소재지 고성리(古城里)에서 서쪽으로 500m 떨어진 도문강(圖們江)과 홍기하(紅旗河)가 합류하는 지점 서쪽 대지에 있다. 강바닥과 대지 사이는 직선 높이가 30m에 달하는 가파른 절벽[石砬子]이다. 대지는 평탄한 분지로, 현재는 대부분이 논으로 개간되었다. 성 동쪽 절벽 아래에는 홍기하 공로교(公路橋)가 있고, 남쪽 절벽 아래인 도문강(圖們江) 좌안에는 화룡(和龍)~장백산(長白山) 도로가 있다.

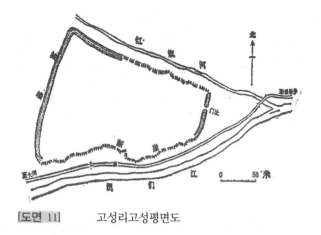

[도면 11]　　고성리고성평면도

　고성은 대지 동쪽 끝 절벽 가장자리에 축조되어 있다. 성벽은 현무암
으로 쌓았다. 성은 불규칙한 사다리형태이며, 방향은 340°이다. 북벽
서쪽은 인공으로 80m에 달하는 성벽을 쌓았고, 나머지 부분은 깎아지
른 절벽을 성벽으로 삼았다. 남쪽은 전부 절벽에 의지하여 성벽을 만들
었고, 동벽과 서벽은 모두 돌을 쌓아 축조하였다. 동벽 길이는 60m,
서벽 길이는 180m, 남벽 길이는 250m, 북벽 길이는 220m이며, 둘레
길이는 710m에 달한다. 현존하는 성벽의 기단 너비는 5~6m, 윗부분의
너비는 1.5~2m이며, 잔고는 약 1m이다. 동벽에서 북쪽으로 치우친 곳
에 성문지가 있는데, 너비는 2.5m에 달한다.

　성 안은 이미 논으로 개간되어 지표면에서는 유물이 발견되지 않는
다. 현지인들에 의하면, 이곳을 논으로 만들 때 벽돌·기와·쇠화살촉
등이 출토되었다고 한다. 성 안에는 유물이 없기 때문에 연대를 편년하
기가 쉽지 않다. 그러나 입지로 보면, 고성에서 서쪽으로 2.5km 떨어진
대동촌(大洞村) 남쪽에 면적이 비교적 큰 발해유적지가 있고, 고성리
고성(古城里古城)은 규모가 비교적 작지만 도문강과 홍기하가 합류하

는 요충지를 선택하였다. 또한 고성 동남쪽과 북쪽은 두 줄기 강과 절벽이 천연의 요새를 이루며, 도문강 좌안을 따라 장백산으로 왕래하면서 반드시 거쳐야 하는 곳이다. 이러한 점에 근거하면 이 성은 아마도 발해시기에 축조한 방어적인 관애성(關隘城堡)이라고 생각된다.

7. 토성리고성(土城里古城)

토성리고성(土城里古城)은 노과향(蘆果鄕) 이수촌(梨樹村) 토성둔(土城屯)에 있다. 성에서 남쪽으로 20m 떨어진 곳에는 서쪽에서 동쪽으로 흘러가는 도문강(圖們江)이 있고, 성에서 서쪽으로 500m 떨어진 산비탈 아래에는 노과(蘆果)~숭선(崇善) 도로가 있다. 성이 위치한 대지는 강바닥과의 직선 높이가 약 15m 정도이다.

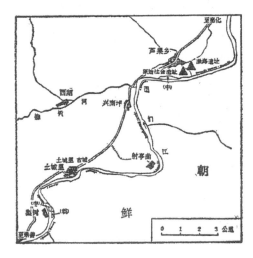

[도면 12]
토성리토성지리위치도

성은 외성과 내성으로 구성되어 있다. 성벽은 현무암으로 축조하였다. 불규칙한 사다리형태(장방형에 가깝다)를 띠고 있으며, 방향은 350°이다. 외성 동벽 길이는 135m, 서벽 길이는 75m, 남벽 길이는 418m, 북벽 길이는 388m이며, 둘레 길이는 1,006m이다. 성벽의 기단 너비는 9m, 윗부분의 너비는 2m이며, 동벽과 남벽의 잔고는 0.5m, 서벽과 북벽의 잔고는 1m이다. 성 안에는 두 개의 내성이 있다. 첫 번째 내성은 외성 중간에서 북벽으로 치우친 곳에 있는데, 동·서·남 3면에만 성벽을 축조하였고, 북쪽은 외성 북벽을 이용하였다. 동서 길이 52m, 남북 너비 60m, 성벽의 기단 너비는 5m, 윗부분 너비는 1m, 잔고는 0.5m이다. 두 번째 성벽은 외성 중간에서 남벽에 치우친 곳에 있다. 동·서·북벽만 축조하고, 남쪽은 남벽을 이용하였다. 동서 길이 80m, 남북 너비 36m, 성벽 기단 너비 9m, 윗부분 너비 3m, 잔고 1.5m이다. 성문지는 분명하지 않다.

이 성은 여러 해에 걸친 채석으로 파괴되어 남벽과 첫 번째 내성벽은 평평하게 되었다. 다만 두 번째 내성은 보존이 비교적 좋다. 성 안에는 유물이 매우 적어서 약간의 도기편만이 보이며, 협사회갈도(夾砂黑褐陶) 중순구연(重脣口沿) 1점이 수습되었다. 현지인들에 의하면, 이전에 이 성 안에서 완전한 도기항아리[陶罐]·철기 등 유물이 출토되었다고 한다. 성 안에 유물이 매우 적어 연대가 분명하지 않기 때문에 앞으로 진일보한 연구를 기대한다.

화전시

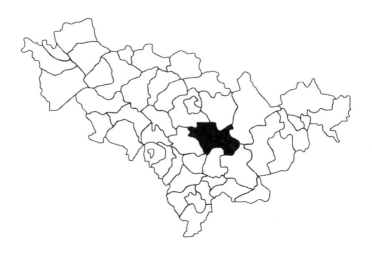

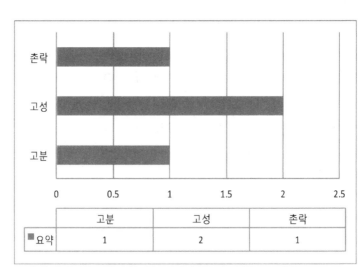

	고분	고성	촌락
■요약	1	2	1

발해무덤유적

1. 마안석무덤떼[馬鞍石古墓葬]

마안석유지(馬鞍石遺址) 최상층은 발해 초·중기 무덤떼에 속한다.
1984년 5월 길림성문물고고연구소(吉林省文物考古研究所)가 홍석(紅
石)저수지 건설공사에 맞추어 이 유지를 발굴하고, 최상층에서 2기의
무덤을 정리하여 각각 M1·M2로 번호를 붙였다.

M1·M2무덤의 형식은 대체로 같다. M1은 보존이 비교적 완전하다.
M2는 비교적 심하게 파괴되어 겨우 무덤 바닥 일부분만이 남아 있다.
이 2기의 무덤은 모두 돌 혹은 강자갈을 쌓아 만든 장방형의 석광묘(石
壙墓)이다. 무덤 방향은 320~345°이다.

M1·M2는 모두 전 발해시기에 속하는 아래쪽의 거주지 F1을 파괴하
였다. M1은 축조당시에 F1의 원래 벽 기단을 이용하였다. 무덤 구덩이
동벽이 나중에 축조된 것임을 제외하면, 나머지 구덩이 벽은 모두 원래
의 벽 기단이다. M1 무덤바닥에는 돌을 깔지 않았고, 무덤에는 겨우
1층의 불규칙한 크고 작은 돌만이 남아 있다. 무덤입구는 길이 1.65m이
고, 너비는 1m 정도이며, 깊이는 0.5~0.65m에 이르고, 무덤 안의 시체

는 이미 부패하여 남아 있지 않아서, 장식은 분명하지 않으므로 단지 단인장(單人葬)으로 추측할 뿐이다. 무덤 구덩이 안에서 쇠못이 발견되었기 때문에, 원래는 목질의 장례도구를 사용했을 것으로 추정할 수 있는데, 심하게 부패되어 조금의 흔적도 남기지 않았기 때문이다.

M1은 부장품에는 도기가 1점 있는데, 완전한 도기항아리[陶罐]이다. 그 도기의 질은 협사도(夾砂陶)로 회갈색(灰褐色)이며, 아무런 무늬가 없고, 손으로 빚었다. 입은 벌어져 있으며, 입술은 두 개이고, 목 아래에는 음각된 십(十)자 형태의 부호가 새겨져 있으며, 배는 약간 불룩하고, 바닥은 작고 평평하며, 배의 지름은 대략 입 지름보다 크다. 전체 높이는 15.2cm이며, 입 지름은 9.6cm이고, 배의 지름은 11.2cm이며, 바닥의 지름은 5.6cm이다. M2의 부장품은 쇠칼 이외에 또한 쇠 관못이 발견되었다.

이 두 기의 무덤의 형식과 그 출토된 유물은 화룡시 북대(北大)묘지의 발해무덤과 서로 비슷하다. 그밖에도 F1을 파괴하였다. 이들에 근거하면, 마안석(馬鞍石)의 M1·M2 무덤은 발해초·중기의 무덤으로 단정할 수 있다.

발해촌락유적

1. 마안석유지(馬鞍石遺址)

마안석유지(馬鞍石遺址)는 홍립석자진(紅砬石子鎭) 고흥촌(高興村) 하서둔(河西屯) 색락하(色洛河) 북안 2급 대지 위에 있다. 북쪽으로 약 50m 떨어진 곳은 높은 산이며, 남쪽으로 약 70m 떨어진 곳은 색락하이다. 화전(樺甸)~백산진(白山鎭) 도로가 그 동쪽으로 약 1km 떨어진 곳을 지나간다. 서쪽은 산곡평지이다.

이 유지는 3개의 서로 다른 시기의 문화유존을 포함하고 있다. 하나는 원시유존인데 수량이 매우 적으며 유적 모습도 분명하지 않다. 다른 하나는 발해 전기 말갈의 주거유지이며, 나머지 하나는 비교적 늦은 시기의 발해시기 무덤이다. 여기에서는 발해 전기 주거지에 대해서만 기술한다.

이 유지는 홍석저수지 수몰지역으로 문물조사 과정에서 발견되었다. 1984년 5월 길림성문물고고연구소(吉林省文物考古研究所)가 홍석수력발전소 공사에 따라 조사 발굴하였다. 거주지 평면은 불규칙한 장방형이고 방향은 325°이다. 현재는 겨우 4벽의 벽 기단만이 남아 있다.

벽은 불규칙한 돌로 쌓아서 만든 것으로, 돌은 어떠한 가공도 거치지 않았다. 그중에서 일부분은 강자갈이다. 안팎의 벽은 비교적 가지런하며, 대체로 안팎 두 줄의 돌을 서로 번갈아 가며 쌓은 흔적을 볼 수 있고, 중간의 틈은 작은 돌들을 사용하여 채워 넣었다. 벽은 비교적 두꺼워서 모두 70cm이다. 벽 모서리에는 바깥쪽으로 약간 돌출되게 쌓아서 비교적 두꺼우며, 원형을 이루는데 형태가 치[馬面] 같다. 벽 기단의 높이는 35~40cm 정도이며, 지하로 묻힌 깊이는 25~30cm이고, 네 모서리는 더욱 깊은데, 이것에 근거하여 추측하면, 주거지 문의 너비는 1.04m이다. 문밖에는 길이 2.1m, 너비 2.5m의 둥근 형태로 돌(권대석괴(圈大石塊)을 깔았고, 중간에는 약간의 작은 돌들이 섞여 있다. 우리 안은 길로 또한 작은 돌들이 섞여 있다. 길에 깐 흙은 흑색과 황색 중간으로 단단하며, 층을 이루고 있고, 두께는 3~8cm이다. 이러한 돌 우리는 문밖의 문도시설이다.

거주지 중간의 거주면은 이후의 파괴로 인하여 아궁이 유적 또한 분명하지 않다. 단지 주거지의 서쪽 정중앙에서 약간의 붉은색 그을린 흙과 약간의 불에 그을린 돌을 발견하였는데, 아마도 아궁이터로 생각되나 흔적이 분명하지 않기 때문에 단지 추측만 할 뿐이다.

주거지의 안팎에서는 기둥구멍 흔적이 발견되지 않았기 때문에, 집 지붕은 4면의 벽 위에 축조한 것으로 추측된다.

주거지 안에서 많은 협사흑갈도(夾砂黑褐陶)의 도관 구연 혹은 잔편이 출토되었는데, 그 형식은 쌍순통형관(雙脣筒形罐)이다. 또한 니질흑갈도속경고복관(泥質黑褐陶束頸高腹罐)의 잔편과 구연 아래에 이빨모양의 무늬가 있는 도기항아리[陶罐] 구연 등이 있다. 이 몇 종류의 도관은 유수현(楡樹縣) 대파(大坡) 노하심유지(老河深遺址) 상층 무덤·영길현(永吉縣) 양둔대해맹유지(楊屯大海猛遺址) 3기 무덤에서 출토된 도관과 서로 같을 뿐만 아니라, 또한 후자는 대체로 발해 전기 말갈족들의 유존으로 인정된다. 대해맹 3기무덤의 연대는 C14를 통해서 BP1505±70년으로 측정되었고, 마안석유지의 연대도 이와 가깝다.

이렇게 돌과 강자갈을 사용하여 축조한 장방형의 발해 거주지는 길림성에서는 처음 발견된 것으로 이것은 흑룡강성 동녕현(東寧縣) 단결유지(團結遺址)의 발해건축지보다 원시적이므로 발해 건국 전의 속말말갈유적으로 생각된다.

발해평원성유적

1. 소밀성(蘇密城)

[그림 1]   1. 소밀성 표지석   2. 소밀성 남문 옹성(※ 이병건 교수 촬영)

소밀성(蘇密城)은 일반적으로 대성자(大城子)라고 부른다. 화전시(樺甸市)에서 동북으로 약 4km 떨어진 휘발하(輝發河) 남안에 있다. 화전진 대전자촌(大甸子村)이다.

휘발하는 제2송화강(第二松花江) 상류의 비교적 큰 지류로 서남쪽에서 화전현(樺甸縣)으로 흘러 들어와, 화전진 서쪽 교외의 노두구(老頭溝)에 쌓은 제방에 이르러 안팎으로 나뉘었다가, 조양구(朝陽溝) 북산의 사수갑문(四水閘門)에서 다시 합류하며, 동북으로 굽이 흘러 송화강으로 들어간다. 휘발하 연안은 산지구릉이 많으며, 화전현성(樺甸縣城)과 그 주변은 휘발하 충적으로 형성된 비교적 큰 산간분지이다. 소밀성은 바로 화전분지(樺甸盆地)에 있다. 이 일대는 청나라 중기이후 "소밀전자(蘇密甸子)"라 불렸는데, 소밀성은 바로 여기에서 유래된 이름이다. 고성 남쪽 소밀하(蘇密河) 양안에도 작은 성들이 있어서 이것의 상대적 개념으로 소밀성을 대성자(大城子)라고도 부른다.

소밀성이라는 이름은 『길림통지(吉林通志)』에서 처음으로 확인된다. 그 전에는 일부 문헌에서 "나단불륵성(那丹佛勒城)"이라고 하였다. 실제로 이 성은 소밀성을 가리키는 것이지만 다른 성으로 잘못 알았으므로, 소밀성을 적고 다시 나단불륵성으로 기록하였다. 이후에도 같은 잘못을 되풀이하여 나단불륵성의 확실한 위치조차도 파악하지 못하였다. 나단불륵성이라는 이름은 일찍이 『성경통지(盛京通志)』에서 보이는데, 이는 늦어도 청나라 초기에 그 존재를 안 것에서 생각된다. 1930년대 동북사연구의 활성화로 많은 국내·외 학자들이 이곳을 답사하였다. 고고학자 이문신(李文信)도 고성을 답사하였고, 1926년 일본인 조산희일(鳥山喜一)·등전양책(藤田亮策)과 암간무차랑(岩間茂次郎)도 이곳을 답사하고 발굴하였다. 1949년 이후 중국 역사학자와 고고학계에서 여러 차례 소밀성을 조사하여 여러 가지 새로운 연구성과를 거두었다.

소밀성은 북쪽으로 휘발하에 인접해 있는, 송화강 수로와 육로 교통의 요충지이다. 사방은 산으로 둘러싸인 휘발하 충적분지로, 지세가 험준하고 토질이 비옥하여 인류의 활동에 적당하다. 고성은 네모 반듯하며, 내성과 외성이 있고, 이중 해자가 있다. 내성은 외성 중앙에 있으며 평면은 회자 형태이다. 내성은 정남쪽에서 북쪽을 향하고 있는데, 대체로는 정방형이다. 동벽의 길이는 337m, 남벽의 길이는 334m, 서벽의 길이는 369m, 북벽의 길이는 341m로 전체 둘레는 1,381m이다. 외성은 대체로 장방형을 이루는데, 동벽의 길이는 697m, 남벽의 길이는 535m, 서벽의 길이는 747m, 북벽의 길이는 611m로 둘레 길이는 2,590m이다. 성벽은 토축이다. 내성 북쪽 성벽은 그 높이가 2.6m이고 위부분의 너비는 0.6m이며, 기단의 너비는 7m 정도이다. 내성의 네 모서리가 성벽보다 높은데, 특히 서남쪽의 모서리가 비교적 두드러졌다. 이곳에서는 많은 기와 조각과 깨진 벽돌도 흩어져 있는데, 아마도 당시의 각루유적으로 생각된다. 내성 동·서 문지는 동벽과 서벽 중간에 있다. 남벽과 북벽의 중앙에 성벽보다 1m 정도 높게 돌기된 굽은 형태의 흙 기단이 있다. 1930년대 조사에서 내성 사방에도 그 윤곽이 뚜렷한 해자 유적이 있었으나 지금은 지속적인 개간으로 없어졌다.

외성의 잔고는 3~4m, 위부분의 너비는 0.5~1m이고, 기단의 너비는 7m이다. 네 모서리에는 각루가 있는데, 현재는 동남쪽과 서남쪽 각루 유적만이 남아 있으며, 성벽보다 약 1m 정도 높다. 동남쪽 모서리 성벽에는 동쪽으로 약 1m 정도 돌출되어 있다. 동·서·남쪽의 성벽의 대체로 잘 보존되어 있지만 남벽의 서단에는 1960년대 초에 도로공사로 형성된 구멍이 있다. 북벽 서쪽은 민가로 인해 훼손되었고, 동쪽은 휘발하 물길의 남하로 침식되었다. 외성에 있는 성문 네 곳은 모두 각 성벽의 중간에 있고, 방형 옹성(甕城)이 있다. 동쪽과 북쪽 옹성문은 현재 확인되지 않으나 서쪽과 남쪽 옹성문은 잘 보존되어 있다. 옹성문은 성밖으로 18m 정도 돌출되어 있고 문은 왼쪽을 향하고 있다. 남쪽의 옹성문 출입구는 메워져서 작은 방형의 성이 되었다. 작은 방형의 성은 동·서·남벽의 각각 18m, 잔고는 약 1m이며, 위부분의 너비는 0.5m

이고, 기단의 너비는 5m이다. 복원된 형태는 서문과 같다. 동벽과 남벽은 여장(女墻)과 비슷하며, 윗부분의 너비는 0.7m, 계단의 너비는 1.5m, 윗부분보다 1m 정도 낮다.

외성 북쪽은 휘발하를 자연적인 병풍으로 삼고, 동·서·남쪽은 이중 해자를 만들었다. 서쪽과 남쪽은 그 흔적이 대체로 분명하며, 너비는 약 13m, 깊이는 약 2m이다. 외성 동남쪽 해자 부근에는 물웅덩이가 있는데 현재도 항상 물이 고여 있다. 해자에서 옹성문까지 그 형태에 따라 굽어져 있다.

외성 성문에 대해서 『길림통지』·『화전현지(樺甸縣志)』에서는 "소밀성이 비록 그 성지는 남아 있지만"이라고 하였는데, 당시 외성 북벽은 완벽하게 훼손되지 않았고, 남쪽 옹성문도 작은 방형성으로 잘못 알았기 때문에 동·서쪽 두 곳에만 문이 있다고만 기록한 것이다. 『성경통지(盛京通志)』와 『가경중수일통지(嘉慶重修一統志)』에서는 오히려 "나단불륵성 외성에 4개의 문이 있다."라고 하였다. 기록된 내성·외성·이중 해자의 뚜렷한 특징이 모두 실제에 부합하는 것으로 볼 때, 외성에 4개의 문이 있었다는 기록은 신뢰할 만하며, 당시에 소밀성은 아직 휘발하에 침식되지 않았을 가능성을 보여준다.

내성의 서문 남부 성 기단에서는 약간의 자갈을 볼 수 있고, 훼손된 성벽의 단면에서도 겹겹이 쌓은 판축층과 판축과정에서 생긴 홈를 볼 수 있다. 이것으로 보면, 성의 기단은 먼저 돌 또는 강자갈을 깐 연후에 10~20cm마다 판축하여 성 꼭대기까지 쌓아 올렸음을 알 수 있다. 내성의 북벽의 판축층 단면에서 또한 약간의 세니질 도기편과 불에 그을린 흙이 포함되어 있어 축성 전에 이곳이 이미 취락이 형성되었음을 추단케 한다.

소밀성 안팎은 이미 농경지로 개간되었고 취락이 형성되어 원래 고성의 모습은 훼손되었다. 일찍이 높은 둔덕의 건축유지를 볼 수 있었으나 지금은 대부분이 평지로 변해 버렸다. 1936년 내성 동북쪽 모서리에서 건축지 한 곳이 발굴·조사되었다. 건축지 주초석은 반듯하게 다듬은 한 변의 길이는 1m이며, 아래에는 깨진 돌로 쌓은 한 겹의 층위가 있었다. 주초석은 모두 16개로 종횡으로 4개씩 4열로 질서정연하게 배열되어 있었다. 동서 방향의 열 길이는 14m, 남북 방향의 열 길이는 9m인데, 이것은 이 건축지 평면이 장방형임을 설명하는 것이다. 내성 동남쪽 모서리와 서남쪽 모서리 및 외성 서남쪽 모서리에서도 이와 유사한 건축지가 발견되어서, 성안의 건축군의 규모가 작지 않았음을 알 수 있다. 소밀성의 건축유지와 유물은 내성이 외성보다 많으며, 내성에 건축물 비교적 집중되어 있던 곳이다. 내성은 배치상에서 중앙에 있다.

소밀성 지표에는 많은 유물이 흩어져 있다. 건축재료에 속하는 와당은 대다수가 발해시기의 특징을 지니고 있다. 1981년 완전한 와당 1점이 수집되었는데, 지름이 13.8cm이며, 외연의 너비가 1cm, 높이는 2cm이다. 4개의 꽃잎이 있는 연꽃으로 구성된 도안은 발해 전기 와당무늬와 서로 같다. 1930년대 발견된 1점의 수면무늬 와당은 당연히 요금시기의 유물이다. 1978년에도 "목인(木人)" 2글자가 새겨진 흑회색 세니도기(黑灰色細泥陶器) 잔편이 발견되었다. 소밀성에서 발견된 유물은 발해시기의 것이 가장 많은데, 와당·도기편·철촉·숫돌[石磨]·돌절구 등이 그것이다. 고고학자 이문신은 소밀성은 완전히 당을 모방하여 만든 것으로, 산 위에 있지 않고 성벽도 전타(箭垛)가 없어서 고구려·요금시기의 성곽과는 다르며, 출토문물 대부분이 발해 상경유지 유물과 제작기법·형식과 서로 같으므로, 이를 발해고성지라고 주장하였다. 따라서 축조년대는 발해시기보다 이르지 않으며, 성의 규모와 배치는 발해시기에 형성되고 이후 요금시기까지 사용되었으며, 대체로 명나라 후기에 비로소 폐기된 것으로 생각된다.

중경현덕부(中京顯德府) 소재지에 관해서, 청나라 말기 이후로부터 국내·외 학자들 간에 쟁론이 많았는데, 주된 설로 소밀성설·나단불륵성설·서고성설·돈화설 등이 있다. 대부분의 학자들은 바로 이곳 소밀성을 중경현덕부라고 주장하였다. 최근에 선학들의 연구성과와 고고자료에 근거하여 중경현덕부가 길림 화룡시 서고성(西古城)이라고 논증하였다. 소밀성이 중경현덕부라는 주장은 『길림통지』에 "대저 소밀성은 … 중경임에 의심할 바가 없다."라고 한 기록에서 기인하며 비록 많은 논증이 있었으나 대부분은 이 설을 연용하였다. 이밖에 일본 학자들 가운데는 소밀성이 발해 전기의 도성, 즉 구국이라고 주장하는 사람들도 있었지만, 이 설은 일찍이 부정되었다. 구국은 돈화 오동성에 있다.

또한 소밀성을 장령부(長嶺府)의 치소라고 주장하는 견해가 있다. 장령부의 위치문제에 대해서는 1)요령 청원 영액문, 2)영액문 이북, 3)길림성 용북산성, 4)청룡부근 등 4가지 설이 있다. 그러나 이들 지역에서 이루어진 고고조사에서 발견된 고성은 크기가 지나치게 작아 부의 치소로서의 규모를 갖추지 못하였거나, 축조연대가 일치하지 않아 신뢰할 수 없다. 문헌에 기록된 장령부는 영주도(營州道)에서 가장 중요한 성진으로 훈춘 팔련성이나 화룡 서고성과 비슷하다. 소밀성은 공교롭게도 개모성(심양)·신성(무순) 동북에 있으며, 이 노선에서 소밀성의 건축형태만이 가장 완전하고 크다. 이러한 점에 근거하여 이건재(李建才)·진상위(陳相偉)는 발해 장령부가 소밀성이라고 주장하게 된 것이다. 장령부는 발해 15부 중의 하나로 하주(瑕州)와 하주(河州)를 관할한다. 하주(瑕州)와 부는 치소가 같고, 하주(河州)는 지금의 해룡산성진에 있다. 그러나 하주(河州)가 부의 치소와 같고, 하주(瑕州)는 산성진에 있다고 하는 주장도 있는데, 어느 것이 맞는가는 앞의로의 연구를 기대한다.

소밀성이 당대 발해국의 중요한 유적중의 하나이다. 발해의 건축은 당대의 예술 풍격을 반영한다. 당대의 건축은 중국고대 전기 건축의 최고봉이다. 장령부 소밀성은 내성과 외성으로 나뉘는데, 이것은 대체로는 당대 중기 이후의 도성제도이다. 소밀성에서 출토된 와당은 중원 당나라시기의 와당과 상통하며, 특히 와당의 연꽃무늬 도안은 당나라 시기에 가장 성행한 연꽃무늬 도안으로 그 꽃잎의 풍만함과 선의 유창함, 구도가 모두 뛰어나서 특히 성당시기의 풍격을 지니고 있다.

소밀성은 길림성에서 보존상태가 비교적 좋고 비교적 규모가 있는 발해고성지 중의 하나이다. 오늘의 역사학과 고고학 연구를 풍부하게 하는데 있어서 중요한 가치를 지닌다.

2. 북토성자고성(北土城子古城)

북토성자고성(北土城子古城)은 소성자북토성(小城子北土城)이라고 도 부른다. 소밀성에서 동남쪽으로 3km 떨어져 있다. 소밀성향(蘇密城鄉) 소성자촌(小城子村)에서 북쪽으로 약 200m 떨어져 있다. 북쪽으로 연백(煙白)철로와 80m, 서북쪽으로 휘발하·신하(新河)와 1,000m, 서쪽으로 소밀하(蘇密河)와 900m 정도 떨어져 있다. 고성은 소밀구(蘇密

沟) 북단·소밀전자(蘇密甸子) 남쪽 가장자리에 있다. 북쪽으로 평천(平川)이 보이며, 남쪽으로 여러 산들에 이어져 있다. 1974년 연백철로 공사를 위한 고고조사과정에서 발견되었다. 그러나 성벽유적이 발견되지 않았으며, 높은 언덕 위에 자리한 건축지 1곳이 발견되었다. 유지 범위도 크지 않아서 약 200㎡ 정도이다. 지면에는 약간의 깨진 기와와 벽돌조각이 흩어져 있다. 수집된 연꽃무늬 와당 1점은 회니질 세도(灰泥質細陶)로 지름이 11cm이다. 중간에 꼭지형태의 돌기가 하나 있고, 4개의 연꽃잎은 넓고, 풍만하며 소박하다. 발해 와당의 풍격을 지니고 있다. 이밖에도 잔여 길이는 32cm의 건축재료 1점이 발견되었는데 대형의 돌기에 7개의 작은 돌기문과 7각형의 별로 이루어져 있다. 구멍 있는 석기 1점이 있는데, 화강암을 쪼아서 만든 것으로 타원형이며, 긴 지름은 25cm, 짧은 지름은 22cm, 두께는 11cm이다. 중간에 구멍이 하나 있다. 출토된 연꽃무늬 와당은 소밀성에서 출토된 와당과 비슷한 것으로 보면, 발해시기의 유지이다.

회덕현

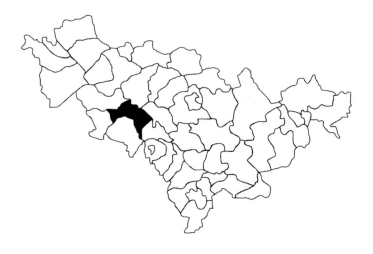

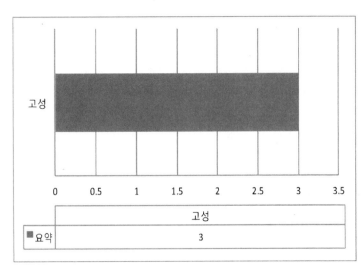

	고성
■요약	3

발해산성유적

1. 성자상고성(城子上古城)

성자상고성(城子上古城)은 회덕현(懷德縣) 조양파향(朝陽坡鄕) 성자상촌(城子上村) 서쪽 평지에 있다. 서쪽으로 동요하(東遼河)와는 겨우 300m 떨어져 있고, 동쪽으로는 마을과 인접해 있다.

고성 평면은 정방형으로 한 변의 길이는 각각 250m이다. 치[馬面]는 없다. 서벽이 완전한 것을 제외하고 그 나머지 성벽은 이미 거의 파괴되었다. 성 안에서는 베무늬기와·푸른색 벽돌 등과 그물무늬가 찍힌 회색 도기편도 출토되었다. 이 성은 아마도 발해시기에 축조된 것으로 생각된다.

2. 황화성고성(黃花城古城)

황화성고성(黃花城古城)은 회덕현(懷德縣) 쌍성보향(雙城堡鄕) 황화성촌(黃花城村) 소재지에 있으므로 황화성(黃花城)이라 불린다. 남쪽 쌍성보향과는 2km, 서북으로 전삼문(前三門) 유가둔(柳家屯)과는 1km, 서쪽으로 정가구둔(程家溝屯)과는 1km 떨어져 있다.

고성 평면은 정방형이고 각 변의 길이는 490m로 둘레 길이는 1,900m이다. 성벽 사방에는 중간에 각각 문지가 있으나 성벽 위에서는 각루와 치[馬面] 등 시설이 없다. 성지 안에서 회색 베무늬기와와 회색 도기 잔편·백유자편 등이 발견되었다. 이 성은 아마도 발해시기에 축조하여 후에 요금시기에 연용된 것으로 생각된다.

3. 오가자고성(五家子古城)

오가자고성(五家子古城)은 회덕현(懷德縣) 팔층향(八層鄕) 오가자촌(五家子村) 소오가자둔(小五家子屯) 서북에 있다. 고성 남벽은 마을에 인접해 있으며, 남쪽으로 1.5km 떨어진 곳에는 소요하(小遼河) 지류가 있다. 이 성은 내성과 외성으로 나뉘는데, 내성은 외성의 동북쪽에 있다. 외성의 둘레 길이는 2,865m, 내성의 둘레 길이는 1,323m이다. 성벽에는 치[馬面]와 각루 시설이 없다. 내·외 두 성의 성벽은 판축과 흙을 쌓아올리는[堆土] 두 가지 방법으로 축조하였다. 고성 안에서 베무늬기와·푸른색 벽돌·백자편·작은 청동인형·회도기 잔편·제기 손잡이[豆把] 등이 출토되었다. 이 성은 아마도 발해시기에 축조되어 요금시대까지 연용된 것으로 생각된다.

훈춘시

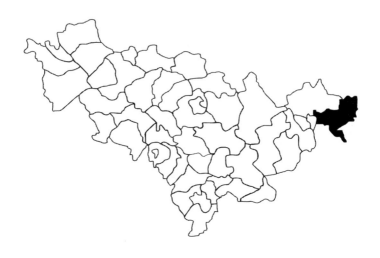

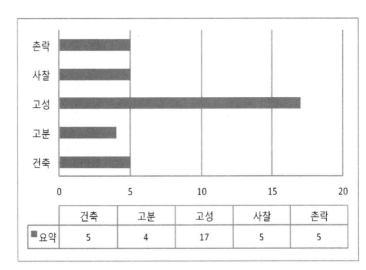

	건축	고분	고성	사찰	촌락
■요약	5	4	17	5	5

발해건축유적

1. 밀강서강자유지(密江西崗子遺址)

밀강서강자유지(密江西崗子遺址)는 밀강향(密江鄉) 소재지에서 서남쪽으로 약 500m 떨어진 도문강(圖們江) 북안에 위치한 동서향의 대지 위에 있다. 현지인들은 "서강자(西崗子)"라고 부른다. 등성이 동쪽 둔덕(坎) 아래에는 밀강하(密江河)가 북쪽에서 남쪽으로 흘러 도문강으로 흘러간다. 남쪽 둔덕 아래는 도문강의 옛 물길인데, 현재는 동서향의 활수지(活水池)로 변했다. 둔덕에서 동남쪽으로 약 500m 떨어진 곳은 도문강과 밀강하가 합류하는 곳이다. 유지 동쪽은 동운동유지(東云洞遺址)와 강을 사이에 두고 마주하고 있다.

유적지는 이미 농경지로 변하였다. 지표면에는 도기편과 기와편들이 흩어져 있다. 남쪽 둔덕 아래에는 옮겨온 자갈[河卵石]들이 많다. 남쪽 둔덕에서 약 200m 떨어진 곳에는 길이가 약 150m에 달하는 동서향의 작은 대지가 있는데 성벽 잔여 부분으로 생각된다. 1958년 문물조사 당시에, 일찍이 동·서벽이 각각 180m, 북벽 193m, 남벽 168m가 발견되었다. 동쪽 절벽(斷崖) 아래에서 가공한 건축용 화강암 장대석 2개가 발견되었다. 장대석(石條)은 장방형으로, 길이 90cm, 너비 32cm, 두께 22cm에 달한다. 이 발견은 『훈춘현지(琿春縣志)』의 초고(草稿)기록 즉 "밀강고성(密江古城)은 서북쪽으로 현 치소와 30km 떨어진 밀강서강자(密江西崗子)에 있다. 가로·세로가 각각 60장이다. 성터는 북쪽이 높고 남쪽이 낮다. 다리(坦)는 겨우 1척 정도만 남아 있는데, 남쪽으로 도문강과 붙어있어 거의 침식되었다. 성 안팎은 경작지로 개간된 지 오래되어, 성문은 확인할 수 없다."라고 한 기록과 서로 부합된다.

유물은 주로 둔덕 동남쪽 모서리의 동서 길이 400m, 남북 너비 300m 안에 분포한다. 하수 침식으로 형성된 동쪽 둔덕 단면을 관찰하면 약 50cm 깊이에 니질도기편(泥質陶片)이 포함되어 있다. 그리고 약 1~1.5m에는 홍갈색(紅褐色) 협사도기편(夾砂陶片)이 많이 포함되어 있다. 지표면에는 도기편이 흩어져 있는데 협사(夾砂)·니질(泥質) 두 종류로 나눌 수 있다. 협사도기(夾砂陶器)에는 항아리[罐]·동이[盆]·시루(甑) 등이 있다. 대부분이 홍갈색(紅褐色) 또는 흑갈색(黑褐色)이다. 재질은 거칠고 소성도는 높으며, 용기 벽은 두껍다. 인(人)자형 각선문(刻線紋) 도기편(陶器片)과 덧띠무늬[堆紋]가 있는 도기편도 있다. 니질도기(泥質陶器)는 모두 물레로 빚었으며 흑갈색(黑褐色)이 대부분이다. 주둥이는 좁고, 어깨는 꺾였으며, 주둥이가 둥글다. 각이 진 입술도 있는데, 일부 용기는 어깨가 넓으나 잔편이기 때문에 용기 형태는 분별해 낼 수 없다. 지면에는 약간의 지압문 암키와 잔편과 꺾인 무늬(折紋)기와 잔편 등도 흩어져 잇다.

『길림일보』 1964년 7월 31일에 보도된 "훈춘(琿春)에서 원시문화유적이 발견되었다."라는 글에 근거하면, "1964년 길림성 지질탐사대가 지질조사를 할 때, 지표에서 약 1.5m 깊이에서 석기·골기·도기·척

추동물 뼈 등 40여 종 200여 점을 발굴하였다. 그 중에는 석기가 가장 많으며, 돌창·돌칼·돌화살촉·돌도끼 등이 포함되어 있었다. 골기에는 뼈로 만든 바늘·뼈로 만든 송곳·장식품 등이 있다. 도기는 항아리[罐]·동이[盆] 등이 있고, 척추동물에는 소·말·돼지·어골 등이 있는데, 뼈에는 불로 태운 흔적이 있었다."고 한다.

이곳은 원시문화층과 발해시기 문화층이 서로 중첩되어 있는 문화유적이다. 원시유물은 발견된 것이 비교적 많지만 대부분은 그 행방을 알 수 없다. 남아있는 많지 않은 유물을 관찰하면, 경영(慶榮)·하서(河西) 등 원시유적지에서 출토된 것과 매우 비슷하다. 그 연대도 전국시기(戰國時期)에서 한나라시기(漢代)로 판단된다.

밀강(密江)은 예로부터 훈춘에서 서부지역으로 통하는 교통요지이다. 서강자(西崗子)에 위치한 밀강고성은 출토문물과 형식으로 보면 아마도 발해시기 일본도(日本道) 상의 역참(驛站)으로 생각된다.

2. 초평유지(草坪遺址)

초평유지(草坪遺址)는 춘화향(春化鄉) 초평촌(草坪村)에서 동쪽으로 1km 떨어진 난가당자하(蘭家蹚子河) 동안 대지 위에 있다. 동쪽으로 300m 떨어진 곳에서 성장립자산(城墻砬子山) 기슭과 이어진다. 서쪽으로 200m 떨어진 곳에 있는 난가당자하(蘭家蹚子河)는 북쪽에서 남쪽으로 흘러가며, 서남쪽으로 2km 떨어진 곳에는 영성자고성(營城子古城)이 있다. 유적지는 동서 길이 약 50m, 남북 너비 약 80m인 사방이 비교적 넓게 펼쳐진 평지이며, 서쪽 지면보다 약 2m 정도 높다. 유적지 안 대부분은 농경지로 개간되었으나 서북쪽 한 부분만 황무지이다. 유적지 안쪽에는 무덤 몇 기기가 있다. 지면에는 기와편·도기편 등이 많다.

건축재료 중에서 와당·암키와·수키와·장방형의 도기 장식품 등은 모두 잔편이며, 완전한 것은 보이지 않는다.

기와는 모두 회색 베무늬기와이다. 와당은 모두 연꽃무늬로 두 종류로 나눌 수 있다. 한 종류는 꽃잎이 돌출된 3~4가닥의 선으로 연결되어 있는데, 꽃잎은 통통하고 크다. 다른 한 종류는 꽃잎이 비교적 날씬하다. 밑 부분은 두 개의 둔덕이 있고, 꽃잎 사이에는 "十"자 무늬가 있다.

수키와 역시 두 종류를 볼 수 있다. 한 종류는 자루가 달린 것으로 자루에 두 개의 돌출된 선 무늬가 있다. 다른 한 종류는 기와 앞부분이 잇기 편하게 약간 오그라들어 있다.

암키와는 대부분 기와 앞부분에 지압문과 권선문(圈線紋) 두 종류의 무늬가 있다. 암키와 가운데는 바탕에 새끼줄무늬가 있는 것도 있다.

건축 장식품은 니질(泥質)이고, 몸체는 대체로 장방형이며, 판자형태이다. 남아 있는 길이는 40cm, 남아 있는 너비(殘寬)는 18cm, 두께는 약 2cm이다. 윗면 한쪽에는 나뭇잎형태(葉脈狀)의 줄기(突脊)가 있다. 다른 한쪽에는 두 개의 진흙으로 만든 둥근 머리의 쇠못[泥制圓頭鉚釘]이 새겨져 있으며, 간격은 15cm이다. 둥근 머리에는 작은 동그라미 무늬가 가득하다. 밑부분에는 너비 약 2cm(높이는 분명하지 않다)인 세로 줄기가 있다. 이 물건은 기와편 등과 함께 출토되었으나 용도는 자세하지 않다.

도기는 모두 잔편이며 니질(泥質)의 회도(灰陶)이다. 소성도가 높고, 물레로 빚었다. 편평한 바닥[平底]이 대부분이고, 용기의 주둥이는 대부분 바깥쪽으로 벌어져 있다. 주둥이가 둥글거나 말려있는 것[圈沿]도 있다. 그밖에도 자기병[瓷瓶] 잔편과 도기 어망추가 1점씩 수습되었다.

자기병[瓷瓶]은 단지 주둥이 부분과 밑 부분만 남아 있다. 그릇형태는 입이 넓고 목이 길며, 배가 불룩하다. 조그마한 둥근 굽이 있고, 우유빛 유약[乳白色釉]이 칠해져 회록색(灰綠色)을 약간 띠고 있으며, 비교적 거칠다. 입지름은 4.7cm, 밑지름은 6cm, 목 바깥지름은 3cm이다. 경영유지(慶榮遺址)에서 출토된 요금시대 자기병(瓷瓶)과 같다.

도제 어망추[陶網墜]는 기둥형태이며, 횡단면은 원각방형(圓角方形)이다. 길이는 4.2cm, 지름은 1.7cm이다. 양쪽 끝에는 홈이 파여 있어(凹槽一圈) 줄을 매기에 편리하다.

출토유물로 보면, 이 유적지는 당연히 발해시기의 규모가 비교적 큰 건축지이다. 이곳과 부근에 위치한 성장립자산성(城墻砬子山城)·영성자고성(營城子古城) 등 발해 고성과 매우 밀접한 관련이 있다. 요금시기에도 사람들이 이곳에 거주하였다.

3. 흑정자유지(黑頂子遺址)

흑정자유지(黑頂子遺址)는 경신향(敬信鄕) 금당촌(金塘村) 흑정자둔(黑頂子屯)에서 서남쪽으로 300m 떨어진 완만한 비탈에 있다. 정남쪽은 넓게 펼쳐진 평원과 소택지(沼澤地)이다. 동·서·북쪽은 흑정자산(黑頂子山 : 일명 三角山)과 오가자산(五家子山)으로 둘러싸여 있다. 서남쪽으로는 경신향(敬信鄕) 소재지와 2.5km 정도 떨어져 있다. 유적지 면적은 동서 길이 약 120m, 남북 너비 약 100m이다. 수습된 유물에는 발해시기의 기와와 도기구연(陶器口沿)이 있으나 수량은 매우 적다. 요금시기 유물이 비교적 많다. 귀면(獸面)와당(잔편) 2점·암막새기와[滴水瓦 잔편] 3점·송[宋]나라 용천요(龍泉窯)에서 구워 낸 빙열문자기(冰裂紋瓷器) 잔편 1점이 있다. 또한 청나라 시기 청화조자완(靑花粗瓷碗) 잔편 1점도 있다.

유적지는 이미 파괴되었다. 그러나 남아있는 기초석과 흩어져 있는 건축재료를 근거로 건축지 3곳을 분별할 수 있다. 유물에 근거하면 흑정자유적지(黑頂子遺址)는 발해시기부터 사용하여 요금시기까지 연용된 것으로 생각된다.

4. 북대유지(北大遺址)

북대유지(北大遺址)는 양수향(凉水鄕) 북대촌(北大村) 서북부 마을 뒤쪽 경사지에 있다. 북쪽은 산봉우리와 연결되어 있고, 남쪽으로는 비교적 넓게 펼쳐진 북대분지(北大盆地)와 인접해 있다. 서남쪽으로 약 500m 떨어진 곳에는 동남쪽으로 북대촌(北大村)과 서북쪽 협곡을 지나 왕청(汪淸)으로 통하는 도로가 있다. 북대하(北大河)는 도로와 평행하게 남쪽으로 흘러 도문강으로 들어간다. 유적지 서쪽에도 북쪽에서 남쪽으로 흘러 북대하로 유입되는 작은 하천이 있다. 전체 지형은 북쪽이 높고 남쪽이 낮다.

유적지는 경작지로 개간되어 수 십년이 흘러서 지표면에는 유물이 그다지 많지 않다. 이 유물들 가운데는 베무늬기와 이외에도 두께 약 2cm에 달하는 홍갈색(紅褐色) 회(回)자 무늬 암키와 잔편과 약간의 자기편·도기 잔편이 있다. 자기에는 대접[碗]과 접시[碟]가 있다.

대접[碗]은 잔편이다. 주둥이가 넓고, 둥근 테두리 형태의 다리가 있다. 붉은색 항아리 흙에 청회색(靑灰色) 유약을 발랐다. 주발 안팎과 밑부분은 태토가 드러나 있다. 전체 높이는 4.7cm, 다리 높이는 1.3cm, 그릇벽 두께는 0.5~0.9cm이다. 제작이 비교적 거칠지만, 그릇의 형태는 단정하며 시원하고 소박하다.

접시[碟]는 깨졌다. 그릇벽 윗부분은 주둥이가 곧고 입술은 뾰족하다. 둥근 테두리 형태의 굽이 있다. 안팎에는 짙은 회색 유약이 발라져 있다. 깨진 부분이 보인다. 안팎 밑부분에는 붉은색 항아리 태토가 드러나 있다. 전체 높이는 3.2cm, 다리 높이는 0.8cm, 기벽 두께는 0.6cm이다. 그릇 형태는 독특하고 이채롭다.

도기 구연(陶器口沿) 잔편도 있다. 흑갈색(黑褐色)이며 니질(泥質)이다. 물레로 빚었다. 어깨가 꺾여 있고 입술이 곧다. 구연부(口沿) 안쪽에는 돌대무늬가 있다. 이곳은 유물분포 범위가 비교적 넓어서 동서 길이 250m, 남북 너비 약 600m에 달한다. 출토유물로 추측하면 이곳은 발해시기에 개발하고 요금시기에 사용한 취락지이다.

유적지는 북대구구(北大沟口)에 위치한다. 정암산성(亭岩山城)은 유적지에서 동북쪽으로 약 1.5km 떨어진 산 위에 있다. 이곳은 예로부터 훈춘에서 왕청·영안(寧安)으로 통하는 교통의 중심지로 지리적 위치가 매우 중요하다. 따라서 발해 "일본도(日本道)" 상의 마을 또는 역참으로서 요·금·명·청(遼·金·明·淸)시기에도 폐기되지 않고 연용되었다고 생각된다.

5. 마적달탑지[馬滴達塔基]

마적달탑지[馬滴達塔基]는 훈춘시에서 동북으로 50km 떨어진 마적 달향(馬滴達鄕) 소재지 동북쪽 산 중턱에 있다. 마적달둔(馬滴達屯)과 약 1km 떨어져 있다. 마적달산은 훈춘하(琿春河) 북안에 우뚝 솟아 있 다. 훈춘하(琿春河)는 산기슭에 인접하여 북쪽에서 서남쪽으로 흘러가 며, 도로도 산기슭 아래를 훈춘하와 평행으로 지나간다. 이 일대는 좁 고 긴 평야이다. 지면에서 약 50m 떨어진 산기슭에 자연적으로 형성된 말발굽 형태의 평평한 대지가 있다. 동서 길이는 40m, 남북 너비는 28m 로, 대략 1,000㎡에 달한다. 탑지는 바로 평평한 대지 중앙에 있다. 탑 은 이미 무너져 벽돌무더기만 보인다.

『훈춘현지(琿春縣志)』에 "탑은 춘화향(春化鄕) 탑자구(塔子沟) 북 쪽 산기슭에 있으며, 높이는 7층이다. 서쪽은 산과 붙어 있고, 동쪽으로 는 하천과 인접해 있다. 전해지는 말로는 발해건축이라고 하나, 안타깝 게도 탑을 쌓은 벽돌의 무늬가 모호하여 분별하기 어렵다. 벽돌은 2종 류가 있다. 하나는 방형으로 두께는 2촌이며, 사방이 각각 1척이다. 다 른 하나 역시 방형이며 두께는 2촌, 길이는 1척2촌, 너비는 5촌이다. 그 단단하기가 숫돌과 같아서 마을 사람들이 주워 숫돌로 사용하였다. 탑에 사용된 벽돌 대부분은 사라졌다. 민국 10년에 마침내 무너졌다. 탑 꼭대기에 달려 있던 동종은 하천으로 떨어졌으며 지금까지 건져내 지 못하였다."라고 기록하였다.

1973년 6월 길림성박물관(吉林省博物館)과 연변박물관(延邊博物 館), 훈춘현문화관(琿春縣文化館)에서 이 탑지를 조사·발굴했다. 조 사 중에 탑지가 이미 도굴되었음을 발견하였다. 도굴 갱 안에 근대 일제 사이다 병 1개가 버려져 있었다.

탑은 전부 벽돌로 쌓았다. 탑 주위는 청회색 네모 벽돌을 동서 길이 10.30m, 남북 너비는 13m규모로 평평하게 깔았다. 벽돌이 깔려있는 지면 중앙에 기단 벽을 쌓았다. 기단벽 평면은 대체로 정방형으로 동서 길이 4.80m, 남북 너비 4.95m이다. 탑은 남쪽에서 동쪽으로 약 40° 기울었다. 탑 기단은 무덤천정의 판석 위에 청회색 장방형 벽돌로 엇갈려 평행하게 쌓았다. 기단벽 지하부분의 두께는 0.70m, 지상부분은 약 0.60m이다. 기단벽 네 모서리에는 보호벽이 있다. 보호벽 안쪽은 방형으로 길이와 너비는 대략 2.2m이다. 황토·갈색토 및 모래와 돌을 섞어서 15층으로 판축하였다.

"무덤칸"으로 통하는 무덤바깥길은 탑기단 남쪽 정중앙에 있다. 수직으로 파내려가다가 다시 비스듬한 계단형으로 만들었다. 무덤바깥길은 북쪽이 좁고 남쪽은 넓다. 전체 길이는 10m, 남쪽 너비는 2.6m이며, 입구는 1.5m에 있다. 무덤바깥길은 간간히 7열의 장방형 벽돌을 깔았다. 벽돌을 깔지 않은 곳은 황토로 다져 놓았다. 무덤바깥길 양 벽은 장방형 벽돌을 엇갈리게 하여 평평하게 쌓았는데 끊어졌다 이어졌다 연결되지 않는다.

"무덤칸" 첫 번째 문은 장방형의 벽돌로 정연하게 쌓았다. 바깥쪽은 백회를 발랐다. 전체 높이는 2.04m이다. 문 천정은 커다란 장방형 돌이다. 해마다 하중으로 인해 중간이 갈라졌다. 두 번째 문은 매우 크고 가공이 비교적 세밀한 장방형 사암(沙岩) 판석 2개를 나란히 세워 놓았다. 사암 판석 2개가 만나는 윗부분에 도굴자들이 U자 형태의 굴을 팠다. 첫 번째 문의 벽돌과 두 번째 돌문 사이에 길이 1.5m, 높이 2.04m의 무덤안길[甬道]이 있다. 무덤안길 양 벽은 장방형 벽돌로 엇갈리게 평행으로 쌓고, 바깥쪽은 백회를 발랐다. 천정은 커다란 돌이며, 바닥에는 푸른색 벽돌을 깔았다.

두 번째 문을 들어서면 곧 "무덤칸" 중심부분이다. "무덤칸"은 탑의 주요 구성부분으로, 중심 높이 2.30m, 너비 1.8m, 길이 2.74m이다. 천정은 고임식[迭涩筑法]이며, 벽돌로 4층을 쌓아 올렸다. 고임천정은 두 개의 커다란 돌로 덮었다. 돌의 길이는 3.66m, 너비는 3.4m, 두께는 0.5~0.7m이다. 네 벽은 푸른색 벽돌을 엇갈리게 평평하게 쌓고 윗부분은 백회를 발랐다. 바닥은 심각하게 파괴되어 옛 모습을 찾아볼 수가 없다. 바닥에서 출토된 수 많은 붉은 색이 발라진 회벽덩어리·가지형태의 부패된 나무 흔적 등으로 추정하면 아마도 관대[臺床]로 생각된다. 바닥의 교란된 벽돌 가운데 약간의 아래턱뼈·척추골·갈비뼈·상하 팔다리뼈 등이 섞여 있는데, 당시 무덤주인의 유골로 생각된다.

탑기단은 평지에서 5m 깊이의 생토를 판 이후, 황토 1층을 깔았다. 다시 위쪽에 3층으로 판석을 쌓았다. 판석 위쪽에 다시 한 층의 황토를 깐 이후 "무덤칸"을 축조하였다. "무덤칸" 천정에 5층으로 판석을 깔고, 판석의 윗부분에 다시 탑기단을 쌓았다.

"무덤칸"을 정리할 때 3점의 도금한 돌기형태의 못[鎏金銅泡釘]과 쇠로 만든 문비[鐵門鼻]·철문비 손잡이[鐵門鼻擋頭]·쇠못[鐵釘]·붉은색이 칠해진 옥으로 만든 얇고 작은 단지 주둥이[薄壁

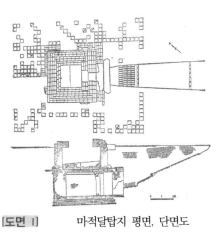

[도면 1] 마적달탑지 평면, 단면도

小陶罐口沿] 등이 발견되었다.

무덤 기단에서 출토된 각종 유형의 벽돌은 매우 많다. 대부분은 고운 니질의 청회색 벽돌[細泥質靑灰磚]이나 가끔 니질의 붉은 색 벽돌[泥質紅磚]이 포함되어 있다. 벽돌에는 가는 새끼줄무늬가 찍혀 있다. 벽돌 유형에는 긴 네모 벽돌[長方磚]·네모 벽돌[大方磚], 꽃무늬가 있는 네모 벽돌[花紋方磚]·비스듬한 네모 벽돌[坡面方磚]·이빨형태의 네모 벽돌[齒形方磚]·비스듬한 긴 네모 벽돌[坡面長方磚]·세모 벽돌[三角磚]·뾰족한 벽돌[尖頭磚]·작은 네모 벽돌[小方磚]·쐐기모양의 벽돌[楔形磚]·구름과 연꽃무늬가 있는 벽돌[云蓮紋磚]·구멍이 많은 해면형태의 벽돌[海棉狀多孔磚]·인물이 부조되어 있는 벽돌[浮彫人面磚]·문자가 새겨진 벽돌[刻有文字磚]·연꽃이 새겨져 있거나 그물무늬가 있는 벽돌[刻荷花或網格紋磚] 등이 있다.

마적달탑 평면은 방형으로 중원의 당대 각 불탑과 비슷한대, 특히 서안(西安) 천복사(薦福寺) 소안탑(小雁塔) 평면과 같다. 화룡시 용해(龍海)에서 발견된 발해 제3대왕 대흠무(大欽茂)의 넷째 딸 정효공주묘(貞孝公主墓)와 탑기단 평면은 물론이고, 무덤칸의 구조·규모·축조법 등이 대체로 같다. 이러한 발해탑은 길림성 장백현(長白縣)에도 1기가 있다. 이것으로 미루어 보면, 마절달탑은 발해시기에 축조된 것임에 의문이 없다.

발해시기, 정치제도에서 문화 각 부분에 이르기까지 당나라의 영향을 받지 않은 것이 없다. 『신당서』 등의 기록에 근거하면, 발해 왕들은 "여러 차례 여러 명의 학생들을 장안(京師)의 태학(太學)으로 파견하여 고금의 제도를 익히게 하여", 당나라 문화를 모방하였고, 불교를 깊이 믿었다. 훈춘일대에서 많은 사찰유적이 발견된 것이 그 증거이다. 따라서 발해 탑의 형식제도도 당나라의 탑을 완전하게 모방하였다.

형식이 비슷한 정효공주묘에서 정효공주묘비와 무덤칸의 벽화가 발견되었다. 마적달탑지의 "무덤칸"에는 비록 묘비와 벽화가 존재하지는 않으나, 인골은 출토되었다. 관련 기관의 감정결과에 따르면 중년남성이라고 한다. 마절달탑지는 정효공주묘와 마찬가지로 또한 무덤과 탑이 결합된 무덤이다. 마적달은 발해 동경용원부인 팔련성터에서 약 50km 떨어져 있으므로 당연히 도성 관할이다. 정효공주묘는 발해 문왕 대흠무 대흥 56년(792년), 즉 대흠무가 동경용원부에 거주할 때 쌓은 것이다. 마적달탑의 축조연대도 대체로 이 시기로 시간적으로 차이가 크지 않을 것이다. 이것으로부터 탑 주인은 아마도 발해 왕족 가운데 한 사람일 가능성이 높다.

이 탑은 매우 드문 발해시기 유적 가운데 하나이며 훈춘 경내의 유일한 발해탑으로서 발해역사연구에 중요한 학술적 가치가 있다.

발해무덤유적

1. 양수양종장무덤떼[凉水良種場古墓群]

양수양종장무덤떼[凉水良種場古墓群]는 훈춘시 양수향(凉水鄕) 양종장촌(良種場村) 뒤쪽 대지에 있다. 양종장촌은 경영촌(慶榮村) 동북쪽 모서리에 있다. 동·서 양쪽은 굴룡산(窟窿山)과 고력령(高力嶺) 산맥이 서로 대치한다. 북쪽은 길게 이어진 산지이다. 남쪽은 도문강(圖們江)을 사이에 두고 북한과 마주하고 있다. 서남쪽으로 750m 떨어진 곳에는 경영촌이 있고, 남쪽 도문강 좌안 대지는 굴룡산유지(窟窿山遺址)의 일부분이다.

무덤은 주로 마을 뒤쪽 대지 남쪽 가장자리와 동서향으로 뻗은 기슭에 있다. 그 범위는 동서 길이 약 200m, 남북 너비 약 30m이다. 마을 안쪽과 마을 뒤쪽 지면에는 많은 조약돌과 약간 다듬은 거친 돌, 그리고 물레로 빚은 회색·흑갈색 니질도기잔편[泥質陶片]이 흩어져 있다. 기슭에는 반쯤 드러난 커다란 돌도 있다.

현지인들에 의하면, 이 무덤은 토갱묘(土坑墓)와 석관묘(石棺墓)로 나뉜다고 한다. 토갱묘는 대지 남쪽 부분의 20cm 깊이 황토층 안에 있다. 석관묘는 장방형으로 사방에 돌을 쌓아 무덤칸을 만들었다. 무덤칸에는 인골이 있으며 무덤천정은 판석으로 덮었다. 장식은 분명하지 않으며 부장품도 발견되지 않았다. 무덤의 입지로 판단하면, 아마도 경영유지와 같은 시기인 발해 또는 요금시기의 무덤지라고 생각된다.

2. 밀강무덤떼[密江古墓群]

밀강무덤떼[密江古墓群]는 밀강향(密江鄉) 소재지 뒷산 동남쪽 기슭에 위치한 밀강촌3대(密江村3隊) 묘목밭[苗床址]에 있다. 서남쪽으로 향 보건소[衛生院]와 150m 떨어져 있다. 무덤구역은 동쪽으로 밀강하(密江河)와 500m, 남쪽으로 도문강과 밀강이 합류하는 곳과는 1.5km 떨어져 있다. 서남쪽으로 서강자유지(西崗子遺址)와는 1km 떨어져 있다. 무덤구역의 지세는 비교적 높으며, 북쪽이 높고 남쪽이 낮은 비탈의 형태를 지니고 있다.

무덤구역은 심각하게 훼손되어 무덤 덮개돌이 동남쪽 수십m 떨어진 도로변으로 옮겨졌다. 무덤터는 이미 묘목밭[苗床地]로 개간되어서 약간 융기된 상태만을 볼 수 있다.

『간도의 사적(間島の史迹)』에 근거하면, "1942년 일본의 재등심병위(齋藤甚兵衛)가 일찍이 무덤 1기를 발굴하였는데 무덤은 이미 도굴되었다."라고 하였다. 기록에 무덤은 "석광묘(石壙墓)인데, 무덤벽은 불규칙한 돌로 쌓아 올려 무덤칸 바닥의 관대[床]와 직각을 이루며, 무덤칸천정은 판석으로 덮었고, 관대는 돌을 깔았다."고 한다. 무덤칸은 동서 길이 1.6m, 남북 너비 2.6m, 높이 1.2m이며, 무덤 안에는 두개골

잔편이 어지럽게 흩어져 있었다.

대구(帶扣)·대과(帶銙)·사미(鉈尾) 등 도금한 청동대구[鎏金銅帶具] 8점과 쇠로 만든 관 고리 3점, 쇠못 약간이 출토되었다. 도기는 발견되지 않았다. 대구(帶扣)는 청동재질로 도금한 흔적이 있다. 안쪽에는 쇠 조각이 붙어 있고, 네 귀퉁이에는 쇠못[鉚釘]이 있다. 이들은 모두 가죽 허리띠[鞓帶]의 장식물이다.

무덤 형식은 대체로 화룡 북대(北大)발해무덤과 같으며 출토유물은 북대발해무덤에서 출토된 유물과 같다. 그중에서 쇠로 만든 관 고리·쇠못·도금한 청동허리띠[鎏金銅帶]는 완전히 같다. 이것은 밀강무덤떼가 발해시기의 유적임을 설명하는 것이다. 출토유물로 보면, 무덤주인의 신분은 비교적 높고, 생활은 윤택하였다. 지리위치로 분석하면, 이 무덤은 아마도 밀강서강자(密江西崗子) 혹은 동운동(東云洞)유적지와 관련이 있는 것으로 생각된다.

3. 북대무덤떼[北大古墓群]

북대무덤떼[北大古墓群]는 양수향(凉水鄉) 북대촌(北大村) 소재지에서 서북쪽으로 1.25km 떨어진 산 서남쪽 비탈형 대지에 있다. 대지 아래에는 북대하(北大河)가 남쪽으로 협곡을 굽이 돌아 도문강(圖們江)으로 흘러 들어간다. 북대하 가에는 하류를 따라 왕청(汪淸)으로 통하는 도로가 있는데 무덤 서쪽을 지나 북향의 골짜기 안으로 들어간다.

북대하의 침식으로 골짜기 동편 서남쪽 기슭에 형성된 높이 약 10m에 달하는 침식단면에 일부 무덤이 드러나 있다. 무덤은 토갱수혈묘(土

坑竪穴墓)이며, 장구는 목관이다. 무덤입구는 지표에서 15cm 깊이에 있다. 너비는 70cm이고 무덤바닥은 지표에서 70cm 깊이에 있다. 무덤 바닥에는 두께 약 2m의 회층이 있는데, 황토·목탄(木炭)·돌덩어리·도기 잔편(陶片) 등 유물이 포함되어 있다. 무덤 안에서 출토된 도기편은 물레로 빚은 홍갈색(紅褐色) 니질도기(泥質陶器) 잔편으로, 바탕에는 흑색 유기물[黑釉子] 층이 있다. 도기편은 주둥이가 좁고, 입술이 둥글며, 배가 불룩한 항아리[罐] 잔편이다. 그릇 몸체에는 판자형의 손잡이[板狀耳]가 있다. 손잡이는 높이 2.5cm, 너비 5.7cm, 두께 0.6cm이다. 그릇 몸체에는 불규칙한 네모 형태로 찍힌 점으로 이루어진 줄무늬가 있다. 동남쪽과 서북쪽에 있는 길이 약 200m, 너비 약 50m에 달하는 대지에서도 약간의 도기편이 발견되었다. 그 가운데 대부분은 주둥이가 좁고, 입술이 둥글다. 또한 톱니형태의 덧띠무늬[堆紋] 두 줄이 있는 회색 도기 잔편과 홍갈색을 띤 주둥이가 좁고 배가 불룩하며, 어깨부분이 꺾여 있고 입술이 두 개인 그릇 잔편도 발견되었다.

대체로 1973년을 전후하여 북대촌(北大村)에 거주하던 일부 사람들이 무덤구역의 가장자리에 있는 북대하(北大河) 바닥에서 무덤 안에 부장되었던 유물들을 건져 내었는데, 여기에는 철기(鐵器)와 청동기(銅器:청동기는 모두 500g 정도)·숫돌 등이 포함되어 있다. 마을 사람들에 의하면, 무덤 길이는 약 2m로 동서향이고, 머리는 동쪽을 향하였으며, 관곽(棺槨)에서는 불로 태운 흔적을 발견할 수 있었다고 한다.

조사상황을 종합하면, 북대무덤떼는 북대유적지(北大遺址)와 관련이 있어서, 발해 또는 요금시기의 무덤떼로서, 당시에는 화장 습관이 있었다고 생각된다.

4. 맹령하구무덤[孟嶺河口古墓葬]

맹령하구무덤[孟嶺河口古墓葬]은 맹령촌(孟嶺村) 하구둔(河口屯) 안에 있다. 무덤구역은 두 부분으로 나눌 수 있다. 한 곳은 서구촌(西沟村) 부근에 있는 서산 동쪽 기슭에 있다. 지표면과 마을 안에 수많은 돌이 흩어져 있는데, 돌은 일반적으로는 길이가 약 50~100cm, 두께는 약 20~50cm으로 일정하지 않다. 그 범위는 동서, 남북이 각각 약 50m 이다. 무덤은 거의 파괴되었다. 다른 한 곳은 마을 동쪽 산등성이 동쪽 기슭에 있다. 무덤구역 앞에는 사방 3m, 높이 1.5m 규모의 커다란 돌덩 어리가 쌓여 있는데, 이것은 인위적으로 옮겨진 무덤돌로 쌓아 만든 것이다. 현재 무덤구역 기슭에는 약간의 돌이 남아 있다.

현지인들에 의하면, 동·서 양쪽 무덤에 집을 지을 때 일찍이 인골이 출토되었고, 무덤형식은 돌로 네 벽을 쌓고, 무덤천정은 판석으로 덮은 석관묘라고 한다.

무덤의 지리적인 위치와 구조로 보면, 이 무덤은 당연히 맹령하구유 적지(孟嶺河口遺址)와 관련이 있는 발해 또는 요금시기의 유적으로 생 각된다.

발해사찰유적

1. 마적달사찰지[馬滴達寺廟址]

[그림 1]
    1. 마적달탑 소재지 마적달향 전경(서남→동북)
    2. 탑지에서 수습한 푸른색벽돌

마적달사찰지[馬滴達寺廟址]는 마적달향(馬滴達鄕) 소재지 동쪽에 위치한 협동조합(供銷社) 북쪽 50m에 있다. 북쪽에는 우뚝 솟은 마적달(馬滴達) 뒷산(后山)이 있다. 남쪽은 비교적 넓게 펼쳐진 훈춘하(琿春河) 하곡평지이다. 훈춘하가 유적지에서 동남으로 약 500m 떨어진 곳을 동북에서 서남쪽으로 흘러간다. 동북쪽으로 마적달발해탑지(馬滴達渤海塔址)와는 약 1km 떨어져 있다. 남쪽으로 100m 떨어진 곳에는 훈춘(琿春)~춘화(春化) 도로가 서쪽에서 동쪽으로 마적달촌을 지나간다.

유적지 중앙에는 높이 약 1m의 흙기단이 있으며, 동서 길이 32m, 남북 너비 23m이다. 흙기단에는 동서방향으로 배열된 3줄 16개의 초석이 있는데, 그 중에서 5개는 이미 기단 가장자리로 옮겨졌다. 남아 있는 초석군으로 보면, 첫 번째 줄은 길이가 22m에 이른다. 그러나 뒤쪽에 있는 두 줄의 길이는 분명하지 않다. 첫 번째 줄과 두 번째 줄의 거리는 14m이고, 두 번째 줄과 세 번째 줄은 비교적 가까워서 약 4m에 이른다. 부근 지면에는 벽돌 잔편·깨진 기와조각과 도기잔편 등 수 많은 유물이 흩어져 있다.

기와편에는 연꽃무늬 와당(2종)·지압문 암키와·기와 앞쪽 끝부분에 권선문이 있는 기와[圈線紋花沿瓦]·미구가 있는 수키와 등 4종류가 있다. 이 기와들은 대부분 청회색으로, 안쪽에는 베무늬가 있고 바탕에는 약간의 새끼줄 또는 네모무늬가 찍혀 있다. 벽돌은 청회색이며, 새끼줄무늬가 있는 것도 있다. 도기편은 대부분이 니질회도(泥質灰陶)이나 홍갈색 도기(紅褐色陶) 잔편도 보인다. 모두 물레로 빚었다. 이곳에서 출토된 와당·벽돌·기와 등은 팔련성(八連城)과 마적달탑지(馬滴達塔址)에서 출토된 것과 크기·형식과 무늬가 서로 같아서 마적달탑과 동일한 시기의 발해 사찰건축지로 생각된다. 이것은 일반적으로 "탑이 있으면 반드시 사찰이 있다."라는 의견과 부합된다.

2. 신생사찰지[新生寺廟址]

[그림 2]   1. 신생사찰지 표지석(서→동)   2. 사찰소재지 전경(남→북)

신생사찰지[新生寺廟址]는 사방타자사찰지(四方坨子寺廟址)라고도 부른다. 팔련성(八連城)에서 남쪽으로 2.5km 떨어진 삼가자향(三家子鄕) 신생2대(新生2隊) 남쪽 넓은 평지에 있다. 유적지 동·서·남 3면은 넓은 논이다. 사찰지에서 동쪽으로 약 500m 떨어진 곳에 발해유적지가 있으며, 그 남쪽에도 발해사찰지가 있다.

사찰은 동서 길이 37m, 남북 너비 25m, 높이 1.5m의 흙기단 위에 축조되었다. 초석은 동서향으로 배열되어 있는데, 일부 초석은 이미 유실되거나 옮겨졌다. 남북 두 줄은 각각 길이 19m, 간격 7.4m이다. 남쪽 열에는 6개의 초석이 남아 있다. 뒤쪽 열에는 5개의 초석이 남아 있지만, 동쪽 부분의 1개가 부족하다. 남쪽 열과 북쪽 열 양 끝에 각각 1개씩의 초석이 있다. 배열된 초석군의 바깥쪽에는 동북쪽 모서리에 2개, 동남쪽 모서리에 1개, 서쪽에 1개 등 모두 4개의 초석이 있고, 그 나머지는 소재를 알 수 없다. 초석의 배열형태로 보면 아마도 회랑으로 생각된다.

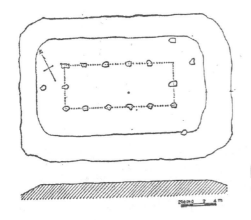

신생사찰지평면도

지면에는 깨진 기와조각·도기편 등의 많은 유물이 흩어져 있다. 기와는 대부분이 회색기와로 안쪽에는 베무늬가 있다. 종류에는 연꽃무늬 와당·미구가 있는 수키와·지압문 기와·평행사선과 ×무늬·"미(米)"자 형태의 무늬와 구슬형태의 무늬[連珠紋] 등으로 구성된 가장자리에 무늬가 있는 기와[花沿瓦]와 문자와(文字瓦) 등이 있다. 대부분은 팔련성(八連城)에서 출토된 것과 같다. 그밖에 녹유와(綠釉瓦)·부조된 석불상[浮彫石佛像] 잔편 등이 있다. 연꽃무늬 와당 가운데는 4개의 연꽃잎이 있는 것과 6개가 있는 두 종류가 있다. 또한 변형된 작은 꽃잎무늬에 긴 자루가 달려 있고, 아울러 십(十)자형 풀잎무늬[草葉紋]와 서로 연결되어 있는 것도 있다. 수키와는 대부분이 자루가 달려 있는데 위에는 두 줄의 돌출된 테두리가 있다. 기와 문자는 기와 앞부분 또는 바탕에 찍혀 있으며 "진(珎)"·"인(仁)"·"美"·"남(男)" 등의 글자가 자주 보이며, 그 중에서 일부는 거꾸로 쓰여진 글자[反字]이다.

출토유물로 보면, 이 유적지는 발해시기의 사찰지이다. 이 지역은 발해 동경용원부(東京龍原府)와 매우 가깝고 규모 또한 크다. 이것은 발해 지배층이 불교를 숭상하고, 불교전파를 중시했다는 실물증거이다.

3. 오일사찰지[五一寺廟址]

[그림 3]   오일사찰지 소재지 전경(남→북)

오일사찰지[五一寺廟址]는 훈춘하(琿春河) 하류 마천자향(馬川子鄕) 소재지에서 동쪽으로 약 350m 떨어진 오일촌5대(五一村五隊) 민가 뜰에 있다. 북쪽은 훈춘하와 약 300m 떨어져 있고, 남쪽은 훈춘(琿春)~양포(楊泡) 도로와 붙어 있다.

지면에는 자갈(河卵石)·수많은 베무늬기와·주초석 등이 흩어져 있다. 유물의 분포범위는 동서 길이 약 100m, 남북 너비 약 60m에 달한다. 홍갈색(紅褐色) 석질조각불상(石質彫刻佛像) 잔편 1점은 잔고 7.8cm, 너비 7.4cm 두께 4.2cm이며, 석질은 비교적 부드럽다. 불두·우측 어깨·다리 부분은 이미 없어졌으며, 왼쪽 상반신과 양손 부분만이 남아 있다. 가사를 입었고, 두 손은 배 앞쪽에 모으고 있다. 모습은 단정하고 장엄하여 진짜 같다. 선은 부드럽고 솜씨가 비교적 좋다. 미구가 있는 기와는 잔존 길이 12.8cm, 너비 16cm, 두께 1.2~2cm이다. 흑갈색이며 자루에는 장방형 무늬가 있다. 기와에는 문자가 있는데 필획은 분명하지 않다. 암키와는 기와 앞쪽 테두리에 지압문이 있는 것과 권선문(圈線紋)이 있는 2종류이다. 후자는 황갈색으로 비교적 완전하다. 길이는 39.7cm, 테두리 너비는 30cm, 두께는 2~2.6cm이다. 표면에는 아무런 무늬가 없고, 안쪽에는 베무늬가 있다. 그밖에 두께가 약 1.5cm에 이르고, 바탕에 네모 형태로 음각된[方格狀凹坑] 암키와 잔편과 흑갈색 니질 절순도기구연(黑褐色泥質折脣陶器口沿) 잔편이 있다. 1967년 이곳에 집단농장을 만들 때 일찍이 청동불상 1점이 출토되었다고 하나 지금은 그 소재를 알 수 없다.

상술한 출토문물은 이곳이 발해사찰지임을 증명한다. 그것은 팔련성(八連城) 부근의 발해사찰지와 함께 발해의 불교를 연구하는데 일정한 가치를 지니고 있다.

4. 양목림자사찰지[楊木林子寺廟址]

양목림자사찰지[楊木林子寺廟址]는 양포향(楊泡鄉) 양목림자촌(楊木林子村) 동쪽 산비탈에 있다. 북쪽은 도로와 바짝 붙어 있고, 동쪽으로 10m 정도 떨어진 곳에는 양포향신용사(楊泡鄉信用社)가 있다. 북쪽으로 도로를 사이에 두고 100m 떨어진 곳에는 양포향사무소가 있다. 남쪽 1.5km에는 발해시기의 살기성(薩其城)이 있다. 부근에는 발해시기의 집자리터도 있다.

지면에는 발해시기의 기와편·도기편 등의 유물이 흩어져 있다. 사찰지는 그 중간에 위치하고 있으나, 현재는 완전히 파괴되어 몇 개의 초석만이 남아 있다. 현지인들에 의하면, 이곳에는 원래 동서 길이 20m, 남북 너비 15m, 높이 약 1m에 달하는 흙기단이 있었다고 한다.

유적지에서 수습된 유물에는 연꽃무늬 와당·미구가 있는 수키와·지압문기와·권선문(圈線紋)기와·새끼줄무늬기와·자리무늬기와와 부조된 석불상과 꽃무늬가 장식된 잔편[裝飾花紋殘片] 등이 있다. 현지인들에 의하면, 집단농장의 한 청년이 이곳에서 형태가 완전한 석불상(石佛) 1구를 얻었다고 하나 현재는 그 소재를 알 수 없다. 이 사찰지는 발해 동경용원부지(東京龍原府址)인 팔련성(八連城)과 약 15km 떨어져 있어서 당연히 발해 동경 관할의 또 다른 사찰유적지이다.

5. 대황구사찰지[大荒沟寺廟址]

대황구사찰지[大荒沟寺廟址]는 훈춘현성에서 서북쪽으로 40km 떨어진 밀강하(密江河) 상류 하곡평지에 있다. 서쪽으로 대황구임업장(大荒沟林場) 주택지와 이웃해 있고, 북쪽으로는 동구하(東沟河)를 사이에 두고 대황구촌과는 1km 떨어져 있다. 이곳은 편벽된 산림지역으로 사방이 산으로 둘러싸여 있으며, 4개의 산골짜기로 나뉜다. 유적지에서 동쪽으로 100m 떨어진 곳에 있는 동구하가 동남쪽에서 서북쪽으로 흘러 밀강하로 들어간다. 남쪽으로 약 200m 떨어진 곳은 남산기슭이다. 유적지는 대체로 주변 지세보다 높게 솟아 있다. 동서 길이는 약 15m, 남북 너비는 7~8m로, 현재는 농경지로 개간되었다. 기와조각·초석 등이 모두 가장자리로 옮겨져서 원래의 모습은 분명하지 않다. 수습된 유물에는 와당·암키와·수키와·불상잔편 등이 있다.

기와는 모두 회색이다. 와당무늬는 국화와 비슷한 무늬와 연꽃무늬 두 종류가 있다. 전자는 팔련성(八連城)에서 출토된 두 겹의 연꽃무늬

[複瓣蓮花] 와당과 유사하다. 암키와에는 권선문(圈線紋)과 지압문 두 종류가 있다. 수키와는 자루가 달려 있다. 불상은 잔편이며, 부드러운 사암[細沙岩]에 조각하였다. 상반신만 남아 있고 머리 부분은 없다. 정면부조로 뒷면은 평평하고 곧으며, 황록색(黃綠色) 유약을 발랐다. 주민들에 의하면, 유적지 부근에서 돌로 쌓은 우물 1곳이 발견되었다고 하였는데, 지금은 이미 메워졌다. 상술한 출토유물로 판단하면, 분명히 발해시기의 사찰유지이다. 발해시기에는 이와 같이 외딴 산간지에도 사찰을 세운 것에서 당시 불교가 성행했음을 엿볼 수 있다.

발해산성유적

1. 살기성(薩其城)

[그림 4]　　1. 살기성 표지석(서→동)　2. 살기성 전경(북→남)

　살기성(薩其城)은 훈춘하(琿春河) 하류에 형성된 세모 형태의 충적 평원 동북쪽 끝자락의 남산 위에 있다. 산성은 지면에서 솟아 오른 것과 같이 평원으로 들어왔다. 북쪽은 양포향(楊泡鄉) 양목림자촌(楊木林子村)과 1.5km 떨어져 있다. 산성에서 북쪽으로 3km 떨어진 곳에는 훈춘하(琿春河)가 동쪽에서 서쪽으로 흘러간다. 남산의 동쪽 산맥에 의해 자연적으로 형성된 소왕구(小汪沟)와 대왕구(大汪沟)는 포자연촌(泡子沿村)과 마주한다. 남산 서쪽 기슭에 붙어 있는 도로가 남쪽의 송림촌(松林村)으로 연결된다.

『훈춘현지』「고적」조에서는 "살기성은 동남쪽으로 현 치소와 25리 떨어져 있다. 포자연 남산 기슭에 축조하였다. 사방은 높은 등성이로 둘러싸여 있다. 성벽은 산세에 따라 축조하였으며, 삼면은 개울물이 굽이돈다. 동쪽에 성문이 있으며 소만구(小灣沟)와 이어진다. 남쪽에는 2개의 성문이 있는데 석회요구(石灰窯沟)와 접해 있다. 서쪽에는 성문이 하나 있으며 박화하(博和河)에 연결되어 있다. 북쪽에는 문이 하나 있으며 산기슭과 연결된다. 성 안의 면적은 조사한 적이 없고, 작은 산 위에는 버려진 우물 2곳과 전망대 1곳이 있다."라고 기록하였다.

살기성은 석축산성으로 산등성이를 따라 성벽을 축조하여 형태는 불규칙하다. 그 둘레 길이는 약 7km에 달하며 성벽 높이는 약 2~3m로 일정하지 않다. 성벽 바깥쪽의 경사도는 30~40°로 제법 험준하다.

성 안쪽에 너비 2~5m에 달하는 참호가 있는데 교통호 같다. 성 안은 동·서 2개의 골짜기로 나뉘는데, 동쪽 골짜기는 길고, 서쪽 골짜기는 짧다. 골짜기는 서북향이며 너비는 약 200m에 달한다. 골짜기 입구 중간에 길이가 70m, 높이 약 10m에 달하는 동서향 석벽을 쌓아서 골짜기 입구를 막았다. 아마도 북문의 보조방어시설로 생각되며, 북문은 이 골짜기 입구에 있다. 성벽 동쪽에도 너비 약 30m에 달하는 구멍이 있는데 성 안의 개울이 이곳을 지나 북쪽으로 흘러간다. 산성 동쪽에는 길이가 긴 고대의 해자가 있다. 이 해자는 하북(河北)의 합달문(哈達門) 동황구(東荒沟)와 포자연(泡子沿)을 지나 이 산성과 연결된다. 다시 남쪽 골짜기를 거쳐 러시아 경내까지 뻗어 있다.

성에서 5개의 문지(동쪽, 서쪽 각각 1곳, 남쪽 2곳 북쪽 1곳)가 발견되었으며 각각의 너비는 8m이다. 북문지는 산성으로 출입하는 중요한 도로이다. 문을 나서면 마을이 밀집된 평원이므로 북문지 안에 특별히 돌로 성벽을 쌓아서 수비를 강화하였다. 북문 안에서 동남쪽으로 300m 떨어진 작은 산 위에는 전망대가 축조되어 있다. 이 전망대에 올라보면 북문 밖의 모습이 한 눈에 들어와 북문을 감독하고 보호하는 역할을 한다. 서문지는 산등성이 위에 설치되어 있어서 가파른 작은 길로 출입해야 한다. 서문은 산성의 서쪽을 지키는데, 당관지세(當關之勢)를 지니고 있다.

산성 서남쪽 모서리와 동남쪽 모서리에 각각 전망대 1곳씩 있다. 두 전망대는 모두 바깥쪽으로 100m정도 돌출된 산봉우리를 이용하여 쌓았다. 서남쪽 전망대는 높이가 약 3m, 지름이 30m이며, 주변은 성벽으로 둘러싸여 있다. 이 전망대에 오르면 훈춘하 하류 동북평원이 한 눈에 들어온다. 날씨가 맑을 때는 가시거리가 12.5km 떨어진 훈춘까지 확대된다. 두 전망대는 군사적인 역할을 한다.

성 안에서 유적지 2곳이 발견되었다. 한 곳은 성안 전망대가 있는 작은 산의 서쪽 기슭에 있고, 다른 한 곳은 그 북쪽의 완만한 기슭에 있다. 작은 산 서쪽 기슭에 위치한 유적지 면적은 남북 50~60m, 동서 30m이다. 유적지 지면에는 새끼줄무늬·안쪽에 베무늬가 있는 회색과 갈색 암키와와 수키와가 비교적 많이 흩어져 있다. 지압문 암키와·회색 자리무늬암키와·비스듬한 네모무늬 암키와와 갈색그물무늬 암키와·갈색의 "지(之)"자무늬 암키와가 있다. 그 중에서 비교적 중요한 것은 글자가 있는 기와[帶字瓦]이다. 이 유물은 회색이며, 남은 길이가 21.5cm, 두께 2.5cm이다. 바탕에 "왕(王)"자가 찍혀 있는데 아래쪽 한 글자는 깨져서 없어졌다. 발견된 도기는 일부 물레로 빚은 구연부(口沿)와 그릇 손잡이다. 구연부는 황회색(黃灰色)이며 입술이 말려 있고[卷緣], 주둥이가 벌어졌으며, 그릇 몸체 두께는 1.0cm이다. 도기 손잡이는 황갈색으로 평평한 혓바닥 형태의 손잡이가 있고, 뾰족한 부분은 깎아서 다듬었다. 손잡이 길이는 5cm, 너비 1cm, 몸체의 두께는 0.7cm 이다. 현지인들에 의하면, 1950년대 산성 안에서 쇠화살촉이 출토되었으나, 이미 사라졌다고 한다.

산성에서 출토된 기와잔편의 형식과 무늬는 500m 떨어져 있는 양목림자(楊木林子) 발해사찰지에서 출토된 유물과 같아서 이 성을 발해시기의 산성으로 보는 데 의문이 없다. 또한 살기성(薩其城)이 산세가 험준한 산등성이에 축조한 것에 근거하면, 방어시설의 배치가 매우 철저함을 알 수 있다. 직접 훈춘하 하류의 충적평원의 수륙요충도 통제할 뿐만 아니라, 인구가 밀집되어 있는 마을을 응시하고 있어 이 성은 발해시기의 군사적 요새로 생각된다.

2. 정암산성(亭岩山城)

정암산성(亭岩山城)은 양수향(凉水鄕)에서 북쪽으로 약 11km 떨어진 정암촌(亭岩村) 북쪽 산 위에 있다. 마을 뒤로 약 1.5km 떨어진 곳에는 해발 463m의 절벽[石砬子]이 있어 현지에서는 정자봉(亭子峰)이라고 부른다. 산성은 정자봉에서 서북쪽으로 약 400m 떨어진 골짜기 안에 있다. 성문지는 골짜기에서 동쪽으로 약 500m 떨어져 있다. 골짜기 밖에는 남북향의 골짜기가 있고, 이 골짜기에는 왕청(汪淸)으로 통하는 옛길(古道)과 북쪽에서 남쪽으로 흘러 정암분지(亭岩盆地)로 유입되는 하류가 있다.

정암산성 평면은 불규칙한 삼각형으로 산세에 따라 산등성에 돌로 쌓았다. 동북벽은 길이가 720m이다. 안쪽에는 간격이 일정하지 않은 8개의 구덩이가 있는데, 구덩이 지름은 각각 4m이다. 이 성벽에서 가장 높은 곳은 2.8m, 너비는 1~3m로 일정하지 않으며, 일부 성벽이 무너진 곳도 있다.

서벽의 길이는 약 800m이다. 길이가 약 300m에 달하는 서벽 북쪽부분 안쪽에 16개의 구덩이와 길[通道]이 있다. 그러나 길이가 약 500m에 달하는 서벽 남쪽부분에서는 기타 시설이 발견되지 않았다. 이 성벽은 전체 성벽 가운데서 가장 험준한 곳이다. 성 바깥쪽에는 높이 15m의 절벽이 있는데, 오르고 내리는 것이 매우 힘들다. 성 남벽 길이는 800m이다. 성벽 안쪽에는 7개의 구덩이와 1개의 성문지가 있다. 성문지는 성벽 동쪽 끝에 있는 골짜기 밑부분 안쪽에 있으며, 잔여 너비는 약 30m이다. 성문지에서 골짜기 입구의 중간까지 양쪽은 높은 산이 마주하고 있어 지세가 매우 험준하다. 또한 양쪽에는 두 줄로 쌓은 2줄의 군사시설이 있으나 현재는 무너졌다.

조사에 따르면, 길이 약 2,800m에 달하는 성벽 안쪽에 있는 31개의 구덩이는 병영지로 생각된다. 안쪽에는 온돌난방[炕板取暖]시설이 있는데, 집자리 길이는 3.4m, 너비는 2.3m이다. 구들은 아궁이 북쪽에 설치되어 있는데, 너비는 1.4m이며, 3줄의 고래가 있다. 동쪽에는 아궁이가 있고, 서쪽에는 너비 20~30cm 규모의 돌로 쌓은 굴뚝이 있다. 성 밖 동남쪽에 있는 정자봉(亭子峰) 서쪽에도 하나의 구덩이가 있는데 역시 병영지로 판단된다. 이것으로 추측하면, 정자봉은 아마도 자연적으로 형성된 전망대로 생각된다. 성안 성문지 서북쪽은 비탈진 산곡분지인데, 안쪽에 샘물은 있으나 거주지는 발견되지 않았다.

정암산성은 규모가 비교적 크고, 견고하고 웅장하며, 시설이 비교적 많다. 밀집되어 분포된 병영지・전망대・성문지・도로가 있다. 이뿐만 아니라, 끝없이 사용할 수 있는 샘물과 바람이 없는 분지로서 지키기는 쉽고 공격하기 어려운 군사요새이다. 산성 동・서 양쪽에 훈춘에서 왕청 서대파(西大坡)・용천평(龍泉坪) 등지로 통하는 옛길이 있어서 산성의 전략적 위치가 매우 중요하였음을 알 수 있다. 이 성의 축조 연대는 알 수 없으나 명나라시기의 성터로 추측하는 학자도 있다. 그러나 형식과 축조법으로 보면, 살기성・통긍산산성과 대체로 같아서 발해시기 또는 이보다 앞선 고구려시기에 축조된 것으로 판단된다. 더욱 깊이있는 조사와 고증을 기대한다.

3. 통긍산산성(通肯山山城)

통긍산산성(通肯山山城)은 춘화향(春化鄉) 난가당자촌(蘭家蹚子村)에서 북쪽으로 약 7km 떨어진 곳에 있다. 북쪽은 흑룡강성(黑龍江省) 영안시(寧安市)와 겨우 5km 떨어져 있다. 동쪽으로 1.5km 떨어진 삼인구하(三人沟河)가 북쪽에서 남쪽으로 흘러간다. 동쪽으로 약 3km 떨어진 곳에서 홍립자산(紅砬子山)과 서로 마주한다. 산성 동쪽과 서쪽은 골짜기로, 지면보다 약 300m 정도 높다. 훈춘(琿春)~동녕(東寧) 도로가 성 서쪽 약 1km 떨어진 곳을 지나가며, 남쪽으로는 멀리 초평(草坪)일대를 전망할 수 있다.

산성은 매우 험준한 산세를 따라 쌓았다. 동쪽과 남쪽은 높이가 약 150m에 달하는 깎아지른 절벽이다. 서쪽 산기슭도 가파른 비탈이며 오직 북쪽만이 산과 연결되어 비교적 평탄하다. 성 안쪽 지세는 북쪽이 약간 높고, 동남쪽은 비교적 평평하고 완만하며, 서쪽은 흘러내린 듯한 비탈이다. 산성 평면은 불규칙하며 남북 길이는 약 1,000m, 동서 너비는 약 600m, 둘레는 약 3km이다. 동쪽과 남쪽은 절벽만 보일 뿐 성벽은 보이지 않는다. 꺾어지는 모서리 또는 산 가장자리에서 바깥으로 돌출된 곳은 흙이나 돌로 쌓은 곳이 있고, 부근에는 구덩이 같은 흔적도 있다. 서쪽과 북쪽에는 돌로 축조한 성벽이 있는데, 기단부 너비는 8m, 윗부분 너비는 4m, 바깥쪽은 높이가 5~8m, 안쪽은 2m 정도에 이른다. 지금은 대부분이 무너졌으나 당시 산성의 험준함과 웅장함을 엿볼 수 있다. 북쪽과 서남쪽에는 각각 성문지로 생각되는 커다란 구멍이 있다. 유적지 중간에서 약간 북쪽으로 치우친 곳에 집자리터 1곳·커다란 돌무더기 1곳·작은 돌무더기 30여 곳이 있다. 집자리터 북쪽은 높이 4m에 달하는 둔덕과 이어졌다. 돌로 축조하였고, 그 범위는 길이 약 45m, 너비 약 15m에 달하며, 끊어지고 이어짐이 일정하지 않다. 커다란 돌무더기는 지름이 약 5m, 높이가 약 2m에 달하며 적석묘로 생각된다. 산성 안에서는 아궁이가 있는 집 1곳·우물 2구 등과 같은 근대인들이 활동했던 흔적도 발견되었다. 우물 테두리 나무는 완전하게 부패하지 않았다. 지면에서 발견된 둔덕은 최근까지 농사를 지었음을 설명한다. 현지인들에 의하면, 10여 년 전 커다란 돌무더기 부근에서 손잡이가 달린 세발 달린 쇠솥[鐵鼎]을 본 적이 있는데 지금은 그 행방을 알 수 없다고 한다.

『훈춘고성고(琿春古城考)』 등에, "통긍산위고성(通肯山衛古城)은 동북쪽으로 현 치소와 350리 떨어져 있으며, 난가당자동구(蘭家䂻子東沟)와 삼인구(三人沟)는 통긍산(通肯山) 위에 있다. 너비는 75장(丈), 길이는 95장(丈)이며 성의 형태는 남쪽은 둥글고 북쪽은 네모졌다. 유적지는 7~8척(尺) 정도 솟아 있다. 북쪽에는 성문이 하나 있다. 안쪽에는 돌로 높이 5척(尺) 정도의 공자묘를 쌓았는데, 근대에 지은 것이라고 한다."라고 기록하였다. 이에 따르면, 이 성의 실제 상황과 대체로 일치한다.

산성의 축조년대는 알 수 없다. 명나라 영락(永樂) 6년 노아간도사(奴兒干都司) 아래에 통긍산위(通肯山衛)가 설치되어 있었다(『명태종실록』에 "동관산위(童寬山衛)"라고 기록하였고 『만주원류고』와 『길림통지』에서는 "통간산위(通墾山衛)"라고 기록하였다). 통긍산은 훈춘(琿春) 동북에 있으며 훈춘하는 이곳에서 발원한다. 통긍산위(通肯山衛)는 산으로 인해서 얻은 이름이므로 통긍산산성(通肯山山城)은 아마도 통긍산위(通肯山衛)의 치소였을 것이다. 산성 형식으로 보면, 살기성(薩其城)·성장립자산성(城墻砬子山城) 등 발해 산성과 유사하다. 따라서 일찍이 발해시기에 축조되어, 후에 명나라시기에 연용되었을 것으로 생각된다. 축조년대에 관해서는 앞으로 상세하게 고증할 필요가 있다.

지리적 위치로 보면, 통긍산산성은 훈춘에서 동녕(東寧)·쌍성자(雙城子)일대로 가는 육로 교통로의 요충지이다. 현재의 도로도 이곳을 지나가며 청나라시기의 역참 고력영둔(高力營屯)이 여기에서 북쪽으로 약 15km 떨어진 곳에 있어 이 산성은 고대에 교통로를 통제하던 군사요새로 생각된다.

4. 성장립자산성(城墻砬子山城)

영성자고성에서 바라본 성장립자산성 원경(서→동)

성장립자산성(城墻砬子山城)은 훈춘시에서 동북으로 약 100km, 춘화향(春化鄕) 초평촌(草坪村)에서 동쪽으로 1.5km 떨어진 성장립자산(城墻砬子山) 위에 있다. 성장립자산은 높고 험준하여 오르기가 매우 어렵다. 단지 동쪽만이 약간 완만하여 비스듬한 산길을 따라 올라갈 수 있는데, 산성은 바로 우뚝 솟은 산등성이에 축조되어 있다. 산성 동쪽과 남쪽은 초모정자하(草帽頂子河)가 그 아래를 감싸 돈다. 사방은 훈춘하가 북쪽에서 남쪽으로 흘러 가고, 서쪽 하곡분지에는 훈춘(琿春)~동녕(東寧) 도로가 남쪽에서 북쪽으로 지나간다. 산성에서 동남쪽으로 약 1km 떨어진 곳은 분수령(分水嶺)으로 블라디보스톡 방면으로 향하는 옛길이 있다. 서남쪽으로 2.5km 떨어진 곳은 영성자고성(營城子古城)과 서로 마주하고 있다.

산성 안은 두 개의 골짜기로 나뉘는데, 골짜기 입구는 모두 남쪽에 있다. 남쪽 골짜기는 두도관(頭道關)이라고 부르고, 북쪽 골짜기는 이도관(二道關)이라고 부른다. 이도관은 비교적 넓게 트여 있으며, 두 골짜기는 천연적으로 형성된 험준한 요새이다. 두도관 골짜기 입구에서는 돌로 쌓은 성벽 잔여부분을 아직도 분명하게 확인할 수 있으나, 이도관 골짜기 입구 북쪽은 채석장으로 변하였다. 산성 동쪽에서는 성벽을 쌓은 흔적을 발견하지 못하였으나, 만주국시기에 축조한 석축보루[碉堡]·엄호[掩體]·해자[戰壕] 등 시설을 발견된다.

이 산성은 동서 2km, 남북 3km, 둘레 약 10km에 달하는 이 일대에서 가장 큰 고성이다. 『훈춘고성고』에서는 "성장립자산성(城墻砬子城)은 동북으로 현 치소와 200리 떨어져 있다. 동토문자(東土門子) 동북쪽에 있으며 산등성이에 축조되어 있는데 높게 솟아 있다. 산성 규모는 매우 넓어서, 동서 약 4리, 남북 약 6리에 이른다. 산성 안에서 도로 입구가 약간 발견된다. 동쪽에 성문지가 하나 있는데, 청니만하(靑泥灣河)와 붙어 있다. 북문은 이중벽으로 외벽은 속칭 두도관이라고 하고, 내벽은 이도관이라고 부른다. 외벽은 모두 돌로 축조한 것으로 최근에 주민들이 파내어 가져가서 건축에 사용하여 무너져 버렸다. 산성 안 대부분은 개간되었다."라고 기록하였다. 이 기록은 산성의 실제 상황과 기본적으로 부합한다.

성 안은 숲이 무성하며 지면에는 두터운 낙엽과 무성하게 자란 잡초로 뒤덮여서 유적 또는 유물을 발견할 수 없다. 『훈춘현지』에는 "민국 12년 성안의 주민 장춘(張春)이 일찍이 청동인 1과를 발견하였다. 도장은 방형이고 곧은 손잡이가 달려 있는 것으로, '덕호노부군정지인(德虎魯府軍政之印)'이라 새겨져 있다. 도장 손잡이 옆에는 '대동육년예부조(大同六年禮部造)'라는 글자가 새겨져 있었다."고 기록하였는데, 이것은 당시 금나라말기 동하국(東夏國)의 유물이다.

이 산성의 축조년연대는 알 수 없다. 이 성에 연대에 대해서는 이론이 분분하다. 고구려시기의 "책성(柵城)" 즉, 발해 동경용원부라고 주장하는 학자도 있고, 출토된 청동인에 근거하여 요나라 시기의 성이라고 생각하는 학자도 있다. 이 산성 구조와 산성 서쪽 산기슭에 발해유지가 있는 상황으로 보면, 발해시기의 산성(고구려시기에 축조되었을 가능성이 있다)으로서 요금시기에도 연용되었다고 생각된다. 발해시기의 어느 성에 속하는지는 더욱 깊이있는 연구가 필요하다. 그러나, 이 성이 위치한 지리적인 위치와 규모를 보면 고대 군사적 요충지임은 의심이 없다.

5. 대육도구고성보(大六道沟古城堡)

대육도구고성보(大六道沟古城堡)는 춘화향(春化鄕)에서 서남쪽으로 약 10km 떨어진 훈춘하(琿春河)와 대육도구하(大六道沟河)가 합류지점 동북쪽의 서단산(西團山 : 또는 小平頂山이라고 한다) 위에 있다. 산 동·남·북 3면은 40~50m에 달하는 가파른 비탈이나, 서북쪽은 약간 완만하다. 산꼭대기는 비교적 평탄한데, 서단산유적지(西團山遺址)가 이곳에 있다. 고성보는 서남쪽으로 훈춘과 87km 떨어져 있고, 서북쪽으로는 대육도구촌(大六道沟村)과 1km 떨어져 있다. 사방은 뭇 산들이 이어져 있으며, 동쪽과 남쪽은 좁고 긴 훈춘하 하곡평지이다. 훈춘(琿春)~춘화(春化) 도로가 그 남쪽 약 50m 지점을 통과한다. 서쪽은 대육도구 입구이고, 대육도구하는 서쪽 산자락으로부터 흘러간다.

『훈춘고성고』『훈춘현지』『훈춘향토지』 등에, "소평정산성(小平頂山城)은 대육도구 동북쪽에 있다. 훈춘현 치소와 160리 떨어져 있다.

산세를 따라 쌓았다. 산꼭대기는 넓고 평평하다. 천연적인 보루이다. 성 형태는 타원형이다. 가로 세로가 각각 20장이다. 성벽은 점차 사라져서 형태만 남았다. 동쪽으로 하구에 접해 있고, 남쪽은 도로와 이웃해 있다."라고 기록하였다.

1979년과 1983년 두 차례 이 성을 조사하여 확실히 "성벽이 점차 사라졌음"을 증명하였다. 고성보는 완전히 수목과 잡초로 덮여 있다. 오로지 동쪽에 당시의 봉화대로 생각되는 작은 흙기단이 보이는데 지름은 약 20m, 높이 약 1m 이다. 현장에서 일부 니질도기잔편(泥質陶片)이 수습되었는데 그 중에는 작고 평평한 바닥의 도기바닥, 주둥이가 밖으로 벌어진 병(侈口壺) 주둥이 잔편, 작은 네모무늬가 찍혀있는 도기편 등 요금시기의 유물도 포함되어 있다. 1972년 길림성박물관에서 조사할 때 성 안에서 발해유물이 발견되었다.

훈춘하(琿春河) 상류에서 하류에 걸쳐 발해·요금시기고성과 유적지 및 성보, 동북으로 5km 정도 떨어진 소육도구(小六道沟) 부근에 요금시기 사하자산성(沙河子山城)·소육도구유적지·나지구유적지 등이 분포하고 있는 상황으로 보면, 이 고성보는 당연히 훈춘하 유역 교통로를 통제하는 발해·요금시기의 군사성보로 생각된다.

6. 농평산성(農坪山城)

농평산성(農坪山城)은 농평촌(農坪村) 동북쪽에서 동쪽으로 뻗어나간 작은 산맥 끝자락에 위치한 비탈진 산꼭대기에 있다. 농평(農坪)은 하마적달(下馬滴達)이라고도 부른다. 마적달향(馬滴達鄉) 소재지에서 서북쪽으로 약 2km 떨어진 남향의 골짜기에 있다. 산꼭대기는 지면보다 약 20m 정도 높이에 있다. 동·남·서쪽 3면은 가파른 비탈이고, 북쪽은 산과 이어져 있다. 훈춘(琿春)~도문(圖們) 도로가 산 남쪽 기슭을 지나 간다. 산성 동쪽은 작은 하곡(河谷)과 인접해 있고, 남쪽은 훈춘하를 사이에 두고 도원동남산성(桃源洞南山城)과 대각으로 마주하고 있다.

산성 안의 지면은 동쪽으로 점차 낮아지는데 현재는 농경지가 되었다. 성 안 서남쪽과 동북쪽에는 대체로 평행을 이루어 너비 약 2.5m, 깊이 약 2m에 달하는 두 개의 시추구덩이[鉆探沟]가 있다. 산성 평면은 타원형이며, 둘레 길이는 약 400m이다. 산성은 대부분 석축으로 기단 너비는 약 5m, 높이는 1m이다. 성문지는 성벽 서북쪽과 동북쪽 2곳에 남아 있으며 그 너비는 3m이다. 산성 북쪽에는 3중 성벽이 축조되어 있다. 높이는 1~2.5m로 일정하지 않으며, 3중 성벽 간격은 4~6m이다. 서북쪽 성문지 서쪽에서 시작하여 동북으로 굽었다가 다시 동남으로 향하여 산성 북반부를 둘러싼다.

산성 안 지표면에 흩어져 있는 유물은 매우 적어서 겨우 회색 니질 도기 잔편(灰色泥質陶片)과 흑갈색 도기 잔편[黑褐色陶器殘片]만이 발견되었다. 회색 니질 도기 잔편에는 뾰족하고 평평한 그릇 손잡이가 있는데, 손잡이 높이는 2cm, 너비는 5.6~8.5cm, 두께는 1.1cm에 달한다. 흑갈색 니질 도기 잔편은 그릇 주둥이 부분인데, 주둥이는 아래쪽으로 드리워진 꺾인 입술[折脣]이며, 두께는 약 0.6cm이다.

농평산성은 훈춘하곡(琿春河谷) 북안 산등성이에 축조하여, 남안에 있는 도원동남산성과 서로 짝을 이루어 훈춘하곡 수륙교통을 통제하고 방어하는 역할을 한다. 그러나 규모·형식·시설 등은 비교적 간단하여 발해시기의 성보로 생각된다.

7. 도원동남산성(桃源洞南山城)

도원동남산성(桃源洞南山城)은 마적달향(馬滴達鄕) 도원동촌(桃源洞村)에서 동남쪽으로 1km 떨어진 훈춘하(琿春河) 남안과 이웃한 산 꼭대기에 있으며, 산의 높이는 약 40m이다. 이곳은 훈춘하 유역의 협곡으로, 골짜기 너비는 500m에 이르지 않는다. 훈춘하 남쪽과 북쪽은 구불구불한 여러 산이다. 산성이 위치한 곳은 남쪽에서 서북으로 300m 뻗어나간 산맥 북단이다. 옛 철도가 이 산 북쪽을 뚫고 지나간다. 산성 북벽은 북쪽 끝자락에서 100m 떨어진 곳에 축조되었다. 산성 안 지세는 북쪽에서 남쪽으로 점차 낮아져 남쪽에 있는 산과 이어진다.

산성의 형태는 불규칙한 신발형태이다. 남벽과 북벽은 돌로 축조하였고, 동벽과 서벽은 50~60°의 가파른 산비탈을 이용하였으므로 성벽은 보이지 않는다. 북벽 길이는 약 90m로 비교적 곧다. 방향은 50°이며, 기단부 너비는 4~5m, 높이는 1~2m로 일정하지 않다. 중간에 성문지가 있고, 양쪽 꺾어진 곳에는 각각 각루가 있다. 남벽은 굽어졌으며 높고 웅장하다. 길이는 170m, 기단부 너비는 8~9m이다. 남벽 안쪽은 높이가 2m, 바깥쪽은 높이가 4~5m에 이르며, 너비 4~5m에 이르는 성문지 2곳이 있다. 성문지 옆쪽 성벽에는 각각 돌무더기가 1곳씩 있고, 동·서 양쪽에는 각루가 있다. 서벽은 짧고 곧으며, 동벽은 길고 구불구불하다. 산성 둘레 길이는 약 430m에 이른다.

산성 안은 낙엽송이 빽빽하여 유적지 또는 유물이 보이지 않는다. 이 성벽의 바깥쪽에는 몇 개의 얕은 구덩이가 보인다. 1972년 길림성박물관 고고인원들이 이 성을 시굴·조사했는데, 이 구덩이들은 아마도 당시에 남겨진 것으로 생각된다.

산성 규모는 비교적 작으나 견고하고 험준하다. 동북쪽으로 약 3km 떨어진 농평산성(農坪山城)과 대각선으로 마주하고 있다. 두 성 모두 훈춘하 수로를 방어·통제하는 군사시설이다. 산성 형식은 살기성과 서로 유사하여 발해시기에 축조된 것으로 생각된다.

8. 수류봉산성(水流峰山城)

수류봉산성(水流峰山城)은 경신향(敬信鄕) 수류봉(水流峰)에서 동쪽으로 약 3km 떨어진 수류봉 동쪽 기슭과 파납파사산(巴拉巴沙山) 사이 골짜기 입구 양쪽 산등성이에 있다. 이 산은 중·소 양국의 국경을 이루는 곳이다. 북쪽은 좁은 골짜기로, 골짜기에는 작은 개울이 북쪽으로 흘러 팔도포자(八道泡子)로 들어간다. 산성 남쪽에도 비교적 넓게 펼쳐진 산골짜기가 있다. 동쪽은 파납파사산과 이웃해 있다. 서쪽은 수류봉산 남쪽 지맥과 이어져 있으나 현재는 러시아의 영토이다. 성벽은 동서향으로 산세의 변화에 따라 약간 굴곡이 있으며, 전체 길이는 1.25km에 달한다. 성벽은 돌로 축조하였고, 그 너비는 약 5m, 높이는 1~5m이다. 성벽 남쪽 가까이에 너비 5~6m, 깊이 1m 정도의 골이 있는데, 이것은 성 안에 있는 군사들의 이동통로로 생각된다. 성벽에서 편동쪽 산골짜기 입구에서 동쪽으로 약 100m 떨어진 성벽에 원형의 보루가 있다. 지름은 12m이며 성벽보다 약 0.5m 높다.

이 산성은 고증할 만한 문헌기록이나 조사 기록이 없다. 현지인들 사이에 전해지는 발해시기의 "백마상서(白馬上書)" 이야기는 아마도 이 성과 관련이 있다고 생각된다. 산성의 형식과 민간에 전해지는 이야기에 근거하면 발해시기의 고성으로 생각된다.

9. 고변장(古邊墻)·변호(邊壕)

변장(邊墻)·변호(邊壕)는 일반적으로는 "장성(長城)" 혹은 "고려변(高麗邊)"이라고 한다. 훈춘평원의 북쪽에 있다. 노야령(老爺嶺)이 서남쪽으로 뻗은 지맥은 남쪽으로 갈수록 지세가 점차 낮아진다. 그 가장자리(邊緣)는 구릉지대이다. 동쪽으로 합달문향(哈達門鄉) 화평촌(和平村) 서산에서 용신(涌新)·용천(涌川)을 지난다. 다시 진교(鎭郊)의 차대인구(車大人溝) 신지방(新地方)을 지나서, 곧장 영안향(英安鄉) 관문취자(關門嘴子) 서쪽 산에 이른다. 대체로 동서향으로 3개의 산맥과 3개의 골짜기를 거치는데 전체 길이는 약 25km에 달한다. "변장"은 모두 토축으로 대부분이 무너졌다. 이어졌다가 끊어져서 연결되지 않지만, 산등성이를 넘어가는 곳은 분명하다. 보존상태가 비교적 좋은 곳은 용신(涌新) 동산의 성벽으로, 기단부의 너비는 8m, 높이는 1~1.5m, 호(壕) 너비는 6~7m, 깊이는 1~2m로 일정하지 않다. 성벽과 해자가 대체로 방향은 일치하지만, 나뉘고 합쳐지는 것이 완전히 일치하지는 않는다. 성벽이 지나가는 곳 부근 산꼭대기에는 모두 토루(土壘) 또는 석루(石壘)가 있다. 어떤 곳은 두 개의 석루가 대치하고 있는데, 모두 8곳에서 발견되었다. 큰 것은 지름이 약 30m, 높이가 약 2~3m에 달하고, 어떤 것은 바깥쪽에 담장으로 둘러쳐져 있다. 작은 것은 지름이 15m, 높이가 2m 정도이며, 봉화대 또는 전망대로 생각된다. 현지인들에 의하면, 서쪽은 관문취자(關門嘴子)에서 서남쪽의 솔만자방향으로 길게 이어져 있는데, 이곳은 험준해서 성벽은 보이지 않고 단지 토루만 보인다고 한다. 관문취자구 동쪽 산꼭대기에도 석루가 있으며, 산꼭대기 동쪽에도 건축지로 생각되는 석축시설이 몇 곳 있다. 동쪽 화평촌 동쪽 산에도 토루가 2곳이 있다. 이 산맥은 곧장 훈춘하변으로 연결된다. 다시 동쪽으로는 산성이나 성보 등이 여러 곳 보이지만, "장성" 형태의 시설은 보이지 않는다.

『훈춘고성고』에는 "변호는 중·소국경 분수령에서 시작하는(拉字界碑北) 훈춘 북쪽 국경 동쪽에 변장(邊墻)이 있다. 서북쪽으로 10리마다 토축의 보루가 1개 또는 2개씩 대치하고 있는데 높이는 약 1장 정도이다. 그 기단은 너비가 1장 5~6척 정도이다. 또한 용지향(涌智鄕) 낙특하자산(洛特河子山)에서 시작하는 구불구불한 변장과 보루가 이어져 있다. 흥인향(興仁鄕) 수만자(水灣子)에 이르기까지 산세에 따라 산꼭대기까지 커다란 보루가 설치되어 있다. 다시 서북쪽 덕혜향(德惠鄕) 방면에도 깊이는 약 6~7척, 3~4척으로 일정하지 않은 참호(塹壕)가 있는데, 그 왼쪽에서 변장의 흔적이 보인다. 밀강둔(密江屯) 서쪽에서 훈춘과 왕청(汪淸)의 경계인 흑적달(黑滴達)까지, 도문강에 이웃해 있는 산 서남쪽에도 높이는 1장 정도의 석벽(石壁)이 축조되어 있는데, 왕청현 경계의 고산자(弧山子) 북쪽과 양수천자가(凉水泉子街)까지 이어져 있다. 또한 석두하(石頭河) 굴륭산(窟窿山) 꼭대기에도 토축의 변장이 있으며 서쪽으로 연길까지 이어진다. 상술한 성은 서로 연속되는지는 확인하기가 어렵다. 어떤 학자는 금나라가 흥기하여 고려와 국경을 다툴 때 이곳이 교전한 요충지였는데, 그 증거는 바로 보루가 널려있는 것"이라고 기록하였다.

"변장"·"변호"의 전체 방향은 전부 조사되지 않았으므로 분명하지 않다. 그 축조연대도 깊이있는 조사와 연구를 기대한다.

발해촌락유적

1. 굴룽산유지(窟窿山遺址)

[그림 6]　　　1. 굴룽산유지 표지석(북→남)　　2. 굴룽산유지(동북→서남)

굴룽산유지(窟窿山遺址)는 훈춘시 서쪽 고력령(高力嶺)산맥 남단 동쪽의 도문강(圖們江) 충적분지에 있으며, 양수향(凉水鄕) 경영촌(慶榮村)에 있다. 분지는 동서 길이 3km, 남북 너비 500m에 달한다. 북쪽에는 지표면보다 약 3m 높은 둔덕이 있다. 그 위는 완만한 경사지로 여러 해 동안 경작하였으며, 그 끝은 산봉우리와 이어져 있다. 훈춘(琿春)~도문(圖們) 도로가 산 남쪽 경사지를 따라 동서방향으로 지나간다. 분지 동·서 양쪽은 굴룽산과 고력령(高力嶺) 자락(속칭 滾兎嶺이라고 한다)

이다. 도문강이 서쪽에서 동쪽으로 굴륭산 서남쪽을 감싸고 돌아 동남쪽으로 흘러간다. 임장구(林場沟)・비파구(琵琶沟)・남대구(南大沟)의 작은 하류가 발원하여 남쪽으로 흘러 도문강으로 합류한다.

유적지는 굴륭산 서쪽에 있는 까닭으로 굴륭산유지(窟窿山遺址)라고 부른다. 지면의 유물은 주로 도문강변의 경영촌부근과 굴륭산 서쪽 기슭 산자락에 흩어져 있다. 면적은 길이 약 1.5km 너비 약 250m에 이른다. 유물은 도기・석기・골기・자기・건축재료 등 5종류로 나뉜다.

도기는 협사도(夾砂陶)와 니질도(泥質陶) 2종류이다. 협사도기(夾砂陶器)는 모두 손으로 빚었으며, 홍갈색 또는 흑갈색이다. 그릇의 형태(器形)는 항아리[罐]・대접[碗]・병[壺]・시루[甑]・잔[杯] 등인데, 대부분은 입술이 둥글고(圓脣), 바닥이 평평하며(平底), 둥근 테두리 받침[假圈足]이 있다. 꼭지형태의 손잡이[乳丁狀耳]와 기둥형태의 손잡이[柱狀耳]가 있는 그릇도 있다. 제작기법이 거칠며 소성도는 높지 않다. 형태는 불규칙하고 기벽 두께는 두꺼우며 무늬는 없다. 협사도기(夾砂陶器)는 그물추와 솥[鬲]과 솥[鼎]의 다리가 각각 1점이다. 니질도기(泥質陶器)는 모두 물레로 빚었으며 흑갈색 또는 회색을 띠고 있다. 그릇 형태에는 동이[盆], 항아리[罐] 등이 있다. 대부분은 바닥이 평평하며, 주둥이가 말려 있다. 다리형태의 손잡이[橋狀耳]가 있는 것도 있다. 대부분의 그릇 몸체에는 가는 선무늬가 있고 장식을 목적으로 음각한 둥근 선무늬가 있다. 니질도기 제작은 정교하고 세밀하다. 그릇의 형태는 단정하고 소박하며 소성도가 높고 재질은 단단하다.

석기는 비교적 적다. 돌창[石矛]・고리모양의 기물[環狀器]・돌 방추차[石紡輪] 등이 있다. 고리모양의 기물은 흑갈색이며 불규칙한 떡모양으로, 윗부분에는 8개의 방사선 줄기가 있고 가운데는 구멍이 있다. 돌 방추차는 흑암(黑岩)을 깨서 간 것으로 떡모양으로 생겼다. 안쪽에는 구멍이 있는데, 지름은 5.8cm, 두께는 0.9cm, 구멍의 지름은 0.6cm이다.

골기는 뼈로 만든 화살촉[骨鏃]과 조개껍데기만이 있다. 뼈로 만든 화살촉은 뼈를 이용하여 깎아서 만든 것으로 버들잎 형태[柳葉狀]로 생겼다. 한쪽 면은 움푹 들어가 있고 다른 한쪽 면에는 줄기가 있다. 가장자리의 날은 날카롭지 않다. 바다조개에 속하는 조개껍데기 2점은 타원형의 불룩한 형태[鼓包狀]로 한쪽에는 인위적으로 뚫은 구멍이 있다. 길이는 2.3cm, 너비는 1.9cm, 높이는 1.7cm이다.

자기에는 대접[碗]·접시[碟]·병[壺] 등이 있다. 주발은 주둥이가 넓고 짧은 둥근 테두리 굽이 있다. 배는 비스듬하며, 주둥이는 둥글다. 그릇 안팎에 흰색 유약이 발랐다. 바닥은 자기 태토가 드러나 있다. 안쪽 바닥에는 구울 당시에 만들어진 4개의 얼룩이 있으며, 그릇의 형태는 대체로 완전하다. 접시는 얕은 소반[盤]이다. 입술은 둥글고, 둥근 테두리 받침이 있다[圈足]. 흰색 유약을 발랐다. 그릇 밑바닥에는 모두 4개의 반점이 있다. 주둥이 가장자리는 높고 낮음이 일정하지 않으며 한쪽은 약간 아래쪽으로 드리워졌다. 자기병은 주둥이가 벌어졌고[侈口], 입술은 둥글다[圓脣]. 목은 가늘고[細頸], 어깨는 기울어졌다[斜肩]. 배는 불룩하고[鼓腹], 짧은 둥근 테두리 굽[矮圈足]이 있다. 그릇의 안쪽 벽과 바닥부분에 붉은색의 항아리 태토[缸胎]가 드러났다. 그밖에는 모두 약간 푸른색을 띠는 유백색의 유약이 발라져 있으며, 그릇 몸체 중간에는 3줄의 가는 음각선 무늬가 있다. 그릇 형태는 위쪽은 부드럽고 아래쪽은 거칠며 단정하고 소박하다.

유적지에서 출토된 건축재료에는 연꽃무늬 와당(蓮花紋瓦當)·미구가 있는 수키와[樺斗筒瓦]와 연주문(連珠紋)·지압문 암키와 등이 있다. 기와 안쪽에는 베무늬가 있으며 대부분이 붉은 갈색을 띠고 있다.

1957년 겨울, 현지인들이 수로를 닦을 때 마을 남쪽 도문강변에서 많은 유물이 출토되었고, 굴륭산(窟隆山) 서쪽 산자락 아래에서 수로공사를 할 때도 약간의 석기·골기와 수많은 인골이 발견되었다. 주목할 만한 것은 이곳에서 연변 원시유지에서도 보지 못했던 삼족기 다리[三足器足部] 2점이 발견되었다는 점이다.

하류에 의해서 침식된 유적지 안쪽 단면과 마을 안쪽의 흙구덩이 단면으로 관찰하면, 니질도(泥質陶)·베무늬기와 등 유물은 대부분이 지표에서 약 50cm 깊이의 문화층 안에 포함되어 있다. 협질도(夾砂陶)는 대부분 지표에서 50~100cm 깊이의 문화층 안에 포함되어 있다. 이것은 이 유적지가 원시문화층과 발해·요금문화층이 상호 교차하는 고대 문화유존임을 설명한다. 즉 지표에서 50cm 깊이 위쪽은 발해·요금문화층이고, 그 아래쪽은 원시문화층이다. 간단하게 경영촌 부근은 원시사회말기 인류유적지이고, 굴륭산 서쪽 산자락은 원시인류의 무덤지로 생각된다. 당시 이곳에 살았던 주민들은 이미 정착생활로 들어섰고, 원시촌락과 고정된 무덤구역을 마련하였다. 그들은 원시농업과 수렵으로 생활을 영위해 갔다.

조개화폐[貝幣]는 가치단위의 대표이며 재물의 상징으로, 중국 상주(商周)시기에 광범위하게 사용되었다. 굴륭산유지(窟隆山遺址)에서 조개화폐[貝幣]가 출토된 것은 이미 교환활동이 있었음을 설명한다. 솥[鼎]·솥[鬲] 등 삼족기는 중원문화에서 일반적으로 보이는 것으로, 눈강유역(嫩江流域)·제2송화강유역(第二松花江流域)으로 확대되어 한서문화(漢書文化)와 서단산문화(西團山文化)에서도 일반적으로 보인다. 여기에서 솥[鬲]·솥[鼎] 다리가 출토되었다는 것은 중원문화가 도문강유역 원시문화에 영향을 주었음을 반영한다.

굴륭산유지(窟窿山遺址) 문화내적 의미와 연대는 하층이 대체로 일송정유적지(一松亭遺址)와 같다. 상층은 발해와 요금의 유물이 비교적 풍부하고 비교적 집중되어 있어, 이 일대는 발해·요금시기에 아마도 인구가 밀집하고 경제가 번영한 중요한 촌락이었을 것으로 생각된다.

2. 육도포유지(六道泡遺址)

육도포유지(六道泡遺址)는 경신향(敬信鄕) 육도포촌(六道泡村 : 옛 이름은 太平村이다)에서 동북으로 1.5km 떨어진 평평한 산등성이에 있다. 서북쪽으로 오도포자(五道泡子 : 즉 현 양어장)와 1km 떨어져 있다. 동쪽으로 500m 떨어진 곳은 육도포자이며, 정남쪽은 넓게 펼쳐진 소택지이다. 유적지는 산등성이 서남부와 동남부의 구 양어장 서쪽에 있다. 서남쪽 유적지는 면적이 남북 약 200m, 동서 약 70m에 달한다. 그러나 동남쪽 유지의 면적은 분명하지 않다.

유적지는 현재 무성한 잡초와 관목으로 덮여있다. 인공으로 흙을 파낸 서쪽에서 약간의 갈색 협사도기잔편[夾砂陶片]과 베무늬기와편이 발견되었다. 양어장에서 서쪽으로 약 50m 떨어진 두둑에서 요지가 발견되었는데 현지 사람들은 "요지(窯地)"라고 부른다. 유물은 불에 그을린 붉은색 흙·니질회도편, 그리고 목탄 등이 발견되었다. 요지는 이미 파괴되었다.

육도포이대(六道泡二隊) 주민에 의하면, 만주국시기 유적지 서남쪽에서 석기가 출토되었는데 독일의 선교사가 가져갔다고 한다. 이후 일본인들이 또 발굴을 하였다. 1979년 길림성문물보사대가 구 양어장 서쪽 30m 지점을 발굴하여, 석기·도기·장식품 등 일련의 문물이 출토되었다.

석기는 모두 마제이다. 그 중에는 자루를 꽂는 돌창[鋌石矛] 1점·돌자귀[石錛] 2점·돌칼 3점·돌화살촉 1점·푸른색 취[翠墜] 1점·깨진 흑요석 조각 1점 등이 있다. 도기에는 도기항아리[陶罐]·도기잔[陶杯]·도기방추차 등이 있다. 대부분은 홍갈색이며 모래를 포함하고 있는 것이 많아서 부서지기 쉽다. 그릇 표면은 박락이 심하다. 그 가운데 도기단지편 1점은 넓은 주둥이 아래에 두 줄의 가로로 음각된 선 무늬가 있다. 출토문물로 분석하면, 육도포유지(六道泡遺址)의 문화적 의미는 일송정유지(一松亭遺址)와 비슷한 원시문화유존이다. 베무늬기와편·요지 등 유물·유적의 발견은 이곳도 발해 또는 요금시기의 유적지였음을 설명한다.

3. 맹령하구유지(孟嶺河口遺址)

맹령하구유적지(孟嶺河口遺址)는 판석향(板石鄕) 맹령촌(孟嶺村) 하구둔(河口屯) 안 산기슭에 있다. 유적지는 북쪽으로 산과 이어져 있고, 남쪽으로는 도문강(圖們江)과 접해 있다.

유적지는 주로 골짜기 안 마을 주변에 분포되어 있다. 동서 길이 약 800m, 남북 너비 약 500m 안에 부드러운 니질 도기 잔편(細泥陶器殘片)과 유약이 발라져 있는 항태질 도기 잔편(缸胎質陶器片) 등이 흩어져 있다. 이 문화층의 두께는 약 40cm이며, 지표에서 20cm 깊이에 있다.

수습된 유물에는 옅은 황색(黄色) 항아리[缸胎] 태토에 옅은 황색의 유약이 칠해진 둥근 테두리 굽이 있는 주발 잔편이 있는데, 굽 높이는 1.2cm, 굽 지름은 0.5~0.9cm이다. 홍갈색 항아리[缸胎] 태토에 옅은 녹색유약이 칠해진 둥근 테두리 굽접시는 높이가 3cm이다. 니질도기(泥質陶)는 회색·홍갈색·흑갈색 3종으로 구분된다. 구연부는 변화가 많다. 그 중에서 그릇 몸체에 물결무늬가 있는 도기편·다리형태의 손잡이가 있는 도기편·가장자리에 자른 흔적이 있는 가로 손잡이 등이 있다.

유적지 부근에는 고성보 1곳·무덤 2곳·말라버린 우물 1곳이 있다. 유물분포와 지리적인 위치 등으로 분석하면, 이곳은 고대 도문강 하류의 부두 또는 도강처로 생각된다. 출토유물은 대부분 요금시기의 유물에 속하지만, 자른 흔적이 있는 황갈색 니질(泥質) 도기 손잡이같은 발해시기 유물도 있다. 이것은 그 형식이 발해시기의 살기성(薩其城)·농평산성(農坪山城)에서 출토된 도기손잡이와 기본적으로 같다. 이로써 맹령하구고유적지(孟嶺河口古遺址)는 발해인들이 개척하고 요금시기에 연용된 고대 문화유적임을 알 수 있다.

4. 동운동유지(東云洞遺址)

동운동유지(東云洞遺址)는 도문강(圖們江) 좌안에 형성된 밀강(密江) 분지 동쪽 산기슭에 있다. 밀강향(密江鄉) 소재지와는 동남쪽으로 약 1.5km 떨어져 있다. 북쪽으로 훈춘도로와는 약 700m 떨어져 있고, 도문강(圖們江)과 밀강하(密江河)가 합류하는 곳과는 남쪽으로 약

1.5km 떨어져 있다. 유적지는 뒤산과 이어져 있다. 밀강하를 사이에 두고 서쪽으로 1.5km 떨어진 서강자유적지(西崗子遺址)와 서로 마주하고 있다. 지형은 동쪽이 높고 서쪽이 낮다.

유적지는 현재 경작지로 개간되었다. 지표면에는 약간의 청회색 미구가 있는 기와와 가장자리에 톱니무늬가 있는 청회색의 암키와 잔편, 그리고 니질 회도편(泥質灰陶片)과 푸른색 꽃이 그려진 회백색 자기편이 흩어져 있다. 유물분포 범위는 사방 약 50m에 달한다.

건국 전에 이 지역은 동운동(東云洞)으로 불렸다. 10가구가 살던 마을로 덕혜향(德惠鄉 : 현 密江鄉)에 속하였다. 『훈춘·돈화(琿春·敦化)』에 "민국 29년(1938년) 5월 29일 오후 2시, 주민 김연손(金連孫)이 자기 집 뒤편 돌 아래에서 청동도장(銅印) 1과를 습득하였다."라고 기록하였다.

도장은 크기 6.8cm, 두께 2cm이다. 도장의 글자(印文)는 "선무사사지인(宣撫使司之印)"이고, 뒷면은 글자형태는 분명하지 않아서 연호는 알 수 없다. 이 도장은 만주국시기 밀강경찰(密江警察)을 거쳐 만주국 훈춘현공서(琿春縣公署)로 옮겨졌으나, 이후의 소재는 알 수 없다. 『금사(金史)』「백관지(百官志)」에는 "금나라(金) 장종(章宗) 태화(泰和) 8년(1208년) 선무사사(宣撫司使)를 두었는데 종1품이고, 부사는 정3품이다. 병마에 관한 일을 관리한다."라고 기록하였다. 이 도장은 금대의 관인이다.

출토 유물로 분석하면, 동운동유적지(東云洞遺址)는 발해시기의 주거지로서 후에 요금에서 연용하였음을 알 수 있다. 출토된 금나라시기의 관인은 이 지역의 역사를 연구하는데 중요한 실물자료를 제공한다.

5. 양목림자유지(楊木林子遺址)

　양목림자유지(楊木林子遺址)는 훈춘시에서 동남쪽으로 12.5km 떨어진 양포향(楊泡鄕) 양목림자촌(楊木林子村) 동쪽 대지와 그 주변에 있다(일반적으로 동강자(東崗子)라고 부른다). 남쪽으로 1.5km 떨어진 곳에는 발해시기의 산성인 살기성(薩其城)이 있다. 북쪽으로 1km 떨어진 곳에는 훈춘하가 동북에서 서남쪽으로 빠르게 흘러간다. 유적지 면적은 동서 길이 약 200m, 남북 너비 약 300m로, 현재는 향정부(鄕政府)·보건소[衛生院]·신용사(信用社)·연쇄점[公銷社]·여관[招待所]·민가와 경작지가 점유하고 있다. 훈춘(琿春)~양포향(楊泡鄕) 도로가 동서방향으로 유적지 중간을 뚫고 지나간다.

　지면에는 협사갈도잔편·석기 등의 원시문화유물·발해시기의 니질도기잔편(泥質陶器片)과 기와편 등이 흩어져 있다. 협사갈도 가운데는 바닥이 평평하고 몸체가 비스듬하게 곧은 단지[平底斜直壁罐]가 보인다. 도기편은 대부분이 황갈색 또는 회갈색이다. 무늬는 없고, 표면은 갈아서 광택을 냈다. 무늬가 있는 도기편은 보이지 않는다. 석기에는 돌자귀[石錛]·돌끌[石鑿]·돌칼[石刀]·돌낫[石鋤] 등이 있다. 돌자귀는 흑색으로 갈아서 만들었는데 매우 정교하다. 돌끌은 길이가 약 11.5cm이다. 몸체는 통처럼 생겼고, 약간 갈았으며, 제작상태가 거친 머리 부분의 잔편이다. 돌칼은 대체로 북[梭形]처럼 생겼고, 날은 활모양이며, 날 부분과 가까운 곳에 구멍이 하나 뚫려 있다. 돌낫은 깨뜨려서 만든 것으로, 평면은 대체로 길고 둥근 형태이며, 몸체는 편평하고 얇다. 기와편은 모두 회색으로 안쪽에는 베무늬가 있다. 그 종류에는 와당·암키와·수키와 등이 있다. 와당 꽃무늬에는 연꽃무늬와 권초문(卷草紋)이 있다. 암키와는 크고 두껍다. 그 가운데 어떤 것은 표면에 새끼줄무늬 또는 자리무늬가 있고, 가장자리에 지압문과 둥근 선무늬가 있는 기와[花沿瓦]도 있다. 수키와는 대부분이 미구가 있는 것이다. 팔련성(八連城)·마적달(馬滴達) 등지의 발해유적지에서 출토된 유물과 서로 같다. 니질도기잔편(泥質陶器片)은 회색 또는 흑회색이며, 그 중에는 주발 잔편과 작은 구멍이 있는 꼭지형태의 도기손잡이가 있다. 주발은 바닥이 평평하고, 몸체는 둥글고 비스듬하며, 구연부 아래에는 두 줄의 음각된 선 무늬가 있다.

유적지 중간에서 도로 남쪽과 인접한 곳에 발해시기 사찰지가 있다. 지면의 유물에 근거하면, 양목림자유적지(楊木林子遺址)는 발해유적지가 원시문화유적 위쪽에 중첩된 고대문화유적이다. 원시문화유적의 내적 의미는 마천자유지(馬川子遺址)·일송정유지(一松亭遺址)의 문화내적 의미와 서로 비슷하여 원시시대말기, 즉 청동기문화 혹은 이보다 늦은 시기의 유적으로 생각된다.

발해평지성유적

1. 팔련성(八連城)

그림 7   1. 팔련성 표지석   2. 발굴현장   3. 정비현장
(※ 3. 이병건 교수 촬영)

팔련성(八連城)은 훈춘하(琿春河) 충적평원의 서쪽 자락, 현국영양
종장(縣國營良種場) 안에 있다. 동쪽은 현성과 6km 떨어져 있다. 도문
강(圖們江)이 성 서쪽 약 2.5km을 북쪽에서 남쪽으로 흘러간다. 북쪽
1km에는 도문(圖們)~훈춘(琿春) 도로가 지나간다. 성 안 동북쪽은 훈춘
현양종장5대(琿春縣良種場5隊) 주거지이다. 북벽 바깥쪽에 물도랑(水
渠)이 있다. 성 남쪽과 성 북쪽은 만주국시기의 비행장터이다. 성터 소
재지는 넓고 평평하게 펼쳐져 있고, 농수로가 종횡으로 연결되어 있다.

『훈춘고성고』에는 팔련성에 대해 다음과 같이 기록되어 있다. "팔련성(八連城)은 반랍성(半拉城)이라고도 부른다. 서쪽 현치소와 15리 떨어져 있다. 성은 정방형으로 가로·세로가 각각 250丈이다. 동·서·북쪽의 성터는 높이가 3척 정도이고, 남쪽 터는 이보다 약간 높다. 서벽은 도로가 지나간다. 사방에는 각각 1곳의 성문이 있으며, 안쪽에는 자성(子城) 7곳, 중앙에 3곳, 좌우에 각각 2곳이 있는데 모두 연결되어 있다. 성문지는 모두 14곳이다. 북쪽 외벽안과 자성(子城) 북쪽에 가로로 된 벽이 있다. 이 지역에서는 북대성(北大城)이라고 한다. 7개의 성과 합치면 8개가 되므로 팔련성이라고 부른다."

1937년 만주국시기 일본인들이 팔련성 시굴조사하였다. 시굴된 궁전지 3곳의 형태와 출토된 와당·녹유와·문자와 등 유물로 판단하면 팔련성이 발해시기의 고성으로 생각된다. 화룡 서고성(西古城)과 매우 비슷하다. 와당무늬와 기와편에 새겨진 글자는 상경에서 출토된 유물과 같다. 따라서 팔련성은 발해 동경용원부(東京龍原府) 유적지로 생각된다. 신중국 성립 이후 길림성문물공작자들도 여러 번에 걸쳐 팔련성을 조사하여 고성 형식과 규모, 그리고 역사적인 의미를 명확하게 하였다.

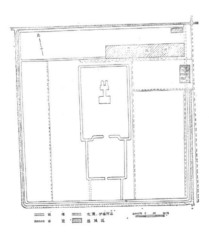

[도면 3]
팔련성평면도

팔련성은 내성과 외성으로 구분되며 성벽은 모두 토축이다. 외성은 방형이다. 방향은 북쪽에서 동쪽으로 10° 기울었고, 둘레 길이는 2,894m 이다. 외성 북벽 길이는 712m, 동벽 길이는 746m, 서벽 길이는 735m, 남벽 길이는 701m이다. 바깥쪽에는 해자가 있으나 알아볼 수 있는 곳이 드물다. 사방의 성벽에서는 성문지의 위치를 확인할 수 없다. 팔련성은 1,000여 년을 흘러 현재 확실하게 볼 수 있는 곳은 외성 동벽 남쪽, 남벽 동쪽 부분과 북벽으로 높이는 약 1m, 너비는 약 4~5m이다. 서벽은 도로가 되었고, 그 나머지 성벽은 거의 평지로 변했다.

외성 북벽 안에는 도로와 평행한 가로 담장이 있다. 북벽과 약 127m 떨어져 있는데, 일반적으로 북대성이라고 부른다. 이 가로 벽의 동쪽 부분은 현재 민가 10채가 있어 주거지로 바뀌었다. 외성 남벽 중간에서 북쪽으로 보면, 동일선상에 차례대로 연결된 3개의 내성이 있는데, 바로 남성(南城)·중성(中城)·북성(北城)이다. 북성(北城 : 즉 궁성)은 외성 중앙에서 약간 북쪽으로 치우친 곳에 있다. 북대성 남벽과 33m 떨어져 있다. 이 성은 장방형으로 남벽 중간 80m는 안쪽으로 5m 들어갔다. 성문지는 중앙에 있으며 너비는 25m이다. 둘레 길이는 1,072m이다. 남벽과 북벽은 각각 218m이며, 동벽과 서벽은 각각 318m이다. 북성 중앙에 동서 길이 45m, 남북 너비 30m에 달하는 높은 기단이 있는데 현재 높이는 약 2m이다. 높은 기단은 조약돌과 황토로 쌓았다. 지금은 기단 위에 인위적으로 옮겨진 초석 몇 개만 있어 원래의 배열상태를 알 수 없다. 가공한 초석은 길이가 60cm, 너비 50cm, 두께 20cm이다. 이곳은 웅장한 궁전지이다. 기단에서 북쪽으로 약 32m 떨어진 곳에 집자리터 3곳이 있다. 지면의 초석은 동서로 배열(즉 일본인들이 발굴했던 현장)되어 있는데, 궁전지로 생각된다. 이것과 기단 사이는 회랑으로 연결되어 있다. 북성(北城) 지표면에는 수많은 기와편이 흩어져 있다. 팔련성에서 나온 와당·녹유와·문자와 등은 모두 이 성에서 수습된 것이다.

중성은 북성과 남성 사이에 있고, 북성, 남성과 이어져 있다. 중성 북벽은 바로 북성 남벽이다. 중성은 둘레 길이가 723m, 동벽과 서벽 길이는 각각 168m, 남벽과 북벽 길이는 각각 169m이다. 남벽 중간에는 중성 남문지로 생각되는 구멍이 있으며, 북성 남문과 마주하고 있다. 중성 안은 현재 전부 논으로 개간되었다.

남성과 중성은 서로 이어져 있다. 그 남벽은 바로 외성 남벽 중간이다. 남성 성벽은 파괴가 심각하며, 특히 서벽은 거의 평평하게 변했다. 둘레 길이는 504m로, 동벽과 서벽은 각각 길이가 98m, 남벽과 북벽 길이는 각각 154m, 남아있는 높이는 약 0.2m이다. 남성 안쪽은 모두 논으로 변했다.

이렇게 외성과 내성이 있고, 궁성이 외성의 중앙에서 북쪽에 있으며, 내성에 궁전이 있고, 아울러 높은 기단 위에 축조된 것은 당나라시기 도성제도의 커다란 특징 중의 하나이다. 팔련성 건축배치는 당나라의 것을 모방했음에 의문이 없다.

팔련성의 유물은 비교적 풍부하다. 여러 번에 걸쳐 출토된 유물은 와당·수키와·암키와·가장자리에 무늬가 있는 기와[花沿瓦]·꽃무늬 벽돌·녹유와·문자와 등 건축자재다. 이러한 건축자재는 대부분 회색 또는 회황색(灰黃色)이며, 홍갈색은 거의 보이지 않는다. 기와 안쪽에는 모두 베무늬가 있고, 암키와 바탕에 새끼줄무늬가 있는 것도 있다.

와당 가운데는 연꽃무늬가 가장 일반적이다. 그중에서 꽃잎 밑부분을 긴 선으로 중앙에 있는 꼭지 바깥의 둥근 테두리와 연결한 것이 비교적 특수하다. 이것은 마적달(馬滴達) 사찰지에서 출토된 와당과 서로 같다. 이밖에도 꼭지가 있는 인동문 와당[乳丁忍冬紋瓦當]·두 겹의 연꽃무늬 와당[複板蓮花紋瓦當]·인동문 와당(忍冬紋瓦當) 등이 있다. 이러한 와당들은 비록 적지만 매우 특징적인 것이다. 꼭지가 있는 인동문와당은 홍갈색으로 가장자리가 넓고 높아서 고구려 와당의 분위기를 지니고 있다. 두 겹의 연꽃무늬 와당은 당나라시기 와당의 꽃무늬와 매우 유사하다. 수키와는 대부분이 미구가 붙어있고 미구에는 가로방향으로 돌출된 2개의 줄이 있다. 암키와는 매우 크고, 양쪽 너비는 일정하지 않다. 길이는 39.5cm, 너비는 26~30cm이다. 넓은 곳 가장자리에 일반적으로 보이는 지압문 또는 권선문(卷線紋)이 있다. 꽃무늬가 있는 벽돌은 청색의 네모벽돌 측면에 보상화문[蔓草紋]을 시문한 것이다. 녹유와는 대부분 수키와에서 보이는데, 태토는 홍갈색이고 바탕에는 녹색유약과 녹황색의 유약이 발라져 있다. 문자와는 대부분이 기와 머리 또는 바탕에 있다. 양각·음각이 모두 있다. 대부분은 한 글자이고, 두 글자는 적다. 정자(正字)가 많고, 거꾸로 쓴 글자[反字]는 적다. 한자가 많은데 그 중에서 일부는 특수한 이체자이며, 부호도 보인다. 이 성에서 수습된 문자와는 모두 30여 종이다. 이밖에 쇠칼·옥으로 만든 장식품·청동포정(銅泡丁) 등 무기와 장식품이 있다.

팔련성은 당나라시기 발해국(698~926)의 동경용원부의 치소이다. 그러나 현재 어떤 학자들은 이 설을 부정하고 발해 동경은 마땅히 훈춘(琿春) 춘화향(春化鄕)의 성장립자산성(城墻砬子山城 : 또는 紅石砬子)라는 견해를 제기하였다. 『신당서』 「발해전」에 "예맥고지(濊貊故地)를 동경으로 삼고 용원부로 불렀는데, 책성부(柵城府)라고도 한다. 경(慶)·염(鹽)·목(穆)·하(賀) 4주를 관할한다.", "천보(天寶) 말에

흠무(欽茂)가 상경으로 옮겼다. … 정원(貞元) 년간에 동남쪽의 동경으로 옮겼다."라고 기록하였다.

동경용원부는 발해시기의 일본도의 중추이며 또한 "책성의 메주(柵城之豉)" 산지이다. 어떤 학자는 대흠무가 동경으로 천도한 것은 해상으로의 발전과 어염(魚鹽)의 이로움을 얻어 국력을 향상시키기 위한 것이라고 한다. 당시 발해가 처한 정치적 상황과 자연적인 조건은 서쪽으로의 발전은 강대한 적인 거란에 의해서 저지되었고, 북쪽으로는 기후가 너무 춥고 또한 강대한 흑수말갈에 의해 막혀 확장에 어려움이 있었으며, 남쪽으로는 이미 끝에 이르러 신라에 의해 길이 막혔으므로 오직 동쪽의 바다만이 막힘이 없었고 또한 끝없는 자원을 취할 수 있었다.

일찍이 우리나라 남북조시기에 말갈인들의 선조들은 늘 배를 타고 바다에 나가 "고기를 잡아 먹이를 대신하였고"(『일본서기』권19), 어떤 때는 일본 해안으로 뻗어나가 원양어업을 하였다. 그래서 해상어업은 비교적 수준이 높았다. 발해가 건국한 이후 해상어염의 이익도 한층 발전하였다. 용원부 관할의 염주는 고증에 따르면, 포시에트만의 고성으로 이 지역은 해안과 가까우며, 그 이름은 소금이 생산되는 것에서 이름 지어졌다. 남해의 곤포(昆布)도 일반적으로 귀하게 여기는 것이다. 당나라로 조공한 해산물 중에는 해표피·경예어정(鯨鯢魚睛)·대모로 만든 고리[玳瑁制環] 등이 있는데 모두 바다에서 얻은 것이다.

동경용원부는 훈춘하 충적평원에 있으며, 주변도 여러 산들에 둘러싸여 있어, 그 지리적인 형세와 자연조건이 상경과 비슷하다. 그러나 동경은 바다를 향해 있고, 이용할 만한 다른 자원이 있어 상경보다 조건이 우월하다. 따라서 동경으로의 천도는 발해 경제발전을 더욱 유익하게 하였다.

팔련성은 발해의 정치·군사·경제·문화의 중심이며, 9년에 달하는 시간 동안 훈춘지역의 경제발전을 촉진시켰다.

2. 온특혁부성(溫特赫部城)

[그림 4]   1. 온특혁부성 남문지 및 표지석(남→북)
               2. 고성 서남쪽 모서리(남→북)

온특혁부성(溫特赫部城)은 훈춘하(琿春河) 충적평원의 끝자락에 있는데, 지금은 삼가자향(三家子鄉) 고성촌(古城村) 소재지이다. 이 성은 비우성(斐優城)과 담장을 사이에 두고 있다. 그 북쪽은 비우성 남벽으로 "자매성(姉妹城)"으로 부른다.

성 안 서남쪽은 경작지이고, 동북쪽은 고성촌(古城村) 주택지이다. 이 성벽은 비바람으로 훼손되었고, 일부 성벽은 날아온 모래로 언덕을 이루었는데, 그 높이는 약 2~3m에 달한다. 동벽에는 많은 구멍이 있고, 북벽은 이미 평평하게 되었다. 고성은 둘레 길이가 2,269m에 달한다. 동벽과 서벽은 각각 길이가 710m, 남벽은 길이가 381m, 북벽(비우성 남벽) 길이는 468m이다. 각루(角樓)나 치[馬面]·옹성(甕城) 시설은 보이지 않는다. 성 안과 남벽 바깥쪽 지면에는 수많은 깨진 기와와 깨진 도기 잔편이 흩어져 있다. 기와는 대부분이 회색의 베무늬기와이나, 홍갈색 기와도 있다. 기와 재질은 단단하다. 기와편에는 새끼줄무늬·자리무늬·네모무늬·마름모형태의 회자무늬·비스듬한 네모무늬 등이 있다. 대부분이 암키와이고, 미구가 있는 수키와도 있다. 『간도의 사적(間島の史迹)』에 근거하면, 성 안에서 일찍이 귀면와당(獸面瓦當)이 수습되었다고 한다. 도기편은 모두 물레로 빚은 니질회도(泥質灰陶)이다.

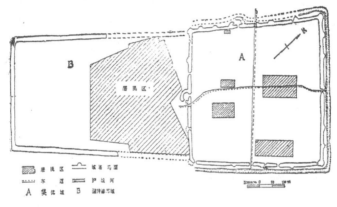

[도면 5]   비우성·온특혁부성평면도

고성 중간에 있는 마을[生産隊] 농장(場院) 주위 해자를 관찰하면, 문화층은 지표에서 0.4m~1m 깊이에 있고, 문화층에는 기와조각과 도기조각 등을 포함하고 있다. 그 중에는 연꽃무늬 와당·새끼줄무늬·자리무늬·비스듬한 네모무늬 등이 있는 암키와가 있다. 또한 지압문·둥근 테두리선무늬[圈線紋]가 있는 가장자리에 무늬가 있는 것[花緣紋]도 있다. 도기에는 항아리(缸)·항아리[甕] 유형의 큰 그릇이 있고, 바루

(鉢)·항아리[罐], 구멍이 여러 개인 그릇[多孔器] 등 비교적 작은 그릇
도 있다. 그릇 손잡이는 다리형태의 손잡이[橋狀耳]와 가로로 구멍이
뚫린 꼭지형태 작은 손잡이[乳丁狀橫穿小耳] 등이 있다. 이들 구멍이
여럿인 그릇과 가로 구멍이 뚫려 있는 꼭지형태의 손잡이는 소성자고
성(小城子古城)·양포발해유지(楊泡渤海遺址)에서도 발견되었다.
출토된 유물 가운데는 철제 도가니솥[鐵坩鍋]도 있다. 철제 도가니솥은
손잡이[把]가 있고, 밑부분에는 꼭지 모양의 작은 다리 3개가 있어서,
금속을 녹이는데 사용하는 그릇임에 틀림없다.

　성의 형식과 출토유물로 보면, 온특혁부성(溫特赫部城)은 발해시기
의 성터라는데 의문이 없다. 그래서 이전에 요금시대 고성으로 비정한
것은 잘못된 것이다. 『금사(金史)』에 있는 "통문수온적흔부(統門水溫
迪痕部)"라는 기록은 아마도 온특혁부성(溫特赫部城) 이름의 유래와
관련이 있을 가능성이 있다. 그러나 이것은 온특혁부성(溫特赫部城)이
요금시기에 일찍이 연용되었다는 것을 설명할 뿐이다.

3. 소성자고성(小城子古城)

그림 8　　　　1. 소성자고성 표지석(홍성2대마을외곽, 남→북)
　　　　　　　2. 고성 소재지(동→서)

소성자고성(小城子古城)은 훈춘현성(琿春縣城)에서 동남쪽으로 10km 떨어진 훈춘하(琿春河) 남안대지 비탈에 있다. 사방은 넓게 펼쳐진 평지로, 마천자향(馬川子鄕) 홍성이대둔(紅星二隊屯 : 옛 이름은 北崗子)이 성안에 있다. 동북쪽으로 살기성(薩其城)과는 5km 떨어져 있으며 남쪽으로는 작은 하천과 이웃해 있다.

고성은 천여년간의 비바람에 깎이고, 장기간의 경작으로 성벽은 이미 사라졌다. 겨우 고성의 서북쪽 모서리와 동북쪽 모서리 부근에서 약간 성벽의 잔적을 볼 수 있다. 성의 형식과 성문지는 분명하지 않다. 성벽은 토석혼축이다. 1964년 조사자료에 근거하면, 고성은 장방형이고, 성벽은 동서 길이 170m, 남북 너비 113m이다. 방향은 북쪽에서 서쪽으로 15° 기울어져 있다. 『훈춘고성고(琿春古城考)』의 기록에 "소성자(小城子)에서 남쪽으로 현치(縣治)까지는 18리이다. 이 지역을 바로 소성자라고 부르는데, 너비는 75장, 길이는 58장이며, 해자(隍池)는 없다. 남북에는 성문지가 각각 1곳씩 있다. 현재 성 안팎은 농경지로 개간되었다. 다만 유적지가 약 3척 정도 올라와 있어 대체로 알 수 있다."라고 하였다. 이 성의 축조연대는 알 수 없다. 『만주고적고물명승천연기념물회편(滿洲古迹古物名勝天然記念物匯編)』에, "살피건데, 이 성은 명나라시기 만주부락 수령이 위소(衛所)의 관리였을 때 축조한 것 중의 하나이나 축조연대는 알 수 없다."라고 기록하였다.

성 안에는 13가구가 거주하고 있다. 성 안은 모두 집자리・마당과 채소밭으로 변했다. 지면에 흩어져 있는 유물은 연꽃무늬 와당・미구가 있는 수키와・지압문기와・새끼줄무늬 암키와 등 잔편이다. 대부분은 회색이며 홍갈색도 있다. 성 안에서 출토된 유물로 보면, 이 성은 발해시기의 고성이다. 서쪽으로 훈춘시에서 7.5km 떨어진 팔련성은 발해 동경용원부(東京龍原府)로, 경(慶)・염(塩)・목(穆)・하(賀) 4주를 관할한다. 부곽주(附廓州)는 경주(慶州)이고, 영현(領縣)은 여섯이다. 이 성은 아마도 경주(慶州) 관할의 현 치소로 생각된다.

4. 석두하자고성(石頭河子古城)

석두하자고성(石頭河子古城)은 훈춘하(琿春河) 하류에 형성된 삼각충적평원 중남부 가장자리와 판석향(板石鄕) 태양촌(太陽村) 반가구둔(潘家沟屯)에서 동남쪽으로 1.5km 떨어진 하곡평지 중앙에 있다. 동·서·남 3면은 높고 험준한 산봉우리이다. 서북쪽은 지세가 넓게 펼쳐져 있으며, 훈춘분지와 서로 이어진다. 성에서 남쪽으로 약 20m 떨어진 곳에는 석두하(石頭河)가 동쪽에서 서쪽으로 흘러 훈춘하(琿春河)로 들어간다. 동남쪽으로 2.5km 떨어진 곳은 중소국경의 분수령인 장령자(長嶺子)이다. 성 남쪽과 북쪽에는 3개의 구릉이 서로 이어져 너비 약 1km에 달하는 좁고 긴 하곡평지를 이룬다. 남쪽 구릉에는 장령자로 통하는 도로가 있다.

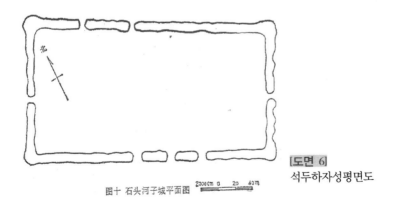

图十 石头河子城平面图   2000cm 0   20   40m

[도면 6]
석두하자성평면도

석두하자고성 평면은 장방형이며 방향은 30°이다. 동벽 길이는 123m, 서벽 길이는 134m, 남벽 길이는 287m, 북벽 길이는 288m이며, 전체 둘레는 832m에 달한다. 성벽 잔고는 2~2.5m이며, 너비는 8~10m로 크기가 다른 돌로 쌓았다. 사방의 성벽 가운데는 각각 1개씩 성문지가 있다. 북벽 서쪽에는 구멍이 1곳 있고, 남벽의 동쪽에는 구멍이 2곳 있다. 성벽의 사방 모서리에는 모두 각루(角樓)가 있으나 치[馬面]·옹성(甕城)과 해자유적은 보이지 않는다.

성 안팎은 모두 농경지로 개간되었으며 지면에서는 약간의 깨진 기와조각과 회도(灰陶) 잔편이 흩어져 있다. 암키와는 회색(灰色)과 홍갈색으로, 안쪽에는 모두 거친 베무늬가 있다. 표면에는 아무런 무늬가 없는 것도 있고, 자리무늬·그물무늬·거칠고 세밀한 것이 일정하지 않은 새끼줄무늬(粗細不同的繩紋) 등도 있다. 수키와는 청회색으로 재질은 단단하고 바탕은 거칠다. 안쪽에는 거친 베무늬가 있지만 바탕에는 아무런 무늬가 없다. 성 안 가운데는 본채(正房)·동서 행랑[廂房]과 돌로 쌓은 담장 구조 건축유지가 있다. 그 남북 길이는 약 80m, 동서 너비는 36m이다. 뜰 안 편동쪽에 우물자리가 있다. 전해지는 말에 의하면, 이 유지는 근대 지주의 장원이었다고 한다.

성의 형식과 출토된 기와편 등으로 보면, 발해시기의 고성임에 의문의 여지가 없다. 고성지는 예로부터 훈춘에서 장령자를 넘어 러시아 포시에트만 일대로 가는 교통로 부근에 있으며, 발해시기 일본으로 통하는 일본도(日本道)가 이곳을 경유한다. 어떤 학자는 석두하자고성(石頭河子古城)이 발해시기 일본도 상의 역참이라고 하는데 이것은 정확한 견해이다. 고성 규모는 비록 크지 않지만, 축조가 매우 견고하다. 역시 발해시기 장령자 교통로를 지키는 군사성보이다.

5. 영의성(英義城)

[그림 9]　1.영의성 표지석(남→북)　2. 동벽(남→북)　3. 남벽(동→서)

영의성(英義城)은 영아성(英莪城) 또는 영애성(英愛城)이라고도 한다. 훈춘(琿春) 평원 서북부, 현성(縣城)과 6km 떨어진 영안하(英安河) 동안의 평평한 대지 위에 있다. 성 북쪽은 영안촌(英安村) 주택지와 붙어 있고, 동·서 양쪽은 각각 영안향중학(英安鄕中學)·향정부(鄕機關)와 이웃해 있다. 서쪽으로 약 1km 떨어진 곳은 도문강(圖們江)이 서쪽에서 동쪽으로 흐르다가 다시 남쪽으로 흘러간다. 성 서남쪽으로 80m 떨어진 곳에서 훈춘(琿春)~도문(圖們) 도로와 훈춘(琿春)~대황구(大荒沟) 도로가 교차한다. 성 남벽은 이미 훈대(琿大)도로의 일부가 되었다. 성 안 북반부는 이미 영안소학(英安小學)·향보건소[鄕衛生院]와 주택 등이 점유하였고, 남벽의 서쪽에는 사열대[露天舞臺]가 있다.

영의성 건축형식은 비교적 반듯하여 대체로 장방형을 이루고 있다. 성은 남북으로 길고 동서로 짧으며, 성터의 방위는 17°이다. 성벽은 황

토로 판축하였다. 비교적 완전한 남벽을 기준으로 하면, 기단부의 너비
는 8m, 높이는 약 3m이다. 서벽이 도로가 된 것을 제외한 나머지 3벽은
대체로 원래의 모습을 지니고 있다. 동벽 길이는 296m, 서벽 길이는
311m, 북벽 길이는 250m이다. 성문지는 동·남·북 3벽 중간에서만
볼 수 있으며, 너비는 3~5m로 일정하지 않다. 성에는 각루(角樓)·치[馬
面]·해자가 없다.『훈춘향토지(琿春鄕土志)』에 "동문 동쪽에도 동·서
쪽문이 각각 1개씩 있다."라고 기록되어 있지만 현재는 흔적이 없다.

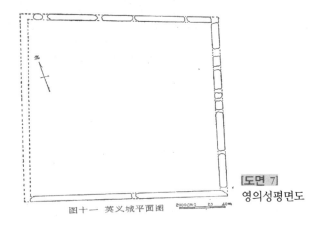

[도면 7]
영의성평면도

图十一 英义城平面图

소학교 운동장으로 변한 성 안 지표면에서도 약간의 유물을 발견할
수 있다. 그 중에는 두께 2cm, 너비 24cm의 베무늬기와와 시루·항아리
[罐] 등 니질(泥質)도기 잔편이 있다.

1963년 소학교를 세울 때, 성 안에서 쇠로 만든 고기형태의 작두[鍘
刀]·귀면와당과 네모구멍이 있는 "개원통보(開元通寶)" 등이 출토되
었고, 아궁이터도 발견되었다. 그밖에 성 서남쪽 도로 양쪽 지표면과
영안하(英安河) 대지 단면 1m 깊이에서도 베무늬기와가 발견되었다.

영의성은 훈도(琿圖)·훈대(琿大)도로가 교차하는 곳에 있다. 도문강과도 매우 가깝고, 높은 곳에서 아래를 굽어보고 있어 수비하기가 쉬우므로 전략적인 위치가 매우 중요하다. 지리위치와 형식규모로 분석하면, 이 성은 발해시기에 축조되어 요금시기에 연용되었다고 생각되며, 명나라 시기에는 위 소재지(衛所址)였다.

6. 영성자고성(營城子古城)

[그림 10] 1. 영성자고성 성벽 및 내부(남→북)
2. 영성자고성 표지석(서→동) 3. 고성 동벽의 옹성(동→서)

영성자고성(營城子古城)은 춘화향(春化鄕)에서 북쪽으로 약 7.5km 떨어진 훈춘하(琿春河) 상류 하곡분지 남쪽에 있다. 훈춘(琿春)~동녕(東寧) 도로가 그 서쪽 50m 떨어진 곳을 지난다. 남쪽으로 동흥진(東興鎭 : 옛 이름은 東土門子이다)과 2km, 북쪽으로 초평둔(草坪屯)과 1.5km 떨어져 있다. 동북쪽 2.5km에 하천을 사이에 두고 성장립자산성(城墻砬子山城)과 서로 마주한다. 남쪽 300m에는 동서향의 평평한 언덕이 있다. 동쪽 500m 훈춘하(琿春河)는 북쪽에서 남쪽으로 흘러 남쪽

1.5km에 이르러 초모정자하(草帽頂子河)와 합류한다.

성터는 대체로 남향이다. 동벽은 일찍이 물에 의해 침식되었으나, 나머지 3면은 보존상태가 비교적 좋다. 성 평면은 대략 모서리가 둥근 동서향의 불규칙한 방형[圓角長方形]으로 동쪽은 넓고 서쪽은 좁다. 성 둘레는 남아있는 길이가 930m이다. 서벽 길이는 203m, 남벽 길이는 354m, 북벽 길이는 373m이다. 성벽은 토석혼축이며 기단부 너비는 약 13m, 높이는 3~4m, 윗부분 너비는 1.5m에 달한다. 남벽 중간에 성문지가 있고, 바깥쪽에는 옹성(甕城)이 있다. 옹성은 비교적 완전하다. 서벽 편남쪽에도 성문지가 있으며 바깥쪽에서 옹성잔적을 확인할 수 있다.

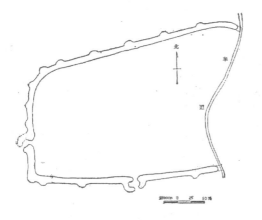

[도면 8]
영성자고성평면도

성벽에는 12개의 치[馬面]가 남아 있으나 간격은 일정하지 않다. 남벽에 3개, 서벽에 3개, 북벽에 6개가 있다. 서남쪽 모서리에는 각루지가 있다. 성에서 서쪽으로 200m 떨어진 곳에 높이가 약 10m 정도에 달하는 작은 흙 기단이 있는데 윗부분에는 흙무더기가 있어 전망대로 생각된다.

성 안팎은 일찍이 농경지로 개간되었다. 성 안의 초석과 돌덩어리 등은 대부분 성밖으로 옮겨져 건축유지의 잔적을 확인할 수 없다. 『간도의 사적(間島の史蹟)』기록에 근거하면, "1942년 일본학자 재등심병위(齋藤甚兵衛)가 성안 동남쪽 모서리에서 건축지를 발견하였다. 초석 배열이 가지런하며, 그 규모는 동서 길이 8.8m, 남북 너비 8.5m에 달한다. 성안 편동쪽에 둥근 형태의 우물이 있다. 우물벽은 돌로 축조하였고, 깊이는 약 3m, 지름은 0.7m에 이른다."고 하였다. 전해지는 말에 의하면, 중화인민공화국성립 전 한 민가에서 이 우물을 사용하였다고 한다. 성안 지면에는 깨진 기와편·도기편과 자기편 등이 흩어져 있다. 기와편은 회색이며, 안쪽에 베무늬가 있다. 변형된 연꽃무늬 와당·수면와당·적수와(滴水瓦) 등이 수습되었다. 도기는 니질회도(泥質灰陶)이며, 그중에는 권연(圈沿)·쌍순(雙脣) 등 주둥이와 밑바닥이 평평한 바닥이 평평한 바리(平底鉢)·대접[碗]·항아리[罐] 등의 그릇 바닥도 있다. 이 성에서 일찍이 일곱 개의 별이 있는 쇠로 만든 검[七星鐵劍]이 발견되기도 하였다.

성 형식과 출토문물로 관찰하면, 영성자고성은 발해시기에 쌓아서 요금시기에 개축하여 연용한 것으로 생각된다. 이 성은 성장립자산성과 마찬가지로 당시 쌍성자(雙城子)·블라디보스톡[海參崴] 일대로 왕래하는 교통요충지를 통제하는 중요군사시설이다. 이 성은 훈춘지방의 역사를 연구하는데 있어 중요한 가치를 지니고 있다.

7. 맹령하구고성보(孟嶺河口古城堡)

하구둔(河口屯)은 판석향(板石鄕) 맹령촌(孟嶺村)에서 서남쪽으로 약 8km 떨어진 도문강(圖們江) 좌안의 작은 분지 위에 있다. 이곳은 훈춘하(琿春河)가 도문강(圖們江)으로 유입되는 하구부근이므로 하구둔(河口屯)이라고 불린다. 하구둔(河口屯)에서 서북쪽으로 도문강과 훈춘하가 합류하는 지점까지 약 2km 떨어져 있다. 마을 동쪽과 북쪽은 산과 이어져 있다. 남쪽은 도문강에 접해 있고, 강 동쪽은 북한과 서로 마주하고 있다. 마을 서북쪽 모서리는 비교적 넓게 펼쳐진 골짜기 입구로, 유명한 용당포구(龍堂船口)가 바로 이곳이다. 고성은 하구둔(河口屯) 마을 중앙, 즉 북쪽에서 남쪽으로 뻗어나간 산등성이 남쪽 끝자락에 있다. 성보(城堡)는 높은 곳에서 아래로 굽이보아 도문강 양안의 동향을 감시할 수 있다.

성은 장방형이며 방향은 210°이다. 동벽과 서벽 길이는 각각 51m, 남벽과 북벽 길이는 각각 47m이다. 성은 토석혼축이며, 기단부 너비는 약 10m, 높이는 2m로 일정하지 않다. 성 동북쪽 모서리 채소저장고 안쪽 단면으로 보면, 성벽 꼭대기에서 1.8m 깊이에 두께가 1~10cm에 이르는 탄회층(炭灰層)이 있다. 그 윗부분은 황점토(黃粘土)와 돌층[石頭層]이다. 성은 이미 심각하게 파괴되었다. 동벽 남쪽부분은 약 15m 남아있다. 남벽은 이미 경작지로 변하여 약간 융기된 지형과 성벽 밖의 지세로 원래의 성벽을 대체로 분별해 낼 수 있을 뿐이다. 성 안의 서북쪽에는 현대 주택 2채가 있다. 서북쪽 모서리에도 구멍이 있는데, 윗부분의 너비는 약 3m에 달한다. 성의 지세는 서북쪽이 높고 동남쪽이 점차 낮아지면서 2층의 대지를 이룬다. 남벽과 15m 떨어진 북쪽 대지는 남쪽 지역보다 약 1m정도 높다.

성 안의 지층은 두 층으로 나눌 수 있다. 상층 흑갈토층(黑褐土層)은 두께가 20cm이고, 아래층은 황토층(黃土層)이며 두께는 약 40cm이다. 안쪽에는 회색니질도기잔편[灰色泥質陶片]이 포함되어 있다. 다시 아래는 생토층이다.

성에서 남쪽으로 61m 떨어진 비스듬한 언덕 남쪽에는 근대 우물터 1곳이 있다. 현지인들에 의하면, "이것은 이전에 있던 우물터 수맥을 이용하여 판 우물이다. 본래의 우물은 이곳(우물)에서 동쪽으로 약 2m 떨어진 곳에 있었다. 우물 부근에서 녹색 유약이 발라져 있는 홍항태질 그릇 밑바닥잔편[紅缸胎質器物殘底]과 회색니질도기잔편[灰色泥質陶 片] 몇 점을 발견하였다. 성 부근에서는 안쪽에 베무늬가 있는 기와를 수습하였다."고 한다.

성의 형식과 구조, 그리고 부근에 흩어져 있는 유물에 근거하여 분석 하면, 이 성은 아마도 발해·요금시기 수로교통과 관련이 있는 고성보 로 생각된다.

8. 경영고성(慶榮古城)

[그림 11]   1. 경영고성(동남모서리에서)   2. 경영고성 남벽(동→서)

경영고성(慶榮古城)은 훈춘시(琿春市) 양수진(凉水鎭) 경영촌(慶 榮村) 삼려둔(三閭屯) 남쪽 도문강 북안 대지에 있다. 성벽은 일찍이 평평해졌으며 성안은 경작지로 변했다. 지표면보다 약간 높게 올라온 흔적과 문물의 분포 상황으로 분석하면, 성의 평면은 장방형이며, 동서 길이는 약 400m, 남북 너비 약 200m이다. 성안에는 발해시기의 연꽃무늬 와당·지압문 암키와, 그리고 커다란 초석 등이 흩어져 있다. 성에서 북쪽으로 약 200m 떨어진 대지와 그 아래에는 발해 고분군이 있다. 경영고성은 훈춘(琿春)에 있는 발해시기 평원성 가운데 비교적 큰 고성에 속하며, 부근에서 비교적 많은 고분군이 발견되어 아마도 발해 동경용원부(東京龍原府)에 속한 어느 주의 치소로 생각된다. 학계에서는 온득혁부성(溫特赫部城)을 경주(慶州)로 비정하였고, 지금의 연해주의 크라스키노성[下岩杵下古城]을 염주(鹽州)로 추정하였는데, 그렇다면 경영고성은 목주(穆州) 또는 하주(賀州)의 치소일 가능성이 매우 높다.

휘남현

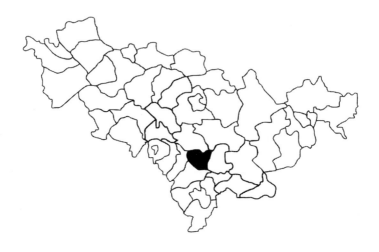

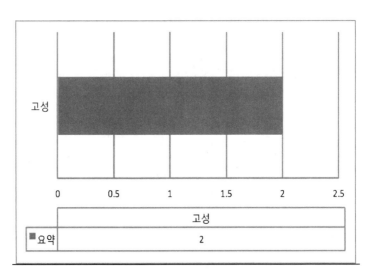

	고성
■ 요약	2

발해산성유적

1. 소성자촌고성(小城子村古城)

소성자촌고성(小城子村古城)은 휘남현(輝南縣) 조양진(朝陽鎭) 동북에서 약 7km 떨어진 소성자촌(小城子村) 소재지에 있다. 고성에서 서북으로 단림자(團林子) 기차역과는 500m, 동북으로 영강향(永康鄕)과는 약 1km, 아울러 휘발하(輝發河)를 넘어 휘발성(輝發城)과 마주하고 있다. 고성에서 북쪽으로 100m 떨어진 심양~길림 철로와 300m 떨어진 곳에 독호로산(禿葫蘆山)이 있다.

소성자촌고성은 북쪽으로 독호로산에 인접해 있고, 남쪽으로 휘발하와 접해 있다. 고성의 평면은 장방형이며 둘레 길이는 약 1,548m이다. 고성 성벽은 황토를 판축하여 쌓았다. 고성의 서북쪽에는 8×8m 규모의 네모난 기단이 있는데, 이 기단은 성벽보다 약간 높아서 아마도 각루로 생각된다. 고성 성벽 사방에는 성문이 있다. 북문의 성벽 가운데에는 안쪽으로 들어간 형태의 옹문이다. 고성 안쪽의 북쪽에는 3겹의 등성이가 남북방향으로 뻗어 있고, 그 위에는 많은 베무늬기와 잔편 등이 흩어져 있으며, 그 중에는 특히 붉은색의 베무늬기와가 가장 많이 보이고,

그 다음은 회색 베무늬기와 잔편이다. 고성 안쪽의 서남 모서리에는 일찍이 우물이 있고, 그 위는 커다란 판석으로 덮여있었는데, 현재는 이미 진흙으로 메워졌다.

고성은 고구려시기에 축조되어 이후에 발해 요금시기에 연용된 것으로 생각된다.

2. 휘발성(輝發城)

휘발성(輝發城)은 휘남현(輝南縣) 휘발성향(輝發城鄉) 장춘보(長春堡)에서 서남으로 4km 떨어진 휘발산(輝發山) 위에 있다. 서남쪽으로 조양진(朝陽鎭)과 17.5km 떨어져 있으며, 휘발하 너머 영강향(永康鄉)의 감가가촌(坎家街村)·영승촌(永勝村)과 마주하고 있다.

휘발산은 휘발하 하곡평원에서 우뚝 솟은 산봉우리로 해발은 256m이다. 산은 비록 높지 않으나 매우 험준하다. 휘발고성은 휘발산 정상부에 있으며, 고성은 산으로 인해서 이름 지어졌다.

고성 성벽은 산세를 따라 축조하였으므로 삼면은 강물에 접해 있고, 한쪽은 넓은 하곡평원이다. 휘발산에는 지하수가 매우 풍부하다. 전체 고성은 내성·중성·외성의 성벽으로 구성되어 있다. 그중에서 내성의 전체 성벽과 중성의 동남·서북 두 성벽은 휘발산의 험준한 자연적인 산세를 따라 축조하였다. 외성의 양쪽은 휘발산과 이어져 있다. 그 나머지 성벽은 주로 평지에 축조되어 있다. 휘발성의 삼중 성벽은 모두 휘발산과 이어져 있는데 그 절벽은 휘발성의 남벽이 된다.

휘발성 내성은 불규칙한 마름모형태로, 그 동남쪽은 자연적으로 이루어진 절벽을 이용하여 산세가 뻗어 내린 방향을 따라 성벽을 축조하였다. 내성의 둘레 길이는 706m이다. 성벽은 자갈에 황토를 섞어서 판축하였다. 성벽의 외벽은 절벽과 수직을 이루어 매우 험준하다. 성 안의 지면에는 고구려·발해·요금시기의 유물이 흩어져 있다. 내성 성벽에는 모두 2곳의 문지가 있다. 휘발산 문 중간과 휘발하에 인접한 절벽에는 인공으로 파서 만든 꼬불꼬불한 오솔길이 있어서 곧장 산꼭대기에서 강가로 통할 수 있다.

내성 동남쪽에는 인공으로 수축한 평평한 기단이 있는데 평평한 기단은 휘발산의 자연적인 산세를 따라 타원형으로 이루어져 있으며, 둘레 길이는 336.5m이고, 평평한 기단은 내성보다 4.8m 높다. 평평한 기단 중간에서 서남쪽 절벽으로 13m 떨어진 곳에는 인공적으로 토석을 쌓아서 만든 높은 기단이 있는데 그 평면은 방형이며, 현재의 높이는 2.5m이고 한 변의 길이는 4m로 전체의 성 가운데 가장 높은 곳이다. 기단 서북쪽과 내성 성벽 사이에는 높이 2.4m, 윗부분의 너비 4.5m, 길이 83m에 이르는 계단이 있다. 계단은 기단을 빙 둘러서 활모양을 이루고 있다.

중성은 내성의 외곽성이다. 성벽은 대부분이 평지에 축조되었는데, 단지 서북쪽과 동남쪽의 일부만이 산세의 방향을 따라 축조하였다. 중성의 둘레 길이는 1,313m이다. 성벽은 모두 토석으로 판축하였다. 성문은 성벽 중간에 축조하였다. 문지 양쪽 성벽은 방형의 흙기단이다. 중성 안은 이미 경작지로 개간되었고, 도로 양쪽에서 밀집된 방형의 작은 기단형태를 발견할 수 있다. 중성 안에서 요금과 명대의 유물이 많이 출토되었다.

외성의 평면은 타원형으로, 동서 길이는 약 1,000m, 남북 너비는

550m로 둘레 길이는 2,647m이다. 성벽은 황토에 자갈을 섞어서 판축하였다. 외성 성벽 위에는 모두 성문이 2곳이 있는데, 외성의 동쪽과 서쪽에 있다. 외성구역 안에서 가장 많이 출토된 유물은 돌절구로 석질은 화강암이다. 요금과 명대의 자기와 도기가 매우 많다. 내성의 평평한 기단에서는 회색의 베무늬기와와 고구려시기의 홍색 그물무늬 기와 등 유물이 많이 발견되었다.

휘발성은 고구려시기에 처음으로 축조되어 후에 발해·요금·명청시기에 연용되었다. 어떤 사람은 휘발성의 발해의 회발성(回跋城)으로 고증하기도 한다.

길림성 발해유적목록

번호	분류	명칭	성시	위치	둘레 (m)	남북 (m)	동서 (m)	입지
1	고성	三合屯古城	蛟河市	吉林省 蛟河市 拉法鎭 大甸子村 서북 산등성이	380	96	94	동쪽四合屯과는 약 1km, 서남쪽義和村小河北屯과는 3.5km 떨어져있다. 고성의 입지는 동쪽이 높고 서쪽이 낮다.
2	고성	上參營古城	蛟河市	吉林省 蛟河市 新農鎭 紅光村 (옛 이름은 杜家街이다) 上參營	500	115	150	동쪽 약4.5km는 永豊屯, 서쪽 약 0.5km는 蛟河河道인 松花湖 수몰지역, 강(호) 건너는 지수진, 남쪽 약 2km는 下三營古城址이 있다.
3	고성	春光北山古城	蛟河市	吉林省 蛟河市 烏林鎭 春光村 북 약 1km 북산 정상	112	36.2	30	동쪽朝陽동산과 약 1km, 남쪽 嘎呀河와 약 1.5km, 서쪽 蛟河-舒蘭 도로와 약 2km 떨어져 있다.
4	고성	下參營古城	蛟河市	吉林省 蛟河市 新農鎭 荒地村 下三營屯 소재지	400	100	100	동쪽 약 1km는 구릉지대, 서쪽 0.5km는 蛟河河道, 북쪽 약 2km는 土城子古城이 있다.
5	사찰	七道河子寺廟址	蛟河市	吉林省 蛟河市 天崗鎭 七道河子村 七道河와 冰葫蘆沟河합류처 북안 산기슭				남북 양쪽은 해발 400m정도의 산이고, 그 중간은 좁고 긴 구불구불한 산곡 평지이다. 유지는 바로 北大山 산자락 아래에 위치한다. 동남쪽 七道河子村과 약 0.5km, 서쪽 五道河子屯과 약 4km, 남쪽은 七道河와 인접해 있다. 유지 북쪽에는 동서 방향의 鄕路가 있고, 유지 동쪽 200m에는 鄕路가 둘로 나뉜다. 그중 하나는 동쪽 七道河子 기차역으로, 다른 하나는 남쪽의 七道河 石橋를 지나 七道河子村으로 통한다.
6	촌락	六家子東山遺物散布点	蛟河市	吉林省 蛟河市 新站鎭 六家子東山 산기슭				新站鎭 六家子山城에서 서쪽으로 100m 떨어진 산기슭에 있다. 이곳은 넓게 펼쳐진 농지이다.
7	고분	帽兒山墓葬	吉林市	吉林省吉林市 江南公司 永安大隊와 裕民大隊가 접경한 帽兒山 서쪽 산기슭				帽兒山고분군은 서쪽으로 東團山山城과 약 1.5km 떨어져 있고, 북쪽으로 胡家墳山과 마주하고 있으며, 남쪽으로 龜盖山과 700m 떨어져 있다.
8	고성	官地古城	吉林市	吉林省 吉林市 第二松花江 우안 산등성이	1,160	200	380	龍潭山山城의 서남쪽, 吉舒철로 龍潭山 역 서쪽에 있다. 그 남쪽 3km에는 東團山山城이 있다.
9	고성	東團山山城	吉林市	吉林省 吉林市 東郊 江南公司 永安大隊 東團山 정상과 산 중턱	외:690 중:464 내:154	115 62 15	230 170 62	산성동쪽은 帽兒山과 약 1km, 북쪽은 龍潭山고구려산성과 약 2.5km 떨어져 있다. 서쪽은 松花江, 남쪽은 산등성이 이다. 산기슭 및 산 동남쪽 평지에는 원시·한·고구려·발해·요·금 시기의 유적이 흩어져 있다.
10	고성	東團山平地城	吉林市	吉林省 吉林市 江南公社 永安大隊	1,050			동쪽 약 1km는 帽兒山, 서쪽은 松花江, 북쪽 약 2.5km는 龍潭山 고구려산성이다. 남쪽은 산등성이와 이어져 있고, 산기슭

번호	분류	명칭	성시	위치	둘레(m)	남북(m)	동서(m)	입지
								과 산 동남쪽 평지에 원시·한·고구려·발해·요·금시기의 유적이 흩어져 있다.
11	고성	三道嶺子山城	吉林市	吉林省 吉林市 沙河子公社 三道嶺子 大砬子山				성 동남쪽은 산간분지로 東團山·龍潭山과 마주하고, 북쪽은 松花江과 인접해 있다. 정북쪽은 너른 충적평원이다. 서·서북북은 구릉지이며, 吉九도로 및 二道嶺子七家子 西山과 鍋頂山과 7.8km 떨어져 있다.
12	고성	龍潭山山城	吉林市	吉林省 吉林市 동부의 龍潭山 위	2,396			
13	촌락	龜蓋山遺址	吉林市	吉林省 吉林市 江南公社 永安大隊		100	100	서쪽은 華山도로 너머 松花江까지 약 400m, 서남쪽으로 小禿山遺址와 약 400m, 북쪽으로 帽兒山遺址와 약 500m 떨어져 있다.
14	촌락	東團山遺址	吉林市	吉林省 吉林市 江南公社 永安大隊				산 동쪽은 吉豊철로 너머 帽兒山과 1km 떨어져 있다. 서쪽은 松花江이고, 남쪽은 산등성이다. 북쪽은 嘎牙河 너머 龍潭山 고구려산성과 약 2.5km 떨어져 있다. 산기슭과 산 동남쪽 평지에는 원시·한·고구려·발해·요·금시기 유적이 있다.
15	촌락	馬家屯遺址	吉林市	吉林省 吉林市 江南公社 日升大隊 電力抽水站 남쪽일대의 강안		500	20	서쪽으로 강 너머 제55중학과 마주한다. 동쪽으로 江南大橋와 약 1km, 동쪽으로는 민가와 인접한다. 민가를 지나 500m를 가면, 바로 길림사범학원이다.
16	촌락	帽兒山遺址	吉林市	吉林省 吉林市 江南公社 裕民大隊		100	100	帽兒山은 江南公社 永安大隊에 있다. 이곳은 송화강 동안이다. 嘎牙河가 남쪽에 있으며, 남쪽으로 龜蓋山유지와는 약 700m, 서쪽으로 吉豊철로와는 1km 정도 떨어져 있다.
17	촌락	土城子遺址	吉林市	吉林省 吉林市 龍潭區 土城子 古城 동남쪽				남쪽으로 1.5km는 第二松花江이다. 유적은 강 우안 충적평지에 있다. 지세는 대체로 주변보다 높다.
18	촌락	炮手口子遺址	吉林市	吉林省 吉林市 江南公社 永安大隊		100	500	東團山과 東改集街 중간에 있다. 松花江 남안으로 오랫동안 빗물에 침식되어 유지에는 약 5~6m 깊이의 구덩이가 많다.
19	촌락	胡家墳遺址	吉林市	吉林省 吉林市 江南公社 裕民大隊		400	100	북쪽은 龍潭山 산맥과 이어진다. 남쪽 0.5km는 帽兒山遺址이다. 두 산 사이로 嘎牙河가 흘러간다. 서쪽 약 1.5km에는 松花江이 흐른다.
20	고성	農安古城	農安市	吉林省 農安市 성안	3,840	남:937 북:983	동:936 서:984	남쪽 長春市와 70km, 동쪽 伊通河와 1km 떨어져 있다. 長白철로와 圖烏도로가 성 서쪽 400m를 지나간다.
21	촌락	半截沟遺址	農安市	吉林省 農安市 青山口鄉 江東		40	60	유지는 青山口鄉 江東王村 第二松花江 남안 구릉 위에 있다.

번호	분류	명칭	성시	위치	둘레(m)	남북(m)	동서(m)	입지
				王村 下窰屯에 서동북으로 400m				북쪽으로 江畔, 남쪽으로 농경지에 인접해 있으며, 서남쪽으로 下窰屯과 400m 떨어져 있다. 지세는 북쪽이 높고 남쪽이 낮다.
22	촌락	連三坑遺址	農安市	吉林省 農安市 黃魚圈鄕 連三坑屯 中部 모래 언덕		30	40	유지 서쪽은 鄕路에 인접해 있다. 동·남 두 방향은 민가이다. 정북 1,500m에는 第二松花江이 흐른다.
23	촌락	腰坨子遺址	農安市	吉林省 農安市 黃魚圈鄕 潘家坨子村 劉文擧屯北		100	200	沙坨子는 지면보다 1m 정도 높다. 북쪽으로 300m 떨어진 곳에는 第二松花江, 남쪽 40m에는 인공수로가 있고, 서쪽은 王八坑坨子와 300m 떨어져 있다.
24	촌락	林家坨子遺址	農安市	吉林省 農安市 黃魚圈鄕 六里半村 林家坨子屯 西北 沙坨子		20	100	동·남 두 방향으로 150m 떨어진 곳에는 수로가 있다. 松花江은 북쪽 100m에서 두 갈래로 나뉜다.
25	촌락	八丈沟遺址	農安市	吉林省 農安市 靑山口鄕 江東王村 下窰屯에서 동북으로 500m 八丈沟입구		50	60	第二松花江이 유지 서북쪽으로 흘러간다. 동남쪽은 골짜기, 북쪽은 절벽, 서쪽은 구릉, 남쪽은 농경지에 인접해 있다. 전체 유지는 구릉 위에 있다.
26	촌락	下窰屯遺址	農安市	吉林省 農安市 靑山口鄕 江東王村 下窰屯에서 동쪽으로 100m		80	100	第二松花江이 동북쪽 70m 서쪽으로 흘러간다. 북쪽의 절벽은 높이가 20여m에 달한다. 유지는 바로 강굽이 남안 등성이 위에 있다. 부하며 고기가 살지고 풀이 무성하다.
27	촌락	邢家店西北遺址	農安市	吉林省 農安市 靑山口鄕 靑山口村 邢家店에서 서북으로 300m		10	10	남쪽으로 숲과 50m, 북쪽은 松花江과 인접해 있다. 동쪽은 몇 줄기의 침식된 골짜기가 있고, 동·북 두 절벽 위에는 30cm 두께의 문화층이 드러나 있다.
28	촌락	狐狸洞遺址	農安市	吉林省 農安市 黃魚圈鄕 連三坑村 狐狸洞屯 北 500m 沙坨子		6	6	유지는 黃魚圈鄕 連三坑村 狐狸洞屯 북쪽 50m 沙坨子 위에 있다. 그 동쪽으로 300m 떨어진 곳은 太平泡이다.
29	고성	杏山堡古城	德惠市	吉林省 德惠市 達家溝鄕 杏山村 뒤 산봉우리	200	50	50	북쪽은 길게 이어진 산둥성이이다.
30	건축	岐新六隊遺址	圖們市	吉林省 圖們市 月晴鄕 岐新六隊 西南 1km 臺地		200	150	동북으로 향 소재지와 2.5km 떨어져 있다. 유지 서쪽 100m에는 구릉이 있고, 그 위에 TV중계탑이 있다. 동·서·남쪽은 비교적 낮은 圖們江河道와 충적평지이다. 유지 남쪽에는 圖們-開山屯鎭 도로가 있다.
31	건축	馬牌二十四塊石	圖們市	吉林省 圖們市 月晴鄕 馬牌村 三隊 도랑 西		7.5	10	북쪽1km는 산이고, 동쪽 500m에는 圖們江이 북쪽으로 흘러간다. 유지 서쪽은 馬牌3隊 민가, 동·남쪽은 마을길, 그 동쪽에는 너비 약 2m의 도랑이 있다.

번호	분류	명칭	성시	위치	둘레 (m)	남북 (m)	동서 (m)	입지
32	건축	石建二十四塊石	圖們市	吉林省 圖們市 月晴鄉 石建七隊 남쪽			20	8	북쪽으로 향 소재지와는 6.5km 떨어져 있다. 유지 서남쪽 50m 에는 산등성이가 있고, 그 남·북쪽은 지세가 넓고 트여있다. 동쪽 500m에는 圖們江이 북류한다. 강 맞은 편은 북한 潼關里이다.
33	건축	河北遺址	圖們市	吉林省 圖們市 石峴鎭 河北村 東 500m		미상	30	북쪽은 산과 30m, 동쪽은 牧丹江-圖們철로와 10m 떨어져 있다. 옛 철로가 동서향으로 유지에 걸쳐 있다. 남쪽은 河北原始遺跡과 70m 떨어져 있고, 유지 동쪽을 지나, 남쪽 다시 서쪽으로 흘러가는 嘎呀河와는 150m 떨어져 있다.
34	고분	白龍五隊墓葬	圖們市	吉林省 圖們市 月晴鄉 白龍村 우사뒷들과 서산 남쪽 기슭				고분군은 月晴鄉 白龍五隊 축사 뒤뜰과 그 서쪽의 산등성이 남쪽에 분포한다. 고분구역 동쪽 100m 에는 白龍橋가 있고, 도로 북쪽 20여리에는 향소재지가 있다.
35	고성	岐新古城	圖們市	吉林省 圖們市 月晴鄉 岐新6隊 서남1km 대지 위	700	200	150	동북 月晴鄉 소재지와 2.5km, 서쪽 TV중계탑과 100m 떨어져 있다.
36	촌락	曲水菜隊遺址	圖們市	吉林省 圖們市 紅光鄉 曲水菜隊5隊		40	30	유지는 曲水菜隊5隊에 있다. 서쪽으로 曲水苗圃原始遺址와 10m, 남쪽 長春-圖們 철로와 25m, 북쪽 嘎呀河와 250m 떨어져 있다.
37	촌락	東興遺址	圖們市	吉林省 圖們市 石峴鎭 東興村 西南 농경지		100	300	북쪽은 산과 100m, 남쪽은 동남쪽으로 흘러가는 嘎呀河와 100m, 서남쪽으로 牧丹江-圖們간 철도와는 200m 떨어져 있다. 유지 지세는 비교적 높지만 평탄하고 넓게 트여있다.
38	촌락	馬牌苗圃遺址	圖們市	吉林省 圖們市 月晴鄉 馬牌村		300	100	유지는 月晴鄉馬牌1隊와는 약 400m 떨어진 馬牌苗圃사무실 서남쪽에 있다. 서쪽으로 완만한 산등성이와 접해 있고, 남쪽으로 반원형(半弧形)의 산등성이와 200m 떨어져 있다. 북쪽은 비교적 넓게 트인 평지, 동쪽은 圖們市-白龍도로와 접해 있으며, 다시 동쪽은 북쪽으로 흘러가는 圖們江과 약 750m 떨어져 있다.
39	촌락	白龍村北遺址	圖們市	吉林省 圖們市 月晴鄉 白龍村 北 100m 밭		100	40	북쪽으로 향 소재지와 10km정도 떨어져 있다. 유지가 위치한 곳은 도문강 좌안의 첫 번째 대지로, 강변과는 250m 떨어져 있다. 그 남·북쪽은 비교적 평탄하고 넓게 트여 있다. 서쪽은 산으로 그 너머 서쪽은 뭇 산들이 겹겹이 둘러싸여 있다.

번호	분류	명칭	성시	위치	둘레 (m)	남북 (m)	동서 (m)	입지
40	촌락	碧水四隊遺址	圖們市	吉林省 圖們市 紅光鄉 碧水村 西北 110m		40	50	동쪽 圖們市와 11km 떨어져 있다. 유지는 부루하통하 충적대지에 있으며 하천과 30m 떨어져 있다. 남·서쪽은 산이고, 동·북쪽 1.5km 또는 500m에도 산으로 이어진다. 유지 북쪽 20m에 흐르는 작은 시내는 부루하통하로 유입된다.
41	촌락	水口遺址	圖們市	吉林省 圖們市 月晴鄉 水口村 西 500m		50	100	유지는 月晴鄉 水口村 서쪽 500m, 동남 2km에 향소재지가 있다. 유지 남쪽은 산기슭이며, 북쪽 300m에는 작은 시내가 동남쪽으로 흘러간다. 그 서북·동남쪽은 지세가 대체로 넓고, 동북·서남쪽은 비교적 좁다.
42	건축	江東二十四塊石	敦化市	吉林省 敦化市 敦化城 東南				목단강 충적평원으로, 서쪽은 장도철로, 동쪽은 江東鄉供銷社, 북쪽은 목단강, 남쪽은 敦化-延吉·寧安도로가 있다.
43	건축	官地二十四塊石	敦化市	吉林省 敦化市 官地鎮 東勝村 남쪽				주변 지세는 평탄하고 넓게 트여 있다. 서쪽은 하천, 서남쪽 2.5km에는 石湖古城이 있다. 강동 "二十四塊石"과는 28km 떨어져 있다.
44	건축	腰甸子建築址	敦化市	吉林省 敦化市 大山嘴子鄉 腰甸子屯 東 500m		20	30	북쪽은 산, 남쪽은 鄉道가 있다. 도로 너머 남쪽 500m에 목단강이 있다. 유지는 이 평탄하게 탁 트인 곳에 축조되어 있다. 사방은 농경지이다.
45	건축	腰甸子二十四塊石	敦化市	吉林省 敦化市 大山嘴子鄉 腰甸子村 東口				남쪽으로 목단강, 북쪽은 산에 붙어 있다. 산꼭대기에는 古城堡, 동쪽으로 0.5km에는 발해 건축지가 있다. 그 동·남·서쪽 3면은 비교적 넓게 트여 있다.
46	건축	海青房二十四塊石	敦化市	吉林省 敦化市 林勝鄉 소재지 東南 1km				유지 동쪽은 산, 서북쪽은 작은 개울, 개울 건너 북쪽은 寧安으로 통하는 도로이다. 관지 "二十四塊石"과는 10km 떨어져 있다.
47	고분	六頂山古墓群	敦化市	吉林省 敦化市 江東鄉 六頂山				북쪽은 산, 남쪽은 목단강 충적평원이다. 목단강 西岸에는 廟屯古廟址, 서남쪽 7km에는 城山子山城, 고분군 남쪽 3km에는 永勝遺址가 있다.
48	고분	六頂山瓮棺墓	敦化市	吉林省 敦化市 江東鄉 六頂山 남쪽 기슭				옹관묘는 서·북·동 3면이 봉우리로 둘러싸인 산굽에 있다. 동남쪽은 시야가 넓게 트여 있다. 서남쪽 200m의 산등성이를 넘으면 육정산고분군이다.
49	고성	南台子古城	敦化市	吉林省 敦化市 黑石鄉 南台子村 北 750m 강기슭	365			서북쪽은 목단강에 인접해 있다. 강 양쪽은 20여m에 달하는 절벽이다. 성은 이 두 물줄기가 모이는 곳에 형성된 대지에 있다.
50	고성	大甸子古城	敦化市	吉林省 敦化市 林勝鄉 大甸子村 北, 牧丹江 北岸	600			고성은 강이 굽이도는 곳에 있다. 절벽 앞쪽과 강 북안은 동서로 좁고 긴 대지를 이룬다. 성벽은 지형을 따라 축조하여 동서로 좁고 길다.

번호	분류	명칭	성시	위치	둘레(m)	남북(m)	동서(m)	입지
51	고성	馬圈子古城	敦化市	吉林省 敦化市 大蒲柴河鎭 浪柴河村 西北 4km 建設林場	932	남:198 북:208	동:209 서:317	성서·남·동쪽 3면은 富尒江이 둘러싸고 있다. 富尒江남쪽 기슭은 깎아지른 산으로 천연의 방어선을 이룬다. 성북쪽은 평지로 敦化·安圖-樺甸도로가 지난다.
52	고성	石湖古城	敦化市	吉林省 敦化市 官地鎭 八棵樹村 西南 0.5km	1,880	남:470 북:470	동:470 서:470	동남쪽 약 1.5km에 腰嶺子가 있다. 서쪽은 沙河, 서남쪽은 通沟嶺山城이 있어 교통로를 통제한다. 부근에는 "二十四塊石" 건축지가 있다.
53	고성	城山子山城	敦化市	吉林省 敦化市 賢儒鎭 大石河南岸 城山子山	2,000			북쪽 大石河와 산성의 거리는 4.5km이다. 목단강 東岸 永勝屯遺址와 5km, 동북쪽 敖東城과 15km, 동북쪽 六頂山 발해 고분군과 7km, 동북쪽 발해사찰지와 5km 떨어져 있다.
54	고성	孫船口古城	敦化市	吉林省 敦化市 沙河沿鎭 孫船口村 北		남:120	서:170	동·북쪽은 沙河, 그 맞은편에는 嶺嶺子가 있다. 동쪽 2.5km 盤嶺子, 서쪽은 넓은 농경지, 鎭 정부로 향하는 도로가 있다.
55	고성	敖東城	敦化市	吉林省 敦化市 東南, 牧丹江 北岸		외:200 내남:252	외:400 내서:190	
56	고성	腰甸子城堡	敦化市	吉林省 敦化市 大山嘴子鄕 腰甸子村 北 300m 馬鞍山	98			城堡는 산곡대기에 있다. 남쪽은 산기슭이 가파르고 북쪽은 비교적 평평하고 완만하며, 북쪽에는 산굽이가 완다.
57	고성	通沟嶺山城	敦化市	吉林省 敦化市 官地鎭 老虎洞村 동쪽 산	2,000	남:400 북:600	동:500 서:500	通沟嶺동쪽은 3면이 강물로 둘러싸여 있으며, 서쪽은 높은 산에 이어진다.
58	고성	通沟嶺要塞	敦化市	吉林省 敦化市 沙河橋鄕 嶺底村 西山				동쪽은 沙河, 마을 서·북쪽은 通沟嶺에 인접해 있다. 동쪽은 沙河邊의 좁은 길, 서쪽은 험준한 봉우리이다. 동북쪽 2.5km에 通沟嶺山城이 있다.
59	고성	橫道河子古城	敦化市	吉林省 敦化市 秋梨沟鄕 橫道河子村 東 2.5km	1,620			성 북쪽에는 雷風氣河, 동쪽에는 목단강이 흘러간다. 고성은 이 두 강물이 합류하는 서남쪽 기슭 대지에 있다.
60	고성	黑石古城	敦化市	吉林省 敦化市 黑石村 北 충적평원	1,320	남:300 북:300	동:360 서:360	고성은 서쪽으로 목단강에 인접해있다. 성이 자리잡은 곳의 지세는 약간 높고, 그 서·북쪽은 강물로 둘러싸여 있으며, 동쪽은 작은 등성이를 이룬다.
61	사찰	廟屯遺址	敦化市	吉林省 敦化市 紅石鄕 一心屯 西 500m		30	14.4	목단강 서안에 있다. 동쪽은 육정산고분군, 서쪽은 성자산산성과 7km 떨어져 있다.
62	촌락	鏡沟遺址	敦化市	吉林省 敦化市 大蒲柴河鎭 東 5km 鏡沟		250	500	유지는 富尒河北岸의 넓은 평지위에 있다. 富尒河의 南岸은 산자락에 인접해 있고, 북안은 넓게 트인 충적평원이다. 敦化-安圖도로가 산기슭을 따라 동쪽으로 뻗어있다.

번호	분류	명칭	성시	위치	둘레 (m)	남북 (m)	동서 (m)	입지
63	촌락	北山遺址	敦化市	吉林省 敦化市 北郊 北山大隊 와 小石河 北岸		60	100	유지는 북쪽으로 동서방향으로 뻗어내린 北山, 남쪽 200m에는 小石河와 접해 있다. 지세는 평탄하고 넓게 트여있다.
64	촌락	宋家崗遺址	敦化市	吉林省 敦化市 黑石鄉 宋家崗村 西北		60	150	유지 북쪽은 산, 남쪽은 넓게트인 초원, 동쪽에는 黑石車역, 동남쪽은 宋家崗子村이다. 다시 동남쪽으로 2.5km에는 黑石古城이 있다. 목단강 북안에는 治安遺址, 유지 서북쪽 3km에는 金沟遺址가 있다.
65	촌락	十八道沟遺址	敦化市	吉林省 敦化市 馬號鄉 江南村		70	300	유지는 帽兒山에 인접해 있다. 목단강이 유지 남쪽을 흘러가는 이 일대는 넓고 광활한 沖積谷地이다.
66	촌락	雙勝遺址	敦化市	吉林省 敦化市 東郊 雙勝大隊 南 0.5km 강변		30	100	목단강이 雙勝 정면을 동쪽으로 흐르고, 長圖鐵道는 雙勝의 남쪽으로 뻗어나가다가 강 건너에서 동남쪽으로 방향을 바꾼다. 이곳의 지세는 평탄하다.
67	촌락	額穆遺址	敦化市	吉林省 敦化市 額穆鎭 東南 거주지 가장자리		20	30	유지는 沖積河谷地帶의 돌출부에 있다. 그 서쪽 400m에는 珠尒多河, 그 동쪽 300m에 馬鹿沟河가 있다. 유지는 두 강물이 감싸안은 가운데에 있다.
68	촌락	永勝遺址	敦化市	吉林省 敦化市 江東鄉 永勝村 北 1km 농경지		1,000	700	서쪽은 목단강, 동쪽은 작은 산등성이와 접해 있다. 유지 西岸에 있는 목단강 지류 大石河는 동쪽으로 흘러 목단강으로 들어간다. 유지에서 정면으로 5km 떨어진 곳에는 城山子山城, 유지 북동쪽 3km에는 六頂山 고분군이 있다.
69	촌락	腰甸子遺址	敦化市	吉林省 敦化市 大山嘴子鄉 腰甸子村 東 마을 가장자리		300	500	남쪽은 목단강, 북쪽은 높은 산에 인접해 있다. 유지는 마을 동쪽 0.5km에 있다. 그 동북쪽에는 건축지 1곳, 서북쪽에는 "二十四塊石" 건축지, 다시 북쪽에는 馬鞍山으로 그 정상에 고성보가 있다.
70	촌락	青沟子遺址	敦化市	吉林省 敦化市 大蒲柴河鎭 東 10km		800	1,500	도로가 유지 북쪽을 지나 동쪽으로 뻗어간다. 남쪽은 富尒河, 강건너 맞은편은 산맥이 있다. 유지 북쪽은 점차 높아져 서·북·동쪽3면을 둘러싸는 산이 된다.
71	촌락	治安遺址	敦化市	吉林省 敦化市 黑石鄉 治安村 西南 1km 牧丹江 北岸		100	200	강을 사이에 두고 黑石古城과 서로 마주한다. 서쪽 0.5km에는 강으로 흘러가는 개울이 있다. 지세가 평탄한 이곳에는 구릉 3곳이 있다. 서쪽은 풀밭이고, 북쪽은 林沟로 통하는 森林鐵路가 있다.

번호	분류	명칭	성시	위치	둘레(m)	남북(m)	동서(m)	입지
72	촌락	鯰魚江遺址	敦化市	吉林省 敦化市 大山嘴子鄕 鯰魚江村 東 400m		30	100	유지는 대지로 북쪽은 산, 남쪽은 목단강과 인접해 있다. 江岸은 3m 절벽이다. 강물이 서쪽에서 동쪽으로 흘러간다.
73	고분	安民南山古遺址(小高麗墓葬地)	東遼縣	吉林省 東遼縣 足民鄕 安民村 小高力木屯 南山頭				고분은 동서방향의 능성이 동쪽 끝에 있다. 동쪽 아래는 伊通縣으로 통하는 도로이다. 고분군에 서면 동북쪽 500m 安和村, 북쪽 300m 小高力木屯과 伊通 경내의 歡喜嶺저수지를 볼 수 있다.
74	고성	城子山山城	東豊縣	吉林省 東豊縣 橫道河鎭 서쪽 6km 城子山 정상	2,000			동남쪽으로 매하구시 山城鎭과 약 3km 떨어져 있다. 서남쪽은 遼寧省 淸原縣과 경계를 이루며, 동쪽으로 大架子山과 서로 마주하고 있다.
75	고분	康石墓群	柳河縣	吉林省 柳河縣 太平川鄕 康石屯 西 과수원 내		500	300	康石墓群은吉林省柳河縣城동북약34km太平川鄕康石屯에서 서쪽으로300m 과수원 안에 있다. 북쪽 太平川 鄕政府 소재지와는 약 1.5km, 동쪽 馬鞍山村과는 약 2.5km, 다시 동쪽으로 柳河와 輝南 접경지역과는 1.5km 떨어져 있다. 남쪽 아래에는 저수지가 있는데, 저수지 동남쪽은 集安屯이며, 康石과 集安屯의 거리는 약 2km이다.
76	고분	色樹背墓群	柳河縣	吉林省 柳河縣 孤山子鎭 色樹背村에서 서쪽으로 700m 떨어진 완만한 산기슭		100	800	동쪽으로 狐山子鎭政府 소재지와 약 3.5km, 남쪽으로 平安屯과 약 1km, 동남쪽으로 新安古城과 1.5km 떨어져 있다. 서쪽은 산, 남쪽 산자락 아래는 저수지, 북쪽 산자락 아래에는 新安村행 鄕路가 있다. 작은 개울이 남쪽으로 흘러 三統河로 들어간다.
77	고분	新安古墓葬	撫松縣	吉林省 撫松縣 松郊鄕 新安村 西 1km				고분은 松郊鄕 新安村에서 서쪽으로 약 1km 떨어진 비교적 넓게 트인 평지에 있다. 북쪽은 높은 산이며, 동남쪽은 頭道松花江이다.
78	고분	前甸子古墓群	撫松縣	吉林省 撫松縣 抽水鄕 鹹場村 前甸子屯 西南 0.5km 山崗				土崗은 동서방향으로 비교적 평탄하고 완만하며, 남쪽은 大道松花江이다.
79	고분	鹹場西坎墓葬	撫松縣	吉林省 撫松縣 抽水鄕 鹹場村 西坎屯 西北 500m 高麗沟 일대		20	50	동쪽은 높은 산, 서쪽은 커다란 골짜기로, 西坎屯으로 통하는 산길이다. 남쪽은 高麗沟, 북쪽은 산등성이이다.
80	고분	鹹場后山古墓群	撫松縣	吉林省 撫松縣 抽水鄕 鹹場村 后山頂				동남쪽에 마을로 통하는 산길이 있다. 서북쪽은 산봉우리, 서남쪽 1km는 鹹場村, 북쪽은 높은산이다.
81	고성	東台子古城	撫松縣	吉林省 撫松縣 松郊鄕 新安村 東台子山		1000	50	東臺子山 산등성이 동·서·남쪽은 가파른 절벽을 이루며 완만한 비탈이 북쪽으로 뻗어났다.

번호	분류	명칭	성시	위치	둘레 (m)	남북 (m)	동서 (m)	입지
82	고성	新安古城	撫松縣	吉林省 撫松縣 松郊鄉 新安村 西 농경지	3,340	500	1500	縣城과 6km 떨어져 있다. 서·북쪽 두 방향은 높은 산, 강남쪽은 吉林省 靖宇縣 柳樹川鄉 관할지이다. 柳樹川城과 新安古城은 강을 사이에 두고 서로 마주하고 있다. 동쪽으로 新安村을 지나면 곧장 東臺子城址에 이른다.
83	제철	新安煉鐵 遺址	撫松縣	吉林省 撫松縣 松郊鄉 新安村 西 100m 頭道松花江 右岸		미상	50	新安古城 동·북벽 바깥쪽에 있다. 吉林省 撫松縣城과는 6km 떨어져 있다. 강 좌안은 吉林省 靖宇縣 柳樹泉鄉 관할지이다.
84	촌락	大營遺址	撫松縣	吉林省 撫松縣 仁人橋鎮 大營村 西 50m 농경지		150	200	大營村은 湯河에 의해 河南과 河北으로 나뉜다. 유지는 河南村 관할이다. 通化-白河 철로가 河北屯 뒷쪽을 지나간다.
85	촌락	溫泉遺址	撫松縣	吉林省 撫松縣 仙人橋鎮 溫泉村 溫泉療養院 남쪽		130	30	유지는 仙人橋鎮 溫泉村 溫泉療養院 남쪽에 있다. 溫泉-大安 도로가 유지 남쪽을 지나간다. 전체 유지는 湯河에 의해 "C" 형태로 둘러싸여 있다.
86	촌락	油庫遺址	撫松縣	吉林省 撫松縣 松郊鄉 馬鹿村 鹼場沟 河 남쪽		200	50	유지는 縣城 남쪽 2.5km에 있다. 頭道松花江과는 약 300m 떨어져 있다. 鹼場沟門 남쪽에는 기름창고, 그 맞은편에는 터미널이있다.
87	촌락	前甸子遺址	撫松縣	吉林省 撫松縣 抽水鄉 鹼場村 동남쪽 모서리		80	150	頭道松花江우안 약 70m에 있다. 동쪽은 산지, 서북쪽 약 2km는 鹼場村, 남쪽 70m는 頭道松花江, 북쪽은 높은 산이다.
88	촌락	湯河口遺址	撫松縣	吉林省 撫松縣 仙人橋鎮 湯河村 東 1km		85	200	유지는 仙人橋鎮 湯河村 동쪽 약 1km에 있다. 이곳은 頭道松花江과 湯河가 만나는 곳으로 주변은 높은 산이다. 通化-白河 철로가 유지 동남쪽, 仙人橋-撫松 도로는 서북쪽으로 지나간다.
89	고성	伯都古城	扶餘縣	吉林省 扶餘縣 伯都公社 東南 200m	3,132	남:797 북:814	동:709 서:812	성 동·남·서쪽은 평원이고, 동북쪽은 동남-서북 방향의 등성이이다. 성 서쪽 240m에는 伯都公社-扶餘鎮도로, 4km에는 第二松花江이 있다.
90	고성	雙印通古城	舒蘭市	吉林省 舒蘭市 溪河鄉 雙印通 屯 동북 0.5km 등성이 위	224	56	56	동쪽 吉林市-吉林省 楡樹市 도로와 약 300m, 嘎呀河요금고성과 약 3.5km 떨어져 있다. 서쪽은 松花江지류, 북쪽은 넓은 농지이다.
91	촌락	道德沟口 臺地遺址	舒蘭市	吉林省 舒蘭市 上營鄉 中營村 道德沟口 北 臺地		60	150	동쪽으로 道德沟로 통하는 곳은 산등성이와 이어진다. 서쪽은 細鱗河, 약 0.5km에는 舒蛟 도로, 남쪽 약 400m에는 上營村東山頭遺址,북쪽에는 大釣魚臺山遺址가 있다.
92	촌락	黃魚圈珠 山遺址	舒蘭市	吉林省 舒蘭市 法特鄉 黃魚村 西珠山				동남쪽 현소재지서 65km 떨어져 있다. 舒蘭·楡樹·德惠·九臺 4개 현의 접경지이다. 송화강 우안에 있으며, 산세가 비교적 완만하다.

번호	분류	명칭	성시	위지	둘레 (m)	남북 (m)	동서 (m)	입지
93	촌락	栗家屯遺址	雙陽區	吉林省 雙陽區 雙陽河鄉 黑魚 村 栗家屯 北 200m 산등성이		500	100	유지 동쪽은 농경지이며, 雙陽 河가 유지 1km를 북쪽으로 흘러 간다. 유지 중간에 남북으로 뻗 은 단층이 있는데, 길이는 200m, 높이는 1.9m이다.
94	촌락	桑樹遺址	雙遼市	吉林省 雙遼市 紅旗鄉 桑樹村		300	500	桑樹屯과 그 주변은 吉林省 雙 遼市 沖積湖積平원 남쪽에 있 다. 遼河 충적지역과 매우 인접 해 있다.
95	촌락	前哈拉沟 遺址	雙遼市	吉林省 雙遼市 興隆鄉 義勇村 前哈拉沟屯 西 1km 砂丘				사구 서남쪽 비탈에 있다. 동북쪽 으로 前哈拉沟屯과 1km, 북쪽 哈拉沟屯과 1km 떨어져 있다. 정남쪽 기슭아래는 농경지, 서 남쪽은 풀밭이다.
96	고분	東清古墓 群	安圖縣	吉林省 安圖縣 永慶鄉 東清村 北 1.25km		25	50	고분군은 永慶鄉 東清屯 북쪽 약 1.25km 작은 개울 북쪽 에 있 다. 고분구역의 동·북쪽은 작 은 산등성이가 감싸고 있고, 서 쪽은 도로가 남쪽으로 지나가 며, 남쪽은 동서향의 하곡에 접 해 있다. 동쪽 古洞河와는 30m 정도 떨어져 있다.
97	고분	東清古墓 葬	安圖縣	吉林省 安圖縣 永慶鄉 東清村 北 1.5km 고동 하 우안대지				북으로 산기슭과 200m, 남쪽으 로 송강-명월진 도로와 200m 떨 어져 있다.
98	고분	龍興古墓 群	安圖縣	吉林省 安圖縣 石門鎮 龍興村 南東 주거지		50	60	고분 구역 남쪽은 하곡평지이 다. 북쪽은 산골짜기로, 그 안쪽 을 흐르는 작은 시내는 고분구 역 동쪽 약 100m를 지나 仲坪河 로 유입된다.
99	고분	青溝子古 墓群	安圖縣	吉林省 安圖縣 青溝子村 西北 1.5km 도로변		10	6	북쪽으로 호두산과 750m, 동쪽으 로 청구자사찰지와 500m, 서쪽으로 깃 대봉유적과 500m 떨어져 있다.
100	고성	大砬子山 城	安圖縣	吉林省 安圖縣 明月鎮 大砬子 村 北 1.5km	340	남:86 북:75	동:42 서:140	大砬子村 동쪽에 小明月溝(豊 産村)이 있는데, 이곳을 통하여 吉林省 龍井市 三道灣鄉을 거 쳐 연길, 서쪽은 長興과 敦化 縣의 大石頭, 吉林省 汪清縣의 蛤螞塘, 黑龍江省 寧安縣 鏡泊 湖 일대로 교통할 수 있다. 남쪽 1.5km는 大砬子村이다.
101	고성	寶馬城	安圖縣	吉林省 安圖縣 二道白河鎮 寶 馬村 東南 1km 구릉 남쪽기슭	465	남:103 북:102	동:126 서:132	고성의 사방은 구릉대지로 남쪽 으로 지세가 점차 낮아진다. 寶 馬村은 성 서북 1km 頭道白河 우안에 있으며, 서남쪽 5km에는 歪歪頂子(平頂山)가 있다.
102	고성	三道白河 古城堡	安圖縣	吉林省 安圖縣 松江鎮 三道白 河村 東 500m 지점의 산 서남 쪽 모서리	200	북:50	동:50	산 동남모서리에 村小學校, 서 쪽에 습지가 있다. 三道白河 서 쪽 약 300m 二道江으로 흘러 들 어간다. 산은 북쪽으로 점차 낮 아진다.
103	고성	城門山山 城	安圖縣	吉林省 安圖縣 石門鎮 舞鶴村	2,500			동남쪽 4km에 천보산 TV중계탑 이 있다. 성 동쪽 黃老毛子溝를

번호	분류	명칭	성시	위치	둘레(m)	남북(m)	동서(m)	입지
				南 3km 城門山				따라 북쪽으로 가면 茶條沟와 明月鎮, 남쪽으로 가면 神仙洞·天寶山·長仁·頭道沟로 갈 수 있다. 북쪽으로 啞巴溝를 따라가면 福興일대로 통한다.
104	고성	新興古城堡	安圖縣	吉林省 安圖縣 萬寶鄉 新興村 北山		18	28	古洞河는 남쪽으로 흘러간다. 동남쪽은 깎아지른 절벽, 서북쪽은 산, 남쪽은 森林鐵路 너머에 新興遺址가 있다.
105	고성	仰脸山城	安圖縣	吉林省 安圖縣 兩江鎮 小嶺子村 南 3km 仰脸山	1,500			동·남쪽은 절벽, 서쪽은 깎아지른 비탈이다. 북쪽은 여러 산이 있고, 남쪽은 二道白河 구릉지대이다.
106	고성	五峰山城	安圖縣	吉林省 安圖縣 長興鄉 五峰屯 北 500m 山頂	2,000			유지 동쪽은 도안분지, 서쪽에는 窩集沟, 남쪽은 五峰村이다. 성 중심은 산골짜기로, 그 안에는 작은 시내가 남쪽으로 흘러간다.
107	고성	五虎山山城	安圖縣	吉林省 安圖縣 石門鎮 新豊村 五虎屯 茶條沟 東南 5km 五虎山	5,000			五虎山은 長春圖們철도의 楡樹川驛과 茶條溝驛사이의 산림지구이다. 부루하통하와 철도가 五虎山서쪽골짜기 중간을 우회하여 지나간다. 산동쪽에는 도로가 있다.
108	고성	柳樹川古城	安圖縣	吉林省 安圖縣 石門鎮 柳樹村 新興屯	496	남:150 북:143	동:98 서:105	성은 楡樹川驛 북쪽 약 500m의 작은 하곡 분지에 있다. 남쪽 200m에는 부루하통하, 북쪽은 깎아지른 산봉우리가 있고, 楡樹川5··6隊는 그 남쪽 약 90m에 위치해 있다.
109	고성	長興烽火臺	安圖縣	吉林省 安圖縣 長興鄉 長興村 突兀山峰(東山)		지름: 18 지름: 5.5	지름: 24 지름: 12	突兀山峰에 오르면 서쪽의 鋸齒牙山, 서남쪽의 大砬子后山, 남쪽의 높게 솟은 豊info后山, 북쪽으로 窩集溝의 裕民村, 長興鄉의 소재지와 그 동·서쪽 마을들을 분명하고 똑똑하게 볼 수 있다.
110	사찰	大東沟寺廟址	安圖縣	吉林省 安圖縣 北山村 頭道屯 東 1km 떨어진 大東沟	40		37	유지북쪽은 높이 50m 높이의 산등성이, 남쪽은 완만한 기슭이며, 동쪽으로 고개마루를 넘으면 1.5km 떨어진 곳에 蘭泥村, 서남쪽 50m에는 샘물이 있다.
111	사찰	東清寺廟址	安圖縣	吉林省 安圖縣 永慶鄉 東清村 東 채마밭	22		14	유지 동쪽 약 100m에는 작은 하천이고 동하로 들어가고, 서북쪽은 松江-明月鎮도로와 약 150m 떨어져 있다. 주변은 주거지와 채마밭이다.
112	사찰	舞鶴寺廟址	安圖縣	吉林省 安圖縣 石門鎮 舞鶴村 舞鶴洞 南 1.5km 골짜기	56		40	유지는 동서향의 골짜기입구에서 약 500m정도 떨어진 작은 시내의 북쪽의 평지에 있는데, 지금은 이미 농경지로 변했다.
113	사찰	傅家沟寺廟址	安圖縣	吉林省 安圖縣 石門鎮 茶條村 西 2,5km 傅家沟	50		100	유지가 위치한 傅家溝는 동서향의 협곡이다. 유지는 동쪽으로 산골짜기와 약 750m 떨어져

번호	분류	명칭	성시	위치	둘레(m)	남북(m)	동서(m)	입지
								있고, 남쪽으로는 작은 하천과 접해 있다. 작은 하천 남쪽은 동서향의 산등성이, 북쪽은 산이다. 고갯마루를 넘어 1.5km는 鏡城村이다. 유지 지형은 비스듬한 경사지로 점차 낮아진다
114	사찰	崇實寺廟址	安圖縣	吉林省 安圖縣 石門鎮 仲坪村 東 1km 산기슭 平臺上		3~4	30	동남쪽으로 崇實村과는 500m 떨어져 있고, 남쪽은 하곡분지이며 작은 시내가 仲坪河로 흘러들어간다.
115	사찰	神仙洞寺廟址	安圖縣	吉林省 安圖縣 福興鄉 福壽村 南 1km 하천 동쪽 산비탈		50	20	유지 남쪽 500m에 제방이 있고, 서남쪽에는 神仙洞 절벽이 대각으로 마주하고 있다. 서쪽은 탁 트인 남북향의 산골짜기이고, 동쪽은준령이다.
116	사찰	長興北遺址	安圖縣	吉林省 安圖縣 長興鄉 長興村 北 明月鎮-島安 도로 동쪽		30	25	유지 맞은편은 鄉供銷社招待所, 남쪽은 長興村 민가이다. 유지에는 원래 잎담배건조장이 있었다. 동쪽에는 외양간이 있다.
117	사찰	鹹場寺廟址	安圖縣	吉林省 安圖縣 亮兵鄉 鹹場村 西 750m 산중턱 平臺上		30	30	유지 남쪽 약 200m에 작은 시내가 동쪽으로 흘러가고, 그 남·서쪽은 모두 우뚝 솟은 산이다.
118	촌락	鏡城村遺址	安圖縣	吉林省 安圖縣 石門鎮 鏡城村 서북 200m 지점		50	60	유지 동쪽은 부루하통하를 사이에 두고 장춘-도문철로와 도로, 남쪽 50m에는 縣良種場이 있다.
119	촌락	高麗城遺址	安圖縣	吉林省 安圖縣 松江鎮 松江屯 西北 6km 지점		100	140	유지 남쪽은 이도강과 350m 떨어져 있다. 산등성이 서북 2km는 小沙河鄉의 沙河屯이고, 동쪽은 남쪽으로 뻗은 산등성이다.
120	촌락	大砬子遺址	安圖縣	吉林省 安圖縣 明月鎮 大砬子村 南 平地		150	80	유지는 大砬子村 북쪽 1.5km 산등성이에 있다. 서북은 산, 동·북쪽은 채석장으로 변한 절벽이다. 부루하통하가 그 아래를 감아 흐르고, 도로는 강물과 나란히 뻗어있다. 동·남쪽은 비교적 넓은 하곡평지이고, 산 서쪽은 완만한 경사지이다.
121	촌락	島興遺址	安圖縣	吉林省 安圖縣 福興鄉 島興村 北山		100-150	1,000	유지 동·북양쪽은 산과 이어져 북쪽은 높고 남쪽은 낮다. 남쪽은 福興河를 따라 明月鎮-松江 도로가 있으며, 서북쪽 1.5km에는 龍水坪村이다.
122	촌락	東淸遺址	安圖縣	吉林省 安圖縣 永慶鄉 東淸村 北 古洞河 右岸 臺地		300	60-150	유지 동쪽은 古洞河가 흘러가고, 서쪽은 松江-明月溝도로와 인접해 있으며, 남쪽에는 작은 하천이있다. 하천 남쪽은 바로 東淸村이다.
123	촌락	頭沟遺址	安圖縣	吉林省 安圖縣 石門鎮 北山村 頭沟屯 東南 1km		20-55	300	대지는 남쪽 평지보다 2~3m 높고, 북쪽은 길게 이어진 산이다. 남쪽은 넓게 펼쳐진 부루하통하 충적 평원이다. 長圖철로와 도로가 유지 북쪽 산기슭을 따라 서쪽으로 뻗어있다. 북쪽은 大

번호	분류	명칭	성시	위치	둘레(m)	남북(m)	동서(m)	입지
								東沟에서 흘러나온 계곡물로 유지가 동서 두 부분으로 나뉜다. 유지는 현재 밭으로 변했다.
124	촌락	奉陽北沟遺址	安圖縣	吉林省 安圖縣 長興鄉 奉陽村 北 500m 지점		200	100	유지 남쪽 1km에는 南興屯, 서쪽 300m에는 明月鎭-長興도로, 동쪽 약 200m에는 장흥하가 있다.
125	촌락	新興屯一號遺址	安圖縣	吉林省 安圖縣 亮兵鄉 新興屯 동남쪽 100m 거리의 新興沟沟口		30	70	동북으로 장춘-도문철도와 50m, 서쪽으로 양병향 소재지와 2.5km 떨어져 있다. 작은 개울이 유지의 북쪽으로 흘러 신흥촌에서 부루하통하로 유입된다
126	촌락	新興遺址	安圖縣	吉林省 安圖縣 萬寶鄉 新興村		300	300	유지 북쪽은 산, 남쪽은 古洞河, 서쪽 300m에 萬寶古城, 북쪽 산 정상에는 고성보가 있다.
127	촌락	五峰大包遺址	安圖縣	吉林省 安圖縣 長興鄉 五峰村 北 4km 南尖頂子山		200	50	산 아래는 長興河, 북쪽 1.5km 에는 五峰山城이 있다.
128	촌락	五峰參場遺址	安圖縣	吉林省 安圖縣 長興鄉 五峰村 東 5km 參場		20	50	유지의 동·서·북 3면은 산으로 둘러싸여 있지만, 남쪽은 평탄한 개활지이다.
129	촌락	裕民遺址	安圖縣	吉林省 安圖縣 長興鄉 裕民村 小學校 運動場 과 서쪽 耕作地		50	100	동쪽은 좁고 긴 산골짜기이다. 서쪽은 窩集河, 동남쪽은 오봉산성과 2km, 북쪽은 窩集屯과 1.5km 떨어져 있다.
130	촌락	柳樹川遺址	安圖縣	吉林省 安圖縣 石門鎭 柳樹川 新興屯 북쪽 평지		230	330	산간분지로 동쪽 약 500m에는 연길-안도 도로가 지나간다. 남쪽 장도철로 유수천역과 약 500m, 유지 남쪽 약 100m는 부르하통하, 북쪽은 가파른 石砬子山, 서북쪽 3km에는 五虎山 山城이 있다.
131	촌락	長興遺址	安圖縣	吉林省 安圖縣 長興鄉 長興村 東南 1km 河谷 平地		미상	미상	유지 동쪽 200m에는 長興河, 서쪽 200m에는 長興鄉-明月鎭도로, 남쪽 1km에는 奉陽北沟발해거주지, 북쪽 1km에는 長興北발해건축지가 있다.
132	촌락	碱場遺址	安圖縣	吉林省 安圖縣 亮兵鄉 碱場村 南 550m 지점		70	25	유지 동쪽 100m에는 작은 하천이 흘러가고, 다시 동쪽에는 明月鎭-敦化도로가 東明村까지 이어진다. 서쪽은 농경지이다
133	고분	南溪古墓群	延吉市	吉林省 延吉市 煙集鄉 南溪村 1·5隊 북쪽 1km 西山 東 산비탈	산비탈을 따라 약 150m			동쪽 1km에는 煙集河가남쪽으로 흘러간다. 그 사이는 넓은 하곡평지이다. 고분군은 동서향의 골짜기가 남·북쪽 두 부분으로 나눈다.
134	고분	發展古墓	延吉市	吉林省 延吉市 興安鄉 發展二隊 農家 정원				고분은 연집하 서안 대지에 있다. 연집하와는 300m 떨어져 있고, 서쪽은 남북향의 鄉路, 북쪽 20m에는 동서향의 작은 도랑, 연집하를 지나면 동쪽은 北大村, 북쪽 1.5km에는 大成村이 있다.

번호	분류	명칭	성시	위치	둘레(m)	남북(m)	동서(m)	입지
135	고분	新光古墓群	延吉市	吉林省 延吉市 長白鄉 新光三隊 臺地와 기슭		200	300	신광구하가 북쪽으로 흐른다. 북쪽 750m에는 연길-河돌도로, 동쪽으로 절개된 산 아래에는 新農 벽돌공장, 서쪽에는 연길시 12중 벽돌공장이 있다. 고분군은 신광촌3대의 주거지와 농경지에 있다.
136	고분	新豊古墓群	延吉市	吉林省 延吉市 長白鄉 新豊二隊				남쪽에는 장춘-도문 철로, 서쪽 200m에는 신풍1대, 서남쪽 1km에는 인평6대 발해유지가 있다. 북쪽으로 흐르는 도랑이 고분을 갈라놓았다.
137	고분	煙河四隊古墓	延吉市	吉林省 延吉市 煙集鄉 煙河四隊 西 산기슭				서쪽으로 錦城小學校와 1km 떨어져 있다. 동북쪽 산위에는 고대 봉화대가 있다.
138	고분	河龍古墓區	延吉市	吉林省 延吉市 長白鄉 河龍三四隊		150	200	동쪽으로 해란강과는 200m, 북쪽으로 부루하통하와는 300m, 남쪽으로 河龍古城과는 250m 떨어져 있다.
139	고성	古長城 및 墩臺	延吉市	吉林省 延吉市 煙集鄉 臺岩村 西北 5,000m 平峰山	15,000/7곳			해발 680m 평봉산 지맥은 서북·동남·남쪽으로 뻗어있다. 동남쪽은 비교적 넓고 트인 산곡이다. 소연집하가 남쪽 연집하로 들어간다. "장성"은 평봉산을 지나 동남쪽의 하곡부 태암6대 북쪽 하곡부근까지 뻗어내려 간다.
140	고성	大墩臺	延吉市	吉林省 延吉市 興安鄉 東興村	190			
141	고성	帽兒山墩臺	延吉市	吉林省 延吉市 長白鄉 明新村				산 정상에 오르면 사방이 한눈에 들어온다. 돈대 주변 발해건축지는 아마도 당시의 군사시설이었을 것이다.
142	고성	北大古城	延吉市	吉林省 延吉市 興安鄉 北大村	2,000	남:500 북:500	동:500 서:500	남쪽은 군부대이다. 동쪽 400m에 연길-도문도로, 동북 200m에 延邊農藥廠이 있다.
143	고성	小墩臺	延吉市	吉林省 延吉市 人民公園	180			
144	고성	煙河墩臺	延吉市	吉林省 延吉市 煙集鄉 煙河村 北山 정상				연하촌 북쪽 산곡대기에 있다. 이곳은 연집하와 석인구하가 북쪽에서 합류하는 곳이다. 연하돈대는 고"장성"이 지나는 곳이다.
145	고성	長東古城堡	延吉市	吉林省 延吉市 長白鄉 長東村 南 400m	80	30	5~10	북쪽 장춘-도문철로와 150m, 동북 溪洞鐵橋와 1,000m 떨어져 있다. 남쪽은 산지이고, 북쪽은 연길분지의 동쪽 끝부분이다.
146	고성	台岩城	延吉市	吉林省 延吉市 煙集鄉 台岩村 4隊 뒷 비탈	310	남:80 북:80	동:75 서:75	소연집하가 고성 동쪽 1,000m에서 남쪽으로 흘러간다. 북서쪽 6,500m에는 平峰山, 남쪽 300m에는 작은 시내가 있다. 고성의 동남쪽은 태암3·4대의 촌락이다.
147	고성	河龍古城	延吉市	吉林省 延吉市 長白鄉 河龍村	984	남:255 북:259	동:240 서:230	남쪽은 花尖子山, 북쪽은 해란강이다. 서북쪽 1.5km에 성자산산성이 있다. 동·서·남쪽은 민가들이 이어져 있다.

번호	분류	명칭	성시	위치	둘레 (m)	남북 (m)	동서 (m)	입지
148	고성	興安古城	延吉市	吉林省 延吉市 興安鄉 北 500m	1,800	북: 374m	서: 500m	동북쪽은 연길-도문 도로, 서쪽은 연집하와 인접해 있고, 남쪽과 서남쪽은 주거지이다.
149	촌락	工農村遺址	延吉市	吉林省 延吉市 小營鄉 工農一 隊		300	300	동쪽은 시원예농장과 농경지, 서쪽은 工農村 3·4대와 光進村, 남쪽은 工農村 1대 주택지, 북쪽 1km 는 연변제분공장(延邊面粉場)이다.
150	촌락	錦城一隊遺址	延吉市	吉林省 延吉市 煙集鄉 錦城一 隊		500	200	금성1대는 동·북쪽이 산과 마주하고 있다. 금성하가 마을 동쪽을 동남으로 흘러간다. 마을 동북에는 과수원이 있다. 유지는 과수원 주위와 금성하 남쪽 농경지에 있다.
151	촌락	南溪四隊遺址	延吉市	吉林省 延吉市 煙集鄉 南溪四 隊 西北 산비탈		400	300	동북쪽 모서리에 열사기념비, 서남쪽 산 비탈에 과수원, 동북쪽 500m에는 남계1대유지가 있다.
152	촌락	南溪一隊遺址	延吉市	吉林省 延吉市 煙集鄉 南溪一 隊 東 臺地		300	100	동쪽 100m에는 연집하가 남쪽으로 흘러가며, 서쪽은 산지이다.
153	촌락	臺岩遺址	延吉市	吉林省 延吉市 煙集鄉 臺岩三, 四隊		100	300	동·북남·북쪽은 모두 하곡이다. 북쪽 5km에는 태암고성이 있다. 유지의 삼면은 산이고, 한쪽 면은 비교적 넓은 谷地이다.
154	촌락	帽兒山山頂遺址	延吉市	吉林省 延吉市 長白鄉 明新村		11	20	연길시와 용정시의 경계에 있다. 남쪽 산등성이 아래는 해란강 충적평원, 북쪽은 연길하곡평지이다. 연길-용정 도로가 산자락을 따라 남쪽으로 지나간다.
155	촌락	小營子遺址	延吉市	吉林省 延吉市 小營鄉 小營一 隊		60~70	300	북쪽으로는 과수가 있는 산등성이와 접해있고, 남쪽 30m에는 연길행 도로, 동남쪽에는 소영2대 촌락, 동쪽 500m에는 성자산 산성이 있다.
156	촌락	新豊遺址	延吉市	吉林省 延吉市 長白鄉 新豊五 隊 논		130	120	북쪽은 장춘-도문 철도에 접해 있고, 남쪽은 비행장을 지나 모아산에 이른다. 동쪽은 신풍5대 촌락이 있다.
157	촌락	煙河六隊遺址	延吉市	吉林省 延吉市 煙集鄉 煙河六 隊				북쪽으로 산등성이를 지나면 금성촌 1대가 있다. 유지는 溝 남쪽 대지상에 있다.
158	촌락	龍淵遺址	延吉市	吉林省 延吉市 煙集鄉 龍淵七 隊 龍淵沟 偏西		50	70	유지는 북쪽 언덕대지에 있다. 남쪽은 주택지이다. 동쪽은 산비탈이고 북쪽은 산과 접해 있다.
159	촌락	龍河南山遺址	延吉市	吉林省 延吉市 長白鄉 龍河村 南山		100	70	유지 남쪽에는 淸水池, 서쪽 산굽이에는 州林建農場 이 있다. 서북쪽 1500m에는 延吉-龍井 도로, 유지 서북쪽 에는 용하촌 열사기념비가 있다.
160	촌락	龍河村遺址	延吉市	吉林省 延吉市 長白鄉 龍河村 3,4隊 농경지, 시 변전소 울타리 안		50	100	남쪽 250m에 남산, 북쪽에는 용하촌 주거지가 있다.
161	촌락	仁坪遺址	延吉市	吉林省 延吉市 長白鄉 仁坪六		200	400	동쪽은 新豊村 농경지, 다시 그 동쪽은 비행장, 서쪽은 농경지,

번호	분류	명칭	성시	위치	둘레 (m)	남북 (m)	동서 (m)	입지
				隊 南 밭				서북 200m 장춘-도문철로, 북쪽 모서리에는 인평 6대 주거지, 남쪽 1,000m에는 鳳林洞沟가 있다.
162	촌락	河龍南山 遺址	延吉市	吉林省 延吉市 長白鄉 河龍村 1km 花尖子山 北 平臺				북쪽으로 하룡고성과 1km, 고성 북쪽 부루하통하와 1.5km 떨어져 있다.
163	고분	楊屯大海 猛三期文 化墓葬	永吉縣	吉林省 永吉縣 烏拉街公社 楊 屯大隊				
164	고성	三家子古 城	永吉縣	吉林省 永吉縣 烏拉街鎭 三家 子村 서남쪽	외:380 중:320 내:160			동남쪽으로 大口欽鄉 楊木村과 마주한다. 서·북쪽 松花江과 약 100m, 남쪽 三家子屯과는 1.5km 떨어져 있다.
165	건축	影壁建築 址	汪淸縣	吉林省 汪淸縣 鷄冠鄉 影壁村 東南 750m 平地		46	36	고성 남쪽은 작은 산등성이, 북쪽 기슭은 낙엽송림이며, 북쪽 약 300m에는 南淸河, 서안에는 公家店으로 통하는 도로와 고분군 1곳이 있다.
166	건축	轉角樓建 築址	汪淸縣	吉林省 汪淸縣 東新鄉 轉角樓 村 東北모서리	260	남:65 북:65	동:65 서:65	동남 약 300m에 서남쪽으로 흘러가는 嘎呀河, 북쪽 100m에는 汪淸-東新도로, 남쪽 50m에는 嘎呀河로 유입되는 개울이 있다.
167	건축	中大川建 築址	汪淸縣	吉林省 汪淸縣 春陽鄉 中大川 村 西北角 小學 校 后面 50m				건축지는 八道河子 우안 대지에 있다. 맞은편은 절벽, 유지 남쪽은 新建벽돌공장이 있다. 건축지 서쪽으로 牧圖鐵路가 지나간다.
168	건축	天橋嶺建 築址	汪淸縣	吉林省 汪淸縣 天橋嶺鎭 森工 局變電所				건축지는 天橋嶺鎭에 서남쪽에 위치한 嘎呀河우안대지에 있다. 서쪽 약 100m에는 牧圖鐵路가 있다.
169	건축	幸福建築 址	汪淸縣	吉林省 汪淸縣 春陽鄉 幸福村 西 臺地				건축지는 春陽鄉 幸福村 서쪽 대지 위에 있다. 남쪽 400m에 小城子村, 小城子村과 幸福村 사이에 牧圖鐵路가 있다. 건축지 남·북은 산, 동서는 좁고 긴 평지이다.
170	건축	紅云建築 址	汪淸縣	吉林省 汪淸縣 春陽鄉 紅云村 春陽저수지 西 北 臺地		38	23	성북쪽 100m에 新建鄉林場, 서북쪽에는 哈尒巴嶺의 잔맥이 있다. 산간은 春陽鄉에서 黑龍江省寧安縣渤海鎭으로 통하는 도로, 즉 발해시기 상경으로 통하는 도로가 있다.
171	고분	影壁墓葬	汪淸縣	吉林省 汪淸縣 鷄冠鄉 影壁村 東南 1km				고분군은 鷄冠鄉 影壁村 동남 1km 公家店村방향 도로 산기슭에 있다. 그 남쪽에는 南淸河가 서북쪽으로 鷄冠河로 흘러가고, 북쪽은 면면히 이어진 기복있는 높은 산과 이어진다.
172	고성	鷄冠古城	汪淸縣	吉林省 汪淸縣 鷄冠鄉 所在地 東北 300m 平地	1,690	남:510 북:510	동:333 서:337	고성 서쪽 약 1km에 鷄冠河가 있고, 그 사이 汪淸-羅子沟도로가 지나간다. 성 북쪽에는 산등성이가 있고, 남쪽에는 柳樹河가 있다.

번호	분류	명칭	성시	위치	둘레 (m)	남북 (m)	동서 (m)	입지
173	고성	高城古城	汪淸縣	吉林省 汪淸縣 仲坪村 高城村 西南 모서리	908	남:224 북:330	동:267 서:87	성 동남쪽 200m는 小百草沟河, 성 북쪽은 높은 산, 서북쪽은 古 城-龍河도로이다.
174	고성	廣興山城	汪淸縣	吉林省 汪淸縣 蛤蟆塘鄉 新興 村 廣興屯 서북 쪽 后山 위	2,288			산 성동쪽 1km는 蛤蟆塘屯이다. 산 성남쪽에는 前河, 산성남쪽 500m는 汪淸-西陽도로가 있다.
175	고성	東四方臺 山城	汪淸縣	吉林省 汪淸縣 蛤蟆塘鄉 東四 方臺山 정상				東·西四方臺 중간에는 몇 가 닥의 작은 개울이 있다. 산 아래 로 흘러내려와 東陽屯 서남쪽 500m에서 전하로 유입된다.
176	고성	東陽古城	汪淸縣	吉林省 汪淸縣 蛤蟆塘鄉 東陽 村 서쪽 500m, 前 河북안 약 300m 2급대지 위	242	남:72 북:72	동:60 서:43	북쪽은 東四方臺山, 汪淸-西陽 도로가 있다.
177	고성	牧丹川古 城	汪淸縣	吉林省 汪淸縣 仲安鄉 牧丹川 村 小學校 南 牧丹川 河岸臺 地	400	남:100 북:100	동:100 서:100	남·북쪽은 산, 동·서쪽은 작 은 평지이다.
178	고성	北城子山 城	汪淸縣	吉林省 汪淸縣 東新鄉 新華村 北城子屯 동북 250m 북산 기슭	375			산성 서·북쪽에는 天橋嶺-張 家店 삼림철로가 있다. 樺皮甸 子河가 서남쪽으로 흘러간다.
179	고성	石城古城	汪淸縣	吉林省 汪淸縣 春陽鄉 石城村 黃泥河沟口 500m 산간의 작 은 평지	628	남:180 북:180	동:134 서:134	동·서·북쪽은 산, 남쪽은 평지 이다. 성 남쪽 1km에 八道河, 골 짜기 입구 앞에 도로, 도로와 八 道河 사이에 牧圖鐵路가 있다.
180	고성	安田古城 堡	汪淸縣	吉林省 汪淸縣 百草沟鄉 新華 閭村 西 500m 산정상	64			산 남쪽은 높이가 60~70m의 채 석장이며, 도로 남쪽은 小百草 沟와 인접해 있다.
181	고성	龍泉坪古 城	汪淸縣	吉林省 汪淸縣 新興鄉 龍泉坪村 小學校 東 400m 平地	256	남:62 북:62	동:70 서:70	고성 북쪽은 汪淸-琿春도로, 도 로 북쪽은 군부대가 있다. 성 남 쪽에는 新興河가 서쪽으로 흘 러간다.
182	고성	河北古城	汪淸縣	吉林省 汪淸縣 汪淸鎭 河北村 公安局 벽돌공장				고성 남북은 산, 동서는 汪淸河 충적평원, 성 남쪽은 汪淸-塔子 沟林場도로이다.
183	고성	興隆古城 堡	汪淸縣	吉林省 汪淸縣 仲安鄉 興隆村 東南 1.5km 산 정상	352			서쪽 500m는 汪淸-延吉도로, 산을 경계로 북쪽은 仲安鄉, 남 쪽은 百草沟鄉이다.
184	사찰	駱駝山建 築址	汪淸縣	吉林省 汪淸縣 春陽鄉 駱駝山 村 大北沟口 산 기슭 臺地		20	50	건축지 전면 약 100m에는 八道 河, 그 맞은편 산기슭에는 牧圖 鐵路가 있다.
185	사찰	新田建築 址	汪淸縣	吉林省 汪淸縣 百草沟鄉 新田 村 東南 500m 산자락 平臺		35	33	건축지 동쪽 약 500m에 嘎呀河 와 百草沟-棉田도로가 있다.

700 북국 발해 탐험

번호	분류	명칭	성시	위치	둘레 (m)	남북 (m)	동서 (m)	입지
186	건축	東沟建築址	龍井市	吉林省 龍井市 三道灣鄉 東沟村 北 1.5km 朝陽河 西岸臺地				대지는 산골짜기 사이에 형성된 河岸沖積盆地이다. 동쪽은 朝陽河, 서쪽은 도로가 있다. 朝陽河 동쪽과 도로 서쪽에는 각각 남북향의 산이 있다.
187	건축	龍岩遺址	龍井市	吉林省 龍井市 德新鄉 龍岩村 西南 1km 八道河 左岸 平地		150	120	동남쪽은 八道河와 200m 떨어져 있다. 북쪽에는 德新에서 龍岩으로 통하는 도로가 있다. 유지 북쪽은 도로와 농경지를 사이에 두고 龍岩渤海墓葬과 마주하고 있다. 둘 간의 거리는 100m이다. 지형은 서북쪽이 높고, 동남쪽이 낮다.
188	건축	泗水遺址	龍井市	吉林省 龍井市 銅佛鄉 泗水村 入口屯 南 부루하통하 北岸 臺地		100	500	유지가 위치한 대지는 강보다 10여m더 높다. 銅佛鄉 소재지 銅佛寺에서 북쪽으로 1km 떨어져 있다. 유지 북쪽은 동서향의 완만한 산등성이, 남쪽은 부루하통하, 서쪽은 북쪽에서 남쪽으로 흘러 부루하통하로 주입되는 사수와 인접해 있고, 강 남쪽은 평탄한 충적분지이다.
189	건축	三合建築址	龍井市	吉林省 龍井市 三合鎭 養庫管理所 北 臺地 東南				서북쪽은 점차 높아지는 언덕이다. 동쪽 언덕 밑 도로와는 15m, 도문강과는 400m, 남쪽으로 동류하는 圖們江지류와는 50m 떨어져 있고, 개울 남·북에는 三合鎭 민가가 있다.
190	건축	上岩建築址	龍井市	吉林省 龍井市 石井鄉 上岩村 西 2km 채석장 서쪽 산아래				유지 북쪽은 산, 남쪽은 해란강과 이웃해 있다. 동쪽은 채석장, 남쪽은 도로와 인접해 있다. 다시 그 남쪽은 흙구덩이가 있고, 강의 맞은편 산 아래에는 龍井-石井도로가 있다.
191	건축	英城建築址	龍井市	吉林省 龍井市 東盛涌鄉 英城 二屯 北				골짜기 동쪽에 위치한 동서방향의 산 남쪽끝 남쪽기슭중간의 작은 대지 위에 있다. 북쪽은 산, 남쪽은 넓게 트인 해란강 분지이다. 해란강과는 1.5km 떨어져 있다. 英城古城은 서남쪽으로 500m 떨어진 곳에 있다.
192	고분	龍岩墓群	龍井市	吉林省 龍井市 德新鄉 龍岩村 西南 300m				서남·동북향 산골짜기 안쪽·동남쪽 기슭, 그리고 동남쪽 근처에는 龍岩-德新도로, 150m 떨어진 곳에는 동북으로 흐르는 八道河가 있다. 고분구역 동북·서남쪽에는 각각 烈士碑가 있다.
193	고분	龍泉墓群	龍井市	吉林省 龍井市 石井鄉 九龍村 龍泉屯 東 300m				산맥을 등지고 남쪽 해란강과는 약 30m 떨어져 있다. 남쪽 500m 에는 동서향 신미루가 있는데, 이 산 남쪽에 있는 龍新村 龍曲屯에 발해유지가 있다.

번호	분류	명칭	성시	위치	둘레 (m)	남북 (m)	동서 (m)	입지
194	고분	富民墓葬	龍井市	吉林省 龍井市 德新鄕 富民五屯 東南 100m		80	30	향소재지와는 10km 떨어져 있다. 고분구역 동쪽은 남북향의 산등성이이고, 그 동남쪽은 金谷저수지이다. 남쪽은 지세가 비교적 좁다. 북쪽으로 가면서 점차 넓어지며 八道河 지류가 고분구역 동쪽을 굽이굽이 흘러간다.
195	고분	英城衛生院古墓	龍井市	吉林省 龍井市 東盛涌鄕 英城村 衛生所 北 10m				고분은 북쪽으로 약간 높은 비탈 및 산등성이와 이어져 있다. 남쪽으로 동성평원, 동쪽 750m에는 해란강이 있다.
196	고성	古城村古城	龍井市	吉林省 龍井市 依蘭鄕 古城村 東 500─ 依蘭河 南岸臺地	1,000			향 소재지와는 서북으로 20km 떨어져 있다. 성 남쪽은 남북향의 산등성이(漫崗), 북쪽은 依蘭河이다. 성 동·서쪽은 비교적 넓게 트여 있다.
197	고성	金谷山城	龍井市	吉林省 龍井市 德新鄕 金谷村 西 250m 산꼭대기	1,415			성은 산맥 북쪽에 있다. 동·서쪽 산기슭 아래에는 八道河 상류와 그 지류가 있다. 북쪽은 비교적 낮은 산과 이어지고, 산 북쪽 500m에는 금곡저수지가 있다.
198	고성	大灰屯古城	龍井市	吉林省 龍井市 細鱗河鄕 日新村 大灰屯 西 細鱗河 南岸臺地	408	230	동:158 서:20	細鱗河鄕 소재지와 5km 떨어져 있다. 성은 지세가 평탄하다. 동쪽과 서쪽은 하곡과 하안대지이다. 성 서쪽은 細鱗河로 유입되는 시내가 있다. 細鱗河의 북안에는 도로가 있다.
199	고성	三山洞山城	龍井市	吉林省 龍井市 朝陽鎭 三山洞山 정상	2,075			산성은 지세가 험준하고, 동·북쪽은 가파른 절벽, 서쪽은 완만한 경사지, 남쪽은 가파른 경사지이다. 남쪽 0.5km는 三山洞村이다. 산 정상은 북쪽이 높고 남쪽이 낮다. 성벽은 산 정상 가장자리에 쌓았다.
200	고성	船口山城	龍井市	吉林省 龍井市 光開鄕 船口5屯 西北 300m		동: 1,960 서: 1,814		동쪽 500m는 도문강, 서북쪽은 산, 성 동쪽아래는 도문시-개산둔진 도로가 있다. 산성 남쪽은 남북 5km, 동서 3.5km 도문강 충적분지가 있다.
201	고성	城子溝山城址	龍井市	吉林省 龍井市 桃源鎭 太陽村 서남 2,5km 城子溝 산 끝자락 위	2,500			키형태의 城子溝 북쪽골짜기에 있다. 그 안 지세는 남쪽이 높고 북쪽이 낮다.
202	고성	城子山山城	龍井市	吉林省 龍井市 長安鎭 磨盤村 山城里 西城子山	4,454			城子山은 말발굽 모양이다. 동·동북 양쪽에 골짜기가 있고, 그 안에는 작은 개울이 흐른다. 산 동·남쪽은 산세가 험준하고, 서·북쪽은 약간 완만하며, 서쪽은 흘러내린 산등성이, 북쪽은 작은 河沟와 이웃해있다. 동·남쪽 산비탈 아래에는 長圖鐵路, 남쪽으로는 부루하통하가 있다. 동남쪽 2km에는 2기의 고성이 있다.

번호	분류	명칭	성시	위치	둘레 (m)	남북 (m)	동서 (m)	입지
203	고성	養參峰山城址	龍井市	吉林省 龍井市 智新鎭 城南村 서남쪽 5km 養參峰 산 정상	1,952			養參峰山城의 동남·서쪽은 산들, 산성 서쪽 2km는 德壽村이다.
204	고성	英城古城	龍井市	吉林省 龍井市 東盛涌鄕 英城村 海蘭江 北岸 300m 논	2,496	남:644 북:640	동:624 서:644	성 북쪽 부루하통하와 해란강 사이에 있는 산등성이 동쪽 1km 에는 해발 300~400m 산이 있다. 서남쪽은 東盛盆地이고, 북쪽 마을 뒤쪽에는 발해건축지와 古墓葬 등이 있다.
205	고성	長城遺址	龍井市	吉林省 龍井市				
206	고성	朝東山山城址	龍井市	吉林省 龍井市 富裕鎭 朝東村 서쪽 1km 汗王山 정상	1,502			산성은 동북쪽으로 산들과 이어진다. 서남 산 아래 1.5km는 도문강이고, 대안은 북한 游仙郡이다.
207	고성	淸水山城址	龍井市	吉林省 龍井市 三合鎭 淸水村 淸水洞屯 서북 쪽 2km 떨어진 산 정상	2,053			성 서쪽 도문강 지류는 남쪽 5km 흘러간 뒤 도문강으로 유입된다. 성 동쪽은 산맥으로 지세는 비교적 완만하다.
208	고성	太陽古城	龍井市	吉林省 龍井市 桃源鄕 太陽村 北 河岸臺地	361	남:73 북:70	동:105 서:110	마을과 500m 떨어져 있다. 부루하통하가 성 북·동·남 3면을 돌아 흘러간다. 長圖鐵路가 성 서쪽을 남쪽방향으로 지나간다. 성과 100m 떨어져 있다.
209	고성	土城屯古城	龍井市	吉林省 龍井市 八道鄕 西山村 土城屯	1,880	남:500 북:520	동:440 서:420	북쪽 八道河과 2.5km는, 朝陽河와는 1km 떨어져 있다. 성 서쪽 200m에는 남북향의 산이 있다. 성지는 朝陽河 서안 대지 위에 있다.
210	고성	偏臉山山城	龍井市	吉林省 龍井市 銅佛鎭 永勝村 동쪽의 偏臉山 정상	380			산 정상은 북쪽이 높고 남쪽이 낮다. 산성 동·남·북3면은 절벽이고, 서쪽은 漫崗으로 평탄하다. 남쪽 약 300m에 부루하통하가 흘러간다.
211	사찰	仲坪寺廟址	龍井市	吉林省 龍井市 德新鄕 仲坪村 南	15		20	사찰지 서쪽에는 담배잎을 말리는 창고, 동쪽에는 德新鄕-龍岩村鄕路, 유지 남쪽 10m에는 동쪽으로 흐르는 八道河, 북쪽 200m에는 仲坪遺址가 있다.
212	촌락	金谷遺址	龍井市	吉林省 龍井市 德新鄕 金谷村		500	50	동쪽은 해발 851m의 金谷山과 접해있고, 서쪽에는 金谷山城이 있다. 이곳은 남쪽으로 지형이 비교적 좁으며, 북쪽으로는 점차 넓게 펼쳐져 있다. 유지는 금곡저수지에서 1.5km 떨어져 있다.
213	촌락	龍曲遺址	龍井市	吉林省 龍井市 石井鄕 龍曲村 南 해란강 우안 대지		200	100	유지 동쪽은 산, 북쪽은 동서향의 산등성이, 서·남쪽은 해란강 충적평야와 하천이다. 남쪽으로 石井鄕 소재지와 2km 떨어져 있다.
214	촌락	富民遺址	龍井市	吉林省 龍井市 德新鄕 富民村 四屯 東,北		100	400	동남쪽으로 金谷저수지와 2km 떨어져 있다. 유지는 동향의 완만한 언덕에 있다.

번호	분류	명칭	성시	위치	둘레(m)	남북(m)	동서(m)	입지
215	촌락	勇成遺址	龍井市	吉林省 龍井市 東盛涌鄉 勇成村 西 300m 산기슭		50	30	북쪽으로 東成勇鄉 소재지와 약 5km 떨어져 있다. 남북향의 도랑이 유지를 두 부분으로 나눈다. 유지 동쪽에는 小山包, 북쪽에는 동서향의 작은 골짜기, 서쪽은 농경지이고, 남쪽은 磨洞고분군이 있다.
216	촌락	仲坪遺址	龍井市	吉林省 龍井市 德新鄉 安邦村 仲坪屯 北 농경지		300	500	
217	촌락	灘前遺址	龍井市	吉林省 龍井市 光開鄉 灘前屯 北 모래톱		300	250	유지는 남북으로 길고 동서로 좁다. 전체 지형은 서쪽이 높고 동쪽이 낮다. 지면에는 가는 황사와 葉岩 잔편들이 덮여있다.
218	고분	老河深靺鞨墓葬	楡樹市	吉林省楡樹市 大坡鄉 后崗村 老河深屯				
219	고성	新立古城	楡樹市	吉林省楡樹市 新立鄉 新立村 西城子·屯 서북쪽	1,000	220	180	
220	고성	合心村南城子古城	楡樹市	吉林省楡樹市 劉家鄉 合心村 西 0.7km	900	남:300 북:300	동:150 서:150	고성은 江面과 약 60여m 떨어져 있다. 남·북쪽은 모두 절벽과 도랑(冲沟)에 끼어있다. 동벽에는 작은 길이 있는데, 고성 안으로 들어가 서북쪽으로 뻗어 나간다.
221	고성	石嶺子城子山古城	梨樹縣	吉林省 梨樹縣 石嶺子鄉 姜家洼子村 后李家屯 北 500m 산구릉	500			城子山 남·서·북쪽의 3면은 산봉우리와 이어져 있고, 동쪽만 좁고 긴 河谷地를 향해 있다.
222	고성	城楞子古城南城	梨樹縣	吉林省 梨樹縣 東河鄉 王平房村 城楞子屯 東 遼河 左岸 臺地	575	남:180 북:148	동:173 서:174	성 북쪽 50m에는 東遼河로 흘러가는 작은 시내가 있다.
223	고성	城楞子古城北城	梨樹縣	吉林省 梨樹縣 東河鄉 王平房村 城楞子屯 東 遼河 左岸 臺地	1,264	남:280 북:324	동:331 서:329	성이 자리 잡은 지세는 비교적 평탄하다.
224	촌락	房身址遺址	梨樹縣	吉林省 梨樹縣 董家窩堡鄉 董家窩堡村 項家窩堡 后老房身地		동북서남 200	동남서북 70	유지는 동북-서남 등성이 동남쪽 기슭에 있다. 서쪽으로 梨樹-楡樹公路와 약 500m, 서북으로 향소재지와 약 2km, 동북으로 촌 저수지와 인접해 있다. 앞쪽에는 低注地이고, 동남은 완만한 등성이이다.
225	촌락	石虎地遺址	梨樹縣	吉林省 梨樹縣 劉家館子鄉 炭窯村 張家油坊 西 산등성이 남쪽 기슭		100	150	동쪽 張家油坊과는 약 100m, 서쪽 炭窯小學校와는 150m, 북쪽 東遼河와는 약 2km 떨어져 있다.

번호	분류	명칭	성시	위치	둘레(m)	남북(m)	동서(m)	입지
226	촌락	小老爺廟遺址	梨樹縣	吉林省 梨樹縣 萬發鄉 呂家崗子村 小老爺廟屯 東南		100	150	서북쪽은 小老爺廟屯과 약 500m, 서쪽은 郭家店-소성자 도로이고, 남쪽은 靑堆子村 鳳凰山屯과 마주한다.
227	촌락	小城子遺址	梨樹縣	吉林省 梨樹縣 小城子鄉 所在地		200	300	유지는 小城子鄉小城子村 서쪽에 있다. 유지 양쪽은 청나라 시기 사찰지, 서북쪽은 약간 돌기된 산등성이, 남쪽과 동쪽은 주택지·양식창고가 있다. 이곳에서 동쪽으로 東遼河까지는 7km, 동북쪽으로 吉林省 懷德縣 秦家屯 고성지와는 약 15km, 서남쪽으로 金山鄉南窯古城址와는 약 10km 떨어져 있다.
228	촌락	王家圍子遺址	梨樹縣	吉林省 梨樹縣 劉家館子鄉 大力虎村 王家圍子屯 南 산등성이 남쪽 기슭		100	70	서쪽은 동남-서북향의 鄉道이며, 서남쪽 약 1000m는 陳家坨子, 동쪽 약 500m는 董家街, 북쪽 500m에는 東遼河가 있다.
229	촌락	長山遺址	梨樹縣	吉林省 梨樹縣 河山鄉 長山村 后陳家屯 산등성이 南		100	200	유지 서쪽은 도로와 웅덩이, 남쪽은 后陳家屯, 동쪽은 남북향의 방풍림지대, 북쪽 약 1.5km는 東遼河, 동쪽 약 10km는 河山鄉政府이다. 산등성이 서북쪽 기슭에서도 원시유지가 발견되었다.
230	고성	小上溝古城	伊通縣	吉林省 伊通縣 二道鄉 黑頂子村 小上溝屯 東쪽 산줄기 주봉 위	500	200	50	동북 1.5km에는 伊通縣 石門저수지, 서남쪽 2km에는 黑頂子屯小溝, 서남쪽 0.5km에는 裴家小上溝屯古城이 있다.
231	건축	河南屯遺址	臨江市	吉林省 臨江市 四道溝鄉 河南屯村 北 3km 河南屯				북쪽 五道溝河와 약 500m 떨어져 있다. 마을은 압록강변대지에 있고, 마을에는 현재적인 벽돌요지가 있다.
232	고성	臨江渤海古城	臨江市	吉林省 臨江市 交通通닝 : 吉林省 臨江市 臨江大街 129호				현재 고성모습은 남아 있진 않다. 남쪽으로 압록강과 접해있고, 북한과 마주하고 있고, 서쪽은 대속자진이다.
233	고성	臨城八隊古城	臨江市	吉林省 臨江市 東三道溝河 八隊 북쪽 산등성이	60	남:20 북:26-27	동:8 서:5	성 안에 서면, 서쪽으로 臨江, 남쪽으로 臨長도로를 볼 수 있다. 북쪽은 楊木頂子山脈, 동쪽은 三道溝골짜기이다.
234	제철	六道溝冶銅遺址	臨江市	吉林省 臨江市 銅山鎭 西 산위				현재는 臨江銅礦採礦口로 바뀌었고, 지금은 이미 전부 채굴하여 존재하지 않는다.
235	촌락	西高家遺址	臨江市	吉林省 臨江市 四道溝鄉 三合城村				臨江鎭에서 臨長도로를 따라서 동쪽으로 11km를 가면 四道溝鄉三合城村西高家屯이다. 이곳은 평평한 산등성이로 대부분이 농지로 개간되었다.
236	촌락	永安遺址	臨江市	吉林省 臨江市 松樹鄉 永安村				유지는 湯河 우안에 있다. 서남쪽 8km는 松樹鄉, 북쪽은 湯河,

번호	분류	명칭	성시	위치	둘레 (m)	남북 (m)	동서 (m)	입지
				西 大廟地 一帶				강 건너에는 通化-白河-철로가 있다. 남쪽은 비교적 완만하고 평탄한 기슭으로 산등성이와 이어지며, 동쪽은 가파른 산등성이이다.
237	촌락	臨江鎭遺址	臨江市	吉林省 臨江市 臨江鎭 東南 65km				강 왼쪽은 북한 中江郡 中德里이다. 이곳은 배산임수의 지역으로 계곡이 서로 이어져 있으며, 수륙교통이 편리하다.
238	건축	新房子遺址	長白縣	吉林省 長白縣 新房子鄕 新房子村 西 300m 八道沟河 東岸 臺地				八道河가 서쪽으로 흘러간다. 북쪽 약 100m는 산등성이이다. 유지는 현재 논밭으로 변했다.
239	고성	長白古城	長白縣	吉林省 長白縣 長白鎭 東南 압록강 右岸 臺地		26	20	대지 북쪽은 長白鎭 주택지이다. 대지는 현재 長白鎭 民主村의 과수원이 되었다. 대지 동북쪽에는 長白縣의 명승인 仙人島가 있다.
240	고성	八道溝山城	長白縣	吉林省 長白縣 압록강 우안 산등성이	500			八道溝鎭과 서로 이웃한다. 남쪽에 돌로 축조한 석벽이 남아있는데, 길이는 약 500m에 이른다.
241	사찰	靈光塔	長白縣	吉林省 長白縣 長白鎭 郊 塔山				북쪽 약 200m는 一覽峰이 있고, 남쪽 약 1km에는 압록강이 있다. 서쪽은 골짜기로 작은 시내가 있는데, 역시 압록강으로 흘러 들어간다. 長白-臨江-도로가 塔山 산기슭 아래를 지나간다.
242	요지	民主村窯址	長白縣	吉林省 長白縣 長白鎭 郊 民主村 채마밭				동·남쪽에는 압록강, 동쪽 100m에는 長白古城 서벽이다.
243	고성	楡樹川城址	靖宇縣	吉林省 靖宇縣 楡樹川鄕 西高山平崗上	1,455.60	남: 439.5 북: 221.6	동: 43.5 서: 540.5	성은 楡樹川村 서남쪽 약 1km 高山의 평평한 대지에 있다. 강 북쪽은 新安渤海城址와 마주한다. 두 성의 최단 거리는 약 500m이다.
244	촌락	民主六隊遺址	集安市	吉林省 集安市 太王鄕 民主村 북쪽 150m		100	50	집안시 기차역에서 남쪽으로 2km 떨어진 통구평원 동쪽 산등성이에 있다. 남쪽으로 압록강과 200m, 민주육대촌과는 남쪽으로 150m 떨어져 있다.
245	고분	江南滑雪場古墓葬	通化市	吉林省 通化市 環通鄕 江南村 石板沟門				市委黨校 교지는 원래 시 江南滑雪場大樓이다. 남산은 썰매장이다. 동·북쪽은 비교적 가파른 산봉우리이며, 通化-集安 옛 도로가 頭道砬豁를 거쳐 이곳을 지나간다. 서북쪽은 渾江과 1km 떨어져 있고, 서쪽은 넓게 트인 채소밭이다.
246	고성	小城子山城	海龍縣	吉林省 海龍縣 山城南鄕 正義村 大柳河 北岸 산정상	260	60	70	서쪽 海龍鎭와 약 1.5km 떨어져 있다. 산성 서쪽은 奶子山, 동쪽은 大沙河, 북쪽은 산지이고, 남쪽은 大柳河 충적평원이다. 다시 그 남쪽은 大柳河, 海龍-朝陽鎭 도로가 있다.

번호	분류	명칭	성시	위치	둘레 (m)	남북 (m)	동서 (m)	입지
247	건축	馬滴達塔址	琿春市	吉林省 琿春市 馬滴達鄕 所在地 東北1000m 산중턱	1,000	28	40	馬滴達屯과는 약 1km 떨어져 있다. 馬滴達 산은 琿春河 북안에 있다. 琿春河가 산기슭을 따라 서남쪽으로 흘러가며, 도로도 산기슭 아래를 琿春河와 평행으로 지나간다.
248	건축	密江西崗子遺址	琿春市	吉林省 琿春市 密江鄕所在地 西南500m 圖們江 北岸 臺地		300	400	둥성이동쪽 아래에는 密江河가 圖們江으로 유입된다. 남쪽 아래는 圖們江 옛 물길이다. 둔덕 동남쪽 약 500m는 圖們江과 密江河가 합류하는 곳, 유지 동쪽은 東云洞遺址와 강을 사이에 두고 마주하고 있다.
249	건축	北大遺址	琿春市	吉林省 琿春市 凉水鄕 北大村 后 경사지		600	250	북쪽은 산봉우리와 이어지고, 남쪽은 넓게 펼쳐진 北大盆地와 접해 있다. 서남쪽 약 500m 에는 北大村·汪淸도로가 있다. 北大河는 도로를 따라 흘러 圖們江으로 들어간다. 유지 서쪽에도 北大河로 들어가는 작은 하천이 있다. 전체 지형은 북쪽이 높고 남쪽이 낮다.
250	건축	草坪遺址	琿春市	吉林省 琿春市 春化鄕 草坪村 東 1000m 蘭家蹚子河 東岸 臺地		80	50	동쪽 300m는 城墻砬子山, 서쪽 200m는 남쪽으로 흘러가는 蘭家蹚子河, 서남쪽 2km는 營城子古城이 있다.
251	건축	黑頂子遺址	琿春市	吉林省 琿春市 敬信鄕 金塘村 黑頂子屯 西南 300m 산비탈		100	120	정남쪽은 넓게 펼쳐진 평원과 沼澤地이고 동·서쪽과 북쪽은 黑頂子山(일명 三角山)과 五家子山으로 둘러싸여 있다. 서남쪽 敬信鄕소재지와 2.5km 정도 떨어져 있다.
252	고분	凉水良種場古墓群	琿春市	吉林省 琿春市 凉水鄕 良種場村 뒷산 臺地		30	200	양종장촌은 慶榮의 작은 평원 동북쪽 모서리에 있다. 동서 양쪽은 窟窿山과 高力嶺 지맥이 서로 마주하고, 북쪽은 길게 이어진 산지이며, 남쪽은 북한과 마주하고 있고, 서남쪽 750m에 慶榮村이 있다. 남쪽 圖們江 좌안 대지는 窟窿山遺址의 일부분이다.
253	고분	孟嶺河口古墓群	琿春市	吉林省 琿春市 板石鄕 孟嶺村 河口屯				
254	고분	密江古墓群	琿春市	吉林省 琿春市 密江鄕 密江村 3隊 苗床地				서남쪽 150m에 鄕 衛生院이 있다. 고분구역은 동쪽으로 密江河와 500m, 남쪽은 도문강과 밀강이 합류하는 곳과 1.5km, 서남쪽은 西崗子遺址와 1km 떨어져 있다. 고분구역의 지세는 비교적 높아서 북쪽이 높고 남쪽이 낮은 비탈의 형태를 지니고 있다.

번호	분류	명칭	성시	위치	둘레(m)	남북(m)	동서(m)	입지
255	고분	北大古墓群	琿春市	吉林省 琿春市 凉水鄕 北大村 西北 1.25km 비탈형 臺地				대지 아래에는 北大河가 圖們江으로 흘러들어간다. 北大河가에는 하류를 따라 汪淸방면으로 통하는 도로가 있는데 고분의 서쪽을 지나 북향의 골짜기 안으로 들어간다.
256	고성	慶榮古城	琿春市	吉林省 琿春市 凉水鎭 慶榮村 三間屯 남쪽 圖們江 북안 대지	1,200	200	400	성벽은 없어졌고, 성안은 농경지로 변했다. 성 북쪽 약 200m 대지와 그 아래에는 발해 고분군이 있다.
257	고성	古邊墻邊壕	琿春市	吉林省 琿春市 哈達門鄕 和平村 西山일대	25,000			동쪽으로 훈춘시 합달문향 화평촌서산에서 용신, 용천을 지나 영안향관문취자 서쪽산에 이른다.
258	고성	農坪山城	琿春市	吉林省 琿春市 馬滴達鄕 馬滴達五隊(農坪) 北山上	400			산성은 農坪村 동북쪽 작은 산맥 끝 비탈형태의 산꼭대기에 있다. 동·남·서쪽은 가파른 비탈, 북쪽은 산이다. 琿春-圖們 도로가 산 남쪽을 지나간다. 성 동쪽은 작은 河谷, 남쪽은 琿春河를 사이에 두고 桃源洞南山城이 있다.
259	고성	大六道沟古城堡	琿春市	吉林省 琿春市 春化鄕 大六道沟沟口 南團山(小平頂山)	200			고성보는 서남으로 琿春市87km, 서북으로 大六道沟村과 1km 떨어져있다. 동·남쪽은 琿春河 하곡평지이다. 琿春-春化 도로가 그 남쪽 약 50m 통과한다. 서쪽은 大六道沟입구이며, 大六道沟河는 서쪽 산자락으로부터 흘러간다.
260	고성	桃源洞南山山城	琿春市	吉林省 琿春市 馬滴達鄕 桃源洞村 南山上	430	북:90 남:170		산성은 서북쪽으로 300m 뻗어나간 지맥 북단이다. 옛 철로가 이 산 북쪽으로 지나간다. 성 북벽은 북단에서 100m 떨어진 곳에 축조되었다. 성 안 지세는 남쪽으로 점차 낮아진다.
261	고성	孟嶺河口古城堡	琿春市	吉林省 琿春市 板石鄕 孟嶺村 河口屯 산등성이	196	남:47 북:47	동:51 서:51	河口屯서북쪽 圖們江과 琿春河가 합류하는 곳까지는 약 2km 떨어져 있다. 마을 동·북쪽은 산, 남쪽은 圖們江, 강동쪽은 북한과마주한다. 마을 서쪽 모서리에는 龍堂船口가 있다.
262	고성	薩其城	琿春市	吉林省 琿春市 楊泡鄕 楊木林子屯 南石灰窯沟	7,000			북쪽은 楊泡鄕 楊木林子村과 1.5km 떨어져 있다. 성 북쪽 3km에 琿春河가 서쪽으로 흘러간다. 남산 서쪽을 지나는 도로가 松林村으로 연결된다.
263	고성	石頭河子古城	琿春市	吉林省 琿春市 板石鄕 太陽村 潘家沟屯 東南 1500m 河谷平地	832	남:287 북:288	동:123 서:134	동·서·남쪽은 산봉우리이고, 서북쪽은 훈춘분지와 이어져 있다. 성 남쪽 약 20m에는 琿春河로 들어가는 石頭河, 동남쪽 2.5km에는 중소국경인 長嶺子, 성 남·북쪽에는 3개의 구릉이 있고, 그중 남쪽 구릉에는 長嶺子로 통하는 도로가 있다.

번호	분류	명칭	성시	위치	둘레(m)	남북(m)	동서(m)	입지
264	고성	城墙砬子山城	琿春市	吉林省 琿春市 春化鄉 草坪村 東 1500m 城墙砬子山	10,000	남:3,000 북:3,000	동:2,000 서:2,000	산성동·남쪽은 草帽頂子河, 琿春河 서쪽 하곡분지에는 琿春-東寧 도로가 있다. 성 동남쪽 약 1km에는 分水嶺·海參崴 古道, 서남쪽 2.5km에는 營城子古城이 있다.
265	고성	小城子古城	琿春市	吉林省 琿春市 馬川子鄉 紅星 二隊屯	566	남:113 북:113	동:170 서:170	동북쪽 薩其城과 5km, 남쪽 작은 하천과 이웃해 있다
266	고성	水流峰山城	琿春市	吉林省 琿春市 敬信鄉 水流峰 동쪽 약 300m 산등성이	1,000			북쪽은 작은 개울이 북쪽 八道泡子로 들어간다. 성 안도 비교적 넓은 산골짜기이다. 동쪽은 巴拉巴沙山이며, 서쪽은 水流峰山 남부의 지맥이다.
267	고성	營城子古城	琿春市	吉林省 琿春市 春化鄉 草坪村 西南 1500m處	930	남:354 북:373	서:203	琿春東寧 도로가 유지 서쪽 50m를 지나간다. 남쪽 東興鎭과 2km, 북쪽 草坪屯과 1.5km, 동북으로 城長砬子山城과 2.5km 떨어져 있다. 남쪽 300m에 동서향의 평평한 언덕, 동쪽 500m에 草帽頂子河와 합류하는 琿春河가 있다.
268	고성	英義城	琿春市	吉林省 琿春市 英安鄉 英安河 東岸 臺地	1,115	북:250	동:296 서:311	琿春縣城과 6km 떨어진 英安河동안대지위에 있다. 성북쪽은 英安村, 동서양쪽은 각각 英安鄉中學·鄉機關, 서쪽 약 1km에는 圖們江, 성 서남쪽 80m에는 琿春-圖們도로와 琿春-大荒沟도로가 있다. 성남벽은 이미 琿大도로가 되었다. 성안북반부는 이미 英安小學·鄉衛生院과 민가등이 있고, 남벽서쪽에는 사열대가 있다.
269	고성	溫特赫部城	琿春市	吉林省 琿春市 三家子鄉 古城村	2,269	남:381 북:468	동:710 서:710	이 성은 斐優城과 담장을 사이에 두고 있는데, 그 북쪽은 斐優城 남벽이다. 성 안의 서남쪽은 농경지, 동북쪽은 古城村 민가이다.
270	고성	亭岩山城	琿春市	吉林省 琿春市 凉水鄉 亭岩村 北1500m 頂子峰 西北 400m	2,500	남:800	동북:720 서:800	산성은 亭子峰에서 서북으로 약 400m 떨어진 골짜기 안에 있다. 골짜기에서 동쪽 산성문지와 약 500m 떨어져 있다. 골짜기 밖에는 남북향의 골짜기가 있으며, 그 안에는 汪淸으로 통하는 古道와 亭岩盆地로 유입되는 하류가 있다.
271	고성	通肯山山城	琿春市	吉林省 琿春市 春化鄉 蘭家蹚村 北 7km 古城 山上	3,000	남:1,000 북:1,000	동:600 서:600	북쪽으로 黑龍江省寧安縣과는 5km, 남류 三人沟河와 1.5km, 동쪽 紅砬子山과 약 3km 떨어져 있다. 산성 동·서쪽은 골짜기로 지면보다 약 300m 높으며, 琿春-東寧 도로가 성 서쪽 약 1km를 지나간다.
272	고성	八連城	琿春市	吉林省 琿春市 國營良種繁殖	2,894	남:701 북:712	동:746 서:735	동쪽 6km는 현성, 성서쪽 약 2.5km는 圖們江, 북쪽 1km는

번호	분류	명칭	성시	위치	둘레(m)	남북(m)	동서(m)	입지
				農場一隊				圖們-琿春도로이다. 성안 동북쪽은 吉林省琿春市良種場5隊 주택지이다. 북벽 바깥쪽에 도랑이 있다. 성남·북쪽은 日僞時期의 비행장터이다. 성터 소재지는 평평하게 넓게 펼쳐져 있고, 수로가 가로세로로 연결되어 있다.
273	사찰	大荒沟寺廟址	琿春市	吉林省 琿春市 英安鄉 大荒沟 林場住宅區 동쪽에서 150m 떨어진 농경지	7-8m		15	서쪽은 大荒沟林場주택지, 東沟河를 사이에 두고 북쪽 1km는 大荒沟村이 있다. 유지 동쪽 100m에는 서북쪽으로 흘러 密江河로 들어가는 東沟河, 남쪽 약200m에는 남산기슭이 있다.
274	사찰	馬滴達寺廟址	琿春市	吉林省 琿春市 馬滴達鄉 供銷社에서 북쪽으로 50m 떨어진 산자락				북쪽은 馬滴達后山, 남쪽은 비교적 넓게 펼쳐진 琿春河 하곡평지이다. 琿春河가 유지 동남약 500m를 서남쪽으로 흘러간다. 동북쪽 馬滴達渤海塔址와 약 1km 떨어져 있다. 남쪽 100m에는 琿春-春化 도로가 동쪽으로 馬滴達村 중간을 지나간다
275	사찰	新生寺廟址	琿春市	吉林省 琿春市 三家子鄉 新生二隊 南(또는 四方坨子)		25	37	유지의 동·서·남쪽은 넓은 논이다. 사찰지 동쪽 약 500m에 발해유지가 있으며, 그 남쪽에도 발해 사찰지가 있다.
276	사찰	楊木林子寺廟址	琿春市	吉林省 琿春市 楊泡鄉 楊木林子村 東部 산비탈		15	20	북쪽은 도로, 동쪽 10여m는 楊泡鄉信社, 북쪽 100m 에는 楊泡鄉사무소, 남쪽 1.5km에는 발해시기의 薩其城이 있다. 부근에는 또한 발해시기의 집자리터가 있다.
277	사찰	五一寺廟址	琿春市	吉林省 琿春市 馬川子鄉 所在地 東 350m 떨어진 五一村5隊 합작사 직원 정원		60	100	북쪽으로 琿春河와 약 300m, 남쪽으로 琿春-楊泡 도로와 인접해 있다.
278	촌락	窟窿山遺址	琿春市	吉林省 琿春市 凉水鄉 慶榮村과 그 東部		200	1,500	琿春-圖們도로가 산남쪽의 경사지를 지나간다. 분지 동서양쪽은 窟窿山과 高力嶺자락(속칭 滾兎嶺이라고한다.)이다. 圖們江이 窟窿山서남쪽으로 흘러간다. 林場沟·琵琶沟·南大沟는 圖們江으로 합류한다.
279	촌락	東云洞遺址	琿春市	吉林省 琿春市 密江鄉 所在地 東南 1500m 산기슭		50	50	북쪽 약 700m는 琿春도로, 남쪽 약 1.5km는 圖們江과 密江河 합류처이다. 유지는 뒤쪽에 산과 붙어 있다. 密江河를 사이에 두고 서쪽 1.5km 西崗子遺址와 서로 마주한다. 지세는 동쪽이 높고 서쪽이 낮다.
280	촌락	孟嶺河口遺址	琿春市	吉林省 琿春市 板石鄉 孟嶺村 河口屯 산기슭		500	800	유지는 북쪽으로 산, 남쪽으로 圖們江과 접해 있다. 배산임수의 지리적인 위치는 圖們江 하류의 중요한 건널목(渡口)이다.

번호	분류	명칭	성시	위치	둘레 (m)	남북 (m)	동서 (m)	입지
281	촌락	楊木林子遺址	琿春市	吉林省 琿春市 楊泡鄉 楊木林子村 東 臺地		300	200	남쪽 1.5km에는 발해시기 산성인 薩其城이 있다. 북쪽 1km에는 훈춘하가 서남쪽으로 흘러간다. 鄉政府機關·衛生院·信用社·公銷社·招待所·주택과 농경지가 있다. 琿春·楊泡鄉 도로가 유지 중간을 지나간다.
282	촌락	六道泡遺址	琿春市	吉林省 琿春市 敬信鄉 六道泡村(太平村)東北 1.5km 산등성이		200	70	서북쪽 1km은 五道泡子(즉 현 양어장), 동쪽 500m는 六道泡子, 정남쪽은 소택지이다. 유지는 산등성이 서남부와 동남부의 舊양어장 서쪽에 있다.
283	건축	龍淵遺址	和龍市	吉林省 和龍市 德化鄉 龍淵村 東北 250m 臺地		100	50	서쪽 300m에는, 德化-勇化 도로(鄉公路), 동쪽 200m에는 圖們江이 서남쪽에서 동북쪽으로 흘러간다.
284	건축	長仁遺址	和龍市	吉林省 和龍市 龍門鄉 長仁村 北 孟山沟 南 臺地		70	200	남쪽 약 200m는 기복이 있는 산, 북쪽은 동쪽으로 흘러, 500m 떨어진 長仁河로 들어가는 孟山沟河가 있다. 유지는 孟山沟河 바닥 보다 약 5m 정도 높다. 지세는 평탄하고 넓게 트여 있으며, 토지는 비옥하다.
285	고분	得味墓群	和龍市	吉林省 和龍市 臥龍鄉 得味村 東 1.5km 산기슭		10	30	북쪽은 산, 그 남쪽은 넓게 펼쳐진평지, 그 사이는 동쪽으로 흘러가는 古洞河, 고분군 남쪽 10m에는 도로, 다시 남쪽 5m에는 森林鐵路가 있다.
286	고분	龍頭山墓群	和龍市	吉林省 和龍市 龍水鄉 龍海村 西山				
287	고분	龍海墓葬	和龍市	吉林省 和龍市 龍水鄉 龍海2隊 龍海中學 西北 모서리/東 水田		4-50	200	頭道-福洞 도로가 고분군 중간을 남북으로 지나간다. 고분군 북쪽 龍海村1隊에는 고분군과 동일시기의 鼉頭城이 있다. 서쪽 약 500m에는 龍頭山古墓群이 있다.
288	고분	明岩墓群	和龍市	吉林省 和龍市 西城鎭 明岩村 6隊 西 150m		150	100	유적 남쪽은 산지구릉, 북쪽은 和延도로, 다시 북쪽 약 500m는 동쪽으로 흘러가는 二道河가 있다.
289	고분	福洞墓群	和龍市	吉林省 和龍市 福洞鎭 中心村 西北 산기슭				동쪽 약 100m은 福洞鎭 소학교, 북쪽은 높은 산, 남쪽은 비교적 너른 평지, 그 남쪽 500m에는 동북쪽으로 흘러가는 福洞河가 있다.
290	고분	北大墓群	和龍市	吉林省 和龍市 八家子鎭 上南村 北		250	1,000	고분군 동쪽 약 400m에는 八家子林業局 삼림철로, 남쪽 약 500m에는 동쪽으로 흘러가는 海蘭江, 고분군 동북 약 5km에는 발해시기 中京顯德府 유지가 있다.
291	고분	長仁墓群	和龍市	吉林省 和龍市 龍門鄉 長仁村 西 500m 산남쪽 기슭		70	100	長仁村 동쪽에는 남쪽으로 흘러가는 長仁江, 고분군 북쪽 1.5km 猛山沟 골짜기 입구에는 발해시기의 유지가 있다.

번호	분류	명칭	성시	위치	둘레 (m)	남북 (m)	동서 (m)	입지
292	고분	獐項墓群	和龍市	吉林省 和龍市 西城鄉 獐項村 西北 석회채석장				석회채석장 뒤쪽은 산, 남쪽은 二道河가 있다. 고분과 하류중간의 하곡분지 안에 獐項古城이 있으며, 고성 북벽은 고분과 겨우 10m 정도 떨어져 있다.
293	고분	貞孝公主墓	和龍市	吉林省 和龍市 龍水鄉 龍海村 西山		15	7	고분 동쪽 약 500m에는 海蘭江으로 유입되는 福洞河가 있다. 福洞河 양안은 북쪽이 넓고 남쪽이 좁은 협곡분지이다. 중간에는 頭道-福洞 도로가 남북으로 지나가며, 도로 양쪽에는 조밀하게 민가가 분포되어 있다.
294	고분	青龍墓群	和龍市	吉林省 和龍市 龍門鄉 青龍村 西北 3,5km 산자락				북쪽은 여러 산들과 접해 있고, 남쪽 200m 長仁江 좌안 대지에는 발해시기의 유적 1곳이 있다.
295	고분	河南村墓葬	和龍市	吉林省 和龍市 八家子鎭 河南村 서쪽 가장자리 논				북쪽은 海蘭江, 나머지 3면은 河南村古城으로 감싸여 있다. 남쪽 1km는 朝(陽川)和(龍)철로가 있다.
296	고분	惠章墓群	和龍市	吉林省 和龍市 勇化鄉 惠章村 3隊 西 高嶺河 北岸 산자락				고분구역 3면은 산으로 둘러싸여 있고, 남쪽은 勇化-惠章도로가 있으며, 동쪽은 惠章 발해건축지와 500m 떨어져 있다.
297	고성	古城里古城	和龍市	吉林省 和龍市 崇善鄉 古城里村 西500m 圖們江과 紅旗河 합류하는 西 臺地	710	남:250 북:220	동:60 서:180	강바닥과 대지 사이는 높이가 30m에 달하는 가파른 암벽이다. 대지는 논으로 개간되었다. 성 동쪽 절벽 아래에는 紅旗河 公路橋, 남쪽 절벽 아래 圖們江 좌안에는 和龍-長白山천지 도로가 있다.
298	고성	三層嶺山城	和龍市	吉林省 和龍市 勇化鄉 三層嶺 산봉우리	1,000			三層嶺은 도문강 중류 서안 勇化와 德化 두 향이 접경하는 산봉우리 꼭대기에 있다. 산성 동쪽은 하곡분지로, 북한과 서로 마주하고 있다.
299	고성	西古城	和龍市	吉林省 和龍市 西城鄉 北古城村 西北 250m	외: 2,700 내: 1,000	남:720 북:720 남:370 북:370	동:630 서:630 동:190 서:190	西古城은 頭道平原 서북부에 있다. 동남쪽 西城鄉 北古城村과 250m, 고성 북벽에는 延和도로, 도로 북쪽 약 200m에는 산등성이, 남쪽 5km에는 朝和철로가 있다. 그 사이는 海蘭江은 동북쪽으로 흘러간다.
300	고성	聖敎古城	和龍市	吉林省 和龍市 東城鄉 紅星村 聖敎屯 西北 臺地	374	남:67 북:67	동:120 서:120	大五道沟에서 흘러나온 작은 시내가 북쪽으로 흘러간다. 성 북쪽 1km에는 朝和철로, 다시 남쪽 1,5km에는 海蘭江이 있다. 강을 사이에 두고 東古城과 마주하고 있다.
301	고성	松月山城	和龍市	吉林省 和龍市 富興鄉 松月村 西南 1km 산꼭대기	2,480			성 동쪽 300m에는 和龍-石人沟 林場도로, 다시 동쪽 약 50m에는 북쪽으로 흘러 松月村에 이르는 海蘭江이다. 시 동북쪽으로 흘러간다.

번호	분류	명칭	성시	위치	둘레(m)	남북(m)	동서(m)	입지
302	고성	楊木頂子山城	和龍市	吉林省 和龍市 龍水鄉 石國저수지 동남 楊木頂子溝 산곡대기	2,680			유지 서·남쪽은 험준한 산등성이이고, 북쪽은 협곡이다. 산성 안에는 시내가 있는데, 楊木河로 흘러들어가며, 마지막에 石國저수지로 모인다.
303	고성	鼊頭城	和龍市	吉林省 和龍市 龍水鄉 龍海1,2隊	1,240	남:320 북:320	동:300 서:300	고성 서쪽 500m는 龍頭山古墓群, 남쪽 400m는 龍海古墓群이다.
304	고성	獐項古城	和龍市	吉林省 和龍市 西城鄉 獐項村 西北 500m 산기슭	330	남:90 북:90	동:75 서:75	고성 북쪽은 높은 산, 남쪽 약 400m에는 八家子鎭-臥龍鄕 도로, 다시 남쪽 약 10m에는 二道河가 있다.
305	고성	靑龍邊壕址	和龍市	吉林省 和龍市 龍門鄉 靑龍村 南	50,000			"邊壕"는 龍門鄉靑龍村남쪽에서 西城鄉獐項村북부 사이에 있다. 횡으로 두 향의 가파른 산등성이를 거쳐 長仁江을 넘어간다.
306	고성	土城里古城	和龍市	吉林省 和龍市 蘆果鄉 梨樹村 土城屯	1,006	남:418 북:388	동:135 서:75	성남쪽 20m에는 동쪽으로 흘러가는 圖門江, 성서쪽 500m 산비탈 아래에는 蘆果-崇善도로가 있다.
307	고성	八家子山城	和龍市	吉林省 和龍市 八家子鎭 南山 꼭대기	1,500			성 서쪽은 협곡이고, 남쪽은 산지이다. 북쪽은 절벽으로 북쪽 약 50m에는 朝和철로가 지나간다. 산성 동북쪽 약 6km에는 발해 서고성, 북쪽 약 1km에는 발해시기 北大고분군이 있다.
308	고성	河南屯古城	和龍市	吉林省 和龍市 八家子鎭 河南屯 西南	2,500			북쪽은 海蘭江, 남쪽은 頭道平原, 남쪽 약 1km는 朝陽川-和龍鎭는 철로, 고성 북쪽 4.5km는 西古城이다.
309	고성	和龍境內古長城	和龍市	吉林省 和龍市 土山/西城/龍門 三鄉	200,000			"古長城"은 海蘭江 북안 土山鄉 東山村 二道溝 산기슭에서 시작한다. 깎아지른듯한 절벽으로 和龍, 福洞으로의 통행을 통제하는 교통의 요충지이다. "古長城"은 土山·西城·龍門 3향을 지나고, 亞東저수지를 지난 후에 북쪽 龍井市 細鱗河鄕 長城村 방향으로 뻗어간다.
310	사찰	高産寺廟址	和龍市	吉林省 和龍市 德化鄉 高産村 500m 산기슭				동쪽 약 400m에는 牛腹洞-車廣子 도로, 서쪽 약 200m에는 小狐山산지, 서북쪽 약 7km에는 동북쪽으로 흘러가는 海蘭江이 있다.
311	사찰	軍民橋寺廟址	和龍市	吉林省 和龍市 西城鄉 軍民橋 西 50m 河岸臺地		30	20	대지 아래는 二道河로, 강 바닥에서 대지까지는 약 8m 이다. 건축지에서 서남쪽으로 500m 떨어진 곳에는 貝殼山이 있다.
312	사찰	東南沟寺廟址	和龍市	吉林省 和龍市 八家子鎭 東南沟屯 산중턱		50	30	유지 서쪽 약 1km에는 南沟村, 북쪽 약 500m에는 朝(陽川)和(龍)鐵路가 있다.
313	사찰	龍泉洞遺址	和龍市	吉林省 和龍市 東城村 興城村		40	50	유지는 東城鄉興城村龍泉洞屯 동북쪽 산골짜기 안쪽으로 1km

번호	분류	명칭	성시	위치	둘레 (m)	남북 (m)	동서 (m)	입지
				龍泉洞屯 東北 1km 산기슭				떨어진 산기슭에 있다. 산골짜기는 남북향이며, 서남쪽 약 100m에는 작은 저수지가 있다.
314	사찰	龍海寺廟址	和龍市	吉林省 和龍市 龍水鄉 龍海村 西北 500m 福洞河 西岸 산기슭				龍海건축지는 龍水鄉龍海村서북쪽 500m 福洞河서안산기슭대지 위에 있다. 서북쪽 150m 산위에 발해 정효공주묘가 있다.
315	제철	惠章建築址	和龍市	吉林省 和龍市 勇化鄉 惠章村 3隊 西北 200m 산기슭		30	30	북쪽은 높은 산, 남쪽 500m에는, 동남쪽으로 흘러가는 高嶺河가 있다. 서쪽 지세는 비교적 낮고 평평하며 넓게 트여 있다. 서쪽 500m 北山 자락에는 발해시기의 고분이 있다.
316	촌락	蘆果遺址	和龍市	吉林省 和龍市 蘆果鄉 蘆果村 東南 100m 圖們江 左岸臺地		200	500	유지 중간에는 산골짜기에서 흘러 나오는 작은 개울이 북쪽에서 남쪽으로 흘러 圖們江으로 들어간다.
317	촌락	大洞遺址	和龍市	吉林省 和龍市 崇善鄉 大洞村 南 100m 臺地		150	300-400	大洞遺址동쪽 약 50m에는 북쪽으로 흘러가는 圖們江 서쪽에는 북쪽으로 흘러가는 인공수로가 있다.
318	촌락	鳳照水文站遺址	和龍市	吉林省 和龍市 龍門鄉 鳳照水文站 주택지 부근		50	100	유지 남쪽 100m에 長仁江이 있다.
319	촌락	靑龍遺址	和龍市	吉林省 和龍市 龍門鄉 靑龍村 西北 3km 長仁江 左岸臺地		500	80	유지 북쪽 500m에 발해시기의 고분이 있다.
320	고분	馬鞍石古墓群	樺甸市	吉林省 樺甸市 紅石鎭 高興村 河西屯 南 1.5km 色洛河 右岸				유지는 馬鞍石 서부의 色洛河 북안 2급대지 위에 있다. 북쪽 약 50m는 산, 남쪽 약 70m는 色洛河, 그 동쪽 약 1km는 樺甸-白山鎭도로, 서쪽은 산곡평지이다.
321	고성	北土城子古城	樺甸市	吉林省 樺甸市 蘇密沟鄉 小城子村 北 200m	100			蘇密城과 동남쪽으로 3km, 蘇密城鄉小城子村과 북쪽으로 약200m, 북쪽 煙白철로와 80m, 서북쪽 輝發河·新河와 1000m, 서쪽 蘇密河와 900m 정도 떨어져 있다. 고성은 蘇密沟 입구의 북단,蘇密甸子남쪽 가장자리에 있다.
322	고성	蘇密城	樺甸市	吉林省 樺甸市 樺甸鎭 大城子村 東北 4km 輝發河 南岸	내: 1,381 외: 2,590	남:334 북:341 남:535 북:611	동:337 서:369 동:697 서:747	輝發河연안은 산지구릉이 많으며, 吉林省樺甸市城과 그 부근에는 輝發河충적으로 형성된 비교적 큰 산간분지이다.
323	촌락	馬鞍石遺址	樺甸市	吉林省 樺甸市 紅石鎭 高興村 河西屯 南 1.5km 色洛河 右岸				유지는 馬鞍石 서부의 色洛河 북안에 있다. 북쪽 약 50m는 높은 산, 남쪽약 70m는 色洛河, 그 동쪽 약 1km는 樺甸-白山鎭에 이르는 도로, 서쪽은 산곡평지이다.

번호	분류	명칭	성시	위치	둘레 (m)	남북 (m)	동서 (m)	입지
324	고성	城子上古城	懷德縣	吉林省 懷德縣 朝陽坡鄉 城子上村 서쪽 평지				서쪽 東遼河와는 300m, 동쪽으로 마을과 인접해 있다.
325	고성	五家子古城	懷德縣	吉林省 懷德縣 八層鄉 五家子村 小五家子屯 서북	외: 2,865 내: 1,323			고성 남벽은 마을에 인접해 있다. 남쪽 1.5km에 小遼河 지류가 있다. 이 성은 내성과 외성으로 나뉘는데, 내성은 외성 동북쪽에 있다.
326	고성	黃花城古城	懷德縣	吉林省 懷德縣 雙城堡鄉 黃花城村 소재지	1,900	490	490	고성남쪽雙城堡鄉과는2km, 서북前三門柳家屯과1km, 서쪽程家溝屯과1km떨어져있다.
327	고성	小城子村古城	輝南縣	吉林省 輝南縣 朝陽鎮 小城子村 소재지	1,548			고성서북 500m는 團林子역, 동북 약 1km는 永康鄉, 輝發城과 마주한다. 고성 북쪽 100m에 沈吉철로, 300m에 禿葫蘆山가 있다.
328	고성	輝發城	輝南縣	吉林省輝南縣輝發城鄉長春堡 서남 4km 輝發山 위	내: 700 중: 1,313 외: 1,000			서남쪽 朝陽鎮과 17.5km, 永康鄉의 坎家街村·永勝村과 마주한다.

ㄱ

ㄷ

ㅁ

ㅈ

김진광(金鎭光)

한국외국어대학교 중국어과 졸업
한국학중앙연구원 한국학대학원 문학석사·문학박사
現) 한국학중앙연구원 동아시아역사연구소 선임연구원

▪ 주요저작

「홍준어장고분군의 사회적 지위 및 성격」(2012)
「서고성의 궁전배치를 통해 본 발해 도성제의 변화」(2010)
「『三國史記』 本紀에 나타난 靺鞨의 性格」(2009)
「渤海 建國集團의 性格」(2008)
「石室墓 造營을 통해 본 渤海의 北方 經營」(2008)
「발해의 상경 건설과 천도」(2007)

『발해 문왕대의 지배체제연구』(2012)
『발해사쟁점비교연구』(공저, 2009)
『발해의 역사와 문화』(공저, 2007)
『일본인들의 단군연구』(공역, 2005) 외

북국 발해 탐험

초판인쇄 2012년 6월 1일
초판발행 2012년 6월 17일

편 자 김진광
발행인 윤석현
발행처 박문사
등 록 제2009-11호

주소 서울시 도봉구 창동 624-1 북한산현대홈시티 102-1206
전화 (02) 992-3253(대)
팩스 (02) 991-1285
전자우편 bakmunsa@hanmail.net
홈페이지 http://www.jncbms.co.kr
책임편집 정지혜

ISBN 978-89-94024-91-2 93980   정가 55,000원